科学版研究生教学丛书

矩阵论简明教程

（第三版）

徐　仲　张凯院
陆　全　冷国伟　编著

科学出版社
北京

内 容 简 介

本书共分 8 章，介绍了矩阵的相似变换，范数理论，矩阵分析，矩阵分解，特征值的估计与表示，广义逆矩阵，矩阵的特殊乘积以及线性空间与线性变换. 各章均配有习题，书末有习题解答与提示. 与传统矩阵论教材不同的是，本书不是从较抽象的线性空间与线性变换开始，而是以较具体的矩阵相似变换理论作为基础来介绍矩阵理论的主要内容，以达到由浅入深的目的，并使读者在较短时间内掌握近现代矩阵理论相当广泛而又很基本的内容. 学习过工科线性代数课程的读者均可阅读本书.

本书可作为一般院校工科硕士研究生和工程硕士生的教材，以及本科高年级学生选修课教材，也可供工程技术或研究人员自学及参考使用.

图书在版编目(CIP)数据

矩阵论简明教程/徐仲等编著. —3 版. —北京：科学出版社，2014. 1

(科学版研究生教学丛书)

ISBN 978-7-03-039479-8

Ⅰ. 矩… Ⅱ. 徐… Ⅲ. 矩阵-理论-研究生-教材 Ⅳ. O151. 21

中国版本图书馆 CIP 数据核字(2013)第 313309 号

责任编辑：姚莉丽　王胡权/责任校对：赵桂芬

责任印制：赵　博/封面设计：陈　敬

科学出版社 出版

北京东黄城根北街 16 号

邮政编码：100717

http://www. sciencep. com

中煤（北京）印务有限公司印刷

科学出版社发行　各地新华书店经销

*

2001 年 9 月第 一 版　开本：720×1000 1/16

2005 年 6 月第 二 版　印张：17 1/4

2014 年 1 月第 三 版　字数：348 000

2025 年12月第二十八次印刷

定价：59.00 元

（如有印装质量问题，我社负责调换）

第三版前言

本次修订的具体内容如下：

1. 第 4 章 4.4 节新增了矩阵奇异值分解的应用；
2. 第 6 章新增了方阵的另一类广义逆矩阵——Drazin 逆(6.4 节)；
3. 第 7 章新增了方阵的另一种特殊乘积——Hadamard 积(7.3 节)；
4. 第 8 章新增了投影矩阵(8.8 节).

增加了相应内容的有关习题并给出了较详细的解答.

我们对关心本书和对本书提出宝贵意见的同行表示衷心的感谢.

作　者

2013 年 5 月于西北工业大学

第二版前言

本书自 2001 年 9 月出版以来，已经印刷 5 次. 现根据读者意见和不同学时矩阵论课程的教学需要，对第一版作了以下修订：

1. 第 5 章增加了 Ostrowski 定理的有关内容及相应的一些推论；

2. 新增了“第 8 章，线性空间与线性变换”一章的内容，这样一来，前七章适合 40～50 学时的教学需要，而全部内容适合 60 学时的教学需要；

3. 给出了大部分习题较详细的解答，便于读者参考.

我们衷心感谢广大读者对本书的关心，并欢迎继续提出宝贵意见.

作　者

2004 年 12 月于西北工业大学

第一版前言

近年来，由于计算机的发展和普及，矩阵理论的重要性愈加显著，应用日益广泛. 这是因为用矩阵理论和方法来解决现代工程技术中的各种问题，不仅表述简洁，便于进行研究，而且具有适合计算机处理的特点. 可以说，矩阵理论已成为从事科学研究和工程设计的科技人员必备的数学基础.

编者多年来在西北工业大学为理工科硕士研究生讲授矩阵论课程，并在大学本科高年级学生中多次开设相应的选修课，本书是在使用多遍讲义的基础上修改而成的.

本书以大学通用的工程数学《线性代数》作为预备知识，但不涉及线性空间与线性变换等较抽象的内容，这是基于以下考虑. 现有的各种矩阵论教材，无一例外地将抽象的线性空间与线性变换的理论放在第 1 章或第 2 章讲授，虽然这些内容对培养学生数学素养是不可缺少的，但工科研究生，特别是工程硕士生一开始就学习这些内容相对来说比较困难，加之，这部分内容(约需讲授 20 学时)与后续的具体矩阵理论部分联系得不是很紧密，从课程内容的安排来看，有头重脚轻之感，且使教师对具体的矩阵理论讲解的选择余地大为缩小. 本书的编写目的就是想为读者架设一座通向矩阵理论的桥梁，使读者在较短的时间内尽快地得到各自需要的矩阵知识. 当然，作者并不认为完全砍掉抽象的线性空间与线性变换的理论是恰当的，只要学时许可，可以将这部分内容放到最后去讲，这样可以使学生由浅入深，由具体到抽象，在已学习了许多矩阵的知识后，再将其放到线性空间的框架内重新审视，以利于提高学生的数学素养. 作者在多年的矩阵论教学过程中多次尝试采用这种方法，取得了较好的教学效果.

本书共分 7 章：第 1 章，矩阵的相似变换；第 2 章，范数理论；第 3 章，矩阵分析；第 4 章，矩阵分解；第 5 章，特征值的估计与表示；第 6 章，广义逆矩阵；第 7 章，矩阵的直积. 第 1 章起着承上启下的作用，对于线性代数进行加深并为后续章节奠定必要的基础；第 2 章至第 7 章介绍近现代的矩阵理论和方法，这也是工科研究生和科技人员在实际中直接、大量地用到的工具. 除第 1,2 章外，其余各章是相对独立的，不同专业可根据需要灵活选用. 各章均配有一定数量的习题，书末附有习题答案与提示，讲完全书需 40～50 学时.

本书第 1,3,4 章由徐仲编写，第 2,5 章由张凯院编写，第 6 章由陆全编写，第 7 章由冷国伟编写. 徐仲对全书统稿.

鉴于本书的读者是高等院校的工科研究生、工程硕士生、大学本科高年级学生及科技工作者，因此在编写时既重视基本的理论，也注重应用．对于必要的理论推导和分析，尽量使其清晰和简明．对个别理论则不苛求推导，侧重于介绍方法和应用．

在本书编写过程中，西北工业大学研究生院、教务处和应用数学系的领导及同事们给我们以很大的鼓励和支持；航空工业总公司631研究所周天孝教授详细审阅了书稿，提出了中肯的修改意见，并给予很高的评价，作者在此一并表示衷心的感谢．

由于我们水平有限，书中错误和疏漏之处难免，恳望有关专家和读者不吝赐教．

作　者

2001年2月于西北工业大学

符号说明

$\overline{\boldsymbol{A}}$	矩阵 $\boldsymbol{A}$ 的共轭
$\boldsymbol{A}^{\mathrm{T}}$	矩阵 $\boldsymbol{A}$ 的转置
$\boldsymbol{A}^{\mathrm{H}}$	矩阵 $\boldsymbol{A}$ 的共轭转置(即 $\overline{\boldsymbol{A}}^{\mathrm{T}}$)
$\boldsymbol{A}^{+}$	矩阵 $\boldsymbol{A}$ 的 Moore-Penrose 逆
$\boldsymbol{A}^{\mathrm{D}}$	方阵 $\boldsymbol{A}$ 的 Drazin 逆
$\boldsymbol{A}^{\#}$	方阵 $\boldsymbol{A}$ 的群逆
$\overrightarrow{\boldsymbol{A}}$	矩阵 $\boldsymbol{A}$ 的拉直
$\boldsymbol{A}^{(i,j,\cdots,l)}$	矩阵 $\boldsymbol{A}$ 的$\{i,j,\cdots,l\}$逆
$A\{i,j,\cdots,l\}$	矩阵 $\boldsymbol{A}$ 的$\{i,j,\cdots,l\}$逆的集合
$\boldsymbol{A}\sim\boldsymbol{B}$	方阵 $\boldsymbol{A}$ 相似于 $\boldsymbol{B}$
$\boldsymbol{A}\otimes\boldsymbol{B}$	矩阵 $\boldsymbol{A}$ 与 $\boldsymbol{B}$ 的直积或 Kronecker 积
$\boldsymbol{A}\circ\boldsymbol{B}$	矩阵 $\boldsymbol{A}$ 与 $\boldsymbol{B}$ 的 Hadamard 积或 Schur 积
$\boldsymbol{J}$	方阵的 Jordan 标准形
$\boldsymbol{J}_i$	第 i 个 Jordan 块
$\boldsymbol{I}$	单位矩阵
$\boldsymbol{O}$	零矩阵
$\mathbf{0}$	零向量
$\boldsymbol{e}_i$	第 i 个分量为 1,其余分量为 0 的 n 维列向量
$\mathrm{adj}\boldsymbol{A}$	方阵 $\boldsymbol{A}$ 的伴随矩阵
$\det\boldsymbol{A}$	方阵 $\boldsymbol{A}$ 的行列式
$\mathrm{cond}(\boldsymbol{A})$	方阵 $\boldsymbol{A}$ 的条件数
$\mathrm{rank}\boldsymbol{A}$	矩阵 $\boldsymbol{A}$ 的秩
$\mathrm{tr}\boldsymbol{A}$	方阵 $\boldsymbol{A}$ 的迹,$\boldsymbol{A}$ 的主对角元之和
$\rho(\boldsymbol{A})$	方阵 $\boldsymbol{A}$ 的谱半径
$\Vert\boldsymbol{A}\Vert$	矩阵 $\boldsymbol{A}$ 的范数
$\mathbf{R}$	实数域
$\mathbf{R}^n$	实 n 维列向量集合,n 维实向量空间
$\mathbf{R}^{m\times n}$	实 $m\times n$ 矩阵集合
$\mathbf{R}_r^{m\times n}$	秩为 r 的实 $m\times n$ 矩阵集合

$\mathbf{C}$	复数域
$\mathbf{C}^n$	复 n 维列向量集合，n 维复向量空间
$\mathbf{C}^{m\times n}$	复 $m\times n$ 矩阵集合
$\mathbf{C}_r^{m\times n}$	秩为 r 的复 $m\times n$ 矩阵集合
$(\boldsymbol{x},\boldsymbol{y})$	向量 $\boldsymbol{x}$ 与 $\boldsymbol{y}$ 的内积
$\mathrm{diag}(a_1,a_2,\cdots,a_n)$	以 $a_1,a_2,\cdots,a_n$ 为对角元素的 n 阶对角矩阵
$\mathrm{span}(\boldsymbol{x}_1,\boldsymbol{x}_2,\cdots,\boldsymbol{x}_s)$	由向量 $\boldsymbol{x}_1,\boldsymbol{x}_2,\cdots,\boldsymbol{x}_s$ 生成的子空间
$\psi(\lambda)$	方阵 $\boldsymbol{A}$ 的特征多项式
$m_{\boldsymbol{A}}(\lambda)$	方阵 $\boldsymbol{A}$ 的最小多项式
$G_k(\boldsymbol{A})$	方阵 $\boldsymbol{A}$ 的第 k 个 Gerschgorin 圆（盖尔圆）
$\sigma_i=\sqrt{\lambda_i}$	矩阵 $\boldsymbol{A}$ 的第 i 个奇异值
$\mathrm{Re}(\lambda)$	复数 λ 的实部
$\mathrm{Im}(\lambda)$	复数 λ 的虚部
$f(\lambda)\mid g(\lambda)$	多项式 $f(\lambda)$ 整除 $g(\lambda)$
$X\cap Y$	集合 X 与 Y 的交集
$X\cup Y$	集合 X 与 Y 的并集
$\boldsymbol{\theta}$	线性空间 V 的零元
W_1+W_2	子空间 W_1 与 W_2 的和
$W_1\dot{+}W_2$	子空间 W_1 与 W_2 的直和
V^n	n 维线性空间
$\dim V$	线性空间 V 的维数
$\mathbf{K}$	一般的数域
$\mathbf{K}^n$	数域 $\mathbf{K}$ 上 n 维向量的集合
$\mathbf{K}^{m\times n}$	数域 $\mathbf{K}$ 上 $m\times n$ 矩阵的集合
$\mathrm{P}[t]$	数域 $\mathbf{K}$ 上一元多项式的集合
$\mathrm{P}[t]_n$	数域 $\mathbf{K}$ 上次数不超过 n 的一元多项式集合
$\mathrm{C}[a,b]$	区间 $[a,b]$ 上连续实函数的集合
$\mathrm{R}(\boldsymbol{A})$	矩阵 $\boldsymbol{A}$ 的值域，$\boldsymbol{A}$ 的列空间
$\mathrm{N}(\boldsymbol{A})$	矩阵 $\boldsymbol{A}$ 的核，$\boldsymbol{A}$ 的零空间
$\mathrm{R}(T)$	线性变换 T 的值域
$\mathrm{N}(T)$	线性变换 T 的核
$W^{\perp}$	子空间 W 的正交补

目　　录

第1章　矩阵的相似变换

相似变换是矩阵的一种重要变换. 本章研究矩阵在相似变换下的化简问题，这是矩阵理论中的基本问题之一. 本章的内容是后续各章的基础，虽然部分概念在线性代数课程中已接触过，但更多的是新的内容. 为避免篇幅过长，对部分结论将不加证明，读者可以在高等代数教材中找到有关的证明.

1.1　特征值与特征向量

工程技术中的一些问题，如振动问题和稳定性问题，常可归结为求一个方阵的特征值和特征向量.

定义 1.1　设$\boldsymbol{A}\in\mathbf{C}^{n\times n}$. 如果$\lambda\in\mathbf{C}$和$\mathbf{0}\neq\boldsymbol{x}\in\mathbf{C}^n$使关系式

$$\boldsymbol{A}\boldsymbol{x}=\lambda\boldsymbol{x} \tag{1.1}$$

成立，则称λ为$\boldsymbol{A}$的**特征值**，称$\boldsymbol{x}$为$\boldsymbol{A}$的对应特征值λ的**特征向量**.

将式(1.1)改写为

$$(\lambda\boldsymbol{I}-\boldsymbol{A})\boldsymbol{x}=\mathbf{0}.$$

这是n个未知数n个方程的齐次线性方程组，它有非零解的充分必要条件是系数行列式$\det(\lambda\boldsymbol{I}-\boldsymbol{A})=0$，这是以$\lambda$为未知数的一元$n$次方程，其最高次项$\lambda^n$的系数为1(称为**首一的**).

定义 1.2　设$\boldsymbol{A}\in\mathbf{C}^{n\times n}$，称$\lambda\boldsymbol{I}-\boldsymbol{A}$为$\boldsymbol{A}$的**特征矩阵**，又称$\det(\lambda\boldsymbol{I}-\boldsymbol{A})$为$\boldsymbol{A}$的**特征多项式**.

显然，$\boldsymbol{A}$的特征值就是特征方程的根. 特征方程在复数范围内恒有解，其个数为方程的次数(重根按重数计算)，因此n阶方阵$\boldsymbol{A}$有n个特征值. 计算n阶方阵$\boldsymbol{A}$的特征值与特征向量的步骤如下.

第一步：求$\det(\lambda\boldsymbol{I}-\boldsymbol{A})=0$的$n$个根$\lambda_1,\lambda_2,\cdots,\lambda_n$，它们即为$\boldsymbol{A}$的全部特征值；

第二步：求解齐次方程组$(\lambda_i\boldsymbol{I}-\boldsymbol{A})\boldsymbol{x}=\mathbf{0}$，其非零解向量即为$\boldsymbol{A}$的对应特征值$\lambda_i$的特征向量.

例 1.1　求下列矩阵的特征值与特征向量：

$$(1)\ \boldsymbol{A}=\begin{pmatrix}1&-2&2\\-2&-2&4\\2&4&-2\end{pmatrix};\quad(2)\ \boldsymbol{A}=\begin{pmatrix}-1&0&1\\1&2&0\\-4&0&3\end{pmatrix}.$$

解　(1)$\boldsymbol{A}$ 的特征多项式为

$$\det(\lambda\boldsymbol{I}-\boldsymbol{A})=\begin{vmatrix}\lambda-1 & 2 & -2\\ 2 & \lambda+2 & -4\\ -2 & -4 & \lambda+2\end{vmatrix}=(\lambda-2)^2(\lambda+7),$$

所以 $\boldsymbol{A}$ 的特征值为 $\lambda_1=\lambda_2=2,\lambda_3=-7$.

当 $\lambda_1=\lambda_2=2$ 时,解方程组 $(2\boldsymbol{I}-\boldsymbol{A})\boldsymbol{x}=\boldsymbol{0}$. 由

$$2\boldsymbol{I}-\boldsymbol{A}=\begin{pmatrix}1 & 2 & -2\\ 2 & 4 & -4\\ -2 & -4 & 4\end{pmatrix}\longrightarrow\begin{pmatrix}1 & 2 & -2\\ 0 & 0 & 0\\ 0 & 0 & 0\end{pmatrix}$$

得基础解系

$$\boldsymbol{p}_1=(-2,1,0)^{\mathrm{T}},\qquad \boldsymbol{p}_2=(2,0,1)^{\mathrm{T}},$$

所以对应 $\lambda_1=\lambda_2=2$ 的全部特征向量为 $k_1\boldsymbol{p}_1+k_2\boldsymbol{p}_2$($k_1,k_2$ 不同时为 0).

当 $\lambda_3=-7$ 时,解方程组 $(-7\boldsymbol{I}-\boldsymbol{A})\boldsymbol{x}=\boldsymbol{0}$. 由

$$-7\boldsymbol{I}-\boldsymbol{A}=\begin{pmatrix}-8 & 2 & -2\\ 2 & -5 & -4\\ -2 & -4 & -5\end{pmatrix}\longrightarrow\begin{pmatrix}1 & 0 & 1/2\\ 0 & 1 & 1\\ 0 & 0 & 0\end{pmatrix}$$

得基础解系

$$\boldsymbol{p}_3=(-1,-2,\ 2)^{\mathrm{T}},$$

故对应 $\lambda_3=-7$ 的全部特征向量为 $k_3\boldsymbol{p}_3(k_3\neq0)$.

(2)$\boldsymbol{A}$ 的特征多项式为

$$\det(\lambda\boldsymbol{I}-\boldsymbol{A})=\begin{vmatrix}\lambda+1 & 0 & -1\\ -1 & \lambda-2 & 0\\ 4 & 0 & \lambda-3\end{vmatrix}=(\lambda-1)^2(\lambda-2),$$

所以 $\boldsymbol{A}$ 的特征值为 $\lambda_1=\lambda_2=1,\lambda_3=2$.

当 $\lambda_1=\lambda_2=1$ 时,解方程组 $(\boldsymbol{I}-\boldsymbol{A})\boldsymbol{x}=\boldsymbol{0}$. 由

$$\boldsymbol{I}-\boldsymbol{A}=\begin{pmatrix}2 & 0 & -1\\ -1 & -1 & 0\\ 4 & 0 & -2\end{pmatrix}\longrightarrow\begin{pmatrix}1 & 0 & -1/2\\ 0 & 1 & 1/2\\ 0 & 0 & 0\end{pmatrix}$$

得基础解系

$$\boldsymbol{p}_1=(1,-1,\ 2)^{\mathrm{T}},$$

所以 $k_1\boldsymbol{p}_1(k_1\neq0)$ 是对应 $\lambda_1=\lambda_2=1$ 的全部特征向量.

当 $\lambda_3=2$ 时,解方程组 $(2\boldsymbol{I}-\boldsymbol{A})\boldsymbol{x}=\boldsymbol{0}$. 由

$$2\boldsymbol{I}-\boldsymbol{A}=\begin{pmatrix}3 & 0 & -1\\ -1 & 0 & 0\\ 4 & 0 & -1\end{pmatrix}\longrightarrow\begin{pmatrix}1 & 0 & 0\\ 0 & 0 & 1\\ 0 & 0 & 0\end{pmatrix}$$

得基础解系

$$\boldsymbol{p}_3=(0,1,0)^{\mathrm{T}},$$

故 $k_3\boldsymbol{p}_3(k_3\neq0)$是对应 $\lambda_3=2$ 的全部特征向量.

矩阵的特征值与特征向量有如下一些性质.

定理 1.1 设λ_i 是$\boldsymbol{A}\in\mathbf{C}^{n\times n}$的 r_i 重特征值(称 r_i 为特征值λ_i 的**代数重数**),对应 λ_i 有 s_i 个线性无关的特征向量(称 s_i 为特征值λ_i 的**几何重数**),则 $1\leqslant s_i\leqslant r_i$.

证明略.

对于例 1.1 中的第 1 个矩阵 $\boldsymbol{A}$,对应 2 重特征值 2 有两个线性无关的特征向量,而第 2 个矩阵 $\boldsymbol{A}$ 对应 2 重特征值 1 只有一个线性无关的特征向量.

定义 1.3 设 $f(\lambda)$是λ 的多项式

$$f(\lambda)=a_s\lambda^s+a_{s-1}\lambda^{s-1}+\cdots+a_1\lambda+a_0.$$

对于$\boldsymbol{A}\in\mathbf{C}^{n\times n}$,规定

$$f(\boldsymbol{A})=a_s\boldsymbol{A}^s+a_{s-1}\boldsymbol{A}^{s-1}+\cdots+a_1\boldsymbol{A}+a_0\boldsymbol{I}.$$

称 $f(\boldsymbol{A})$为**矩阵 $\boldsymbol{A}$ 的多项式**.

定理 1.2 设$\boldsymbol{A}\in\mathbf{C}^{n\times n}$,$\boldsymbol{A}$ 的 n 个特征值为$\lambda_1,\lambda_2,\cdots,\lambda_n$,对应的特征向量为$\boldsymbol{x}_1,\boldsymbol{x}_2,\cdots,\boldsymbol{x}_n$,又设 $f(\lambda)$为一多项式,则 $f(\boldsymbol{A})$的特征值为 $f(\lambda_1),f(\lambda_2),\cdots,f(\lambda_n)$,对应的特征向量仍为 $\boldsymbol{x}_1,\boldsymbol{x}_2,\cdots,\boldsymbol{x}_n$. 如果 $f(\boldsymbol{A})=\boldsymbol{O}$,则 $\boldsymbol{A}$ 的任一特征值λ_i 满足 $f(\lambda_i)=0$.

证 因为 $\boldsymbol{A}\boldsymbol{x}_i=\lambda_i\boldsymbol{x}_i(i=1,2,\cdots,n)$,于是对正整数 k,有

$$\boldsymbol{A}^k\boldsymbol{x}_i=\boldsymbol{A}^{k-1}(\boldsymbol{A}\boldsymbol{x}_i)=\lambda_i\boldsymbol{A}^{k-1}\boldsymbol{x}_i=\cdots=\lambda_i^k\boldsymbol{x}_i.$$

故

$$\begin{aligned}f(\boldsymbol{A})\boldsymbol{x}_i&=(a_s\boldsymbol{A}^s+a_{s-1}\boldsymbol{A}^{s-1}+\cdots+a_1\boldsymbol{A}+a_0\boldsymbol{I})\boldsymbol{x}_i\\&=a_s\boldsymbol{A}^s\boldsymbol{x}_i+a_{s-1}\boldsymbol{A}^{s-1}\boldsymbol{x}_i+\cdots+a_1\boldsymbol{A}\boldsymbol{x}_i+a_0\boldsymbol{x}_i\\&=(a_s\lambda_i^s+a_{s-1}\lambda_i^{s-1}+\cdots+a_1\lambda_i+a_0)\boldsymbol{x}_i=f(\lambda_i)\boldsymbol{x}_i.\end{aligned}$$

当 $f(\boldsymbol{A})=\boldsymbol{O}$ 时,

$$\boldsymbol{0}=f(\boldsymbol{A})\boldsymbol{x}_i=f(\lambda_i)\boldsymbol{x}_i.$$

由 $\boldsymbol{x}_i\neq\boldsymbol{0}$ 知 $f(\lambda_i)=0$. 证毕

定理 1.3 设$\lambda_1,\lambda_2,\cdots,\lambda_s$ 是方阵$\boldsymbol{A}$ 的互不相同的特征值,$\boldsymbol{x}_1,\boldsymbol{x}_2,\cdots,\boldsymbol{x}_s$ 是分别与之对应的特征向量,则 $\boldsymbol{x}_1,\boldsymbol{x}_2,\cdots,\boldsymbol{x}_s$ 线性无关.

证 对 s 用数学归纳法证明. 当 $s=1$ 时,因为 $\boldsymbol{x}_1\neq\boldsymbol{0}$,所以 $\boldsymbol{x}_1$ 线性无关,即定理成立. 假定对 $s-1$ 个互不相同的特征值定理成立,下证对 s 个互不相同的特征值定理也成立. 为此,设有常数 $k_1,k_2,\cdots,k_s$,使

$$k_1\boldsymbol{x}_1+k_2\boldsymbol{x}_2+\cdots+k_s\boldsymbol{x}_s=\boldsymbol{0}.$$

由于 $\boldsymbol{A}\boldsymbol{x}_i=\lambda_i\boldsymbol{x}_i(i=1,2,\cdots,s)$,用 $\boldsymbol{A}$ 左乘上式得

$$k_1\lambda_1 \boldsymbol{x}_1 + k_2\lambda_2 \boldsymbol{x}_2 + \cdots + k_s\lambda_s \boldsymbol{x}_s = \mathbf{0}.$$

从上面两个等式中消去 $\boldsymbol{x}_s$，得

$$k_1(\lambda_1 - \lambda_s)\boldsymbol{x}_1 + \cdots + k_{s-1}(\lambda_{s-1} - \lambda_s)\boldsymbol{x}_{s-1} = \mathbf{0}.$$

由归纳假定，$\boldsymbol{x}_1, \boldsymbol{x}_2, \cdots, \boldsymbol{x}_{s-1}$ 线性无关，又因为 $\lambda_i - \lambda_s \neq 0 (i=1,2,\cdots,s-1)$，所以 $k_1 = k_2 = \cdots = k_{s-1} = 0$，进而可得 $k_s = 0$，故 $\boldsymbol{x}_1, \boldsymbol{x}_2, \cdots, \boldsymbol{x}_s$ 线性无关.　　证毕

定理 1.3 还可以推广为如下的定理(证明与定理 1.3 相仿，这里略去).

定理 1.4　设 $\lambda_1, \lambda_2, \cdots, \lambda_s$ 是方阵 $\boldsymbol{A}$ 的互不相同的特征值，$\boldsymbol{x}_{i1}, \boldsymbol{x}_{i2}, \cdots, \boldsymbol{x}_{ir_i}$ 是对应特征值 λ_i 的线性无关的特征向量($i=1,2,\cdots,s$)，则向量组

$$\boldsymbol{x}_{11}, \cdots, \boldsymbol{x}_{1r_1}, \boldsymbol{x}_{21}, \cdots, \boldsymbol{x}_{2r_2}, \cdots, \boldsymbol{x}_{s1}, \cdots, \boldsymbol{x}_{sr_s}$$

也线性无关.

定理 1.5　设 n 阶方阵 $\boldsymbol{A} = (a_{ij})_{n\times n}$ 的特征值为 $\lambda_1, \lambda_2, \cdots, \lambda_n$，则

(1) $a_{11} + a_{22} + \cdots + a_{nn} = \lambda_1 + \lambda_2 + \cdots + \lambda_n$；

(2) $\det\boldsymbol{A} = \lambda_1\lambda_2\cdots\lambda_n$；

(3) $\boldsymbol{A}^{\mathrm{T}}$ 的特征值是 $\lambda_1, \lambda_2, \cdots, \lambda_n$，而 $\boldsymbol{A}^{\mathrm{H}} = (\bar{a}_{ji})_{n\times n}$ 的特征值为 $\bar{\lambda}_1, \bar{\lambda}_2, \cdots, \bar{\lambda}_n$.

证　由行列式的定义知，在 $\det(\lambda\boldsymbol{I} - \boldsymbol{A})$ 的展开式中，有一项是主对角线上元素的乘积 $(\lambda - a_{11})(\lambda - a_{22})\cdots(\lambda - a_{nn})$，而展开式中其余各项至多包含 $n-2$ 个主对角线上的元素. 这是因为，如果某一项含有 $a_{ij}(i\neq j)$，则该项就不能含有 $\lambda - a_{ii}$ 与 $\lambda - a_{jj}$，因此这些项关于 λ 的次数最多是 $n-2$. 于是

$$\det(\lambda\boldsymbol{I} - \boldsymbol{A}) = \lambda^n - (a_{11} + a_{22} + \cdots + a_{nn})\lambda^{n-1} + \cdots.$$

又因为 $\lambda_1, \lambda_2, \cdots, \lambda_n$ 是 $\det(\lambda\boldsymbol{I} - \boldsymbol{A})$ 的 n 个根，所以

$$\begin{aligned}\det(\lambda\boldsymbol{I} - \boldsymbol{A}) &= (\lambda - \lambda_1)(\lambda - \lambda_2)\cdots(\lambda - \lambda_n) \\ &= \lambda^n - (\lambda_1 + \lambda_2 + \cdots + \lambda_n)\lambda^{n-1} + \cdots.\end{aligned} \tag{1.2}$$

于是

$$a_{11} + a_{22} + \cdots + a_{nn} = \lambda_1 + \lambda_2 + \cdots + \lambda_n.$$

在式(1.2)中取 $\lambda = 0$，得

$$\det(-\boldsymbol{A}) = (-1)^n \lambda_1\lambda_2\cdots\lambda_n.$$

从而

$$\det\boldsymbol{A} = \lambda_1\lambda_2\cdots\lambda_n.$$

最后，由

$$\det(\bar{\lambda}_i\boldsymbol{I} - \boldsymbol{A}^{\mathrm{H}}) = \det\overline{(\lambda_i\boldsymbol{I} - \boldsymbol{A})}^{\mathrm{T}} = \det\overline{(\lambda_i\boldsymbol{I} - \boldsymbol{A})} = \overline{\det(\lambda_i\boldsymbol{I} - \boldsymbol{A})} = 0$$

知 $\bar{\lambda}_1, \bar{\lambda}_2, \cdots, \bar{\lambda}_n$ 是 $\boldsymbol{A}^{\mathrm{H}}$ 的特征值. 同理可证 $\lambda_1, \lambda_2, \cdots, \lambda_n$ 是 $\boldsymbol{A}^{\mathrm{T}}$ 的特征值.　　证毕

推论　设 $\boldsymbol{A} \in \mathbf{C}^{n\times n}$，则 0 是 $\boldsymbol{A}$ 的特征值的充分必要条件是 $\det\boldsymbol{A} = 0$.

定义 1.4　设 $\boldsymbol{A} = (a_{ij})_{n\times n}$，称

$$a_{11}+a_{22}+\cdots+a_{nn}$$

为 $\boldsymbol{A}$ 的**迹**,记为 $\mathrm{tr}\boldsymbol{A}$.

定理 1.5(1)表明,矩阵 $\boldsymbol{A}$ 的迹等于 $\boldsymbol{A}$ 的所有特征值的和.

关于矩阵的迹有以下结论.

定理 1.6 设 $\boldsymbol{A},\boldsymbol{B}\in\mathbf{C}^{n\times n}$,则 $\mathrm{tr}(\boldsymbol{AB})=\mathrm{tr}(\boldsymbol{BA})$.

证 设 $\boldsymbol{A}=(a_{ij})_{n\times n}$, $\boldsymbol{B}=(b_{ij})_{n\times n}$, 则 $\boldsymbol{AB}$ 的对角线元素为 $\sum_{k=1}^{n}a_{ik}b_{ki}$ $(i=1,2,\cdots,n)$. 而 $\boldsymbol{BA}$ 的对角线元素为 $\sum_{i=1}^{n}b_{ki}a_{ik}(k=1,2,\cdots,n)$, 于是

$$\mathrm{tr}(\boldsymbol{AB})=\sum_{i=1}^{n}\left(\sum_{k=1}^{n}a_{ik}b_{ki}\right)=\sum_{k=1}^{n}\left(\sum_{i=1}^{n}b_{ki}a_{ik}\right)=\mathrm{tr}(\boldsymbol{BA}).$$

证毕

1.2 相似对角化

定义 1.5 设 $\boldsymbol{A},\boldsymbol{B}\in\mathbf{C}^{n\times n}$. 若存在 $\boldsymbol{P}\in\mathbf{C}_n^{n\times n}$ 使得

$$\boldsymbol{P}^{-1}\boldsymbol{AP}=\boldsymbol{B},$$

则称 $\boldsymbol{A}$ 与 $\boldsymbol{B}$ **相似**,记为 $\boldsymbol{A}\sim\boldsymbol{B}$,称 $\boldsymbol{P}$ 为把 $\boldsymbol{A}$ 变成 $\boldsymbol{B}$ 的**相似变换矩阵**.

相似是矩阵之间的一种重要的关系. 相似矩阵具有以下性质.

定理 1.7 设 $\boldsymbol{A},\boldsymbol{B},\boldsymbol{C}\in\mathbf{C}^{n\times n}$, $f(\lambda)$是一多项式.

(1) $\boldsymbol{A}\sim\boldsymbol{A}$(反身性);

(2) 若 $\boldsymbol{A}\sim\boldsymbol{B}$,则 $\boldsymbol{B}\sim\boldsymbol{A}$(对称性);

(3) 若 $\boldsymbol{A}\sim\boldsymbol{B}$, $\boldsymbol{B}\sim\boldsymbol{C}$,则 $\boldsymbol{A}\sim\boldsymbol{C}$(传递性);

(4) 若 $\boldsymbol{A}\sim\boldsymbol{B}$,则 $\det\boldsymbol{A}=\det\boldsymbol{B}$, $\mathrm{rank}\boldsymbol{A}=\mathrm{rank}\boldsymbol{B}$;

(5) 若 $\boldsymbol{A}\sim\boldsymbol{B}$,则 $f(\boldsymbol{A})\sim f(\boldsymbol{B})$;

(6) 若 $\boldsymbol{A}\sim\boldsymbol{B}$,则 $\det(\lambda\boldsymbol{I}-\boldsymbol{A})=\det(\lambda\boldsymbol{I}-\boldsymbol{B})$,即 $\boldsymbol{A}$ 与 $\boldsymbol{B}$ 有相同的特征多项式,从而特征值相同.

证 只证(5)和(6). 设

$$f(\lambda)=a_s\lambda^s+a_{s-1}\lambda^{s-1}+\cdots+a_1\lambda+a_0.$$

因为 $\boldsymbol{A}\sim\boldsymbol{B}$,所以存在 $\boldsymbol{P}\in\mathbf{C}_n^{n\times n}$ 使得 $\boldsymbol{P}^{-1}\boldsymbol{AP}=\boldsymbol{B}$. 于是

$$\begin{aligned}f(\boldsymbol{B})&=a_s\boldsymbol{B}^s+a_{s-1}\boldsymbol{B}^{s-1}+\cdots+a_1\boldsymbol{B}+a_0\boldsymbol{I}\\&=a_s(\boldsymbol{P}^{-1}\boldsymbol{AP})^s+\cdots+a_1(\boldsymbol{P}^{-1}\boldsymbol{AP})+a_0\boldsymbol{I}\\&=\boldsymbol{P}^{-1}(a_s\boldsymbol{A}^s+\cdots+a_1\boldsymbol{A}+a_0\boldsymbol{I})\boldsymbol{P}=\boldsymbol{P}^{-1}f(\boldsymbol{A})\boldsymbol{P},\end{aligned}$$

又有

$$\det(\lambda\boldsymbol{I}-\boldsymbol{B})=\det(\lambda\boldsymbol{I}-\boldsymbol{P}^{-1}\boldsymbol{AP})=\det(\boldsymbol{P}^{-1}(\lambda\boldsymbol{I}-\boldsymbol{A})\boldsymbol{P})=\det(\lambda\boldsymbol{I}-\boldsymbol{A}).$$

证毕

对角矩阵是较简单的矩阵之一，无论计算它的乘积、幂、逆矩阵和特征值等都比较方便. 现在的问题是，方阵 $\boldsymbol{A}$ 能否相似于一个对角矩阵.

定义 1.6　设 $\boldsymbol{A}\in\mathbf{C}^{n\times n}$. 如果 $\boldsymbol{A}$ 相似于一个对角矩阵，则称 $\boldsymbol{A}$ **可对角化**.

定理 1.8　设 $\boldsymbol{A}\in\mathbf{C}^{n\times n}$，则 $\boldsymbol{A}$ 可对角化的充分必要条件是 $\boldsymbol{A}$ 有 n 个线性无关的特征向量.

证　设 $\boldsymbol{P}^{-1}\boldsymbol{A}\boldsymbol{P}=\boldsymbol{\Lambda}=\mathrm{diag}(\lambda_1,\lambda_2,\cdots,\lambda_n)$，其中 $\boldsymbol{P}=(\boldsymbol{p}_1,\boldsymbol{p}_2,\cdots,\boldsymbol{p}_n)$，则由 $\boldsymbol{A}\boldsymbol{P}=\boldsymbol{P}\boldsymbol{\Lambda}$ 得

$$\boldsymbol{A}\boldsymbol{p}_i=\lambda_i\boldsymbol{p}_i \qquad (i=1,2,\cdots,n).$$

可见 λ_i 是 $\boldsymbol{A}$ 的特征值，$\boldsymbol{P}$ 的列向量 $\boldsymbol{p}_i$ 是对应特征值 λ_i 的特征向量. 再由 $\boldsymbol{P}$ 可逆知 $\boldsymbol{p}_1,\boldsymbol{p}_2,\cdots,\boldsymbol{p}_n$ 线性无关.

反之，如果 $\boldsymbol{A}$ 有 n 个线性无关的特征向量 $\boldsymbol{p}_1,\boldsymbol{p}_2,\cdots,\boldsymbol{p}_n$，即有

$$\boldsymbol{A}\boldsymbol{p}_i=\lambda_i\boldsymbol{p}_i \qquad (i=1,2,\cdots,n),$$

记 $\boldsymbol{P}=(\boldsymbol{p}_1,\boldsymbol{p}_2,\cdots,\boldsymbol{p}_n)$，则 $\boldsymbol{P}$ 可逆，且有

$$\begin{aligned}\boldsymbol{A}\boldsymbol{P}&=(\boldsymbol{A}\boldsymbol{p}_1,\boldsymbol{A}\boldsymbol{p}_2,\cdots,\boldsymbol{A}\boldsymbol{p}_n)=(\lambda_1\boldsymbol{p}_1,\lambda_2\boldsymbol{p}_2,\cdots,\lambda_n\boldsymbol{p}_n)\\&=(\boldsymbol{p}_1,\boldsymbol{p}_2,\cdots,\boldsymbol{p}_n)\mathrm{diag}(\lambda_1,\lambda_2,\cdots,\lambda_n)=\boldsymbol{P}\mathrm{diag}(\lambda_1,\lambda_2,\cdots,\lambda_n),\end{aligned}$$

即有

$$\boldsymbol{P}^{-1}\boldsymbol{A}\boldsymbol{P}=\mathrm{diag}(\lambda_1,\lambda_2,\cdots,\lambda_n).$$

故 $\boldsymbol{A}$ 可对角化.　　　　证毕

由定理的证明过程可以看到，若 n 阶方阵 $\boldsymbol{A}$ 与对角矩阵 $\boldsymbol{\Lambda}$ 相似，则 $\boldsymbol{\Lambda}$ 的主对角线元素恰为 $\boldsymbol{A}$ 的 n 个特征值 $\lambda_1,\lambda_2,\cdots,\lambda_n$，而相似变换矩阵 $\boldsymbol{P}$ 的 n 个列向量 $\boldsymbol{p}_1,\boldsymbol{p}_2,\cdots,\boldsymbol{p}_n$ 分别是对应 $\lambda_1,\lambda_2,\cdots,\lambda_n$ 的特征向量.

由定理 1.3 和定理 1.4 可以得到如下两个便于使用的条件.

推论 1　如果 n 阶方阵 $\boldsymbol{A}$ 有 n 个互不相同的特征值，则 $\boldsymbol{A}$ 可对角化.

推论 2　设 $\lambda_1,\lambda_2,\cdots,\lambda_s$ 是 n 阶方阵 $\boldsymbol{A}$ 的所有互不相同的特征值，其重数分别为 $r_1,r_2,\cdots,r_s$. 若对应 r_i 重特征值 λ_i 有 r_i 个线性无关的特征向量 $(i=1,2,\cdots,s)$，则 $\boldsymbol{A}$ 可对角化.

例 1.2　下列哪个矩阵可对角化，哪个不可对角化？对于可对角化的矩阵，求相似变换矩阵和相应的对角矩阵.

(1) $\boldsymbol{A}=\begin{pmatrix}0&1&0\\0&0&1\\-6&-11&-6\end{pmatrix}$；　(2) $\boldsymbol{A}=\begin{pmatrix}1&-2&2\\-2&-2&4\\2&4&-2\end{pmatrix}$；

(3) $\boldsymbol{A}=\begin{pmatrix}-1&0&1\\1&2&0\\-4&0&3\end{pmatrix}$.

解　(1) 因为 $\det(\lambda\boldsymbol{I}-\boldsymbol{A})=(\lambda+1)(\lambda+2)(\lambda+3)$，所以 $\boldsymbol{A}$ 的特征值为

$\lambda_1=-1, \lambda_2=-2, \lambda_3=-3$.

由于 $\boldsymbol{A}$ 的 3 个特征值互不相同，故 $\boldsymbol{A}$ 可对角化. 可求得对应于特征值 $\lambda_1, \lambda_2, \lambda_3$ 的特征向量分别为

$$\boldsymbol{p}_1=\begin{pmatrix}1\\-1\\1\end{pmatrix}, \quad \boldsymbol{p}_2=\begin{pmatrix}1\\-2\\4\end{pmatrix}, \quad \boldsymbol{p}_3=\begin{pmatrix}1\\-3\\9\end{pmatrix},$$

故相似变换矩阵 $\boldsymbol{P}=\begin{pmatrix}1&1&1\\-1&-2&-3\\1&4&9\end{pmatrix}$，使得 $\boldsymbol{P}^{-1}\boldsymbol{AP}=\begin{pmatrix}-1&0&0\\0&-2&0\\0&0&-3\end{pmatrix}$.

(2) 例 1.1 已求得 $\boldsymbol{A}$ 的特征值为 $\lambda_1=\lambda_2=2, \lambda_3=-7$，对应 $\lambda_1=\lambda_2=2$ 有两个线性无关的特征向量 $\boldsymbol{p}_1=(-2,1,0)^{\mathrm{T}}, \boldsymbol{p}_2=(2,0,1)^{\mathrm{T}}$，故 $\boldsymbol{A}$ 可对角化. 又对应 $\lambda_3=-7$ 的特征向量为 $\boldsymbol{p}_3=(-1,-2,2)^{\mathrm{T}}$，从而相似变换矩阵 $\boldsymbol{P}=\begin{pmatrix}-2&2&-1\\1&0&-2\\0&1&2\end{pmatrix}$，使得 $\boldsymbol{P}^{-1}\boldsymbol{AP}=\begin{pmatrix}2&0&0\\0&2&0\\0&0&-7\end{pmatrix}$.

(3) 例 1.1 已求得 $\boldsymbol{A}$ 的特征值为 $\lambda_1=\lambda_2=1, \lambda_3=2$，而对应 2 重特征值 $\lambda_1=\lambda_2=1$ 只有一个线性无关的特征向量 $\boldsymbol{p}_1=(1,-1,2)^{\mathrm{T}}$，故 $\boldsymbol{A}$ 不可对角化.

以下举两例说明可对角化矩阵的应用.

例 1.3 已知 $\boldsymbol{A}=\begin{pmatrix}1&-2&2\\-2&-2&4\\2&4&-2\end{pmatrix}$，求 $\boldsymbol{A}^{100}$.

解 直接计算比较困难. 如果 $\boldsymbol{A}$ 可对角化，求 $\boldsymbol{A}$ 的方幂就容易了. 例 1.2 已求得 $\boldsymbol{P}^{-1}\boldsymbol{AP}=\boldsymbol{\Lambda}$，其中

$$\boldsymbol{P}=\begin{pmatrix}-2&2&-1\\1&0&-2\\0&1&2\end{pmatrix}, \qquad \boldsymbol{\Lambda}=\begin{pmatrix}2&0&0\\0&2&0\\0&0&-7\end{pmatrix},$$

于是

$$\begin{aligned}\boldsymbol{A}^{100}&=(\boldsymbol{P\Lambda P}^{-1})^{100}=\boldsymbol{P\Lambda}^{100}\boldsymbol{P}^{-1}\\&=\begin{pmatrix}-2&2&-1\\1&0&-2\\0&1&2\end{pmatrix}\begin{pmatrix}2^{100}&&\\&2^{100}&\\&&(-7)^{100}\end{pmatrix}\cdot\frac{1}{9}\begin{pmatrix}-2&5&4\\2&4&5\\-1&-2&2\end{pmatrix}\\&=\frac{1}{9}\begin{pmatrix}2^{103}+(-7)^{100}&-2^{101}+2\cdot(-7)^{100}&2^{101}-2\cdot(-7)^{100}\\-2^{100}+2\cdot(-7)^{100}&5\cdot2^{100}+4\cdot(-7)^{100}&2^{102}-4\cdot(-7)^{100}\\2^{101}-2\cdot(-7)^{100}&2^{102}-4\cdot(-7)^{100}&5\cdot2^{100}+4\cdot(-7)^{100}\end{pmatrix}.\end{aligned}$$

例 1.4　求解一阶线性常系数微分方程组

$$\begin{cases} \dfrac{dx_1}{dt} = x_2, \\ \dfrac{dx_2}{dt} = x_3, \\ \dfrac{dx_3}{dt} = -6x_1 - 11x_2 - 6x_3. \end{cases}$$

解　把微分方程组改写为矩阵形式

$$\frac{d\boldsymbol{x}}{dt} = \boldsymbol{A}\boldsymbol{x},$$

其中

$$\boldsymbol{x} = \begin{pmatrix} x_1 \\ x_2 \\ x_3 \end{pmatrix}, \quad \frac{d\boldsymbol{x}}{dt} = \begin{pmatrix} \dfrac{dx_1}{dt} \\ \dfrac{dx_2}{dt} \\ \dfrac{dx_3}{dt} \end{pmatrix}, \quad \boldsymbol{A} = \begin{pmatrix} 0 & 1 & 0 \\ 0 & 0 & 1 \\ -6 & -11 & -6 \end{pmatrix}.$$

令 $\boldsymbol{x}=\boldsymbol{P}\boldsymbol{y}$,这里

$$\boldsymbol{P} = \begin{pmatrix} 1 & 1 & 1 \\ -1 & -2 & -3 \\ 1 & 4 & 9 \end{pmatrix}, \qquad \boldsymbol{y} = \begin{pmatrix} y_1 \\ y_2 \\ y_3 \end{pmatrix}.$$

于是,由例 1.2 得

$$\frac{d\boldsymbol{y}}{dt} = \boldsymbol{P}^{-1}\frac{d\boldsymbol{x}}{dt} = \boldsymbol{P}^{-1}\boldsymbol{A}\boldsymbol{x} = \boldsymbol{P}^{-1}\boldsymbol{A}\boldsymbol{P}\boldsymbol{y} = \begin{pmatrix} -1 & 0 & 0 \\ 0 & -2 & 0 \\ 0 & 0 & -3 \end{pmatrix}\boldsymbol{y}.$$

从而

$$\frac{dy_1}{dt} = -y_1, \quad \frac{dy_2}{dt} = -2y_2, \quad \frac{dy_3}{dt} = -3y_3,$$

其一般解分别为

$$y_1 = c_1 e^{-t}, \quad y_2 = c_2 e^{-2t}, \quad y_3 = c_3 e^{-3t}.$$

再由 $\boldsymbol{x}=\boldsymbol{P}\boldsymbol{y}$ 求得原微分方程组的一般解为

$$\begin{cases} x_1 = c_1 e^{-t} + c_2 e^{-2t} + c_3 e^{-3t}, \\ x_2 = -c_1 e^{-t} - 2c_2 e^{-2t} - 3c_3 e^{-3t}, \\ x_3 = c_1 e^{-t} + 4c_2 e^{-2t} + 9c_3 e^{-3t} \end{cases} \quad (c_1, c_2, c_3 \in \mathbf{C}).$$

1.3 Jordan 标准形介绍

由上节可知,并不是每个方阵都能相似于对角矩阵. 对于一般的方阵,通过相似变换能化成的较简单矩阵具有什么形状呢? 本节介绍的 Jordan 标准形就是较简单的矩阵之一.

定义 1.7 形如

$$\boldsymbol{J}_i=\begin{pmatrix}\lambda_i & 1 & & \\ & \lambda_i & \ddots & \\ & & \ddots & 1\\ & & & \lambda_i\end{pmatrix}_{r_i\times r_i}$$

的矩阵称为 r_i 阶 **Jordan 块**,由若干个 Jordan 块构成的分块对角矩阵

$$\boldsymbol{J}=\begin{pmatrix}\boldsymbol{J}_1 & & & \\ & \boldsymbol{J}_2 & & \\ & & \ddots & \\ & & & \boldsymbol{J}_s\end{pmatrix}$$

称为 **Jordan 矩阵.**

Jordan 矩阵与对角矩阵的差别仅在于它的上对角线(与主对角线平行的上面一条对角线)的元素是 1 或 0,因此它是一个特殊的上三角阵. 显然,Jordan块本身就是一个 Jordan 矩阵. 对角矩阵也是一个 Jordan 矩阵,它的每个 Jordan 块是一阶的.

定理 1.9(Jordan) 设 $\boldsymbol{A}\in\mathbf{C}^{n\times n}$,则 $\boldsymbol{A}$ 与一个 Jordan 矩阵 $\boldsymbol{J}$ 相似,即存在$\boldsymbol{P}\in\mathbf{C}_n^{n\times n}$,使得 $\boldsymbol{P}^{-1}\boldsymbol{A}\boldsymbol{P}=\boldsymbol{J}$. 这个 Jordan 矩阵 $\boldsymbol{J}$ 除 Jordan 块的排列次序外由 $\boldsymbol{A}$ 唯一确定,称 $\boldsymbol{J}$ 为 $\boldsymbol{A}$ 的 **Jordan 标准形.**

这个定理的证明冗长,故略去.

因为相似矩阵有相同的特征值,所以 Jordan 标准形 $\boldsymbol{J}$ 的对角元素 $\lambda_1,\lambda_2,\cdots,\lambda_s$ 就是 $\boldsymbol{A}$ 的特征值. 需要注意的是,在 Jordan 标准形 $\boldsymbol{J}$ 中,不同 Jordan 块的对角元素 λ_i 可能相同,因此 λ_i 不一定就是 $\boldsymbol{A}$ 的 r_i 重特征值,其中 r_i 是 $\boldsymbol{A}$ 的第 i 个 Jordan 块的阶数. 一般地,特征值 λ_i 的重数大于或等于 r_i.

以下我们把重点放在 Jordan 标准形 $\boldsymbol{J}$ 和相似变换矩阵 $\boldsymbol{P}$ 的确定上,有关结论的证明均略去.

方法一 特征向量法

设 $\boldsymbol{A}\in\mathbf{C}^{n\times n}$. 如果 λ_i 是 $\boldsymbol{A}$ 的单特征值,则对应一阶 Jordan 块 $\boldsymbol{J}_i=(\lambda_i)$;如果 λ_i 是 $\boldsymbol{A}$ 的 $r_i(r_i>1)$ 重特征值,则对应 λ_i 有几个线性无关的特征向量,就有几个以

λ_i 为对角元素的 Jordan 块，这些 Jordan 块的阶数之和等于 r_i. 由 $\boldsymbol{A}$ 的所有特征值对应的 Jordan 块构成的 Jordan 矩阵即为 $\boldsymbol{A}$ 的 Jordan 标准形. 这就是特征向量法，举例说明如下.

例 1.5　求下列矩阵的 Jordan 标准形：

$$(1)\ \boldsymbol{A}=\begin{pmatrix}-1 & 0 & 1\\ 1 & 2 & 0\\ -4 & 0 & 3\end{pmatrix};\quad (2)\ \boldsymbol{A}=\begin{pmatrix}3 & 1 & -1\\ -2 & 0 & 2\\ -1 & -1 & 3\end{pmatrix}.$$

解　(1) 例 1.1 已求得 $\boldsymbol{A}$ 的特征值为 $\lambda_1=\lambda_2=1,\lambda_3=2$，对应 2 重特征值 $\lambda_1=\lambda_2=1$ 只有一个线性无关的特征向量 $\boldsymbol{p}_1=(1,-1,\ 2)^{\mathrm{T}}$，故 $\boldsymbol{A}$ 的 Jordan 标准形为

$$\boldsymbol{J}=\begin{pmatrix}1 & 1 & \\ & 1 & \\ & & 2\end{pmatrix}.$$

(2) 可求得 $\det(\lambda\boldsymbol{I}-\boldsymbol{A})=(\lambda-2)^3$，即 $\boldsymbol{A}$ 的特征值为 $\lambda_1=\lambda_2=\lambda_3=2$，对应的线性无关特征向量为 $\boldsymbol{p}_1=(-1,1,0)^{\mathrm{T}},\boldsymbol{p}_2=(1,0,1)^{\mathrm{T}}$，故 $\boldsymbol{A}$ 的 Jordan 标准形为

$$\boldsymbol{J}=\begin{pmatrix}2 & & \\ & 2 & 1\\ & & 2\end{pmatrix}.$$

特征向量法的计算较简单，且在需要计算相似变换矩阵时，可直接利用已求得的特征向量(见后面的例题)；缺点是当矩阵 $\boldsymbol{A}$ 的某一特征值重数较高时，对应的 Jordan 块阶数可能无法确定. 如当 λ_i 是 $\boldsymbol{A}$ 的 4 重特征值且对应该特征值有两个线性无关特征向量时，用特征向量法无法断定以 λ_i 为对角元素的两个 Jordan 块均为二阶的，还是一个为一阶而另一个为三阶的.

方法二　初等变换法

初等变换法涉及多项式矩阵及其初等变换的有关结果.

定义 1.8　设 $\boldsymbol{A}(\lambda)=(a_{ij}(\lambda))_{m\times n}$，其中 $a_{ij}(\lambda)$ 都是 λ 的多项式，则称 $\boldsymbol{A}(\lambda)$ 是 **λ 矩阵或多项式矩阵**. 对 λ 矩阵进行的如下三种变换称为 λ 矩阵的**初等行(列)变换**：

(1) 交换两行(列)(交换 i,j 两行(列)，记作 $\mathrm{r}_i\leftrightarrow\mathrm{r}_j$ ($\mathrm{c}_i\leftrightarrow\mathrm{c}_j$))；

(2) 数 $k(k\neq0)$ 乘某行(列)的所有元素(第 i 行(列)乘 k，记作 $\mathrm{r}_i\times k$ ($\mathrm{c}_i\times k$))；

(3) 把某一行(列)所有元素的 $\varphi(\lambda)$ 倍加到另一行(列)对应的元素上去，其中 $\varphi(\lambda)$ 是一个多项式(第 j 行(列)的 $\varphi(\lambda)$ 倍加到第 i 行(列)上，记作 $\mathrm{r}_i+\varphi(\lambda)\mathrm{r}_j$ ($\mathrm{c}_i+\varphi(\lambda)\mathrm{c}_j$)).

对于 λ 矩阵同样可以定义秩的概念，且在初等变换下，λ 矩阵的秩不变. 进一步有如下定理(证明略).

定理 1.10 秩为 r 的 λ 矩阵 $\boldsymbol{A}(\lambda)=(a_{ij}(\lambda))_{m\times n}$ 可通过初等变换化为如下形式的矩阵

$$\boldsymbol{S}(\lambda)=\left(\begin{array}{cccc:c} d_1(\lambda) & & & & \\ & d_2(\lambda) & & & \boldsymbol{O} \\ & & \ddots & & \\ & & & d_r(\lambda) & \\ \hdashline & & \boldsymbol{O} & & \boldsymbol{O} \end{array}\right),$$

其中 $d_i(\lambda)(i=1,2,\cdots,r)$ 都是首一多项式，且

$$d_i(\lambda)\,|\,d_{i+1}(\lambda)\quad (i=1,2,\cdots,r-1).$$

λ 矩阵 $\boldsymbol{S}(\lambda)$ 是由 $\boldsymbol{A}(\lambda)$ 唯一确定的，称为 $\boldsymbol{A}(\lambda)$ 的 **Smith 标准形**，又称 $d_i(\lambda)$ $(i=1,2,\cdots,r)$ 为 $\boldsymbol{A}(\lambda)$ 的**不变因子**.

例 1.6 试求 λ 矩阵 $\boldsymbol{A}(\lambda)=\begin{pmatrix} -\lambda+1 & 2\lambda-1 & \lambda \\ \lambda & \lambda^2 & -\lambda \\ \lambda^2+1 & \lambda^2+\lambda-1 & -\lambda^2 \end{pmatrix}$ 的 Smith 标准形和不变因子.

解

$$\boldsymbol{A}(\lambda)\xrightarrow[c_1\leftrightarrow c_3]{c_3+c_1}\begin{pmatrix} 1 & 2\lambda-1 & -\lambda+1 \\ 0 & \lambda^2 & \lambda \\ 1 & \lambda^2+\lambda-1 & \lambda^2+1 \end{pmatrix}\xrightarrow[\substack{c_2-(2\lambda-1)c_1 \\ c_3+(\lambda-1)c_1}]{r_3-r_1}\begin{pmatrix} 1 & 0 & 0 \\ 0 & \lambda^2 & \lambda \\ 0 & \lambda^2-\lambda & \lambda^2+\lambda \end{pmatrix}$$

$$\xrightarrow{c_2\leftrightarrow c_3}\begin{pmatrix} 1 & 0 & 0 \\ 0 & \lambda & \lambda^2 \\ 0 & \lambda^2+\lambda & \lambda^2-\lambda \end{pmatrix}\xrightarrow[\substack{c_3-\lambda c_2 \\ r_3\times(-1)}]{r_3-(\lambda+1)r_2}\begin{pmatrix} 1 & 0 & 0 \\ 0 & \lambda & 0 \\ 0 & 0 & \lambda^3+\lambda \end{pmatrix},$$

即得 $\boldsymbol{A}(\lambda)$ 的 Smith 标准形，不变因子为 $d_1(\lambda)=1, d_2(\lambda)=\lambda, d_3(\lambda)=\lambda^3+\lambda$.

对于矩阵 $\boldsymbol{A}\in\mathbf{C}^{n\times n}$，用初等变换法求 Jordan 标准形的步骤如下.

第一步：用初等变换化特征矩阵 $\lambda\boldsymbol{I}-\boldsymbol{A}$ 为 Smith 标准形，求出不变因子 $d_1(\lambda)$，$d_2(\lambda),\cdots,d_n(\lambda)$，也称之为 $\boldsymbol{A}$ 的**不变因子**(因为 $\lambda\boldsymbol{I}-\boldsymbol{A}$ 的秩为 n，所以 $\boldsymbol{A}$ 有 n 个不变因子)；

第二步：将 $\boldsymbol{A}$ 的每个次数大于零的不变因子 $d_i(\lambda)$ 分解为互不相同的一次因式方幂的乘积，这些一次因式的方幂称为 $\boldsymbol{A}$ 的**初等因子**，设 $\boldsymbol{A}$ 的全部初等因子为

$$(\lambda-\lambda_1)^{r_1},\ (\lambda-\lambda_2)^{r_2},\ \cdots,\ (\lambda-\lambda_s)^{r_s},$$

其中 $\lambda_1,\lambda_2,\cdots,\lambda_s$ 可能有相同的，且 $r_1+r_2+\cdots+r_s=n$；

第三步:写出每个初等因子$(\lambda-\lambda_i)^{r_i}$ $(i=1,2,\cdots,s)$对应的 Jordan 块

$$J_i=\begin{pmatrix}\lambda_i & 1 & & \\ & \lambda_i & \ddots & \\ & & \ddots & 1 \\ & & & \lambda_i\end{pmatrix}_{r_i\times r_i}\qquad (i=1,2,\cdots,s),$$

以这些 Jordan 块构成的 Jordan 矩阵

$$J=\begin{pmatrix}J_1 & & & \\ & J_2 & & \\ & & \ddots & \\ & & & J_s\end{pmatrix}$$

即为 A 的 Jordan 标准形.

例 1.7　求下列矩阵的 Jordan 标准形:

(1) $A=\begin{pmatrix}-1 & 0 & 1\\ 1 & 2 & 0\\ -4 & 0 & 3\end{pmatrix}$;　(2) $A=\begin{pmatrix}3 & 1 & -1\\ -2 & 0 & 2\\ -1 & -1 & 3\end{pmatrix}$.

解　(1)

$$\lambda I-A=\begin{pmatrix}\lambda+1 & 0 & -1\\ -1 & \lambda-2 & 0\\ 4 & 0 & \lambda-3\end{pmatrix}\xrightarrow[r_3+(\lambda-3)r_1]{c_1+(\lambda+1)c_3}\begin{pmatrix}0 & 0 & -1\\ -1 & \lambda-2 & 0\\ (\lambda-1)^2 & 0 & 0\end{pmatrix}$$

$$\xrightarrow[c_1\leftrightarrow c_3]{r_1\times(-1)}\begin{pmatrix}1 & 0 & 0\\ 0 & \lambda-2 & -1\\ 0 & 0 & (\lambda-1)^2\end{pmatrix}\xrightarrow[r_3+(\lambda-1)^2r_2]{c_2+(\lambda-2)c_3}\begin{pmatrix}1 & 0 & 0\\ 0 & 0 & -1\\ 0 & (\lambda-1)^2(\lambda-2) & 0\end{pmatrix}$$

$$\xrightarrow[c_2\leftrightarrow c_3]{r_2\times(-1)}\begin{pmatrix}1 & 0 & 0\\ 0 & 1 & 0\\ 0 & 0 & (\lambda-1)^2(\lambda-2)\end{pmatrix},$$

可见 A 的不变因子为 $d_1(\lambda)=1, d_2(\lambda)=1, d_3(\lambda)=(\lambda-1)^2(\lambda-2)$. 而 A 的初等因子为

$$(\lambda-1)^2,\quad \lambda-2,$$

故 A 的 Jordan 标准形为

$$J=\begin{pmatrix}1 & 1 & \\ & 1 & \\ & & 2\end{pmatrix}.$$

(2)

$$\lambda \boldsymbol{I}-\boldsymbol{A}=\begin{pmatrix}\lambda-3 & -1 & 1\\ 2 & \lambda & -2\\ 1 & 1 & \lambda-3\end{pmatrix}\xrightarrow[\substack{r_2+2r_1\\ r_3-(\lambda-3)r_1}]{\substack{c_1-(\lambda-3)c_3\\ c_2+c_3}}\begin{pmatrix}0 & 0 & 1\\ 2(\lambda-2) & \lambda-2 & 0\\ -(\lambda-2)(\lambda-4) & \lambda-2 & 0\end{pmatrix}$$

$$\xrightarrow[c_3-c_2]{c_1-2c_2}\begin{pmatrix}0 & 0 & 1\\ 0 & \lambda-2 & 0\\ -(\lambda-2)^2 & 0 & 0\end{pmatrix}\xrightarrow[c_1\leftrightarrow c_3]{r_3\times(-1)}\begin{pmatrix}1 & 0 & 0\\ 0 & \lambda-2 & 0\\ 0 & 0 & (\lambda-2)^2\end{pmatrix},$$

可见 $\boldsymbol{A}$ 的不变因子为 $d_1(\lambda)=1, d_2(\lambda)=\lambda-2, d_3(\lambda)=(\lambda-2)^2$. 而 $\boldsymbol{A}$ 的初等因子为

$$\lambda-2,\quad (\lambda-2)^2,$$

故 $\boldsymbol{A}$ 的 Jordan 标准形为

$$\boldsymbol{J}=\begin{pmatrix}2 & 0 & 0\\ 0 & 2 & 1\\ 0 & 0 & 2\end{pmatrix}.$$

方法三　行列式因子法

定义 1.9　设 λ 矩阵 $\mathbf{A}(\lambda)$ 的秩为 r. 对于正整数 $k(1\leqslant k\leqslant r)$, $\mathbf{A}(\lambda)$ 的全部 k 阶子式的首一最大公因式 $D_k(\lambda)$ 称为 $\mathbf{A}(\lambda)$ 的 k 阶**行列式因子**.

λ 矩阵的行列式因子与不变因子有如下的关系(证明略).

定理 1.11　设 $\mathbf{A}(\lambda)$ 是秩为 r 的 $m\times n$ 矩阵，则 $\mathbf{A}(\lambda)$ 的行列式因子 $D_k(\lambda)$ 为

$$D_k(\lambda)=d_1(\lambda)d_2(\lambda)\cdots d_k(\lambda)\qquad (k=1,2,\cdots,r),$$

其中 $d_k(\lambda)(k=1,2,\cdots,r)$ 是 $\mathbf{A}(\lambda)$ 的不变因子. 于是

$$d_1(\lambda)=D_1(\lambda),\quad d_2(\lambda)=\frac{D_2(\lambda)}{D_1(\lambda)},\quad \cdots,\quad d_r(\lambda)=\frac{D_r(\lambda)}{D_{r-1}(\lambda)}.\tag{1.3}$$

用行列式因子法求 $\mathbf{A}\in\mathbf{C}^{n\times n}$ 的 Jordan 标准形的过程为：先求出 $\lambda\boldsymbol{I}-\boldsymbol{A}$ 的 n 个行列式因子 $D_k(\lambda)(k=1,2,\cdots,n)$；再利用式(1.3)求出 $\boldsymbol{A}$ 的不变因子 $d_k(\lambda)(k=1,2,\cdots,n)$，继而求出 $\boldsymbol{A}$ 的初等因子和 Jordan 标准形.

例 1.8　求下列矩阵的 Jordan 标准形：

(1) $\boldsymbol{A}=\begin{pmatrix}1 & 2 & 3 & 4\\ 0 & 1 & 2 & 3\\ 0 & 0 & 1 & 2\\ 0 & 0 & 0 & 1\end{pmatrix}$；　(2) $\boldsymbol{A}=\begin{pmatrix}2 & -1 & 1 & -1\\ 2 & 2 & -1 & -1\\ 1 & 2 & -1 & 2\\ 0 & 0 & 0 & 3\end{pmatrix}$.

解　(1)

$$\lambda\boldsymbol{I}-\boldsymbol{A}=\begin{pmatrix}\lambda-1 & -2 & -3 & -4\\ 0 & \lambda-1 & -2 & -3\\ 0 & 0 & \lambda-1 & -2\\ 0 & 0 & 0 & \lambda-1\end{pmatrix}.$$

显然有 $D_4(\lambda)=\det(\lambda\boldsymbol{I}-\boldsymbol{A})=(\lambda-1)^4$，又 $\lambda\boldsymbol{I}-\boldsymbol{A}$ 中有三阶子式

$$\begin{vmatrix} -2 & -3 & -4 \\ \lambda-1 & -2 & -3 \\ 0 & \lambda-1 & -2 \end{vmatrix}=-4\lambda(\lambda+1).$$

因为 $D_3(\lambda)$ 整除每个三阶子式，且有 $D_3(\lambda)\mid D_4(\lambda)$，所以 $D_3(\lambda)=1$，从而 $D_2(\lambda)=D_1(\lambda)=1$. 于是得 $\boldsymbol{A}$ 的不变因子为

$$d_1(\lambda)=d_2(\lambda)=d_3(\lambda)=1,\qquad d_4(\lambda)=(\lambda-1)^4.$$

即 $\boldsymbol{A}$ 只有一个初等因子 $(\lambda-1)^4$，故 $\boldsymbol{A}$ 的 Jordan 标准形为

$$\boldsymbol{J}=\begin{pmatrix} 1 & 1 & & \\ & 1 & 1 & \\ & & 1 & 1 \\ & & & 1 \end{pmatrix}.$$

(2)

$$\lambda\boldsymbol{I}-\boldsymbol{A}=\begin{pmatrix} \lambda-2 & 1 & -1 & 1 \\ -2 & \lambda-2 & 1 & 1 \\ -1 & -2 & \lambda+1 & -2 \\ 0 & 0 & 0 & \lambda-3 \end{pmatrix}.$$

可求得 $\lambda\boldsymbol{I}-\boldsymbol{A}$ 中的两个三阶子式

$$\begin{vmatrix} \lambda-2 & 1 & -1 \\ -2 & \lambda-2 & 1 \\ -1 & -2 & \lambda+1 \end{vmatrix}=(\lambda-1)^3,$$

$$\begin{vmatrix} \lambda-2 & 1 & 1 \\ -2 & \lambda-2 & 1 \\ -1 & -2 & -2 \end{vmatrix}=-(\lambda-3)(2\lambda-5).$$

因为 $D_3(\lambda)$ 整除每个三阶子式，所以 $D_3(\lambda)=1$，从而 $D_2(\lambda)=D_1(\lambda)=1$. 又 $D_4(\lambda)=\det(\lambda\boldsymbol{I}-\boldsymbol{A})=(\lambda-1)^3(\lambda-3)$，所以 $\boldsymbol{A}$ 的不变因子为

$$d_1(\lambda)=d_2(\lambda)=d_3(\lambda)=1,\qquad d_4(\lambda)=(\lambda-1)^3(\lambda-3).$$

于是 $\boldsymbol{A}$ 的初等因子为 $(\lambda-1)^3$，$\lambda-3$，故 $\boldsymbol{A}$ 的 Jordan 标准形为

$$\boldsymbol{J}=\begin{pmatrix} 1 & 1 & & \\ & 1 & 1 & \\ & & 1 & \\ & & & 3 \end{pmatrix}.$$

上面介绍了求 Jordan 标准形的三种方法. 在求出 Jordan 标准形后，相应的相似变换矩阵就易于求得了，举例说明如下.

例 1.9 求下列矩阵的 Jordan 标准形和所用的相似变换矩阵：

(1) $\boldsymbol{A}=\begin{pmatrix}-1&0&1\\1&2&0\\-4&0&3\end{pmatrix}$； (2) $\boldsymbol{A}=\begin{pmatrix}3&1&-1\\-2&0&2\\-1&-1&3\end{pmatrix}$.

解 (1) 由例 1.5 知 $\boldsymbol{A}$ 的 Jordan 标准形为

$$\boldsymbol{J}=\begin{pmatrix}1&1&\\&1&\\&&2\end{pmatrix}.$$

设相似变换矩阵 $\boldsymbol{P}=(\boldsymbol{p}_1,\boldsymbol{p}_2,\boldsymbol{p}_3)$，由 $\boldsymbol{P}^{-1}\boldsymbol{AP}=\boldsymbol{J}$，即 $\boldsymbol{AP}=\boldsymbol{PJ}$ 得

$$\begin{cases}\boldsymbol{Ap}_1=\boldsymbol{p}_1,\\ \boldsymbol{Ap}_2=\boldsymbol{p}_1+\boldsymbol{p}_2,\\ \boldsymbol{Ap}_3=2\boldsymbol{p}_3,\end{cases}\quad 即\quad \begin{cases}(\boldsymbol{I}-\boldsymbol{A})\boldsymbol{p}_1=\boldsymbol{0},\\ (\boldsymbol{I}-\boldsymbol{A})\boldsymbol{p}_2=-\boldsymbol{p}_1,\\ (2\boldsymbol{I}-\boldsymbol{A})\boldsymbol{p}_3=\boldsymbol{0}.\end{cases}$$

可见 $\boldsymbol{p}_1,\boldsymbol{p}_3$ 是 $\boldsymbol{A}$ 的对应特征值 1 和 2 的特征向量，而 $\boldsymbol{p}_2$ 由求解非齐次线性方程组 $(\boldsymbol{I}-\boldsymbol{A})\boldsymbol{x}=-\boldsymbol{p}_1$ 得到，称 $\boldsymbol{p}_2$ 为对应特征值 1 的**广义特征向量**. 例 1.1 已求得对应特征值 1 和 2 的特征向量分别为

$$\boldsymbol{p}_1=(1,-1,2)^{\mathrm{T}},\qquad \boldsymbol{p}_3=(0,1,0)^{\mathrm{T}}.$$

求解方程组 $(\boldsymbol{I}-\boldsymbol{A})\boldsymbol{x}=-\boldsymbol{p}_1$. 由

$$(\boldsymbol{I}-\boldsymbol{A},-\boldsymbol{p}_1)=\begin{pmatrix}2&0&-1&-1\\-1&-1&0&1\\4&0&-2&-2\end{pmatrix}\longrightarrow\begin{pmatrix}1&0&-1/2&-1/2\\0&1&1/2&-1/2\\0&0&0&0\end{pmatrix}$$

得通解

$$\boldsymbol{x}=\begin{pmatrix}-1/2\\-1/2\\0\end{pmatrix}+k\begin{pmatrix}1/2\\-1/2\\1\end{pmatrix}\qquad (k\in\mathbf{C}).$$

取广义特征向量 $\boldsymbol{p}_2=(0,-1,1)^{\mathrm{T}}$，故所用的相似变换矩阵为

$$\boldsymbol{P}=\begin{pmatrix}1&0&0\\-1&-1&1\\2&1&0\end{pmatrix}.$$

(2) 例 1.5 已求得 $\boldsymbol{A}$ 的 Jordan 标准形为

$$\boldsymbol{J}=\begin{pmatrix}2&&\\&2&1\\&&2\end{pmatrix}.$$

设相似变换矩阵 $\boldsymbol{P}=(\boldsymbol{p}_1,\boldsymbol{p}_2,\boldsymbol{p}_3)$，则由 $\boldsymbol{P}^{-1}\boldsymbol{AP}=\boldsymbol{J}$，即 $\boldsymbol{AP}=\boldsymbol{PJ}$ 得

$$\begin{cases} \boldsymbol{A}\boldsymbol{p}_1=2\boldsymbol{p}_1, \\ \boldsymbol{A}\boldsymbol{p}_2=2\boldsymbol{p}_2, \\ \boldsymbol{A}\boldsymbol{p}_3=\boldsymbol{p}_2+2\boldsymbol{p}_3, \end{cases} \quad \text{即} \quad \begin{cases} (2\boldsymbol{I}-\boldsymbol{A})\boldsymbol{p}_1=\boldsymbol{0}, \\ (2\boldsymbol{I}-\boldsymbol{A})\boldsymbol{p}_2=\boldsymbol{0}, \\ (2\boldsymbol{I}-\boldsymbol{A})\boldsymbol{p}_3=-\boldsymbol{p}_2. \end{cases}$$

可见 $\boldsymbol{p}_1,\boldsymbol{p}_2$ 是对应特征值 2 的两个线性无关的特征向量，而对应特征值 2 的广义特征向量 $\boldsymbol{p}_3$ 由求解非齐次线性方程组 $(2\boldsymbol{I}-\boldsymbol{A})\boldsymbol{x}=-\boldsymbol{p}_2$ 得到.

在例 1.5 中求得对应特征值 2 的两个线性无关的特征向量为

$$(-1,1,0)^{\mathrm{T}}, \quad (1,0,1)^{\mathrm{T}}.$$

可取 $\boldsymbol{p}_1=(-1,1,0)^{\mathrm{T}}$. 假如取 $\boldsymbol{p}_2=(1,0,1)^{\mathrm{T}}$，则可发现 $(2\boldsymbol{I}-\boldsymbol{A})\boldsymbol{x}=-\boldsymbol{p}_2$ 无解. 为了使该方程组有解，需要另外选择 $\boldsymbol{p}_2$. 设

$$\boldsymbol{p}_2=k_1(-1,1,0)^{\mathrm{T}}+k_2(1,0,1)^{\mathrm{T}},$$

由

$$(2\boldsymbol{I}-\boldsymbol{A},-\boldsymbol{p}_2)=\begin{pmatrix} -1 & -1 & 1 & k_1-k_2 \\ 2 & 2 & -2 & -k_1 \\ 1 & 1 & -1 & -k_2 \end{pmatrix} \longrightarrow \begin{pmatrix} 1 & 1 & -1 & -k_2 \\ 0 & 0 & 0 & 2k_2-k_1 \\ 0 & 0 & 0 & 0 \end{pmatrix}$$

知 $k_1=2k_2$ 时 $(2\boldsymbol{I}-\boldsymbol{A})\boldsymbol{x}=-\boldsymbol{p}_2$ 有解. 取 $k_1=2,k_2=1$ 得 $\boldsymbol{p}_2=(-1,2,1)^{\mathrm{T}}$. 再取 $(2\boldsymbol{I}-\boldsymbol{A})\boldsymbol{x}=-\boldsymbol{p}_2$ 的解向量 $\boldsymbol{p}_3=(-1,0,0)^{\mathrm{T}}$，故所用的相似变换矩阵为

$$\boldsymbol{P}=\begin{pmatrix} -1 & -1 & -1 \\ 1 & 2 & 0 \\ 0 & 1 & 0 \end{pmatrix}.$$

当矩阵 $\boldsymbol{A}$ 的某个重特征值对应一个以上 Jordan 块时，经常要作类似上例的处理.

为说明 Jordan 标准形的应用，先给出如下结论，这一结论在后面还要用到.

定理 1.12　对于 r_i 阶 Jordan 块

$$\boldsymbol{J}_i=\begin{pmatrix} \lambda_i & 1 & & \\ & \lambda_i & \ddots & \\ & & \ddots & 1 \\ & & & \lambda_i \end{pmatrix}_{r_i\times r_i},$$

有

$$\boldsymbol{J}_i^k=\begin{pmatrix} \lambda_i^k & \mathrm{C}_k^1\lambda_i^{k-1} & \mathrm{C}_k^2\lambda_i^{k-2} & \cdots & \mathrm{C}_k^{r_i-1}\lambda_i^{k-r_i+1} \\ & \lambda_i^k & \mathrm{C}_k^1\lambda_i^{k-1} & \cdots & \mathrm{C}_k^{r_i-2}\lambda_i^{k-r_i+2} \\ & & & \ddots & \vdots \\ & & & \ddots & \mathrm{C}_k^1\lambda_i^{k-1} \\ & & & & \lambda_i^k \end{pmatrix}$$

$$=\begin{pmatrix} \lambda^k & \frac{1}{1!}(\lambda^k)' & \frac{1}{2!}(\lambda^k)'' & \cdots & \frac{1}{(r_i-1)!}(\lambda^k)^{(r_i-1)} \\ & \lambda^k & \frac{1}{1!}(\lambda^k)' & \cdots & \frac{1}{(r_i-2)!}(\lambda^k)^{(r_i-2)} \\ & & & \ddots & \vdots \\ & & & \ddots & \frac{1}{1!}(\lambda^k)' \\ & & & & \lambda^k \end{pmatrix}\Bigg|_{\lambda=\lambda_i},$$

其中 $C_k^t=\dfrac{k!}{t!\ (k-t)!}$，且规定 $C_k^t=0(t>k)$.

证 因为 $\boldsymbol{J}_i=\lambda_i\boldsymbol{I}_{r_i}+\boldsymbol{H}$，其中

$$\boldsymbol{H}=\begin{pmatrix}\boldsymbol{0} & \boldsymbol{I}_{r_i-1}\\ 0 & \boldsymbol{0}^{\mathrm{T}}\end{pmatrix},$$

注意到

$$\boldsymbol{H}^j=\begin{pmatrix}\boldsymbol{O} & \boldsymbol{I}_{r_i-j}\\ \boldsymbol{O} & \boldsymbol{O}\end{pmatrix}\quad(1\leqslant j\leqslant r_i-1),\qquad \boldsymbol{H}^j=\boldsymbol{O}\quad(j\geqslant r_i),$$

且 $(\lambda_i\boldsymbol{I}_{r_i})\boldsymbol{H}=\boldsymbol{H}(\lambda_i\boldsymbol{I}_{r_i})$，于是

$$\boldsymbol{J}_i^k=(\lambda_i\boldsymbol{I}_{r_i}+\boldsymbol{H})^k=\lambda_i^k\boldsymbol{I}_{r_i}+C_k^1\lambda_i^{k-1}\boldsymbol{H}+\cdots+C_k^{r_i-1}\lambda_i^{k-r_i+1}\boldsymbol{H}^{r_i-1}.$$

上式右端写成矩阵形式即为所求. 根据求导公式可得第 2 个等式. 证毕

例 1.10 已知 $\boldsymbol{A}=\begin{pmatrix}-1 & 0 & 1\\ 1 & 2 & 0\\ -4 & 0 & 3\end{pmatrix}$，求 $\boldsymbol{A}^k$.

解 例 1.9 已求得 $\boldsymbol{P}^{-1}\boldsymbol{A}\boldsymbol{P}=\boldsymbol{J}$，其中

$$\boldsymbol{P}=\begin{pmatrix}1 & 0 & 0\\ -1 & -1 & 1\\ 2 & 1 & 0\end{pmatrix},\qquad \boldsymbol{J}=\begin{pmatrix}1 & 1 & \\ & 1 & \\ & & 2\end{pmatrix}.$$

于是

$$\begin{aligned}\boldsymbol{A}^k &= (\boldsymbol{P}\boldsymbol{J}\boldsymbol{P}^{-1})^k=\boldsymbol{P}\boldsymbol{J}^k\boldsymbol{P}^{-1}\\ &=\begin{pmatrix}1 & 0 & 0\\ -1 & -1 & 1\\ 2 & 1 & 0\end{pmatrix}\begin{pmatrix}1 & k & 0\\ 0 & 1 & 0\\ 0 & 0 & 2^k\end{pmatrix}\begin{pmatrix}1 & 0 & 0\\ -2 & 0 & 1\\ -1 & 1 & 1\end{pmatrix}\\ &=\begin{pmatrix}-2k+1 & 0 & k\\ 2k+1-2^k & 2^k & -k-1+2^k\\ -4k & 0 & 2k+1\end{pmatrix}.\end{aligned}$$

例 1.11　求解一阶线性常系数微分方程组

$$\begin{cases}\dfrac{dx_1}{dt}=3x_1+x_2-x_3,\\ \dfrac{dx_2}{dt}=-2x_1+2x_3,\\ \dfrac{dx_3}{dt}=-x_1-x_2+3x_3.\end{cases}$$

解　把微分方程组改写为矩阵形式

$$\frac{d\boldsymbol{x}}{dt}=\boldsymbol{A}\boldsymbol{x},$$

其中

$$\boldsymbol{x}=\begin{pmatrix}x_1\\x_2\\x_3\end{pmatrix},\quad \frac{d\boldsymbol{x}}{dt}=\begin{pmatrix}\dfrac{dx_1}{dt}\\ \dfrac{dx_2}{dt}\\ \dfrac{dx_3}{dt}\end{pmatrix},\quad \boldsymbol{A}=\begin{pmatrix}3&1&-1\\-2&0&2\\-1&-1&3\end{pmatrix}.$$

令 $\boldsymbol{x}=\boldsymbol{P}\boldsymbol{y}$,这里

$$\boldsymbol{P}=\begin{pmatrix}-1&-1&-1\\1&2&0\\0&1&0\end{pmatrix},\qquad \boldsymbol{y}=\begin{pmatrix}y_1\\y_2\\y_3\end{pmatrix}.$$

由例 1.9 得

$$\frac{d\boldsymbol{y}}{dt}=\boldsymbol{P}^{-1}\frac{d\boldsymbol{x}}{dt}=\boldsymbol{P}^{-1}\boldsymbol{A}\boldsymbol{x}=\boldsymbol{P}^{-1}\boldsymbol{A}\boldsymbol{P}\boldsymbol{y}=\begin{pmatrix}2&0&0\\0&2&1\\0&0&2\end{pmatrix}\boldsymbol{y},$$

从而

$$\frac{dy_1}{dt}=2y_1,\quad \frac{dy_2}{dt}=2y_2+y_3,\quad \frac{dy_3}{dt}=2y_3.$$

第 1,3 个方程的一般解为 $y_1=c_1e^{2t}$,$y_3=c_3e^{2t}$,代入第 2 个方程得 $\dfrac{dy_2}{dt}=2y_2+c_3e^{2t}$,其一般解为

$$y_2=e^{2t}\left(\int c_3e^{2t}e^{-2t}dt+c_2\right)=e^{2t}(c_2+c_3t).$$

由 $\boldsymbol{x}=\boldsymbol{P}\boldsymbol{y}$ 求得原微分方程组的一般解为

$$\begin{cases} x_1=-\mathrm{e}^{2t}(c_1+c_2+c_3+c_3t), \\ x_2=\mathrm{e}^{2t}(c_1+2c_2+2c_3t), \\ x_3=\mathrm{e}^{2t}(c_2+c_3t) \end{cases} \qquad (c_1,c_2,c_3\in\mathbf{C}).$$

1.4 Hamilton-Cayley 定理

利用 Jordan 标准形可以给出在矩阵论中非常重要的 Hamilton-Cayley 定理.

定理 1.13(Hamilton-Cayley) 设$\boldsymbol{A}\in\mathbf{C}^{n\times n}$,$\psi(\lambda)=\det(\lambda\boldsymbol{I}-\boldsymbol{A})$,则$\psi(\boldsymbol{A})=\boldsymbol{O}$.

证 存在 $\boldsymbol{P}\in\mathbf{C}_n^{n\times n}$,使得 $\boldsymbol{P}^{-1}\boldsymbol{A}\boldsymbol{P}=\boldsymbol{J}$,其中 $\boldsymbol{J}$ 是 $\boldsymbol{A}$ 的 Jordan 标准形,可写为

$$\boldsymbol{J}=\begin{pmatrix} \lambda_1 & \delta & & \\ & \lambda_2 & \ddots & \\ & & \ddots & \delta \\ & & & \lambda_n \end{pmatrix} \qquad (\delta\text{ 代表 1 或 0}).$$

由于 $\lambda_1,\lambda_2,\cdots,\lambda_n$ 是 $\boldsymbol{A}$ 的特征值,于是

$$\psi(\lambda)=\det(\lambda\boldsymbol{I}-\boldsymbol{A})=(\lambda-\lambda_1)(\lambda-\lambda_2)\cdots(\lambda-\lambda_n).$$

从而

$$\begin{aligned} \psi(\boldsymbol{A}) &=(\boldsymbol{A}-\lambda_1\boldsymbol{I})(\boldsymbol{A}-\lambda_2\boldsymbol{I})\cdots(\boldsymbol{A}-\lambda_n\boldsymbol{I}) \\ &=(\boldsymbol{PJP}^{-1}-\lambda_1\boldsymbol{I})(\boldsymbol{PJP}^{-1}-\lambda_2\boldsymbol{I})\cdots(\boldsymbol{PJP}^{-1}-\lambda_n\boldsymbol{I}) \\ &=\boldsymbol{P}(\boldsymbol{J}-\lambda_1\boldsymbol{I})(\boldsymbol{J}-\lambda_2\boldsymbol{I})\cdots(\boldsymbol{J}-\lambda_n\boldsymbol{I})\boldsymbol{P}^{-1} \\ &=\boldsymbol{P}\begin{pmatrix} 0 & \delta & & \\ & \lambda_2-\lambda_1 & \ddots & \\ & & \ddots & \delta \\ & & & \lambda_n-\lambda_1 \end{pmatrix}\begin{pmatrix} \lambda_1-\lambda_2 & \delta & & \\ & 0 & \ddots & \\ & & \ddots & \delta \\ & & & \lambda_n-\lambda_2 \end{pmatrix}\cdots \\ &\quad\times\begin{pmatrix} \lambda_1-\lambda_n & & \delta & \\ & \ddots & & \ddots \\ & & \lambda_{n-1}-\lambda_n & \delta \\ & & & 0 \end{pmatrix}\boldsymbol{P}^{-1} \\ &=\boldsymbol{P}\begin{pmatrix} 0 & 0 & * & \cdots & * \\ 0 & 0 & * & \cdots & * \\ \vdots & \vdots & & \ddots & \vdots \\ 0 & 0 & & & * \end{pmatrix}\cdots\begin{pmatrix} \lambda_1-\lambda_n & & \delta & \\ & \ddots & & \ddots \\ & & \lambda_{n-1}-\lambda_n & \delta \\ & & & 0 \end{pmatrix}\boldsymbol{P}^{-1} \\ &=\cdots=\boldsymbol{O}. \end{aligned}$$

证毕

以下用例子说明 Hamilton-Cayley 定理在简化矩阵计算中的应用.

例 1.12　已知矩阵 $\boldsymbol{A}=\begin{pmatrix}-1&1&0\\-4&3&0\\1&0&2\end{pmatrix}$,试计算

(1) $\boldsymbol{A}^7-\boldsymbol{A}^5-19\boldsymbol{A}^4+28\boldsymbol{A}^3+6\boldsymbol{A}-4\boldsymbol{I}$;

(2) $\boldsymbol{A}^{-1}$;

(3) $\boldsymbol{A}^{100}$.

解　可求得 $\psi(\lambda)=\det(\lambda\boldsymbol{I}-\boldsymbol{A})=(\lambda-1)^2(\lambda-2)=\lambda^3-4\lambda^2+5\lambda-2$.

(1) 令 $g(\lambda)=\lambda^7-\lambda^5-19\lambda^4+28\lambda^3+6\lambda-4$,需计算 $g(\boldsymbol{A})$. 用 $\psi(\lambda)$除$g(\lambda)$,得

$$g(\lambda)=(\lambda^4+4\lambda^3+10\lambda^2+3\lambda-2)\psi(\lambda)-3\lambda^2+22\lambda-8.$$

由 Hamilton-Cayley 定理知 $\psi(\boldsymbol{A})=\boldsymbol{O}$,于是

$$g(\boldsymbol{A})=-3\boldsymbol{A}^2+22\boldsymbol{A}-8\boldsymbol{I}=\begin{pmatrix}-21&16&0\\-64&43&0\\19&-3&24\end{pmatrix}.$$

(2) 由 $\psi(\boldsymbol{A})=\boldsymbol{A}^3-4\boldsymbol{A}^2+5\boldsymbol{A}-2\boldsymbol{I}=\boldsymbol{O}$,得

$$\boldsymbol{A}\left[\frac{1}{2}(\boldsymbol{A}^2-4\boldsymbol{A}+5\boldsymbol{I})\right]=\boldsymbol{I},$$

故

$$\boldsymbol{A}^{-1}=\frac{1}{2}(\boldsymbol{A}^2-4\boldsymbol{A}+5\boldsymbol{I})=\begin{pmatrix}3&-1&0\\4&-1&0\\-3/2&1/2&1/2\end{pmatrix}.$$

(3) 设 $\lambda^{100}=q(\lambda)\psi(\lambda)+b_2\lambda^2+b_1\lambda+b_0$,注意到 $\psi(2)=\psi(1)=\psi'(1)=0$,分别将 $\lambda=2$ 和 $\lambda=1$ 代入上式,再对上式求导数后将 $\lambda=1$ 代入,得

$$\begin{cases}2^{100}=4b_2+2b_1+b_0,\\1=b_2+b_1+b_0,\\100=2b_2+b_1,\end{cases}$$

解得

$$\begin{cases}b_0=2^{100}-200,\\b_1=-2^{101}+302,\\b_2=2^{100}-101.\end{cases}$$

故

$$\boldsymbol{A}^{100}=b_2\boldsymbol{A}^2+b_1\boldsymbol{A}+b_0\boldsymbol{I}=\begin{pmatrix}-199&100&0\\-400&201&0\\201-2^{100}&2^{100}-101&2^{100}\end{pmatrix}.$$

定义 1.10 设 $\boldsymbol{A}\in\mathbf{C}^{n\times n}$，$f(\lambda)$是多项式. 如果有 $f(\boldsymbol{A})=\boldsymbol{O}$，则称 $f(\lambda)$为 $\boldsymbol{A}$ 的**零化多项式**.

定理 1.13 表明，矩阵 $\boldsymbol{A}$ 的特征多项式就是它的零化多项式. 显然，给 $\boldsymbol{A}$ 的特征多项式 $\psi(\lambda)$任意乘一个多项式仍得到 $\boldsymbol{A}$ 的零化多项式. 现在的问题是，是否存在比 $\boldsymbol{A}$ 的特征多项式次数低的零化多项式.

定义 1.11 设 $\boldsymbol{A}\in\mathbf{C}^{n\times n}$，在 $\boldsymbol{A}$ 的零化多项式中，次数最低的首一多项式称为 $\boldsymbol{A}$ 的**最小多项式**，记为 $m_{\boldsymbol{A}}(\lambda)$.

定理 1.14 设 $\boldsymbol{A}\in\mathbf{C}^{n\times n}$，则 $\boldsymbol{A}$ 的最小多项式 $m_{\boldsymbol{A}}(\lambda)$整除 $\boldsymbol{A}$ 的任一零化多项式，且最小多项式是唯一的.

证 设 $f(\lambda)$是 $\boldsymbol{A}$ 的任一零化多项式，假若 $m_{\boldsymbol{A}}(\lambda)$不能整除 $f(\lambda)$，则有

$$f(\lambda)=q(\lambda)m_{\boldsymbol{A}}(\lambda)+r(\lambda),$$

其中 $r(\lambda)$的次数低于 $m_{\boldsymbol{A}}(\lambda)$的次数. 于是由 $f(\boldsymbol{A})=q(\boldsymbol{A})m_{\boldsymbol{A}}(\boldsymbol{A})+r(\boldsymbol{A})$知$r(\boldsymbol{A})=\boldsymbol{O}$，这就与 $m_{\boldsymbol{A}}(\lambda)$是 $\boldsymbol{A}$ 的最小多项式相矛盾.

再证唯一性. 设 $\boldsymbol{A}$ 有两个不同的最小多项式 $m_{\boldsymbol{A}}(\lambda)$ 和 $\widetilde{m}_{\boldsymbol{A}}(\lambda)$，令 $g(\lambda)=m_{\boldsymbol{A}}(\lambda)-\widetilde{m}_{\boldsymbol{A}}(\lambda)$，则由 $m_{\boldsymbol{A}}(\lambda)$与 $\widetilde{m}_{\boldsymbol{A}}(\lambda)$是首一多项式且次数相同知，$g(\lambda)$是比$m_{\boldsymbol{A}}(\lambda)$次数低的非零多项式. 又

$$g(\boldsymbol{A})=m_{\boldsymbol{A}}(\boldsymbol{A})-\widetilde{m}_{\boldsymbol{A}}(\boldsymbol{A})=\boldsymbol{O},$$

这就与 $m_{\boldsymbol{A}}(\lambda)$是 $\boldsymbol{A}$ 的最小多项式的假设矛盾. 证毕

这一定理表明，矩阵 $\boldsymbol{A}$ 的最小多项式应是 $\boldsymbol{A}$ 的特征多项式的因式. 又因 $m_{\boldsymbol{A}}(\boldsymbol{A})=\boldsymbol{O}$，由定理 1.2 知 $m_{\boldsymbol{A}}(\lambda)$应包含 $\boldsymbol{A}$ 的所有互不相同的特征值. 因此求 $\boldsymbol{A}$ 的最小多项式可采用试探法，即先求出 $\boldsymbol{A}$ 的特征多项式 $\psi(\lambda)$，然后找出 $\psi(\lambda)$中包含 $\boldsymbol{A}$ 的所有互不相同特征值的因式，最后验证这些因式是否是 $\boldsymbol{A}$ 的零化多项式.

定理 1.15 设 $\boldsymbol{A}\in\mathbf{C}^{n\times n}$，$\psi(\lambda)=\det(\lambda\boldsymbol{I}-\boldsymbol{A})$，又设 $D_{n-1}(\lambda)$是 $\lambda\boldsymbol{I}-\boldsymbol{A}$ 的 $n-1$ 阶行列式因子，则

$$m_{\boldsymbol{A}}(\lambda)=\frac{\psi(\lambda)}{D_{n-1}(\lambda)}.$$

证明略.

定理 1.16 相似矩阵有相同的最小多项式.

证 设 $\boldsymbol{B}=\boldsymbol{P}^{-1}\boldsymbol{A}\boldsymbol{P}$，$m_{\boldsymbol{A}}(\lambda)$与 $m_{\boldsymbol{B}}(\lambda)$分别是 $\boldsymbol{A}$ 和 $\boldsymbol{B}$ 的最小多项式，则

$$m_{\boldsymbol{A}}(\boldsymbol{B})=m_{\boldsymbol{A}}(\boldsymbol{P}^{-1}\boldsymbol{A}\boldsymbol{P})=\boldsymbol{P}^{-1}m_{\boldsymbol{A}}(\boldsymbol{A})\boldsymbol{P}=\boldsymbol{O}.$$

根据定理 1.14 知 $m_{\boldsymbol{B}}(\lambda)\mid m_{\boldsymbol{A}}(\lambda)$. 另一方面，有

$$m_{\boldsymbol{B}}(\boldsymbol{A})=m_{\boldsymbol{B}}(\boldsymbol{P}\boldsymbol{B}\boldsymbol{P}^{-1})=\boldsymbol{P}m_{\boldsymbol{B}}(\boldsymbol{B})\boldsymbol{P}^{-1}=\boldsymbol{O},$$

从而 $m_{\boldsymbol{A}}(\lambda)\mid m_{\boldsymbol{B}}(\lambda)$. 因为 $m_{\boldsymbol{A}}(\lambda)$与 $m_{\boldsymbol{B}}(\lambda)$都是首一多项式，故 $m_{\boldsymbol{A}}(\lambda)=$

$m_{\boldsymbol{B}}(\lambda)$.　　证毕

利用这一定理,可以先对矩阵 $\boldsymbol{A}$ 作相似变换,再求其最小多项式. 以下定理即是利用 $\boldsymbol{A}$ 的 Jordan 标准形求 $\boldsymbol{A}$ 的最小多项式(证明略).

定理 1.17　设 $\boldsymbol{A}\in\mathbf{C}^{n\times n}$, $\lambda_1,\lambda_2,\cdots,\lambda_t$ 是 $\boldsymbol{A}$ 的所有互不相同的特征值,则

$$m_{\boldsymbol{A}}(\lambda)=(\lambda-\lambda_1)^{m_1}(\lambda-\lambda_2)^{m_2}\cdots(\lambda-\lambda_t)^{m_t},$$

其中 m_i 是 $\boldsymbol{A}$ 的 Jordan 标准形 $\boldsymbol{J}$ 中含 λ_i 的 Jordan 块的最高阶数.

例 1.13　求下列矩阵的最小多项式:

(1) $\boldsymbol{A}=\begin{pmatrix}3&1&-1\\-2&0&2\\-1&-1&3\end{pmatrix}$;　(2) $\boldsymbol{A}=\begin{pmatrix}2&-1&1&-1\\2&2&-1&-1\\1&2&-1&2\\0&0&0&3\end{pmatrix}$.

解　(1) 法 1　可求得 $\psi(\lambda)=\det(\lambda\boldsymbol{I}-\boldsymbol{A})=(\lambda-2)^3$. $\psi(\lambda)$ 中包含 $\boldsymbol{A}$ 的所有互不相同特征值的因式有 $\lambda-2$ 和 $(\lambda-2)^2$, 经验证 $\boldsymbol{A}-2\boldsymbol{I}\neq\boldsymbol{O}$, $(\boldsymbol{A}-2\boldsymbol{I})^2=\boldsymbol{O}$, 故

$$m_{\boldsymbol{A}}(\lambda)=(\lambda-2)^2.$$

法 2　例 1.5 已求得 $\boldsymbol{A}$ 的 Jordan 标准形为

$$\boldsymbol{J}=\begin{pmatrix}2&&\\&2&1\\&&2\end{pmatrix},$$

故由定理 1.17 知

$$m_{\boldsymbol{A}}(\lambda)=(\lambda-2)^2.$$

(2) 法 1　可求得 $\psi(\lambda)=\det(\lambda\boldsymbol{I}-\boldsymbol{A})=(\lambda-1)^3(\lambda-3)$. 例 1.8 已求得 $D_3(\lambda)=1$, 故

$$m_{\boldsymbol{A}}(\lambda)=\frac{\psi(\lambda)}{D_3(\lambda)}=\psi(\lambda),$$

即 $\boldsymbol{A}$ 的最小多项式即是 $\boldsymbol{A}$ 的特征多项式.

法 2　例 1.8 已求得 $\boldsymbol{A}$ 的 Jordan 标准形为

$$\boldsymbol{J}=\begin{pmatrix}1&1&&\\&1&1&\\&&1&\\&&&3\end{pmatrix},$$

于是

$$m_{\boldsymbol{A}}(\lambda)=(\lambda-1)^3(\lambda-3)=\psi(\lambda).$$

1.5　向量的内积

在线性代数中规定了 n 维实向量的内积,即对于 $\boldsymbol{x}=(\xi_1,\xi_2,\cdots,\xi_n)^{\mathrm{T}}\in\mathbf{R}^n$ 和

$\boldsymbol{y}=(\eta_1,\eta_2,\cdots,\eta_n)^{\mathrm{T}}\in\mathbf{R}^n$，$\boldsymbol{x}$ 与 $\boldsymbol{y}$ 的内积 $(\boldsymbol{x},\boldsymbol{y})$ 为

$$(\boldsymbol{x},\boldsymbol{y})=\sum_{k=1}^{n}\xi_k\eta_k. \tag{1.4}$$

这是对几何向量求数量积的直角坐标计算公式的推广. 虽然 n 维向量没有三维向量那样直观的长度和夹角的概念，但利用内积可以定义其长度和夹角. 本节进一步将 n 维实向量的内积推广到 n 维复向量的情形，相应地给出复向量的长度、正交等概念.

需要指出的是，直接以式(1.4)作为复向量的内积将导致不合理的结果，如对于复向量 $\boldsymbol{x}=(3,4,5\mathrm{i})^{\mathrm{T}}$，按式(1.4)计算得

$$(\boldsymbol{x},\boldsymbol{x})=3^2+4^2+(5\mathrm{i})^2=0,$$

即出现非零向量的内积等于 0 的情形. 为了避免这种情形，要将式(1.4)进行适当的修改.

定义 1.12 设 $\boldsymbol{x}=(\xi_1,\xi_2,\cdots,\xi_n)^{\mathrm{T}}\in\mathbf{C}^n$，$\boldsymbol{y}=(\eta_1,\eta_2,\cdots,\eta_n)^{\mathrm{T}}\in\mathbf{C}^n$，令

$$(\boldsymbol{x},\boldsymbol{y})=\sum_{k=1}^{n}\xi_k\overline{\eta}_k=\boldsymbol{y}^{\mathrm{H}}\boldsymbol{x},$$

称 $(\boldsymbol{x},\boldsymbol{y})$ 为向量 $\boldsymbol{x}$ 与 $\boldsymbol{y}$ 的**内积**.

内积具有下述性质.

定理 1.18 设 $\boldsymbol{x},\boldsymbol{y},\boldsymbol{z}\in\mathbf{C}^n$，$\lambda\in\mathbf{C}$，则

(1) $(\boldsymbol{x},\boldsymbol{y})=\overline{(\boldsymbol{y},\boldsymbol{x})}$；

(2) $(\lambda\boldsymbol{x},\boldsymbol{y})=\lambda(\boldsymbol{x},\boldsymbol{y})$，$(\boldsymbol{x},\lambda\boldsymbol{y})=\overline{\lambda}(\boldsymbol{x},\boldsymbol{y})$；

(3) $(\boldsymbol{x}+\boldsymbol{y},\boldsymbol{z})=(\boldsymbol{x},\boldsymbol{z})+(\boldsymbol{y},\boldsymbol{z})$；

(4) $(\boldsymbol{x},\boldsymbol{x})\geqslant0$，仅当 $\boldsymbol{x}=\boldsymbol{0}$ 时才有 $(\boldsymbol{x},\boldsymbol{x})=0$；

(5) $(\boldsymbol{x},\boldsymbol{y})(\boldsymbol{y},\boldsymbol{x})\leqslant(\boldsymbol{x},\boldsymbol{x})(\boldsymbol{y},\boldsymbol{y})$ （Cauchy-Schwarz 不等式）.

证 只证(5). 当 $\boldsymbol{y}=\boldsymbol{0}$ 时，等式成立. 下设 $\boldsymbol{y}\neq\boldsymbol{0}$，则对任意 $\lambda\in\mathbf{C}$，有

$$0\leqslant(\boldsymbol{x}-\lambda\boldsymbol{y},\boldsymbol{x}-\lambda\boldsymbol{y})=(\boldsymbol{x},\boldsymbol{x})-\lambda(\boldsymbol{y},\boldsymbol{x})-\overline{\lambda}(\boldsymbol{x},\boldsymbol{y})+\lambda\overline{\lambda}(\boldsymbol{y},\boldsymbol{y}).$$

在上式中取 $\lambda=\dfrac{(\boldsymbol{x},\boldsymbol{y})}{(\boldsymbol{y},\boldsymbol{y})}$，得

$$\begin{aligned}0&\leqslant(\boldsymbol{x},\boldsymbol{x})-\frac{(\boldsymbol{x},\boldsymbol{y})}{(\boldsymbol{y},\boldsymbol{y})}(\boldsymbol{y},\boldsymbol{x})-\frac{\overline{(\boldsymbol{x},\boldsymbol{y})}}{(\boldsymbol{y},\boldsymbol{y})}(\boldsymbol{x},\boldsymbol{y})+\frac{(\boldsymbol{x},\boldsymbol{y})\overline{(\boldsymbol{x},\boldsymbol{y})}}{(\boldsymbol{y},\boldsymbol{y})^2}(\boldsymbol{y},\boldsymbol{y})\\&=(\boldsymbol{x},\boldsymbol{x})-\frac{(\boldsymbol{x},\boldsymbol{y})}{(\boldsymbol{y},\boldsymbol{y})}(\boldsymbol{y},\boldsymbol{x}).\end{aligned}$$

整理之即得

$$(\boldsymbol{x},\boldsymbol{y})(\boldsymbol{y},\boldsymbol{x})\leqslant(\boldsymbol{x},\boldsymbol{x})(\boldsymbol{y},\boldsymbol{y}).$$

证毕

如果对向量 $(|\xi_1|,|\xi_2|,\cdots,|\xi_n|)^{\mathrm{T}}$ 和 $(|\eta_1|,|\eta_2|,\cdots,|\eta_n|)^{\mathrm{T}}$ 应用 Cauchy-Schwarz 不等式，得

$$\left(\sum_{k=1}^{n}|\xi_k||\eta_k|\right)^2 \leqslant \left(\sum_{k=1}^{n}|\xi_k|^2\right)\left(\sum_{k=1}^{n}|\eta_k|^2\right). \tag{1.5}$$

这是后面经常要用到的不等式.

定义 1.13　设 $\boldsymbol{x}=(\xi_1,\xi_2,\cdots,\xi_n)^{\mathrm{T}}\in\mathbf{C}^n$，令

$$\|\boldsymbol{x}\|_2=\sqrt{(\boldsymbol{x},\boldsymbol{x})}=\sqrt{\sum_{k=1}^{n}|\xi_k|^2},$$

称 $\|\boldsymbol{x}\|_2$ 为向量 $\boldsymbol{x}$ 的**长度**或 **2 范数**.

向量的长度具有下述性质.

定理 1.19　设 $\boldsymbol{x},\boldsymbol{y}\in\mathbf{C}^n,\lambda\in\mathbf{C}$，则

(1) 当 $\boldsymbol{x}\neq\mathbf{0}$ 时，$\|\boldsymbol{x}\|_2>0$；当 $\boldsymbol{x}=\mathbf{0}$ 时，$\|\boldsymbol{x}\|_2=0$　(非负性)；

(2) $\|\lambda\boldsymbol{x}\|_2=|\lambda|\,\|\boldsymbol{x}\|_2$　(齐次性)；

(3) $\|\boldsymbol{x}+\boldsymbol{y}\|_2\leqslant\|\boldsymbol{x}\|_2+\|\boldsymbol{y}\|_2$　(三角不等式).

证　只证(3). 显然，Cauchy-Schwarz 不等式可改写为 $|(\boldsymbol{x},\boldsymbol{y})|\leqslant\|\boldsymbol{x}\|_2\|\boldsymbol{y}\|_2$，于是

$$\begin{aligned}\|\boldsymbol{x}+\boldsymbol{y}\|_2^2&=(\boldsymbol{x}+\boldsymbol{y},\boldsymbol{x}+\boldsymbol{y})=(\boldsymbol{x},\boldsymbol{x})+(\boldsymbol{x},\boldsymbol{y})+(\boldsymbol{y},\boldsymbol{x})+(\boldsymbol{y},\boldsymbol{y})\\&=\|\boldsymbol{x}\|_2^2+2\mathrm{Re}(\boldsymbol{x},\boldsymbol{y})+\|\boldsymbol{y}\|_2^2\leqslant\|\boldsymbol{x}\|_2^2+2|(\boldsymbol{x},\boldsymbol{y})|+\|\boldsymbol{y}\|_2^2\\&\leqslant\|\boldsymbol{x}\|_2^2+2\|\boldsymbol{x}\|_2\|\boldsymbol{y}\|_2+\|\boldsymbol{y}\|_2^2=(\|\boldsymbol{x}\|_2+\|\boldsymbol{y}\|_2)^2.\end{aligned}$$

可见三角不等式成立.　　证毕

定义 1.14　设 $\boldsymbol{x},\boldsymbol{y}\in\mathbf{C}^n$，当 $\|\boldsymbol{x}\|_2=1$ 时，称 $\boldsymbol{x}$ 为**单位向量**. 当 $\boldsymbol{x}\neq\mathbf{0}$ 时，$\dfrac{\boldsymbol{x}}{\|\boldsymbol{x}\|_2}$是单位向量，称之为将向量 $\boldsymbol{x}$ **单位化**或**规范化**. 当$(\boldsymbol{x},\boldsymbol{y})=0$ 时，称向量 $\boldsymbol{x}$ 与 $\boldsymbol{y}$ **正交**.

显然，零向量与任何向量都正交. 在 $\mathbf{C}^n$ 中，向量组

$$\boldsymbol{e}_1=\begin{pmatrix}1\\0\\\vdots\\0\end{pmatrix},\quad\boldsymbol{e}_2=\begin{pmatrix}0\\1\\\vdots\\0\end{pmatrix},\quad\cdots,\quad\boldsymbol{e}_n=\begin{pmatrix}0\\\vdots\\0\\1\end{pmatrix} \tag{1.6}$$

就是一组两两正交的单位向量. 关于两两正交的非零向量组有如下的性质.

定理 1.20　设 $\boldsymbol{x}_1,\boldsymbol{x}_2,\cdots,\boldsymbol{x}_s\in\mathbf{C}^n$ 是一组两两正交的非零向量，则 $\boldsymbol{x}_1,\boldsymbol{x}_2,\cdots,\boldsymbol{x}_s$ 线性无关.

证　设有 $\lambda_1,\lambda_2,\cdots,\lambda_s\in\mathbf{C}$，使

$$\lambda_1\boldsymbol{x}_1+\lambda_2\boldsymbol{x}_2+\cdots+\lambda_s\boldsymbol{x}_s=\mathbf{0},$$

于是对任意 $\boldsymbol{x}_j(j=1,2,\cdots,s)$有

$$(\lambda_1\boldsymbol{x}_1+\cdots+\lambda_s\boldsymbol{x}_s,\boldsymbol{x}_j)=0\qquad(j=1,2,\cdots,s).$$

由于 $\boldsymbol{x}_1,\boldsymbol{x}_2,\cdots,\boldsymbol{x}_s$ 两两正交，故有

$$\lambda_j(\boldsymbol{x}_j,\boldsymbol{x}_j)=0 \qquad (j=1,2,\cdots,s).$$

而$(\boldsymbol{x}_j,\boldsymbol{x}_j)>0$，因此$\lambda_j=0(j=1,2,\cdots,k)$. 故$\boldsymbol{x}_1,\boldsymbol{x}_2,\cdots,\boldsymbol{x}_s$线性无关. 证毕

对于一组线性无关的向量$\boldsymbol{x}_1,\boldsymbol{x}_2,\cdots,\boldsymbol{x}_s\in\mathbf{C}^n$，可以采用如下的方法构造出两两正交的向量.

取$\boldsymbol{y}_1=\boldsymbol{x}_1$. 令$\boldsymbol{y}_2=\boldsymbol{x}_2+\lambda_{21}\boldsymbol{y}_1$，由

$$0=(\boldsymbol{y}_2,\boldsymbol{y}_1)=(\boldsymbol{x}_2+\lambda_{21}\boldsymbol{y}_1,\boldsymbol{y}_1)=(\boldsymbol{x}_2,\boldsymbol{y}_1)+\lambda_{21}(\boldsymbol{y}_1,\boldsymbol{y}_1)$$

得

$$\lambda_{21}=-\frac{(\boldsymbol{x}_2,\boldsymbol{y}_1)}{(\boldsymbol{y}_1,\boldsymbol{y}_1)}.$$

于是

$$\boldsymbol{y}_2=\boldsymbol{x}_2-\frac{(\boldsymbol{x}_2,\boldsymbol{y}_1)}{(\boldsymbol{y}_1,\boldsymbol{y}_1)}\boldsymbol{y}_1.$$

这样就得到两个正交的向量$\boldsymbol{y}_1,\boldsymbol{y}_2$，且$\boldsymbol{y}_2\neq\mathbf{0}$. 又令

$$\boldsymbol{y}_3=\boldsymbol{x}_3+\lambda_{31}\boldsymbol{y}_1+\lambda_{32}\boldsymbol{y}_2,$$

由条件$(\boldsymbol{y}_3,\boldsymbol{y}_1)=(\boldsymbol{y}_3,\boldsymbol{y}_2)=0$来定出$\lambda_{31}$和$\lambda_{32}$为

$$\lambda_{31}=-\frac{(\boldsymbol{x}_3,\boldsymbol{y}_1)}{(\boldsymbol{y}_1,\boldsymbol{y}_1)},\qquad \lambda_{32}=-\frac{(\boldsymbol{x}_3,\boldsymbol{y}_2)}{(\boldsymbol{y}_2,\boldsymbol{y}_2)}.$$

从而

$$\boldsymbol{y}_3=\boldsymbol{x}_3-\frac{(\boldsymbol{x}_3,\boldsymbol{y}_1)}{(\boldsymbol{y}_1,\boldsymbol{y}_1)}\boldsymbol{y}_1-\frac{(\boldsymbol{x}_3,\boldsymbol{y}_2)}{(\boldsymbol{y}_2,\boldsymbol{y}_2)}\boldsymbol{y}_2.$$

这样，已经做出三个两两正交的向量$\boldsymbol{y}_1,\boldsymbol{y}_2,\boldsymbol{y}_3$，且$\boldsymbol{y}_3\neq\mathbf{0}$. 如此进行下去，即可求得两两正交的非零向量组$\boldsymbol{y}_1,\boldsymbol{y}_2,\cdots,\boldsymbol{y}_s$，其中

$$\boldsymbol{y}_j=\boldsymbol{x}_j-\frac{(\boldsymbol{x}_j,\boldsymbol{y}_1)}{(\boldsymbol{y}_1,\boldsymbol{y}_1)}\boldsymbol{y}_1-\cdots-\frac{(\boldsymbol{x}_j,\boldsymbol{y}_{j-1})}{(\boldsymbol{y}_{j-1},\boldsymbol{y}_{j-1})}\boldsymbol{y}_{j-1}\qquad (j=2,\cdots,s).$$

上述从线性无关向量组$\boldsymbol{x}_1,\boldsymbol{x}_2,\cdots,\boldsymbol{x}_s$导出正交向量组$\boldsymbol{y}_1,\boldsymbol{y}_2,\cdots,\boldsymbol{y}_s$的方法称为**Schmidt 正交化方法**. 容易看出，向量组$\boldsymbol{x}_1,\boldsymbol{x}_2,\cdots,\boldsymbol{x}_s$与$\boldsymbol{y}_1,\boldsymbol{y}_2,\cdots,\boldsymbol{y}_s$还是等价的.

例 1.14 设$\boldsymbol{x}_1=\begin{pmatrix}1\\ \mathrm{i}\\ 0\end{pmatrix}$，$\boldsymbol{x}_2=\begin{pmatrix}1\\ 0\\ \mathrm{i}\end{pmatrix}$，$\boldsymbol{x}_3=\begin{pmatrix}0\\ 0\\ 1\end{pmatrix}$，试用 Schmidt 正交化方法把这组向量正交单位化.

解 取$\boldsymbol{y}_1=\boldsymbol{x}_1$. 计算

$$\boldsymbol{y}_2=\boldsymbol{x}_2-\frac{(\boldsymbol{x}_2,\boldsymbol{y}_1)}{(\boldsymbol{y}_1,\boldsymbol{y}_1)}\boldsymbol{y}_1=\begin{pmatrix}1\\ 0\\ \mathrm{i}\end{pmatrix}-\frac{1}{2}\begin{pmatrix}1\\ \mathrm{i}\\ 0\end{pmatrix}=\begin{pmatrix}1/2\\ -\mathrm{i}/2\\ \mathrm{i}\end{pmatrix},$$

$$\boldsymbol{y}_3=\boldsymbol{x}_3-\frac{(\boldsymbol{x}_3,\boldsymbol{y}_1)}{(\boldsymbol{y}_1,\boldsymbol{y}_1)}\boldsymbol{y}_1-\frac{(\boldsymbol{x}_3,\boldsymbol{y}_2)}{(\boldsymbol{y}_2,\boldsymbol{y}_2)}\boldsymbol{y}_2$$

$$=\begin{pmatrix}0\\0\\1\end{pmatrix}-\frac{0}{2}\begin{pmatrix}1\\\mathrm{i}\\0\end{pmatrix}-\frac{-\mathrm{i}}{\frac{3}{2}}\begin{pmatrix}1/2\\-\mathrm{i}/2\\\mathrm{i}\end{pmatrix}=\begin{pmatrix}\mathrm{i}/3\\1/3\\1/3\end{pmatrix}.$$

再把它们单位化,得

$$\boldsymbol{z}_1=\frac{\boldsymbol{y}_1}{\|\boldsymbol{y}_1\|_2}=\frac{1}{\sqrt{2}}\begin{pmatrix}1\\\mathrm{i}\\0\end{pmatrix},\quad \boldsymbol{z}_2=\frac{\boldsymbol{y}_2}{\|\boldsymbol{y}_2\|_2}=\frac{1}{\sqrt{6}}\begin{pmatrix}1\\-\mathrm{i}\\2\mathrm{i}\end{pmatrix},\quad \boldsymbol{z}_3=\frac{\boldsymbol{y}_3}{\|\boldsymbol{y}_3\|_2}=\frac{1}{\sqrt{3}}\begin{pmatrix}\mathrm{i}\\1\\1\end{pmatrix}.$$

$\boldsymbol{z}_1,\boldsymbol{z}_2,\boldsymbol{z}_3$ 即为所求.

如同向量空间 $\mathbf{R}^n$,在向量空间 $\mathbf{C}^n$ 中,任意 n 个线性无关的向量都构成它的**基**;如果基中的诸向量两两正交,则称为**正交基**;如果正交基中的向量都是单位向量,则称之为**标准正交基**. 显然,$\boldsymbol{e}_1,\boldsymbol{e}_2,\cdots,\boldsymbol{e}_n$ 就是 $\mathbf{C}^n$ 的一个标准正交基. 由 Schmidt 正交化方法可知,在 $\mathbf{C}^n$ 中可以找到无穷多个正交基和标准正交基.

取 $\mathbf{C}^n$ 的标准正交基将对有关的计算带来很大的便利. 如设 $\boldsymbol{z}_1,\boldsymbol{z}_2,\cdots,\boldsymbol{z}_n$ 是 $\mathbf{C}^n$ 的一个标准正交基,任意 $\boldsymbol{x},\boldsymbol{y}\in\mathbf{C}^n$ 可由 $\boldsymbol{z}_1,\boldsymbol{z}_2,\cdots,\boldsymbol{z}_n$ 线性表示,设表示式为

$$\boldsymbol{x}=\sum_{k=1}^{n}\xi_k\boldsymbol{z}_k,\qquad \boldsymbol{y}=\sum_{k=1}^{n}\eta_k\boldsymbol{z}_k.$$

用 $\boldsymbol{z}_j^{\mathrm{H}}$ 左乘上面两式,有

$$\xi_j=\boldsymbol{z}_j^{\mathrm{H}}\boldsymbol{x}=(\boldsymbol{x},\boldsymbol{z}_j),\quad \eta_j=\boldsymbol{z}_j^{\mathrm{H}}\boldsymbol{y}=(\boldsymbol{y},\boldsymbol{z}_j)\qquad(j=1,2,\cdots,n).$$

又有

$$(\boldsymbol{x},\boldsymbol{y})=\left(\sum_{k=1}^{n}\xi_k\boldsymbol{z}_k,\sum_{k=1}^{n}\eta_k\boldsymbol{z}_k\right)=\sum_{k=1}^{n}\xi_k\bar{\eta}_k$$

和

$$\|\boldsymbol{x}\|_2=\sqrt{\sum_{k=1}^{n}|\xi_k|^2}.$$

定义 1.15　设 $\boldsymbol{A}\in\mathbf{C}^{n\times n}$. 若 $\boldsymbol{A}$ 满足

$$\boldsymbol{A}^{\mathrm{H}}\boldsymbol{A}=\boldsymbol{I}\quad 或\quad \boldsymbol{A}^{-1}=\boldsymbol{A}^{\mathrm{H}},$$

则称 $\boldsymbol{A}$ 为**酉矩阵**.

显然,当 $\boldsymbol{A}$ 是实方阵时,酉矩阵就是正交矩阵. 酉矩阵具有如下性质.

定理 1.21　设 $\boldsymbol{A},\boldsymbol{B}\in\mathbf{C}^{n\times n}$.

(1) 若 $\boldsymbol{A}$ 是酉矩阵,则 $\boldsymbol{A}^{-1}$ 也是酉矩阵;

(2) 若 $\boldsymbol{A},\boldsymbol{B}$ 是酉矩阵,则 $\boldsymbol{AB}$ 也是酉矩阵;

(3) 若 $\boldsymbol{A}$ 是酉矩阵,则 $|\det\boldsymbol{A}|=1$;

(4) $\boldsymbol{A}$ 是酉矩阵的充分必要条件是,它的 n 个列向量是两两正交的单位向量.

证　只证(3)和(4). 对 $\boldsymbol{A}^{\mathrm{H}}\boldsymbol{A}=\boldsymbol{I}$ 取行列式,得

$$1=\det \boldsymbol{I}=\det(\boldsymbol{A}^{\mathrm{H}}\boldsymbol{A})=\det \boldsymbol{A}^{\mathrm{H}}\det \boldsymbol{A}=\det \bar{\boldsymbol{A}}\det \boldsymbol{A}$$
$$=\overline{\det \boldsymbol{A}}\det \boldsymbol{A}=|\det \boldsymbol{A}|^2,$$

从而 $|\det \boldsymbol{A}|=1$. 设 $\boldsymbol{A}=(\boldsymbol{a}_1,\boldsymbol{a}_2,\cdots,\boldsymbol{a}_n)$，则

$$\boldsymbol{A}^{\mathrm{H}}\boldsymbol{A}=\begin{pmatrix}\boldsymbol{a}_1^{\mathrm{H}}\\ \boldsymbol{a}_2^{\mathrm{H}}\\ \vdots\\ \boldsymbol{a}_n^{\mathrm{H}}\end{pmatrix}(\boldsymbol{a}_1,\boldsymbol{a}_2,\cdots,\boldsymbol{a}_n)=\begin{pmatrix}\boldsymbol{a}_1^{\mathrm{H}}\boldsymbol{a}_1 & \boldsymbol{a}_1^{\mathrm{H}}\boldsymbol{a}_2 & \cdots & \boldsymbol{a}_1^{\mathrm{H}}\boldsymbol{a}_n\\ \boldsymbol{a}_2^{\mathrm{H}}\boldsymbol{a}_1 & \boldsymbol{a}_2^{\mathrm{H}}\boldsymbol{a}_2 & \cdots & \boldsymbol{a}_2^{\mathrm{H}}\boldsymbol{a}_n\\ \vdots & \vdots & & \vdots\\ \boldsymbol{a}_n^{\mathrm{H}}\boldsymbol{a}_1 & \boldsymbol{a}_n^{\mathrm{H}}\boldsymbol{a}_2 & \cdots & \boldsymbol{a}_n^{\mathrm{H}}\boldsymbol{a}_n\end{pmatrix}.$$

可见 $\boldsymbol{A}$ 是酉矩阵的充分必要条件是

$$(\boldsymbol{a}_i,\boldsymbol{a}_j)=\boldsymbol{a}_j^{\mathrm{H}}\boldsymbol{a}_i=\begin{cases}1, & i=j,\\ 0, & i\neq j,\end{cases}$$

即 $\boldsymbol{a}_1,\boldsymbol{a}_2,\cdots,\boldsymbol{a}_n$ 是两两正交的单位向量. 证毕

1.6 酉相似下的标准形

一般方阵在复数域上总能相似于 Jordan 标准形，而 Jordan 标准形本身是一个特殊的上三角矩阵. 本节进一步考虑相似变换矩阵是酉矩阵，即酉相似下矩阵的化简问题.

定理 1.22(Schur) 设 $\boldsymbol{A}\in\mathbf{C}^{n\times n}$，则 $\boldsymbol{A}$ 可酉相似于上三角矩阵 $\boldsymbol{T}$，即存在 n 阶酉矩阵 $\boldsymbol{U}$，使得

$$\boldsymbol{U}^{-1}\boldsymbol{A}\boldsymbol{U}=\boldsymbol{U}^{\mathrm{H}}\boldsymbol{A}\boldsymbol{U}=\boldsymbol{T}.$$

证 对阶数 n 用归纳法证明. 当 $n=1$ 时，$\boldsymbol{A}$ 本身就是一个上三角矩阵，取 $\boldsymbol{U}=(1)$ 即知结论成立. 假定对 $n-1$ 阶方阵结论成立，下面证明对 n 阶方阵结论也成立.

取 $\boldsymbol{A}$ 的特征值 λ_1 和单位特征向量 $\boldsymbol{u}_1$，即 $\boldsymbol{A}\boldsymbol{u}_1=\lambda_1\boldsymbol{u}_1$，且 $\|\boldsymbol{u}_1\|_2=1$. 以 $\boldsymbol{u}_1$ 为第 1 列构造 n 阶酉矩阵 $\boldsymbol{U}_1=(\boldsymbol{u}_1,\boldsymbol{u}_2,\cdots,\boldsymbol{u}_n)$，则

$$\boldsymbol{U}_1^{\mathrm{H}}\boldsymbol{A}\boldsymbol{U}_1=(\boldsymbol{u}_i^{\mathrm{H}}\boldsymbol{A}\boldsymbol{u}_j)_{n\times n}=\left(\begin{array}{c:ccc}\lambda_1 & * & \cdots & *\\ \hdashline 0 & & & \\ \vdots & & \boldsymbol{A}_1 & \\ 0 & & & \end{array}\right),$$

其中 $\boldsymbol{A}_1$ 是 $n-1$ 阶方阵. 根据归纳假设，存在 $n-1$ 阶酉矩阵 $\widetilde{\boldsymbol{U}}_2$，使

$$\widetilde{\boldsymbol{U}}_2^{-1}\boldsymbol{A}_1\widetilde{\boldsymbol{U}}_2=\widetilde{\boldsymbol{U}}_2^{\mathrm{H}}\boldsymbol{A}_1\widetilde{\boldsymbol{U}}_2=\begin{pmatrix}\lambda_2 & & *\\ & \ddots & \\ & & \lambda_n\end{pmatrix}.$$

记

$$\boldsymbol{U}_2=\begin{pmatrix}1 & \boldsymbol{0}^{\mathrm{T}}\\ \boldsymbol{0} & \widetilde{\boldsymbol{U}}_2\end{pmatrix},\qquad \boldsymbol{U}=\boldsymbol{U}_1\boldsymbol{U}_2.$$

易知 $\boldsymbol{U}_2$ 是 n 阶酉矩阵，从而 $\boldsymbol{U}$ 是 n 阶酉矩阵，且有

$$\begin{aligned}\boldsymbol{U}^{-1}\boldsymbol{A}\boldsymbol{U}&=\boldsymbol{U}^{\mathrm{H}}\boldsymbol{A}\boldsymbol{U}=\boldsymbol{U}_2^{\mathrm{H}}(\boldsymbol{U}_1^{\mathrm{H}}\boldsymbol{A}\boldsymbol{U}_1)\boldsymbol{U}_2\\ &=\begin{pmatrix}1 & \boldsymbol{0}^{\mathrm{T}}\\ \boldsymbol{0} & \widetilde{\boldsymbol{U}}_2^{\mathrm{H}}\end{pmatrix}\left(\begin{array}{c|ccc}\lambda_1 & * & \cdots & *\\ \hline 0 & & & \\ \vdots & & \boldsymbol{A}_1 & \\ 0 & & & \end{array}\right)\begin{pmatrix}1 & \boldsymbol{0}^{\mathrm{T}}\\ \boldsymbol{0} & \widetilde{\boldsymbol{U}}_2\end{pmatrix}\\ &=\begin{pmatrix}\lambda_1 & * & \cdots & *\\ & \lambda_2 & \ddots & \vdots\\ & & \ddots & *\\ & & & \lambda_n\end{pmatrix}=\boldsymbol{T}.\end{aligned}$$

证毕

由于相似矩阵有相同的特征值，所以上三角矩阵 $\boldsymbol{T}$ 的对角线元素就是 $\boldsymbol{A}$ 的全部特征值.

由 Schur 定理自然会想到，什么样的矩阵可以酉相似于对角矩阵呢？

定义 1.16　设 $\boldsymbol{A}\in\mathbf{C}^{n\times n}$. 若 $\boldsymbol{A}$ 满足

$$\boldsymbol{A}^{\mathrm{H}}\boldsymbol{A}=\boldsymbol{A}\boldsymbol{A}^{\mathrm{H}},$$

则称 $\boldsymbol{A}$ 为**正规矩阵**.

容易验证，酉矩阵、正交矩阵、Hermite 矩阵(满足 $\boldsymbol{A}^{\mathrm{H}}=\boldsymbol{A}$ 的矩阵)、实对称矩阵、反 Hermite 矩阵(满足 $\boldsymbol{A}^{\mathrm{H}}=-\boldsymbol{A}$ 的矩阵)、实反对称矩阵、对角矩阵等都是正规矩阵. 可见正规矩阵包括了许多常用的矩阵.

定理 1.23　设 $\boldsymbol{A}\in\mathbf{C}^{n\times n}$，则 $\boldsymbol{A}$ 酉相似于对角矩阵的充分必要条件是 $\boldsymbol{A}$ 为正规矩阵.

证　必要性. 设 n 阶酉矩阵 $\boldsymbol{U}$ 使得 $\boldsymbol{U}^{\mathrm{H}}\boldsymbol{A}\boldsymbol{U}=\mathrm{diag}(\lambda_1,\lambda_2,\cdots,\lambda_n)=\boldsymbol{\Lambda}$，则有

$$\begin{aligned}\boldsymbol{A}^{\mathrm{H}}\boldsymbol{A}&=(\boldsymbol{U}\boldsymbol{\Lambda}\boldsymbol{U}^{\mathrm{H}})^{\mathrm{H}}(\boldsymbol{U}\boldsymbol{\Lambda}\boldsymbol{U}^{\mathrm{H}})=\boldsymbol{U}\overline{\boldsymbol{\Lambda}}\boldsymbol{U}^{\mathrm{H}}\boldsymbol{U}\boldsymbol{\Lambda}\boldsymbol{U}^{\mathrm{H}}=\boldsymbol{U}\overline{\boldsymbol{\Lambda}}\boldsymbol{\Lambda}\boldsymbol{U}^{\mathrm{H}}\\ &=\boldsymbol{U}\boldsymbol{\Lambda}\overline{\boldsymbol{\Lambda}}\boldsymbol{U}^{\mathrm{H}}=(\boldsymbol{U}\boldsymbol{\Lambda}\boldsymbol{U}^{\mathrm{H}})(\boldsymbol{U}\overline{\boldsymbol{\Lambda}}\boldsymbol{U}^{\mathrm{H}})=\boldsymbol{A}\boldsymbol{A}^{\mathrm{H}},\end{aligned}$$

即 $\boldsymbol{A}$ 是正规矩阵.

充分性. 设 $\boldsymbol{A}$ 满足 $\boldsymbol{A}^{\mathrm{H}}\boldsymbol{A}=\boldsymbol{A}\boldsymbol{A}^{\mathrm{H}}$. 由 Schur 定理知，存在 n 阶酉矩阵 $\boldsymbol{U}$，使得 $\boldsymbol{U}^{\mathrm{H}}\boldsymbol{A}\boldsymbol{U}=\boldsymbol{T}$，其中 $\boldsymbol{T}$ 是上三角矩阵，于是

$$\begin{aligned}\boldsymbol{T}^{\mathrm{H}}\boldsymbol{T}&=(\boldsymbol{U}^{\mathrm{H}}\boldsymbol{A}\boldsymbol{U})^{\mathrm{H}}(\boldsymbol{U}^{\mathrm{H}}\boldsymbol{A}\boldsymbol{U})=\boldsymbol{U}^{\mathrm{H}}\boldsymbol{A}^{\mathrm{H}}\boldsymbol{U}\boldsymbol{U}^{\mathrm{H}}\boldsymbol{A}\boldsymbol{U}=\boldsymbol{U}^{\mathrm{H}}\boldsymbol{A}^{\mathrm{H}}\boldsymbol{A}\boldsymbol{U}\\ &=\boldsymbol{U}^{\mathrm{H}}\boldsymbol{A}\boldsymbol{A}^{\mathrm{H}}\boldsymbol{U}=(\boldsymbol{U}^{\mathrm{H}}\boldsymbol{A}\boldsymbol{U})(\boldsymbol{U}^{\mathrm{H}}\boldsymbol{A}^{\mathrm{H}}\boldsymbol{U})=\boldsymbol{T}\boldsymbol{T}^{\mathrm{H}}.\end{aligned}$$

这表明 $\boldsymbol{T}$ 也是正规矩阵. 设 $\boldsymbol{T}=(t_{ij})_{n\times n}$，其中 $t_{ij}=0(i>j)$，代入上式并比较两边矩阵的对角线元素，可得

$$|t_{11}|^2=\sum_{i=1}^{n}|t_{1i}|^2,|t_{12}|^2+|t_{22}|^2=\sum_{i=2}^{n}|t_{2i}|^2,\cdots,\sum_{i=1}^{n}|t_{in}|^2=|t_{nn}|^2.$$

从而 $t_{ij}=0(i<j)$，即 $\boldsymbol{T}=\mathrm{diag}(t_{11},t_{22},\cdots,t_{nn})$，故 $\boldsymbol{A}$ 酉相似于对角矩阵. 证毕

推论 1 Hermite 矩阵的特征值均为实数，反 Hermite 矩阵的特征值为零或纯虚数.

证 设 $\boldsymbol{A}\in\mathbf{C}^{n\times n}$ 是 Hermite 矩阵，则 $\boldsymbol{A}$ 是正规矩阵，于是存在 n 阶酉矩阵 $\boldsymbol{U}$ 使得

$$\boldsymbol{U}^{\mathrm{H}}\boldsymbol{A}\boldsymbol{U}=\mathrm{diag}(\lambda_1,\lambda_2,\cdots,\lambda_n)=\boldsymbol{\Lambda}.$$

而

$$\boldsymbol{\Lambda}^{\mathrm{H}}=(\boldsymbol{U}^{\mathrm{H}}\boldsymbol{A}\boldsymbol{U})^{\mathrm{H}}=\boldsymbol{U}^{\mathrm{H}}\boldsymbol{A}^{\mathrm{H}}\boldsymbol{U}=\boldsymbol{U}^{\mathrm{H}}\boldsymbol{A}\boldsymbol{U}=\boldsymbol{\Lambda},$$

从而

$$\bar{\lambda}_i=\lambda_i\qquad(i=1,2,\cdots,n),$$

故 λ_i 均为实数.

如果 $\boldsymbol{A}$ 是反 Hermite 矩阵，同上可推得 $\bar{\lambda}_i=-\lambda_i(i=1,2,\cdots,n)$，可见 λ_i 为零或纯虚数. 证毕

推论 2 实对称矩阵的特征值均为实数，实反对称矩阵的特征值为零或纯虚数.

推论 3 设 $\boldsymbol{A}\in\mathbf{C}^{n\times n}$ 是正规矩阵，λ 是 $\boldsymbol{A}$ 的特征值，$\boldsymbol{x}$ 是对应 λ 的特征向量，则 $\bar{\lambda}$ 是 $\boldsymbol{A}^{\mathrm{H}}$ 的特征值，对应 $\bar{\lambda}$ 的特征向量仍为 $\boldsymbol{x}$.

证 由于 $\boldsymbol{A}$ 是正规矩阵，所以存在 n 阶酉矩阵 $\boldsymbol{U}$ 使得

$$\boldsymbol{U}^{\mathrm{H}}\boldsymbol{A}\boldsymbol{U}=\mathrm{diag}(\lambda_1,\lambda_2,\cdots,\lambda_n).$$

于是

$$\boldsymbol{U}^{\mathrm{H}}\boldsymbol{A}^{\mathrm{H}}\boldsymbol{U}=\mathrm{diag}(\bar{\lambda}_1,\bar{\lambda}_2,\cdots,\bar{\lambda}_n).$$

设 $\boldsymbol{U}=(\boldsymbol{u}_1,\boldsymbol{u}_2,\cdots,\boldsymbol{u}_n)$，则有

$$\boldsymbol{A}\boldsymbol{u}_j=\lambda_j\boldsymbol{u}_j,\quad \boldsymbol{A}^{\mathrm{H}}\boldsymbol{u}_j=\bar{\lambda}_j\boldsymbol{u}_j\qquad(j=1,2,\cdots,n).$$

可见，当 λ_j 是 $\boldsymbol{A}$ 的特征值且 $\boldsymbol{u}_j$ 是对应 λ_j 的特征向量时，$\bar{\lambda}_j$ 是 $\boldsymbol{A}^{\mathrm{H}}$ 的特征值，而对应 $\bar{\lambda}_j$ 的特征向量仍为 $\boldsymbol{u}_j$. 证毕

推论 4 设 $\boldsymbol{A}\in\mathbf{C}^{n\times n}$ 是正规矩阵，λ,μ 是 $\boldsymbol{A}$ 的特征值，$\boldsymbol{x},\boldsymbol{y}$ 是对应的特征向量. 如果 $\lambda\neq\mu$，则 $\boldsymbol{x}$ 与 $\boldsymbol{y}$ 正交.

证 因为 $\boldsymbol{A}\boldsymbol{x}=\lambda\boldsymbol{x},\boldsymbol{A}\boldsymbol{y}=\mu\boldsymbol{y}$，由推论 3 知 $\boldsymbol{A}^{\mathrm{H}}\boldsymbol{y}=\bar{\mu}\boldsymbol{y}$，从而

$$\bar{\mu}\boldsymbol{x}^{\mathrm{H}}\boldsymbol{y}=\boldsymbol{x}^{\mathrm{H}}(\bar{\mu}\boldsymbol{y})=\boldsymbol{x}^{\mathrm{H}}\boldsymbol{A}^{\mathrm{H}}\boldsymbol{y}=(\boldsymbol{A}\boldsymbol{x})^{\mathrm{H}}\boldsymbol{y}=(\lambda\boldsymbol{x})^{\mathrm{H}}\boldsymbol{y}=\bar{\lambda}\boldsymbol{x}^{\mathrm{H}}\boldsymbol{y},$$

即 $(\overline{\mu-\lambda})\boldsymbol{x}^{\mathrm{H}}\boldsymbol{y}=0$. 由 $\lambda\neq\mu$ 得 $\boldsymbol{x}^{\mathrm{H}}\boldsymbol{y}=0$，故 $\boldsymbol{x}$ 与 $\boldsymbol{y}$ 正交. 证毕

定理 1.23 表明了正规矩阵必可酉相似于对角矩阵，但定理的证明过程并未给出求相应的酉矩阵的方法. 根据推论 4，可以得到 n 阶正规矩阵 $\boldsymbol{A}$ 酉相似于对角矩

阵的具体步骤.

第一步:求出 $\boldsymbol{A}$ 的全部特征值. 设 $\lambda_1,\lambda_2,\cdots,\lambda_s$ 是 $\boldsymbol{A}$ 的互不相同的特征值,其重数分别为 $r_1,r_2,\cdots,r_s$,且 $r_1+r_2+\cdots+r_s=n$.

第二步:对于特征值 $\lambda_i(i=1,2,\cdots,s)$,求出对应的 r_i 个线性无关的特征向量 $\boldsymbol{p}_{i1},\boldsymbol{p}_{i2},\cdots,\boldsymbol{p}_{ir_i}(i=1,2,\cdots,s)$.

第三步:用 Schmidt 正交化方法将 $\boldsymbol{p}_{i1},\boldsymbol{p}_{i2},\cdots,\boldsymbol{p}_{ir_i}$ 正交化,再单位化得 $\boldsymbol{u}_{i1},\boldsymbol{u}_{i2},\cdots,\boldsymbol{u}_{ir_i}(i=1,2,\cdots,s)$,则酉矩阵

$$\boldsymbol{U}=(\boldsymbol{u}_{11},\cdots,\boldsymbol{u}_{1r_1},\boldsymbol{u}_{21},\cdots,\boldsymbol{u}_{2r_2},\cdots,\boldsymbol{u}_{s1},\cdots,\boldsymbol{u}_{sr_s})$$

使得

$$\boldsymbol{U}^{-1}\boldsymbol{A}\boldsymbol{U}=\boldsymbol{U}^{\mathrm{H}}\boldsymbol{A}\boldsymbol{U}=\boldsymbol{\Lambda},$$

其中

$$\boldsymbol{\Lambda}=\begin{pmatrix}\lambda_1\boldsymbol{I}_{r_1} & & & \\ & \lambda_2\boldsymbol{I}_{r_2} & & \\ & & \ddots & \\ & & & \lambda_s\boldsymbol{I}_{r_s}\end{pmatrix}.$$

例 1.15　已知 $\boldsymbol{A}=\begin{pmatrix}-1 & \mathrm{i} & 0\\ -\mathrm{i} & 0 & -\mathrm{i}\\ 0 & \mathrm{i} & -1\end{pmatrix}$,试问 $\boldsymbol{A}$ 是否是正规矩阵?若是,求酉矩阵 $\boldsymbol{U}$,使得 $\boldsymbol{U}^{-1}\boldsymbol{A}\boldsymbol{U}$ 为对角矩阵.

解　显然 $\boldsymbol{A}$ 满足 $\boldsymbol{A}^{\mathrm{H}}=\boldsymbol{A}$,即 $\boldsymbol{A}$ 是 Hermite 矩阵,从而是正规矩阵. 因为 $\det(\lambda\boldsymbol{I}-\boldsymbol{A})=(\lambda-1)(\lambda+1)(\lambda+2)$,所以 $\boldsymbol{A}$ 的特征值为 $\lambda_1=1,\lambda_2=-1,\lambda_3=-2$. 可求得对应的特征向量分别为

$$\boldsymbol{p}_1=\begin{pmatrix}1\\ -2\mathrm{i}\\ 1\end{pmatrix},\quad \boldsymbol{p}_2=\begin{pmatrix}-1\\ 0\\ 1\end{pmatrix},\quad \boldsymbol{p}_3=\begin{pmatrix}1\\ \mathrm{i}\\ 1\end{pmatrix}.$$

它们应是两两正交的. 单位化得

$$\boldsymbol{u}_1=\frac{\boldsymbol{p}_1}{\|\boldsymbol{p}_1\|_2}=\begin{pmatrix}\frac{1}{\sqrt{6}}\\ -\frac{2\mathrm{i}}{\sqrt{6}}\\ \frac{1}{\sqrt{6}}\end{pmatrix},\boldsymbol{u}_2=\frac{\boldsymbol{p}_2}{\|\boldsymbol{p}_2\|_2}=\begin{pmatrix}-\frac{1}{\sqrt{2}}\\ 0\\ \frac{1}{\sqrt{2}}\end{pmatrix},\boldsymbol{u}_3=\frac{\boldsymbol{p}_3}{\|\boldsymbol{p}_3\|_2}=\begin{pmatrix}\frac{1}{\sqrt{3}}\\ \frac{\mathrm{i}}{\sqrt{3}}\\ \frac{1}{\sqrt{3}}\end{pmatrix}.$$

于是酉矩阵 $\boldsymbol{U}=\begin{pmatrix}\frac{1}{\sqrt{6}} & -\frac{1}{\sqrt{2}} & \frac{1}{\sqrt{3}}\\ -\frac{2\mathrm{i}}{\sqrt{6}} & 0 & \frac{\mathrm{i}}{\sqrt{3}}\\ \frac{1}{\sqrt{6}} & \frac{1}{\sqrt{2}} & \frac{1}{\sqrt{3}}\end{pmatrix}$，使得 $\boldsymbol{U}^{-1}\boldsymbol{AU}=\begin{pmatrix}1 & 0 & 0\\ 0 & -1 & 0\\ 0 & 0 & -2\end{pmatrix}$.

线性代数中有关正定矩阵的概念也可以进行相应的推广.

定义 1.17 设 $\boldsymbol{A}\in\mathbf{C}^{n\times n}$ 是 Hermite 矩阵. 如果对任意 $\mathbf{0}\neq\boldsymbol{x}\in\mathbf{C}^n$ 都有

$$\boldsymbol{x}^{\mathrm{H}}\boldsymbol{Ax}>0\qquad(\boldsymbol{x}^{\mathrm{H}}\boldsymbol{Ax}\geqslant 0),$$

则称 $\boldsymbol{A}$ 是 **Hermite 正定矩阵(半正定矩阵)**.

定理 1.24 设 $\boldsymbol{A}\in\mathbf{C}^{n\times n}$ 是 Hermite 矩阵，则下列条件等价：

(1) $\boldsymbol{A}$ 是 Hermite 正定矩阵；

(2) $\boldsymbol{A}$ 的特征值全为正实数；

(3) 存在矩阵 $\boldsymbol{P}\in\mathbf{C}_n^{n\times n}$，使得 $\boldsymbol{A}=\boldsymbol{P}^{\mathrm{H}}\boldsymbol{P}$.

证 (1)⇒(2). 因为 $\boldsymbol{A}^{\mathrm{H}}=\boldsymbol{A}$，故存在 n 阶酉矩阵 $\boldsymbol{U}$，使得

$$\boldsymbol{U}^{\mathrm{H}}\boldsymbol{AU}=\mathrm{diag}(\lambda_1,\lambda_2,\cdots,\lambda_n).\tag{1.7}$$

令 $\boldsymbol{x}=\boldsymbol{Ue}_k$，则 $\boldsymbol{x}\neq\mathbf{0}$，且

$$0<\boldsymbol{x}^{\mathrm{H}}\boldsymbol{Ax}=\boldsymbol{e}_k^{\mathrm{H}}(\boldsymbol{U}^{\mathrm{H}}\boldsymbol{AU})\boldsymbol{e}_k=\lambda_k.$$

即 $\boldsymbol{A}$ 的特征值全为正实数.

(2) ⇒(3). 由式(1.7)得

$$\begin{aligned}\boldsymbol{A}&=\boldsymbol{U}\mathrm{diag}(\lambda_1,\lambda_2,\cdots,\lambda_n)\boldsymbol{U}^{\mathrm{H}}\\ &=\boldsymbol{U}\mathrm{diag}(\sqrt{\lambda_1},\sqrt{\lambda_2},\cdots,\sqrt{\lambda_n})\cdot\mathrm{diag}(\sqrt{\lambda_1},\sqrt{\lambda_2},\cdots,\sqrt{\lambda_n})\boldsymbol{U}^{\mathrm{H}}=\boldsymbol{P}^{\mathrm{H}}\boldsymbol{P},\end{aligned}$$

其中 $\boldsymbol{P}=\mathrm{diag}(\sqrt{\lambda_1},\sqrt{\lambda_2},\cdots,\sqrt{\lambda_n})\boldsymbol{U}^{\mathrm{H}}\in\mathbf{C}_n^{n\times n}$.

(3) ⇒(1). 对任意 $\mathbf{0}\neq\boldsymbol{x}\in\mathbf{C}^n$，有 $\boldsymbol{Px}\neq\mathbf{0}$，于是

$$\boldsymbol{x}^{\mathrm{H}}\boldsymbol{Ax}=\boldsymbol{x}^{\mathrm{H}}\boldsymbol{P}^{\mathrm{H}}\boldsymbol{Px}=(\boldsymbol{Px})^{\mathrm{H}}(\boldsymbol{Px})=\|\boldsymbol{Px}\|_2^2>0.$$

证毕

推论 Hermite 正定矩阵的行列式大于零.

证 设 $\lambda_1,\lambda_2,\cdots,\lambda_n$ 是 n 阶 Hermite 正定矩阵 $\boldsymbol{A}$ 的特征值，则

$$\det\boldsymbol{A}=\lambda_1\lambda_2\cdots\lambda_n>0.$$

证毕

相应地有 Hermite 半正定矩阵的如下结论(证明留给读者).

定理 1.25 设 $\boldsymbol{A}\in\mathbf{C}^{n\times n}$ 是 Hermite 矩阵，则下列条件等价：

(1) $\boldsymbol{A}$ 是 Hermite 半正定矩阵；

(2) $\boldsymbol{A}$ 的特征值全为非负实数；

(3) 存在矩阵 $\boldsymbol{P}\in\mathbf{C}^{n\times n}$，使得 $\boldsymbol{A}=\boldsymbol{P}^{\mathrm{H}}\boldsymbol{P}$.

定理 1.26 设 $\boldsymbol{A}\in\mathbf{C}^{m\times n}$，则

(1) A^HA 和 AA^H 的特征值全为非负实数;

(2) A^HA 与 AA^H 的非零特征值相同;

(3) $\text{rank}(A^HA)=\text{rank}(AA^H)=\text{rank}A$.

证　(1) 因为 $(A^HA)^H=A^HA$,所以 A^HA 是 Hermite 矩阵. 对任意 $0\neq x\in C^n$,有

$$x^H(A^HA)x=(Ax)^H(Ax)=\|Ax\|_2^2\geqslant 0,$$

从而 A^HA 是 Hermite 半正定矩阵,故其特征值全为非负实数.

同理可证 AA^H 的特征值全是非负实数.

(2) 设 $A^HAx=\lambda x$,其中 $\lambda\neq 0$, $x\neq 0$,则 $y=Ax\neq 0$,且有

$$AA^Hy=AA^H(Ax)=A(\lambda x)=\lambda y.$$

同理可证 AA^H 的非零特征值也是 A^HA 的特征值.

(3) 若 $Ax=0$,则有 $A^HAx=0$. 反之,若 $A^HAx=0$,则有

$$0=x^HA^HAx=(Ax)^H(Ax)=\|Ax\|_2^2.$$

于是 $Ax=0$. 这表明方程组 $Ax=0$ 与 $A^HAx=0$ 同解,从而其基础解系所含解向量的个数相等,即

$$n-\text{rank}A=n-\text{rank}(A^HA),$$

故 $\text{rank}(A^HA)=\text{rank}A$. 又有

$$\text{rank}(AA^H)=\text{rank}A^H=\text{rank}A.$$

证毕

下面定理给出了利用顺序主子式判定 Hermite 正定矩阵的方法.

定理 1.27　设 $A=(a_{ij})_{n\times n}$ 是 Hermite 矩阵,又设

$$A_k=\begin{pmatrix} a_{11} & \cdots & a_{1k} \\ \vdots & & \vdots \\ a_{k1} & \cdots & a_{kk} \end{pmatrix},\quad \Delta_k=\det A_k\qquad (k=1,2,\cdots,n),$$

分别称为 A 的 k 阶**顺序主子阵**和**顺序主子式**,则 A 为 Hermite 正定矩阵的充分必要条件是 A 的 n 个顺序主子式全为正,即

$$\Delta_k=\det A_k>0\qquad (k=1,2,\cdots,n).$$

证　必要性. 已知 A 为 Hermite 正定矩阵. 显然 $A_k(k=1,2,\cdots,n)$ 都是 Hermite 矩阵. 记 $F_k=(e_1,e_2,\cdots,e_k)$,其中 $e_i(i=1,2,\cdots,k)$ 为式(1.6)的单位向量,则对任意 $0\neq x\in C^k$,有 $F_kx\neq 0$,且

$$x^HA_kx=x^HF_k^HAF_kx=(F_kx)^HA(F_kx)>0.$$

这表明 $A_k(k=1,2,\cdots,n)$ 都是 Hermite 正定矩阵. 由定理 1.24 的推论知

$$\det A_k>0\qquad (k=1,2,\cdots,n).$$

充分性. 已知 $\det A_k>0(k=1,2,\cdots,n)$. 对阶数 n 用数学归纳法证明. 当 $n=1$ 时,由 $a_{11}=\det A_1>0$ 知 A 正定. 假设充分性的论断对 $n-1$ 阶 Hermite 矩阵成

立. 下面来证 n 阶 Hermite 矩阵的情形.

由于 $a_{11}>0$, 记

$$F=\begin{pmatrix}1 & & & \\ -a_{21}/a_{11} & 1 & & \\ \vdots & & \ddots & \\ -a_{n1}/a_{11} & & & 1\end{pmatrix},$$

则有

$$FAF^{\mathrm{H}}=\left(\begin{array}{c:ccc}a_{11} & 0 & \cdots & 0 \\ \hdashline 0 & b_{22} & \cdots & b_{2n} \\ \vdots & \vdots & & \vdots \\ 0 & b_{n2} & \cdots & b_{nn}\end{array}\right)=\begin{pmatrix}a_{11} & \mathbf{0}^{\mathrm{T}} \\ \mathbf{0} & B\end{pmatrix}, \tag{1.8}$$

其中

$$b_{ij}=a_{ij}-\frac{a_{i1}a_{1j}}{a_{11}} \qquad (i,j=2,3,\cdots,n).$$

因为 $\overline{a_{ji}}=a_{ij}$, 所以 $\overline{b_{ji}}=b_{ij}$. 根据行列式的性质, 有

$$\det A_k \xlongequal[i=2,\cdots,k]{\mathrm{r}_i-\frac{a_{i1}}{a_{11}}\mathrm{r}_1}\begin{vmatrix}a_{11} & a_{12} & \cdots & a_{1k} \\ 0 & b_{22} & \cdots & b_{2k} \\ \vdots & \vdots & & \vdots \\ 0 & b_{k2} & \cdots & b_{kk}\end{vmatrix}=a_{11}\begin{vmatrix}b_{22} & \cdots & b_{2k} \\ \vdots & & \vdots \\ b_{k2} & \cdots & b_{kk}\end{vmatrix},$$

于是

$$\begin{vmatrix}b_{22} & \cdots & b_{2k} \\ \vdots & & \vdots \\ b_{k2} & \cdots & b_{kk}\end{vmatrix}>0 \qquad (k=2,3,\cdots,n).$$

由归纳假设知, $n-1$ 阶 Hermite 矩阵 B 是正定的. 再由式(1.8)易知 A 是 Hermite 正定矩阵.

证毕

需要指出的是, 仅有所有顺序主子式非负不能保证 Hermite 矩阵是半正定的. 比如 $A=\begin{pmatrix}0 & 0 \\ 0 & -1\end{pmatrix}$ 就是一个反例.

习　题　1

1. 如果 n 阶方阵 A 满足 $A^2=2A$, 证明 A 的特征值只能是 0 或 2.

2. 如果 $A\sim B, C\sim D$, 证明 $\begin{pmatrix}A & O \\ O & C\end{pmatrix}\sim\begin{pmatrix}B & O \\ O & D\end{pmatrix}$.

3. 设 $\lambda_1,\lambda_2,\cdots,\lambda_n$ 是 n 阶方阵 A 的特征值. 如果 A 可逆, 证明 $\frac{1}{\lambda_1},\frac{1}{\lambda_2},\cdots,\frac{1}{\lambda_n}$ 是 A^{-1} 的特

征值.

4. 下列矩阵可否对角化？如果可以，试求相似变换矩阵和相应的对角矩阵：

(1) $\boldsymbol{A}=\begin{pmatrix}1&0&2\\0&-1&0\\0&4&2\end{pmatrix}$； (2) $\boldsymbol{A}=\begin{pmatrix}2&3&2\\1&4&2\\1&-3&1\end{pmatrix}$； (3) $\boldsymbol{A}=\begin{pmatrix}2&0&0\\1&2&-1\\1&0&1\end{pmatrix}$.

5. 设 $\boldsymbol{A}=\begin{pmatrix}1&a&1\\a&1&b\\1&b&1\end{pmatrix}$， $\boldsymbol{B}=\begin{pmatrix}0&0&0\\0&1&0\\0&0&2\end{pmatrix}$，且 $\boldsymbol{A}$ 与 $\boldsymbol{B}$ 相似.

(1) 求 a,b； (2) 求一可逆矩阵 $\boldsymbol{P}$，使 $\boldsymbol{P}^{-1}\boldsymbol{AP}=\boldsymbol{B}$.

6. 已知 $\boldsymbol{A}=\begin{pmatrix}-2&1&1\\0&2&0\\-4&1&3\end{pmatrix}$，求 $\boldsymbol{A}^{100}$.

7. 求下列矩阵的 Jordan 标准形和相应的相似变换矩阵：

(1) $\begin{pmatrix}-1&1&1\\-5&21&17\\6&-26&-21\end{pmatrix}$； (2) $\begin{pmatrix}8&-3&6\\3&-2&0\\-4&2&-2\end{pmatrix}$；

(3) $\begin{pmatrix}-7&-12&-6\\3&5&3\\3&6&2\end{pmatrix}$； (4) $\begin{pmatrix}-1&-2&6\\-1&0&3\\-1&-1&4\end{pmatrix}$.

8. 试计算 $2\boldsymbol{A}^8-3\boldsymbol{A}^5+\boldsymbol{A}^4+\boldsymbol{A}^2-4\boldsymbol{I}$，其中

$$\boldsymbol{A}=\begin{pmatrix}1&0&2\\0&-1&1\\0&1&0\end{pmatrix}.$$

9. 设 $\boldsymbol{A}=\begin{pmatrix}1&-1\\2&5\end{pmatrix}$，试求 $(2\boldsymbol{A}^4-12\boldsymbol{A}^3+19\boldsymbol{A}^2-29\boldsymbol{A}+37\boldsymbol{I})^{-1}$.

10. 求下列矩阵的最小多项式：

(1) $\begin{pmatrix}-1&-2&6\\-1&0&3\\-1&-1&4\end{pmatrix}$； (2) $\begin{pmatrix}0&0&1\\0&1&0\\1&0&0\end{pmatrix}$； (3) $\begin{pmatrix}3&-1&-3&1\\-1&3&1&-3\\3&-1&-3&1\\-1&3&1&-3\end{pmatrix}$.

11. 求解一阶线性微分方程组

$$\begin{cases}\dfrac{\mathrm{d}x_1}{\mathrm{d}t}=-x_1+x_2,\\[2mm]\dfrac{\mathrm{d}x_2}{\mathrm{d}t}=-4x_1+3x_2,\\[2mm]\dfrac{\mathrm{d}x_3}{\mathrm{d}t}=-8x_1+8x_2-x_3.\end{cases}$$

12. 下列矩阵 $\boldsymbol{A}$ 是否是正规矩阵？若是，试求酉矩阵 $\boldsymbol{U}$，使 $\boldsymbol{U}^{-1}\boldsymbol{AU}$ 为对角矩阵：

(1) $\boldsymbol{A}=\begin{pmatrix}2&2&-2\\2&5&-4\\-2&-4&5\end{pmatrix}$； (2) $\boldsymbol{A}=\begin{pmatrix}0&\mathrm{i}&1\\-\mathrm{i}&0&0\\1&0&0\end{pmatrix}$.

13. 设 $\boldsymbol{A}\in\mathbf{C}^{n\times n}$ 是 Hermite 矩阵. 证明 $\boldsymbol{A}$ 是 Hermite 正定矩阵的充分必要条件是,存在 Hermite 正定矩阵 $\boldsymbol{B}$,使得 $\boldsymbol{A}=\boldsymbol{B}^2$.

14. 证明定理 1.25.

第 2 章　范数理论

在第 1 章中我们曾利用内积定义了向量的长度，它是几何向量长度概念的一种推广. 虽然当 $n>3$ 时对所定义的向量长度无法作出具体的几何解释，但这样规定的长度具有几何向量长度的基本性质，即非负性、齐次性和三角不等式. 本章，我们采用公理化的方法，把向量长度的概念推广到更一般的情形，主要讨论向量范数、矩阵范数及其有关的应用.

2.1　向量范数

定义 2.1　若对任意 $\boldsymbol{x}\in\mathbf{C}^n$ 都有一个实数 $\|\boldsymbol{x}\|$ 与之对应，且满足

(1) 非负性：当 $\boldsymbol{x}\neq\mathbf{0}$ 时，$\|\boldsymbol{x}\|>0$，当 $\boldsymbol{x}=\mathbf{0}$ 时，$\|\boldsymbol{x}\|=0$，

(2) 齐次性：对任何 $\lambda\in\mathbf{C}$，$\|\lambda\boldsymbol{x}\|=|\lambda|\,\|\boldsymbol{x}\|$，

(3) 三角不等式：对任意 $\boldsymbol{x},\boldsymbol{y}\in\mathbf{C}^n$，都有 $\|\boldsymbol{x}+\boldsymbol{y}\|\leqslant\|\boldsymbol{x}\|+\|\boldsymbol{y}\|$，

则称 $\|\boldsymbol{x}\|$ 为 **$\mathbf{C}^n$ 上向量 $\boldsymbol{x}$ 的范数**，简称**向量范数**.

定义 2.1 中并未给出向量范数的计算方法，只是规定了向量范数应满足的三条公理，称为**向量范数三公理**. 从范数定义可得范数的下列基本性质.

定理 2.1　对任意 $\boldsymbol{x},\boldsymbol{y}\in\mathbf{C}^n$，有

(1) $\|-\boldsymbol{x}\|=\|\boldsymbol{x}\|$；

(2) $\big|\,\|\boldsymbol{x}\|-\|\boldsymbol{y}\|\,\big|\leqslant\|\boldsymbol{x}-\boldsymbol{y}\|$.

证　只证(2). 根据三角不等式，有

$$\|\boldsymbol{x}\|=\|\boldsymbol{x}-\boldsymbol{y}+\boldsymbol{y}\|\leqslant\|\boldsymbol{x}-\boldsymbol{y}\|+\|\boldsymbol{y}\|,$$
$$\|\boldsymbol{y}\|=\|\boldsymbol{y}-\boldsymbol{x}+\boldsymbol{x}\|\leqslant\|\boldsymbol{y}-\boldsymbol{x}\|+\|\boldsymbol{x}\|.$$

综合二式即得

$$\big|\,\|\boldsymbol{x}\|-\|\boldsymbol{y}\|\,\big|\leqslant\|\boldsymbol{x}-\boldsymbol{y}\|.$$

证毕

例 2.1　设 $\boldsymbol{x}=(\xi_1,\xi_2,\cdots,\xi_n)^{\mathrm{T}}\in\mathbf{C}^n$，规定

$$\|\boldsymbol{x}\|_2=\sqrt{\sum_{k=1}^{n}|\xi_k|^2}=\sqrt{\boldsymbol{x}^{\mathrm{H}}\boldsymbol{x}}.$$

第 1 章已表明 $\|\boldsymbol{x}\|_2$ 是向量 $\boldsymbol{x}$ 的一种范数，并称之为向量 2 范数. 该范数具有如下重要的性质：对任意 $\boldsymbol{x}\in\mathbf{C}^n$ 和任意的 n 阶酉矩阵 $\boldsymbol{U}$，有

$$\|\boldsymbol{U}\boldsymbol{x}\|_2=\sqrt{(\boldsymbol{U}\boldsymbol{x})^{\mathrm{H}}(\boldsymbol{U}\boldsymbol{x})}=\sqrt{\boldsymbol{x}^{\mathrm{H}}\boldsymbol{U}^{\mathrm{H}}\boldsymbol{U}\boldsymbol{x}}=\sqrt{\boldsymbol{x}^{\mathrm{H}}\boldsymbol{x}}=\|\boldsymbol{x}\|_2.$$

称之为向量 2 范数的**酉不变性**.

例 2.2 设 $\boldsymbol{x}=(\xi_1,\xi_2,\cdots,\xi_n)^{\mathrm{T}}\in\mathbf{C}^n$,规定

$$\|\boldsymbol{x}\|_1=\sum_{k=1}^{n}|\xi_k|,$$

则 $\|\boldsymbol{x}\|_1$ 是向量 $\boldsymbol{x}$ 的一种范数,称为**向量 1 范数**.

证 当 $\boldsymbol{x}\neq\boldsymbol{0}$ 时,显然 $\|\boldsymbol{x}\|_1=\sum\limits_{k=1}^{n}|\xi_k|>0$; 当 $\boldsymbol{x}=\boldsymbol{0}$ 时,$\boldsymbol{x}$ 的每一个分量都是 0,故 $\|\boldsymbol{x}\|_1=0$.

对任意 $\lambda\in\mathbf{C}$,有

$$\|\lambda\boldsymbol{x}\|_1=\sum_{k=1}^{n}|\lambda\xi_k|=|\lambda|\sum_{k=1}^{n}|\xi_k|=|\lambda|\,\|\boldsymbol{x}\|_1,$$

又对任意 $\boldsymbol{y}=(\eta_1,\eta_2,\cdots,\eta_n)^{\mathrm{T}}\in\mathbf{C}^n$,有

$$\begin{aligned}\|\boldsymbol{x}+\boldsymbol{y}\|_1&=\sum_{k=1}^{n}|\xi_k+\eta_k|\leqslant\sum_{k=1}^{n}(|\xi_k|+|\eta_k|)\\&=\sum_{k=1}^{n}|\xi_k|+\sum_{k=1}^{n}|\eta_k|=\|\boldsymbol{x}\|_1+\|\boldsymbol{y}\|_1,\end{aligned}$$

故 $\|\boldsymbol{x}\|_1$ 是 $\mathbf{C}^n$ 上的一种向量范数.

例 2.3 设 $\boldsymbol{x}=(\xi_1,\xi_2,\cdots,\xi_n)^{\mathrm{T}}\in\mathbf{C}^n$,规定

$$\|\boldsymbol{x}\|_\infty=\max_k|\xi_k|,$$

则 $\|\boldsymbol{x}\|_\infty$ 是向量 $\boldsymbol{x}$ 的一种范数,称为**向量∞范数**.

证 当 $\boldsymbol{x}\neq\boldsymbol{0}$ 时,有 $\|\boldsymbol{x}\|_\infty=\max\limits_k|\xi_k|>0$;当 $\boldsymbol{x}=\boldsymbol{0}$ 时,显然有 $\|\boldsymbol{x}\|_\infty=0$.

对任意 $\lambda\in\mathbf{C}$,有

$$\|\lambda\boldsymbol{x}\|_\infty=\max_k|\lambda\xi_k|=|\lambda|\max_k|\xi_k|=|\lambda|\,\|\boldsymbol{x}\|_\infty,$$

又对任意 $\boldsymbol{y}=(\eta_1,\eta_2,\cdots,\eta_n)^{\mathrm{T}}\in\mathbf{C}^n$,有

$$\|\boldsymbol{x}+\boldsymbol{y}\|_\infty=\max_k|\xi_k+\eta_k|\leqslant\max_k|\xi_k|+\max_k|\eta_k|=\|\boldsymbol{x}\|_\infty+\|\boldsymbol{y}\|_\infty,$$

故 $\|\boldsymbol{x}\|_\infty$ 是 $\mathbf{C}^n$ 上的一种向量范数.

为给出其他的向量范数,先证明如下的结论.

引理 2.1 对任意实数 $\alpha\geqslant0$ 和 $\beta\geqslant0$,都有

$$\alpha\beta\leqslant\frac{\alpha^p}{p}+\frac{\beta^q}{q},$$

其中 $p>1,q>1$,且 $\dfrac{1}{p}+\dfrac{1}{q}=1$.

证 若 $\alpha\beta=0$,显然结论成立. 下面只讨论 $\alpha>0$ 且 $\beta>0$ 的情况. 考虑函数

$$\varphi(t)=\frac{t^p}{p}+\frac{t^{-q}}{q}\qquad(0<t<+\infty).$$

因为

$$\varphi'(t)=t^{p-1}-t^{-(q+1)}=\frac{t^{p+q}-1}{t^{q+1}},$$

可见，当 $0<t<1$ 时，$\varphi'(t)\leqslant 0$；而当 $1\leqslant t<+\infty$ 时，$\varphi'(t)\geqslant 0$，故总有

$$\varphi(t)\geqslant\varphi(1)=1\qquad(0<t<+\infty).$$

令 $t=\alpha^{\frac{1}{q}}\beta^{-\frac{1}{p}}$，有

$$1\leqslant\frac{1}{p}\left(\alpha^{\frac{1}{q}}\beta^{-\frac{1}{p}}\right)^{p}+\frac{1}{q}\left(\alpha^{\frac{1}{q}}\beta^{-\frac{1}{p}}\right)^{-q}=\frac{1}{\alpha\beta}\left(\frac{\alpha^{p}}{p}+\frac{\beta^{q}}{q}\right).$$

故结论成立.　　证毕

定理 2.2　对任意 $\xi_k,\eta_k\in\mathbf{C}(k=1,2,\cdots,n)$，有

$$\sum_{k=1}^{n}|\xi_k||\eta_k|\leqslant\left(\sum_{k=1}^{n}|\xi_k|^{p}\right)^{\frac{1}{p}}\left(\sum_{k=1}^{n}|\eta_k|^{q}\right)^{\frac{1}{q}},\tag{2.1}$$

其中 $p>1,q>1$，且 $\frac{1}{p}+\frac{1}{q}=1$.

证　当 $\xi_k=0$ 或 $\eta_k=0(k=1,2,\cdots,n)$ 时，结论成立. 下设 ξ_k 不全为 0，η_k 也不全为 0. 由引理 2.1，得

$$\begin{aligned}\frac{\sum_{k=1}^{n}|\xi_k||\eta_k|}{\left(\sum_{k=1}^{n}|\xi_k|^{p}\right)^{\frac{1}{p}}\left(\sum_{k=1}^{n}|\eta_k|^{q}\right)^{\frac{1}{q}}}&=\sum_{k=1}^{n}\left[\frac{|\xi_k|}{\left(\sum_{k=1}^{n}|\xi_k|^{p}\right)^{\frac{1}{p}}}\right]\left[\frac{|\eta_k|}{\left(\sum_{k=1}^{n}|\eta_k|^{q}\right)^{\frac{1}{q}}}\right]\\&\leqslant\sum_{k=1}^{n}\left[\frac{|\xi_k|^{p}}{p\left(\sum_{k=1}^{n}|\xi_k|^{p}\right)}+\frac{|\eta_k|^{q}}{q\left(\sum_{k=1}^{n}|\eta_k|^{q}\right)}\right]\\&=\frac{1}{p}+\frac{1}{q}=1,\end{aligned}$$

故结论成立.　　证毕

称式(2.1)为 **Hölder 不等式**. 当 $p=q=2$ 时，即得 Cauchy-Schwarz 不等式(1.5).

例 2.4　设 $\boldsymbol{x}=(\xi_1,\xi_2,\cdots,\xi_n)^{\mathrm{T}}\in\mathbf{C}^n$，规定

$$\|\boldsymbol{x}\|_p=\left(\sum_{k=1}^{n}|\xi_k|^{p}\right)^{\frac{1}{p}}\qquad(1\leqslant p<+\infty),$$

则 $\|\boldsymbol{x}\|_p$ 是向量 $\boldsymbol{x}$ 的一种范数，称为**向量 $\boldsymbol{p}$ 范数**.

证　易知非负性和齐次性成立. 当 $p=1$ 时，例 2.2 中已证明三角不等式成立. 下设 $p>1$，则对任意 $\boldsymbol{y}=(\eta_1,\eta_2,\cdots,\eta_n)^{\mathrm{T}}\in\mathbf{C}^n$，利用定理 2.2 得

$$\|\boldsymbol{x}+\boldsymbol{y}\|_p^p=\sum_{k=1}^{n}|\xi_k+\eta_k|^{p}$$

$$\leqslant \sum_{k=1}^{n} |\xi_k| |\xi_k + \eta_k|^{p-1} + \sum_{k=1}^{n} |\eta_k| |\xi_k + \eta_k|^{p-1}$$

$$\leqslant \left(\sum_{k=1}^{n} |\xi_k|^p\right)^{\frac{1}{p}} \left(\sum_{k=1}^{n} |\xi_k + \eta_k|^{(p-1)q}\right)^{\frac{1}{q}}$$

$$+ \left(\sum_{k=1}^{n} |\eta_k|^p\right)^{\frac{1}{p}} \left(\sum_{k=1}^{n} |\xi_k + \eta_k|^{(p-1)q}\right)^{\frac{1}{q}}$$

$$= (\| \boldsymbol{x} \|_p + \| \boldsymbol{y} \|_p) \| \boldsymbol{x} + \boldsymbol{y} \|_p^{\frac{p}{q}}.$$

故

$$\| \boldsymbol{x} + \boldsymbol{y} \|_p = \| \boldsymbol{x} + \boldsymbol{y} \|_p^{p - \frac{p}{q}} \leqslant \| \boldsymbol{x} \|_p + \| \boldsymbol{y} \|_p.$$

对于向量 p 范数,显然当 $p=1$ 和 $p=2$ 时,分别得到向量的 1 范数和 2 范数,并且∞范数也是 $p \to +\infty$时的特殊情形.

定理 2.3 设 $\boldsymbol{x}=(\xi_1,\xi_2,\cdots,\xi_n)^{\mathrm{T}} \in \mathbf{C}^n$,则

$$\lim_{p \to +\infty} \| \boldsymbol{x} \|_p = \| \boldsymbol{x} \|_\infty.$$

证 当 $\boldsymbol{x}=\mathbf{0}$ 时,结论成立. 下设 $\boldsymbol{x} \neq \mathbf{0}$,又设

$$|\xi_t| = \max_k |\xi_k| = \| \boldsymbol{x} \|_\infty,$$

则有

$$\| \boldsymbol{x} \|_\infty = |\xi_t| \leqslant \left(\sum_{k=1}^{n} |\xi_k|^p\right)^{\frac{1}{p}} = \| \boldsymbol{x} \|_p \leqslant (n|\xi_t|^p)^{\frac{1}{p}} = n^{\frac{1}{p}} \| \boldsymbol{x} \|_\infty.$$

由于 $\lim\limits_{p \to +\infty} n^{\frac{1}{p}}=1$,故 $\lim\limits_{p \to +\infty} \| \boldsymbol{x} \|_p = \| \boldsymbol{x} \|_\infty$. 证毕

下面我们给出一种从已知的某种向量范数构造新的向量范数的方法.

定理 2.4 设 $\boldsymbol{A} \in \mathbf{C}_n^{m \times n}$, $\| \cdot \|_a$ 是 $\mathbf{C}^m$ 上的一种向量范数. 对任意 $\boldsymbol{x} \in \mathbf{C}^n$,规定

$$\| \boldsymbol{x} \|_b = \| \boldsymbol{A}\boldsymbol{x} \|_a,$$

则 $\| \boldsymbol{x} \|_b$ 是 $\mathbf{C}^n$ 中的向量范数.

证 当 $\boldsymbol{x}=\mathbf{0}$ 时,$\boldsymbol{A}\boldsymbol{x}=\mathbf{0}$,从而 $\| \boldsymbol{x} \|_b = \| \boldsymbol{A}\boldsymbol{x} \|_a = 0$;当 $\boldsymbol{x} \neq \mathbf{0}$ 时,由 $\operatorname{rank}\boldsymbol{A}=n$ 知 $\boldsymbol{A}\boldsymbol{x} \neq \mathbf{0}$,于是 $\| \boldsymbol{x} \|_b = \| \boldsymbol{A}\boldsymbol{x} \|_a > 0$.

对任意 $\lambda \in \mathbf{C}$,有

$$\| \lambda \boldsymbol{x} \|_b = \| \boldsymbol{A}(\lambda \boldsymbol{x}) \|_a = |\lambda| \, \| \boldsymbol{A}\boldsymbol{x} \|_a = |\lambda| \, \| \boldsymbol{x} \|_b,$$

又对任意 $\boldsymbol{y} \in \mathbf{C}^n$,有

$$\| \boldsymbol{x} + \boldsymbol{y} \|_b = \| \boldsymbol{A}(\boldsymbol{x} + \boldsymbol{y}) \|_a \leqslant \| \boldsymbol{A}\boldsymbol{x} \|_a + \| \boldsymbol{A}\boldsymbol{y} \|_a = \| \boldsymbol{x} \|_b + \| \boldsymbol{y} \|_b,$$

故 $\| \boldsymbol{x} \|_b$ 是 $\mathbf{C}^n$ 中的向量范数. 证毕

由于满足 $\boldsymbol{A} \in \mathbf{C}_n^{m \times n}$ 的矩阵有无穷多个,这样由一个已知的向量范数(不一定

是 p 范数)就可构造出无穷多个新的向量范数. 如取

$$A = \mathrm{diag}(1,2,\cdots,n),$$

则对于任意 $\boldsymbol{x}=(\xi_1,\xi_2,\cdots,\xi_n)^{\mathrm{T}}\in\mathbf{C}^n$，由 $\mathbf{C}^n$ 上向量的 1 范数和 2 范数可得

$$\|\boldsymbol{x}\|_a = \|\boldsymbol{A}\boldsymbol{x}\|_1 = \sum_{k=1}^{n} k|\xi_k|,$$

$$\|\boldsymbol{x}\|_b = \|\boldsymbol{A}\boldsymbol{x}\|_2 = \sqrt{\sum_{k=1}^{n} k^2|\xi_k|^2}.$$

这是两种新的向量范数.

例 2.5　设 $\boldsymbol{A}$ 是 n 阶 Hermite 正定矩阵，对任意 $\boldsymbol{x}\in\mathbf{C}^n$，规定

$$\|\boldsymbol{x}\|_{\boldsymbol{A}} = \sqrt{\boldsymbol{x}^{\mathrm{H}}\boldsymbol{A}\boldsymbol{x}},$$

则 $\|\boldsymbol{x}\|_{\boldsymbol{A}}$ 是一种向量范数，称为**加权范数**或**椭圆范数**.

证　由定理 1.24 知，存在矩阵 $\boldsymbol{P}\in\mathbf{C}_n^{n\times n}$，使得 $\boldsymbol{A}=\boldsymbol{P}^{\mathrm{H}}\boldsymbol{P}$，于是

$$\|\boldsymbol{x}\|_{\boldsymbol{A}} = \sqrt{\boldsymbol{x}^{\mathrm{H}}\boldsymbol{P}^{\mathrm{H}}\boldsymbol{P}\boldsymbol{x}} = \sqrt{(\boldsymbol{P}\boldsymbol{x})^{\mathrm{H}}(\boldsymbol{P}\boldsymbol{x})} = \|\boldsymbol{P}\boldsymbol{x}\|_2.$$

由定理 2.4 知 $\|\boldsymbol{x}\|_{\boldsymbol{A}}$ 是 $\mathbf{C}^n$ 上的一种向量范数.

虽然在 $\mathbf{C}^n$ 中可以定义各种不同的向量范数，且同一向量按不同范数算出的值一般不等，如对于向量 $\boldsymbol{e}=(1,1,\cdots,1)^{\mathrm{T}}\in\mathbf{C}^n$，有

$$\|\boldsymbol{e}\|_1 = n,\quad \|\boldsymbol{e}\|_2 = \sqrt{n},\quad \|\boldsymbol{e}\|_\infty = 1.$$

但是，不同的范数之间存在着一种重要的关系. 为了描述这种关系，先给出如下的定义.

定义 2.2　设 $\|\cdot\|_a$ 和 $\|\cdot\|_b$ 是 $\mathbf{C}^n$ 上的两种向量范数. 如果存在正数 α 和 β，使对任意 $\boldsymbol{x}\in\mathbf{C}^n$ 都有

$$\alpha\|\boldsymbol{x}\|_b \leqslant \|\boldsymbol{x}\|_a \leqslant \beta\|\boldsymbol{x}\|_b,$$

则称向量范数 $\|\cdot\|_a$ 与 $\|\cdot\|_b$ **等价**.

定理 2.5　$\mathbf{C}^n$ 上的所有向量范数等价.

证　设 $\boldsymbol{x}=(\xi_1,\xi_2,\cdots,\xi_n)^{\mathrm{T}}\in\mathbf{C}^n$，$\|\cdot\|_a$ 是 $\mathbf{C}^n$ 上的向量范数. 记

$$\varphi(\xi_1,\xi_2,\cdots,\xi_n) = \|\boldsymbol{x}\|_a.$$

首先证明 $\varphi(\xi_1,\xi_2,\cdots,\xi_n)$ 是连续函数. 因为对任意 $\boldsymbol{y}=(\eta_1,\eta_2,\cdots,\eta_n)^{\mathrm{T}}\in\mathbf{C}^n$，有

$$\begin{aligned}
&|\varphi(\xi_1,\xi_2,\cdots,\xi_n)-\varphi(\eta_1,\eta_2,\cdots,\eta_n)|\\
&=|\,\|\boldsymbol{x}\|_a-\|\boldsymbol{y}\|_a\,| \leqslant \|\boldsymbol{x}-\boldsymbol{y}\|_a\\
&=\left\|\sum_{k=1}^{n}(\xi_k-\eta_k)\boldsymbol{e}_k\right\|_a \leqslant \sum_{k=1}^{n}|\xi_k-\eta_k|\,\|\boldsymbol{e}_k\|_a,
\end{aligned}$$

而 $\|\boldsymbol{e}_k\|_a(k=1,2,\cdots,n)$ 都是确定的实数，故当 $\eta_k\to\xi_k(k=1,2,\cdots,n)$ 时，有

$$\varphi(\eta_1,\eta_2,\cdots,\eta_n)\to\varphi(\xi_1,\xi_2,\cdots,\xi_n),$$

即 $\varphi(\xi_1,\xi_2,\cdots,\xi_n)$ 是连续函数. 考虑集合

$$S=\{\boldsymbol{x}\mid \|\boldsymbol{x}\|_2=1,\boldsymbol{x}\in\mathbf{C}^n\},$$

这是 $\mathbf{C}^n$ 中的一个有界闭集. 根据连续函数的性质知, $\varphi(\xi_1,\xi_2,\cdots,\xi_n)$ 在 S 上达到最大值 β 和最小值 α, 且 $\beta\geqslant\alpha>0$. 当 $\boldsymbol{x}\neq\boldsymbol{0}$ 时, $\dfrac{\boldsymbol{x}}{\|\boldsymbol{x}\|_2}\in S$, 且有

$$\alpha\leqslant\varphi\left(\frac{\xi_1}{\|\boldsymbol{x}\|_2},\frac{\xi_2}{\|\boldsymbol{x}\|_2},\cdots,\frac{\xi_n}{\|\boldsymbol{x}\|_2}\right)=\left\|\frac{\boldsymbol{x}}{\|\boldsymbol{x}\|_2}\right\|_a=\frac{\|\boldsymbol{x}\|_a}{\|\boldsymbol{x}\|_2}\leqslant\beta,$$

即

$$\alpha\|\boldsymbol{x}\|_2\leqslant\|\boldsymbol{x}\|_a\leqslant\beta\|\boldsymbol{x}\|_2.$$

当 $\boldsymbol{x}=\boldsymbol{0}$ 时, 上式也成立, 这表明任意向量范数 $\|\cdot\|_a$ 与向量 2 范数等价. 又若 $\|\cdot\|_b$ 是 $\mathbf{C}^n$ 上的向量范数, 则存在正实数 α_1,β_1, 使得

$$\alpha_1\|\boldsymbol{x}\|_2\leqslant\|\boldsymbol{x}\|_b\leqslant\beta_1\|\boldsymbol{x}\|_2.$$

故

$$\frac{\alpha}{\beta_1}\|\boldsymbol{x}\|_b\leqslant\|\boldsymbol{x}\|_a\leqslant\frac{\beta}{\alpha_1}\|\boldsymbol{x}\|_b,$$

即 $\|\cdot\|_a$ 与 $\|\cdot\|_b$ 等价. 证毕

对于 $\mathbf{C}^n$ 上向量的 1、2、∞ 范数, 易知下面两个不等式成立

$$\|\boldsymbol{x}\|_\infty\leqslant\|\boldsymbol{x}\|_1\leqslant n\|\boldsymbol{x}\|_\infty,\qquad \|\boldsymbol{x}\|_\infty\leqslant\|\boldsymbol{x}\|_2\leqslant\sqrt{n}\|\boldsymbol{x}\|_\infty.$$

向量范数及其等价性, 使得在研究向量序列的收敛问题时表现出简洁性和明显的一致性. 见如下的定义和定理.

定义 2.3 给定 $\mathbf{C}^n$ 中的向量序列 $\{\boldsymbol{x}^{(k)}\}$, 其中

$$\boldsymbol{x}^{(k)}=(\xi_1^{(k)},\xi_2^{(k)},\cdots,\xi_n^{(k)})^{\mathrm{T}}\qquad(k=0,1,2,\cdots).$$

如果

$$\lim_{k\to+\infty}\xi_j^{(k)}=\xi_j\qquad(j=1,2,\cdots,n),$$

则称向量序列 $\{\boldsymbol{x}^{(k)}\}$ 收敛于 $\boldsymbol{x}=(\xi_1,\xi_2,\cdots,\xi_n)^{\mathrm{T}}$. 简称 $\{\boldsymbol{x}^{(k)}\}$ **收敛**, 记为

$$\lim_{k\to+\infty}\boldsymbol{x}^{(k)}=\boldsymbol{x}\quad 或\quad \boldsymbol{x}^{(k)}\to\boldsymbol{x}(k\to+\infty).$$

不收敛的向量序列称为是**发散**的.

定理 2.6 $\mathbf{C}^n$ 中向量序列 $\{\boldsymbol{x}^{(k)}\}$ 收敛于 $\boldsymbol{x}$ 的充分必要条件是, 对于 $\mathbf{C}^n$ 上的任意一种向量范数 $\|\cdot\|$, 都有 $\lim\limits_{k\to+\infty}\|\boldsymbol{x}^{(k)}-\boldsymbol{x}\|=0$.

证 设 $\boldsymbol{x}^{(k)}=(\xi_1^{(k)},\xi_2^{(k)},\cdots,\xi_n^{(k)})^{\mathrm{T}}$, $\boldsymbol{x}=(\xi_1,\xi_2,\cdots,\xi_n)^{\mathrm{T}}$, 则有

$$|\xi_j^{(k)}-\xi_j|\leqslant\max_j|\xi_j^{(k)}-\xi_j|=\|\boldsymbol{x}^{(k)}-\boldsymbol{x}\|_\infty\leqslant\sum_{j=1}^n|\xi_j^{(k)}-\xi_j|.$$

可见 $\lim\limits_{k\to+\infty}\xi_j^{(k)}=\xi_j(j=1,2,\cdots,n)$ 的充分必要条件是 $\lim\limits_{k\to+\infty}\|\boldsymbol{x}^{(k)}-\boldsymbol{x}\|_\infty=0$. 对于 $\mathbf{C}^n$ 上的任意一种向量范数 $\|\cdot\|$, 由等价性知

$$\alpha \| \boldsymbol{x}^{(k)} - \boldsymbol{x} \|_\infty \leqslant \| \boldsymbol{x}^{(k)} - \boldsymbol{x} \| \leqslant \beta \| \boldsymbol{x}^{(k)} - \boldsymbol{x} \|_\infty .$$

从而 $\lim\limits_{k\to+\infty} \| \boldsymbol{x}^{(k)} - \boldsymbol{x} \|_\infty = 0$ 的充分必要条件是 $\lim\limits_{k\to+\infty} \| \boldsymbol{x}^{(k)} - \boldsymbol{x} \| = 0$.　　证毕

2.2 矩阵范数

由于一个 $m\times n$ 矩阵可以看作 mn 维的向量，因此可以按定义向量范数的方法来定义矩阵范数. 但是，矩阵之间还有乘法运算，在研究矩阵范数时应予以考虑. 首先研究方阵的范数.

2.2.1 方阵的范数

定义 2.4　若对任意 $\boldsymbol{A}\in \mathbf{C}^{n\times n}$ 都有一个实数 $\|\boldsymbol{A}\|$ 与之对应，且满足

(1) 非负性：当 $\boldsymbol{A}\neq \boldsymbol{O}$ 时，$\|\boldsymbol{A}\|>0$，当 $\boldsymbol{A}=\boldsymbol{O}$ 时，$\|\boldsymbol{A}\|=0$，

(2) 齐次性：对任何 $\lambda\in\mathbf{C}$，$\|\lambda\boldsymbol{A}\|=|\lambda|\,\|\boldsymbol{A}\|$，

(3) 三角不等式：对任意 $\boldsymbol{A},\boldsymbol{B}\in\mathbf{C}^{n\times n}$，都有 $\|\boldsymbol{A}+\boldsymbol{B}\|\leqslant\|\boldsymbol{A}\|+\|\boldsymbol{B}\|$，

(4) 相容性：对任意 $\boldsymbol{A},\boldsymbol{B}\in\mathbf{C}^{n\times n}$，都有 $\|\boldsymbol{AB}\|\leqslant\|\boldsymbol{A}\|\,\|\boldsymbol{B}\|$，

则称 $\|\boldsymbol{A}\|$ 为 **$\mathbf{C}^{n\times n}$ 上矩阵 $\boldsymbol{A}$ 的范数**，简称**矩阵范数**.

由于定义中前三条公理与向量范数一致，因此矩阵范数与向量范数所具有的性质类似. 如

$$\|-\boldsymbol{A}\|=\|\boldsymbol{A}\|, \qquad |\,\|\boldsymbol{A}\|-\|\boldsymbol{B}\|\,|\leqslant\|\boldsymbol{A}-\boldsymbol{B}\|,$$

以及 $\mathbf{C}^{n\times n}$ 上的任意两个矩阵范数等价. 矩阵范数定义中相容性公理的出现，使得由向量范数的表达式推广到矩阵情形时，有时需做一些修改.

例 2.6　设 $\boldsymbol{A}=(a_{ij})_{n\times n}\in\mathbf{C}^{n\times n}$，规定

$$\|\boldsymbol{A}\|_{\mathrm{m}_1}=\sum_{i=1}^{n}\sum_{j=1}^{n}|a_{ij}|,$$

则 $\|\boldsymbol{A}\|_{\mathrm{m}_1}$ 是 $\mathbf{C}^{n\times n}$ 上的一种矩阵范数. 称为**矩阵的 $\mathbf{m}_1$ 范数**.

证　只证相容性. 设 $\boldsymbol{B}=(b_{ij})_{n\times n}$，则

$$\begin{aligned}\|\boldsymbol{AB}\|_{\mathrm{m}_1}&=\sum_{i=1}^{n}\sum_{j=1}^{n}\Big|\sum_{k=1}^{n}a_{ik}b_{kj}\Big|\leqslant\sum_{i=1}^{n}\sum_{j=1}^{n}\Big(\sum_{k=1}^{n}|a_{ik}|\,|b_{kj}|\Big)\\&\leqslant\sum_{i=1}^{n}\sum_{j=1}^{n}\Big[\Big(\sum_{k=1}^{n}|a_{ik}|\Big)\Big(\sum_{k=1}^{n}|b_{kj}|\Big)\Big]\\&=\Big(\sum_{i=1}^{n}\sum_{k=1}^{n}|a_{ik}|\Big)\Big(\sum_{j=1}^{n}\sum_{k=1}^{n}|b_{kj}|\Big)\\&=\|\boldsymbol{A}\|_{\mathrm{m}_1}\|\boldsymbol{B}\|_{\mathrm{m}_1}.\end{aligned}$$

故 $\|\boldsymbol{A}\|_{\mathrm{m}_1}$ 是 $\mathbf{C}^{n\times n}$ 上的一种矩阵范数.

例 2.7 设 $\boldsymbol{A}=(a_{ij})_{n\times n}\in\mathbf{C}^{n\times n}$，规定

$$\|\boldsymbol{A}\|_{\mathrm{F}}=\sqrt{\sum_{i=1}^{n}\sum_{j=1}^{n}|a_{ij}|^2}=\sqrt{\operatorname{tr}(\boldsymbol{A}^{\mathrm{H}}\boldsymbol{A})},$$

则 $\|\boldsymbol{A}\|_{\mathrm{F}}$ 是 $\mathbf{C}^{n\times n}$ 上的一种矩阵范数，称为矩阵的 **Frobenius 范数**，简称 **F 范数**.

证 只证相容性. 设 $\boldsymbol{B}=(b_{ij})_{n\times n}$，由 Cauchy-Schwarz 不等式(1.5)，得

$$\begin{aligned}\|\boldsymbol{AB}\|_{\mathrm{F}}&=\sqrt{\sum_{i=1}^{n}\sum_{j=1}^{n}\Big|\sum_{k=1}^{n}a_{ik}b_{kj}\Big|^2}\leqslant\sqrt{\sum_{i=1}^{n}\sum_{j=1}^{n}\Big(\sum_{k=1}^{n}|a_{ik}||b_{kj}|\Big)^2}\\&\leqslant\sqrt{\sum_{i=1}^{n}\sum_{j=1}^{n}\Big[\Big(\sum_{k=1}^{n}|a_{ik}|^2\Big)\Big(\sum_{k=1}^{n}|b_{kj}|^2\Big)\Big]}\\&=\sqrt{\sum_{i=1}^{n}\sum_{k=1}^{n}|a_{ik}|^2}\sqrt{\sum_{j=1}^{n}\sum_{k=1}^{n}|b_{kj}|^2}=\|\boldsymbol{A}\|_{\mathrm{F}}\|\boldsymbol{B}\|_{\mathrm{F}},\end{aligned}$$

故 $\|\boldsymbol{A}\|_{\mathrm{F}}$ 是 $\mathbf{C}^{n\times n}$ 上的一种矩阵范数.

F 范数有下列良好的性质.

定理 2.7 设 $\boldsymbol{A}\in\mathbf{C}^{n\times n}$，则对任意 n 阶酉矩阵 $\boldsymbol{U}$ 和 $\boldsymbol{V}$，恒有

$$\|\boldsymbol{UA}\|_{\mathrm{F}}=\|\boldsymbol{AV}\|_{\mathrm{F}}=\|\boldsymbol{UAV}\|_{\mathrm{F}}=\|\boldsymbol{A}\|_{\mathrm{F}},$$

称之为 F 范数的**酉不变性**.

证 利用定理 1.6，得

$$\|\boldsymbol{UA}\|_{\mathrm{F}}=\sqrt{\operatorname{tr}[(\boldsymbol{UA})^{\mathrm{H}}(\boldsymbol{UA})]}=\sqrt{\operatorname{tr}(\boldsymbol{A}^{\mathrm{H}}\boldsymbol{U}^{\mathrm{H}}\boldsymbol{UA})}=\sqrt{\operatorname{tr}(\boldsymbol{A}^{\mathrm{H}}\boldsymbol{A})}=\|\boldsymbol{A}\|_{\mathrm{F}},$$

$$\|\boldsymbol{AV}\|_{\mathrm{F}}=\sqrt{\operatorname{tr}(\boldsymbol{V}^{\mathrm{H}}\boldsymbol{A}^{\mathrm{H}}\boldsymbol{AV})}=\sqrt{\operatorname{tr}(\boldsymbol{A}^{\mathrm{H}}\boldsymbol{AVV}^{\mathrm{H}})}=\sqrt{\operatorname{tr}(\boldsymbol{A}^{\mathrm{H}}\boldsymbol{A})}=\|\boldsymbol{A}\|_{\mathrm{F}}.$$

最后

$$\|\boldsymbol{UAV}\|_{\mathrm{F}}=\|\boldsymbol{AV}\|_{\mathrm{F}}=\|\boldsymbol{A}\|_{\mathrm{F}}.$$

证毕

需要指出的是，对于 $\boldsymbol{A}=(a_{ij})_{n\times n}\in\mathbf{C}^{n\times n}$，如果将向量的∞范数直接推广到 $\boldsymbol{A}$，即 $\|\boldsymbol{A}\|=\max\limits_{i,j}|a_{ij}|$，则矩阵范数定义中前 3 条公理成立，但相容性公理却不成立. 如取 $\boldsymbol{A}=\boldsymbol{B}=\begin{pmatrix}1&1\\1&1\end{pmatrix}$，则 $\|\boldsymbol{A}\|=\|\boldsymbol{B}\|=1$，而 $\boldsymbol{AB}=\begin{pmatrix}2&2\\2&2\end{pmatrix}$. 于是 $\|\boldsymbol{AB}\|=2$，显然不满足 $\|\boldsymbol{AB}\|\leqslant\|\boldsymbol{A}\|\,\|\boldsymbol{B}\|$. 因此要做适当的修改.

例 2.8 设 $\boldsymbol{A}=(a_{ij})_{n\times n}\in\mathbf{C}^{n\times n}$，规定

$$\|\boldsymbol{A}\|_{\mathrm{m}_\infty}=n\max_{i,j}|a_{ij}|,$$

则 $\|\boldsymbol{A}\|_{\mathrm{m}_\infty}$ 是 $\mathbf{C}^{n\times n}$ 上的矩阵范数，称为矩阵的 $\mathbf{m}_\infty$ **范数**.

证 只证相容性. 设 $\boldsymbol{B}=(b_{ij})_{n\times n}\in\mathbf{C}^{n\times n}$，则

$$\begin{aligned}\|\boldsymbol{AB}\|_{\mathrm{m}_\infty}&=n\max_{i,j}\Big|\sum_{k=1}^{n}a_{ik}b_{kj}\Big|\leqslant n\max_{i,j}\sum_{k=1}^{n}|a_{ik}||b_{kj}|\\&\leqslant n\max_{i,k}|a_{ik}|\max_{i,j}\sum_{k=1}^{n}|b_{kj}|\end{aligned}$$

$$\leqslant \|A\|_{m_\infty} n \max_{k,j}|b_{kj}| = \|A\|_{m_\infty}\|B\|_{m_\infty}.$$

故 $\|A\|_{m_\infty}$ 是 $\mathbf{C}^{n\times n}$ 上的一种矩阵范数.

2.2.2　与向量范数的相容性

由于矩阵与向量在实际运算中常同时出现，所以矩阵范数和向量范数也会同时出现，因此需建立矩阵范数与向量范数的联系.

定义 2.5　设 $\|\cdot\|_m$ 是 $\mathbf{C}^{n\times n}$ 上的矩阵范数，$\|\cdot\|_v$ 是 $\mathbf{C}^n$ 上的向量范数. 如果对任意 $A\in\mathbf{C}^{n\times n}$ 和 $x\in\mathbf{C}^n$ 都有

$$\|Ax\|_v \leqslant \|A\|_m \|x\|_v,$$

则称矩阵范数 $\|\cdot\|_m$ 与向量范数 $\|\cdot\|_v$ 是**相容**的.

例 2.9　证明 $\mathbf{C}^{n\times n}$ 的矩阵 m_1 范数和 F 范数分别与 $\mathbf{C}^n$ 上向量的 1 范数和2 范数相容.

证　设 $A=(a_{ij})_{n\times n}\in\mathbf{C}^{n\times n}$，$x=(\xi_1,\xi_2,\cdots,\xi_n)^{\mathrm{T}}\in\mathbf{C}^n$，则

$$\begin{aligned}\|Ax\|_1 &= \sum_{i=1}^n\left|\sum_{k=1}^n a_{ik}\xi_k\right| \leqslant \sum_{i=1}^n\left(\sum_{k=1}^n|a_{ik}||\xi_k|\right)\\ &\leqslant \sum_{i=1}^n\left[\left(\sum_{k=1}^n|a_{ik}|\right)\left(\sum_{k=1}^n|\xi_k|\right)\right] = \left(\sum_{i=1}^n\sum_{k=1}^n|a_{ik}|\right)\left(\sum_{k=1}^n|\xi_k|\right)\\ &= \|A\|_{m_1}\|x\|_1.\end{aligned}$$

利用 Cauchy-Schwarz 不等式，得

$$\begin{aligned}\|Ax\|_2 &= \sqrt{\sum_{i=1}^n\left|\sum_{k=1}^n a_{ik}\xi_k\right|^2} \leqslant \sqrt{\sum_{i=1}^n\left(\sum_{k=1}^n|a_{ik}||\xi_k|\right)^2}\\ &\leqslant \sqrt{\sum_{i=1}^n\left[\left(\sum_{k=1}^n|a_{ik}|^2\right)\left(\sum_{k=1}^n|\xi_k|^2\right)\right]} = \|A\|_F\|x\|_2.\end{aligned}$$

例 2.10　证明 $\mathbf{C}^{n\times n}$ 上矩阵的 m_∞ 范数分别与 $\mathbf{C}^n$ 上向量的 1、2、∞范数相容.

证　只证矩阵的 m_∞ 范数与向量的∞范数相容，其余证明留给读者. 设 $A=(a_{ij})_{n\times n}$，$x=(\xi_1,\xi_2,\cdots,\xi_n)^{\mathrm{T}}$，则

$$\begin{aligned}\|Ax\|_\infty &= \max_i\left|\sum_{k=1}^n a_{ik}\xi_k\right| \leqslant \max_i\sum_{k=1}^n|a_{ik}||\xi_k|\\ &\leqslant n\max_{i,k}|a_{ik}|\max_k|\xi_k| = \|A\|_{m_\infty}\|x\|_\infty.\end{aligned}$$

上例表明，与一个矩阵范数相容的向量范数可能不唯一. 那么，对于 $\mathbf{C}^{n\times n}$ 上任意给定的一种矩阵范数，是否一定存在与之相容的向量范数呢？对此有下面的结论.

定理 2.8　设 $\|\cdot\|_m$ 是 $\mathbf{C}^{n\times n}$ 上的一种矩阵范数，则在 $\mathbf{C}^n$ 上必存在与它相容的向量范数.

证 取定$\mathbf{0}\neq \boldsymbol{a}\in \mathbf{C}^n$,对任意$\boldsymbol{x}\in \mathbf{C}^n$,规定

$$\|\boldsymbol{x}\|_{\mathrm{v}}=\|\boldsymbol{x}\boldsymbol{a}^{\mathrm{H}}\|_{\mathrm{m}},$$

则当$\boldsymbol{x}\neq\mathbf{0}$时,$\boldsymbol{x}\boldsymbol{a}^{\mathrm{H}}\neq\boldsymbol{O}$,于是$\|\boldsymbol{x}\|_{\mathrm{v}}=\|\boldsymbol{x}\boldsymbol{a}^{\mathrm{H}}\|_{\mathrm{m}}>0$;而当$\boldsymbol{x}=\mathbf{0}$时,$\boldsymbol{x}\boldsymbol{a}^{\mathrm{H}}=\boldsymbol{O}$,所以$\|\boldsymbol{x}\|_{\mathrm{v}}=\|\boldsymbol{x}\boldsymbol{a}^{\mathrm{H}}\|_{\mathrm{m}}=0$. 对任意$\lambda\in\mathbf{C}$,有

$$\|\lambda\boldsymbol{x}\|_{\mathrm{v}}=\|(\lambda\boldsymbol{x})\boldsymbol{a}^{\mathrm{H}}\|_{\mathrm{m}}=|\lambda|\,\|\boldsymbol{x}\boldsymbol{a}^{\mathrm{H}}\|_{\mathrm{m}}=|\lambda|\,\|\boldsymbol{x}\|_{\mathrm{v}},$$

又对任意$\boldsymbol{x},\boldsymbol{y}\in\mathbf{C}^n$,有

$$\|\boldsymbol{x}+\boldsymbol{y}\|_{\mathrm{v}}=\|(\boldsymbol{x}+\boldsymbol{y})\boldsymbol{a}^{\mathrm{H}}\|_{\mathrm{m}}\leqslant\|\boldsymbol{x}\boldsymbol{a}^{\mathrm{H}}\|_{\mathrm{m}}+\|\boldsymbol{y}\boldsymbol{a}^{\mathrm{H}}\|_{\mathrm{m}}=\|\boldsymbol{x}\|_{\mathrm{v}}+\|\boldsymbol{y}\|_{\mathrm{v}},$$

故$\|\cdot\|_{\mathrm{v}}$是$\mathbf{C}^n$上的一种向量范数,并且对任意$\boldsymbol{A}\in\mathbf{C}^{n\times n}$,$\boldsymbol{x}\in\mathbf{C}^n$,有

$$\|\boldsymbol{A}\boldsymbol{x}\|_{\mathrm{v}}=\|(\boldsymbol{A}\boldsymbol{x})\boldsymbol{a}^{\mathrm{H}}\|_{\mathrm{m}}\leqslant\|\boldsymbol{A}\|_{\mathrm{m}}\|\boldsymbol{x}\boldsymbol{a}^{\mathrm{H}}\|_{\mathrm{m}}=\|\boldsymbol{A}\|_{\mathrm{m}}\|\boldsymbol{x}\|_{\mathrm{v}},$$

即矩阵范数$\|\cdot\|_{\mathrm{m}}$与向量范数$\|\cdot\|_{\mathrm{v}}$相容. 证毕

2.2.3 从属范数

我们知道,单位矩阵在矩阵乘法中的作用类似于1在数的乘法中的作用,但对于矩阵的m_1、F和m_∞范数,有

$$\|\boldsymbol{I}_n\|_{\mathrm{m}_1}=n,\quad \|\boldsymbol{I}_n\|_{\mathrm{F}}=\sqrt{n},\quad \|\boldsymbol{I}_n\|_{\mathrm{m}_\infty}=n,$$

这对于一些理论分析带来不便. 那么能否构造出使$\|\boldsymbol{I}_n\|\equiv1$的矩阵范数呢? 下面给出的就是这样一类矩阵范数.

定理 2.9 已知$\mathbf{C}^n$上的向量范数$\|\cdot\|_{\mathrm{v}}$,对任意$\boldsymbol{A}\in\mathbf{C}^{n\times n}$,规定

$$\|\boldsymbol{A}\|=\max_{\boldsymbol{x}\neq\mathbf{0}}\frac{\|\boldsymbol{A}\boldsymbol{x}\|_{\mathrm{v}}}{\|\boldsymbol{x}\|_{\mathrm{v}}}\qquad\left(\|\boldsymbol{A}\|=\max_{\|\boldsymbol{x}\|_{\mathrm{v}}=1}\|\boldsymbol{A}\boldsymbol{x}\|_{\mathrm{v}}\right),$$

则$\|\cdot\|$是$\mathbf{C}^{n\times n}$上与向量范数$\|\cdot\|_{\mathrm{v}}$相容的矩阵范数,且$\|\boldsymbol{I}_n\|=1$. 称之为**由向量范数$\|\cdot\|_{\mathrm{v}}$导出的矩阵范数或从属于向量范数$\|\cdot\|_{\mathrm{v}}$的矩阵范数**,简称**导出范数或从属范数.**

证 显然$\|\boldsymbol{I}_n\|=1$. 又由

$$\|\boldsymbol{A}\|=\max_{\boldsymbol{x}\neq\mathbf{0}}\frac{\|\boldsymbol{A}\boldsymbol{x}\|_{\mathrm{v}}}{\|\boldsymbol{x}\|_{\mathrm{v}}}\geqslant\frac{\|\boldsymbol{A}\boldsymbol{x}\|_{\mathrm{v}}}{\|\boldsymbol{x}\|_{\mathrm{v}}},$$

得

$$\|\boldsymbol{A}\boldsymbol{x}\|_{\mathrm{v}}\leqslant\|\boldsymbol{A}\|\,\|\boldsymbol{x}\|_{\mathrm{v}}.$$

从而$\|\cdot\|$与向量范数$\|\cdot\|_v$相容.

当$\boldsymbol{A}=\boldsymbol{O}$时,$\|\boldsymbol{A}\|=0$;而当$\boldsymbol{A}\neq\boldsymbol{O}$时,存在$\boldsymbol{x}^{(0)}\in\mathbf{C}^n$,使$\boldsymbol{A}\boldsymbol{x}^{(0)}\neq\mathbf{0}$,从而

$$\|\boldsymbol{A}\|\geqslant\frac{\|\boldsymbol{A}\boldsymbol{x}^{(0)}\|_{\mathrm{v}}}{\|\boldsymbol{x}^{(0)}\|_{\mathrm{v}}}>0.$$

对任意 $\lambda\in\mathbf{C}$，有

$$\|\lambda\boldsymbol{A}\| = \max_{\boldsymbol{x}\neq\boldsymbol{0}}\frac{\|(\lambda\boldsymbol{A})\boldsymbol{x}\|_{\mathrm{v}}}{\|\boldsymbol{x}\|_{\mathrm{v}}} = |\lambda|\max_{\boldsymbol{x}\neq\boldsymbol{0}}\frac{\|\boldsymbol{A}\boldsymbol{x}\|_{\mathrm{v}}}{\|\boldsymbol{x}\|_{\mathrm{v}}} = |\lambda|\ \|\boldsymbol{A}\|,$$

又对任意 $\boldsymbol{A},\boldsymbol{B}\in\mathbf{C}^{n\times n}$，有

$$\|\boldsymbol{A}+\boldsymbol{B}\| = \max_{\boldsymbol{x}\neq\boldsymbol{0}}\frac{\|(\boldsymbol{A}+\boldsymbol{B})\boldsymbol{x}\|_{\mathrm{v}}}{\|\boldsymbol{x}\|_{\mathrm{v}}} \leqslant \max_{\boldsymbol{x}\neq\boldsymbol{0}}\frac{\|\boldsymbol{A}\boldsymbol{x}\|_{\mathrm{v}}}{\|\boldsymbol{x}\|_{\mathrm{v}}} + \max_{\boldsymbol{x}\neq\boldsymbol{0}}\frac{\|\boldsymbol{B}\boldsymbol{x}\|_{\mathrm{v}}}{\|\boldsymbol{x}\|_{\mathrm{v}}}$$
$$= \|\boldsymbol{A}\| + \|\boldsymbol{B}\|,$$
$$\|\boldsymbol{A}\boldsymbol{B}\| = \max_{\boldsymbol{x}\neq\boldsymbol{0}}\frac{\|(\boldsymbol{A}\boldsymbol{B})\boldsymbol{x}\|_{\mathrm{v}}}{\|\boldsymbol{x}\|_{\mathrm{v}}} \leqslant \max_{\boldsymbol{x}\neq\boldsymbol{0}}\frac{\|\boldsymbol{A}\|\ \|\boldsymbol{B}\boldsymbol{x}\|_{\mathrm{v}}}{\|\boldsymbol{x}\|_{\mathrm{v}}} = \|\boldsymbol{A}\|\ \|\boldsymbol{B}\|,$$

故 $\|\cdot\|$ 是 $\mathbf{C}^{n\times n}$ 上的矩阵范数.　　证毕

矩阵的从属范数的计算归结为求函数的最大值.从分析的角度来看，连续函数在有界闭集上可以达到最大值，但计算却不是很容易.下面给出由向量 1、2、∞范数导出的矩阵范数的具体计算公式.

定理 2.10　设 $\boldsymbol{A}=(a_{ij})_{n\times n}\in\mathbf{C}^{n\times n}$，记由向量 1、2、∞范数导出的矩阵范数分别为 $\|\boldsymbol{A}\|_1$，$\|\boldsymbol{A}\|_2$，$\|\boldsymbol{A}\|_\infty$，则有

(1) $\|\boldsymbol{A}\|_1 = \max\limits_{j}\sum\limits_{i=1}^{n}|a_{ij}|$；

(2) $\|\boldsymbol{A}\|_2 = \sqrt{\lambda_1}$，$\lambda_1$ 为 $\boldsymbol{A}^{\mathrm{H}}\boldsymbol{A}$ 的最大特征值；

(3) $\|\boldsymbol{A}\|_\infty = \max\limits_{i}\sum\limits_{j=1}^{n}|a_{ij}|$.

通常 $\|\boldsymbol{A}\|_1$，$\|\boldsymbol{A}\|_2$ 和 $\|\boldsymbol{A}\|_\infty$ 依次称为矩阵的 **1 范数**、**2 范数**和**∞范数**，或称为**列和范数**、**谱范数**与**行和范数**.

证　(1) 对 $\boldsymbol{x}=(\xi_1,\xi_2,\cdots,\xi_n)^{\mathrm{T}}\neq\boldsymbol{0}$，有

$$\|\boldsymbol{A}\boldsymbol{x}\|_1 = \sum_{i=1}^{n}\Big|\sum_{j=1}^{n}a_{ij}\xi_j\Big| \leqslant \sum_{i=1}^{n}\Big(\sum_{j=1}^{n}|a_{ij}|\,|\xi_j|\Big)$$
$$= \sum_{j=1}^{n}\Big[|\xi_j|\sum_{i=1}^{n}|a_{ij}|\Big] \leqslant \Big(\max_{j}\sum_{i=1}^{n}|a_{ij}|\Big)\Big(\sum_{j=1}^{n}|\xi_j|\Big)$$
$$= \Big(\max_{j}\sum_{i=1}^{n}|a_{ij}|\Big)\|\boldsymbol{x}\|_1,$$

即

$$\frac{\|\boldsymbol{A}\boldsymbol{x}\|_1}{\|\boldsymbol{x}\|_1} \leqslant \max_{j}\sum_{i=1}^{n}|a_{ij}|.$$

设

$$\sum_{i=1}^{n}|a_{ik}| = \max_{j}\sum_{i=1}^{n}|a_{ij}|,$$

取 $\boldsymbol{x}^{(0)}=(\xi_1^{(0)},\xi_2^{(0)},\cdots,\xi_n^{(0)})^{\mathrm{T}}$，其中

$$\xi_j^{(0)}=\begin{cases}1, & j=k,\\ 0, & j\neq k,\end{cases}$$

则 $\|\boldsymbol{x}^{(0)}\|_1=1$，且有

$$\frac{\|\boldsymbol{A}\boldsymbol{x}^{(0)}\|_1}{\|\boldsymbol{x}^{(0)}\|_1}=\sum_{i=1}^{n}\Big|\sum_{j=1}^{n}a_{ij}\xi_j^{(0)}\Big|=\sum_{i=1}^{n}|a_{ik}|=\max_j\sum_{i=1}^{n}|a_{ij}|.$$

故

$$\|\boldsymbol{A}\|_1=\max_{\boldsymbol{x}\neq\boldsymbol{0}}\frac{\|\boldsymbol{A}\boldsymbol{x}\|_1}{\|\boldsymbol{x}\|_1}=\max_j\sum_{i=1}^{n}|a_{ij}|.$$

(2) 由定理 1.24 知，$\boldsymbol{A}^{\mathrm{H}}\boldsymbol{A}$ 的特征值为非负实数. 设 $\boldsymbol{A}^{\mathrm{H}}\boldsymbol{A}$ 的 n 个特征值为

$$\lambda_1\geqslant\lambda_2\geqslant\cdots\geqslant\lambda_n\geqslant 0.$$

由于 $\boldsymbol{A}^{\mathrm{H}}\boldsymbol{A}$ 是 Hermite 矩阵，故存在 n 阶酉矩阵 $\boldsymbol{U}$，使

$$\boldsymbol{U}^{\mathrm{H}}\boldsymbol{A}^{\mathrm{H}}\boldsymbol{A}\boldsymbol{U}=\mathrm{diag}(\lambda_1,\lambda_2,\cdots,\lambda_n).$$

记 $\boldsymbol{U}=(\boldsymbol{u}_1,\boldsymbol{u}_2,\cdots,\boldsymbol{u}_n)$，其中 $\boldsymbol{u}_j(j=1,2,\cdots,n)$ 是 $\boldsymbol{U}$ 的第 j 个列向量，对任意 $\boldsymbol{0}\neq\boldsymbol{x}\in\mathbf{C}^n$，有

$$\boldsymbol{x}=\sum_{j=1}^{n}k_j\boldsymbol{u}_j.$$

可求得

$$\|\boldsymbol{x}\|_2=\sqrt{\boldsymbol{x}^{\mathrm{H}}\boldsymbol{x}}=\sqrt{\sum_{j=1}^{n}|k_j|^2}.$$

而

$$\begin{aligned}\|\boldsymbol{A}\boldsymbol{x}\|_2&=\sqrt{\boldsymbol{x}^{\mathrm{H}}\boldsymbol{A}^{\mathrm{H}}\boldsymbol{A}\boldsymbol{x}}=\sqrt{\Big(\sum_{j=1}^{n}k_j\boldsymbol{u}_j\Big)^{\mathrm{H}}\Big(\sum_{j=1}^{n}k_j\lambda_j\boldsymbol{u}_j\Big)}\\&=\sqrt{\sum_{j=1}^{n}\lambda_j|k_j|^2}\leqslant\sqrt{\lambda_1}\sqrt{\sum_{j=1}^{n}|k_j|^2}=\sqrt{\lambda_1}\|\boldsymbol{x}\|_2,\end{aligned}$$

即有

$$\frac{\|\boldsymbol{A}\boldsymbol{x}\|_2}{\|\boldsymbol{x}\|_2}\leqslant\sqrt{\lambda_1}.$$

取 $\boldsymbol{x}^{(1)}=\boldsymbol{u}_1$，则有

$$\frac{\|\boldsymbol{A}\boldsymbol{x}^{(1)}\|_2}{\|\boldsymbol{x}^{(1)}\|_2}=\|\boldsymbol{A}\boldsymbol{u}_1\|_2=\sqrt{\boldsymbol{u}_1^{\mathrm{H}}\boldsymbol{A}^{\mathrm{H}}\boldsymbol{A}\boldsymbol{u}_1}=\sqrt{\lambda_1\boldsymbol{u}_1^{\mathrm{H}}\boldsymbol{u}_1}=\sqrt{\lambda_1}.$$

故

$$\|\boldsymbol{A}\|_2=\max_{\boldsymbol{x}\neq\boldsymbol{0}}\frac{\|\boldsymbol{A}\boldsymbol{x}\|_2}{\|\boldsymbol{x}\|_2}=\sqrt{\lambda_1}.$$

(3) 对 $x=(\xi_1,\xi_2,\cdots,\xi_n)^T\neq 0$，有

$$\|Ax\|_\infty=\max_i\left|\sum_{j=1}^n a_{ij}\xi_j\right|\leqslant\max_i\sum_{j=1}^n|a_{ij}||\xi_j|$$

$$\leqslant\left(\max_i\sum_{j=1}^n|a_{ij}|\right)\left(\max_j|\xi_j|\right)=\max_i\left(\sum_{j=1}^n|a_{ij}|\right)\|x\|_\infty,$$

于是

$$\|A\|_\infty=\max_{x\neq 0}\frac{\|Ax\|_\infty}{\|x\|_\infty}\leqslant\max_i\sum_{j=1}^n|a_{ij}|.$$

设

$$\sum_{j=1}^n|a_{kj}|=\max_i\sum_{j=1}^n|a_{ij}|,$$

取 $x^{(2)}=(\xi_1^{(2)},\xi_2^{(2)},\cdots,\xi_n^{(2)})^T$，其中

$$\xi_j^{(2)}=\begin{cases}\dfrac{|a_{kj}|}{a_{kj}}, & a_{kj}\neq 0,\\ 1, & a_{kj}=0,\end{cases}$$

则 $\|x^{(2)}\|_\infty=1$，且有

$$Ax^{(2)}=\left(*,\cdots,*,\sum_{j=1}^n|a_{kj}|,*,\cdots,*\right)^T.$$

于是

$$\|A\|_\infty\geqslant\frac{\|Ax^{(2)}\|_\infty}{\|x^{(2)}\|_\infty}=\|Ax^{(2)}\|_\infty\geqslant\sum_{j=1}^n|a_{kj}|=\max_i\sum_{j=1}^n|a_{ij}|.$$

故

$$\|A\|_\infty=\max_i\sum_{j=1}^n|a_{ij}|.$$

证毕

矩阵 2 范数有下列良好的性质.

定理 2.11　设 $A\in C^{n\times n}$，U 和 V 为 n 阶酉矩阵，则

(1) $\|A^H\|_2=\|A\|_2$；

(2) $\|UA\|_2=\|AV\|_2=\|UAV\|_2=\|A\|_2$；

(3) 若 A 是正规矩阵，且 $\lambda_1,\lambda_2,\cdots,\lambda_n$ 是 A 的 n 个特征值，则 $\|A\|_2=\max_k|\lambda_k|$.

证　(1) 由定理 1.26 知，A^HA 与 AA^H 有相同的非零特征值，于是 $\|A^H\|_2=\|A\|_2$.

(2)

$$\|UA\|_2=\sqrt{(UA)^H(UA)\text{的最大特征值}}$$

$$=\sqrt{A^HA\text{ 的最大特征值}}=\|A\|_2,$$

$$\|AV\|_2 = \|V^H A^H\|_2 = \|A^H\|_2 = \|A\|_2,$$
$$\|UAV\|_2 = \|AV\|_2 = \|A\|_2.$$

(3) 当 A 是正规矩阵时，存在 n 阶酉矩阵 U，使得

$$U^H AU = \mathrm{diag}(\lambda_1, \lambda_2, \cdots, \lambda_n),$$

于是

$$U^H A^H AU = U^H A^H UU^H AU = \mathrm{diag}(|\lambda_1|^2, |\lambda_2|^2, \cdots, |\lambda_n|^2).$$

故

$$\|A\|_2 = \sqrt{A^H A \text{ 的最大特征值}} = \sqrt{\max_k |\lambda_k|^2} = \max_k |\lambda_k|.$$ 证毕

由其他矩阵范数的计算公式易知：

$$\|A^H\|_{m_1} = \|A\|_{m_1}, \quad \|A^H\|_F = \|A\|_F, \quad \|A^H\|_{m_\infty} = \|A\|_{m_\infty},$$
$$\|A^H\|_\infty = \|A\|_1, \quad \|A^H\|_1 = \|A\|_\infty.$$

2.2.4 长方阵的范数

前面介绍的主要是方阵的范数. 给相应的定义做一些修改可以推广到 $m\times n$ 矩阵的情形.

首先，在矩阵范数的定义中，第 4 条相容性公理应改为：对任意 $A\in \mathbf{C}^{m\times n}$，$B\in \mathbf{C}^{n\times l}$ 都有

$$\|AB\| \leqslant \|A\| \, \|B\|.$$

上式左边是 $\mathbf{C}^{m\times l}$ 上的矩阵范数，右边分别是 $\mathbf{C}^{m\times n}$ 和 $\mathbf{C}^{n\times l}$ 上的矩阵范数，它们应取为同类的矩阵范数，如均取为 F 范数.

其次，在与向量范数相容性的定义中，对任意 $A\in \mathbf{C}^{m\times n}$，$x\in \mathbf{C}^n$，有

$$\|Ax\|_v \leqslant \|A\|_m \|x\|_v,$$

其中上式左边的 $\|\cdot\|_v$ 是 $\mathbf{C}^m$ 上的向量范数，右边的 $\|\cdot\|_v$ 是 $\mathbf{C}^n$ 上的向量范数，它们应取为同类的向量范数.

最后，在从属范数定义中，对任意 $A\in \mathbf{C}^{m\times n}$，有

$$\|A\| = \max_{x\neq 0} \frac{\|Ax\|_v}{\|x\|_v},$$

其中右边分子上的 $\|\cdot\|_v$ 是 $\mathbf{C}^m$ 上的向量范数，分母上的 $\|\cdot\|_v$ 是 $\mathbf{C}^n$ 上的向量范数，它们应取为同类的向量范数.

对于任意 $A\in \mathbf{C}^{m\times n}$，常用的矩阵范数为如下 7 种：

(1) $\|A\|_{m_1} = \sum_{i=1}^{m}\sum_{j=1}^{n} |a_{ij}|$， m_1 范数；

(2) $\|A\|_F = \sqrt{\sum_{i=1}^{m}\sum_{j=1}^{n} |a_{ij}|^2} = \sqrt{\mathrm{tr}(A^H A)}$， F 范数；

(3) $\|A\|_M = \max\{m,n\} \max_{i,j} |a_{ij}|$， M 范数或最大范数；

(4) $\|\boldsymbol{A}\|_G = \sqrt{mn}\max\limits_{i,j}|a_{ij}|$，　G 范数或几何平均范数；

(5) $\|\boldsymbol{A}\|_1 = \max\limits_j \sum\limits_{i=1}^{m}|a_{ij}|$，　1 范数或列和范数；

(6) $\|\boldsymbol{A}\|_2 = \sqrt{\boldsymbol{A}^{\mathrm{H}}\boldsymbol{A}\text{ 的最大特征值}}$，　2 范数或谱范数；

(7) $\|\boldsymbol{A}\|_\infty = \max\limits_i \sum\limits_{j=1}^{n}|a_{ij}|$，　∞ 范数或行和范数.

其中 F 范数和 2 范数是酉不变的. m_1 范数与向量 1 范数相容；F 范数和 G 范数与向量 2 范数相容；M 范数分别与向量 1、2、∞范数相容；而矩阵的 1、∞、2 范数分别由向量 1、∞、2 范数导出，从而与相应的向量范数相容. 以上证明均留给读者.

2.3　范数应用举例

在 2.1 节中介绍了向量范数在讨论向量序列极限中的应用. 有关范数在矩阵分析中的应用可见下一章. 本节主要介绍范数在特征值的估计及数值分析中的应用.

2.3.1　矩阵的谱半径

定义 2.6　设 $\boldsymbol{A}\in\mathbf{C}^{n\times n}$，$\lambda_1,\lambda_2,\cdots,\lambda_n$ 为 $\boldsymbol{A}$ 的 n 个特征值，称

$$\rho(\boldsymbol{A}) = \max_j|\lambda_j|$$

为 $\boldsymbol{A}$ 的**谱半径.**

利用定义可得到谱半径的如下性质.

定理 2.12　设 $\boldsymbol{A}\in\mathbf{C}^{n\times n}$，则

(1) $\rho(\boldsymbol{A}^k)=(\rho(\boldsymbol{A}))^k$，其中 k 为正整数；

(2) $\rho(\boldsymbol{A}^{\mathrm{H}}\boldsymbol{A})=\rho(\boldsymbol{A}\boldsymbol{A}^{\mathrm{H}})=\|\boldsymbol{A}\|_2^2$；

(3) 当 $\boldsymbol{A}$ 是正规矩阵时，$\rho(\boldsymbol{A})=\|\boldsymbol{A}\|_2$.

证　(1) 设 $\boldsymbol{A}$ 的 n 个特征值为 $\lambda_1,\lambda_2,\cdots,\lambda_n$，则 $\boldsymbol{A}^k$ 的特征值为 $\lambda_1^k,\lambda_2^k,\cdots,\lambda_n^k$. 于是

$$\rho(\boldsymbol{A}^k) = \max_j|\lambda_j^k| = (\max_j|\lambda_j|)^k = (\rho(\boldsymbol{A}))^k.$$

(2) 由矩阵 2 范数的计算公式和 $\boldsymbol{A}^{\mathrm{H}}\boldsymbol{A}$ 与 $\boldsymbol{A}\boldsymbol{A}^{\mathrm{H}}$ 有相同的非零特征值即得.

(3) 利用定理 2.11 的结果即得.　　证毕

有关矩阵的谱半径，有如下的一些估计式.

定理 2.13　设 $\boldsymbol{A}\in\mathbf{C}^{n\times n}$，则对 $\mathbf{C}^{n\times n}$ 上的任一矩阵范数 $\|\cdot\|$，都有

$$\rho(\boldsymbol{A})\leqslant\|\boldsymbol{A}\|.$$

证 设λ是$\boldsymbol{A}$的特征值，$\boldsymbol{x}$是$\boldsymbol{A}$的对应λ的特征向量，又设$\|\cdot\|_v$是$\mathbf{C}^n$上与矩阵范数$\|\cdot\|$相容的向量范数，则由$\boldsymbol{Ax}=\lambda\boldsymbol{x}$可得

$$|\lambda|\ \|\boldsymbol{x}\|_v=\|\lambda\boldsymbol{x}\|_v=\|\boldsymbol{Ax}\|_v\leqslant\|\boldsymbol{A}\|\ \|\boldsymbol{x}\|_v.$$

从而$|\lambda|\leqslant\|\boldsymbol{A}\|$，即$\rho(\boldsymbol{A})\leqslant\|\boldsymbol{A}\|$. 证毕

例 2.11 已知$\boldsymbol{A}=\begin{pmatrix}0&0.2&0.1\\-0.2&0&0.2\\-0.1&-0.2&0\end{pmatrix}$，试估计$\boldsymbol{A}$的谱半径.

解 可求得$\|\boldsymbol{A}\|_1=\|\boldsymbol{A}\|_\infty=0.4$，$\|\boldsymbol{A}\|_{m_1}=1$，$\|\boldsymbol{A}\|_{m_\infty}=0.6$，$\|\boldsymbol{A}\|_F=\sqrt{0.18}\approx0.4243$. 于是$\rho(\boldsymbol{A})\leqslant0.4$.

实际计算可知$\boldsymbol{A}$的特征值为0，$-0.3\mathrm{i}$，$0.3\mathrm{i}$，从而$\rho(\boldsymbol{A})=0.3$. 可见对此矩阵谱半径的估计较精确. 但对多数矩阵来说，估计的结果偏保守.

定理 2.14 设$\boldsymbol{A}\in\mathbf{C}^{n\times n}$，对任意给定的正数$\varepsilon$，存在某一矩阵范数$\|\cdot\|_m$，使得

$$\|\boldsymbol{A}\|_m\leqslant\rho(\boldsymbol{A})+\varepsilon.$$

证 由定理 1.9，存在$\boldsymbol{P}\in\mathbf{C}_n^{n\times n}$，使得

$$\boldsymbol{P}^{-1}\boldsymbol{AP}=\boldsymbol{J}=\begin{pmatrix}\lambda_1&\delta_1&&\\&\lambda_2&\ddots&\\&&\ddots&\delta_{n-1}\\&&&\lambda_n\end{pmatrix},\qquad\delta_i=0\text{ 或 }1.$$

令$\boldsymbol{D}=\mathrm{diag}(1,\varepsilon,\varepsilon^2,\cdots,\varepsilon^{n-1})$，则易验证

$$\boldsymbol{D}^{-1}\boldsymbol{P}^{-1}\boldsymbol{APD}=\boldsymbol{D}^{-1}\boldsymbol{JD}=\begin{pmatrix}\lambda_1&\varepsilon\delta_1&&\\&\lambda_2&\ddots&\\&&\ddots&\varepsilon\delta_{n-1}\\&&&\lambda_n\end{pmatrix}.$$

于是

$$\|\boldsymbol{D}^{-1}\boldsymbol{P}^{-1}\boldsymbol{APD}\|_\infty\leqslant\max_j(|\lambda_j|+\varepsilon)=\rho(\boldsymbol{A})+\varepsilon.$$

对任意$\boldsymbol{B}\in\mathbf{C}^{n\times n}$，规定

$$\|\boldsymbol{B}\|_m=\|\boldsymbol{D}^{-1}\boldsymbol{P}^{-1}\boldsymbol{BPD}\|_\infty,$$

容易验证$\|\boldsymbol{B}\|_m$是$\mathbf{C}^{n\times n}$上的一种矩阵范数，且有

$$\|\boldsymbol{A}\|_m=\|\boldsymbol{D}^{-1}\boldsymbol{P}^{-1}\boldsymbol{APD}\|_\infty\leqslant\rho(\boldsymbol{A})+\varepsilon.$$ 证毕

需要指出的是，定理 2.14 中构造的矩阵范数与给定的矩阵$\boldsymbol{A}$和正数ε均密切相关.

2.3.2 矩阵的条件数

设 $\boldsymbol{A}\in\mathbf{C}_n^{n\times n}$，$\boldsymbol{b}\in\mathbf{C}^n$. 在工程实际中经常需要计算 $\boldsymbol{A}^{-1}$ 和线性方程组 $\boldsymbol{Ax}=\boldsymbol{b}$ 的解. 由于矩阵 $\boldsymbol{A}$ 和向量 $\boldsymbol{b}$ 的元素一般是由观测或计算得到的，所以不可避免地带有微小的误差 $\delta\boldsymbol{A}$ 和 $\delta\boldsymbol{b}$. 我们首先必须研究的一个重要问题是：数据的误差对于问题的解将会产生什么样的影响. 如对于求逆矩阵的问题，要研究 $\boldsymbol{A}^{-1}$ 与 $(\boldsymbol{A}+\delta\boldsymbol{A})^{-1}$ 的近似程度如何；而对于线性方程组求解问题，要研究系数矩阵 $\boldsymbol{A}$ 与右端项 $\boldsymbol{b}$ 有误差 $\delta\boldsymbol{A}$ 和 $\delta\boldsymbol{b}$ 时，引起解 $\boldsymbol{x}$ 的误差 $\delta\boldsymbol{x}$ 的大小问题. 利用范数可以给出误差对于问题的解产生影响大小的一个度量.

引理 2.2　设 $\boldsymbol{P}\in\mathbf{C}^{n\times n}$. 若对 $\mathbf{C}^{n\times n}$ 上的某一矩阵范数 $\|\cdot\|$ 有 $\|\boldsymbol{P}\|<1$，则 $\boldsymbol{I}-\boldsymbol{P}$ 可逆.

证　如果 $\boldsymbol{I}-\boldsymbol{P}$ 不可逆，则齐次线性方程组 $(\boldsymbol{I}-\boldsymbol{P})\boldsymbol{x}=\boldsymbol{0}$ 有非零解 $\boldsymbol{x}^{(0)}$，即有

$$(\boldsymbol{I}-\boldsymbol{P})\boldsymbol{x}^{(0)}=\boldsymbol{0},\quad 也即\quad \boldsymbol{x}^{(0)}=\boldsymbol{P}\boldsymbol{x}^{(0)}.$$

设 $\|\cdot\|_{\mathrm{v}}$ 是 $\mathbf{C}^n$ 上与矩阵范数 $\|\cdot\|$ 相容的向量范数，则

$$\|\boldsymbol{x}^{(0)}\|_{\mathrm{v}}=\|\boldsymbol{P}\boldsymbol{x}^{(0)}\|_{\mathrm{v}}\leqslant\|\boldsymbol{P}\|\,\|\boldsymbol{x}^{(0)}\|_{\mathrm{v}},$$

即有 $\|\boldsymbol{P}\|\geqslant1$. 这与假设条件矛盾，故 $\boldsymbol{I}-\boldsymbol{P}$ 可逆.　证毕

定理 2.15　设 $\boldsymbol{A}\in\mathbf{C}_n^{n\times n}$，$\delta\boldsymbol{A}\in\mathbf{C}^{n\times n}$. 若对 $\mathbf{C}^{n\times n}$ 上的某一矩阵范数 $\|\cdot\|$ 有 $\|\boldsymbol{A}^{-1}\delta\boldsymbol{A}\|<1$，则

(1) $\boldsymbol{A}+\delta\boldsymbol{A}$ 可逆；

(2) $\|(\boldsymbol{A}+\delta\boldsymbol{A})^{-1}\|\leqslant\dfrac{\|\boldsymbol{A}^{-1}\|}{1-\|\boldsymbol{A}^{-1}\delta\boldsymbol{A}\|}$；

(3) $\dfrac{\|\boldsymbol{A}^{-1}-(\boldsymbol{A}+\delta\boldsymbol{A})^{-1}\|}{\|\boldsymbol{A}^{-1}\|}\leqslant\dfrac{\|\boldsymbol{A}^{-1}\delta\boldsymbol{A}\|}{1-\|\boldsymbol{A}^{-1}\delta\boldsymbol{A}\|}$.

证　(1) 因为 $\boldsymbol{A}+\delta\boldsymbol{A}=\boldsymbol{A}(\boldsymbol{I}+\boldsymbol{A}^{-1}\delta\boldsymbol{A})$，由引理 2.2 知 $\boldsymbol{I}+\boldsymbol{A}^{-1}\delta\boldsymbol{A}$ 可逆，从而 $\boldsymbol{A}+\delta\boldsymbol{A}$ 可逆.

(2) 由 $(\boldsymbol{A}+\delta\boldsymbol{A})(\boldsymbol{A}+\delta\boldsymbol{A})^{-1}=\boldsymbol{I}$ 得

$$\boldsymbol{A}(\boldsymbol{A}+\delta\boldsymbol{A})^{-1}=\boldsymbol{I}-\delta\boldsymbol{A}(\boldsymbol{A}+\delta\boldsymbol{A})^{-1},$$

即

$$(\boldsymbol{A}+\delta\boldsymbol{A})^{-1}=\boldsymbol{A}^{-1}-\boldsymbol{A}^{-1}\delta\boldsymbol{A}(\boldsymbol{A}+\delta\boldsymbol{A})^{-1}.$$

从而

$$\|(\boldsymbol{A}+\delta\boldsymbol{A})^{-1}\|\leqslant\|\boldsymbol{A}^{-1}\|+\|\boldsymbol{A}^{-1}\delta\boldsymbol{A}\|\,\|(\boldsymbol{A}+\delta\boldsymbol{A})^{-1}\|,$$

故

$$\|(\boldsymbol{A}+\delta\boldsymbol{A})^{-1}\|\leqslant\frac{\|\boldsymbol{A}^{-1}\|}{1-\|\boldsymbol{A}^{-1}\delta\boldsymbol{A}\|}.$$

(3) 因为

$$\begin{aligned}\boldsymbol{A}^{-1}-(\boldsymbol{A}+\delta\boldsymbol{A})^{-1}&=\boldsymbol{A}^{-1}[(\boldsymbol{A}+\delta\boldsymbol{A})-\boldsymbol{A}](\boldsymbol{A}+\delta\boldsymbol{A})^{-1}\\&=\boldsymbol{A}^{-1}\delta\boldsymbol{A}(\boldsymbol{A}+\delta\boldsymbol{A})^{-1},\end{aligned}$$

利用(2),得

$$\begin{aligned}\|\boldsymbol{A}^{-1}-(\boldsymbol{A}+\delta\boldsymbol{A})^{-1}\|&\leqslant\|\boldsymbol{A}^{-1}\delta\boldsymbol{A}\|\ \|(\boldsymbol{A}+\delta\boldsymbol{A})^{-1}\|\\&\leqslant\|\boldsymbol{A}^{-1}\delta\boldsymbol{A}\|\ \frac{\|\boldsymbol{A}^{-1}\|}{1-\|\boldsymbol{A}^{-1}\delta\boldsymbol{A}\|},\end{aligned}$$

所以

$$\frac{\|\boldsymbol{A}^{-1}-(\boldsymbol{A}+\delta\boldsymbol{A})^{-1}\|}{\|\boldsymbol{A}^{-1}\|}\leqslant\frac{\|\boldsymbol{A}^{-1}\delta\boldsymbol{A}\|}{1-\|\boldsymbol{A}^{-1}\delta\boldsymbol{A}\|}.$$

证毕

推论 设 $\boldsymbol{A}\in\mathbf{C}_n^{n\times n}$, $\delta\boldsymbol{A}\in\mathbf{C}^{n\times n}$. 若对 $\mathbf{C}^{n\times n}$ 上的某一矩阵范数 $\|\cdot\|$ 有 $\|\boldsymbol{A}^{-1}\|\ \|\delta\boldsymbol{A}\|<1$,则

$$\frac{\|\boldsymbol{A}^{-1}-(\boldsymbol{A}+\delta\boldsymbol{A})^{-1}\|}{\|\boldsymbol{A}^{-1}\|}\leqslant\frac{\|\boldsymbol{A}\|\ \|\boldsymbol{A}^{-1}\|\ \dfrac{\|\delta\boldsymbol{A}\|}{\|\boldsymbol{A}\|}}{1-\|\boldsymbol{A}\|\ \|\boldsymbol{A}^{-1}\|\ \dfrac{\|\delta\boldsymbol{A}\|}{\|\boldsymbol{A}\|}}. \tag{2.2}$$

证 由于 $\|\boldsymbol{A}^{-1}\delta\boldsymbol{A}\|\leqslant\|\boldsymbol{A}^{-1}\|\ \|\delta\boldsymbol{A}\|<1$,并注意 $\dfrac{x}{1-x}$ 是增函数,根据定理 2.15(3)可得所需结果.

证毕

定理 2.16 设 $\boldsymbol{A}\in\mathbf{C}_n^{n\times n}$, $\delta\boldsymbol{A}\in\mathbf{C}^{n\times n}$, $\boldsymbol{b},\delta\boldsymbol{b}\in\mathbf{C}^n$. 若对 $\mathbf{C}^{n\times n}$ 上的某一矩阵范数 $\|\cdot\|$ 有 $\|\boldsymbol{A}^{-1}\|\ \|\delta\boldsymbol{A}\|<1$,则非齐次线性方程组

$$\boldsymbol{A}\boldsymbol{x}=\boldsymbol{b}\quad 与\quad (\boldsymbol{A}+\delta\boldsymbol{A})(\boldsymbol{x}+\delta\boldsymbol{x})=\boldsymbol{b}+\delta\boldsymbol{b}$$

的解满足

$$\frac{\|\delta\boldsymbol{x}\|_v}{\|\boldsymbol{x}\|_v}\leqslant\frac{\|\boldsymbol{A}\|\ \|\boldsymbol{A}^{-1}\|}{1-\|\boldsymbol{A}\|\ \|\boldsymbol{A}^{-1}\|\ \dfrac{\|\delta\boldsymbol{A}\|}{\|\boldsymbol{A}\|}}\left(\frac{\|\delta\boldsymbol{A}\|}{\|\boldsymbol{A}\|}+\frac{\|\delta\boldsymbol{b}\|_v}{\|\boldsymbol{b}\|_v}\right), \tag{2.3}$$

其中 $\|\cdot\|_v$ 是 $\mathbf{C}^n$ 上与矩阵范数 $\|\cdot\|$ 相容的向量范数.

证 将 $(\boldsymbol{A}+\delta\boldsymbol{A})(\boldsymbol{x}+\delta\boldsymbol{x})=\boldsymbol{b}+\delta\boldsymbol{b}$ 展开,并利用 $\boldsymbol{A}\boldsymbol{x}=\boldsymbol{b}$,得

$$\boldsymbol{A}\delta\boldsymbol{x}+(\delta\boldsymbol{A})\boldsymbol{x}+(\delta\boldsymbol{A})\delta\boldsymbol{x}=\delta\boldsymbol{b},$$

即

$$\delta\boldsymbol{x}=-\boldsymbol{A}^{-1}(\delta\boldsymbol{A})\boldsymbol{x}-\boldsymbol{A}^{-1}(\delta\boldsymbol{A})\delta\boldsymbol{x}+\boldsymbol{A}^{-1}\delta\boldsymbol{b}.$$

于是

$$\|\delta\boldsymbol{x}\|_v\leqslant\|\boldsymbol{A}^{-1}\|\ \|\delta\boldsymbol{A}\|\ \|\boldsymbol{x}\|_v+\|\boldsymbol{A}^{-1}\|\ \|\delta\boldsymbol{A}\|\ \|\delta\boldsymbol{x}\|_v+\|\boldsymbol{A}^{-1}\|\ \|\delta\boldsymbol{b}\|_v.$$

整理得

$$\frac{\|\delta\boldsymbol{x}\|_v}{\|\boldsymbol{x}\|_v}\leqslant\frac{\|\boldsymbol{A}\|\ \|\boldsymbol{A}^{-1}\|}{1-\|\boldsymbol{A}^{-1}\|\ \|\delta\boldsymbol{A}\|}\left(\frac{\|\delta\boldsymbol{A}\|}{\|\boldsymbol{A}\|}+\frac{\|\delta\boldsymbol{b}\|_v}{\|\boldsymbol{A}\|\ \|\boldsymbol{x}\|_v}\right).$$

又有 $\|\boldsymbol{b}\|_v=\|\boldsymbol{A}\boldsymbol{x}\|_v\leqslant\|\boldsymbol{A}\|\ \|\boldsymbol{x}\|_v$,代入上式即得

$$\frac{\|\delta \boldsymbol{x}\|_v}{\|\boldsymbol{x}\|_v} \leqslant \frac{\|\boldsymbol{A}\| \ \|\boldsymbol{A}^{-1}\|}{1-\|\boldsymbol{A}\| \ \|\boldsymbol{A}^{-1}\| \ \frac{\|\delta \boldsymbol{A}\|}{\|\boldsymbol{A}\|}}\left(\frac{\|\delta \boldsymbol{A}\|}{\|\boldsymbol{A}\|}+\frac{\|\delta \boldsymbol{b}\|_v}{\|\boldsymbol{b}\|_v}\right).$$ 证毕

由式(2.2)和式(2.3)可以看出，数据的误差对逆矩阵和线性方程组解的影响与数 $\|\boldsymbol{A}\| \ \|\boldsymbol{A}^{-1}\|$ 的大小有关，当该数较大时，近似逆矩阵的相对误差或线性方程组解的相对误差可能就较大. 因此该数可以作为数据误差对于求逆矩阵和线性方程组的解影响大小的一种度量.

定义 2.7　设 $\boldsymbol{A}\in \mathbf{C}_n^{n\times n}$，$\|\cdot\|$ 是 $\mathbf{C}^{n\times n}$ 上的矩阵范数，称

$$\operatorname{cond}(\boldsymbol{A}) = \|\boldsymbol{A}\| \ \|\boldsymbol{A}^{-1}\|$$

为矩阵 $\boldsymbol{A}$(关于求逆或求解线性方程组)的**条件数**.

一般地，如果矩阵 $\boldsymbol{A}$ 的条件数大就称 $\boldsymbol{A}$ 对于求逆矩阵或求解线性方程组是**病态的**，或**坏条件的**；否则，则称为**良态**或**好条件的**.

由定义知，条件数的值与所取范数有关. 常用的条件数有

$$\operatorname{cond}_\infty(\boldsymbol{A}) = \|\boldsymbol{A}\|_\infty \|\boldsymbol{A}^{-1}\|_\infty,$$

$$\operatorname{cond}_2(\boldsymbol{A}) = \|\boldsymbol{A}\|_2 \|\boldsymbol{A}^{-1}\|_2 = \sqrt{\frac{\mu_1}{\mu_n}},$$

其中 μ_1,μ_n 分别为 $\boldsymbol{A}^{\mathrm{H}}\boldsymbol{A}$ 的最大和最小特征值. 当 $\boldsymbol{A}$ 是正规矩阵时，有

$$\operatorname{cond}_2(\boldsymbol{A}) = \left|\frac{\lambda_1}{\lambda_n}\right|,$$

其中 λ_1,λ_n 分别是 $\boldsymbol{A}$ 的按模最大和最小的特征值.

习　题　2

1. 求向量 $\boldsymbol{x}=(1+\mathrm{i},-2,4\mathrm{i},1,0)^{\mathrm{T}}$ 的 1、2、∞范数.

2. 设 $\omega_1,\omega_2,\cdots,\omega_n$ 是一组给定的正数，对任意 $\boldsymbol{x}=(\xi_1,\xi_2,\cdots,\xi_n)^{\mathrm{T}}\in\mathbf{C}^n$，规定

$$\|\boldsymbol{x}\| = \sqrt{\sum_{k=1}^{n}\omega_k|\xi_k|^2},$$

证明 $\|\boldsymbol{x}\|$ 是 $\mathbf{C}^n$ 上的一种向量范数.

3. 设 $\|\cdot\|_a$ 与 $\|\cdot\|_b$ 是 $\mathbf{C}^n$ 上的两种向量范数，又 k_1,k_2 是正常数，证明下列函数是 $\mathbf{C}^n$ 上的向量范数：

(1) $\max\{\|\boldsymbol{x}\|_a,\|\boldsymbol{x}\|_b\}$；　(2) $k_1\|\boldsymbol{x}\|_a+k_2\|\boldsymbol{x}\|_b$.

4. 已知 $\boldsymbol{A}=\begin{pmatrix}1+\mathrm{i} & 0 & -3\\ 5 & 4\mathrm{i} & 0\\ -2 & 3 & 1\end{pmatrix}$，求 $\boldsymbol{A}$ 的 m_1、F、m_∞、1、∞范数.

5. 已知 $\|\cdot\|_{\mathrm{m}}$ 是 $\mathbf{C}^{n\times n}$ 上的矩阵范数，$\boldsymbol{S}$ 是 n 阶可逆矩阵. 对任意 $\boldsymbol{A}\in\mathbf{C}^{n\times n}$，规定

$$\|\boldsymbol{A}\| = \|\boldsymbol{S}^{-1}\boldsymbol{A}\boldsymbol{S}\|_{\mathrm{m}},$$

证明 $\|\cdot\|$ 是 $\mathbf{C}^{n\times n}$ 上的一种矩阵范数.

6. 证明:对 $\mathbf{C}^{n\times n}$ 上的任一矩阵范数 $\|\cdot\|$ 均有 $\|\boldsymbol{I}_n\|\geqslant 1$.

7. 证明 $\mathbf{C}^{n\times n}$ 上的 m_∞ 范数与 $\mathbf{C}^n$ 上的 1、2 范数相容.

8. 对任意 $\boldsymbol{A}=(a_{ij})_{m\times n}\in\mathbf{C}^{m\times n}$,规定

$$\|\boldsymbol{A}\|_{\mathrm{M}}=\max\{m,n\}\max_{i,j}|a_{ij}|,$$

证明 $\|\cdot\|_{\mathrm{M}}$ 是 $\mathbf{C}^{m\times n}$ 上的一种矩阵范数,且它与向量的 1、2、∞范数相容.

9. 对任意 $\boldsymbol{A}=(a_{ij})_{m\times n}\in\mathbf{C}^{m\times n}$,规定

$$\|\boldsymbol{A}\|_{\mathrm{G}}=\sqrt{mn}\max_{i,j}|a_{ij}|,$$

证明 $\|\cdot\|_{\mathrm{G}}$ 是 $\mathbf{C}^{m\times n}$ 上的一种矩阵范数,且它与向量 2 范数相容.

10. 设 $\boldsymbol{U}$ 是 n 阶酉矩阵,证明 $\|\boldsymbol{U}\|_2=1$.

11. 已知 $\boldsymbol{A}=\begin{pmatrix}0&2&1\\0&2&2\\2&1&2\end{pmatrix}$,求 $\mathrm{cond}_1(\boldsymbol{A})$和 $\mathrm{cond}_\infty(\boldsymbol{A})$.

12. 设 $\|\cdot\|$ 为 $\mathbf{C}^{n\times n}$ 上的矩阵范数,λ 为 $\boldsymbol{A}\in\mathbf{C}^{n\times n}$ 的特征值,m 为正整数,证明 $|\lambda|\leqslant\sqrt[m]{\|\boldsymbol{A}^m\|}$.

第3章 矩阵分析

在此之前我们只研究了矩阵的代数运算，但在数学的许多分支和工程实际中，特别是涉及多元分析时，还要用到矩阵的分析运算. 本章首先讨论矩阵序列的极限和矩阵级数，然后介绍矩阵函数和它的计算，最后介绍矩阵的微积分，以及矩阵分析在解微分方程组和线性矩阵方程中的应用.

3.1 矩阵序列

定义 3.1 设有 $\mathbf{C}^{m\times n}$ 中的矩阵序列 $\{\boldsymbol{A}^{(k)}\}$，其中 $\boldsymbol{A}^{(k)}=(a_{ij}^{(k)})_{m\times n}$. 若 $\lim\limits_{k\to+\infty}a_{ij}^{(k)}=a_{ij}(i=1,2,\cdots,m;j=1,2,\cdots,n)$，则称矩阵序列 $\{\boldsymbol{A}^{(k)}\}$ **收敛**于 $\boldsymbol{A}=(a_{ij})_{m\times n}$，或称 $\boldsymbol{A}$ 为矩阵序列 $\{\boldsymbol{A}^{(k)}\}$ 的**极限**，记为

$$\lim_{k\to+\infty}\boldsymbol{A}^{(k)}=\boldsymbol{A}\quad 或\quad \boldsymbol{A}^{(k)}\to\boldsymbol{A}(k\to+\infty).$$

不收敛的矩阵序列称为**发散**.

由定义可见，$\mathbf{C}^{m\times n}$ 中一个矩阵序列的收敛相当于 mn 个数列同时收敛. 因此，可以用初等分析的方法来研究它. 但同时研究 mn 个数列的极限未免繁琐. 与向量序列一样，可以利用矩阵范数来研究矩阵序列的极限.

定理 3.1 设 $\boldsymbol{A}^{(k)},\boldsymbol{A}\in\mathbf{C}^{m\times n}(k=0,1,2,\cdots)$，则 $\lim\limits_{k\to+\infty}\boldsymbol{A}^{(k)}=\boldsymbol{A}$ 的充分必要条件是 $\lim\limits_{k\to+\infty}\|\boldsymbol{A}^{(k)}-\boldsymbol{A}\|=0$，其中 $\|\cdot\|$ 是 $\mathbf{C}^{m\times n}$ 上的任一矩阵范数.

证 先取 $\mathbf{C}^{m\times n}$ 上矩阵的 G 范数. 由于

$$\left|a_{ij}^{(k)}-a_{ij}\right|\leqslant\sqrt{mn}\max_{i,j}\left|a_{ij}^{(k)}-a_{ij}\right|=\|\boldsymbol{A}^{(k)}-\boldsymbol{A}\|_{\mathrm{G}}$$

$$\leqslant\sqrt{mn}\sum_{i=1}^{m}\sum_{j=1}^{n}\left|a_{ij}^{(k)}-a_{ij}\right|,$$

所以 $\lim\limits_{k\to+\infty}\boldsymbol{A}^{(k)}=\boldsymbol{A}$ 的充分必要条件是 $\lim\limits_{k\to+\infty}\|\boldsymbol{A}^{(k)}-\boldsymbol{A}\|_{\mathrm{G}}=0$.

又由范数的等价性知，对 $\mathbf{C}^{m\times n}$ 上任一矩阵范数 $\|\cdot\|$，存在正常数 α,β，使得

$$\alpha\|\boldsymbol{A}^{(k)}-\boldsymbol{A}\|_{\mathrm{G}}\leqslant\|\boldsymbol{A}^{(k)}-\boldsymbol{A}\|\leqslant\beta\|\boldsymbol{A}^{(k)}-\boldsymbol{A}\|_{\mathrm{G}},$$

故 $\mathop{lim}\limits_{k\to+\infty}\|\boldsymbol{A}^{(k)}-\boldsymbol{A}\|_{\mathrm{G}}=0$ 的充分必要条件是 $\lim\limits_{k\to+\infty}\|\boldsymbol{A}^{(k)}-\boldsymbol{A}\|=0$. 证毕

推论 设 $\boldsymbol{A}^{(k)},\boldsymbol{A}\in\mathbf{C}^{m\times n}(k=0,1,2,\cdots)$，$\lim\limits_{k\to+\infty}\boldsymbol{A}^{(k)}=\boldsymbol{A}$，则

$$\lim_{k\to+\infty}\|\boldsymbol{A}^{(k)}\|=\|\boldsymbol{A}\|,$$

其中 $\|\cdot\|$ 是 $\mathbf{C}^{m\times n}$ 上任一矩阵范数.

证 由 $\left|\|\boldsymbol{A}^{(k)}\|-\|\boldsymbol{A}\|\right|\leqslant\|\boldsymbol{A}^{(k)}-\boldsymbol{A}\|$ 即知结论成立. 证毕

需要指出的是,上述推论的相反结果不成立. 如矩阵序列

$$\boldsymbol{A}^{(k)}=\begin{pmatrix}(-1)^k & \dfrac{1}{k+1}\\ 1 & 2\end{pmatrix}$$

不收敛,但

$$\lim_{k\to+\infty}\|\boldsymbol{A}^{(k)}\|_{\mathrm{F}}=\lim_{k\to+\infty}\sqrt{6+\frac{1}{(k+1)^2}}=\sqrt{6}.$$

收敛的矩阵序列的性质,有许多与收敛数列的性质相类似.

定理 3.2 设 $\lim\limits_{k\to+\infty}\boldsymbol{A}^{(k)}=\boldsymbol{A}$, $\lim\limits_{k\to+\infty}\boldsymbol{B}^{(k)}=\boldsymbol{B}$,其中 $\boldsymbol{A}^{(k)},\boldsymbol{B}^{(k)},\boldsymbol{A},\boldsymbol{B}$ 为适当阶的矩阵,$\alpha,\beta\in\mathbf{C}$,则

(1) $\lim\limits_{k\to+\infty}(\alpha\boldsymbol{A}^{(k)}+\beta\boldsymbol{B}^{(k)})=\alpha\boldsymbol{A}+\beta\boldsymbol{B}$;

(2) $\lim\limits_{k\to+\infty}\boldsymbol{A}^{(k)}\boldsymbol{B}^{(k)}=\boldsymbol{A}\boldsymbol{B}$;

(3) 当 $\boldsymbol{A}^{(k)}$ 与 $\boldsymbol{A}$ 均可逆时, $\lim\limits_{k\to+\infty}(\boldsymbol{A}^{(k)})^{-1}=\boldsymbol{A}^{-1}$.

证 取矩阵范数 $\|\cdot\|$,有

$$\begin{aligned}&\|(\alpha\boldsymbol{A}^{(k)}+\beta\boldsymbol{B}^{(k)})-(\alpha\boldsymbol{A}+\beta\boldsymbol{B})\|\\ \leqslant\ &|\alpha|\,\|\boldsymbol{A}^{(k)}-\boldsymbol{A}\|+|\beta|\,\|\boldsymbol{B}^{(k)}-\boldsymbol{B}\|,\\ &\|\boldsymbol{A}^{(k)}\boldsymbol{B}^{(k)}-\boldsymbol{A}\boldsymbol{B}\|\\ =\ &\|\boldsymbol{A}^{(k)}\boldsymbol{B}^{(k)}-\boldsymbol{A}^{(k)}\boldsymbol{B}+\boldsymbol{A}^{(k)}\boldsymbol{B}-\boldsymbol{A}\boldsymbol{B}\|\\ \leqslant\ &\|\boldsymbol{A}^{(k)}\|\,\|\boldsymbol{B}^{(k)}-\boldsymbol{B}\|+\|\boldsymbol{A}^{(k)}-\boldsymbol{A}\|\,\|\boldsymbol{B}\|.\end{aligned}$$

由定理 3.1 和推论知(1)和(2)成立.

因为 $(\boldsymbol{A}^{(k)})^{-1}$,$\boldsymbol{A}^{-1}$ 存在,所以 $\lim\limits_{k\to+\infty}\det\boldsymbol{A}^{(k)}=\det\boldsymbol{A}\neq0$. 又有 $\lim\limits_{k\to+\infty}\mathrm{adj}\boldsymbol{A}^{(k)}=\mathrm{adj}\boldsymbol{A}$,于是

$$\lim_{k\to+\infty}(\boldsymbol{A}^{(k)})^{-1}=\lim_{k\to+\infty}\frac{\mathrm{adj}\boldsymbol{A}^{(k)}}{\det\boldsymbol{A}^{(k)}}=\frac{\mathrm{adj}\boldsymbol{A}}{\det\boldsymbol{A}}=\boldsymbol{A}^{-1}.$$ 证毕

定理 3.2(3)中条件 $\boldsymbol{A}^{(k)}$ 与 $\boldsymbol{A}$ 都可逆是不可少的,因为即使所有的 $\boldsymbol{A}^{(k)}$ 可逆也不能保证 $\boldsymbol{A}$ 一定可逆. 例如,

$$\boldsymbol{A}^{(k)}=\begin{pmatrix}1+\dfrac{1}{k} & 1\\ 1 & 1\end{pmatrix}$$

对每一个 $\boldsymbol{A}^{(k)}$ 都有逆矩阵 $(\boldsymbol{A}^{(k)})^{-1}=\begin{pmatrix}k & -k\\ -k & k+1\end{pmatrix}$,但

$$\lim_{k\to+\infty}\boldsymbol{A}^{(k)}=\begin{pmatrix}1 & 1\\ 1 & 1\end{pmatrix}=\boldsymbol{A},$$

而 $\boldsymbol{A}$ 是不可逆的.

在矩阵序列中，最常见的是由一个方阵的幂构成的序列. 关于这样的矩阵序列有以下的概念和收敛定理.

定义 3.2 设 $\boldsymbol{A}\in\mathbf{C}^{n\times n}$. 若 $\lim\limits_{k\to+\infty}\boldsymbol{A}^k=\boldsymbol{O}$，则称 $\boldsymbol{A}$ 为**收敛矩阵**.

定理 3.3 设 $\boldsymbol{A}\in\mathbf{C}^{n\times n}$，则 $\boldsymbol{A}$ 为收敛矩阵的充分必要条件是 $\rho(\boldsymbol{A})<1$.

证 必要性. 已知 $\boldsymbol{A}$ 为收敛矩阵，则由谱半径的性质，有

$$(\rho(\boldsymbol{A}))^k=\rho(\boldsymbol{A}^k)\leqslant\|\boldsymbol{A}^k\|,$$

其中 $\|\cdot\|$ 是 $\mathbf{C}^{n\times n}$ 上任一矩阵范数，即有 $\lim\limits_{k\to+\infty}(\rho(\boldsymbol{A}))^k=0$. 故 $\rho(\boldsymbol{A})<1$.

充分性. 由于 $\rho(\boldsymbol{A})<1$，则存在正数 ε，使得 $\rho(\boldsymbol{A})+\varepsilon<1$. 根据定理 2.14，存在 $\mathbf{C}^{n\times n}$ 上的矩阵范数 $\|\cdot\|_{\mathrm{m}}$，使得

$$\|\boldsymbol{A}\|_{\mathrm{m}}\leqslant\rho(\boldsymbol{A})+\varepsilon<1.$$

从而由 $\|\boldsymbol{A}^k\|_{\mathrm{m}}\leqslant\|\boldsymbol{A}\|_{\mathrm{m}}^k$ 得 $\lim\limits_{k\to+\infty}\|\boldsymbol{A}^k\|_{\mathrm{m}}=0$. 故 $\lim\limits_{k\to+\infty}\boldsymbol{A}^k=\boldsymbol{O}$. 证毕

推论 设 $\boldsymbol{A}\in\mathbf{C}^{n\times n}$. 若对 $\mathbf{C}^{n\times n}$ 上的某一矩阵范数 $\|\cdot\|$ 有 $\|\boldsymbol{A}\|<1$，则 $\boldsymbol{A}$ 为收敛矩阵.

例 3.1 判断下列矩阵是否为收敛矩阵：

$$(1)\ \boldsymbol{A}=\frac{1}{6}\begin{pmatrix}1&-8\\-2&1\end{pmatrix};\qquad(2)\boldsymbol{A}=\begin{pmatrix}0.2&0.1&0.2\\0.5&0.5&0.4\\0.1&0.3&0.2\end{pmatrix}.$$

解 (1) 可求得 $\boldsymbol{A}$ 的特征值为 $\lambda_1=\frac{5}{6}$，$\lambda_2=-\frac{1}{2}$，于是 $\rho(\boldsymbol{A})=\frac{5}{6}<1$. 故 $\boldsymbol{A}$ 是收敛矩阵；

(2) 因为 $\|\boldsymbol{A}\|_1=0.9<1$，所以 $\boldsymbol{A}$ 是收敛矩阵.

3.2 矩阵级数

定义 3.3 由 $\mathbf{C}^{m\times n}$ 中的矩阵序列 $\{\boldsymbol{A}^{(k)}\}$ 构成的无穷和

$$\boldsymbol{A}^{(0)}+\boldsymbol{A}^{(1)}+\cdots+\boldsymbol{A}^{(k)}+\cdots$$

称为**矩阵级数**，记为 $\sum\limits_{k=0}^{+\infty}\boldsymbol{A}^{(k)}$. 对任一正整数 N，称 $\boldsymbol{S}^{(N)}=\sum\limits_{k=0}^{N}\boldsymbol{A}^{(k)}$ 为矩阵级数的**部分和**. 如果由部分和构成的矩阵序列 $\{\boldsymbol{S}^{(N)}\}$ 收敛，且有极限 $\boldsymbol{S}$，即 $\lim\limits_{N\to+\infty}\boldsymbol{S}^{(N)}=\boldsymbol{S}$，则称矩阵级数 $\sum\limits_{k=0}^{+\infty}\boldsymbol{A}^{(k)}$ 收敛，而且有**和** $\boldsymbol{S}$，记为

$$\boldsymbol{S}=\sum_{k=0}^{+\infty}\boldsymbol{A}^{(k)}.$$

不收敛的矩阵级数称为**发散**的.

如果记 $\boldsymbol{A}^{(k)}=(a_{ij}^{(k)})_{m\times n}$，$\boldsymbol{S}=(s_{ij})_{m\times n}$，显然 $\boldsymbol{S}=\sum\limits_{k=0}^{+\infty}\boldsymbol{A}^{(k)}$ 相当于

$$\sum_{k=0}^{+\infty}a_{ij}^{(k)}=s_{ij}\qquad(i=1,2,\cdots,m;\ j=1,2,\cdots,n),$$

即 mn 个数项级数都收敛.

例 3.2 已知

$$\boldsymbol{A}^{(k)}=\begin{pmatrix}\dfrac{1}{2^k} & \dfrac{\pi}{4^k}\\ 0 & \dfrac{1}{(k+1)(k+2)}\end{pmatrix}\qquad(k=0,1,\cdots),$$

研究矩阵级数 $\sum\limits_{k=0}^{+\infty}\boldsymbol{A}^{(k)}$ 的敛散性.

解 因为

$$\boldsymbol{S}^{(N)}=\sum_{k=0}^{N}\boldsymbol{A}^{(k)}=\begin{pmatrix}\sum\limits_{k=0}^{N}\dfrac{1}{2^k} & \sum\limits_{k=0}^{N}\dfrac{\pi}{4^k}\\ 0 & \sum\limits_{k=0}^{N}\dfrac{1}{(k+1)(k+2)}\end{pmatrix}$$

$$=\begin{pmatrix}2-\dfrac{1}{2^N} & \dfrac{\pi}{3}\left(4-\dfrac{1}{4^N}\right)\\ 0 & 1-\dfrac{1}{N+2}\end{pmatrix},$$

所以

$$\boldsymbol{S}=\lim_{N\to+\infty}\boldsymbol{S}^{(N)}=\begin{pmatrix}2 & \dfrac{4\pi}{3}\\ 0 & 1\end{pmatrix}.$$

故所给矩阵级数收敛，且其和为 $\boldsymbol{S}$.

定义 3.4 设 $\boldsymbol{A}^{(k)}=(a_{ij}^{(k)})_{m\times n}\in\mathbf{C}^{m\times n}(k=0,1,\cdots)$. 如果 mn 个数项级数

$$\sum_{k=0}^{+\infty}a_{ij}^{(k)}\qquad(i=1,2,\cdots,m;\ j=1,2,\cdots,n)$$

都绝对收敛，即 $\sum\limits_{k=0}^{+\infty}\left|a_{ij}^{(k)}\right|$ 都收敛，则称矩阵级数 $\sum\limits_{k=0}^{+\infty}\boldsymbol{A}^{(k)}$ **绝对收敛**.

利用矩阵范数，可以将判定矩阵级数是否绝对收敛转化为判定一个正项级数是否收敛的问题.

定理 3.4 设 $\boldsymbol{A}^{(k)}=(a_{ij}^{(k)})_{m\times n}\in\mathbf{C}^{m\times n}(k=0,1,\cdots)$，则矩阵级数 $\sum\limits_{k=0}^{+\infty}\boldsymbol{A}^{(k)}$ 绝对收敛的充分必要条件是正项级数 $\sum\limits_{k=0}^{+\infty}\|\boldsymbol{A}^{(k)}\|$ 收敛，其中 $\|\cdot\|$ 是 $\mathbf{C}^{m\times n}$ 上任

一矩阵范数.

证 先取矩阵的 m_1 范数. 若 $\sum\limits_{k=0}^{+\infty}\|\boldsymbol{A}^{(k)}\|_{\mathrm{m}_1}$ 收敛,由于

$$\left|a_{ij}^{(k)}\right|\leqslant\sum_{i=1}^{m}\sum_{j=1}^{n}\left|a_{ij}^{(k)}\right|=\|\boldsymbol{A}^{(k)}\|_{\mathrm{m}_1}\quad(i=1,2,\cdots,m;\ j=1,2,\cdots,n),$$

从而由正项级数的比较判别法知 $\sum\limits_{k=0}^{+\infty}\left|a_{ij}^{(k)}\right|$ 都收敛,故 $\sum\limits_{k=0}^{+\infty}\boldsymbol{A}^{(k)}$ 绝对收敛.

反之,若 $\sum\limits_{k=0}^{+\infty}\boldsymbol{A}^{(k)}$ 绝对收敛,则 $\sum\limits_{k=0}^{+\infty}\left|a_{ij}^{(k)}\right|$ 都收敛,从而其部分和有界,即

$$\sum_{k=0}^{N}\left|a_{ij}^{(k)}\right|\leqslant M_{ij}\qquad(i=1,2,\cdots,m;\ j=1,2,\cdots,n).$$

记 $M=\max\limits_{i,j}M_{ij}$,则有

$$\begin{aligned}\sum_{k=0}^{N}\|\boldsymbol{A}^{(k)}\|_{\mathrm{m}_1}&=\sum_{k=0}^{N}\Big(\sum_{i=1}^{m}\sum_{j=1}^{n}\left|a_{ij}^{(k)}\right|\Big)\\&=\sum_{i=1}^{m}\sum_{j=1}^{n}\Big(\sum_{k=0}^{N}\left|a_{ij}^{(k)}\right|\Big)\leqslant mnM.\end{aligned}$$

故 $\sum\limits_{k=0}^{+\infty}\|\boldsymbol{A}^{(k)}\|_{\mathrm{m}_1}$ 收敛. 这表明 $\sum\limits_{k=0}^{+\infty}\boldsymbol{A}^{(k)}$ 绝对收敛的充分必要条件是 $\sum\limits_{k=0}^{+\infty}\|\boldsymbol{A}^{(k)}\|_{\mathrm{m}_1}$ 收敛. 由矩阵范数的等价性和正项级数的比较判别法知, $\sum\limits_{k=0}^{+\infty}\|\boldsymbol{A}^{(k)}\|_{\mathrm{m}_1}$ 收敛的充分必要条件是 $\sum\limits_{k=0}^{+\infty}\|\boldsymbol{A}^{(k)}\|$ 收敛 ,其中 $\|\cdot\|$ 是 $\mathbf{C}^{m\times n}$ 上任一矩阵范数. 证毕

利用矩阵级数收敛和绝对收敛的定义,以及数学分析中的相应结果,可以得到以下一些结论.

定理 3.5 设 $\sum\limits_{k=0}^{+\infty}\boldsymbol{A}^{(k)}=\boldsymbol{A}$, $\sum\limits_{k=0}^{+\infty}\boldsymbol{B}^{(k)}=\boldsymbol{B}$,其中 $\boldsymbol{A}^{(k)},\boldsymbol{B}^{(k)},\boldsymbol{A},\boldsymbol{B}$ 是适当阶的矩阵,则

(1) $\sum\limits_{k=0}^{+\infty}(\boldsymbol{A}^{(k)}+\boldsymbol{B}^{(k)})=\boldsymbol{A}+\boldsymbol{B}$;

(2) 对任意 $\lambda\in\mathbf{C}$,有 $\sum\limits_{k=0}^{+\infty}\lambda\boldsymbol{A}^{(k)}=\lambda\boldsymbol{A}$;

(3) 绝对收敛的矩阵级数必收敛,并且任意调换其项的顺序所得的矩阵级数仍收敛,且其和不变;

(4) 若矩阵级数 $\sum\limits_{k=0}^{+\infty}\boldsymbol{A}^{(k)}$ 收敛(或绝对收敛),则矩阵级数 $\sum\limits_{k=0}^{+\infty}\boldsymbol{P}\boldsymbol{A}^{(k)}\boldsymbol{Q}$ 也收敛

(或绝对收敛),并且有

$$\sum_{k=0}^{+\infty} \boldsymbol{P}\boldsymbol{A}^{(k)}\boldsymbol{Q} = \boldsymbol{P}\Big(\sum_{k=0}^{+\infty} \boldsymbol{A}^{(k)}\Big)\boldsymbol{Q}; \tag{3.1}$$

(5) 若 $\sum\limits_{k=0}^{+\infty} \boldsymbol{A}^{(k)}$ 与 $\sum\limits_{k=0}^{+\infty} \boldsymbol{B}^{(k)}$ 均绝对收敛,则它们按项相乘所得的矩阵级数

$$\begin{aligned}&\boldsymbol{A}^{(0)}\boldsymbol{B}^{(0)} + (\boldsymbol{A}^{(0)}\boldsymbol{B}^{(1)} + \boldsymbol{A}^{(1)}\boldsymbol{B}^{(0)}) + \cdots \\ &\quad + (\boldsymbol{A}^{(0)}\boldsymbol{B}^{(k)} + \boldsymbol{A}^{(1)}\boldsymbol{B}^{(k-1)} + \cdots + \boldsymbol{A}^{(k)}\boldsymbol{B}^{(0)}) + \cdots\end{aligned} \tag{3.2}$$

也绝对收敛,且其和为 $\boldsymbol{AB}$.

证 只证(4)和(5). 若 $\sum\limits_{k=0}^{+\infty} \boldsymbol{A}^{(k)}$ 收敛,记 $\boldsymbol{S}^{(N)} = \sum\limits_{k=0}^{N} \boldsymbol{A}^{(k)}$,则 $\lim\limits_{N\to+\infty} \boldsymbol{S}^{(N)} = \boldsymbol{A}$. 从而

$$\lim_{N\to+\infty} \sum_{k=0}^{N} \boldsymbol{P}\boldsymbol{A}^{(k)}\boldsymbol{Q} = \boldsymbol{P}\Big(\lim_{N\to+\infty} \sum_{k=0}^{N} \boldsymbol{A}^{(k)}\Big)\boldsymbol{Q} = \boldsymbol{PAQ}.$$

可见 $\sum\limits_{k=0}^{+\infty} \boldsymbol{P}\boldsymbol{A}^{(k)}\boldsymbol{Q}$ 收敛,且式(3.1)成立.

若 $\sum\limits_{k=0}^{+\infty} \boldsymbol{A}^{(k)}$ 绝对收敛,则由定理 3.4 知 $\sum\limits_{k=0}^{+\infty} \|\boldsymbol{A}^{(k)}\|$ 收敛. 但

$$\|\boldsymbol{P}\boldsymbol{A}^{(k)}\boldsymbol{Q}\| \leqslant \|\boldsymbol{P}\| \, \|\boldsymbol{A}^{(k)}\| \, \|\boldsymbol{Q}\| \leqslant \alpha \|\boldsymbol{A}^{(k)}\|,$$

其中 α 是与 k 无关的正数,从而 $\sum\limits_{k=0}^{+\infty} \|\boldsymbol{P}\boldsymbol{A}^{(k)}\boldsymbol{Q}\|$ 收敛,即 $\sum\limits_{k=0}^{+\infty} \boldsymbol{P}\boldsymbol{A}^{(k)}\boldsymbol{Q}$ 绝对收 敛.

当 $\sum\limits_{k=0}^{+\infty} \boldsymbol{A}^{(k)}$ 和 $\sum\limits_{k=0}^{+\infty} \boldsymbol{B}^{(k)}$ 绝对收敛时,由定理 3.4 知 $\sum\limits_{k=0}^{+\infty} \|\boldsymbol{A}^{(k)}\|$ 和 $\sum\limits_{k=0}^{+\infty} \|\boldsymbol{B}^{(k)}\|$ 收敛. 设其和分别为 σ_1 与 σ_2,从而它们按项相乘所得的正项级数

$$\begin{aligned}&\|\boldsymbol{A}^{(0)}\| \, \|\boldsymbol{B}^{(0)}\| + (\|\boldsymbol{A}^{(0)}\| \, \|\boldsymbol{B}^{(1)}\| + \|\boldsymbol{A}^{(1)}\| \, \|\boldsymbol{B}^{(0)}\|) + \cdots \\ &\quad + (\|\boldsymbol{A}^{(0)}\| \, \|\boldsymbol{B}^{(k)}\| + \|\boldsymbol{A}^{(1)}\| \, \|\boldsymbol{B}^{(k-1)}\| + \cdots + \|\boldsymbol{A}^{(k)}\| \, \|\boldsymbol{B}^{(0)}\|) + \cdots\end{aligned}$$

也收敛,其和为 $\sigma_1\sigma_2$. 因为

$$\begin{aligned}&\|\boldsymbol{A}^{(0)}\boldsymbol{B}^{(k)} + \boldsymbol{A}^{(1)}\boldsymbol{B}^{(k-1)} + \cdots + \boldsymbol{A}^{(k)}\boldsymbol{B}^{(0)}\| \\ \leqslant\ &\|\boldsymbol{A}^{(0)}\| \, \|\boldsymbol{B}^{(k)}\| + \|\boldsymbol{A}^{(1)}\| \, \|\boldsymbol{B}^{(k-1)}\| + \cdots + \|\boldsymbol{A}^{(k)}\| \, \|\boldsymbol{B}^{(0)}\|,\end{aligned}$$

所以矩阵级数(3.2)绝对收敛. 记

$$\boldsymbol{S}_1^{(N)} = \sum_{k=0}^{N} \boldsymbol{A}^{(k)}, \qquad \boldsymbol{S}_2^{(N)} = \sum_{k=0}^{N} \boldsymbol{B}^{(k)},$$

$$\boldsymbol{S}_3^{(N)} = \sum_{k=0}^{N} (\boldsymbol{A}^{(0)}\boldsymbol{B}^{(k)} + \boldsymbol{A}^{(1)}\boldsymbol{B}^{(k-1)} + \cdots + \boldsymbol{A}^{(k)}\boldsymbol{B}^{(0)}),$$

则

$$\boldsymbol{S}_1^{(N)}\boldsymbol{S}_2^{(N)} - \boldsymbol{S}_3^{(N)} = \boldsymbol{A}^{(1)}\boldsymbol{B}^{(N)} + \boldsymbol{A}^{(2)}\boldsymbol{B}^{(N-1)} + \boldsymbol{A}^{(2)}\boldsymbol{B}^{(N)}$$

$$+\cdots+\boldsymbol{A}^{(N)}\boldsymbol{B}^{(1)}+\cdots+\boldsymbol{A}^{(N)}\boldsymbol{B}^{(N)}.$$

又记

$$\sigma_1^{(N)}=\sum_{k=0}^{N}\|\boldsymbol{A}^{(k)}\|,\qquad \sigma_2^{(N)}=\sum_{k=0}^{N}\|\boldsymbol{B}^{(k)}\|,$$

$$\sigma_3^{(N)}=\sum_{k=0}^{N}(\|\boldsymbol{A}^{(0)}\|\|\boldsymbol{B}^{(k)}\|+\|\boldsymbol{A}^{(1)}\|\|\boldsymbol{B}^{(k-1)}\| +\cdots+\|\boldsymbol{A}^{(k)}\|\|\boldsymbol{B}^{(0)}\|),$$

显然

$$\|\boldsymbol{S}_1^{(N)}\boldsymbol{S}_2^{(N)}-\boldsymbol{S}_3^{(N)}\|\leqslant\sigma_1^{(N)}\sigma_2^{(N)}-\sigma_3^{(N)}.$$

故由 $\lim\limits_{N\to+\infty}\boldsymbol{S}_1^{(N)}\boldsymbol{S}_2^{(N)}=\boldsymbol{AB}$ 和 $\lim\limits_{N\to+\infty}(\sigma_1^{(N)}\sigma_2^{(N)}-\sigma_3^{(N)})=0$,得

$$\lim_{N\to+\infty}\boldsymbol{S}_3^{(N)}=\boldsymbol{AB}.$$

证毕

下面讨论一类特殊的矩阵级数——矩阵幂级数.

定义 3.5　设 $\mathbf{A}\in\mathbf{C}^{n\times n}$,$a_k\in\mathbf{C}(k=0,1,\cdots)$,称矩阵级数

$$\sum_{k=0}^{+\infty}a_k\mathbf{A}^k$$

为矩阵 $\mathbf{A}$ 的**幂级数**.

利用定义来判定矩阵幂级数的敛散性,需要判别 n^2 个数项级数的敛散性. 当矩阵阶数 n 较大时,这很不方便,且在许多情况下也无此必要. 显然,矩阵幂级数是复变量 z 的幂级数 $\sum\limits_{k=0}^{+\infty}a_kz^k$ 的推广. 如果幂级数 $\sum\limits_{k=0}^{+\infty}a_kz^k$ 的收敛半径为 r,则对收敛圆 $|z|<r$ 内的所有 z,$\sum\limits_{k=0}^{+\infty}a_kz^k$ 都是绝对收敛的. 因此,讨论 $\sum\limits_{k=0}^{+\infty}a_k\mathbf{A}^k$ 的收敛性问题自然联系到 $\sum\limits_{k=0}^{+\infty}a_kz^k$ 的收敛半径.

定理 3.6　设幂级数 $\sum\limits_{k=0}^{+\infty}a_kz^k$ 的收敛半径为 r,$\mathbf{A}\in\mathbf{C}^{n\times n}$,则

(1) 当 $\rho(\mathbf{A})<r$ 时,矩阵幂级数 $\sum\limits_{k=0}^{+\infty}a_k\mathbf{A}^k$ 绝对收敛;

(2) 当 $\rho(\mathbf{A})>r$ 时,矩阵幂级数 $\sum\limits_{k=0}^{+\infty}a_k\mathbf{A}^k$ 发散.

证　(1) 因为 $\rho(\mathbf{A})<r$,所以存在正数 ε,使得 $\rho(\mathbf{A})+\varepsilon<r$. 根据定理 2.14,存在 $\mathbf{C}^{n\times n}$ 上的矩阵范数 $\|\cdot\|_{\mathrm{m}}$,使得

$$\|\mathbf{A}\|_{\mathrm{m}}\leqslant\rho(\mathbf{A})+\varepsilon<r,$$

从而

$$\|a_k\mathbf{A}^k\|_{\mathrm{m}}\leqslant|a_k|\,\|\mathbf{A}\|_{\mathrm{m}}^k\leqslant|a_k|(\rho(\mathbf{A})+\varepsilon)^k.$$

由于幂级数 $\sum_{k=0}^{+\infty}|a_k|(\rho(\boldsymbol{A})+\varepsilon)^k$ 收敛，故矩阵幂级数 $\sum_{k=0}^{+\infty}a_k\boldsymbol{A}^k$ 绝对收敛.

(2) 当 $\rho(\boldsymbol{A})>r$ 时，设 $\boldsymbol{A}$ 的 n 个特征值为 $\lambda_1,\lambda_2,\cdots,\lambda_n$，则有某个 λ_l 满足 $|\lambda_l|>r$. 由 Jordan 定理，存在 n 阶可逆矩阵 $\boldsymbol{P}$，使得

$$\boldsymbol{P}^{-1}\boldsymbol{AP}=\boldsymbol{J}=\begin{pmatrix}\lambda_1 & \delta_1 & & \\ & \lambda_2 & \ddots & \\ & & \ddots & \delta_{n-1} \\ & & & \lambda_n\end{pmatrix}\quad(\delta_i \text{ 代表 } 1 \text{ 或 } 0),$$

而 $\sum_{k=0}^{+\infty}a_k\boldsymbol{J}^k$ 的对角线元素为 $\sum_{k=0}^{+\infty}a_k\lambda_j^k\,(j=1,2,\cdots,n)$. 由于 $\sum_{k=0}^{+\infty}a_k\lambda_l^k$ 发散，从而 $\sum_{k=0}^{+\infty}a_k\boldsymbol{J}^k$ 发散. 故由定理 3.5(4) 知，$\sum_{k=0}^{+\infty}a_k\boldsymbol{A}^k$ 也发散. 证毕

推论 设幂级数 $\sum_{k=0}^{+\infty}a_kz^k$ 的收敛半径为 r，$\boldsymbol{A}\in\mathbf{C}^{n\times n}$. 若存在 $\mathbf{C}^{n\times n}$ 上的某一矩阵范数 $\|\cdot\|$ 使得 $\|\boldsymbol{A}\|<r$，则矩阵幂级数 $\sum_{k=0}^{+\infty}a_k\boldsymbol{A}^k$ 绝对收敛.

例 3.3 判断矩阵幂级数 $\sum_{k=0}^{+\infty}\frac{k}{6^k}\begin{pmatrix}1 & -8\\ -2 & 1\end{pmatrix}^k$ 的敛散性.

解 令 $\boldsymbol{A}=\frac{1}{6}\begin{pmatrix}1 & -8\\ -2 & 1\end{pmatrix}$. 例 3.1 中已求得 $\rho(\boldsymbol{A})=\frac{5}{6}$. 由于幂级数 $\sum_{k=0}^{+\infty}kz^k$ 的收敛半径为 $r=1$，故由 $\rho(\boldsymbol{A})<1$ 知矩阵幂级数 $\sum_{k=0}^{+\infty}k\boldsymbol{A}^k$ 绝对收敛.

最后，考虑一个特殊的矩阵幂级数.

定理 3.7 设 $\boldsymbol{A}\in\mathbf{C}^{n\times n}$，矩阵幂级数 $\sum_{k=0}^{+\infty}\boldsymbol{A}^k$（称为 **Neumann 级数**）收敛的充分必要条件是 $\rho(\boldsymbol{A})<1$，并且在收敛时，其和为 $(\boldsymbol{I}-\boldsymbol{A})^{-1}$.

证 当 $\rho(\boldsymbol{A})<1$ 时，由于幂级数 $\sum_{k=0}^{+\infty}z^k$ 的收敛半径 $r=1$，故由定理 3.6 知矩阵幂级数 $\sum_{k=0}^{+\infty}\boldsymbol{A}^k$ 收敛. 反之，若 $\sum_{k=0}^{+\infty}\boldsymbol{A}^k$ 收敛，记

$$\boldsymbol{S}=\sum_{k=0}^{+\infty}\boldsymbol{A}^k,\qquad \boldsymbol{S}^{(N)}=\sum_{k=0}^{N}\boldsymbol{A}^k,$$

则 $\lim\limits_{N\to+\infty}\boldsymbol{S}^{(N)}=\boldsymbol{S}$. 由于

$$\lim_{N\to+\infty}\boldsymbol{A}^N=\lim_{N\to+\infty}(\boldsymbol{S}^{(N)}-\boldsymbol{S}^{(N-1)})=\lim_{N\to+\infty}\boldsymbol{S}^{(N)}-\lim_{N\to+\infty}\boldsymbol{S}^{(N-1)}=\boldsymbol{O},$$

故由定理3.3 知 $\rho(\boldsymbol{A})<1$.

当 $\sum\limits_{k=0}^{+\infty}\boldsymbol{A}^k$ 收敛时，$\rho(\boldsymbol{A})<1$，因此 $\boldsymbol{I}-\boldsymbol{A}$ 可逆. 又因为

$$\boldsymbol{S}^{(N)}(\boldsymbol{I}-\boldsymbol{A})=\boldsymbol{I}-\boldsymbol{A}^{N+1},$$

所以

$$\boldsymbol{S}^{(N)}=(\boldsymbol{I}-\boldsymbol{A})^{-1}-\boldsymbol{A}^{N+1}(\boldsymbol{I}-\boldsymbol{A})^{-1}.$$

故

$$\boldsymbol{S}=\lim_{N\to+\infty}\boldsymbol{S}^{(N)}=(\boldsymbol{I}-\boldsymbol{A})^{-1}.$$

证毕

例 3.4　已知 $\boldsymbol{A}=\begin{pmatrix}0.2&0.1&0.2\\0.5&0.5&0.4\\0.1&0.3&0.2\end{pmatrix}$，判断矩阵幂级数 $\sum\limits_{k=0}^{+\infty}\boldsymbol{A}^k$ 的敛散性. 若收敛，试求其和.

解　因为 $\|\boldsymbol{A}\|_1=0.9<1$，所以 $\sum\limits_{k=0}^{+\infty}\boldsymbol{A}^k$ 收敛，且

$$\sum_{k=0}^{+\infty}\boldsymbol{A}^k=(\boldsymbol{I}-\boldsymbol{A})^{-1}=\frac{1}{14}\begin{pmatrix}28&14&14\\44&62&42\\20&25&35\end{pmatrix}.$$

3.3　矩阵函数

矩阵函数是以矩阵为变量且取值为矩阵的一类函数. 本节介绍矩阵函数的定义和计算方法，并讨论常用矩阵函数的性质.

3.3.1　矩阵函数的定义

定义 3.6　设幂级数 $\sum\limits_{k=0}^{+\infty}a_kz^k$ 的收敛半径为 r，且当 $|z|<r$ 时，幂级数收敛于函数 $f(z)$，即

$$f(z)=\sum_{k=0}^{+\infty}a_kz^k\qquad(|z|<r).$$

如果 $\boldsymbol{A}\in\mathbf{C}^{n\times n}$ 满足 $\rho(\boldsymbol{A})<r$，则称收敛的矩阵幂级数 $\sum\limits_{k=0}^{+\infty}a_k\boldsymbol{A}^k$ 的和为**矩阵函数**，记为 $f(\boldsymbol{A})$，即

$$f(\boldsymbol{A})=\sum_{k=0}^{+\infty}a_k\boldsymbol{A}^k.\tag{3.3}$$

根据这个定义，可以得到在形式上和数学分析中的一些函数类似的矩阵函数. 例如，对于如下函数的幂级数展开式

$$e^z=\sum_{k=0}^{+\infty}\frac{z^k}{k!}\qquad (r=+\infty),$$

$$\sin z=\sum_{k=0}^{+\infty}\frac{(-1)^k}{(2k+1)!}z^{2k+1}\qquad (r=+\infty),$$

$$\cos z=\sum_{k=0}^{+\infty}\frac{(-1)^k}{(2k)!}z^{2k}\qquad (r=+\infty),$$

$$(1-z)^{-1}=\sum_{k=0}^{+\infty}z^k\qquad (r=1),$$

$$\ln(1+z)=\sum_{k=0}^{+\infty}\frac{(-1)^k}{k+1}z^{k+1}\qquad (r=1),$$

相应地有矩阵函数

$$e^{\boldsymbol{A}}=\sum_{k=0}^{+\infty}\frac{1}{k!}\boldsymbol{A}^k\qquad (\forall \boldsymbol{A}\in\mathbf{C}^{n\times n}),$$

$$\sin\boldsymbol{A}=\sum_{k=0}^{+\infty}\frac{(-1)^k}{(2k+1)!}\boldsymbol{A}^{2k+1}\qquad (\forall \boldsymbol{A}\in\mathbf{C}^{n\times n}),$$

$$\cos\boldsymbol{A}=\sum_{k=0}^{+\infty}\frac{(-1)^k}{(2k)!}\boldsymbol{A}^{2k}\qquad (\forall \boldsymbol{A}\in\mathbf{C}^{n\times n}),$$

$$(\boldsymbol{I}-\boldsymbol{A})^{-1}=\sum_{k=0}^{+\infty}\boldsymbol{A}^k\qquad (\rho(\boldsymbol{A})<1),$$

$$\ln(\boldsymbol{I}+\boldsymbol{A})=\sum_{k=0}^{+\infty}\frac{(-1)^k}{k+1}\boldsymbol{A}^{k+1}\qquad (\rho(\boldsymbol{A})<1).$$

称 $e^{\boldsymbol{A}}$ 为**矩阵指数函数**，$\sin\boldsymbol{A}$ 为**矩阵正弦函数**，$\cos\boldsymbol{A}$ 为**矩阵余弦函数**.

如果把矩阵函数 $f(\boldsymbol{A})$的变元 $\boldsymbol{A}$ 换成 $\boldsymbol{A}t$，其中 t 为参数，则相应得到

$$f(\boldsymbol{A}t)=\sum_{k=0}^{+\infty}a_k(\boldsymbol{A}t)^k.\qquad (3.4)$$

在实际应用中，经常需要求含参数的矩阵函数.

3.3.2 矩阵函数值的计算

以上利用收敛的矩阵幂级数的和定义了矩阵函数 $f(\boldsymbol{A})$. 在具体应用中，要求将 $f(\boldsymbol{A})$所代表的具体的矩阵求出来，即求出矩阵函数的值. 这里介绍几种求矩阵函数值的方法. 以下均假设式(3.3)或式(3.4)中的矩阵幂级数收敛.

方法一 利用 Hamilton-Cayley 定理

利用 Hamilton-Cayley 定理找出矩阵方幂之间的关系，然后化简矩阵幂级数求出矩阵函数的值. 举例说明如下.

例 3.5　已知$\boldsymbol{A}=\begin{pmatrix}0 & 1\\ -1 & 0\end{pmatrix}$,求 $e^{\boldsymbol{A}t}$.

解　可求得 $\det(\lambda\boldsymbol{I}-\boldsymbol{A})=\lambda^2+1$. 由 Hamilton-Cayley 定理知 $\boldsymbol{A}^2+\boldsymbol{I}=\boldsymbol{O}$,从而 $\boldsymbol{A}^2=-\boldsymbol{I},\boldsymbol{A}^3=-\boldsymbol{A},\boldsymbol{A}^4=\boldsymbol{I},\boldsymbol{A}^5=\boldsymbol{A},\cdots$,即

$$\boldsymbol{A}^{2k}=(-1)^k\boldsymbol{I},\quad \boldsymbol{A}^{2k+1}=(-1)^k\boldsymbol{A}\quad (k=1,2,\cdots).$$

故

$$\begin{aligned}e^{\boldsymbol{A}t}&=\sum_{k=0}^{+\infty}\frac{1}{k!}\boldsymbol{A}^kt^k=\left(1-\frac{t^2}{2!}+\frac{t^4}{4!}-\cdots\right)\boldsymbol{I}+\left(t-\frac{t^3}{3!}+\frac{t^5}{5!}-\cdots\right)\boldsymbol{A}\\&=(\cos t)\boldsymbol{I}+(\sin t)\boldsymbol{A}=\begin{pmatrix}\cos t & \sin t\\ -\sin t & \cos t\end{pmatrix}.\end{aligned}$$

例 3.6　已知 4 阶方阵 $\boldsymbol{A}$ 的特征值为 $\pi,-\pi,0,0$,求 $\sin\boldsymbol{A},\cos\boldsymbol{A}$.

解　因为 $\det(\lambda\boldsymbol{I}-\boldsymbol{A})=(\lambda-\pi)(\lambda+\pi)\lambda^2=\lambda^4-\pi^2\lambda^2$,所以 $\boldsymbol{A}^4-\pi^2\boldsymbol{A}^2=\boldsymbol{O}$. 于是

$$\boldsymbol{A}^4=\pi^2\boldsymbol{A}^2,\quad \boldsymbol{A}^5=\pi^2\boldsymbol{A}^3,\quad \boldsymbol{A}^6=\pi^4\boldsymbol{A}^2,\quad \boldsymbol{A}^7=\pi^4\boldsymbol{A}^3,\cdots,$$

即

$$\boldsymbol{A}^{2k}=\pi^{2k-2}\boldsymbol{A}^2,\quad \boldsymbol{A}^{2k+1}=\pi^{2k-2}\boldsymbol{A}^3\qquad (k=2,3,\cdots).$$

故

$$\begin{aligned}\sin\boldsymbol{A}&=\sum_{k=0}^{+\infty}\frac{(-1)^k}{(2k+1)!}\boldsymbol{A}^{2k+1}=\boldsymbol{A}-\frac{1}{3!}\boldsymbol{A}^3+\sum_{k=2}^{+\infty}\frac{(-1)^k}{(2k+1)!}\pi^{2k-2}\boldsymbol{A}^3\\&=\boldsymbol{A}-\frac{1}{3!}\boldsymbol{A}^3+\frac{1}{\pi^3}\boldsymbol{A}^3\left(\sum_{k=2}^{+\infty}\frac{(-1)^k}{(2k+1)!}\pi^{2k+1}\right)\\&=\boldsymbol{A}+\frac{\sin\pi-\pi}{\pi^3}\boldsymbol{A}^3=\boldsymbol{A}-\frac{1}{\pi^2}\boldsymbol{A}^3,\\ \cos\boldsymbol{A}&=\sum_{k=0}^{+\infty}\frac{(-1)^k}{(2k)!}\boldsymbol{A}^{2k}=\boldsymbol{I}-\frac{1}{2!}\boldsymbol{A}^2+\sum_{k=2}^{+\infty}\frac{(-1)^k}{(2k)!}\pi^{2k-2}\boldsymbol{A}^2\\&=\boldsymbol{I}+\frac{\cos\pi-1}{\pi^2}\boldsymbol{A}^2=\boldsymbol{I}-\frac{2}{\pi^2}\boldsymbol{A}^2.\end{aligned}$$

方法二　利用相似对角化

设 $\boldsymbol{A}\in\mathbf{C}^{n\times n}$ 是可对角化的,即存在 $\boldsymbol{P}\in\mathbf{C}_n^{n\times n}$,使得

$$\boldsymbol{P}^{-1}\boldsymbol{A}\boldsymbol{P}=\mathrm{diag}(\lambda_1,\lambda_2,\cdots,\lambda_n)=\boldsymbol{\Lambda},$$

则有

$$\begin{aligned}f(\boldsymbol{A})&=\sum_{k=0}^{+\infty}a_k\boldsymbol{A}^k=\sum_{k=0}^{+\infty}a_k(\boldsymbol{P}\boldsymbol{\Lambda}\boldsymbol{P}^{-1})^k=\boldsymbol{P}\left(\sum_{k=0}^{+\infty}a_k\boldsymbol{\Lambda}^k\right)\boldsymbol{P}^{-1}\\&=\boldsymbol{P}\mathrm{diag}\left(\sum_{k=0}^{+\infty}a_k\lambda_1^k,\sum_{k=0}^{+\infty}a_k\lambda_2^k,\cdots,\sum_{k=0}^{+\infty}a_k\lambda_n^k\right)\boldsymbol{P}^{-1}\\&=\boldsymbol{P}\mathrm{diag}(f(\lambda_1),f(\lambda_2),\cdots,f(\lambda_n))\boldsymbol{P}^{-1}.\end{aligned}$$

同理可得

$$f(\boldsymbol{A}t)=\boldsymbol{P}\mathrm{diag}(f(\lambda_1 t),f(\lambda_2 t),\cdots,f(\lambda_n t))\boldsymbol{P}^{-1}.$$

例 3.7 已知 $\boldsymbol{A}=\begin{pmatrix}4 & 6 & 0\\ -3 & -5 & 0\\ -3 & -6 & 1\end{pmatrix}$,求 $\mathrm{e}^{\boldsymbol{A}t}$,$\cos\boldsymbol{A}$.

解 可求得 $\det(\lambda\boldsymbol{I}-\boldsymbol{A})=(\lambda+2)(\lambda-1)^2$,即 $\boldsymbol{A}$ 的特征值为 $\lambda_1=-2$,$\lambda_2=\lambda_3=1$. 对应 $\lambda_1=-2$ 的特征向量为 $\boldsymbol{p}_1=(-1,1,1)^{\mathrm{T}}$,对应 $\lambda_2=\lambda_3=1$ 的两个线性无关的特征向量为 $\boldsymbol{p}_2=(-2,1,0)^{\mathrm{T}}$,$\boldsymbol{p}_3=(0,0,1)^{\mathrm{T}}$,于是

$$\boldsymbol{P}=\begin{pmatrix}-1 & -2 & 0\\ 1 & 1 & 0\\ 1 & 0 & 1\end{pmatrix}$$

使得

$$\boldsymbol{P}^{-1}\boldsymbol{A}\boldsymbol{P}=\begin{pmatrix}-2 & & \\ & 1 & \\ & & 1\end{pmatrix}.$$

故

$$\mathrm{e}^{\boldsymbol{A}t}=\boldsymbol{P}\begin{pmatrix}\mathrm{e}^{-2t} & & \\ & \mathrm{e}^{t} & \\ & & \mathrm{e}^{t}\end{pmatrix}\boldsymbol{P}^{-1}=\begin{pmatrix}2\mathrm{e}^{t}-\mathrm{e}^{-2t} & 2\mathrm{e}^{t}-2\mathrm{e}^{-2t} & 0\\ \mathrm{e}^{-2t}-\mathrm{e}^{t} & 2\mathrm{e}^{-2t}-\mathrm{e}^{t} & 0\\ \mathrm{e}^{-2t}-\mathrm{e}^{t} & 2\mathrm{e}^{-2t}-2\mathrm{e}^{t} & \mathrm{e}^{t}\end{pmatrix},$$

$$\cos\boldsymbol{A}=\boldsymbol{P}\begin{pmatrix}\cos(-2) & & \\ & \cos1 & \\ & & \cos1\end{pmatrix}\boldsymbol{P}^{-1}$$

$$=\begin{pmatrix}2\cos1-\cos2 & 2\cos1-2\cos2 & 0\\ \cos2-\cos1 & 2\cos2-\cos1 & 0\\ \cos2-\cos1 & 2\cos2-2\cos1 & \cos1\end{pmatrix}.$$

方法三 利用 Jordan 标准形

设 $\boldsymbol{A}\in\mathbf{C}^{n\times n}$,且 $\boldsymbol{P}\in\mathbf{C}_n^{n\times n}$,使得

$$\boldsymbol{P}^{-1}\boldsymbol{A}\boldsymbol{P}=\boldsymbol{J}=\begin{pmatrix}\boldsymbol{J}_1 & & & \\ & \boldsymbol{J}_2 & & \\ & & \ddots & \\ & & & \boldsymbol{J}_s\end{pmatrix},$$

其中

$$\boldsymbol{J}_i = \begin{pmatrix} \lambda_i & 1 & & \\ & \lambda_i & \ddots & \\ & & \ddots & 1 \\ & & & \lambda_i \end{pmatrix}_{r_i \times r_i} \qquad (i = 1,2,\cdots,s).$$

由定理 1.12 得

$$f(\boldsymbol{J}_i t) = \sum_{k=0}^{+\infty} a_k \boldsymbol{J}_i^k t^k = \sum_{k=0}^{+\infty} a_k t^k \begin{pmatrix} \lambda_i^k & \mathrm{C}_k^1 \lambda_i^{k-1} & \cdots & \mathrm{C}_k^{r_i-1} \lambda_i^{k-r_i+1} \\ & \lambda_i^k & \ddots & \vdots \\ & & \ddots & \mathrm{C}_k^1 \lambda_i^{k-1} \\ & & & \lambda_i^k \end{pmatrix}$$

$$= \sum_{k=0}^{+\infty} a_k \left. \begin{pmatrix} \lambda^k & \dfrac{t}{1!}(\lambda^k)' & \cdots & \dfrac{t^{r_i-1}}{(r_i-1)!}(\lambda^k)^{(r_i-1)} \\ & \lambda^k & \ddots & \vdots \\ & & \ddots & \dfrac{t}{1!}(\lambda^k)' \\ & & & \lambda^k \end{pmatrix} \right|_{\lambda=\lambda_i t}$$

$$= \left. \begin{pmatrix} f(\lambda) & \dfrac{t}{1!} f'(\lambda) & \cdots & \dfrac{t^{r_i-1}}{(r_i-1)!} f^{(r_i-1)}(\lambda) \\ & f(\lambda) & \ddots & \vdots \\ & & \ddots & \dfrac{t}{1!} f'(\lambda) \\ & & & f(\lambda) \end{pmatrix} \right|_{\lambda=\lambda_i t},$$

从而

$$f(\boldsymbol{A}t) = \sum_{k=0}^{+\infty} a_k \boldsymbol{A}^k t^k = \sum_{k=0}^{+\infty} a_k (\boldsymbol{P}\boldsymbol{J}\boldsymbol{P}^{-1})^k t^k$$

$$= \boldsymbol{P}\left(\sum_{k=0}^{+\infty} a_k \boldsymbol{J}^k t^k\right)\boldsymbol{P}^{-1} = \boldsymbol{P} \begin{pmatrix} \sum\limits_{k=0}^{+\infty} a_k \boldsymbol{J}_1^k t^k & & \\ & \ddots & \\ & & \sum\limits_{k=0}^{+\infty} a_k \boldsymbol{J}_s^k t^k \end{pmatrix} \boldsymbol{P}^{-1}$$

$$= \boldsymbol{P} \begin{pmatrix} f(\boldsymbol{J}_1 t) & & \\ & \ddots & \\ & & f(\boldsymbol{J}_s t) \end{pmatrix} \boldsymbol{P}^{-1}.$$

例 3.8 已知 $A=\begin{pmatrix}-1&0&1\\1&2&0\\-4&0&3\end{pmatrix}$，求 e^{A}，$\sin At$.

解 例 1.9 已求得

$$P=\begin{pmatrix}1&0&0\\-1&-1&1\\2&1&0\end{pmatrix},\qquad P^{-1}AP=J=\begin{pmatrix}1&1&\\&1&\\&&2\end{pmatrix},$$

于是

$$e^{A}=P\begin{pmatrix}e&e&\\&e&\\&&e^2\end{pmatrix}P^{-1}=\begin{pmatrix}-e&0&e\\3e-e^2&e^2&-2e+e^2\\-4e&0&3e\end{pmatrix},$$

$$\begin{aligned}\sin At&=P\begin{pmatrix}\sin t&t\cos t&\\&\sin t&\\&&\sin 2t\end{pmatrix}P^{-1}\\&=\begin{pmatrix}\sin t-2t\cos t&0&t\cos t\\\sin t+2t\cos t-\sin 2t&\sin 2t&-t\cos t-\sin t+\sin 2t\\-4t\cos t&0&2t\cos t+\sin t\end{pmatrix}.\end{aligned}$$

根据 Jordan 标准形理论可得下述定理.

定理 3.8 设 $A\in C^{n\times n}$，$\lambda_1,\lambda_2,\cdots,\lambda_n$ 是 A 的 n 个特征值，则矩阵函数 $f(A)$ 的特征值为 $f(\lambda_1),f(\lambda_2),\cdots,f(\lambda_n)$.

方法四 待定系数法

设 $A\in C^{n\times n}$，且 A 的特征多项式为

$$\psi(\lambda)=\det(\lambda I-A)=(\lambda-\lambda_1)^{r_1}(\lambda-\lambda_2)^{r_2}\cdots(\lambda-\lambda_s)^{r_s},\tag{3.5}$$

其中 $\lambda_1,\lambda_2,\cdots,\lambda_s$ 是 A 的全部互异特征值，$r_1+r_2+\cdots+r_s=n$. 为计算矩阵函数 $f(At)=\sum\limits_{k=0}^{+\infty}a_kA^kt^k$，记 $f(\lambda t)=\sum\limits_{k=0}^{+\infty}a_k\lambda^kt^k$. 将 $f(\lambda t)$ 改写为

$$f(\lambda t)=q(\lambda,t)\psi(\lambda)+r(\lambda,t),\tag{3.6}$$

其中 $q(\lambda,t)$ 是含参数 t 的 λ 的幂级数，$r(\lambda,t)$ 是含参数 t 且次数不超过 $n-1$ 的 λ 的多项式，即

$$r(\lambda,t)=b_{n-1}(t)\lambda^{n-1}+\cdots+b_1(t)\lambda+b_0(t).$$

由 Hamilton-Cayley 定理知 $\psi(A)=O$，于是由式(3.6)得

$$\begin{aligned}f(At)&=q(A,t)\psi(A)+r(A,t)\\&=b_{n-1}(t)A^{n-1}+\cdots+b_1(t)A+b_0(t)I.\end{aligned}$$

可见，只要求出 $b_k(t)(k=0,1,\cdots,n-1)$ 即可得到 $f(At)$. 注意到

$$\psi^{(l)}(\lambda_i)=0\qquad(l=0,1,\cdots,r_i-1;i=1,2,\cdots,s),$$

将式(3.6)两边对 λ 求导,并利用上式,得

$$\frac{\mathrm{d}^l}{\mathrm{d}\lambda^l}f(\lambda t)\Big|_{\lambda=\lambda_i}=\frac{\mathrm{d}^l}{\mathrm{d}\lambda^l}r(\lambda,t)\Big|_{\lambda=\lambda_i},$$

即

$$t^l\frac{\mathrm{d}^l}{\mathrm{d}\mu^l}f(\mu)\Big|_{\mu=\lambda_i t}=\frac{\mathrm{d}^l}{\mathrm{d}\lambda^l}r(\lambda,t)\Big|_{\lambda=\lambda_i}\quad(l=0,1,\cdots,r_i-1;i=1,2,\cdots,s).\tag{3.7}$$

由式(3.7)即得到以 $b_0(t),b_1(t),\cdots,b_{n-1}(t)$ 为未知量的线性方程组.

综上分析,用待定系数法求矩阵函数 $f(\boldsymbol{A}t)$ 或 $f(\boldsymbol{A})$ 的步骤如下.

第一步:求矩阵 $\boldsymbol{A}$ 的特征多项式(3.5);

第二步:设 $r(\lambda)=b_{n-1}\lambda^{n-1}+\cdots+b_1\lambda+b_0$,根据

$$r^{(l)}(\lambda_i)=t^lf^{(l)}(\lambda)\Big|_{\lambda=\lambda_i t}\qquad(l=0,1,\cdots,r_i-1;i=1,2,\cdots,s)$$

或

$$r^{(l)}(\lambda_i)=f^{(l)}(\lambda_i)\qquad(l=0,1,\cdots,r_i-1;i=1,2,\cdots,s)$$

列方程组求解 $b_0,b_1,\cdots,b_{n-1}$;

第三步:计算 $f(\boldsymbol{A}t)$(或 $f(\boldsymbol{A})$)$=r(\boldsymbol{A})=b_{n-1}\boldsymbol{A}^{n-1}+\cdots+b_1\boldsymbol{A}+b_0\boldsymbol{I}$.

例 3.9　已知 $\boldsymbol{A}=\begin{pmatrix}-1&0&1\\1&2&0\\-4&0&3\end{pmatrix}$,求 $\mathrm{e}^{\boldsymbol{A}t}$,$\cos\boldsymbol{A}$.

解　可求得 $\det(\lambda\boldsymbol{I}-\boldsymbol{A})=(\lambda-1)^2(\lambda-2)$.设

$$r(\lambda)=b_2\lambda^2+b_1\lambda+b_0,$$

则由

$$\begin{cases}r(1)=b_2+b_1+b_0=\mathrm{e}^t,\\r'(1)=2b_2+b_1=t\mathrm{e}^t,\\r(2)=4b_2+2b_1+b_0=\mathrm{e}^{2t},\end{cases}$$

解得

$$\begin{cases}b_2=\mathrm{e}^{2t}-\mathrm{e}^t-t\mathrm{e}^t,\\b_1=-2\mathrm{e}^{2t}+2\mathrm{e}^t+3t\mathrm{e}^t,\\b_0=\mathrm{e}^{2t}-2t\mathrm{e}^t.\end{cases}$$

于是

$$\mathrm{e}^{\boldsymbol{A}t}=b_2\boldsymbol{A}^2+b_1\boldsymbol{A}+b_0\boldsymbol{I}=\begin{pmatrix}\mathrm{e}^t-2t\mathrm{e}^t&0&t\mathrm{e}^t\\-\mathrm{e}^{2t}+\mathrm{e}^t+2t\mathrm{e}^t&\mathrm{e}^{2t}&\mathrm{e}^{2t}-\mathrm{e}^t-t\mathrm{e}^t\\-4t\mathrm{e}^t&0&2t\mathrm{e}^t+\mathrm{e}^t\end{pmatrix}.$$

而由

$$\begin{cases} r(1) = b_2 + b_1 + b_0 = \cos 1, \\ r'(1) = 2b_2 + b_1 = -\sin 1, \\ r(2) = 4b_2 + 2b_1 + b_0 = \cos 2, \end{cases}$$

解得

$$\begin{cases} b_2 = \sin 1 - \cos 1 + \cos 2, \\ b_1 = -3\sin 1 + 2\cos 1 - 2\cos 2, \\ b_0 = 2\sin 1 + \cos 2. \end{cases}$$

从而

$$\begin{aligned} \cos \boldsymbol{A} &= b_2 \boldsymbol{A}^2 + b_1 \boldsymbol{A} + b_0 \boldsymbol{I} \\ &= \begin{pmatrix} 2\sin 1 + \cos 2 & 0 & -\sin 1 \\ -2\sin 1 + \cos 1 - \cos 2 & \cos 2 & \sin 1 - \cos 1 + \cos 2 \\ 4\sin 1 & 0 & -2\sin 1 + \cos 1 \end{pmatrix}. \end{aligned}$$

如果求得矩阵 $\boldsymbol{A}$ 的最小多项式，且其次数低于 $\boldsymbol{A}$ 的特征多项式的次数，则计算矩阵函数就要容易一些.

例 3.10 已知 $\boldsymbol{A} = \begin{pmatrix} 3 & 1 & -1 \\ -2 & 0 & 2 \\ -1 & -1 & 3 \end{pmatrix}$，求 $e^{\boldsymbol{A}t}$，$\sin \boldsymbol{A}$.

解 例 1.9 已求得 $\boldsymbol{A}$ 的 Jordan 标准形为

$$\boldsymbol{J} = \begin{pmatrix} 2 & & \\ & 2 & 1 \\ & & 2 \end{pmatrix},$$

于是 $\boldsymbol{A}$ 的最小多项式为 $m_{\boldsymbol{A}}(\lambda) = (\lambda - 2)^2$. 设

$$r(\lambda) = b_1 \lambda + b_0,$$

由

$$\begin{cases} r(2) = 2b_1 + b_0 = e^{2t}, \\ r'(2) = b_1 \qquad = te^{2t}, \end{cases}$$

解得

$$\begin{cases} b_1 = te^{2t}, \\ b_0 = (1 - 2t)e^{2t}. \end{cases}$$

于是

$$e^{\boldsymbol{A}t} = b_1 \boldsymbol{A} + b_0 \boldsymbol{I} = e^{2t} \begin{pmatrix} 1 + t & t & -t \\ -2t & 1 - 2t & 2t \\ -t & -t & 1 + t \end{pmatrix}.$$

又由

$$\begin{cases} r(2) = 2b_1 + b_0 = \sin 2, \\ r'(2) = b_1 \qquad\quad = \cos 2, \end{cases}$$

解得

$$\begin{cases} b_1 = \cos 2, \\ b_0 = \sin 2 - 2\cos 2. \end{cases}$$

从而

$$\sin \boldsymbol{A} = b_1 \boldsymbol{A} + b_0 \boldsymbol{I} = \begin{pmatrix} \sin 2 + \cos 2 & \cos 2 & -\cos 2 \\ -2\cos 2 & \sin 2 - 2\cos 2 & 2\cos 2 \\ -\cos 2 & -\cos 2 & \sin 2 + \cos 2 \end{pmatrix}.$$

3.3.3　常用矩阵函数的性质

常用的矩阵函数有 $\mathrm{e}^{\boldsymbol{A}}$，$\sin\boldsymbol{A}$，$\cos\boldsymbol{A}$，它们有些性质与普通的指数函数和三角函数相同，但由于矩阵乘法不满足交换律，从而有些性质与一般指数函数和三角函数不相同.

定理 3.9　对任意 $\boldsymbol{A}\in\mathbf{C}^{n\times n}$，总有

(1) $\sin(-\boldsymbol{A})=-\sin\boldsymbol{A}$，$\cos(-\boldsymbol{A})=\cos\boldsymbol{A}$；

(2) $\mathrm{e}^{\mathrm{i}\boldsymbol{A}}=\cos\boldsymbol{A}+\mathrm{i}\sin\boldsymbol{A}$，$\cos\boldsymbol{A}=\frac{1}{2}(\mathrm{e}^{\mathrm{i}\boldsymbol{A}}+\mathrm{e}^{-\mathrm{i}\boldsymbol{A}})$，$\sin\boldsymbol{A}=\frac{1}{2\mathrm{i}}(\mathrm{e}^{\mathrm{i}\boldsymbol{A}}-\mathrm{e}^{-\mathrm{i}\boldsymbol{A}})$.

证　(1) 由 $\sin\boldsymbol{A}$ 与 $\cos\boldsymbol{A}$ 的矩阵幂级数形式直接得到；

$$\text{(2)}\ \mathrm{e}^{\mathrm{i}\boldsymbol{A}} = \sum_{k=0}^{+\infty} \frac{\mathrm{i}^k}{k!}\boldsymbol{A}^k = \sum_{k=0}^{+\infty} \frac{(-1)^k}{(2k)!}\boldsymbol{A}^{2k} + \mathrm{i}\sum_{k=0}^{+\infty} \frac{(-1)^k}{(2k+1)!}\boldsymbol{A}^{2k+1}$$
$$= \cos\boldsymbol{A} + \mathrm{i}\sin\boldsymbol{A},$$

又有

$$\mathrm{e}^{-\mathrm{i}\boldsymbol{A}}=\cos(-\boldsymbol{A})+\mathrm{i}\sin(-\boldsymbol{A})=\cos\boldsymbol{A}-\mathrm{i}\sin\boldsymbol{A},$$

从而

$$\cos\boldsymbol{A} = \frac{1}{2}(\mathrm{e}^{\mathrm{i}\boldsymbol{A}} + \mathrm{e}^{-\mathrm{i}\boldsymbol{A}}), \qquad \sin\boldsymbol{A} = \frac{1}{2\mathrm{i}}(\mathrm{e}^{\mathrm{i}\boldsymbol{A}} - \mathrm{e}^{-\mathrm{i}\boldsymbol{A}}).$$

证毕

定理 3.10　设 $\boldsymbol{A},\boldsymbol{B}\in\mathbf{C}^{n\times n}$，且 $\boldsymbol{AB}=\boldsymbol{BA}$，则

(1) $\mathrm{e}^{\boldsymbol{A}+\boldsymbol{B}}=\mathrm{e}^{\boldsymbol{A}}\mathrm{e}^{\boldsymbol{B}}=\mathrm{e}^{\boldsymbol{B}}\mathrm{e}^{\boldsymbol{A}}$；

(2) $\sin(\boldsymbol{A}+\boldsymbol{B})=\sin\boldsymbol{A}\cos\boldsymbol{B}+\cos\boldsymbol{A}\sin\boldsymbol{B}$；

(3) $\cos(\boldsymbol{A}+\boldsymbol{B})=\cos\boldsymbol{A}\cos\boldsymbol{B}-\sin\boldsymbol{A}\sin\boldsymbol{B}$.

证　(1)

$$\mathrm{e}^{\boldsymbol{A}}\mathrm{e}^{\boldsymbol{B}} = \left(\sum_{k=0}^{+\infty}\frac{1}{k!}\boldsymbol{A}^k\right)\left(\sum_{k=0}^{+\infty}\frac{1}{k!}\boldsymbol{B}^k\right)$$

$$=\boldsymbol{I}+(\boldsymbol{A}+\boldsymbol{B})+\frac{1}{2!}(\boldsymbol{A}^2+2\boldsymbol{A}\boldsymbol{B}+\boldsymbol{B}^2)+\cdots$$
$$=\sum_{k=0}^{+\infty}\frac{1}{k!}(\boldsymbol{A}+\boldsymbol{B})^k=\mathrm{e}^{\boldsymbol{A}+\boldsymbol{B}};$$

(2) $$\sin(\boldsymbol{A}+\boldsymbol{B})=\frac{1}{2\mathrm{i}}(\mathrm{e}^{\mathrm{i}(\boldsymbol{A}+\boldsymbol{B})}-\mathrm{e}^{-\mathrm{i}(\boldsymbol{A}+\boldsymbol{B})})=\frac{1}{2\mathrm{i}}(\mathrm{e}^{\mathrm{i}\boldsymbol{A}}\mathrm{e}^{\mathrm{i}\boldsymbol{B}}-\mathrm{e}^{-\mathrm{i}\boldsymbol{A}}\mathrm{e}^{-\mathrm{i}\boldsymbol{B}})$$
$$=\frac{1}{2\mathrm{i}}(\mathrm{e}^{\mathrm{i}\boldsymbol{A}}-\mathrm{e}^{-\mathrm{i}\boldsymbol{A}})\cdot\frac{1}{2}(\mathrm{e}^{\mathrm{i}\boldsymbol{B}}+\mathrm{e}^{-\mathrm{i}\boldsymbol{B}})$$
$$+\frac{1}{2}(\mathrm{e}^{\mathrm{i}\boldsymbol{A}}+\mathrm{e}^{-\mathrm{i}\boldsymbol{A}})\cdot\frac{1}{2\mathrm{i}}(\mathrm{e}^{\mathrm{i}\boldsymbol{B}}-\mathrm{e}^{-\mathrm{i}\boldsymbol{B}})$$
$$=\sin\boldsymbol{A}\cos\boldsymbol{B}+\cos\boldsymbol{A}\sin\boldsymbol{B};$$

(3)同理可证. 证毕

在定理 3.10 中,取 $\boldsymbol{A}=\boldsymbol{B}$,即得下述推论.

推论 对任意 $\boldsymbol{A}\in\mathbf{C}^{n\times n}$,有

$$\cos 2\boldsymbol{A}=\cos^2\boldsymbol{A}-\sin^2\boldsymbol{A},\qquad \sin 2\boldsymbol{A}=2\sin\boldsymbol{A}\cos\boldsymbol{A}.$$

值得注意的是,当 $\boldsymbol{AB}\neq\boldsymbol{BA}$ 时,$\mathrm{e}^{\boldsymbol{A}+\boldsymbol{B}}=\mathrm{e}^{\boldsymbol{A}}\mathrm{e}^{\boldsymbol{B}}$ 或 $\mathrm{e}^{\boldsymbol{A}+\boldsymbol{B}}=\mathrm{e}^{\boldsymbol{B}}\mathrm{e}^{\boldsymbol{A}}$ 不成立. 如取$\boldsymbol{A}=\begin{pmatrix}0&0\\1&0\end{pmatrix}$,$\boldsymbol{B}=\begin{pmatrix}0&1\\0&0\end{pmatrix}$,则

$$\boldsymbol{A}+\boldsymbol{B}=\begin{pmatrix}0&1\\1&0\end{pmatrix},\qquad \boldsymbol{AB}=\begin{pmatrix}0&0\\0&1\end{pmatrix}\neq\begin{pmatrix}1&0\\0&0\end{pmatrix}=\boldsymbol{BA},$$

且

$$\mathrm{e}^{\boldsymbol{A}}=\begin{pmatrix}1&0\\1&1\end{pmatrix},\quad \mathrm{e}^{\boldsymbol{B}}=\begin{pmatrix}1&1\\0&1\end{pmatrix},\quad \mathrm{e}^{\boldsymbol{A}+\boldsymbol{B}}=\frac{1}{2}\begin{pmatrix}\mathrm{e}+\mathrm{e}^{-1}&\mathrm{e}-\mathrm{e}^{-1}\\\mathrm{e}-\mathrm{e}^{-1}&\mathrm{e}+\mathrm{e}^{-1}\end{pmatrix}.$$

可见

$$\mathrm{e}^{\boldsymbol{A}}\mathrm{e}^{\boldsymbol{B}}=\begin{pmatrix}1&1\\1&2\end{pmatrix}\neq\begin{pmatrix}2&1\\1&1\end{pmatrix}=\mathrm{e}^{\boldsymbol{B}}\mathrm{e}^{\boldsymbol{A}},$$
$$\mathrm{e}^{\boldsymbol{A}+\boldsymbol{B}}\neq\mathrm{e}^{\boldsymbol{A}}\mathrm{e}^{\boldsymbol{B}},\qquad \mathrm{e}^{\boldsymbol{A}+\boldsymbol{B}}\neq\mathrm{e}^{\boldsymbol{B}}\mathrm{e}^{\boldsymbol{A}}.$$

定理 3.11 设 $\boldsymbol{A}\in\mathbf{C}^{n\times n}$,则有

(1) $\det \mathrm{e}^{\boldsymbol{A}}=\mathrm{e}^{\mathrm{tr}\boldsymbol{A}}$; (2) $(\mathrm{e}^{\boldsymbol{A}})^{-1}=\mathrm{e}^{-\boldsymbol{A}}$.

证 (1) 设 $\boldsymbol{A}$ 的特征值为 $\lambda_1,\lambda_2,\cdots,\lambda_n$,则由定理 3.8 知,$\mathrm{e}^{\boldsymbol{A}}$ 的特征值为 e^{λ_1},$\mathrm{e}^{\lambda_2},\cdots,\mathrm{e}^{\lambda_n}$. 从而

$$\det \mathrm{e}^{\boldsymbol{A}}=\mathrm{e}^{\lambda_1}\mathrm{e}^{\lambda_2}\cdots\mathrm{e}^{\lambda_n}=\mathrm{e}^{\lambda_1+\lambda_2+\cdots+\lambda_n}=\mathrm{e}^{\mathrm{tr}\boldsymbol{A}}.$$

(2) 由于 $\det \mathrm{e}^{\boldsymbol{A}}=\mathrm{e}^{\mathrm{tr}\boldsymbol{A}}\neq 0$,所以 $\mathrm{e}^{\boldsymbol{A}}$ 总是可逆的. 又由定理 3.10,得

$$e^{A}e^{-A}=e^{A-A}=e^{O}=I.$$

故$(e^{A})^{-1}=e^{-A}$. 证毕

需要指出的是,对任何 n 阶方阵 A,e^{A} 总是可逆的,但 $\sin A$ 与 $\cos A$ 却不一定可逆. 如取 $A=\begin{pmatrix}\pi & 0\\ 0 & \pi/2\end{pmatrix}$,则 $\sin A=\begin{pmatrix}0 & 0\\ 0 & 1\end{pmatrix}$,$\cos A=\begin{pmatrix}-1 & 0\\ 0 & 0\end{pmatrix}$. 可见 $\sin A$ 与 $\cos A$ 都不可逆.

3.4　矩阵的微分和积分

在研究微分方程组时,为了简化对问题的表述及求解过程,需要考虑以函数为元素的矩阵的微分和积分. 在研究优化等问题时,则要碰到数量函数对向量变量或矩阵变量的导数,以及向量值或矩阵值函数对向量变量或矩阵变量的导数. 本节简单地介绍这些内容.

3.4.1　函数矩阵的微分和积分

定义 3.7　以变量 t 的函数为元素的矩阵 $A(t)=(a_{ij}(t))_{m\times n}$ 称为**函数矩阵**,其中 $a_{ij}(t)(i=1,2,\cdots,m;j=1,2,\cdots,n)$ 都是变量 t 的函数. 若 $t\in[a,b]$,则称 $A(t)$ 是**定义在$[a,b]$上的**;又若每个 $a_{ij}(t)$ 在$[a,b]$上连续、可微、可积,则称 $A(t)$ 在$[a,b]$上是**连续**、**可微**、**可积**的. 当 $A(t)$ 可微时,规定其**导数**为

$$A'(t)=(a'_{ij}(t))_{m\times n}\quad 或\quad \frac{d}{dt}A(t)=\left(\frac{d}{dt}a_{ij}(t)\right)_{m\times n},$$

而当 $A(t)$ 在$[a,b]$上可积时,规定 $A(t)$ 在$[a,b]$上的**积分**为

$$\int_a^b A(t)dt=\left(\int_a^b a_{ij}(t)dt\right)_{m\times n}.$$

例 3.11　求函数矩阵

$$A(t)=\begin{pmatrix}\sin t & \cos t & t\\ 2^t & e^t & t^2\\ 0 & 1 & t^3\end{pmatrix}$$

的导数.

解
$$\frac{d}{dt}A(t)=\begin{pmatrix}\cos t & -\sin t & 1\\ 2^t\ln 2 & e^t & 2t\\ 0 & 0 & 3t^2\end{pmatrix}.$$

关于函数矩阵,有下面的求导法则.

定理 3.12 设 $\boldsymbol{A}(t)$ 与 $\boldsymbol{B}(t)$ 是适当阶的可微矩阵，则

(1) $\frac{\mathrm{d}}{\mathrm{d}t}(\boldsymbol{A}(t)+\boldsymbol{B}(t))=\frac{\mathrm{d}}{\mathrm{d}t}\boldsymbol{A}(t)+\frac{\mathrm{d}}{\mathrm{d}t}\boldsymbol{B}(t)$；

(2) 当 $\lambda(t)$ 为可微函数时，有

$$\frac{\mathrm{d}}{\mathrm{d}t}(\lambda(t)\boldsymbol{A}(t)) = \left(\frac{\mathrm{d}}{\mathrm{d}t}\lambda(t)\right)\boldsymbol{A}(t) + \lambda(t)\frac{\mathrm{d}}{\mathrm{d}t}\boldsymbol{A}(t);$$

(3) $\frac{\mathrm{d}}{\mathrm{d}t}(\boldsymbol{A}(t)\boldsymbol{B}(t))=\left(\frac{\mathrm{d}}{\mathrm{d}t}\boldsymbol{A}(t)\right)\boldsymbol{B}(t)+\boldsymbol{A}(t)\frac{\mathrm{d}}{\mathrm{d}t}\boldsymbol{B}(t)$；

(4) 当 $u=f(t)$ 关于 t 可微时，有

$$\frac{\mathrm{d}}{\mathrm{d}t}\boldsymbol{A}(u) = f'(t)\frac{\mathrm{d}}{\mathrm{d}u}\boldsymbol{A}(u);$$

(5) 当 $\boldsymbol{A}^{-1}(t)$ 是可微矩阵时，有

$$\frac{\mathrm{d}}{\mathrm{d}t}(\boldsymbol{A}^{-1}(t)) = -\boldsymbol{A}^{-1}(t)\left(\frac{\mathrm{d}}{\mathrm{d}t}\boldsymbol{A}(t)\right)\boldsymbol{A}^{-1}(t).$$

证 只证(3)和(5). 设 $\boldsymbol{A}(t)=(a_{ij}(t))_{m\times n}$，$\boldsymbol{B}(t)=(b_{ij}(t))_{n\times p}$，则

$$\begin{aligned}\frac{\mathrm{d}}{\mathrm{d}t}(\boldsymbol{A}(t)\boldsymbol{B}(t)) &= \frac{\mathrm{d}}{\mathrm{d}t}\left(\sum_{k=1}^{n}a_{ik}(t)b_{kj}(t)\right)_{m\times p}\\ &= \left(\sum_{k=1}^{n}\left(\frac{\mathrm{d}}{\mathrm{d}t}a_{ik}(t)\right)b_{kj}(t) + \sum_{k=1}^{n}a_{ik}(t)\frac{\mathrm{d}}{\mathrm{d}t}b_{kj}(t)\right)_{m\times p}\\ &= \left(\frac{\mathrm{d}}{\mathrm{d}t}\boldsymbol{A}(t)\right)\boldsymbol{B}(t) + \boldsymbol{A}(t)\frac{\mathrm{d}}{\mathrm{d}t}\boldsymbol{B}(t).\end{aligned}$$

由于 $\boldsymbol{A}(t)\boldsymbol{A}^{-1}(t)=\boldsymbol{I}$，两边对 t 求导，得

$$\left(\frac{\mathrm{d}}{\mathrm{d}t}\boldsymbol{A}(t)\right)\boldsymbol{A}^{-1}(t) + \boldsymbol{A}(t)\frac{\mathrm{d}}{\mathrm{d}t}\boldsymbol{A}^{-1}(t) = \boldsymbol{O}.$$

从而

$$\frac{\mathrm{d}}{\mathrm{d}t}\boldsymbol{A}^{-1}(t) = -\boldsymbol{A}^{-1}(t)\left(\frac{\mathrm{d}}{\mathrm{d}t}\boldsymbol{A}(t)\right)\boldsymbol{A}^{-1}(t).$$

证毕

定理 3.13 设 $\boldsymbol{A}\in\mathbf{C}^{n\times n}$，则有

(1) $\frac{\mathrm{d}}{\mathrm{d}t}\mathrm{e}^{\boldsymbol{A}t}=\boldsymbol{A}\mathrm{e}^{\boldsymbol{A}t}=\mathrm{e}^{\boldsymbol{A}t}\boldsymbol{A}$；

(2) $\frac{\mathrm{d}}{\mathrm{d}t}\sin\boldsymbol{A}t=\boldsymbol{A}\cos\boldsymbol{A}t=(\cos\boldsymbol{A}t)\boldsymbol{A}$；

(3) $\frac{\mathrm{d}}{\mathrm{d}t}\cos\boldsymbol{A}t=-\boldsymbol{A}\sin\boldsymbol{A}t=-(\sin\boldsymbol{A}t)\boldsymbol{A}$.

证 这里只证(1). (2)和(3)的证明与(1)类似.

由 $\mathrm{e}^{\boldsymbol{A}t}=\sum_{k=0}^{+\infty}\frac{t^k}{k!}\boldsymbol{A}^k$，并利用绝对收敛级数可以逐项求导，得

$$\frac{\mathrm{d}}{\mathrm{d}t}\mathrm{e}^{\boldsymbol{A}t} = \frac{\mathrm{d}}{\mathrm{d}t}\sum_{k=0}^{+\infty}\frac{t^k}{k!}\boldsymbol{A}^k = \sum_{k=1}^{+\infty}\frac{t^{k-1}}{(k-1)!}\boldsymbol{A}^k = \boldsymbol{A}\sum_{k=1}^{+\infty}\frac{t^{k-1}}{(k-1)!}\boldsymbol{A}^{k-1} = \boldsymbol{A}\mathrm{e}^{\boldsymbol{A}t}.$$

同样

$$\frac{\mathrm{d}}{\mathrm{d}t}\mathrm{e}^{\boldsymbol{A}t}=\sum_{k=1}^{+\infty}\frac{t^{k-1}}{(k-1)!}\boldsymbol{A}^{k}=\Big(\sum_{k=1}^{+\infty}\frac{t^{k-1}}{(k-1)!}\boldsymbol{A}^{k-1}\Big)\boldsymbol{A}=\mathrm{e}^{\boldsymbol{A}t}\boldsymbol{A}.$$ 证毕

根据定义和积分的有关性质,可得下述定理.

定理 3.14　设 $\boldsymbol{A}(t),\boldsymbol{B}(t)$ 是区间 $[a,b]$ 上适当阶的可积矩阵,$\boldsymbol{A},\boldsymbol{B}$ 是适当阶的常数矩阵,$\lambda\in\mathbf{C}$,则

(1) $\int_a^b(\boldsymbol{A}(t)+\boldsymbol{B}(t))\mathrm{d}t=\int_a^b\boldsymbol{A}(t)\mathrm{d}t+\int_a^b\boldsymbol{B}(t)\mathrm{d}t$;

(2) $\int_a^b\lambda\boldsymbol{A}(t)\mathrm{d}t=\lambda\int_a^b\boldsymbol{A}(t)\mathrm{d}t$;

(3) $\int_a^b\boldsymbol{A}(t)\boldsymbol{B}\mathrm{d}t=\Big(\int_a^b\boldsymbol{A}(t)\mathrm{d}t\Big)\boldsymbol{B},\ \int_a^b\boldsymbol{A}\boldsymbol{B}(t)\mathrm{d}t=\boldsymbol{A}\int_a^b\boldsymbol{B}(t)\mathrm{d}t$;

(4) 当 $\boldsymbol{A}(t)$ 在 $[a,b]$ 上连续时,对任意 $t\in(a,b)$,有

$$\frac{\mathrm{d}}{\mathrm{d}t}\Big(\int_a^t\boldsymbol{A}(\tau)\mathrm{d}\tau\Big)=\boldsymbol{A}(t);$$

(5) 当 $\boldsymbol{A}(t)$ 在 $[a,b]$ 上连续可微时,有

$$\int_a^b\boldsymbol{A}'(t)\mathrm{d}t=\boldsymbol{A}(b)-\boldsymbol{A}(a).$$

以上介绍了函数矩阵的微积分概念及一些运算法则. 由于 $\frac{\mathrm{d}}{\mathrm{d}t}\boldsymbol{A}(t)$ 仍是函数矩阵,如果它仍是可导矩阵,即可定义其二阶导数. 不难给出函数矩阵的高阶导数

$$\frac{\mathrm{d}^k}{\mathrm{d}t^k}\boldsymbol{A}(t)=\frac{\mathrm{d}}{\mathrm{d}t}\Big(\frac{\mathrm{d}^{k-1}}{\mathrm{d}t^{k-1}}\boldsymbol{A}(t)\Big).$$

3.4.2　数量函数对矩阵变量的导数

定义 3.8　设 $f(\boldsymbol{X})$ 是以矩阵 $\boldsymbol{X}=(x_{ij})_{m\times n}$ 为自变量的 mn 元函数,且 $\frac{\partial f}{\partial x_{ij}}(i=1,2,\cdots,m;j=1,2,\cdots,n)$ 都存在,规定 f **对矩阵变量 $\boldsymbol{X}$ 的导数** $\frac{\mathrm{d}f}{\mathrm{d}\boldsymbol{X}}$ 为

$$\frac{\mathrm{d}f}{\mathrm{d}\boldsymbol{X}}=\Big(\frac{\partial f}{\partial x_{ij}}\Big)_{m\times n}=\begin{pmatrix}\frac{\partial f}{\partial x_{11}} & \cdots & \frac{\partial f}{\partial x_{1n}}\\ \vdots & & \vdots\\ \frac{\partial f}{\partial x_{m1}} & \cdots & \frac{\partial f}{\partial x_{mn}}\end{pmatrix}.$$

特别地,以 $\boldsymbol{x}=(\xi_1,\xi_2,\cdots,\xi_n)^{\mathrm{T}}$ 为自变量的函数 $f(\boldsymbol{x})$ 的导数

$$\frac{\mathrm{d}f}{\mathrm{d}\boldsymbol{x}}=\Big(\frac{\partial f}{\partial\xi_1},\frac{\partial f}{\partial\xi_2},\cdots,\frac{\partial f}{\partial\xi_n}\Big)^{\mathrm{T}}$$

称为数量函数**对向量变量的导数**,即为在数学分析中学过的函数 f 的梯度向量,

记为 $\mathrm{grad}f$.

例 3.12 设 $\boldsymbol{a}=(a_1,a_2,\cdots,a_n)^{\mathrm{T}}$ 是给定的向量，$\boldsymbol{x}=(\xi_1,\xi_2,\cdots,\xi_n)^{\mathrm{T}}$ 是向量变量，且

$$f(\boldsymbol{x})=\boldsymbol{a}^{\mathrm{T}}\boldsymbol{x}=\boldsymbol{x}^{\mathrm{T}}\boldsymbol{a},$$

求$\dfrac{\mathrm{d}f}{\mathrm{d}\boldsymbol{x}}$.

解 因为

$$f(\boldsymbol{x})=\sum_{k=1}^{n}a_k\xi_k,$$

而

$$\frac{\partial f}{\partial\xi_j}=a_j\qquad(j=1,2,\cdots,n),$$

所以

$$\frac{\mathrm{d}f}{\mathrm{d}\boldsymbol{x}}=\left(\frac{\partial f}{\partial\xi_1},\frac{\partial f}{\partial\xi_2},\cdots,\frac{\partial f}{\partial\xi_n}\right)^{\mathrm{T}}=(a_1,a_2,\cdots,a_n)^{\mathrm{T}}=\boldsymbol{a}.$$

例 3.13 设 $\boldsymbol{A}=(a_{ij})_{m\times n}$是给定的矩阵，$\boldsymbol{X}=(x_{ij})_{n\times m}$是矩阵变量，且

$$f(\boldsymbol{X})=\mathrm{tr}(\boldsymbol{AX}),$$

求$\dfrac{\mathrm{d}f}{\mathrm{d}\boldsymbol{X}}$.

解 因为$\boldsymbol{AX}=\left(\sum_{k=1}^{n}a_{ik}x_{kj}\right)_{m\times m}$，所以

$$f(\boldsymbol{X})=\mathrm{tr}(\boldsymbol{AX})=\sum_{s=1}^{m}\sum_{k=1}^{n}a_{sk}x_{ks}.$$

而

$$\frac{\partial f}{\partial x_{ij}}=a_{ji}\qquad(i=1,2,\cdots,m;j=1,2,\cdots,n),$$

故

$$\frac{\mathrm{d}f}{\mathrm{d}\boldsymbol{X}}=\left(\frac{\partial f}{\partial x_{ij}}\right)_{n\times m}=(a_{ji})_{n\times m}=\boldsymbol{A}^{\mathrm{T}}.$$

例 3.14 设 $\boldsymbol{A}=(a_{ij})_{n\times n}$是给定的矩阵，$\boldsymbol{x}=(\xi_1,\xi_2,\cdots,\xi_n)^{\mathrm{T}}$ 是向量变量，且

$$f(\boldsymbol{x})=\boldsymbol{x}^{\mathrm{T}}\boldsymbol{Ax},$$

求$\dfrac{\mathrm{d}f}{\mathrm{d}\boldsymbol{x}}$.

解 因为

$$f(\boldsymbol{x})=\boldsymbol{x}^{\mathrm{T}}\boldsymbol{Ax}=\sum_{s=1}^{n}\sum_{k=1}^{n}\xi_s a_{sk}\xi_k=\sum_{s=1}^{n}\xi_s\left(\sum_{k=1}^{n}a_{sk}\xi_k\right),$$

而

$$\frac{\partial f}{\partial \xi_j}=\xi_1 a_{1j}+\cdots+\xi_{j-1}a_{j-1,j}+\left(\sum_{k=1}^{n}a_{jk}\xi_k+\xi_j a_{jj}\right)+\xi_{j+1}a_{j+1,j}+\cdots+\xi_n a_{nj}$$

$$=\sum_{s=1}^{n}a_{sj}\xi_s+\sum_{k=1}^{n}a_{jk}\xi_k,$$

所以

$$\frac{\mathrm{d}f}{\mathrm{d}\boldsymbol{x}}=\begin{pmatrix}\dfrac{\partial f}{\partial \xi_1}\\ \vdots\\ \dfrac{\partial f}{\partial \xi_n}\end{pmatrix}=\begin{pmatrix}\sum\limits_{s=1}^{n}a_{s1}\xi_s+\sum\limits_{k=1}^{n}a_{1k}\xi_k\\ \vdots\\ \sum\limits_{s=1}^{n}a_{sn}\xi_s+\sum\limits_{k=1}^{n}a_{nk}\xi_k\end{pmatrix}=\boldsymbol{A}^{\mathrm{T}}\boldsymbol{x}+\boldsymbol{A}\boldsymbol{x}=(\boldsymbol{A}^{\mathrm{T}}+\boldsymbol{A})\boldsymbol{x}.$$

特别地，当 $\boldsymbol{A}$ 是对称矩阵时，有

$$\frac{\mathrm{d}f}{\mathrm{d}\boldsymbol{x}}=2\boldsymbol{A}\boldsymbol{x}.$$

例 3.15　设 $\boldsymbol{X}=(x_{ij})_{n\times n}$是矩阵变量，且 $\det\boldsymbol{X}\neq 0$，证明

$$\frac{\mathrm{d}}{\mathrm{d}\boldsymbol{X}}\det\boldsymbol{X}=(\det\boldsymbol{X})(\boldsymbol{X}^{-1})^{\mathrm{T}}.$$

证　设 x_{ij} 的代数余子式为 X_{ij}. 把 $\det\boldsymbol{X}$ 按第 i 行展开，得

$$\det\boldsymbol{X}=\sum_{k=1}^{n}x_{ik}X_{ik},$$

于是

$$\frac{\partial}{\partial x_{ij}}\det\boldsymbol{X}=X_{ij}.$$

故

$$\frac{\mathrm{d}}{\mathrm{d}\boldsymbol{X}}\det\boldsymbol{X}=\left(\frac{\partial}{\partial x_{ij}}\det\boldsymbol{X}\right)_{n\times n}=(X_{ij})_{n\times n}=(\mathrm{adj}\boldsymbol{X})^{\mathrm{T}}$$
$$=((\det\boldsymbol{X})\boldsymbol{X}^{-1})^{\mathrm{T}}=(\det\boldsymbol{X})(\boldsymbol{X}^{-1})^{\mathrm{T}}.$$

3.4.3　矩阵值函数对矩阵变量的导数

定义 3.9　设矩阵 $\boldsymbol{F}(\boldsymbol{X})=(f_{ij}(\boldsymbol{X}))_{s\times t}$的元素 $f_{ij}(\boldsymbol{X})$ $(i=1,2,\cdots,s;j=1,2,\cdots,t)$都是矩阵变量 $\boldsymbol{X}=(x_{ij})_{m\times n}$的函数，则称 $\boldsymbol{F}(\boldsymbol{X})$为**矩阵值函数**，规定$\boldsymbol{F}(\boldsymbol{X})$ 对矩阵变量 $\boldsymbol{X}$ 的导数$\frac{\mathrm{d}\boldsymbol{F}}{\mathrm{d}\boldsymbol{X}}$为

$$\frac{d\boldsymbol{F}}{d\boldsymbol{X}}=\begin{pmatrix}\frac{\partial \boldsymbol{F}}{\partial x_{11}} & \cdots & \frac{\partial \boldsymbol{F}}{\partial x_{1n}}\\ \vdots & & \vdots\\ \frac{\partial \boldsymbol{F}}{\partial x_{m1}} & \cdots & \frac{\partial \boldsymbol{F}}{\partial x_{mn}}\end{pmatrix},$$

其中

$$\frac{\partial \boldsymbol{F}}{\partial x_{ij}}=\begin{pmatrix}\frac{\partial f_{11}}{\partial x_{ij}} & \cdots & \frac{\partial f_{1t}}{\partial x_{ij}}\\ \vdots & & \vdots\\ \frac{\partial f_{s1}}{\partial x_{ij}} & \cdots & \frac{\partial f_{st}}{\partial x_{ij}}\end{pmatrix},$$

即其结果为$(ms)\times(nt)$矩阵.

作为特殊情形,这一定义包括了向量值函数对于向量变量的导数,向量值函数对于矩阵变量的导数和矩阵值函数对于向量变量的导数等.

例 3.16 设 $\boldsymbol{x}=(\xi_1,\xi_2,\cdots,\xi_n)^{\mathrm{T}}$ 是向量变量,求$\frac{d\boldsymbol{x}^{\mathrm{T}}}{d\boldsymbol{x}}$和$\frac{d\boldsymbol{x}}{d\boldsymbol{x}^{\mathrm{T}}}$.

解 由定义,得

$$\frac{d\boldsymbol{x}^{\mathrm{T}}}{d\boldsymbol{x}}=\begin{pmatrix}\frac{\partial \boldsymbol{x}^{\mathrm{T}}}{\partial \xi_1}\\ \frac{\partial \boldsymbol{x}^{\mathrm{T}}}{\partial \xi_2}\\ \vdots\\ \frac{\partial \boldsymbol{x}^{\mathrm{T}}}{\partial \xi_n}\end{pmatrix}=\begin{pmatrix}1 & 0 & \cdots & 0\\ 0 & 1 & \cdots & 0\\ \vdots & \vdots & & \vdots\\ 0 & 0 & \cdots & 1\end{pmatrix}=\boldsymbol{I}_n.$$

同理可得

$$\frac{d\boldsymbol{x}}{d\boldsymbol{x}^{\mathrm{T}}}=\left(\frac{\partial \boldsymbol{x}}{\partial \xi_1},\frac{\partial \boldsymbol{x}}{\partial \xi_2},\cdots,\frac{\partial \boldsymbol{x}}{\partial \xi_n}\right)=\boldsymbol{I}_n.$$

例 3.17 设 $\boldsymbol{a}=(a_1,a_2,a_3,a_4)^{\mathrm{T}}$ 是给定向量,$\boldsymbol{X}=(x_{ij})_{2\times 4}$是矩阵变量,求$\frac{d(\boldsymbol{Xa})^{\mathrm{T}}}{d\boldsymbol{X}}$,$\frac{d(\boldsymbol{Xa})}{d\boldsymbol{X}}$.

解 因为

$$\boldsymbol{Xa}=\begin{pmatrix}\sum_{k=1}^{4}x_{1k}a_k\\ \sum_{k=1}^{4}x_{2k}a_k\end{pmatrix},\qquad (\boldsymbol{Xa})^{\mathrm{T}}=\left(\sum_{k=1}^{4}x_{1k}a_k,\sum_{k=1}^{4}x_{2k}a_k\right),$$

所以

$$\frac{\mathrm{d}(\boldsymbol{Xa})^{\mathrm{T}}}{\mathrm{d}\boldsymbol{X}}=\begin{pmatrix}\frac{\partial(\boldsymbol{Xa})^{\mathrm{T}}}{\partial x_{11}} & \frac{\partial(\boldsymbol{Xa})^{\mathrm{T}}}{\partial x_{12}} & \frac{\partial(\boldsymbol{Xa})^{\mathrm{T}}}{\partial x_{13}} & \frac{\partial(\boldsymbol{Xa})^{\mathrm{T}}}{\partial x_{14}} \\ \frac{\partial(\boldsymbol{Xa})^{\mathrm{T}}}{\partial x_{21}} & \frac{\partial(\boldsymbol{Xa})^{\mathrm{T}}}{\partial x_{22}} & \frac{\partial(\boldsymbol{Xa})^{\mathrm{T}}}{\partial x_{23}} & \frac{\partial(\boldsymbol{Xa})^{\mathrm{T}}}{\partial x_{24}}\end{pmatrix}$$

$$=\begin{pmatrix}a_1 & 0 & a_2 & 0 & a_3 & 0 & a_4 & 0 \\ 0 & a_1 & 0 & a_2 & 0 & a_3 & 0 & a_4\end{pmatrix}.$$

而

$$\frac{\mathrm{d}(\boldsymbol{Xa})}{\mathrm{d}\boldsymbol{X}}=\begin{pmatrix}\frac{\partial(\boldsymbol{Xa})}{\partial x_{11}} & \frac{\partial(\boldsymbol{Xa})}{\partial x_{12}} & \frac{\partial(\boldsymbol{Xa})}{\partial x_{13}} & \frac{\partial(\boldsymbol{Xa})}{\partial x_{14}} \\ \frac{\partial(\boldsymbol{Xa})}{\partial x_{21}} & \frac{\partial(\boldsymbol{Xa})}{\partial x_{22}} & \frac{\partial(\boldsymbol{Xa})}{\partial x_{23}} & \frac{\partial(\boldsymbol{Xa})}{\partial x_{24}}\end{pmatrix}=\begin{pmatrix}a_1 & a_2 & a_3 & a_4 \\ 0 & 0 & 0 & 0 \\ 0 & 0 & 0 & 0 \\ a_1 & a_2 & a_3 & a_4\end{pmatrix}.$$

3.5　矩阵分析应用举例

本节介绍矩阵函数及矩阵微积分的一些应用.

3.5.1　求解一阶线性常系数微分方程组

在数学或工程技术中,经常要研究一阶常系数微分方程组

$$\begin{cases}\frac{\mathrm{d}x_1(t)}{\mathrm{d}t}=a_{11}x_1(t)+a_{12}x_2(t)+\cdots+a_{1n}x_n(t)+f_1(t), \\ \frac{\mathrm{d}x_2(t)}{\mathrm{d}t}=a_{21}x_1(t)+a_{22}x_2(t)+\cdots+a_{2n}x_n(t)+f_2(t), \\ \cdots\cdots\cdots\cdots \\ \frac{\mathrm{d}x_n(t)}{\mathrm{d}t}=a_{n1}x_1(t)+a_{n2}x_2(t)+\cdots+a_{nn}x_n(t)+f_n(t)\end{cases}$$

满足初始条件

$$x_i(t_0)=c_i \qquad (i=1,2,\cdots,n)$$

的解. 如果记

$$\boldsymbol{A}=(a_{ij})_{n\times n}, \qquad \boldsymbol{c}=(c_1,c_2,\cdots,c_n)^{\mathrm{T}},$$

$$\boldsymbol{x}(t)=(x_1(t),x_2(t),\cdots,x_n(t))^{\mathrm{T}}, \quad \boldsymbol{f}(t)=(f_1(t),f_2(t),\cdots,f_n(t))^{\mathrm{T}},$$

则上述微分方程组可写为

$$\begin{cases}\frac{\mathrm{d}\boldsymbol{x}(t)}{\mathrm{d}t}=\boldsymbol{Ax}(t)+\boldsymbol{f}(t), \\ \boldsymbol{x}(t_0)=\boldsymbol{c}.\end{cases} \tag{3.8}$$

因为

$$\frac{\mathrm{d}}{\mathrm{d}t}(\mathrm{e}^{-\boldsymbol{A}t}\boldsymbol{x}(t)) = \mathrm{e}^{-\boldsymbol{A}t}(-\boldsymbol{A})\boldsymbol{x}(t) + \mathrm{e}^{-\boldsymbol{A}t}\frac{\mathrm{d}\boldsymbol{x}(t)}{\mathrm{d}t}$$

$$= \mathrm{e}^{-\boldsymbol{A}t}\left(\frac{\mathrm{d}\boldsymbol{x}(t)}{\mathrm{d}t} - \boldsymbol{A}\boldsymbol{x}(t)\right) = \mathrm{e}^{-\boldsymbol{A}t}\boldsymbol{f}(t),$$

将上式两边在$[t_0,t]$上积分,得

$$\int_{t_0}^{t}\frac{\mathrm{d}}{\mathrm{d}\tau}(\mathrm{e}^{-\boldsymbol{A}\tau}\boldsymbol{x}(\tau))\mathrm{d}\tau = \int_{t_0}^{t}\mathrm{e}^{-\boldsymbol{A}\tau}\boldsymbol{f}(\tau)\mathrm{d}\tau,$$

即

$$\mathrm{e}^{-\boldsymbol{A}t}\boldsymbol{x}(t) - \mathrm{e}^{-\boldsymbol{A}t_0}\boldsymbol{x}(t_0) = \int_{t_0}^{t}\mathrm{e}^{-\boldsymbol{A}\tau}\boldsymbol{f}(\tau)\mathrm{d}\tau,$$

于是微分方程组的解为

$$\boldsymbol{x}(t) = \mathrm{e}^{\boldsymbol{A}(t-t_0)}\boldsymbol{c} + \mathrm{e}^{\boldsymbol{A}t}\int_{t_0}^{t}\mathrm{e}^{-\boldsymbol{A}\tau}\boldsymbol{f}(\tau)\mathrm{d}\tau.$$

例 3.18 求解微分方程组初值问题

$$\begin{cases}\dfrac{\mathrm{d}x_1(t)}{\mathrm{d}t} = -x_1(t) + x_3(t) + 1,\\[2mm] \dfrac{\mathrm{d}x_2(t)}{\mathrm{d}t} = x_1(t) + 2x_2(t) - 1,\\[2mm] \dfrac{\mathrm{d}x_3(t)}{\mathrm{d}t} = -4x_1(t) + 3x_3(t) + 2,\\[2mm] x_1(0) = 1,\quad x_2(0) = 0,\quad x_3(0) = 1.\end{cases}$$

解 记

$$\boldsymbol{A} = \begin{pmatrix}-1 & 0 & 1\\ 1 & 2 & 0\\ -4 & 0 & 3\end{pmatrix},\quad \boldsymbol{c} = \begin{pmatrix}1\\0\\1\end{pmatrix},\quad \boldsymbol{x}(t) = \begin{pmatrix}x_1(t)\\x_2(t)\\x_3(t)\end{pmatrix},\quad \boldsymbol{f}(t) = \begin{pmatrix}1\\-1\\2\end{pmatrix},$$

则微分方程组可以写成式(3.8)的矩阵形式. 例 3.9 已求得

$$\mathrm{e}^{\boldsymbol{A}t} = \begin{pmatrix}\mathrm{e}^t - 2t\mathrm{e}^t & 0 & t\mathrm{e}^t\\ -\mathrm{e}^{2t} + \mathrm{e}^t + 2t\mathrm{e}^t & \mathrm{e}^{2t} & \mathrm{e}^{2t} - \mathrm{e}^t - t\mathrm{e}^t\\ -4t\mathrm{e}^t & 0 & 2t\mathrm{e}^t + \mathrm{e}^t\end{pmatrix},$$

依次计算下列各量

$$\mathrm{e}^{\boldsymbol{A}t}\boldsymbol{c} = \begin{pmatrix}\mathrm{e}^t - t\mathrm{e}^t\\ t\mathrm{e}^t\\ \mathrm{e}^t - 2t\mathrm{e}^t\end{pmatrix},$$

$$\int_0^t e^{-A\tau} f(\tau) d\tau = \int_0^t \begin{pmatrix} e^{-\tau} \\ -e^{-\tau} \\ 2e^{-\tau} \end{pmatrix} d\tau = \begin{pmatrix} 1-e^{-t} \\ -1+e^{-t} \\ 2-2e^{-t} \end{pmatrix},$$

$$e^{At}\int_0^t e^{-A\tau} f(\tau) d\tau = \begin{pmatrix} e^t-1 \\ -e^t+1 \\ 2e^t-2 \end{pmatrix},$$

故微分方程组的解为

$$\boldsymbol{x}(t) = \begin{pmatrix} x_1(t) \\ x_2(t) \\ x_3(t) \end{pmatrix} = \begin{pmatrix} e^t - te^t \\ te^t \\ e^t - 2te^t \end{pmatrix} + \begin{pmatrix} e^t-1 \\ -e^t+1 \\ 2e^t-2 \end{pmatrix} = \begin{pmatrix} (2-t)e^t-1 \\ (t-1)e^t+1 \\ (3-2t)e^t-2 \end{pmatrix}.$$

3.5.2　求解矩阵方程

在控制论与系统理论中，要遇到形如

$$\boldsymbol{AX}+\boldsymbol{XB}=\boldsymbol{F}$$

的矩阵方程求解问题，这个矩阵方程也称为 **Lyapunov 方程**. 关于这个矩阵方程的解有如下结果.

定理 3.15　给定矩阵方程

$$\boldsymbol{AX}+\boldsymbol{XB}=\boldsymbol{F}, \tag{3.9}$$

其中 $\boldsymbol{A}\in \mathbf{C}^{m\times m}$，$\boldsymbol{B}\in \mathbf{C}^{n\times n}$，$\boldsymbol{F}\in \mathbf{C}^{m\times n}$. 如果 $\boldsymbol{A}$ 和 $\boldsymbol{B}$ 的所有特征值具有负实部(这种矩阵称为**稳定矩阵**)，则该矩阵方程有唯一解

$$\boldsymbol{X}=-\int_0^{+\infty} e^{\boldsymbol{A}t}\boldsymbol{F}e^{\boldsymbol{B}t}dt.$$

证　记 $\boldsymbol{Y}(t)=e^{\boldsymbol{A}t}\boldsymbol{F}e^{\boldsymbol{B}t}$，则有 $\boldsymbol{Y}(0)=\boldsymbol{F}$，且

$$\frac{d\boldsymbol{Y}(t)}{dt}=\boldsymbol{A}e^{\boldsymbol{A}t}\boldsymbol{F}e^{\boldsymbol{B}t}+e^{\boldsymbol{A}t}\boldsymbol{F}e^{\boldsymbol{B}t}\boldsymbol{B}=\boldsymbol{AY}(t)+\boldsymbol{Y}(t)\boldsymbol{B}. \tag{3.10}$$

设 $\lambda_1,\lambda_2,\cdots,\lambda_m$ 是 $\boldsymbol{A}$ 的 m 个特征值，$\mu_1,\mu_2,\cdots,\mu_n$ 是 $\boldsymbol{B}$ 的 n 个特征值. 根据利用 Jordan 标准形求矩阵函数的方法(见 3.3 节)知，$e^{\boldsymbol{A}t}$ 的元素是形如 $t^r e^{\lambda_j t}(r\geqslant 0)$ 的项的线性组合. 因为 $\boldsymbol{A}$ 的所有特征值 λ_j 的实部是负的，所以 $\lim\limits_{t\to+\infty} e^{\boldsymbol{A}t}=\boldsymbol{O}$. 同理 $\lim\limits_{t\to+\infty} e^{\boldsymbol{B}t}=\boldsymbol{O}$. 于是

$$\lim_{t\to+\infty}\boldsymbol{Y}(t)=\lim_{t\to+\infty}e^{\boldsymbol{A}t}\boldsymbol{F}e^{\boldsymbol{B}t}=\boldsymbol{O}.$$

又由于 $e^{\boldsymbol{A}t}\boldsymbol{F}e^{\boldsymbol{B}t}$ 的元素是形如 $t^r e^{(\lambda_i+\mu_j)t}(r\geqslant 0)$ 的项的线性组合，且积分 $\int_0^{+\infty} t^r e^{(\lambda_i+\mu_j)t}dt$ 都存在，故积分 $\int_0^{+\infty} e^{\boldsymbol{A}t}\boldsymbol{F}e^{\boldsymbol{B}t}dt$ 存在.

对式(3.10)的两边从 0 到 $+\infty$ 积分，得

$$\boldsymbol{Y}(+\infty)-\boldsymbol{Y}(0)=\boldsymbol{A}\left(\int_0^{+\infty}\boldsymbol{Y}(t)\mathrm{d}t\right)+\left(\int_0^{+\infty}\boldsymbol{Y}(t)\mathrm{d}t\right)\boldsymbol{B},$$

即

$$\boldsymbol{A}\left(-\int_0^{+\infty}\boldsymbol{Y}(t)\mathrm{d}t\right)+\left(-\int_0^{+\infty}\boldsymbol{Y}(t)\mathrm{d}t\right)\boldsymbol{B}=\boldsymbol{F}.$$

这说明 $\boldsymbol{X}=-\int_0^{+\infty}\mathrm{e}^{\boldsymbol{A}t}\boldsymbol{F}\mathrm{e}^{\boldsymbol{B}t}\,\mathrm{d}t$ 是矩阵方程(3.9)的解.

唯一性的证明见第 7 章. 证毕

推论 1 设 $\boldsymbol{A}\in\mathbf{C}^{m\times m}$, $\boldsymbol{B}\in\mathbf{C}^{n\times n}$, $\boldsymbol{F}\in\mathbf{C}^{m\times n}$,则矩阵微分方程

$$\begin{cases}\dfrac{\mathrm{d}\boldsymbol{X}(t)}{\mathrm{d}t}=\boldsymbol{A}\boldsymbol{X}(t)+\boldsymbol{X}(t)\boldsymbol{B},\\ \boldsymbol{X}(0)=\boldsymbol{F}\end{cases}$$

的解为

$$\boldsymbol{X}(t)=\mathrm{e}^{\boldsymbol{A}t}\boldsymbol{F}\mathrm{e}^{\boldsymbol{B}t}.$$

推论 2 设 $\boldsymbol{A},\boldsymbol{F}\in\mathbf{C}^{n\times n}$,且 $\boldsymbol{A}$ 的所有特征值具有负实部,则矩阵方程

$$\boldsymbol{A}^{\mathrm{H}}\boldsymbol{X}+\boldsymbol{X}\boldsymbol{A}=-\boldsymbol{F}$$

的唯一解为

$$\boldsymbol{X}=\int_0^{+\infty}\mathrm{e}^{\boldsymbol{A}^{\mathrm{H}}t}\boldsymbol{F}\mathrm{e}^{\boldsymbol{A}t}\,\mathrm{d}t. \tag{3.11}$$

如果 $\boldsymbol{F}$ 是 Hermite 正定矩阵,则解矩阵 $\boldsymbol{X}$ 也是 Hermite 正定矩阵.

证 只需证明后一结论. 当 $\boldsymbol{F}$ 是 Hermite 正定矩阵时,由式(3.11)可知 $\boldsymbol{X}$ 是 Hermite 矩阵. 又对 $\boldsymbol{0}\neq\boldsymbol{x}\in\mathbf{C}^n$,由于 $\mathrm{e}^{\boldsymbol{A}t}$ 总是可逆的,所以 $\mathrm{e}^{\boldsymbol{A}t}\boldsymbol{x}\neq\boldsymbol{0}$. 于是

$$\boldsymbol{x}^{\mathrm{H}}\mathrm{e}^{\boldsymbol{A}^{\mathrm{H}}t}\boldsymbol{F}\mathrm{e}^{\boldsymbol{A}t}\boldsymbol{x}=(\mathrm{e}^{\boldsymbol{A}t}\boldsymbol{x})^{\mathrm{H}}\boldsymbol{F}(\mathrm{e}^{\boldsymbol{A}t}\boldsymbol{x})>0.$$

从而

$$\boldsymbol{x}^{\mathrm{H}}\boldsymbol{X}\boldsymbol{x}=\int_0^{+\infty}(\mathrm{e}^{\boldsymbol{A}t}\boldsymbol{x})^{\mathrm{H}}\boldsymbol{F}(\mathrm{e}^{\boldsymbol{A}t}\boldsymbol{x})\mathrm{d}t>0.$$

故 $\boldsymbol{X}$ 是 Hermite 正定矩阵. 证毕

3.5.3 最小二乘问题

设 $\boldsymbol{A}\in\mathbf{C}^{m\times n}$, $\boldsymbol{b}\in\mathbf{C}^m$. 当线性方程组 $\boldsymbol{A}\boldsymbol{x}=\boldsymbol{b}$ 无解时,则对任意 $\boldsymbol{x}\in\mathbf{C}^n$ 都有 $\boldsymbol{A}\boldsymbol{x}-\boldsymbol{b}\neq\boldsymbol{0}$. 此时希望找出这样的向量 $\boldsymbol{x}_0\in\mathbf{C}^n$,它使 $\|\boldsymbol{A}\boldsymbol{x}-\boldsymbol{b}\|_2$ 达到最小,即

$$\|\boldsymbol{A}\boldsymbol{x}_0-\boldsymbol{b}\|_2=\min_{\boldsymbol{x}\in\mathbf{C}^n}\|\boldsymbol{A}\boldsymbol{x}-\boldsymbol{b}\|_2. \tag{3.12}$$

称这个问题为**最小二乘问题**,称 $\boldsymbol{x}_0$ 为矛盾方程组 $\boldsymbol{A}\boldsymbol{x}=\boldsymbol{b}$ 的**最小二乘解**.

以下结论给出了当 $\boldsymbol{A},\boldsymbol{b}$ 分别是实矩阵和实向量时,$\boldsymbol{A}\boldsymbol{x}=\boldsymbol{b}$ 的最小二乘解所满足的代数方程.

定理 3.16 设 $\boldsymbol{A}\in\mathbf{R}^{m\times n}$, $\boldsymbol{b}\in\mathbf{R}^m$. 若 $\boldsymbol{x}_0\in\mathbf{R}^n$ 是 $\boldsymbol{A}\boldsymbol{x}=\boldsymbol{b}$ 的最小二乘解,则 $\boldsymbol{x}_0$

是方程组

$$\boldsymbol{A}^{\mathrm{T}}\boldsymbol{A}\boldsymbol{x}=\boldsymbol{A}^{\mathrm{T}}\boldsymbol{b} \tag{3.13}$$

的解. 称式(3.13)为 $\boldsymbol{Ax}=\boldsymbol{b}$ 的**法方程组**.

证　由于

$$\begin{aligned}f(\boldsymbol{x})&=\|\boldsymbol{Ax}-\boldsymbol{b}\|_2^2=(\boldsymbol{Ax}-\boldsymbol{b})^{\mathrm{T}}(\boldsymbol{Ax}-\boldsymbol{b})\\&=\boldsymbol{x}^{\mathrm{T}}\boldsymbol{A}^{\mathrm{T}}\boldsymbol{Ax}-\boldsymbol{x}^{\mathrm{T}}\boldsymbol{A}^{\mathrm{T}}\boldsymbol{b}-\boldsymbol{b}^{\mathrm{T}}\boldsymbol{Ax}+\boldsymbol{b}^{\mathrm{T}}\boldsymbol{b},\end{aligned}$$

若 $\boldsymbol{x}_0$ 为 $\boldsymbol{Ax}=\boldsymbol{b}$ 的最小二乘解,则它应是 $f(\boldsymbol{x})$的极小值点,从而

$$\left.\frac{\mathrm{d}f}{\mathrm{d}\boldsymbol{x}}\right|_{\boldsymbol{x}_0}=\boldsymbol{0}. \tag{3.14}$$

根据例 3.12 和例 3.14,得

$$\frac{\mathrm{d}f}{\mathrm{d}\boldsymbol{x}}=2\boldsymbol{A}^{\mathrm{T}}\boldsymbol{Ax}-2\boldsymbol{A}^{\mathrm{T}}\boldsymbol{b}.$$

由式(3.14)即知 $\boldsymbol{A}^{\mathrm{T}}\boldsymbol{A}\boldsymbol{x}_0-\boldsymbol{A}^{\mathrm{T}}\boldsymbol{b}=\boldsymbol{0}$,故 $\boldsymbol{x}_0$ 是式(3.13)的解.　　证毕

对于含约束条件的最小二乘问题,有如下的结果.

例 3.19　设 $\boldsymbol{A}\in\mathbf{R}^{m\times n}$,$\boldsymbol{b}\in\mathbf{R}^{m}$,$\boldsymbol{B}\in\mathbf{R}^{k\times n}$,$\boldsymbol{d}\in\mathbf{R}^{k}$,且 $\boldsymbol{Bx}=\boldsymbol{d}$ 有解. 试求约束极小化问题

$$\min_{\boldsymbol{Bx}=\boldsymbol{d}}\|\boldsymbol{Ax}-\boldsymbol{b}\|_2^2$$

的解所满足的代数方程,也就是求 $\boldsymbol{Ax}=\boldsymbol{b}$ 在约束 $\boldsymbol{Bx}=\boldsymbol{d}$ 下的最小二乘解所满足的代数方程.

解　引入 Lagrange 乘子 $2\boldsymbol{u}\in\mathbf{R}^{k}$,化成等价的无约束极值问题. 令

$$\begin{aligned}f(\boldsymbol{x},\boldsymbol{u})&=\|\boldsymbol{Ax}-\boldsymbol{b}\|_2^2+2\boldsymbol{u}^{\mathrm{T}}(\boldsymbol{Bx}-\boldsymbol{d})\\&=\boldsymbol{x}^{\mathrm{T}}\boldsymbol{A}^{\mathrm{T}}\boldsymbol{Ax}-\boldsymbol{x}^{\mathrm{T}}\boldsymbol{A}^{\mathrm{T}}\boldsymbol{b}-\boldsymbol{b}^{\mathrm{T}}\boldsymbol{Ax}+\boldsymbol{b}^{\mathrm{T}}\boldsymbol{b}+2\boldsymbol{u}^{\mathrm{T}}(\boldsymbol{Bx}-\boldsymbol{d}).\end{aligned}$$

若$(\boldsymbol{x}_0,\boldsymbol{u}_0)$为 $f(\boldsymbol{x},\boldsymbol{u})$的极值点,则应有

$$\begin{cases}\left.\dfrac{\partial f}{\partial\boldsymbol{x}}\right|_{(\boldsymbol{x}_0,\boldsymbol{u}_0)}=2\boldsymbol{A}^{\mathrm{T}}\boldsymbol{A}\boldsymbol{x}_0-2\boldsymbol{A}^{\mathrm{T}}\boldsymbol{b}+2\boldsymbol{B}^{\mathrm{T}}\boldsymbol{u}_0=\boldsymbol{0},\\[2ex]\left.\dfrac{\partial f}{\partial\boldsymbol{u}}\right|_{(\boldsymbol{x}_0,\boldsymbol{u}_0)}=2(\boldsymbol{B}\boldsymbol{x}_0-\boldsymbol{d})=\boldsymbol{0}.\end{cases}$$

这说明极值点$(\boldsymbol{x}_0,\boldsymbol{u}_0)$应满足方程

$$\begin{pmatrix}\boldsymbol{A}^{\mathrm{T}}\boldsymbol{A} & \boldsymbol{B}^{\mathrm{T}}\\ \boldsymbol{B} & \boldsymbol{O}\end{pmatrix}\begin{pmatrix}\boldsymbol{x}\\ \boldsymbol{u}\end{pmatrix}=\begin{pmatrix}\boldsymbol{A}^{\mathrm{T}}\boldsymbol{b}\\ \boldsymbol{d}\end{pmatrix}.$$

求解该方程即可得到 $\boldsymbol{Ax}=\boldsymbol{b}$ 在约束 $\boldsymbol{Bx}=\boldsymbol{d}$ 下的最小二乘解 $\boldsymbol{x}_0$.

当 $\boldsymbol{A}$,$\boldsymbol{b}$ 分别是复矩阵和复向量时最小二乘问题的详细讨论见第 6 章.

习 题 3

1. 设 $\boldsymbol{A}=\begin{pmatrix}0 & c & c\\ c & 0 & c\\ c & c & 0\end{pmatrix}$，讨论 c 取何值时 $\boldsymbol{A}$ 为收敛矩阵.

2. 证明：若 $\boldsymbol{A}^{(k)}\in\mathbf{C}^{m\times n}$，且 $\sum\limits_{k=0}^{+\infty}\boldsymbol{A}^{(k)}$ 收敛，则 $\lim\limits_{k\to+\infty}\boldsymbol{A}^{(k)}=\boldsymbol{O}$. 但它的逆命题不真，试举反例.

3. 判断矩阵幂级数 $\sum\limits_{k=0}^{+\infty}\begin{pmatrix}0.1 & 0.7\\ 0.3 & 0.6\end{pmatrix}^k$ 的敛散性. 若收敛，试求其和.

4. 已知 $\boldsymbol{A}=\begin{pmatrix}0 & -a\\ a & 0\end{pmatrix}$，求 $\mathrm{e}^{\boldsymbol{A}}$，$\sin\boldsymbol{A}$，$\cos\boldsymbol{A}$.

5. 已知 $\boldsymbol{A}=\begin{pmatrix}2 & 1 & 0\\ 0 & 0 & 1\\ 0 & 1 & 0\end{pmatrix}$，求 $\mathrm{e}^{\boldsymbol{A}t}$，$\sin\boldsymbol{A}$.

6. 已知 $\boldsymbol{A}=\begin{pmatrix}1 & 1 & 0\\ 0 & 0 & 1\\ 0 & 0 & 1\end{pmatrix}$，求 $\mathrm{e}^{\boldsymbol{A}t}$，$\cos\boldsymbol{A}t$.

7. 设 $\boldsymbol{A}\in\mathbf{C}^{n\times n}$，$f(\boldsymbol{A})$是矩阵函数，证明 $f(\boldsymbol{A}^{\mathrm{T}})=(f(\boldsymbol{A}))^{\mathrm{T}}$.

8. 求 $\mathrm{e}^{\boldsymbol{A}t}$，$\sin\boldsymbol{A}t$，$\cos\boldsymbol{A}t$，这里 $\boldsymbol{A}$ 为

(1) $\boldsymbol{A}=\begin{pmatrix}1 & 0 & 0 & 0\\ 1 & 1 & 0 & 0\\ 0 & 1 & 1 & 0\\ 0 & 0 & 1 & 1\end{pmatrix}$；　(2) $\boldsymbol{A}=\begin{pmatrix}-2 & 1 & 0 & 0\\ 0 & -2 & 0 & 0\\ 0 & 0 & 0 & 0\\ 0 & 0 & 1 & 0\end{pmatrix}$.

9. 证明：对任意 $\boldsymbol{A}\in\mathbf{C}^{n\times n}$，有

(1) $\sin^2\boldsymbol{A}+\cos^2\boldsymbol{A}=\boldsymbol{I}$；　(2) $\sin(\boldsymbol{A}+2\pi\boldsymbol{I})=\sin\boldsymbol{A}$；

(3) $\cos(\boldsymbol{A}+2\pi\boldsymbol{I})=\cos\boldsymbol{A}$；　(4) $\mathrm{e}^{\boldsymbol{A}\pm2\pi\mathrm{i}\boldsymbol{I}}=\mathrm{e}^{\boldsymbol{A}}$.

10. 证明：若 $\boldsymbol{A}$ 为实反对称矩阵，则 $\mathrm{e}^{\boldsymbol{A}}$ 是正交矩阵.

11. 证明：若 $\boldsymbol{A}$ 为 Hermite 矩阵，则 $\mathrm{e}^{\mathrm{i}\boldsymbol{A}}$是酉矩阵.

12. 设 $\boldsymbol{A}\in\mathbf{C}_n^{n\times n}$，证明 $\int_0^t\mathrm{e}^{\boldsymbol{A}\tau}\mathrm{d}\tau=\boldsymbol{A}^{-1}\mathrm{e}^{\boldsymbol{A}t}-\boldsymbol{A}^{-1}$.

13. 设 $\boldsymbol{A}(t)=\begin{pmatrix}\cos t & -\sin t\\ \sin t & \cos t\end{pmatrix}$，试求$\dfrac{\mathrm{d}}{\mathrm{d}t}\boldsymbol{A}(t)$，$\dfrac{\mathrm{d}}{\mathrm{d}t}(\det\boldsymbol{A}(t))$，$\det\left(\dfrac{\mathrm{d}}{\mathrm{d}t}\boldsymbol{A}(t)\right)$，$\dfrac{\mathrm{d}}{\mathrm{d}t}\boldsymbol{A}^{-1}(t)$.

14. 设 $\boldsymbol{A}(t)=\begin{pmatrix}\mathrm{e}^{2t} & t\mathrm{e}^t & t^2\\ \mathrm{e}^{-t} & 2\mathrm{e}^{2t} & 0\\ 3t & 0 & 0\end{pmatrix}$，计算 $\int_0^t\boldsymbol{A}(\tau)\mathrm{d}\tau$.

15. 设 $\boldsymbol{A}(t)=(a_{ij}(t))_{n\times n}$，说明关系式

$$\frac{\mathrm{d}}{\mathrm{d}t}(\boldsymbol{A}(t))^m=m(\boldsymbol{A}(t))^{m-1}\frac{\mathrm{d}}{\mathrm{d}t}\boldsymbol{A}(t)$$

一般不成立. 问该式在什么条件下能成立?

16. 设 $\boldsymbol{A},\boldsymbol{B}$ 分别为 $n\times n$ 和 $m\times n$ 常数矩阵,$\boldsymbol{X}$ 为 $n\times m$ 矩阵变量. 证明

(1) $\dfrac{\mathrm{d}}{\mathrm{d}\boldsymbol{X}}(\mathrm{tr}(\boldsymbol{BX}))=\dfrac{\mathrm{d}}{\mathrm{d}\boldsymbol{X}}(\mathrm{tr}(\boldsymbol{X}^{\mathrm{T}}\boldsymbol{B}^{\mathrm{T}}))=\boldsymbol{B}^{\mathrm{T}}$;　(2) $\dfrac{\mathrm{d}}{\mathrm{d}\boldsymbol{X}}(\mathrm{tr}(\boldsymbol{X}^{\mathrm{T}}\boldsymbol{AX}))=(\boldsymbol{A}+\boldsymbol{A}^{\mathrm{T}})\boldsymbol{X}$.

17. 设 $\boldsymbol{A}$ 是 $n\times m$ 常数矩阵,$\boldsymbol{x}=(\xi_1,\xi_2,\cdots,\xi_n)^{\mathrm{T}}$ 是向量变量,且 $\boldsymbol{F}(\boldsymbol{x})=\boldsymbol{x}^{\mathrm{T}}\boldsymbol{A}$,求 $\dfrac{\mathrm{d}\boldsymbol{F}}{\mathrm{d}\boldsymbol{x}}$.

18. 已知

$$\mathrm{e}^{\boldsymbol{A}t}=\begin{pmatrix}2\mathrm{e}^{2t}-\mathrm{e}^{t} & \mathrm{e}^{2t}-\mathrm{e}^{t} & \mathrm{e}^{t}-\mathrm{e}^{2t}\\ \mathrm{e}^{2t}-\mathrm{e}^{t} & 2\mathrm{e}^{2t}-\mathrm{e}^{t} & \mathrm{e}^{t}-\mathrm{e}^{2t}\\ 3\mathrm{e}^{2t}-3\mathrm{e}^{t} & 3\mathrm{e}^{2t}-3\mathrm{e}^{t} & 3\mathrm{e}^{t}-2\mathrm{e}^{2t}\end{pmatrix},$$

求 $\boldsymbol{A}$.

19. 求解微分方程组初值问题

$$\begin{cases}\dfrac{\mathrm{d}x_1}{\mathrm{d}t}=3x_1+8x_3,\\ \dfrac{\mathrm{d}x_2}{\mathrm{d}t}=3x_1-x_2+6x_3,\\ \dfrac{\mathrm{d}x_3}{\mathrm{d}t}=-2x_1-5x_3,\\ x_1(0)=x_2(0)=x_3(0)=1.\end{cases}$$

20. 求解微分方程组初值问题

$$\begin{cases}\dfrac{\mathrm{d}x_1}{\mathrm{d}t}=-2x_1+x_2+1,\\ \dfrac{\mathrm{d}x_2}{\mathrm{d}t}=-4x_1+2x_2+2,\\ \dfrac{\mathrm{d}x_3}{\mathrm{d}t}=x_1+x_3+\mathrm{e}^{t}-1,\\ x_1(0)=1,\quad x_2(0)=1,\quad x_3(0)=-1.\end{cases}$$

第4章　矩阵分解

把矩阵分解为形式比较简单或具有某种特性的一些矩阵的乘积，在矩阵理论的研究与应用中，都是十分重要的. 因为这些分解式的特殊形式一方面能明显地反映出原矩阵的某些数值特征，如矩阵的秩、行列式、特征值及奇异值等；另一方面分解的方法与过程往往提供了某些有效的数值计算方法和理论分析根据. 本章将介绍几种常用的矩阵分解形式.

4.1　矩阵的三角分解

三角矩阵的计算，如求行列式、求逆矩阵、求解线性方程组等，都是很方便的，因此首先研究是否可将矩阵分解成一些三角矩阵的乘积.

4.1.1　三角分解及其存在唯一性问题

定义 4.1　设 $\boldsymbol{A}\in\mathbf{C}^{n\times n}$. 如果存在下三角矩阵 $\boldsymbol{L}\in\mathbf{C}^{n\times n}$ 和上三角矩阵 $\boldsymbol{R}\in\mathbf{C}^{n\times n}$，使得

$$\boldsymbol{A}=\boldsymbol{L}\boldsymbol{R},$$

则称 $\boldsymbol{A}$ 可以作**三角分解**.

关于三角分解的存在性有如下一些结论.

定理 4.1　设 $\boldsymbol{A}\in\mathbf{C}_n^{n\times n}$，则 $\boldsymbol{A}$ 可以作三角分解的充分必要条件是 $\Delta_k\neq0(k=1,2,\cdots,n-1)$，其中 $\Delta_k=\det\boldsymbol{A}_k$ 为 $\boldsymbol{A}$ 的 k 阶顺序主子式，而 $\boldsymbol{A}_k$ 为 $\boldsymbol{A}$ 的 k 阶顺序主子阵.

证　必要性. 已知 $\boldsymbol{A}$ 可以作三角分解，即 $\boldsymbol{A}=\boldsymbol{L}\boldsymbol{R}$，其中 $\boldsymbol{L}=(l_{ij})_{n\times n}$ $(l_{ij}=0,i<j)$，$\boldsymbol{R}=(r_{ij})_{n\times n}(r_{ij}=0,i>j)$. 将 $\boldsymbol{A},\boldsymbol{L}$ 和 $\boldsymbol{R}$ 进行分块，得

$$\begin{pmatrix}\boldsymbol{A}_k & \boldsymbol{A}_{12}\\ \boldsymbol{A}_{21} & \boldsymbol{A}_{22}\end{pmatrix}=\begin{pmatrix}\boldsymbol{L}_k & \boldsymbol{O}\\ \boldsymbol{L}_{21} & \boldsymbol{L}_{22}\end{pmatrix}\begin{pmatrix}\boldsymbol{R}_k & \boldsymbol{R}_{12}\\ \boldsymbol{O} & \boldsymbol{R}_{22}\end{pmatrix},$$

这里 $\boldsymbol{A}_k,\boldsymbol{L}_k$ 和 $\boldsymbol{R}_k$ 分别是 $\boldsymbol{A},\boldsymbol{L}$ 和 $\boldsymbol{R}$ 的 k 阶顺序主子阵，且 $\boldsymbol{L}_k$ 和 $\boldsymbol{R}_k$ 分别是下三角矩阵和上三角矩阵. 由矩阵的分块乘法运算，得

$$\boldsymbol{A}_k=\boldsymbol{L}_k\boldsymbol{R}_k\qquad(k=1,2,\cdots,n).$$

由于

$$\det\boldsymbol{A}=\det\boldsymbol{L}\det\boldsymbol{R}=l_{11}\cdots l_{nn}r_{11}\cdots r_{nn}\neq0,$$

所以

$$\Delta_k = \det \boldsymbol{A}_k = \det \boldsymbol{L}_k \det \boldsymbol{R}_k = l_{11} \cdots l_{kk} r_{11} \cdots r_{kk} \neq 0 \quad (k = 1,2,\cdots,n-1).$$

充分性. 对阶数 n 用归纳法证明. 当 $n=1$ 时,$\boldsymbol{A}_1=(a_{11})=(1)(a_{11})$,结论成立. 设对 $n=k$ 结论成立,即 $\boldsymbol{A}_k=\boldsymbol{L}_k\boldsymbol{R}_k$,其中 $\boldsymbol{L}_k$ 和 $\boldsymbol{R}_k$ 分别是下三角矩阵和上三角矩阵,且由 $\Delta_k=\det\boldsymbol{A}_k=\det\boldsymbol{L}_k\det\boldsymbol{R}_k\neq 0$ 知,$\boldsymbol{L}_k$ 与 $\boldsymbol{R}_k$ 均可逆. 则当$n=k+1$时,有

$$\boldsymbol{A}_{k+1} = \begin{pmatrix} \boldsymbol{A}_k & \boldsymbol{c}_k \\ \boldsymbol{r}_k^{\mathrm{T}} & a_{k+1,k+1} \end{pmatrix} = \begin{pmatrix} \boldsymbol{L}_k & \boldsymbol{0} \\ \boldsymbol{r}_k^{\mathrm{T}}\boldsymbol{R}_k^{-1} & 1 \end{pmatrix} \begin{pmatrix} \boldsymbol{R}_k & \boldsymbol{L}_k^{-1}\boldsymbol{c}_k \\ \boldsymbol{0}^{\mathrm{T}} & a_{k+1,k+1} - \boldsymbol{r}_k^{\mathrm{T}}\boldsymbol{R}_k^{-1}\boldsymbol{L}_k^{-1}\boldsymbol{c}_k \end{pmatrix},$$

其中 $\boldsymbol{c}_k=(a_{1,k+1},\cdots,a_{k,k+1})^{\mathrm{T}}$,$\boldsymbol{r}_k^{\mathrm{T}}=(a_{k+1,1},\cdots,a_{k+1,k})$. 故由归纳假设知 $\boldsymbol{A}$ 可以作三角分解.　　证毕

这个定理说明,并不是每个可逆矩阵都可以作三角分解. 如矩阵 $\boldsymbol{A}=\begin{pmatrix} 0 & 1 \\ 1 & 0 \end{pmatrix}$ 就不能作三角分解.

定理 4.2　设 $\boldsymbol{A}\in\mathbf{C}_r^{n\times n}$,且 $\boldsymbol{A}$ 的前 r 个顺序主子式不为零,即 $\Delta_k\neq 0$ $(k=1,2,\cdots,r)$,则 $\boldsymbol{A}$ 可以作三角分解.

证　由定理 4.1 知,$\boldsymbol{A}_r$ 可以作三角分解,即 $\boldsymbol{A}_r=\boldsymbol{L}_r\boldsymbol{R}_r$,且 $\boldsymbol{L}_r$ 和 $\boldsymbol{R}_r$ 分别是可逆的下三角矩阵和上三角矩阵. 将矩阵 $\boldsymbol{A}$ 分块为

$$\boldsymbol{A} = \begin{pmatrix} \boldsymbol{A}_r & \boldsymbol{A}_{12} \\ \boldsymbol{A}_{21} & \boldsymbol{A}_{22} \end{pmatrix}.$$

由于 $\mathrm{rank}\boldsymbol{A}_r=\mathrm{rank}\boldsymbol{A}=r$,所以 $\boldsymbol{A}$ 的后 $n-r$ 行可由前 r 行线性表示,即存在矩阵 $\boldsymbol{B}\in\mathbf{C}^{(n-r)\times r}$,使得 $\boldsymbol{A}_{21}=\boldsymbol{B}\boldsymbol{A}_r$,$\boldsymbol{A}_{22}=\boldsymbol{B}\boldsymbol{A}_{12}$,从而

$$\boldsymbol{A} = \begin{pmatrix} \boldsymbol{A}_r & \boldsymbol{A}_{12} \\ \boldsymbol{B}\boldsymbol{A}_r & \boldsymbol{B}\boldsymbol{A}_{12} \end{pmatrix} = \begin{pmatrix} \boldsymbol{L}_r & \boldsymbol{O} \\ \boldsymbol{B}\boldsymbol{L}_r & \boldsymbol{I}_{n-r} \end{pmatrix} \begin{pmatrix} \boldsymbol{R}_r & \boldsymbol{L}_r^{-1}\boldsymbol{A}_{12} \\ \boldsymbol{O} & \boldsymbol{O} \end{pmatrix},$$

即得到 $\boldsymbol{A}$ 的一种三角分解.　　证毕

该定理的条件仅是充分的. 如矩阵 $\boldsymbol{A}=\begin{pmatrix} 0 & 0 \\ 1 & 2 \end{pmatrix}$ 的秩为 1,不满足定理的条件,但

$$\boldsymbol{A} = \boldsymbol{A}\boldsymbol{I}_2 = \begin{pmatrix} 0 & 0 \\ 1 & 1 \end{pmatrix} \begin{pmatrix} 1 & 1 \\ 0 & 1 \end{pmatrix} = \begin{pmatrix} 0 & 0 \\ 1 & 2 \end{pmatrix} \begin{pmatrix} 1 & 1 \\ 0 & 1/2 \end{pmatrix}$$

等,都是 $\boldsymbol{A}$ 的三角分解.

需要指出的是,即使一个方阵的三角分解存在,它也不是唯一的. 这是因为如果 $\boldsymbol{A}=\boldsymbol{L}\boldsymbol{R}$ 是 $\boldsymbol{A}$ 的一个三角分解,令 $\boldsymbol{D}$ 是对角元素都不为零的对角矩阵,则 $\boldsymbol{A}=(\boldsymbol{L}\boldsymbol{D})(\boldsymbol{D}^{-1}\boldsymbol{R})=\tilde{\boldsymbol{L}}\tilde{\boldsymbol{R}}$,其中 $\tilde{\boldsymbol{L}}=\boldsymbol{L}\boldsymbol{D}$,$\tilde{\boldsymbol{R}}=\boldsymbol{D}^{-1}\boldsymbol{R}$ 也分别是下三角矩阵和上三角矩阵,即又得到了 $\boldsymbol{A}$ 的另一个三角分解. 为讨论唯一性问题,需规范化三角分解.

定义 4.2　设 $\boldsymbol{A}\in\mathbf{C}^{n\times n}$. 如果 $\boldsymbol{A}$ 可分解成 $\boldsymbol{A}=\boldsymbol{L}\boldsymbol{R}$,其中 $\boldsymbol{L}$ 是对角元素为 1

的下三角矩阵(称为**单位下三角矩阵**),$\boldsymbol{R}$ 是上三角矩阵,则称之为 $\boldsymbol{A}$ 的 **Doolittle 分解**;如果 $\boldsymbol{A}$ 可分解为 $\boldsymbol{A}=\boldsymbol{LR}$,其中 $\boldsymbol{L}$ 是下三角矩阵,$\boldsymbol{R}$ 是对角元素为 1 的上三角矩阵(称为**单位上三角矩阵**),则称之为 $\boldsymbol{A}$ 的 **Crout 分解**;如果 $\boldsymbol{A}$ 可分解为 $\boldsymbol{A}=\boldsymbol{LDR}$,其中 $\boldsymbol{L}$ 是单位下三角矩阵,$\boldsymbol{D}$ 是对角矩阵,$\boldsymbol{R}$ 是单位上三角矩阵,则称之为 $\boldsymbol{A}$ 的 **LDR 分解**.

定理 4.3 设 $\boldsymbol{A}\in\mathbf{C}_n^{n\times n}$,则 $\boldsymbol{A}$ 有唯一 LDR 分解的充分必要条件是 $\Delta_k\neq 0\ (k=1,2,\cdots,n-1)$. 此时对角矩阵 $\boldsymbol{D}=\mathrm{diag}(d_1,d_2,\cdots,d_n)$ 的元素满足

$$d_1=\Delta_1,\quad d_k=\frac{\Delta_k}{\Delta_{k-1}}\qquad(k=2,3,\cdots,n).$$

证 由定理 4.1,$\boldsymbol{A}$ 可作三角分解 $\boldsymbol{A}=\boldsymbol{LR}$ 的充分必要条件是 $\Delta_k\neq 0(k=1,2,\cdots,n-1)$. 记

$$\boldsymbol{D_L}=\mathrm{diag}(l_{11},l_{22},\cdots,l_{nn}),\qquad \boldsymbol{D_R}=\mathrm{diag}(r_{11},r_{22},\cdots,r_{nn}),$$

由 $\boldsymbol{L}$ 和 $\boldsymbol{R}$ 可逆知 $\boldsymbol{D_L}$ 与 $\boldsymbol{D_R}$ 也可逆,从而

$$\boldsymbol{A}=\boldsymbol{LR}=(\boldsymbol{LD_L^{-1}})(\boldsymbol{D_LD_R})(\boldsymbol{D_R^{-1}R}).$$

这是 $\boldsymbol{A}$ 的 LDR 分解.

再证唯一性. 设 $\boldsymbol{A}$ 有两个 LDR 分解

$$\boldsymbol{A}=\boldsymbol{LDR}=\tilde{\boldsymbol{L}}\tilde{\boldsymbol{D}}\tilde{\boldsymbol{R}},$$

于是

$$\tilde{\boldsymbol{L}}^{-1}\boldsymbol{L}=\tilde{\boldsymbol{D}}\tilde{\boldsymbol{R}}\boldsymbol{R}^{-1}\boldsymbol{D}^{-1}.$$

上式左边是单位下三角矩阵,右边是上三角矩阵,所以都应该是单位矩阵,即有

$$\tilde{\boldsymbol{L}}^{-1}\boldsymbol{L}=\boldsymbol{I},\qquad \tilde{\boldsymbol{D}}\tilde{\boldsymbol{R}}\boldsymbol{R}^{-1}\boldsymbol{D}^{-1}=\boldsymbol{I}.$$

从而

$$\boldsymbol{L}=\tilde{\boldsymbol{L}},\qquad \tilde{\boldsymbol{R}}\boldsymbol{R}^{-1}=\tilde{\boldsymbol{D}}^{-1}\boldsymbol{D}.$$

又由 $\tilde{\boldsymbol{R}}\boldsymbol{R}^{-1}$ 是单位上三角矩阵知 $\tilde{\boldsymbol{R}}\boldsymbol{R}^{-1}=\boldsymbol{I},\tilde{\boldsymbol{D}}^{-1}\boldsymbol{D}=\boldsymbol{I}$,故

$$\boldsymbol{L}=\tilde{\boldsymbol{L}},\quad \boldsymbol{R}=\tilde{\boldsymbol{R}},\quad \boldsymbol{D}=\tilde{\boldsymbol{D}}.$$

故 $\boldsymbol{A}$ 的 LDR 分解是唯一的.

将 $\boldsymbol{A},\boldsymbol{L},\boldsymbol{D},\boldsymbol{R}$ 进行分块,得

$$\begin{pmatrix}\boldsymbol{A}_k & \boldsymbol{A}_{12}\\ \boldsymbol{A}_{21} & \boldsymbol{A}_{22}\end{pmatrix}=\begin{pmatrix}\boldsymbol{L}_k & \boldsymbol{O}\\ \boldsymbol{L}_{21} & \boldsymbol{L}_{22}\end{pmatrix}\begin{pmatrix}\boldsymbol{D}_k & \boldsymbol{O}\\ \boldsymbol{O} & \boldsymbol{D}_{22}\end{pmatrix}\begin{pmatrix}\boldsymbol{R}_k & \boldsymbol{R}_{12}\\ \boldsymbol{O} & \boldsymbol{R}_{22}\end{pmatrix},$$

其中 $\boldsymbol{A}_k,\boldsymbol{L}_k,\boldsymbol{D}_k,\boldsymbol{R}_k$ 分别是 $\boldsymbol{A},\boldsymbol{L},\boldsymbol{D},\boldsymbol{R}$ 的 k 阶顺序主子阵,则有

$$\boldsymbol{A}_k=\boldsymbol{L}_k\boldsymbol{D}_k\boldsymbol{R}_k\qquad(k=1,2,\cdots,n).$$

根据

$$\Delta_k=\det\boldsymbol{A}_k=\det\boldsymbol{L}_k\det\boldsymbol{D}_k\det\boldsymbol{R}_k=d_1d_2\cdots d_k,$$

得

$$d_1=\Delta_1,\quad d_k=\frac{\Delta_k}{\Delta_{k-1}}\qquad(k=2,3,\cdots,n).$$ 证毕

推论　设 $\boldsymbol{A}\in\mathbf{C}_n^{n\times n}$,则 $\boldsymbol{A}$ 有唯一 Doolittle 分解或 Crout 分解的充分必要条件是 $\Delta_k\neq 0(k=1,2,\cdots,n-1)$.

上述定理 4.3 的结论可以适当放宽,即当 $\boldsymbol{A}\in\mathbf{C}^{n\times n}$(不要求 $\boldsymbol{A}$ 可逆)时,$\boldsymbol{A}$ 有唯一 LDR 分解的充分必要条件是 $\Delta_k\neq 0(k=1,2,\cdots,n-1)$. 证明略.

4.1.2　三角分解的紧凑计算格式

现在阐述直接计算三角分解的方法. 以下总假设 $\boldsymbol{A}\in\mathbf{C}_n^{n\times n}$,且 $\boldsymbol{A}$ 可以作三角分解,即 $\boldsymbol{A}$ 的所有顺序主子式不为零.

由 $\boldsymbol{A}$ 的 Doolittle 分解 $\boldsymbol{A}=\boldsymbol{LR}$,得

$$\begin{pmatrix}a_{11}&a_{12}&\cdots&a_{1n}\\a_{21}&a_{22}&\cdots&a_{2n}\\\vdots&\vdots&&\vdots\\a_{n1}&a_{n2}&\cdots&a_{nn}\end{pmatrix}=\begin{pmatrix}1&&&\\l_{21}&1&&\\\vdots&\ddots&\ddots&\\l_{n1}&\cdots&l_{n,n-1}&1\end{pmatrix}\begin{pmatrix}r_{11}&r_{12}&\cdots&r_{1n}\\&r_{22}&\cdots&r_{2n}\\&&\ddots&\vdots\\&&&r_{nn}\end{pmatrix},$$

于是

$$\begin{cases}a_{1j}=r_{1j}\quad(j=1,2,\cdots,n),\\a_{i1}=l_{i1}r_{11}\quad(i=2,3,\cdots,n),\\a_{kj}=\displaystyle\sum_{t=1}^{k-1}l_{kt}r_{tj}+r_{kj}\quad(j=k,k+1,\cdots,n;k=2,3,\cdots,n),\\a_{ik}=\displaystyle\sum_{t=1}^{k-1}l_{it}r_{tk}+l_{ik}r_{kk}\quad(i=k+1,k+2,\cdots,n;k=2,\cdots,n).\end{cases}$$

由上式可导出求 $\boldsymbol{A}$ 的 Doolittle 分解的紧凑计算格式为

$$\begin{cases}r_{1j}=a_{1j}\quad(j=1,2,\cdots,n),\\l_{i1}=\dfrac{a_{i1}}{r_{11}}\quad(i=2,3,\cdots,n),\\r_{kj}=a_{kj}-\displaystyle\sum_{t=1}^{k-1}l_{kt}r_{tj}\quad(j=k,k+1,\cdots,n;k=2,3,\cdots,n),\\l_{ik}=\dfrac{1}{r_{kk}}\Big(a_{ik}-\displaystyle\sum_{t=1}^{k-1}l_{it}r_{tk}\Big)\quad(i=k+1,\cdots,n;k=2,3,\cdots,n).\end{cases}$$

具体计算时,可按图 4.1 所示一框一框地逐步进行. 对同一框中的元素,r_{kk} 必须在计算 l_{ik} 之前先算出,其余元素的计算先后没有影响. 由算法公式可知,在计算出 r_{ij} 或 l_{ij} 后,a_{ij} 就不再使用了,因此算出的 r_{ij} 或 l_{ij} 就可以放在 $\boldsymbol{A}$ 的相应元素的位置上.

与上面的推导类似,可以得到 Crout 分解的紧凑计算格式:

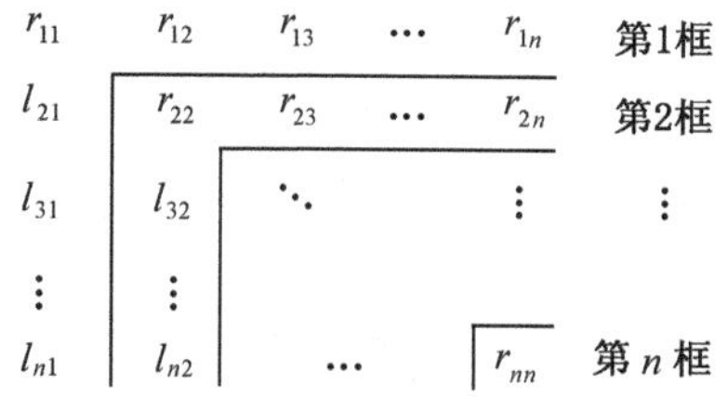

图 4.1

$$\begin{cases} l_{i1} = a_{i1} \quad (i = 1,2,\cdots,n), \\ r_{1j} = \dfrac{a_{1j}}{l_{11}} \quad (j = 2,3,\cdots,n), \\ l_{ik} = a_{ik} - \sum\limits_{t=1}^{k-1} l_{it} r_{tk} \quad (i = k,k+1,\cdots,n;k = 2,3,\cdots,n), \\ r_{kj} = \dfrac{1}{l_{kk}}\left(a_{kj} - \sum\limits_{t=1}^{k-1} l_{kt} r_{tj}\right) \quad (j = k+1,\cdots,n;k = 2,3,\cdots,n). \end{cases}$$

例 4.1 求矩阵 $A=\begin{pmatrix} 2 & -1 & 3 \\ 1 & 2 & 1 \\ 2 & 4 & 3 \end{pmatrix}$ 的 Doolittle 分解和 Crout 分解.

解 由 Doolittle 分解的紧凑计算格式得

$$r_{11} = a_{11} = 2, \quad r_{12} = a_{12} = -1, \quad r_{13} = a_{13} = 3,$$

$$l_{21} = \frac{a_{21}}{r_{11}} = \frac{1}{2}, \quad l_{31} = \frac{a_{31}}{r_{11}} = 1,$$

$$r_{22} = a_{22} - l_{21} r_{12} = \frac{5}{2},$$

$$r_{23} = a_{23} - l_{21} r_{13} = -\frac{1}{2},$$

$$l_{32} = \frac{1}{r_{22}}(a_{32} - l_{31} r_{12}) = 2,$$

$$r_{33} = a_{33} - l_{31} r_{13} - l_{32} r_{23} = 1,$$

故 A 的 Doolittle 分解为

$$A = \begin{pmatrix} 1 & 0 & 0 \\ \frac{1}{2} & 1 & 0 \\ 1 & 2 & 1 \end{pmatrix} \begin{pmatrix} 2 & -1 & 3 \\ 0 & \frac{5}{2} & -\frac{1}{2} \\ 0 & 0 & 1 \end{pmatrix}.$$

而由 Crout 分解的紧凑计算格式得

$$l_{11} = a_{11} = 2, \quad l_{21} = a_{21} = 1,$$

$$l_{31}=a_{31}=2,\quad r_{12}=\frac{a_{12}}{l_{11}}=-\frac{1}{2},$$

$$r_{13}=\frac{a_{13}}{l_{11}}=\frac{3}{2},\quad l_{22}=a_{22}-l_{21}r_{12}=\frac{5}{2},$$

$$l_{32}=a_{32}-l_{31}r_{12}=5,\quad r_{23}=\frac{1}{l_{22}}(a_{23}-l_{21}r_{13})=-\frac{1}{5},$$

$$l_{33}=a_{33}-l_{31}r_{13}-l_{32}r_{23}=1,$$

故 $\boldsymbol{A}$ 的 Crout 分解为

$$\boldsymbol{A}=\begin{pmatrix}2&0&0\\1&\frac{5}{2}&0\\2&5&1\end{pmatrix}\begin{pmatrix}1&-\frac{1}{2}&\frac{3}{2}\\0&1&-\frac{1}{5}\\0&0&1\end{pmatrix}.$$

考虑 Hermite 正定矩阵的三角分解，有如下结果.

定理 4.4　设 $\boldsymbol{A}\in\mathbf{C}^{n\times n}$ 是 Hermite 正定矩阵，则存在下三角矩阵 $\boldsymbol{G}\in\mathbf{C}^{n\times n}$，使得

$$\boldsymbol{A}=\boldsymbol{G}\boldsymbol{G}^{\mathrm{H}}.$$

称之为 $\boldsymbol{A}$ 的 **Cholesky 分解**.

证　由定理 1.27 知 $\Delta_k>0(k=1,2,\cdots,n)$，故 $\boldsymbol{A}$ 有唯一的 LDR 分解

$$\boldsymbol{A}=\boldsymbol{L}\boldsymbol{D}\boldsymbol{R}.$$

根据 $\boldsymbol{A}^{\mathrm{H}}=\boldsymbol{A}$ 和 LDR 分解的唯一性得 $\boldsymbol{R}=\boldsymbol{L}^{\mathrm{H}}$，即

$$\boldsymbol{A}=\boldsymbol{L}\boldsymbol{D}\boldsymbol{L}^{\mathrm{H}}.$$

又由定理 4.3 知，对角矩阵 $\boldsymbol{D}=\mathrm{diag}(d_1,d_2,\cdots,d_n)$ 的对角元素 $d_i>0(i=1,2,\cdots,n)$，于是

$$\boldsymbol{A}=\boldsymbol{L}\mathrm{diag}(\sqrt{d_1},\sqrt{d_2},\cdots,\sqrt{d_n})\mathrm{diag}(\sqrt{d_1},\sqrt{d_2},\cdots,\sqrt{d_n})\boldsymbol{L}^{\mathrm{H}}.$$

令

$$\boldsymbol{G}=\boldsymbol{L}\mathrm{diag}(\sqrt{d_1},\sqrt{d_2},\cdots,\sqrt{d_n}),$$

则 $\boldsymbol{G}$ 是下三角矩阵，且 $\boldsymbol{A}=\boldsymbol{G}\boldsymbol{G}^{\mathrm{H}}$.　　证毕

设 $\boldsymbol{A}=(a_{ij})_{n\times n}$，$\boldsymbol{G}=(g_{ij})_{n\times n}(g_{ij}=0,i<j)$，则由 $\boldsymbol{A}=\boldsymbol{G}\boldsymbol{G}^{\mathrm{H}}$（只比较下三角部分的元素），得

$$\begin{cases}a_{11}=|g_{11}|^2,\\ a_{i1}=g_{i1}\bar{g}_{11}\quad(i=2,3,\cdots,n),\\ a_{kk}=|g_{k1}|^2+|g_{k2}|^2+\cdots+|g_{kk}|^2\quad(k=2,3,\cdots,n),\\ a_{ik}=g_{i1}\bar{g}_{k1}+g_{i2}\bar{g}_{k2}+\cdots+g_{ik}\bar{g}_{kk}\quad(i=k+1,\cdots,n;k=2,3,\cdots,n).\end{cases}$$

从而得到求 Hermite 正定矩阵 $\boldsymbol{A}$ 的 Cholesky 分解的紧凑计算格式：

$$\begin{cases} g_{11} = \sqrt{a_{11}}, \\ g_{i1} = \dfrac{a_{i1}}{\overline{g}_{11}} \quad (i = 2,3,\cdots,n), \\ g_{kk} = \sqrt{a_{kk} - \sum\limits_{t=1}^{k-1} |g_{kt}|^2} \quad (k = 2,3,\cdots,n), \\ g_{ik} = \dfrac{1}{\overline{g}_{kk}}\left(a_{ik} - \sum\limits_{t=1}^{k-1} g_{it}\overline{g}_{kt}\right) \quad (i = k+1,\cdots,n; k = 2,3,\cdots,n). \end{cases}$$

例 4.2 已知矩阵 $\boldsymbol{A}=\begin{pmatrix} 5 & -2 & 0 \\ -2 & 3 & -1 \\ 0 & -1 & 1 \end{pmatrix}$，求 $\boldsymbol{A}$ 的 Cholesky 分解.

解 容易验证 $\boldsymbol{A}$ 是实对称正定矩阵. 由 Cholesky 分解的紧凑计算格式得

$$g_{11}=\sqrt{a_{11}}=\sqrt{5}, \quad g_{21}=\frac{a_{21}}{g_{11}}=-\frac{2}{\sqrt{5}}, \quad g_{31}=\frac{a_{31}}{g_{11}}=0,$$

$$g_{22}=\sqrt{a_{22}-|g_{21}|^2}=\sqrt{\frac{11}{5}}, \quad g_{32}=\frac{1}{g_{22}}(a_{32}-g_{31}\overline{g}_{21})=-\sqrt{\frac{5}{11}},$$

$$g_{33}=\sqrt{a_{33}-|g_{31}|^2-|g_{32}|^2}=\sqrt{\frac{6}{11}},$$

故 $\boldsymbol{A}$ 的 Cholesky 分解为

$$\boldsymbol{A} = \begin{pmatrix} \sqrt{5} & 0 & 0 \\ -\dfrac{2}{\sqrt{5}} & \sqrt{\dfrac{11}{5}} & 0 \\ 0 & -\sqrt{\dfrac{5}{11}} & \sqrt{\dfrac{6}{11}} \end{pmatrix} \begin{pmatrix} \sqrt{5} & -\dfrac{2}{\sqrt{5}} & 0 \\ 0 & \sqrt{\dfrac{11}{5}} & -\sqrt{\dfrac{5}{11}} \\ 0 & 0 & \sqrt{\dfrac{6}{11}} \end{pmatrix}.$$

如果线性方程组 $\boldsymbol{Ax}=\boldsymbol{b}$ 的系数矩阵 $\boldsymbol{A}\in\mathbf{C}_n^{n\times n}$，且 $\Delta_k\neq 0(k=1,2,\cdots,n-1)$，则 $\boldsymbol{A}$ 可作三角分解 $\boldsymbol{A}=\boldsymbol{LR}$. 于是便得与 $\boldsymbol{Ax}=\boldsymbol{b}$ 同解的、具有以三角矩阵为系数矩阵的两个线性方程组

$$\boldsymbol{Ly} = \boldsymbol{b}, \qquad \boldsymbol{Rx} = \boldsymbol{y}.$$

由第一个方程组递推求得 $\boldsymbol{y}$，再代入第二个方程组通过回代解出 $\boldsymbol{x}$.

例 4.3 求解线性方程组 $\boldsymbol{Ax}=\boldsymbol{b}$，其中

$$\boldsymbol{A} = \begin{pmatrix} 2 & -1 & 3 \\ 1 & 2 & 1 \\ 2 & 4 & 3 \end{pmatrix}, \qquad \boldsymbol{b} = \begin{pmatrix} -3 \\ 4 \\ 7 \end{pmatrix}.$$

解 例 4.1 已求得

$$A = LR = \begin{pmatrix} 1 & 0 & 0 \\ \frac{1}{2} & 1 & 0 \\ 1 & 2 & 1 \end{pmatrix} \begin{pmatrix} 2 & -1 & 3 \\ 0 & \frac{5}{2} & -\frac{1}{2} \\ 0 & 0 & 1 \end{pmatrix}.$$

由 $\boldsymbol{Ly}=\boldsymbol{b}$ 递推求得

$$y_1 = b_1 = -3, \quad y_2 = b_2 - l_{21} y_1 = \frac{11}{2}, \quad y_3 = b_3 - l_{31} y_1 - l_{32} y_2 = -1,$$

而由 $\boldsymbol{Rx}=\boldsymbol{y}$ 通过回代求得

$$x_3 = \frac{y_3}{r_{33}} = -1, \quad x_2 = \frac{1}{r_{22}}(y_2 - r_{23} x_3) = 2,$$

$$x_1 = \frac{1}{r_{11}}(y_1 - r_{12} x_2 - r_{13} x_3) = 1.$$

4.2　矩阵的 QR 分解

矩阵的 QR 分解在解决最小二乘问题、特征值计算等方面，都是十分重要的. 本节首先介绍 Householder 矩阵和 Givens 矩阵，这也是在求矩阵的 QR 分解时用到的主要工具.

4.2.1　Householder 矩阵与 Givens 矩阵

定义 4.3　设 $\boldsymbol{u}\in\mathbf{C}^n$ 是单位向量，即 $\boldsymbol{u}^{\mathrm{H}}\boldsymbol{u}=1$，称

$$\boldsymbol{H} = \boldsymbol{I} - 2\boldsymbol{u}\boldsymbol{u}^{\mathrm{H}}$$

为 **Householder 矩阵或初等反射矩阵**. 由 Householder 矩阵 $\boldsymbol{H}$ 确定的 $\mathbf{C}^n$ 上的线性变换 $\boldsymbol{y}=\boldsymbol{Hx}$ 称为 **Householder 变换或初等反射变换**.

Householder 矩阵具有下列性质.

定理 4.5　设 $\boldsymbol{H}\in\mathbf{C}^{n\times n}$ 是 Householder 矩阵，则

(1) $\boldsymbol{H}^{\mathrm{H}}=\boldsymbol{H}$(Hermite 矩阵)；

(2) $\boldsymbol{H}^{\mathrm{H}}\boldsymbol{H}=\boldsymbol{I}$(酉矩阵)；

(3) $\boldsymbol{H}^2=\boldsymbol{I}$(对合矩阵)；

(4) $\boldsymbol{H}^{-1}=\boldsymbol{H}$ (自逆矩阵)；

(5) $\begin{pmatrix} \boldsymbol{I}_r & \boldsymbol{O} \\ \boldsymbol{O} & \boldsymbol{H} \end{pmatrix}$是 $n+r$ 阶 Householder 矩阵；

(6) $\det\boldsymbol{H}=-1$.

证　只证(5)和(6). 由于 $\boldsymbol{H}$ 是 Householder 矩阵，所以存在 $\boldsymbol{u}\in\mathbf{C}^n$，且 $\boldsymbol{u}^{\mathrm{H}}\boldsymbol{u}=1$，使得 $\boldsymbol{H}=\boldsymbol{I}-2\boldsymbol{u}\boldsymbol{u}^{\mathrm{H}}$. 从而

$$\begin{pmatrix} I_r & O \\ O & H \end{pmatrix} = \begin{pmatrix} I_r & O \\ O & I_n - 2uu^H \end{pmatrix}$$

$$= \begin{pmatrix} I_r & O \\ O & I_n \end{pmatrix} - 2\begin{pmatrix} 0 \\ u \end{pmatrix}(0^T \quad u^H) = I_{n+r} - 2\tilde{u}\tilde{u}^H,$$

其中 $\tilde{u} = \begin{pmatrix} 0 \\ u \end{pmatrix}$. 由于

$$\tilde{u}^H\tilde{u} = (0^T \quad u^H)\begin{pmatrix} 0 \\ u \end{pmatrix} = u^H u = 1,$$

故 $\begin{pmatrix} I_r & O \\ O & H \end{pmatrix}$ 是 $n+r$ 阶 Householder 矩阵.

因为

$$\begin{pmatrix} I & 0 \\ -2u^H & 1 \end{pmatrix}\begin{pmatrix} I & u \\ 2u^H & 1 \end{pmatrix} = \begin{pmatrix} I & u \\ 0^T & 1-2u^H u \end{pmatrix},$$

$$\begin{pmatrix} I & -u \\ 0^T & 1 \end{pmatrix}\begin{pmatrix} I & u \\ 2u^H & 1 \end{pmatrix} = \begin{pmatrix} I-2uu^H & 0 \\ 2u^H & 1 \end{pmatrix},$$

取行列式即得

$$\det H = \det\begin{pmatrix} I & u \\ 2u^H & 1 \end{pmatrix} = 1 - 2u^H u = 1 - 2 = -1.$$ 证毕

Householder 矩阵的应用主要基于下述结果.

定理 4.6 设 $z \in \mathbf{C}^n$ 是单位向量，则对任意 $x \in \mathbf{C}^n$，存在 Householder 矩阵 H，使得 $Hx = \alpha z$，其中 $|\alpha| = \|x\|_2$，且 $\alpha x^H z$ 为实数.

证 当 $x = 0$ 时，任取单位向量 u，则

$$Hx = (I - 2uu^H)0 = 0 = 0z.$$

当 $x = \alpha z \neq 0$ 时，取单位向量 u 满足 $u^H x = 0$，则有

$$Hx = (I - 2uu^H)x = x - 2u(u^H x) = x = \alpha z.$$

当 $x \neq \alpha z$ 时，取

$$u = \frac{x - \alpha z}{\|x - \alpha z\|_2}, \tag{4.1}$$

则有

$$Hx = \left(I - 2\frac{(x-\alpha z)(x-\alpha z)^H}{\|x-\alpha z\|_2^2}\right)x$$

$$= \boldsymbol{x} - 2\frac{(\boldsymbol{x}-\alpha\boldsymbol{z})^{\mathrm{H}}\boldsymbol{x}}{(\boldsymbol{x}-\alpha\boldsymbol{z})^{\mathrm{H}}(\boldsymbol{x}-\alpha\boldsymbol{z})}(\boldsymbol{x}-\alpha\boldsymbol{z}). \tag{4.2}$$

由于

$$\begin{aligned}(\boldsymbol{x}-\alpha\boldsymbol{z})^{\mathrm{H}}(\boldsymbol{x}-\alpha\boldsymbol{z}) &= \boldsymbol{x}^{\mathrm{H}}\boldsymbol{x}-\alpha\boldsymbol{x}^{\mathrm{H}}\boldsymbol{z}-\bar{\alpha}\boldsymbol{z}^{\mathrm{H}}\boldsymbol{x}+|\alpha|^2\boldsymbol{z}^{\mathrm{H}}\boldsymbol{z}\\ &= \boldsymbol{x}^{\mathrm{H}}\boldsymbol{x}-(\alpha\boldsymbol{x}^{\mathrm{H}}\boldsymbol{z})^{\mathrm{H}}-\bar{\alpha}\boldsymbol{z}^{\mathrm{H}}\boldsymbol{x}+\|\boldsymbol{x}\|_2^2\\ &= 2(\boldsymbol{x}^{\mathrm{H}}\boldsymbol{x}-\bar{\alpha}\boldsymbol{z}^{\mathrm{H}}\boldsymbol{x})=2(\boldsymbol{x}-\alpha\boldsymbol{z})^{\mathrm{H}}\boldsymbol{x},\end{aligned}$$

代入式(4.2)得

$$\boldsymbol{H}\boldsymbol{x} = \boldsymbol{x} - 2\frac{(\boldsymbol{x}-\alpha\boldsymbol{z})^{\mathrm{H}}\boldsymbol{x}}{2(\boldsymbol{x}-\alpha\boldsymbol{z})^{\mathrm{H}}\boldsymbol{x}}(\boldsymbol{x}-\alpha\boldsymbol{z}) = \alpha\boldsymbol{z}.$$

证毕

推论 1　对任意 $\boldsymbol{x}\in\mathbf{C}^n$，存在 Householder 矩阵 $\boldsymbol{H}=\boldsymbol{I}-2\boldsymbol{u}\boldsymbol{u}^{\mathrm{H}}$，使得 $\boldsymbol{H}\boldsymbol{x}=\alpha\boldsymbol{e}_1$，其中 $|\alpha|=\|\boldsymbol{x}\|_2$，且 $\alpha\boldsymbol{x}^{\mathrm{H}}\boldsymbol{e}_1$ 为实数.

推论 2　对任意 $\boldsymbol{x}\in\mathbf{R}^n$，存在 Householder 矩阵

$$\boldsymbol{H}=\boldsymbol{I}-2\boldsymbol{u}\boldsymbol{u}^{\mathrm{T}} \qquad (\boldsymbol{u}\in\mathbf{R}^n \text{ 且 } \boldsymbol{u}^{\mathrm{T}}\boldsymbol{u}=1),$$

使得 $\boldsymbol{H}\boldsymbol{x}=\alpha\boldsymbol{e}_1$，其中 $\alpha=\pm\|\boldsymbol{x}\|_2$.

以上两推论的结果称为用 Householder 变换化向量 $\boldsymbol{x}$ 与 $\boldsymbol{e}_1$ 共线(或同方向).

例 4.4　用 Householder 变换化下列向量与 $\boldsymbol{e}_1$ 共线：

(1) $\boldsymbol{x}=(1,2,2)^{\mathrm{T}}$；　(2) $\boldsymbol{x}=(-2\mathrm{i},\mathrm{i},2)^{\mathrm{T}}$.

解　(1) 取 $\alpha=\|\boldsymbol{x}\|_2=3$，计算

$$\boldsymbol{u}=\frac{\boldsymbol{x}-\alpha\boldsymbol{e}_1}{\|\boldsymbol{x}-\alpha\boldsymbol{e}_1\|_2}=\frac{1}{\sqrt{12}}\begin{pmatrix}-2\\2\\2\end{pmatrix}=\frac{1}{\sqrt{3}}\begin{pmatrix}-1\\1\\1\end{pmatrix},$$

于是 $\boldsymbol{H}=\boldsymbol{I}-2\boldsymbol{u}\boldsymbol{u}^{\mathrm{T}}=\frac{1}{3}\begin{pmatrix}1&2&2\\2&1&-2\\2&-2&1\end{pmatrix}$，使得 $\boldsymbol{H}\boldsymbol{x}=3\boldsymbol{e}_1$.

(2) 由于 $\|\boldsymbol{x}\|_2=3$，为使 $|\alpha|=\|\boldsymbol{x}\|_2=3$ 且 $\alpha\boldsymbol{x}^{\mathrm{H}}\boldsymbol{e}_1=2\mathrm{i}\alpha$ 为实数，可取 $\alpha=3\mathrm{i}$，于是

$$\boldsymbol{u}=\frac{\boldsymbol{x}-\alpha\boldsymbol{e}_1}{\|\boldsymbol{x}-\alpha\boldsymbol{e}_1\|_2}=\frac{1}{\sqrt{30}}\begin{pmatrix}-5\mathrm{i}\\\mathrm{i}\\2\end{pmatrix},$$

$$\boldsymbol{H}=\boldsymbol{I}-2\boldsymbol{u}\boldsymbol{u}^{\mathrm{H}}=\frac{1}{15}\begin{pmatrix}-10&5&10\mathrm{i}\\5&14&-2\mathrm{i}\\-10\mathrm{i}&2\mathrm{i}&11\end{pmatrix},$$

使 $\boldsymbol{H}\boldsymbol{x}=3\mathrm{i}\boldsymbol{e}_1$.

读者可在(1)中取 $\alpha=-3$ 和在(2)中取 $\alpha=-3\mathrm{i}$ 计算.

以下在 $\mathbf{R}^3$ 中说明将 Householder 矩阵称为初等反射矩阵的原因.

考虑法向量为单位向量 $\boldsymbol{u}$ 且过原点 O 的平面 π(见图 4.2). 任取向量 $\boldsymbol{x}\in\mathbf{R}^3$，

将 $\boldsymbol{x}$ 分解为

$$\boldsymbol{x}=\boldsymbol{v}+\boldsymbol{w}\qquad(\boldsymbol{v}\in\pi,\boldsymbol{w}\perp\pi),$$

从而

$$(\boldsymbol{v},\boldsymbol{u})=\boldsymbol{u}^{\mathrm{T}}\boldsymbol{v}=0,\qquad \boldsymbol{w}=\lambda\boldsymbol{u},$$

故

$$\begin{aligned}\boldsymbol{Hx}&=(\boldsymbol{I}-2\boldsymbol{uu}^{\mathrm{T}})\boldsymbol{x}=\boldsymbol{x}-2\boldsymbol{uu}^{\mathrm{T}}\boldsymbol{x}\\&=\boldsymbol{x}-2\boldsymbol{uu}^{\mathrm{T}}(\boldsymbol{v}+\boldsymbol{w})\\&=(\boldsymbol{v}+\boldsymbol{w})-2\boldsymbol{uu}^{\mathrm{T}}\boldsymbol{w}\\&=\boldsymbol{v}+\boldsymbol{w}-2\boldsymbol{uu}^{\mathrm{T}}(\lambda\boldsymbol{u})\\&=\boldsymbol{v}+\boldsymbol{w}-2\boldsymbol{w}\\&=\boldsymbol{v}-\boldsymbol{w}=\tilde{\boldsymbol{x}}.\end{aligned}$$

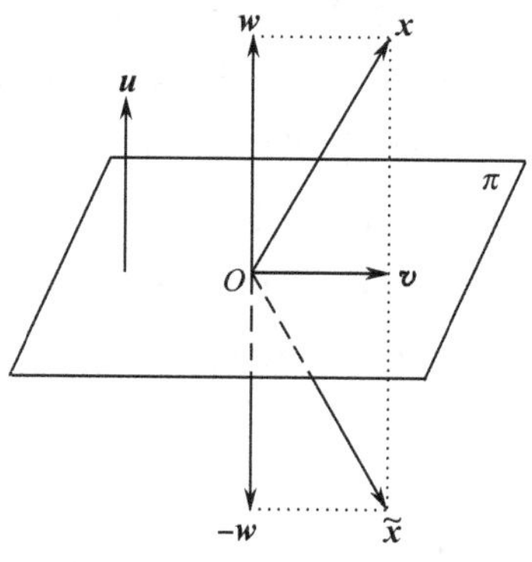

图 4.2

可见向量 $\boldsymbol{x}$ 经过 Householder 变换后，变成了以 $\boldsymbol{u}$ 为法向量的平面 π 的对称向量 $\tilde{\boldsymbol{x}}$，也即关于平面 π 的反射向量 $\tilde{\boldsymbol{x}}$.

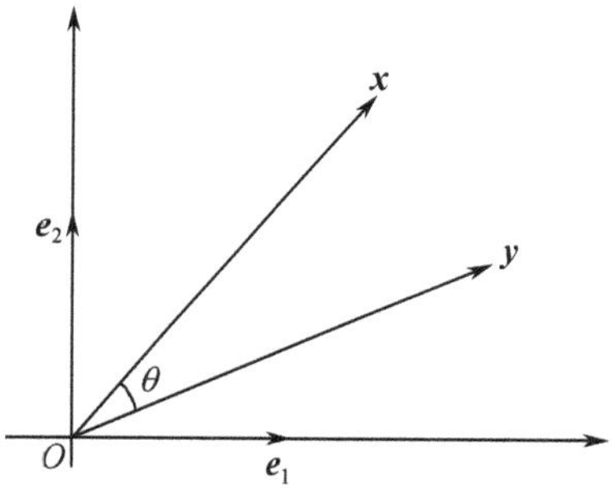

图 4.3

在平面解析几何中，任一向量 $\boldsymbol{x}$ 依顺时针方向旋转角度 θ 后变为向量 $\boldsymbol{y}$（见图 4.3），则显然 $\boldsymbol{x}$ 与 $\boldsymbol{y}$ 有相等的长度，且在给定的直角坐标系下，如果 $\boldsymbol{x}$ 的坐标为 (ξ_1,ξ_2)，$\boldsymbol{y}$ 的坐标为 (η_1,η_2)，则它们满足

$$\begin{pmatrix}\eta_1\\\eta_2\end{pmatrix}=\begin{pmatrix}\cos\theta&\sin\theta\\-\sin\theta&\cos\theta\end{pmatrix}\begin{pmatrix}\xi_1\\\xi_2\end{pmatrix}=\boldsymbol{T}\begin{pmatrix}\xi_1\\\xi_2\end{pmatrix}.$$

称 $\boldsymbol{T}$ 为平面旋转矩阵. 显然它是正交矩阵，且 $\det\boldsymbol{T}=1$. 推广到 $\mathbf{C}^n$ 上，有下述定义.

定义 4.4 设 $c,s\in\mathbf{C}$，且满足 $|c|^2+|s|^2=1$，称 n 阶方阵

$$\boldsymbol{T}_{pq}=\begin{pmatrix}1&&&&&&&&&\\&\ddots&&&&&&&&\\&&1&&&&&&&\\&&&\bar{c}&&&&\bar{s}&&\\&&&&1&&&&&\\&&&&&\ddots&&&&\\&&&&&&1&&&\\&&&-s&&&&c&&\\&&&&&&&&1&\\&&&&&&&&&\ddots\\&&&&&&&&&&1\end{pmatrix}\begin{matrix}\\\\\\p\text{行}\\\\\\\\q\text{行}\\\\\\\\\end{matrix}\tag{4.3}$$

p 列　　　　q 列

为 **Givens 矩阵或初等旋转矩阵**. 由 Givens 矩阵 $\boldsymbol{T}_{pq}$ 确定的 $\mathbf{C}^n$ 上的线性变换 $\boldsymbol{y}=\boldsymbol{T}_{pq}\boldsymbol{x}$ 称为 **Givens 变换或初等旋转变换**.

容易验证,当 $|c|^2+|s|^2=1$ 时,存在实数 α,β,θ,使得 $c=\mathrm{e}^{-\mathrm{i}\alpha}\cos\theta, s=\mathrm{e}^{-\mathrm{i}\beta}\sin\theta$. 特别地,当 c,s 为实数且 $c^2+s^2=1$ 时,存在实数 θ,使得 $c=\cos\theta, s=\sin\theta$,此时 $\boldsymbol{T}_{pq}$ 可以解释为 $\mathbf{R}^n$ 上由 $\boldsymbol{e}_p$ 和 $\boldsymbol{e}_q$ 构成的平面旋转矩阵.

由定义可直接得到 Givens 矩阵的有关性质:Givens 矩阵 $\boldsymbol{T}_{pq}$ 是酉矩阵,且 $\det\boldsymbol{T}_{pq}=1$.

Givens 矩阵的应用主要基于下述定理和推论.

定理 4.7　对任意 $\boldsymbol{x}=(\xi_1,\xi_2,\cdots,\xi_n)^{\mathrm{T}}\in\mathbf{C}^n$,存在 Givens 矩阵 $\boldsymbol{T}_{pq}$,使得 $\boldsymbol{T}_{pq}\boldsymbol{x}$ 的第 q 个分量为零,第 p 个分量为非负实数,其余分量不变.

证　设 $(\eta_1,\eta_2,\cdots,\eta_n)^{\mathrm{T}}=\boldsymbol{T}_{pq}\boldsymbol{x}$,其中 $\boldsymbol{T}_{pq}$ 如式(4.3),则有

$$\begin{cases}\eta_p=\bar{c}\xi_p+\bar{s}\xi_q,\\ \eta_q=-s\xi_p+c\xi_q,\\ \eta_k=\xi_k \quad (k\neq p,q).\end{cases}$$

当 $|\xi_p|^2+|\xi_q|^2=0$ 时,取 $c=1, s=0$,则 $\boldsymbol{T}_{pq}=\boldsymbol{I}$,此时 $\eta_p=\eta_q=0, \eta_k=\xi_k(k\neq p,q)$,结论成立.

当 $|\xi_p|^2+|\xi_q|^2\neq 0$ 时,取

$$c=\frac{\xi_p}{\sqrt{|\xi_p|^2+|\xi_q|^2}},\qquad s=\frac{\xi_q}{\sqrt{|\xi_p|^2+|\xi_q|^2}},\tag{4.4}$$

则

$$\eta_p=\frac{\bar{\xi}_p\xi_p}{\sqrt{|\xi_p|^2+|\xi_q|^2}}+\frac{\bar{\xi}_q\xi_q}{\sqrt{|\xi_p|^2+|\xi_q|^2}}=\sqrt{|\xi_p|^2+|\xi_q|^2}>0,$$

$$\eta_q=-\frac{\xi_q\xi_p}{\sqrt{|\xi_p|^2+|\xi_q|^2}}+\frac{\xi_p\xi_q}{\sqrt{|\xi_p|^2+|\xi_q|^2}}=0,$$

$$\eta_k=\xi_k\quad (k\neq p,q).$$

证毕

推论　设 $\boldsymbol{x}=(\xi_1,\xi_2,\cdots,\xi_n)^{\mathrm{T}}\in\mathbf{C}^n$,则存在 Givens 矩阵 $\boldsymbol{T}_{12},\boldsymbol{T}_{13},\cdots,\boldsymbol{T}_{1n}$,使得

$$\boldsymbol{T}_{1n}\cdots\boldsymbol{T}_{13}\boldsymbol{T}_{12}\boldsymbol{x}=\|\boldsymbol{x}\|_2\boldsymbol{e}_1.$$

称之为用 Givens 变换化向量 $\boldsymbol{x}$ 与 $\boldsymbol{e}_1$ 同方向.

证　由定理 4.7,存在 Givens 矩阵 $\boldsymbol{T}_{12}$,使得

$$\boldsymbol{T}_{12}\boldsymbol{x}=(\sqrt{|\xi_1|^2+|\xi_2|^2},0,\xi_3,\cdots,\xi_n)^{\mathrm{T}}.$$

对 $\boldsymbol{T}_{12}\boldsymbol{x}$,又存在 Givens 矩阵 $\boldsymbol{T}_{13}$,使得

$$\boldsymbol{T}_{13}(\boldsymbol{T}_{12}\boldsymbol{x})=(\sqrt{|\xi_1|^2+|\xi_2|^2+|\xi_3|^2},0,0,\xi_4,\cdots,\xi_n)^{\mathrm{T}}.$$

如此继续下去，最后得

$$\boldsymbol{T}_{1n}\cdots\boldsymbol{T}_{13}\boldsymbol{T}_{12}\boldsymbol{x}=\left(\sqrt{\sum_{k=1}^{n}|\xi_k|^2},0,\cdots,0\right)^{\mathrm{T}}=\|\boldsymbol{x}\|_2\boldsymbol{e}_1.$$

证毕

例 4.5 用 Givens 变换化下列向量与 $\boldsymbol{e}_1$ 同方向：

(1) $\boldsymbol{x}=(1,2,2)^{\mathrm{T}}$； (2) $\boldsymbol{x}=(-2\mathrm{i},\mathrm{i},2)^{\mathrm{T}}$.

解 (1) 取 $c_1=\dfrac{1}{\sqrt{5}},s_1=\dfrac{2}{\sqrt{5}}$，则

$$\boldsymbol{T}_{12}=\begin{pmatrix}\dfrac{1}{\sqrt{5}} & \dfrac{2}{\sqrt{5}} & 0\\ -\dfrac{2}{\sqrt{5}} & \dfrac{1}{\sqrt{5}} & 0\\ 0 & 0 & 1\end{pmatrix},$$

使得 $\boldsymbol{T}_{12}\boldsymbol{x}=\begin{pmatrix}\sqrt{5}\\0\\2\end{pmatrix}$. 又取 $c_2=\dfrac{\sqrt{5}}{3},s_2=\dfrac{2}{3}$，则

$$\boldsymbol{T}_{13}=\begin{pmatrix}\dfrac{\sqrt{5}}{3} & 0 & \dfrac{2}{3}\\ 0 & 1 & 0\\ -\dfrac{2}{3} & 0 & \dfrac{\sqrt{5}}{3}\end{pmatrix},$$

使得 $\boldsymbol{T}_{13}\boldsymbol{T}_{12}\boldsymbol{x}=\begin{pmatrix}3\\0\\0\end{pmatrix}=3\boldsymbol{e}_1$.

(2) 取 $c_1=-\dfrac{2\mathrm{i}}{\sqrt{5}},s_1=\dfrac{\mathrm{i}}{\sqrt{5}}$，则

$$\boldsymbol{T}_{12}=\begin{pmatrix}\dfrac{2\mathrm{i}}{\sqrt{5}} & -\dfrac{\mathrm{i}}{\sqrt{5}} & 0\\ -\dfrac{\mathrm{i}}{\sqrt{5}} & -\dfrac{2\mathrm{i}}{\sqrt{5}} & 0\\ 0 & 0 & 1\end{pmatrix},$$

使得 $\boldsymbol{T}_{12}\boldsymbol{x}=\begin{pmatrix}\sqrt{5}\\0\\2\end{pmatrix}$. 又取 $c_2=\dfrac{\sqrt{5}}{3},s_2=\dfrac{2}{3}$，则

$$T_{13}=\begin{pmatrix}\frac{\sqrt{5}}{3} & 0 & \frac{2}{3}\\ 0 & 1 & 0\\ -\frac{2}{3} & 0 & \frac{\sqrt{5}}{3}\end{pmatrix},$$

使得 $T_{13}T_{12}x=\begin{pmatrix}3\\0\\0\end{pmatrix}=3e_1$.

4.2.2　矩阵的 QR 分解

定义 4.5　设 $A\in C^{n\times n}$. 如果存在 n 阶酉矩阵 Q 和 n 阶上三角矩阵 R，使得

$$A=QR, \tag{4.5}$$

则称之为 A 的 **QR 分解**或**酉-三角分解**. 当 $A\in R^{n\times n}$ 时，称式(4.5)为 A 的**正交-三角分解**.

定理 4.8　任意 $A\in C^{n\times n}$ 都可以作 QR 分解.

证　法 1　将矩阵 A 按列分块为 $A=(a_1,a_2,\cdots,a_n)$，由定理 4.6 知，存在 n 阶 Householder 矩阵 H_1，使得 $H_1a_1=\alpha_1e_1$. 于是

$$H_1A=(H_1a_1,H_1a_2,\cdots,H_1a_n)=\left(\begin{array}{c:ccc}\alpha_1 & * & \cdots & *\\ \hdashline 0 & & & \\ \vdots & & B_{n-1} & \\ 0 & & & \end{array}\right),$$

其中 $B_{n-1}\in C^{(n-1)\times(n-1)}$. 再将 B_{n-1} 按列分块为 $B_{n-1}=(b_2,\cdots,b_n)$，则存在 $n-1$ 阶 Householder 矩阵 $\widetilde{H}_2$，使得 $\widetilde{H}_2b_2=\alpha_2\tilde{e}_1$，这里 $\tilde{e}_1=(1,0,\cdots,0)^{\mathrm{T}}\in C^{n-1}$. 记

$$H_2=\begin{pmatrix}1 & \mathbf{0}^{\mathrm{T}}\\ \mathbf{0} & \widetilde{H}_2\end{pmatrix},$$

则 H_2 是 n 阶 Householder 矩阵，且有

$$H_2(H_1A)=\left(\begin{array}{c:ccc}\alpha_1 & * & \cdots & *\\ \hdashline 0 & & & \\ \vdots & & \widetilde{H}_2B_{n-1} & \\ 0 & & & \end{array}\right)=\left(\begin{array}{cc:ccc}\alpha_1 & * & * & \cdots & *\\ 0 & \alpha_2 & * & \cdots & *\\ \hdashline \mathbf{0} & \mathbf{0} & & C_{n-2} & \end{array}\right),$$

其中 $C_{n-2}\in C^{(n-2)\times(n-2)}$. 继续这一步骤，在第 $n-1$ 步得

$$H_{n-1}\cdots H_2H_1A=\begin{pmatrix}\alpha_1 & & *\\ & \ddots & \\ & & \alpha_n\end{pmatrix}=R,$$

其中 $\boldsymbol{H}_k(k=1,2,\cdots,n-1)$都是 n 阶 Householder 矩阵. 注意到 $\boldsymbol{H}_k$ 均是自逆矩阵,则有

$$\boldsymbol{A}=\boldsymbol{H}_1\boldsymbol{H}_2\cdots\boldsymbol{H}_{n-1}\boldsymbol{R}=\boldsymbol{QR},$$

这里 $\boldsymbol{Q}=\boldsymbol{H}_1\boldsymbol{H}_2\cdots\boldsymbol{H}_{n-1}$是酉矩阵,$\boldsymbol{R}$ 是上三角矩阵.

法 2 将矩阵 $\boldsymbol{A}$ 按列分块 $\boldsymbol{A}=(\boldsymbol{a}_1,\boldsymbol{a}_2,\cdots,\boldsymbol{a}_n)$,由定理 4.7 的推论知,存在 n 阶 Givens 矩阵 $\boldsymbol{T}_{12},\cdots,\boldsymbol{T}_{1n}$,使得

$$\boldsymbol{T}_{1n}\cdots\boldsymbol{T}_{12}\boldsymbol{a}_1=\|\boldsymbol{a}_1\|_2\boldsymbol{e}_1.$$

于是

$$\boldsymbol{T}_{1n}\cdots\boldsymbol{T}_{12}\boldsymbol{A}=\left(\begin{array}{c:ccc}\|\boldsymbol{a}_1\|_2 & * & \cdots & * \\ \hdashline \boldsymbol{0} & \boldsymbol{b}_2 & \cdots & \boldsymbol{b}_n\end{array}\right)\quad(\boldsymbol{b}_k\in\mathbf{C}^{n-1}\quad(k=2,\cdots,n)).$$

对于其第二列,又存在 n 阶 Givens 矩阵 $\boldsymbol{T}_{23},\cdots,\boldsymbol{T}_{2n}$,使得

$$\boldsymbol{T}_{2n}\cdots\boldsymbol{T}_{23}\begin{pmatrix}*\\ \boldsymbol{b}_2\end{pmatrix}=(*,\|\boldsymbol{b}_2\|_2,0,\cdots,0)^{\mathrm{T}},$$

从而

$$\boldsymbol{T}_{2n}\cdots\boldsymbol{T}_{23}\boldsymbol{T}_{1n}\cdots\boldsymbol{T}_{12}\boldsymbol{A}=\left(\begin{array}{cc:ccc}\|\boldsymbol{a}_1\|_2 & * & * & \cdots & * \\ 0 & \|\boldsymbol{b}_2\|_2 & * & \cdots & * \\ \hdashline \boldsymbol{0} & \boldsymbol{0} & \boldsymbol{c}_3 & \cdots & \boldsymbol{c}_n\end{array}\right),$$

其中 $\boldsymbol{c}_k\in\mathbf{C}^{n-2}(k=3,\cdots,n)$. 如此进行下去,最后得

$$\boldsymbol{T}_{n-1,n}\cdots\boldsymbol{T}_{2n}\cdots\boldsymbol{T}_{23}\boldsymbol{T}_{1n}\cdots\boldsymbol{T}_{12}\boldsymbol{A}=\boldsymbol{R}.$$

于是

$$\boldsymbol{A}=\boldsymbol{T}_{12}^{\mathrm{H}}\cdots\boldsymbol{T}_{1n}^{\mathrm{H}}\boldsymbol{T}_{23}^{\mathrm{H}}\cdots\boldsymbol{T}_{2n}^{\mathrm{H}}\cdots\boldsymbol{T}_{n-1,n}^{\mathrm{H}}\boldsymbol{R}=\boldsymbol{QR},$$

其中 $\boldsymbol{Q}=\boldsymbol{T}_{12}^{\mathrm{H}}\cdots\boldsymbol{T}_{1n}^{\mathrm{H}}\boldsymbol{T}_{23}^{\mathrm{H}}\cdots\boldsymbol{T}_{2n}^{\mathrm{H}}\cdots\boldsymbol{T}_{n-1,n}^{\mathrm{H}}$是酉矩阵,$\boldsymbol{R}$ 是上三角矩阵. 证毕

该定理的证明过程给出了用 Householder 变换和 Givens 变换求矩阵 QR 分解的方法.

当 $\boldsymbol{A}$ 是可逆矩阵时,有如下结论.

定理 4.9 设 $\boldsymbol{A}\in\mathbf{C}_n^{n\times n}$,则 $\boldsymbol{A}$ 可唯一地分解为

$$\boldsymbol{A}=\boldsymbol{QR},$$

其中 $\boldsymbol{Q}$ 是 n 阶酉矩阵,$\boldsymbol{R}\in\mathbf{C}_n^{n\times n}$ 是具有正对角元的上三角矩阵.

证 将矩阵 $\boldsymbol{A}$ 按列分块为 $\boldsymbol{A}=(\boldsymbol{a}_1,\boldsymbol{a}_2,\cdots,\boldsymbol{a}_n)$. 由于 $\boldsymbol{A}$ 可逆,所以 $\boldsymbol{a}_1,\boldsymbol{a}_2,\cdots,\boldsymbol{a}_n$ 线性无关. 用 Schmidt 正交化方法将其正交化:

$$\begin{cases}\boldsymbol{p}_1=\boldsymbol{a}_1,\\ \boldsymbol{p}_2=\boldsymbol{a}_2-\lambda_{21}\boldsymbol{p}_1,\\ \quad\cdots\cdots\cdots\cdots\\ \boldsymbol{p}_n=\boldsymbol{a}_n-\lambda_{n1}\boldsymbol{p}_1-\cdots-\lambda_{n,n-1}\boldsymbol{p}_{n-1},\end{cases}$$

其中 $\lambda_{ij}=\dfrac{(\boldsymbol{a}_i,\boldsymbol{p}_j)}{(\boldsymbol{p}_j,\boldsymbol{p}_j)}$. 再将 $\boldsymbol{p}_k(k=1,2,\cdots,n)$ 单位化得

$$\boldsymbol{q}_k=\frac{\boldsymbol{p}_k}{\|\boldsymbol{p}_k\|_2}\qquad(k=1,2,\cdots,n),$$

则有

$$\begin{cases}\boldsymbol{a}_1=\boldsymbol{p}_1=\|\boldsymbol{p}_1\|_2\boldsymbol{q}_1,\\ \boldsymbol{a}_2=\lambda_{21}\boldsymbol{p}_1+\boldsymbol{p}_2=\lambda_{21}\|\boldsymbol{p}_1\|_2\boldsymbol{q}_1+\|\boldsymbol{p}_2\|_2\boldsymbol{q}_2,\\ \qquad\cdots\cdots\cdots\cdots\\ \boldsymbol{a}_n=\lambda_{n1}\boldsymbol{p}_1+\cdots+\lambda_{n,n-1}\boldsymbol{p}_{n-1}+\boldsymbol{p}_n\\ \quad=\lambda_{n1}\|\boldsymbol{p}_1\|_2\boldsymbol{q}_1+\cdots+\lambda_{n,n-1}\|\boldsymbol{p}_{n-1}\|_2\boldsymbol{q}_{n-1}+\|\boldsymbol{p}_n\|_2\boldsymbol{q}_n.\end{cases}$$

故

$$\begin{aligned}\boldsymbol{A}&=(\boldsymbol{a}_1,\boldsymbol{a}_2,\cdots,\boldsymbol{a}_n)\\&=(\boldsymbol{q}_1,\boldsymbol{q}_2,\cdots,\boldsymbol{q}_n)\begin{pmatrix}\|\boldsymbol{p}_1\|_2&\lambda_{21}\|\boldsymbol{p}_1\|_2&\cdots&\lambda_{n1}\|\boldsymbol{p}_1\|_2\\&\|\boldsymbol{p}_2\|_2&\cdots&\lambda_{n2}\|\boldsymbol{p}_2\|_2\\&&\ddots&\vdots\\&&&\|\boldsymbol{p}_n\|_2\end{pmatrix}=\boldsymbol{QR},\end{aligned}$$

其中 $\boldsymbol{Q}=(\boldsymbol{q}_1,\boldsymbol{q}_2,\cdots,\boldsymbol{q}_n)$ 是酉矩阵，$\boldsymbol{R}$ 是具有正对角元的上三角矩阵.

再证唯一性. 设 $\boldsymbol{A}$ 有两个 QR 分解

$$\boldsymbol{A}=\boldsymbol{QR}=\boldsymbol{Q}_1\boldsymbol{R}_1,$$

其中 $\boldsymbol{Q},\boldsymbol{Q}_1$ 是酉矩阵，$\boldsymbol{R},\boldsymbol{R}_1$ 是具有正对角元的上三角矩阵，于是

$$\boldsymbol{Q}=\boldsymbol{Q}_1\boldsymbol{R}_1\boldsymbol{R}^{-1}=\boldsymbol{Q}_1\boldsymbol{D}.$$

式中 $\boldsymbol{D}=\boldsymbol{R}_1\boldsymbol{R}^{-1}$ 仍是具有正对角元的上三角矩阵. 由于

$$\boldsymbol{I}=\boldsymbol{Q}^{\mathrm{H}}\boldsymbol{Q}=(\boldsymbol{Q}_1\boldsymbol{D})^{\mathrm{H}}(\boldsymbol{Q}_1\boldsymbol{D})=\boldsymbol{D}^{\mathrm{H}}\boldsymbol{D},\tag{4.6}$$

即 $\boldsymbol{D}$ 还是酉矩阵，所以 $\boldsymbol{D}$ 是单位矩阵(请读者证明之). 故

$$\boldsymbol{Q}=\boldsymbol{Q}_1\boldsymbol{D}=\boldsymbol{Q}_1,\qquad\boldsymbol{R}_1=\boldsymbol{DR}=\boldsymbol{R}.$$

即这种 QR 分解是唯一的.　　　　证毕

在定理 4.9 中，如果不要求上三角矩阵 $\boldsymbol{R}$ 具有正对角元，则矩阵 $\boldsymbol{A}$ 的不同 QR 分解仅在于酉矩阵 $\boldsymbol{Q}$ 的列和上三角矩阵 $\boldsymbol{R}$ 的对应行相差模为 1 的因子. 这是因为 $\boldsymbol{D}=\boldsymbol{R}_1\boldsymbol{R}^{-1}$ 只保证是可逆的上三角矩阵，又由式(4.6)知 $\boldsymbol{D}$ 是酉矩阵，从而 $\boldsymbol{D}$ 是对角元素的模为 1 的对角矩阵. 于是

$$\boldsymbol{Q}_1=\boldsymbol{QD}^{-1},\qquad\boldsymbol{R}_1=\boldsymbol{DR}.$$

可见 $\boldsymbol{Q}_1$ 与 $\boldsymbol{Q}$ 的列，且 $\boldsymbol{R}_1$ 与 $\boldsymbol{R}$ 的对应行相差模为 1 的因子.

定理 4.9 的推证过程给出了用 Schmidt 正交化方法求可逆矩阵 QR 分解的方法.

例 4.6 已知矩阵 $\boldsymbol{A}=\begin{pmatrix}0&3&1\\0&4&-2\\2&1&2\end{pmatrix}$,求 $\boldsymbol{A}$ 的 QR 分解.

解 法 1 利用 Householder 变换.

因为 $\boldsymbol{a}_1=(0,0,2)^{\mathrm{T}}$,取 $\alpha_1=\|\boldsymbol{a}_1\|_2=2$,作单位向量

$$\boldsymbol{u}_1=\frac{\boldsymbol{a}_1-\alpha_1\boldsymbol{e}_1}{\|\boldsymbol{a}_1-\alpha_1\boldsymbol{e}_1\|_2}=\frac{1}{\sqrt{2}}(-1,0,1)^{\mathrm{T}},$$

于是

$$\boldsymbol{H}_1=\boldsymbol{I}-2\boldsymbol{u}_1\boldsymbol{u}_1^{\mathrm{T}}=\begin{pmatrix}0&0&1\\0&1&0\\1&0&0\end{pmatrix},\qquad \boldsymbol{H}_1\boldsymbol{A}=\begin{pmatrix}2&1&2\\0&4&-2\\0&3&1\end{pmatrix}.$$

又因 $\boldsymbol{b}_2=(4,3)^{\mathrm{T}}$,取 $\alpha_2=\|\boldsymbol{b}_2\|_2=5$,作单位向量

$$\tilde{\boldsymbol{u}}_2=\frac{\boldsymbol{b}_2-\alpha_2\tilde{\boldsymbol{e}}_1}{\|\boldsymbol{b}_2-\alpha_2\tilde{\boldsymbol{e}}_1\|_2}=\frac{1}{\sqrt{10}}(-1,3)^{\mathrm{T}},$$

于是 $\widetilde{\boldsymbol{H}}_2=\boldsymbol{I}-2\tilde{\boldsymbol{u}}_2\tilde{\boldsymbol{u}}_2^{\mathrm{T}}=\frac{1}{5}\begin{pmatrix}4&3\\3&-4\end{pmatrix}$. 记

$$\boldsymbol{H}_2=\begin{pmatrix}1&\boldsymbol{0}^{\mathrm{T}}\\\boldsymbol{0}&\widetilde{\boldsymbol{H}}_2\end{pmatrix},\qquad \boldsymbol{H}_2\boldsymbol{H}_1\boldsymbol{A}=\begin{pmatrix}2&1&2\\0&5&-1\\0&0&-2\end{pmatrix}=\boldsymbol{R},$$

故 $\boldsymbol{A}$ 的 QR 分解为

$$\boldsymbol{A}=(\boldsymbol{H}_1\boldsymbol{H}_2)\boldsymbol{R}=\begin{pmatrix}0&\frac{3}{5}&-\frac{4}{5}\\0&\frac{4}{5}&\frac{3}{5}\\1&0&0\end{pmatrix}\begin{pmatrix}2&1&2\\0&5&-1\\0&0&-2\end{pmatrix}.$$

法 2 利用 Givens 变换.

取 $c_1=0,s_1=1$,则

$$\boldsymbol{T}_{13}=\begin{pmatrix}0&0&1\\0&1&0\\-1&0&0\end{pmatrix},\qquad \boldsymbol{T}_{13}\boldsymbol{A}=\begin{pmatrix}2&1&2\\0&4&-2\\0&-3&-1\end{pmatrix}.$$

又取 $c_2=\frac{4}{5},s_2=-\frac{3}{5}$,则

$$\boldsymbol{T}_{23}=\begin{pmatrix}1&0&0\\0&\frac{4}{5}&-\frac{3}{5}\\0&\frac{3}{5}&\frac{4}{5}\end{pmatrix},\qquad \boldsymbol{T}_{23}\boldsymbol{T}_{13}\boldsymbol{A}=\begin{pmatrix}2&1&2\\0&5&-1\\0&0&-2\end{pmatrix}=\boldsymbol{R}.$$

故 $\boldsymbol{A}$ 的 QR 分解为

$$\boldsymbol{A}=(\boldsymbol{T}_{13}^{\mathrm{T}}\boldsymbol{T}_{23}^{\mathrm{T}})\boldsymbol{R}=\begin{pmatrix}0 & \frac{3}{5} & -\frac{4}{5}\\ 0 & \frac{4}{5} & \frac{3}{5}\\ 1 & 0 & 0\end{pmatrix}\begin{pmatrix}2 & 1 & 2\\ 0 & 5 & -1\\ 0 & 0 & -2\end{pmatrix}.$$

法 3　利用 Schmidt 正交化方法.

设 $\boldsymbol{a}_1=(0,0,2)^{\mathrm{T}},\boldsymbol{a}_2=(3,4,1)^{\mathrm{T}},\boldsymbol{a}_3=(1,-2,2)^{\mathrm{T}}$，则 $\boldsymbol{a}_1,\boldsymbol{a}_2,\boldsymbol{a}_3$ 线性无关. 正交化得

$$\boldsymbol{p}_1=\boldsymbol{a}_1=(0,0,2)^{\mathrm{T}},\quad \boldsymbol{p}_2=\boldsymbol{a}_2-\frac{1}{2}\boldsymbol{p}_1=(3,4,0)^{\mathrm{T}},$$

$$\boldsymbol{p}_3=\boldsymbol{a}_3-\boldsymbol{p}_1+\frac{1}{5}\boldsymbol{p}_2=\left(\frac{8}{5},-\frac{6}{5},0\right)^{\mathrm{T}}.$$

再单位化

$$\boldsymbol{q}_1=\frac{1}{2}\boldsymbol{p}_1=(0,0,1)^{\mathrm{T}},\quad \boldsymbol{q}_2=\frac{1}{5}\boldsymbol{p}_2=\left(\frac{3}{5},\frac{4}{5},0\right)^{\mathrm{T}},$$

$$\boldsymbol{q}_3=\frac{1}{2}\boldsymbol{p}_3=\left(\frac{4}{5},-\frac{3}{5},0\right)^{\mathrm{T}},$$

于是

$$\boldsymbol{a}_1=\boldsymbol{p}_1=2\boldsymbol{q}_1,\quad \boldsymbol{a}_2=\frac{1}{2}\boldsymbol{p}_1+\boldsymbol{p}_2=\boldsymbol{q}_1+5\boldsymbol{q}_2,$$

$$\boldsymbol{a}_3=\boldsymbol{p}_1-\frac{1}{5}\boldsymbol{p}_2+\boldsymbol{p}_3=2\boldsymbol{q}_1-\boldsymbol{q}_2+2\boldsymbol{q}_3.$$

故 $\boldsymbol{A}$ 的 QR 分解为

$$\boldsymbol{A}=\begin{pmatrix}0 & \frac{3}{5} & \frac{4}{5}\\ 0 & \frac{4}{5} & -\frac{3}{5}\\ 1 & 0 & 0\end{pmatrix}\begin{pmatrix}2 & 1 & 2\\ 0 & 5 & -1\\ 0 & 0 & 2\end{pmatrix}.$$

QR 分解有许多应用，兹举一例说明之. 对于线性方程组 $\boldsymbol{Ax}=\boldsymbol{b}$ 来说，如果 $\boldsymbol{A}\in\mathbf{C}_n^{n\times n}$，则有 $\boldsymbol{A}=\boldsymbol{QR}$，其中 $\boldsymbol{Q}$ 是 n 阶酉矩阵，$\boldsymbol{R}\in\mathbf{C}_n^{n\times n}$ 是上三角矩阵. 在 $\boldsymbol{Ax}=\boldsymbol{b}$ 两边同时左乘 $\boldsymbol{Q}^{\mathrm{H}}$，则有 $\boldsymbol{Q}^{\mathrm{H}}\boldsymbol{Ax}=\boldsymbol{Q}^{\mathrm{H}}\boldsymbol{b}$，即 $\boldsymbol{Rx}=\boldsymbol{Q}^{\mathrm{H}}\boldsymbol{b}$. 通过回代即可求出 $\boldsymbol{x}$. 又由于 $\boldsymbol{Q}^{\mathrm{H}}$ 是一个酉矩阵，它左乘任一向量都不改变其 2 范数，故可抑制计算过程中的误差积累. 所以 QR 分解在数值计算中是常用的工具之一.

定理 4.9 还可以作如下推广.

定理 4.10　设 $\boldsymbol{A}\in\mathbf{C}_n^{m\times n}$，则 $\boldsymbol{A}$ 可唯一分解为

$$\boldsymbol{A}=\boldsymbol{QR},$$

其中 $\boldsymbol{Q}\in \mathbf{C}_n^{m\times n}$ 且满足 $\boldsymbol{Q}^{\mathrm{H}}\boldsymbol{Q}=\boldsymbol{I}$，$\boldsymbol{R}\in \mathbf{C}_n^{n\times n}$ 是具有正对角元的上三角矩阵.

4.2.3 矩阵酉相似于 Hessenberg 矩阵

Schur 定理 1.22 表明 n 阶方阵 $\boldsymbol{A}$ 总可以酉相似于上三角矩阵 $\boldsymbol{T}$. 这一结论在矩阵理论中起着重要的作用. 但 Schur 定理的证明过程并未给出如何求酉矩阵和相应的上三角矩阵 $\boldsymbol{T}$ 的方法，且由于 $\boldsymbol{T}$ 的对角元素就是 $\boldsymbol{A}$ 的特征值，要求出它是不容易的. 现在考虑是否能使 n 阶方阵 $\boldsymbol{A}$ 酉相似于一个与上三角矩阵比较接近的矩阵.

定义 4.6 如果 $\boldsymbol{A}=(a_{ij})_{n\times n}\in \mathbf{C}^{n\times n}$ 的元素满足 $a_{ij}=0(i>j+1)$，即

$$\boldsymbol{A}=\begin{pmatrix} a_{11} & a_{12} & \cdots & a_{1,n-1} & a_{1n} \\ a_{21} & a_{22} & \cdots & a_{2,n-1} & a_{2n} \\ & a_{32} & \cdots & a_{3,n-1} & a_{3n} \\ & & \ddots & \vdots & \vdots \\ & & & a_{n,n-1} & a_{nn} \end{pmatrix},$$

则称 $\boldsymbol{A}$ 为**上 Hessenberg 矩阵**. 如果 $\boldsymbol{A}$ 的元素满足 $a_{ij}=0(j>i+1)$，则称 $\boldsymbol{A}$ 为**下 Hessenberg 矩阵**. 如果 $\boldsymbol{A}$ 的元素满足 $a_{ij}=0(|i-j|>1)$，则称 $\boldsymbol{A}$ 为**三对角矩阵**.

定理 4.11 设 $\boldsymbol{A}\in \mathbf{C}^{n\times n}$，则 $\boldsymbol{A}$ 可酉相似于上 Hessenberg 矩阵.

证 将矩阵 $\boldsymbol{A}$ 分块为

$$\boldsymbol{A}=\begin{pmatrix} a_{11} & \boldsymbol{b}_1^{\mathrm{H}} \\ \boldsymbol{a}_1 & \boldsymbol{A}_1 \end{pmatrix} \qquad (\boldsymbol{a}_1,\boldsymbol{b}_1\in \mathbf{C}^{n-1},\ \boldsymbol{A}_1\in \mathbf{C}^{(n-1)\times(n-1)}),$$

选择 $n-1$ 阶 Householder 矩阵 $\widetilde{\boldsymbol{H}}_1$，使得 $\widetilde{\boldsymbol{H}}_1\boldsymbol{a}_1=\alpha_1\tilde{\boldsymbol{e}}_1$，其中 $\tilde{\boldsymbol{e}}_1=(1,0,\cdots,0)^{\mathrm{T}}\in \mathbf{C}^{n-1}$. 令 $\boldsymbol{H}_1=\begin{pmatrix} 1 & \boldsymbol{0}^{\mathrm{T}} \\ \boldsymbol{0} & \widetilde{\boldsymbol{H}}_1 \end{pmatrix}$，则 $\boldsymbol{H}_1$ 是 n 阶 Householder 矩阵，且

$$\boldsymbol{H}_1\boldsymbol{A}\boldsymbol{H}_1=\begin{pmatrix} a_{11} & \boldsymbol{b}_1^{\mathrm{H}}\widetilde{\boldsymbol{H}}_1 \\ \widetilde{\boldsymbol{H}}_1\boldsymbol{a}_1 & \widetilde{\boldsymbol{H}}_1\boldsymbol{A}_1\widetilde{\boldsymbol{H}}_1 \end{pmatrix}=\begin{pmatrix} a_{11} & * & \boldsymbol{b}_2^{\mathrm{H}} \\ \alpha_1 & * & \boldsymbol{c}_2^{\mathrm{H}} \\ \boldsymbol{0} & \boldsymbol{a}_2 & \boldsymbol{A}_2 \end{pmatrix},$$

其中 $\boldsymbol{a}_2,\boldsymbol{b}_2,\boldsymbol{c}_2\in \mathbf{C}^{n-2}$，$\boldsymbol{A}_2\in \mathbf{C}^{(n-2)\times(n-2)}$. 选择 $n-2$ 阶 Householder 矩阵 $\hat{\boldsymbol{H}}_2$，使得 $\hat{\boldsymbol{H}}_2\boldsymbol{a}_2=\alpha_2\hat{\boldsymbol{e}}_1$，其中 $\hat{\boldsymbol{e}}_1=(1,0,\cdots,0)^{\mathrm{T}}\in \mathbf{C}^{n-2}$. 令 $\boldsymbol{H}_2=\begin{pmatrix} \boldsymbol{I}_2 & \boldsymbol{O} \\ \boldsymbol{O} & \hat{\boldsymbol{H}}_2 \end{pmatrix}$，则 $\boldsymbol{H}_2$ 是 n 阶 Householder 矩阵，且

$$\boldsymbol{H}_2(\boldsymbol{H}_1\boldsymbol{A}\boldsymbol{H}_1)\boldsymbol{H}_2=\begin{pmatrix} a_{11} & * & * & \boldsymbol{b}_3^{\mathrm{H}} \\ \alpha_1 & * & * & \boldsymbol{c}_3^{\mathrm{H}} \\ 0 & \alpha_2 & * & \boldsymbol{d}_3^{\mathrm{H}} \\ \boldsymbol{0} & \boldsymbol{0} & \boldsymbol{a}_3 & \boldsymbol{A}_3 \end{pmatrix},$$

其中 $\boldsymbol{a}_3,\boldsymbol{b}_3,\boldsymbol{c}_3,\boldsymbol{d}_3\in\mathbf{C}^{n-3}$，$\boldsymbol{A}_3\in\mathbf{C}^{(n-3)\times(n-3)}$. 继续这一过程共 $n-2$ 步，即可得到上 Hessenberg 矩阵 $\boldsymbol{H}$，即

$$\boldsymbol{H}_{n-2}\cdots\boldsymbol{H}_2\boldsymbol{H}_1\boldsymbol{A}\boldsymbol{H}_1\boldsymbol{H}_2\cdots\boldsymbol{H}_{n-2}=\boldsymbol{H}.$$

令 $\boldsymbol{Q}=\boldsymbol{H}_1\boldsymbol{H}_2\cdots\boldsymbol{H}_{n-2}$，则 $\boldsymbol{Q}$ 是酉矩阵，且 $\boldsymbol{Q}^{\mathrm{H}}\boldsymbol{A}\boldsymbol{Q}=\boldsymbol{H}$.　　证毕

该定理的证明过程给出了用 Householder 变换化矩阵酉相似于上 Hessenberg 矩阵的方法. 同样，用 Givens 变换也能完成这一过程，只需注意在化简时对矩阵左乘 Givens 矩阵后，右边应相应乘上该矩阵的共轭转置(读者考虑其原因).

推论 1　设 $\boldsymbol{A}\in\mathbf{R}^{n\times n}$，则 $\boldsymbol{A}$ 可正交相似于实的上 Hessenberg 矩阵.

推论 2　设 $\boldsymbol{A}\in\mathbf{C}^{n\times n}$ 是 Hermite 矩阵，则 $\boldsymbol{A}$ 可酉相似于三对角矩阵.

证　由定理 4.10，存在 n 阶酉矩阵 $\boldsymbol{Q}$，使得

$$\boldsymbol{Q}^{\mathrm{H}}\boldsymbol{A}\boldsymbol{Q}=\boldsymbol{H},$$

其中 $\boldsymbol{H}$ 是上 Hessenberg 矩阵. 注意到 $\boldsymbol{A}^{\mathrm{H}}=\boldsymbol{A}$，于是

$$\boldsymbol{H}^{\mathrm{H}}=\boldsymbol{Q}^{\mathrm{H}}\boldsymbol{A}^{\mathrm{H}}\boldsymbol{Q}=\boldsymbol{Q}^{\mathrm{H}}\boldsymbol{A}\boldsymbol{Q}=\boldsymbol{H},$$

即 $\boldsymbol{H}$ 也是 Hermite 矩阵，故 $\boldsymbol{H}$ 是三对角矩阵.　　证毕

推论 3　设 $\boldsymbol{A}\in\mathbf{R}^{n\times n}$ 是对称矩阵，则 $\boldsymbol{A}$ 可正交相似于实的三对角矩阵.

例 4.7　化实对称矩阵

$$\boldsymbol{A}=\begin{pmatrix}2&0&0&1\\0&-1&-2&4\\0&-2&1&3\\1&4&3&1\end{pmatrix}$$

正交相似于三对角矩阵.

解　法 1　利用 Householder 变换.

因为 $\boldsymbol{a}_1=(0,0,1)^{\mathrm{T}}$，取 $\alpha_1=\|\boldsymbol{a}_1\|_2=1$，计算

$$\tilde{\boldsymbol{u}}_1=\frac{\boldsymbol{a}_1-\alpha_1\tilde{\boldsymbol{e}}_1}{\|\boldsymbol{a}_1-\alpha_1\tilde{\boldsymbol{e}}_1\|_2}=\frac{1}{\sqrt{2}}(-1,0,1)^{\mathrm{T}},$$

则

$$\widetilde{\boldsymbol{H}}_1=\boldsymbol{I}-2\tilde{\boldsymbol{u}}_1\tilde{\boldsymbol{u}}_1^{\mathrm{T}}=\begin{pmatrix}0&0&1\\0&1&0\\1&0&0\end{pmatrix},\quad \boldsymbol{H}_1=\begin{pmatrix}1&\boldsymbol{0}^{\mathrm{T}}\\\boldsymbol{0}&\widetilde{\boldsymbol{H}}_1\end{pmatrix}=\begin{pmatrix}1&0&0&0\\0&0&0&1\\0&0&1&0\\0&1&0&0\end{pmatrix},$$

$$\boldsymbol{H}_1\boldsymbol{A}\boldsymbol{H}_1=\begin{pmatrix}2&1&0&0\\1&1&3&4\\0&3&1&-2\\0&4&-2&-1\end{pmatrix}.$$

又因为 $\boldsymbol{a}_2=(3,4)^{\mathrm{T}}$，取 $\alpha_2=\|\boldsymbol{a}_2\|_2=5$，计算

$$\hat{\boldsymbol{u}}_2=\frac{\boldsymbol{a}_2-\alpha_2\hat{\boldsymbol{e}}_1}{\|\boldsymbol{a}_2-\alpha_2\hat{\boldsymbol{e}}_1\|_2}=\frac{1}{\sqrt{5}}(-1,2)^{\mathrm{T}},$$

则

$$\hat{\boldsymbol{H}}_2=\boldsymbol{I}-2\hat{\boldsymbol{u}}_2\hat{\boldsymbol{u}}_2^{\mathrm{T}}=\begin{pmatrix}\frac{3}{5}&\frac{4}{5}\\\frac{4}{5}&-\frac{3}{5}\end{pmatrix},\quad \boldsymbol{H}_2=\begin{pmatrix}\boldsymbol{I}_2&\boldsymbol{O}\\\boldsymbol{O}&\hat{\boldsymbol{H}}_2\end{pmatrix}=\begin{pmatrix}1&0&0&0\\0&1&0&0\\0&0&\frac{3}{5}&\frac{4}{5}\\0&0&\frac{4}{5}&-\frac{3}{5}\end{pmatrix},$$

$$\boldsymbol{H}_2\boldsymbol{H}_1\boldsymbol{A}\boldsymbol{H}_1\boldsymbol{H}_2=\begin{pmatrix}2&1&0&0\\1&1&5&0\\0&5&-\frac{11}{5}&\frac{2}{5}\\0&0&\frac{2}{5}&\frac{11}{5}\end{pmatrix}=\boldsymbol{H}.$$

故正交矩阵 $\boldsymbol{Q}=\boldsymbol{H}_1\boldsymbol{H}_2=\begin{pmatrix}1&0&0&0\\0&0&\frac{4}{5}&-\frac{3}{5}\\0&0&\frac{3}{5}&\frac{4}{5}\\0&1&0&0\end{pmatrix}$,使得 $\boldsymbol{Q}^{\mathrm{T}}\boldsymbol{A}\boldsymbol{Q}=\boldsymbol{H}$.

法 2 利用 Givens 变换.

取 $c_1=0,s_1=1$,则

$$\boldsymbol{T}_{24}=\begin{pmatrix}1&0&0&0\\0&0&0&1\\0&0&1&0\\0&-1&0&0\end{pmatrix},\quad \boldsymbol{T}_{24}\boldsymbol{A}\boldsymbol{T}_{24}^{\mathrm{T}}=\begin{pmatrix}2&1&0&0\\1&1&3&-4\\0&3&1&2\\0&-4&2&-1\end{pmatrix}.$$

又取 $c_2=\frac{3}{5},s_2=-\frac{4}{5}$,则

$$\boldsymbol{T}_{34}=\begin{pmatrix}1&0&0&0\\0&1&0&0\\0&0&\frac{3}{5}&-\frac{4}{5}\\0&0&\frac{4}{5}&\frac{3}{5}\end{pmatrix},\quad \boldsymbol{T}_{34}\boldsymbol{T}_{24}\boldsymbol{A}\boldsymbol{T}_{24}^{\mathrm{T}}\boldsymbol{T}_{34}^{\mathrm{T}}=\begin{pmatrix}2&1&0&0\\1&1&5&0\\0&5&-\frac{11}{5}&\frac{2}{5}\\0&0&\frac{2}{5}&\frac{11}{5}\end{pmatrix}=\boldsymbol{H}.$$

故正交矩阵 $\boldsymbol{Q}=\boldsymbol{T}_{24}^{\mathrm{T}}\boldsymbol{T}_{34}^{\mathrm{T}}=\begin{pmatrix}1&0&0&0\\0&0&\frac{4}{5}&-\frac{3}{5}\\0&0&\frac{3}{5}&\frac{4}{5}\\0&1&0&0\end{pmatrix}$，使得 $\boldsymbol{Q}^{\mathrm{T}}\boldsymbol{A}\boldsymbol{Q}=\boldsymbol{H}$.

作为本节结论的应用，以下叙述求一般方阵全部特征值的 QR 方法. 该方法由 J. G. F. Francis 于 1961 年首先提出，至今被认为是求全部特征值和特征向量的最有效方法之一.

设 $\boldsymbol{A}\in\mathbf{C}^{n\times n}$. 记 $\boldsymbol{A}_1=\boldsymbol{A}$，求 $\boldsymbol{A}_1$ 的 QR 分解 $\boldsymbol{A}_1=\boldsymbol{Q}_1\boldsymbol{R}_1$；记 $\boldsymbol{A}_2=\boldsymbol{R}_1\boldsymbol{Q}_1$，再求出 $\boldsymbol{A}_2$ 的 QR 分解 $\boldsymbol{A}_2=\boldsymbol{Q}_2\boldsymbol{R}_2$；如此一直做下去，一般的迭代格式为

$$\boldsymbol{A}_k=\boldsymbol{Q}_k\boldsymbol{R}_k,\quad \boldsymbol{A}_{k+1}=\boldsymbol{R}_k\boldsymbol{Q}_k\qquad(k=1,2,\cdots),$$

其中 $\boldsymbol{Q}_k$ 为酉矩阵，$\boldsymbol{R}_k$ 是上三角矩阵. 这就是 QR 方法. 可以证明，QR 方法生成的矩阵序列 $\{\boldsymbol{A}_k\}$ 中的每一矩阵都与 $\boldsymbol{A}$ 酉相似，且在一定条件下，当 $k\to+\infty$ 时，$\boldsymbol{A}_k$ 将收敛于一个上三角矩阵，此上三角矩阵的对角元素即为 $\boldsymbol{A}$ 的全部特征值. 在 QR 方法中，每一步需要做一次 QR 分解和一次矩阵乘法，计算量较大，所以在实际计算时总是先将 $\boldsymbol{A}$ 经酉相似化为上 Hessenberg 矩阵 $\boldsymbol{H}$，然后对 $\boldsymbol{H}$ 用 QR 方法计算. 此时由 QR 方法生成的矩阵序列保持是上 Hessenberg 矩阵，但当 $k\to+\infty$ 时，其第 $i+1$ 行、i 列元素趋于 0($i=1,2,\cdots,n-1$).

4.3　矩阵的满秩分解

本节论述将非零矩阵分解为一个列满秩矩阵和一个行满秩矩阵的乘积问题，这种分解在广义逆矩阵的研究中是一个有力的工具. 首先介绍矩阵的 Hermite 标准形，为后面的讨论作准备.

4.3.1　Hermite 标准形

在线性代数中已研究过等价矩阵的概念.

定义 4.7　设 $\boldsymbol{A},\boldsymbol{B}\in\mathbf{C}^{m\times n}$. 如果 $\boldsymbol{A}$ 经过有限次初等变换变成矩阵 $\boldsymbol{B}$，则称矩阵 $\boldsymbol{A}$ 与 $\boldsymbol{B}$ 等价.

关于等价矩阵有如下结论（证明参见线性代数教材）.

定理 4.12　设 $\boldsymbol{A},\boldsymbol{B}\in\mathbf{C}^{m\times n}$，则

(1) $\boldsymbol{A}$ 与 $\boldsymbol{B}$ 等价的充分必要条件是 $\mathrm{rank}\boldsymbol{A}=\mathrm{rank}\boldsymbol{B}$；

(2) $\boldsymbol{A}$ 与 $\boldsymbol{B}$ 等价的充分必要条件是，存在 $\boldsymbol{S}\in\mathbf{C}_m^{m\times m}$ 和 $\boldsymbol{T}\in\mathbf{C}_n^{n\times n}$，使得

$$\boldsymbol{SAT}=\boldsymbol{B}.$$

如果只对 $\boldsymbol{A}$ 作初等行变换，则有下述定理.

定理 4.13 设 $\boldsymbol{A}\in\mathbf{C}_r^{m\times n}(r>0)$，则 $\boldsymbol{A}$ 可通过初等行变换化为满足如下条件的矩阵 $\boldsymbol{H}$：

(1) $\boldsymbol{H}$ 的前 r 行中每一行至少含一个非零元素，且第一个非零元素是 1，而后 $m-r$ 行元素均为 0；

(2) 若 $\boldsymbol{H}$ 中第 i 行的第一个非零元素 1 位于第 j_i 列($i=1,2,\cdots,r$)，则

$$j_1<j_2<\cdots<j_r;$$

(3) $\boldsymbol{H}$ 的第 $j_1,j_2,\cdots,j_r$ 列为 $\boldsymbol{I}_m$ 的前 r 列.

即有

$$\boldsymbol{H}=\begin{array}{c} \begin{array}{cccccccccccccc} & & & j_1 & & & & j_2 & & \cdots & j_r & & & \end{array} \\ \left(\begin{array}{ccc:cccc:ccc:cccc} 0 & \cdots & 0 & 1 & * & \cdots & * & 0 & * & \cdots & 0 & * & \cdots & * \\ \hdashline 0 & \cdots & 0 & 0 & 0 & \cdots & 0 & 1 & * & \cdots & \vdots & \vdots & & \vdots \\ \hdashline \vdots & & \vdots & \vdots & \vdots & & \vdots & \vdots & \vdots & & 0 & * & \cdots & * \\ 0 & \cdots & 0 & 0 & 0 & \cdots & 0 & 0 & 0 & \cdots & 1 & * & \cdots & * \\ \hdashline 0 & \cdots & 0 & 0 & 0 & \cdots & 0 & 0 & 0 & \cdots & 0 & 0 & \cdots & 0 \\ \vdots & & \vdots & \vdots & \vdots & & \vdots & \vdots & \vdots & & \vdots & \vdots & & \vdots \\ 0 & \cdots & 0 & 0 & 0 & \cdots & 0 & 0 & 0 & \cdots & 0 & 0 & \cdots & 0 \end{array}\right) \end{array} \begin{array}{l} \left.\begin{array}{c} \\ \\ \\ \\ \end{array}\right\} r\text{ 行} \\ \\ \\ \\ \end{array} \tag{4.7}$$

称 $\boldsymbol{H}$ 为 $\boldsymbol{A}$ 的 **Hermite 标准形或行最简形**. 采用矩阵说法即，存在 $\boldsymbol{S}\in\mathbf{C}_m^{m\times m}$，使得 $\boldsymbol{SA}=\boldsymbol{H}$.

为了求出定理 4.13 中的变换矩阵 $\boldsymbol{S}$，可采用下述方法.

构造 $m\times(m+n)$ 矩阵 $(\boldsymbol{A},\boldsymbol{I}_m)$，由

$$\boldsymbol{S}(\boldsymbol{A},\boldsymbol{I}_m)=(\boldsymbol{SA},\boldsymbol{S})=(\boldsymbol{H},\boldsymbol{S})$$

可见，对 $(\boldsymbol{A},\boldsymbol{I}_m)$ 作初等行变换，当把其左边一半 $\boldsymbol{A}$ 化为 Hermite 标准形 $\boldsymbol{H}$ 时，右边一半 $\boldsymbol{I}_m$ 就把 $\boldsymbol{S}$ 记录下来了.

定义 4.8 以 n 阶单位矩阵 $\boldsymbol{I}_n$ 的 n 个列向量 $\boldsymbol{e}_1,\boldsymbol{e}_2,\cdots,\boldsymbol{e}_n$ 为列构成的 n 阶方阵

$$\boldsymbol{P}=(\boldsymbol{e}_{i_1},\boldsymbol{e}_{i_2},\cdots,\boldsymbol{e}_{i_n})$$

称为 n 阶**置换矩阵**，这里 $i_1,i_2,\cdots,i_n$ 是 $1,2,\cdots,n$ 的一个全排列.

置换矩阵有如下一些性质(证明留给读者).

定理 4.14 设 $\boldsymbol{P}=(\boldsymbol{e}_{i_1},\boldsymbol{e}_{i_2},\cdots,\boldsymbol{e}_{i_n})$ 是置换矩阵，则

(1) $\boldsymbol{P}$ 是正交矩阵；

(2) 对任意 $\boldsymbol{A}\in\mathbf{C}^{m\times n}$，$\boldsymbol{AP}$ 是将 $\boldsymbol{A}$ 的列按 $i_1,i_2,\cdots,i_n$ 的次序重新排列所得到的矩阵.

如果将 $\boldsymbol{A}$ 的 Hermite 标准形 $\boldsymbol{H}$ 的第 $j_1,j_2,\cdots,j_r$ 列依次调换到前 r 列的位置，相当于用置换矩阵 $\boldsymbol{P}=(\boldsymbol{e}_{j_1},\boldsymbol{e}_{j_2},\cdots,\boldsymbol{e}_{j_r},\cdots)$ 右乘矩阵 $\boldsymbol{H}$，则有下述定理.

定理 4.15　设 $\boldsymbol{A}\in \mathbf{C}_r^{m\times n}(r>0)$，则存在 $\boldsymbol{S}\in \mathbf{C}_m^{m\times m}$ 和 n 阶置换矩阵 $\boldsymbol{P}$，使得

$$\boldsymbol{SAP}=\begin{pmatrix}\boldsymbol{I}_r & \boldsymbol{K}\\ \boldsymbol{O} & \boldsymbol{O}\end{pmatrix}\qquad(\boldsymbol{K}\in \mathbf{C}^{r\times(n-r)}).\tag{4.8}$$

如果对上面的矩阵再进行初等列变换，可得到 $\boldsymbol{A}$ 的**等价标准形**

$$\begin{pmatrix}\boldsymbol{I}_r & \boldsymbol{O}\\ \boldsymbol{O} & \boldsymbol{O}\end{pmatrix}.$$

定理 4.16　设 $\boldsymbol{A}\in \mathbf{C}_r^{m\times n}(r>0)$，则存在 $\boldsymbol{S}\in \mathbf{C}_m^{m\times m}$ 和 $\boldsymbol{T}\in \mathbf{C}_n^{n\times n}$，使得

$$\boldsymbol{SAT}=\begin{pmatrix}\boldsymbol{I}_r & \boldsymbol{O}\\ \boldsymbol{O} & \boldsymbol{O}\end{pmatrix}.\tag{4.9}$$

为求出定理 4.16 中的变换矩阵 $\boldsymbol{S}$ 和 $\boldsymbol{T}$，可采用如下两种方法.

法 1　$(\boldsymbol{A},\boldsymbol{I}_m)\xrightarrow{\text{初等行变换}}(\boldsymbol{H},\boldsymbol{S})$，$\begin{pmatrix}\boldsymbol{H}\\ \boldsymbol{I}_n\end{pmatrix}\xrightarrow{\text{初等列变换}}\begin{pmatrix}\begin{pmatrix}\boldsymbol{I}_r & \boldsymbol{O}\\ \boldsymbol{O} & \boldsymbol{O}\end{pmatrix}\\ \boldsymbol{T}\end{pmatrix}$.

法 2　对矩阵 $\begin{pmatrix}\boldsymbol{A} & \boldsymbol{I}_m\\ \boldsymbol{I}_n & \boldsymbol{O}\end{pmatrix}$ 的前 m 行仅施行初等行变换，对前 n 列仅施行初等列变换，就可以化成

$$\begin{pmatrix}\begin{pmatrix}\boldsymbol{I}_r & \boldsymbol{O}\\ \boldsymbol{O} & \boldsymbol{O}\end{pmatrix} & \boldsymbol{S}\\ \boldsymbol{T} & \boldsymbol{O}\end{pmatrix},$$

从而记录到 $\boldsymbol{S}$ 和 $\boldsymbol{T}$.

例 4.8　已知矩阵 $\boldsymbol{A}=\begin{pmatrix}2 & 4 & 1 & 1\\ 1 & 2 & -1 & 2\\ -1 & -2 & -2 & 1\end{pmatrix}$.

(1) 求 $\boldsymbol{A}$ 的 Hermite 标准形 $\boldsymbol{H}$ 和所用的变换矩阵 $\boldsymbol{S}$；

(2) 求置换矩阵 $\boldsymbol{P}$，化 $\boldsymbol{A}$ 为式(4.8)的形式；

(3) 求 $\boldsymbol{A}$ 的等价标准形和所用的变换矩阵 $\boldsymbol{S}$ 和 $\boldsymbol{T}$.

解　(1) 因为

$$(\boldsymbol{A},\boldsymbol{I}_3)=\left(\begin{array}{cccc:ccc}2 & 4 & 1 & 1 & 1 & 0 & 0\\ 1 & 2 & -1 & 2 & 0 & 1 & 0\\ -1 & -2 & -2 & 1 & 0 & 0 & 1\end{array}\right)$$

$$\xrightarrow[r_3+r_2]{r_1-2r_2}\left(\begin{array}{cccc:ccc}0 & 0 & 3 & -3 & 1 & -2 & 0\\ 1 & 2 & -1 & 2 & 0 & 1 & 0\\ 0 & 0 & -3 & 3 & 0 & 1 & 1\end{array}\right)$$

$$\xrightarrow[\substack{r_1 \times \frac{1}{3} \\ r_1 \leftrightarrow r_2}]{r_3 + r_1} \left(\begin{array}{cccc:ccc} 1 & 2 & -1 & 2 & 0 & 1 & 0 \\ 0 & 0 & 1 & -1 & \frac{1}{3} & -\frac{2}{3} & 0 \\ 0 & 0 & 0 & 0 & 1 & -1 & 1 \end{array}\right)$$

$$\xrightarrow{r_1 + r_2} \left(\begin{array}{cccc:ccc} 1 & 2 & 0 & 1 & \frac{1}{3} & \frac{1}{3} & 0 \\ 0 & 0 & 1 & -1 & \frac{1}{3} & -\frac{2}{3} & 0 \\ 0 & 0 & 0 & 0 & 1 & -1 & 1 \end{array}\right).$$

所以 $\boldsymbol{A}$ 的 Hermite 标准形 $\boldsymbol{H}$ 和所用的变换矩阵 $\boldsymbol{S}$ 为

$$\boldsymbol{H} = \begin{pmatrix} 1 & 2 & 0 & 1 \\ 0 & 0 & 1 & -1 \\ 0 & 0 & 0 & 0 \end{pmatrix}, \quad \boldsymbol{S} = \begin{pmatrix} \frac{1}{3} & \frac{1}{3} & 0 \\ \frac{1}{3} & -\frac{2}{3} & 0 \\ 1 & -1 & 1 \end{pmatrix}. \tag{4.10}$$

(2) 取 4 阶置换矩阵

$$\boldsymbol{P} = (\boldsymbol{e}_1, \boldsymbol{e}_3, \boldsymbol{e}_2, \boldsymbol{e}_4),$$

则

$$\boldsymbol{SAP} = \begin{pmatrix} \boldsymbol{I}_2 & \boldsymbol{K} \\ \boldsymbol{O} & \boldsymbol{O} \end{pmatrix} = \left(\begin{array}{cc:cc} 1 & 0 & 2 & 1 \\ 0 & 1 & 0 & -1 \\ \hdashline 0 & 0 & 0 & 0 \end{array}\right).$$

(3) 由

$$\begin{pmatrix} \boldsymbol{H} \\ \boldsymbol{I}_4 \end{pmatrix} = \left(\begin{array}{cccc} 1 & 2 & 0 & 1 \\ 0 & 0 & 1 & -1 \\ 0 & 0 & 0 & 0 \\ \hdashline 1 & 0 & 0 & 0 \\ 0 & 1 & 0 & 0 \\ 0 & 0 & 1 & 0 \\ 0 & 0 & 0 & 1 \end{array}\right) \xrightarrow[\substack{c_4 + c_3 \\ c_2 \leftrightarrow c_3}]{\substack{c_2 - 2c_1 \\ c_4 - c_1}} \left(\begin{array}{cccc} 1 & 0 & 0 & 0 \\ 0 & 1 & 0 & 0 \\ 0 & 0 & 0 & 0 \\ \hdashline 1 & 0 & -2 & -1 \\ 0 & 0 & 1 & 0 \\ 0 & 1 & 0 & 1 \\ 0 & 0 & 0 & 1 \end{array}\right)$$

得变换矩阵

$$\boldsymbol{T} = \begin{pmatrix} 1 & 0 & -2 & -1 \\ 0 & 0 & 1 & 0 \\ 0 & 1 & 0 & 1 \\ 0 & 0 & 0 & 1 \end{pmatrix}.$$

变换矩阵 $\boldsymbol{S}$ 同式(4.10),使得

$$SAT = \begin{pmatrix} 1 & 0 & 0 & 0 \\ 0 & 1 & 0 & 0 \\ 0 & 0 & 0 & 0 \end{pmatrix}.$$

4.3.2　矩阵的满秩分解

定义 4.9　设 $\boldsymbol{A}\in\mathbf{C}_r^{m\times n}(r>0)$. 如果存在 $\boldsymbol{F}\in\mathbf{C}_r^{m\times r}$ 和 $\boldsymbol{G}\in\mathbf{C}_r^{r\times n}$，使得

$$\boldsymbol{A} = \boldsymbol{FG},$$

则称之为 $\boldsymbol{A}$ 的**满秩分解**.

定理 4.17　设 $\boldsymbol{A}\in\mathbf{C}_r^{m\times n}(r>0)$，则 $\boldsymbol{A}$ 的满秩分解总是存在的.

证　当 $r=m$ 时，$\boldsymbol{A}=\boldsymbol{I}_m\boldsymbol{A}$ 是 $\boldsymbol{A}$ 的一个满秩分解；而当 $r=n$ 时，$\boldsymbol{A}=\boldsymbol{AI}_n$ 是 $\boldsymbol{A}$ 的一个满秩分解. 下设 $0<r<\min\{m,n\}$. 由定理 4.16，存在 $\boldsymbol{S}\in\mathbf{C}_m^{m\times m}$ 和 $\boldsymbol{T}\in\mathbf{C}_n^{n\times n}$，使得

$$\boldsymbol{SAT} = \begin{pmatrix} \boldsymbol{I}_r & \boldsymbol{O} \\ \boldsymbol{O} & \boldsymbol{O} \end{pmatrix},$$

于是

$$\boldsymbol{A} = \boldsymbol{S}^{-1}\begin{pmatrix} \boldsymbol{I}_r & \boldsymbol{O} \\ \boldsymbol{O} & \boldsymbol{O} \end{pmatrix}\boldsymbol{T}^{-1} = \boldsymbol{S}^{-1}\begin{pmatrix} \boldsymbol{I}_r \\ \boldsymbol{O} \end{pmatrix}(\boldsymbol{I}_r \quad \boldsymbol{O})\boldsymbol{T}^{-1} = \boldsymbol{FG},$$

其中 $\boldsymbol{F}=\boldsymbol{S}^{-1}\begin{pmatrix} \boldsymbol{I}_r \\ \boldsymbol{O} \end{pmatrix}\in\mathbf{C}_r^{m\times r}$，$\boldsymbol{G}=(\boldsymbol{I}_r \quad \boldsymbol{O})\boldsymbol{T}^{-1}\in\mathbf{C}_r^{r\times n}$.　　证毕

该定理的证明过程即给出求满秩分解的一种方法.

例 4.9　求矩阵 $\boldsymbol{A}=\begin{pmatrix} 2 & 4 & 1 & 1 \\ 1 & 2 & -1 & 2 \\ -1 & -2 & -2 & 1 \end{pmatrix}$ 的满秩分解.

解　例 4.8 已求出了 $\boldsymbol{A}$ 的等价标准形和所用的变换矩阵 $\boldsymbol{S}$ 和 $\boldsymbol{T}$. 可求得

$$\boldsymbol{S}^{-1} = \begin{pmatrix} 2 & 1 & 0 \\ 1 & -1 & 0 \\ -1 & -2 & 1 \end{pmatrix},\qquad \boldsymbol{T}^{-1} = \begin{pmatrix} 1 & 2 & 0 & 1 \\ 0 & 0 & 1 & -1 \\ 0 & 1 & 0 & 0 \\ 0 & 0 & 0 & 1 \end{pmatrix}.$$

取 $\boldsymbol{S}^{-1}$ 的前两列，$\boldsymbol{T}^{-1}$ 的前两行即得到 $\boldsymbol{F}$ 和 $\boldsymbol{G}$，故 $\boldsymbol{A}$ 的满秩分解为

$$\boldsymbol{A} = \begin{pmatrix} 2 & 1 \\ 1 & -1 \\ -1 & -2 \end{pmatrix}\begin{pmatrix} 1 & 2 & 0 & 1 \\ 0 & 0 & 1 & -1 \end{pmatrix}.$$

需要指出的是，矩阵 $\boldsymbol{A}$ 的满秩分解不是唯一的. 这是因为任取 $\boldsymbol{D}\in\mathbf{C}_r^{r\times r}$，则

$$\boldsymbol{A} = \boldsymbol{FG} = (\boldsymbol{FD})(\boldsymbol{D}^{-1}\boldsymbol{G}) = \widetilde{\boldsymbol{F}}\widetilde{\boldsymbol{G}},$$

其中 $\widetilde{\boldsymbol{F}}=\boldsymbol{F}\boldsymbol{D}\in\mathbf{C}_r^{m\times r}$，$\widetilde{\boldsymbol{G}}=\boldsymbol{D}^{-1}\boldsymbol{G}\in\mathbf{C}_r^{r\times n}$. 又得到 $\boldsymbol{A}$ 的另一个满秩分解.

利用定理 4.17 所给出的方法求满秩分解的计算工作量较大. 下面介绍较简便的一种方法.

定理 4.18 设 $\boldsymbol{A}\in\mathbf{C}_r^{m\times n}(r>0)$，且 $\boldsymbol{A}$ 的 Hermite 标准形 $\boldsymbol{H}$ 如式(4.7). 取 $\boldsymbol{A}$ 的第 $j_1,j_2,\cdots,j_r$ 列构成矩阵 $\boldsymbol{F}$，又取 $\boldsymbol{H}$ 的前 r 行构成矩阵 $\boldsymbol{G}$，则 $\boldsymbol{A}=\boldsymbol{F}\boldsymbol{G}$ 即为 $\boldsymbol{A}$ 的一个满秩分解.

证 取 n 阶置换矩阵 $\boldsymbol{P}=(\boldsymbol{e}_{j_1},\boldsymbol{e}_{j_2},\cdots,\boldsymbol{e}_{j_r},\cdots)$，由 $\boldsymbol{G}$ 的取法知

$$\boldsymbol{G}\boldsymbol{P}=(\boldsymbol{I}_r\quad \boldsymbol{K})\quad (\boldsymbol{K}\in\mathbf{C}^{r\times(n-r)}).$$

令 $\boldsymbol{P}_1=(\boldsymbol{e}_{j_1},\boldsymbol{e}_{j_2},\cdots,\boldsymbol{e}_{j_r})$，则有 $\boldsymbol{G}\boldsymbol{P}_1=\boldsymbol{I}_r$. 为确定矩阵 $\boldsymbol{F}$ 使得 $\boldsymbol{A}=\boldsymbol{F}\boldsymbol{G}$，给其两边右乘矩阵$\boldsymbol{P}_1$，得

$$\boldsymbol{F}=\boldsymbol{A}\boldsymbol{P}_1.$$

可见 $\boldsymbol{F}$ 由 $\boldsymbol{A}$ 的 $j_1,j_2,\cdots,j_r$ 列构成. 又由

$$r=\operatorname{rank}\boldsymbol{A}=\operatorname{rank}(\boldsymbol{F}\boldsymbol{G})\leqslant\operatorname{rank}\boldsymbol{F}$$

知 $\boldsymbol{F}\in\mathbf{C}_r^{m\times r}$. 显然 $\boldsymbol{G}\in\mathbf{C}_r^{r\times n}$. 证毕

利用定理 4.18 所述的方法求 $\boldsymbol{A}$ 的满秩分解时，需要首先求出 $\boldsymbol{A}$ 的 Hermite 标准形 $\boldsymbol{H}$，但并未用到变换矩阵 $\boldsymbol{S}$，因此不需求之.

例 4.10 求矩阵 $\boldsymbol{A}=\begin{pmatrix}2&4&1&1\\1&2&-1&2\\-1&-2&-2&1\end{pmatrix}$ 的满秩分解.

解 例 4.8 已求得

$$\boldsymbol{A}\xrightarrow{\text{初等行变换}}\boldsymbol{H}=\begin{pmatrix}1&2&0&1\\0&0&1&-1\\0&0&0&0\end{pmatrix},$$

可见 $j_1=1$，$j_2=3$，故 $\boldsymbol{A}$ 的满秩分解为

$$\boldsymbol{A}=\begin{pmatrix}2&1\\1&-1\\-1&-2\end{pmatrix}\begin{pmatrix}1&2&0&1\\0&0&1&-1\end{pmatrix}.$$

利用矩阵的满秩分解处理一些矩阵问题时，有时会十分方便.

例 4.11 设 $\boldsymbol{A}\in\mathbf{C}_r^{m\times n}(r>0)$，证明：$\boldsymbol{A}$ 可分解为

$$\boldsymbol{A}=\boldsymbol{Q}\boldsymbol{D},$$

其中 $\boldsymbol{Q}\in\mathbf{C}_r^{m\times r}$ 且 $\boldsymbol{Q}^{\mathrm{H}}\boldsymbol{Q}=\boldsymbol{I}_r$，$\boldsymbol{D}\in\mathbf{C}_r^{r\times n}$.

证 作 $\boldsymbol{A}$ 的满秩分解

$$\boldsymbol{A}=\boldsymbol{F}\boldsymbol{G}\qquad(\boldsymbol{F}\in\mathbf{C}_r^{m\times r},\boldsymbol{G}\in\mathbf{C}_r^{r\times n}).$$

由定理 4.10 可将 $\boldsymbol{F}$ 分解为

$$F = QR,$$

其中 $Q \in C_r^{m\times r}$ 且 $Q^H Q = I_r$，$R \in C_r^{r\times r}$ 是具有正对角元的上三角矩阵. 于是

$$A = QRG = QD,$$

其中 $D = RG \in C_r^{r\times n}$.

4.4　矩阵的奇异值分解

矩阵的等价标准形具有很简单的形式(见式(4.9))，但它仅反映了矩阵的秩的特性. 如果对变换矩阵 S 和 T 增加更多的限制，如要求 S 和 T 取为酉矩阵，则可以保留矩阵更多的特性.

定义 4.10　设 $A, B \in C^{m\times n}$. 若存在 m 阶酉矩阵 U 和 n 阶酉矩阵 V，使得 $U^H AV = B$，则称 A 与 B **酉等价**.

矩阵的奇异值分解就是矩阵在酉等价下的一种标准形，它在优化问题、最小二乘问题、广义逆矩阵及统计学等方面都有重要的应用.

定义 4.11　设 $A \in C_r^{m\times n}(r>0)$，$A^H A$ 的特征值为

$$\lambda_1 \geqslant \lambda_2 \geqslant \cdots \geqslant \lambda_r > \lambda_{r+1} = \cdots = \lambda_n = 0, \tag{4.11}$$

则称 $\sigma_i = \sqrt{\lambda_i}\,(i=1,2,\cdots,n)$ 为 A 的**奇异值**.

由定理 1.26 知，$\mathrm{rank}(A^H A) = \mathrm{rank}A$，且 $A^H A$ 与 AA^H 有相同的非零特征值，从而 A 的非零奇异值个数恰等于 $\mathrm{rank}A$，且 A 与 A^H 有相同的非零奇异值.

定理 4.19　酉等价矩阵有相同的奇异值.

证　设 $A, B \in C^{m\times n}$，且 m 阶酉矩阵 U 和 n 阶酉矩阵 V 使得 $U^H AV = B$，则有

$$B^H B = (U^H AV)^H (U^H AV) = V^H A^H AV.$$

这表明 $B^H B$ 与 $A^H A$ 相似. 从而它们有相同的特征值，于是 A 与 B 有相同的奇异值.　　证毕

以下给出本节的主要定理.

定理 4.20　设 $A \in C_r^{m\times n}(r>0)$，则存在 m 阶酉矩阵 U 和 n 阶酉矩阵 V，使得

$$U^H AV = \begin{pmatrix} \Sigma & O \\ O & O \end{pmatrix}, \tag{4.12}$$

其中 $\Sigma = \mathrm{diag}(\sigma_1, \sigma_2, \cdots, \sigma_r)$，而 $\sigma_i\,(i=1,2,\cdots,r)$ 为 A 的非零奇异值. 将式(4.12)改写为

$$A = U\begin{pmatrix} \Sigma & O \\ O & O \end{pmatrix} V^H, \tag{4.13}$$

称之为 $\boldsymbol{A}$ 的**奇异值分解**.

证 记 Hermite 矩阵 $\boldsymbol{A}^{\mathrm{H}}\boldsymbol{A}$ 的特征值如式(4.11). 根据定理 1.23,存在 n 阶酉矩阵 $\boldsymbol{V}$,使得

$$\boldsymbol{V}^{\mathrm{H}}\boldsymbol{A}^{\mathrm{H}}\boldsymbol{A}\boldsymbol{V} = \mathrm{diag}(\lambda_1,\lambda_2,\cdots,\lambda_n) = \begin{pmatrix} \boldsymbol{\Sigma}^2 & \boldsymbol{O} \\ \boldsymbol{O} & \boldsymbol{O} \end{pmatrix}. \tag{4.14}$$

将 $\boldsymbol{V}$ 分块为

$$\boldsymbol{V} = (\boldsymbol{V}_1,\boldsymbol{V}_2) \qquad (\boldsymbol{V}_1 \in \mathbf{C}^{n\times r},\boldsymbol{V}_2 \in \mathbf{C}^{n\times(n-r)}),$$

代入式(4.14),得

$$\boldsymbol{V}_1^{\mathrm{H}}\boldsymbol{A}^{\mathrm{H}}\boldsymbol{A}\boldsymbol{V}_1 = \boldsymbol{\Sigma}^2, \qquad \boldsymbol{V}_2^{\mathrm{H}}\boldsymbol{A}^{\mathrm{H}}\boldsymbol{A}\boldsymbol{V}_2 = \boldsymbol{O}.$$

于是

$$\boldsymbol{\Sigma}^{-1}\boldsymbol{V}_1^{\mathrm{H}}\boldsymbol{A}^{\mathrm{H}}\boldsymbol{A}\boldsymbol{V}_1\boldsymbol{\Sigma}^{-1} = \boldsymbol{I}_r, \qquad (\boldsymbol{A}\boldsymbol{V}_2)^{\mathrm{H}}(\boldsymbol{A}\boldsymbol{V}_2) = \boldsymbol{O}.$$

从而 $\boldsymbol{A}\boldsymbol{V}_2=\boldsymbol{O}$. 又记 $\boldsymbol{U}_1=\boldsymbol{A}\boldsymbol{V}_1\boldsymbol{\Sigma}^{-1}$,由上式知 $\boldsymbol{U}_1^{\mathrm{H}}\boldsymbol{U}_1=\boldsymbol{I}_r$,即 $\boldsymbol{U}_1$ 的 r 个列是两两正交的单位向量. 取 $\boldsymbol{U}_2\in\mathbf{C}^{m\times(m-r)}$,使得 $\boldsymbol{U}=(\boldsymbol{U}_1,\boldsymbol{U}_2)$ 为 m 阶酉矩阵,即

$$\boldsymbol{U}_2^{\mathrm{H}}\boldsymbol{U}_1 = \boldsymbol{O}, \qquad \boldsymbol{U}_2^{\mathrm{H}}\boldsymbol{U}_2 = \boldsymbol{I}_{m-r},$$

则有

$$\begin{aligned}\boldsymbol{U}^{\mathrm{H}}\boldsymbol{A}\boldsymbol{V} &= \begin{pmatrix} \boldsymbol{U}_1^{\mathrm{H}} \\ \boldsymbol{U}_2^{\mathrm{H}} \end{pmatrix}\boldsymbol{A}(\boldsymbol{V}_1,\boldsymbol{V}_2) = \begin{pmatrix} \boldsymbol{U}_1^{\mathrm{H}}\boldsymbol{A}\boldsymbol{V}_1 & \boldsymbol{U}_1^{\mathrm{H}}\boldsymbol{A}\boldsymbol{V}_2 \\ \boldsymbol{U}_2^{\mathrm{H}}\boldsymbol{A}\boldsymbol{V}_1 & \boldsymbol{U}_2^{\mathrm{H}}\boldsymbol{A}\boldsymbol{V}_2 \end{pmatrix} \\ &= \begin{pmatrix} \boldsymbol{U}_1^{\mathrm{H}}(\boldsymbol{U}_1\boldsymbol{\Sigma}) & \boldsymbol{O} \\ \boldsymbol{U}_2^{\mathrm{H}}(\boldsymbol{U}_1\boldsymbol{\Sigma}) & \boldsymbol{O} \end{pmatrix} = \begin{pmatrix} \boldsymbol{\Sigma} & \boldsymbol{O} \\ \boldsymbol{O} & \boldsymbol{O} \end{pmatrix}.\end{aligned}$$

证毕

推论 设 $\boldsymbol{A}\in\mathbf{C}_n^{n\times n}$,则存在 n 阶酉矩阵 $\boldsymbol{U}$ 和 $\boldsymbol{V}$,使得

$$\boldsymbol{U}^{\mathrm{H}}\boldsymbol{A}\boldsymbol{V} = \mathrm{diag}(\sigma_1,\sigma_2,\cdots,\sigma_n),$$

其中 $\sigma_i>0(i=1,2,\cdots,n)$ 为 $\boldsymbol{A}$ 的奇异值.

例 4.12 求矩阵 $\boldsymbol{A}=\begin{pmatrix} 1 & 0 & 1 \\ 0 & 1 & 1 \\ 0 & 0 & 0 \end{pmatrix}$ 的奇异值分解.

解 可求得 $\boldsymbol{A}^{\mathrm{T}}\boldsymbol{A}=\begin{pmatrix} 1 & 0 & 1 \\ 0 & 1 & 1 \\ 1 & 1 & 2 \end{pmatrix}$ 的特征值为 $\lambda_1=3,\lambda_2=1,\lambda_3=0$, 对应的特征向量依次为

$$\boldsymbol{p}_1 = \begin{pmatrix} 1 \\ 1 \\ 2 \end{pmatrix}, \quad \boldsymbol{p}_2 = \begin{pmatrix} -1 \\ 1 \\ 0 \end{pmatrix}, \quad \boldsymbol{p}_3 = \begin{pmatrix} -1 \\ -1 \\ 1 \end{pmatrix}.$$

故正交矩阵 $\boldsymbol{V}=\begin{pmatrix}\frac{1}{\sqrt{6}} & -\frac{1}{\sqrt{2}} & -\frac{1}{\sqrt{3}}\\ \frac{1}{\sqrt{6}} & \frac{1}{\sqrt{2}} & -\frac{1}{\sqrt{3}}\\ \frac{2}{\sqrt{6}} & 0 & \frac{1}{\sqrt{3}}\end{pmatrix}$，使得 $\boldsymbol{V}^{\mathrm{T}}\boldsymbol{A}^{\mathrm{T}}\boldsymbol{A}\boldsymbol{V}=\begin{pmatrix}3&0&0\\0&1&0\\0&0&0\end{pmatrix}$.

计算

$$\boldsymbol{U}_1=\boldsymbol{A}\boldsymbol{V}_1\boldsymbol{\Sigma}^{-1}=\begin{pmatrix}1&0&1\\0&1&1\\0&0&0\end{pmatrix}\begin{pmatrix}\frac{1}{\sqrt{6}} & -\frac{1}{\sqrt{2}}\\ \frac{1}{\sqrt{6}} & \frac{1}{\sqrt{2}}\\ \frac{2}{\sqrt{6}} & 0\end{pmatrix}\begin{pmatrix}\frac{1}{\sqrt{3}} & 0\\ 0 & 1\end{pmatrix}=\begin{pmatrix}\frac{1}{\sqrt{2}} & -\frac{1}{\sqrt{2}}\\ \frac{1}{\sqrt{2}} & \frac{1}{\sqrt{2}}\\ 0 & 0\end{pmatrix},$$

取 $\boldsymbol{U}_2=(0,0,1)^{\mathrm{T}}$，则 $\boldsymbol{U}=(\boldsymbol{U}_1,\boldsymbol{U}_2)$ 是酉矩阵. 故 $\boldsymbol{A}$ 的奇异值分解为

$$\boldsymbol{A}=\begin{pmatrix}\frac{1}{\sqrt{2}} & -\frac{1}{\sqrt{2}} & 0\\ \frac{1}{\sqrt{2}} & \frac{1}{\sqrt{2}} & 0\\ 0 & 0 & 1\end{pmatrix}\begin{pmatrix}\sqrt{3}&0&0\\0&1&0\\0&0&0\end{pmatrix}\begin{pmatrix}\frac{1}{\sqrt{6}} & \frac{1}{\sqrt{6}} & \frac{2}{\sqrt{6}}\\ -\frac{1}{\sqrt{2}} & \frac{1}{\sqrt{2}} & 0\\ -\frac{1}{\sqrt{3}} & -\frac{1}{\sqrt{3}} & \frac{1}{\sqrt{3}}\end{pmatrix}.$$

由式(4.13)可得

$$\boldsymbol{A}\boldsymbol{A}^{\mathrm{H}}\boldsymbol{U}=\boldsymbol{U}\boldsymbol{U}^{\mathrm{H}}\boldsymbol{A}\boldsymbol{V}(\boldsymbol{U}^{\mathrm{H}}\boldsymbol{A}\boldsymbol{V})^{\mathrm{H}}=\boldsymbol{U}\begin{pmatrix}\boldsymbol{\Sigma}^2 & \boldsymbol{O}\\ \boldsymbol{O} & \boldsymbol{O}\end{pmatrix},$$

$$\boldsymbol{A}^{\mathrm{H}}\boldsymbol{A}\boldsymbol{V}=\boldsymbol{V}(\boldsymbol{U}^{\mathrm{H}}\boldsymbol{A}\boldsymbol{V})^{\mathrm{H}}\boldsymbol{U}^{\mathrm{H}}\boldsymbol{A}\boldsymbol{V}=\boldsymbol{V}\begin{pmatrix}\boldsymbol{\Sigma}^2 & \boldsymbol{O}\\ \boldsymbol{O} & \boldsymbol{O}\end{pmatrix}.$$

从而 $\boldsymbol{U}$ 的列向量是 $\boldsymbol{A}\boldsymbol{A}^{\mathrm{H}}$ 的单位正交特征向量，而 $\boldsymbol{V}$ 的列向量是 $\boldsymbol{A}^{\mathrm{H}}\boldsymbol{A}$ 的单位正交特征向量. 这就给出了求矩阵的奇异值分解时如何求酉矩阵 $\boldsymbol{U}$ 和 $\boldsymbol{V}$ 的另一种方法，但所得结果需进行检验.

对于例 4.12 的矩阵 $\boldsymbol{A}$ 可求得

$$\boldsymbol{A}\boldsymbol{A}^{\mathrm{T}}=\begin{pmatrix}2&1&0\\1&2&0\\0&0&0\end{pmatrix}.$$

$\boldsymbol{A}\boldsymbol{A}^{\mathrm{T}}$ 的特征值为 $\lambda_1=3,\lambda_2=1,\lambda_3=0$（$\boldsymbol{A}\boldsymbol{A}^{\mathrm{T}}$ 的非零特征值应与 $\boldsymbol{A}^{\mathrm{T}}\boldsymbol{A}$ 的非零特征值对应），对应的特征向量依次为

$$\boldsymbol{p}_1=\begin{pmatrix}1\\1\\0\end{pmatrix},\quad \boldsymbol{p}_2=\begin{pmatrix}-1\\1\\0\end{pmatrix},\quad \boldsymbol{p}_3=\begin{pmatrix}0\\0\\1\end{pmatrix}.$$

故正交矩阵 $\boldsymbol{U}=\begin{pmatrix}\frac{1}{\sqrt{2}} & -\frac{1}{\sqrt{2}} & 0\\ \frac{1}{\sqrt{2}} & \frac{1}{\sqrt{2}} & 0\\ 0 & 0 & 1\end{pmatrix}$，使得 $\boldsymbol{U}^{\mathrm{T}}\boldsymbol{A}\boldsymbol{A}^{\mathrm{T}}\boldsymbol{U}=\begin{pmatrix}3&0&0\\0&1&0\\0&0&0\end{pmatrix}$.

这里所求的酉矩阵 $\boldsymbol{U}$ 与例 4.12 的相同，从而 $\boldsymbol{A}$ 的奇异值分解也相同.

若取 $\boldsymbol{U}=\begin{pmatrix}\frac{1}{\sqrt{2}} & \frac{1}{\sqrt{2}} & 0\\ \frac{1}{\sqrt{2}} & -\frac{1}{\sqrt{2}} & 0\\ 0 & 0 & 1\end{pmatrix}$，也有 $\boldsymbol{U}^{\mathrm{T}}\boldsymbol{A}\boldsymbol{A}^{\mathrm{T}}\boldsymbol{U}=\begin{pmatrix}3&0&0\\0&1&0\\0&0&0\end{pmatrix}$，但此时

$$\boldsymbol{A}\neq\boldsymbol{U}\begin{pmatrix}\sqrt{3}&0&0\\0&1&0\\0&0&0\end{pmatrix}\boldsymbol{V}^{\mathrm{T}}.$$

由奇异值分解可以得到以下一些结论.

定理 4.21 设 $\boldsymbol{A}\in\mathbf{C}^{n\times n}$，则 $\boldsymbol{A}$ 可分解为

$$\boldsymbol{A}=\boldsymbol{B}\boldsymbol{Q}=\boldsymbol{Q}\boldsymbol{C},\tag{4.15}$$

其中 $\boldsymbol{Q}$ 是 n 阶酉矩阵，$\boldsymbol{B}$ 和 $\boldsymbol{C}$ 是 Hermite 半正定矩阵. 称式(4.15)为矩阵 $\boldsymbol{A}$ 的**极分解**.

证 把 $\boldsymbol{A}$ 的奇异值分解式(4.13)改写为

$$\boldsymbol{A}=\boldsymbol{U}\begin{pmatrix}\boldsymbol{\Sigma}&\boldsymbol{O}\\\boldsymbol{O}&\boldsymbol{O}\end{pmatrix}\boldsymbol{V}^{\mathrm{H}}=\boldsymbol{U}\begin{pmatrix}\boldsymbol{\Sigma}&\boldsymbol{O}\\\boldsymbol{O}&\boldsymbol{O}\end{pmatrix}\boldsymbol{U}^{\mathrm{H}}\boldsymbol{U}\boldsymbol{V}^{\mathrm{H}}=\boldsymbol{U}\boldsymbol{V}^{\mathrm{H}}\boldsymbol{V}\begin{pmatrix}\boldsymbol{\Sigma}&\boldsymbol{O}\\\boldsymbol{O}&\boldsymbol{O}\end{pmatrix}\boldsymbol{V}^{\mathrm{H}}.$$

记

$$\boldsymbol{B}=\boldsymbol{U}\begin{pmatrix}\boldsymbol{\Sigma}&\boldsymbol{O}\\\boldsymbol{O}&\boldsymbol{O}\end{pmatrix}\boldsymbol{U}^{\mathrm{H}},\quad \boldsymbol{C}=\boldsymbol{V}\begin{pmatrix}\boldsymbol{\Sigma}&\boldsymbol{O}\\\boldsymbol{O}&\boldsymbol{O}\end{pmatrix}\boldsymbol{V}^{\mathrm{H}},\quad \boldsymbol{Q}=\boldsymbol{U}\boldsymbol{V}^{\mathrm{H}},$$

则有

$$\boldsymbol{A}=\boldsymbol{B}\boldsymbol{Q}=\boldsymbol{Q}\boldsymbol{C}.$$

易证 $\boldsymbol{B}$ 和 $\boldsymbol{C}$ 是 Hermite 半正定矩阵，$\boldsymbol{Q}$ 为酉矩阵. 证毕

当 $\boldsymbol{A}$ 是一阶复方阵时，由于一阶酉矩阵形如$(\mathrm{e}^{\mathrm{i}\theta})$，其中 θ 为实数，而一阶Hermite 半正定矩阵形如(r)，其中 r 是非负实数，于是式(4.15)给出了复数 z 在复平面的极坐标系中的表达式 $z=r\mathrm{e}^{\mathrm{i}\theta}$$(r\geqslant0,\theta$ 为实数). 这也是称式(4.15)为 $\boldsymbol{A}$ 的极分解的原因.

定理 4.22　设 $A \in C_r^{m\times n}$，$b \in C^m$，且 A 的奇异值分解为

$$A = U\begin{pmatrix}\Sigma & O\\ O & O\end{pmatrix}V^{H},$$

则

$$x^{(0)} = V\begin{pmatrix}\Sigma^{-1} & O\\ O & O\end{pmatrix}U^{H}b$$

是矛盾方程组 $Ax=b$ 的最小二乘解；如果 $Ax=b$ 的最小二乘解不唯一，则 $x^{(0)}$ 是其中具有最小 2 范数的向量，称 $x^{(0)}$ 为 $Ax=b$ 的**极小范数最小二乘解**.

证　令 $y=V^{H}x$，$c=U^{H}b$，且将其分块为

$$y=\begin{pmatrix}y_1\\ y_2\end{pmatrix},\quad c=\begin{pmatrix}c_1\\ c_2\end{pmatrix}\qquad (y_1, c_1 \in C^r),$$

则有

$$\begin{aligned}\|Ax-b\|_2^2 &= \|U^{H}(Ax-b)\|_2^2 = \|U^{H}AVV^{H}x-U^{H}b\|_2^2\\ &= \left\|\begin{pmatrix}\Sigma & O\\ O & O\end{pmatrix}y-c\right\|_2^2 = \left\|\begin{pmatrix}\Sigma y_1-c_1\\ -c_2\end{pmatrix}\right\|_2^2\\ &= \|\Sigma y_1-c_1\|_2^2+\|c_2\|_2^2 \geqslant \|c_2\|_2^2.\end{aligned}$$

这表明对任意 $x\in C^n$，$\|Ax-b\|_2$ 有下界 $\|c_2\|_2$. 如果取 $y_1=\Sigma^{-1}c_1$，而 y_2 任意时，$\|Ax-b\|_2$ 可以达到这个下界. 故

$$x=Vy=V\begin{pmatrix}\Sigma^{-1}c_1\\ y_2\end{pmatrix}\qquad (y_2\in C^{n-r}\text{ 任意})$$

是 $Ax=b$ 的最小二乘解. 取 $y_2=0$，得

$$x^{(0)}=V\begin{pmatrix}\Sigma^{-1}c_1\\ 0\end{pmatrix}=V\begin{pmatrix}\Sigma^{-1} & O\\ O & O\end{pmatrix}\begin{pmatrix}c_1\\ c_2\end{pmatrix}=V\begin{pmatrix}\Sigma^{-1} & O\\ O & O\end{pmatrix}U^{H}b.$$

容易证明它是最小二乘解中具有最小 2 范数者.　　证毕

下面介绍矩阵的奇异值分解在数字图像压缩技术中的应用.

假定一幅数字图像有 $m\times n$ 个像素，每个像素表示一个灰度值(对于黑白图片，灰度值是介于 0 和 255 之间的一个值). 如果将这 mn 个数据一起传送，往往数据量会很大. 因此在数字图像传输的过程中要对图像进行压缩，使得发送端传送一些比较少的数据，而在接收端利用这些传输数据对图像进行重构后失真较小. 原始图像可以用 $m\times n$ 矩阵 A 来表示，它有 mn 个非负元素. 利用矩阵的奇异值分解可以将原始的 $m\times n$ 矩阵和一个只包含几个(非零)奇异值的矩阵对应，即将“大”的矩阵对应到“小”的矩阵，这就产生了“压缩”的思想，并且利用矩阵的计算可以恢复矩阵的元素.

假设对矩阵 A 进行奇异值分解如式(4.13)，其中 $\Sigma=\mathrm{diag}(\sigma_1,\sigma_2,\cdots,\sigma_r)$，而

$$\sigma_1 \geqslant \sigma_2 \geqslant \cdots \geqslant \sigma_r > \sigma_{r+1} = \cdots = \sigma_n = 0$$

为 $\boldsymbol{A}$ 的奇异值,它们按照从大到小的顺序排列. 将 m 阶正交矩阵 $\boldsymbol{U}$ 和 n 阶正交矩阵 $\boldsymbol{V}$ 按列分块为 $\boldsymbol{U}=(\boldsymbol{u}_1,\boldsymbol{u}_2,\cdots,\boldsymbol{u}_m)$,$\boldsymbol{V}=(\boldsymbol{v}_1,\boldsymbol{v}_2,\cdots,\boldsymbol{v}_n)$,代入式(4.13)得

$$\boldsymbol{A}=\sigma_1\boldsymbol{u}_1\boldsymbol{v}_1^{\mathrm{T}}+\sigma_2\boldsymbol{u}_2\boldsymbol{v}_2^{\mathrm{T}}+\cdots+\sigma_r\boldsymbol{u}_r\boldsymbol{v}_r^{\mathrm{T}}.$$

实际上,较小的奇异值对图像的贡献也较小. 如果从上式中选择 k 个大奇异值 σ_1,σ_2,$\cdots$,σ_k,以及这些奇异值对应的向量 $\boldsymbol{u}_1,\boldsymbol{u}_2,\cdots,\boldsymbol{u}_k$ 和 $\boldsymbol{v}_1,\boldsymbol{v}_2,\cdots,\boldsymbol{v}_k$,共 $(m+n+1)k$ 个数值来代替原来的 mn 个图像数据进行传送,接收端收到这些数据后通过公式 $\boldsymbol{A}_k=\sigma_1\boldsymbol{u}_1\boldsymbol{v}_1^{\mathrm{T}}+\sigma_2\boldsymbol{u}_2\boldsymbol{v}_2^{\mathrm{T}}+\cdots+\sigma_k\boldsymbol{u}_k\boldsymbol{v}_k^{\mathrm{T}}$ 即可重构出原图像的近似图像. 显然,k 越大,则 $\boldsymbol{A}_k$ 的近似程度越高,重构的图像质量也越高;但是 k 越大,则需要传送的数据越多,图像传输效率就越低. 用比率

$$\rho=\frac{mn}{(m+n+1)k}\quad(1\leqslant k\leqslant r)$$

来反映图像传输效率,称它为图像的**压缩比**. 在实际应用中应该根据需要,在兼顾传输效率和重构图像质量的同时选择合适的压缩比. 在一般情况下,对于 $256\leqslant m,n\leqslant 2048$ 的图像,选取 $25\leqslant k\leqslant 100$ 时都有较好的视觉效果.

图 4.4(a)是一张 512×512 像素的原始黑白图片,对其相应的 512×512 矩阵采用奇异值分解进行处理. 图 4.4(b)是取 $k=2$ 重构的图像,此时压缩比

$$\rho=\frac{512\times 512}{(512+512+1)\times 2}=127.8751.$$

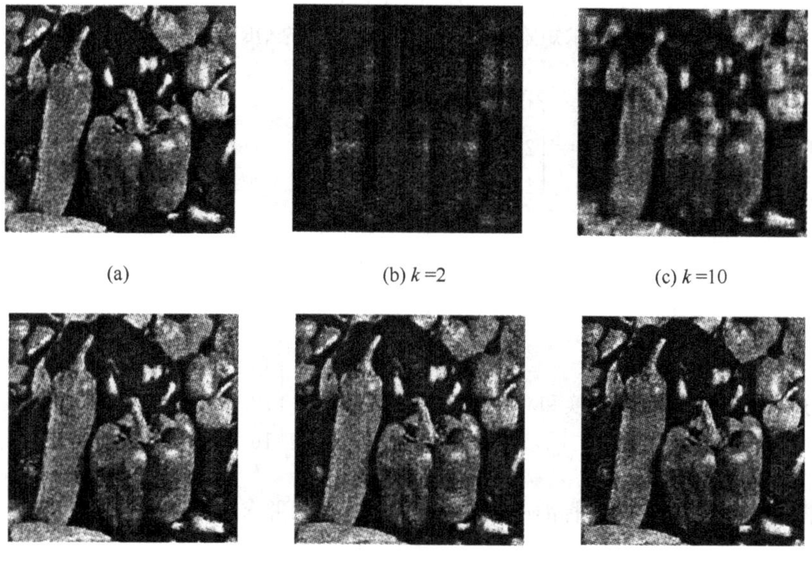

(a) (b) $k=2$ (c) $k=10$

(d) $k=25$ (e) $k=50$ (f) $k=75$

图 4.4

但看不出是什么图形. 图 4.4(c)是取 $k=10$ 重构的图像,此时压缩比 $\rho=25.5750$, 压缩比下降了很多,但已经可以看清图形的轮廓了. 图 4.4(d)是取 $k=25$ 重构的图像,压缩比 $\rho=10.2300$,此时图形比较清晰了. 图 4.4(e)是取 $k=50$ 重构的图像,压缩比 $\rho=5.1150$,此时图形已经接近原图了. 图 4.4(f)是取 $k=75$ 重构的图像,压缩比 $\rho=3.4100$,此时图形已经很接近原图了. 图 4.4(e)和(f)的差别或改变已经不那么大了,而原图的数据量是图 4.4(f)的 3.41 倍.

习　题　4

1. 求矩阵 $\boldsymbol{A}=\begin{pmatrix}1&3&0\\2&3&0\\2&0&-6\end{pmatrix}$ 的 Doolittle 分解与 Crout 分解.

2. 求矩阵 $\boldsymbol{A}=\begin{pmatrix}5&2&-4\\2&1&-2\\-4&-2&5\end{pmatrix}$ 的 Cholesky 分解.

3. 用 Householder 变换求矩阵 $\boldsymbol{A}=\begin{pmatrix}0&4&1\\1&1&1\\0&3&2\end{pmatrix}$ 的 QR 分解.

4. 用 Givens 变换求矩阵 $\boldsymbol{A}=\begin{pmatrix}2&2&1\\0&2&2\\2&1&2\end{pmatrix}$ 的 QR 分解.

5. 用 Schmidt 正交化方法求矩阵 $\boldsymbol{A}=\begin{pmatrix}-1&\mathrm{i}&0\\-\mathrm{i}&0&-\mathrm{i}\\0&\mathrm{i}&-1\end{pmatrix}$ 的 QR 分解.

6. 用 Givens 变换求矩阵 $\boldsymbol{A}=\begin{pmatrix}1&0&2\\2&0&4\\1&1&0\end{pmatrix}$ 的 QR 分解.

7. 分别用 Householder 变换和 Givens 变换使矩阵 $\boldsymbol{A}=\begin{pmatrix}1&2&-1\\0&1&2\\1&-1&1\end{pmatrix}$ 正交相似于上Hessenberg 矩阵.

8. 分别用 Householder 变换和 Givens 变换使矩阵 $\boldsymbol{A}=\begin{pmatrix}0&12&16\\12&288&309\\16&309&312\end{pmatrix}$ 正交相似于三对角矩阵.

9. 求下列矩阵的 Hermite 标准形和所用的变换矩阵 $\boldsymbol{S}$,并求满秩分解:

(1) $\boldsymbol{A}=\begin{pmatrix}1&2&3&0\\0&2&1&-1\\-2&4&-2&-4\end{pmatrix}$;　(2) $\boldsymbol{A}=\begin{pmatrix}1&-1&1&1\\-1&1&-1&-1\\-1&-1&1&1\\1&1&-1&-1\end{pmatrix}$;

(3) $\boldsymbol{A}=\begin{pmatrix}1&2&3&6\\2&4&6&12\\1&2&3&6\\2&4&6&12\end{pmatrix}$.

10. 求下列矩阵的奇异值分解：

(1) $\boldsymbol{A}=\begin{pmatrix}1&0&0\\2&0&0\end{pmatrix}$； (2)$\boldsymbol{A}=\begin{pmatrix}1&0\\0&1\\1&1\end{pmatrix}$.

11. 设 $\boldsymbol{A}\in\mathbf{C}_r^{m\times n}(r>0)$，$\sigma_i(i=1,2,\cdots,r)$是 $\boldsymbol{A}$ 的非零奇异值，证明 $\|\boldsymbol{A}\|_{\mathrm{F}}^2=\sum_{i=1}^{r}\sigma_i^2$.

第 5 章　特征值的估计与表示

特征值是矩阵的重要参数之一.矩阵的特征值可以用复平面上的点来表示.当矩阵的阶数较高时,计算它的特征值一般比较困难,而对它的特征值的位置给出一个范围就是特征值的估计问题.对于很多的应用问题,只要粗略地估计特征值的大小或者分布范围就够了.例如,讨论矩阵幂级数 $\sum_{k=0}^{\infty} c_k \boldsymbol{A}^k$ 是否收敛时,需要判别 $\boldsymbol{A}$ 的谱半径是否小于幂级数 $\sum_{k=0}^{\infty} c_k z^k$ 的收敛半径;用迭代法求解线性方程组时,为讨论其收敛性,需要估计迭代矩阵的谱半径是否小于 1;讨论差分方法的稳定性时,需要判定矩阵的特征值是否都在复平面的单位圆上;在自动控制理论中,通过估计矩阵的特征值是否都有负的实部,即是否都位于复平面的左半平面上,便可判定系统的稳定性.因此,从矩阵的元素出发,若能用较简便的运算给出矩阵特征值的所在范围,将有十分重要的意义.

5.1　特征值界的估计

本节介绍矩阵特征值及其实部与虚部的界的几个不等式.

引理 5.1　设 $\boldsymbol{A} \in \mathbf{C}^{n\times n}, \boldsymbol{y} \in \mathbf{C}^n$ 满足 $\|\boldsymbol{y}\|_2 = 1$,则 $|\boldsymbol{y}^{\mathrm{H}}\boldsymbol{A}\boldsymbol{y}| \leqslant \|\boldsymbol{A}\|_{m_\infty}$.

证　设 $\boldsymbol{A} = (a_{ij})_{n\times n}, \boldsymbol{y} = (\eta_1, \eta_2, \cdots, \eta_n)^{\mathrm{T}}$,则有

$$
\begin{aligned}
|\boldsymbol{y}^{\mathrm{H}}\boldsymbol{A}\boldsymbol{y}| &= \left|\sum_{i=1}^{n}\sum_{j=1}^{n} a_{ij}\bar{\eta}_i\eta_j\right| \leqslant \sum_{i=1}^{n}\sum_{j=1}^{n} |a_{ij}|\,|\bar{\eta}_i|\,|\eta_j| \\
&\leqslant \max_{i,j}|a_{ij}| \sum_{i=1}^{n}\sum_{j=1}^{n} |\eta_i|\,|\eta_j| \leqslant \max_{i,j}|a_{ij}| \cdot \frac{1}{2}\sum_{i=1}^{n}\sum_{j=1}^{n}(|\eta_i|^2 + |\eta_j|^2) \\
&= \max_{i,j}|a_{ij}| \cdot \frac{1}{2}(n+n) = \|\boldsymbol{A}\|_{m_\infty}.
\end{aligned}
$$

证毕

定理 5.1　设 $\boldsymbol{A} \in \mathbf{C}^{n\times n}, \boldsymbol{B} = \frac{1}{2}(\boldsymbol{A}+\boldsymbol{A}^{\mathrm{H}}), \boldsymbol{C} = \frac{1}{2}(\boldsymbol{A}-\boldsymbol{A}^{\mathrm{H}})$,则 $\boldsymbol{A}$ 的任一特征值 λ 满足

$$|\lambda| \leqslant \|\boldsymbol{A}\|_{m_\infty}, \tag{5.1}$$

$$|\mathrm{Re}(\lambda)| \leqslant \|\boldsymbol{B}\|_{m_\infty}, \qquad |\mathrm{Im}(\lambda)| \leqslant \|\boldsymbol{C}\|_{m_\infty}. \tag{5.2}$$

证　设 $\boldsymbol{A}$ 的属于特征值 λ 的单位特征向量为 $\boldsymbol{x}$,即

$$\boldsymbol{Ax}=\lambda\boldsymbol{x}\qquad(\|\boldsymbol{x}\|_2=1).$$

上式两端左乘以 $\boldsymbol{x}^{\mathrm{H}}$ 可得 $\lambda=\boldsymbol{x}^{\mathrm{H}}\boldsymbol{Ax}$，再取共轭转置得 $\bar{\lambda}=\boldsymbol{x}^{\mathrm{H}}\boldsymbol{A}^{\mathrm{H}}\boldsymbol{x}$. 根据引理 5.1，有

$$|\lambda|=|\boldsymbol{x}^{\mathrm{H}}\boldsymbol{Ax}|\leqslant\|\boldsymbol{A}\|_{\mathrm{m}_\infty},$$

$$|\mathrm{Re}(\lambda)|=\frac{1}{2}|\lambda+\bar{\lambda}|=\frac{1}{2}|\boldsymbol{x}^{\mathrm{H}}(\boldsymbol{A}+\boldsymbol{A}^{\mathrm{H}})\boldsymbol{x}|=|\boldsymbol{x}^{\mathrm{H}}\boldsymbol{Bx}|\leqslant\|\boldsymbol{B}\|_{\mathrm{m}_\infty},$$

$$|\mathrm{Im}(\lambda)|=\frac{1}{2}|\lambda-\bar{\lambda}|=\frac{1}{2}|\boldsymbol{x}^{\mathrm{H}}(\boldsymbol{A}-\boldsymbol{A}^{\mathrm{H}})\boldsymbol{x}|=|\boldsymbol{x}^{\mathrm{H}}\boldsymbol{Cx}|\leqslant\|\boldsymbol{C}\|_{\mathrm{m}_\infty}.$$ 证毕

推论 Hermite 矩阵的特征值都是实数，反 Hermite 矩阵的特征值为零或纯虚数.

证 当 $\boldsymbol{A}^{\mathrm{H}}=\boldsymbol{A}$ 时，$\boldsymbol{C}=\frac{1}{2}(\boldsymbol{A}-\boldsymbol{A}^{\mathrm{H}})=\boldsymbol{O}$，由式(5.2)知 $\mathrm{Im}(\lambda)=0$，即 λ 为实数；当 $\boldsymbol{A}^{\mathrm{H}}=-\boldsymbol{A}$ 时，$\boldsymbol{B}=\frac{1}{2}(\boldsymbol{A}+\boldsymbol{A}^{\mathrm{H}})=\boldsymbol{O}$，由式(5.2)知 $\mathrm{Re}(\lambda)=0$，即 λ 为零或纯虚数.

证毕

关于实矩阵特征值虚部的界，还有比式(5.2)的第二个估计式更为精确的估计. 为了讨论方便，先介绍下面的引理.

引理 5.2 对于任意的实数 $\eta_1,\eta_2,\cdots,\eta_n$，恒有

$$\Big(\sum_{k=1}^{n}\eta_k\Big)^2\leqslant n\sum_{k=1}^{n}\eta_k^2. \tag{5.3}$$

证 由 Cauchy-Schwarz 不等式(1.5)，得

$$\Big(\sum_{k=1}^{n}\eta_k\Big)^2=\Big(\sum_{k=1}^{n}1\cdot\eta_k\Big)^2\leqslant\Big(\sum_{k=1}^{n}1^2\Big)\Big(\sum_{k=1}^{n}\eta_k^2\Big)=n\sum_{k=1}^{n}\eta_k^2.$$ 证毕

定理 5.2 设 $\boldsymbol{A}\in\mathbf{R}^{n\times n}$，$\boldsymbol{C}=\frac{1}{2}(\boldsymbol{A}-\boldsymbol{A}^{\mathrm{T}})$，则 $\boldsymbol{A}$ 的任一特征值 λ 满足

$$|\mathrm{Im}(\lambda)|\leqslant\sqrt{\frac{n-1}{2n}}\|\boldsymbol{C}\|_{\mathrm{m}_\infty}. \tag{5.4}$$

证 设 $\boldsymbol{A}$ 的属于特征值 λ 的单位特征向量为 $\boldsymbol{x}=(\xi_1,\xi_2,\cdots,\xi_n)^{\mathrm{T}}$，即

$$\boldsymbol{Ax}=\lambda\boldsymbol{x}\qquad(\|\boldsymbol{x}\|_2=1).$$

上式两端左乘以 $\boldsymbol{x}^{\mathrm{H}}$ 可得 $\lambda=\boldsymbol{x}^{\mathrm{H}}\boldsymbol{Ax}$，再取共轭转置得 $\bar{\lambda}=\boldsymbol{x}^{\mathrm{H}}\boldsymbol{A}^{\mathrm{T}}\boldsymbol{x}$. 由于 $\boldsymbol{C}=(c_{ij})_{n\times n}$ 是实反对称矩阵，所以 $\boldsymbol{x}^{\mathrm{H}}\boldsymbol{Cx}=(\boldsymbol{x}^{\mathrm{H}}\boldsymbol{Cx})^{\mathrm{T}}=-\boldsymbol{x}^{\mathrm{T}}\boldsymbol{C}\bar{\boldsymbol{x}}$. 于是

$$\begin{aligned}\mathrm{Im}(\lambda)&=\frac{1}{2\mathrm{i}}(\lambda-\bar{\lambda})=\frac{1}{2\mathrm{i}}\boldsymbol{x}^{\mathrm{H}}(\boldsymbol{A}-\boldsymbol{A}^{\mathrm{T}})\boldsymbol{x}=\frac{1}{\mathrm{i}}\boldsymbol{x}^{\mathrm{H}}\boldsymbol{Cx}\\&=\frac{1}{2\mathrm{i}}(\boldsymbol{x}^{\mathrm{H}}\boldsymbol{Cx}+\boldsymbol{x}^{\mathrm{H}}\boldsymbol{Cx})=\frac{1}{2\mathrm{i}}(\boldsymbol{x}^{\mathrm{H}}\boldsymbol{Cx}-\boldsymbol{x}^{\mathrm{T}}\boldsymbol{C}\bar{\boldsymbol{x}})\end{aligned}$$

$$=\frac{1}{2\mathrm{i}}\sum_{k=1}^{n}\sum_{j=1}^{n}c_{kj}(\bar{\xi}_k\xi_j-\xi_k\bar{\xi}_j).$$

注意到当 $k=j$ 时 $\bar{\xi}_k\xi_j-\xi_k\bar{\xi}_j=0$，上式两端取模可得

$$\begin{aligned}|\mathrm{Im}(\lambda)|&\leqslant\frac{1}{2}\sum_{k=1}^{n}\sum_{j=1}^{n}|c_{kj}||\bar{\xi}_k\xi_j-\xi_k\bar{\xi}_j|\\&\leqslant\frac{1}{2}\max_{k,j}|c_{kj}|\sum_{k=1}^{n}\sum_{j=1}^{n}|\bar{\xi}_k\xi_j-\xi_k\bar{\xi}_j|\\&=\frac{1}{2n}\|\boldsymbol{C}\|_{\mathrm{m}_\infty}\sum_{k=1}^{n}\sum_{\substack{j=1\\k\neq j}}^{n}|\bar{\xi}_k\xi_j-\xi_k\bar{\xi}_j|.\end{aligned}$$

利用引理 5.2 可得

$$\begin{aligned}|\mathrm{Im}(\lambda)|^2&\leqslant\frac{1}{4n^2}\|\boldsymbol{C}\|_{\mathrm{m}_\infty}^2\Big(\sum_{k=1}^{n}\sum_{\substack{j=1\\k\neq j}}^{n}|\bar{\xi}_k\xi_j-\xi_k\bar{\xi}_j|\Big)^2\\&\leqslant\frac{1}{4n^2}\|\boldsymbol{C}\|_{\mathrm{m}_\infty}^2\cdot n(n-1)\sum_{k=1}^{n}\sum_{\substack{j=1\\k\neq j}}^{n}|\bar{\xi}_k\xi_j-\xi_k\bar{\xi}_j|^2.\end{aligned}\tag{5.5}$$

又由

$$|\bar{\xi}_k\xi_j-\xi_k\bar{\xi}_j|^2=(\bar{\xi}_k\xi_j-\xi_k\bar{\xi}_j)(\xi_k\bar{\xi}_j-\bar{\xi}_k\xi_j)=2|\xi_k|^2|\xi_j|^2-\xi_k^2\bar{\xi}_j^2-\bar{\xi}_k^2\xi_j^2,$$

可得

$$\begin{aligned}\sum_{k=1}^{n}\sum_{\substack{j=1\\k\neq j}}^{n}|\bar{\xi}_k\xi_j-\xi_k\bar{\xi}_j|^2&=\sum_{k=1}^{n}\sum_{j=1}^{n}|\bar{\xi}_k\xi_j-\xi_k\bar{\xi}_j|^2\\&=2\sum_{k=1}^{n}\sum_{j=1}^{n}|\xi_k|^2|\xi_j|^2-\sum_{k=1}^{n}\sum_{j=1}^{n}(\xi_k^2\bar{\xi}_j^2+\bar{\xi}_k^2\xi_j^2)\\&=2\Big(\sum_{k=1}^{n}|\xi_k|^2\Big)^2-2\sum_{k=1}^{n}\xi_k^2\cdot\sum_{j=1}^{n}\bar{\xi}_j^2\\&=2-2\Big|\sum_{k=1}^{n}\xi_k^2\Big|^2\leqslant 2.\end{aligned}$$

代入式(5.5)，然后开平方即得式(5.4).　　　　证毕

易见，$\sqrt{\frac{n-1}{2n}}<\frac{1}{\sqrt{2}}<1$. 因此，当 $\boldsymbol{A}$ 为实矩阵时，式(5.4)给出的界比式(5.2)中第二个估计式给出的界小一些.

例 5.1　设 $\boldsymbol{A}=\begin{pmatrix}0&2&1\\-2&0&2\\-1&-2&0\end{pmatrix}$，估计 $\boldsymbol{A}$ 的特征值的界.

解　因为

$$\boldsymbol{B}=\frac{1}{2}(\boldsymbol{A}+\boldsymbol{A}^{\mathrm{T}})=\boldsymbol{O},\qquad \boldsymbol{C}=\frac{1}{2}(\boldsymbol{A}-\boldsymbol{A}^{\mathrm{T}})=\boldsymbol{A},$$

所以

$$\|A\|_{m_\infty}=6,\quad \|B\|_{m_\infty}=0,\quad \|C\|_{m_\infty}=6.$$

由定理 5.1 知 A 的任一特征值 λ 满足

$$|\lambda|\leqslant 6,\quad |\mathrm{Re}(\lambda)|=0,\quad |\mathrm{Im}(\lambda)|\leqslant 6,$$

可见 A 的特征值是 0 或纯虚数. 由定理 5.2 知 A 的任一特征值 λ 满足

$$|\mathrm{Im}(\lambda)|\leqslant\sqrt{\frac{3-1}{2\times 3}}\,\|C\|_{m_\infty}\approx 3.4641.$$

故所给矩阵 A 的特征值的模不超过 3.4641,且由定理 5.2 得到的界比由定理 5.1 得到的界好一些.

容易求得 A 的特征值为 $\lambda_1=0,\lambda_2=3\mathrm{i},\lambda_3=-3\mathrm{i}$,从而有 $|\mathrm{Im}(\lambda)|\leqslant 3$. 因此,由估计式确定的特征值的界比实际的界大一些.

关于矩阵特征值模的平方和,有下面的上界估计.

定理 5.3 (Schur) 设 $A\in\mathbf{C}^{n\times n}$ 的特征值为 $\lambda_1,\lambda_2,\cdots,\lambda_n$,则

$$|\lambda_1|^2+|\lambda_2|^2+\cdots+|\lambda_n|^2\leqslant\|A\|_F^2, \tag{5.6}$$

且式(5.6)中等号成立的充分必要条件是 A 为正规矩阵.

证 根据定理 1.22,存在酉矩阵 U,使得 $U^{\mathrm{H}}AU=T$,其中 $T=(t_{ij})_{n\times n}$ 是上三角矩阵. 于是

$$\sum_{k=1}^{n}|\lambda_k|^2=\sum_{k=1}^{n}|t_{kk}|^2\leqslant\|T\|_F^2=\|U^{\mathrm{H}}AU\|_F^2=\|A\|_F^2.$$

上式成立的充分必要条件是 T 为对角矩阵. 由定理 1.23 知,A 酉相似于对角矩阵的充分必要条件是 A 为正规矩阵. 证毕

5.2 特征值的包含区域

上节中的几个定理只能给出矩阵的特征值分布区域的大致估计. 本节介绍一些更为精细的结果.

5.2.1 Gerschgorin 定理

定义 5.1 设 $A=(a_{ij})_{n\times n}$,记

$$R_i=\sum_{\substack{j=1\\ j\neq i}}^{n}|a_{ij}|\qquad(i=1,2,\cdots,n), \tag{5.7}$$

称复平面上的圆域

$$G_i=\left\{z\,\middle|\,|z-a_{ii}|\leqslant R_i,z\in\mathbf{C}\right\}\qquad(i=1,2,\cdots,n) \tag{5.8}$$

为矩阵 A 的第 i 个 **Gerschgorin 圆(盖尔圆)**,称 R_i 为盖尔圆 G_i 的**半径**.

定理 5.4(Gerschgorin 1)　矩阵 $\boldsymbol{A}\in\mathbf{C}^{n\times n}$ 的全体特征值都在它的 n 个盖尔圆构成的并集之中.

证　设 λ 为 $\boldsymbol{A}=(a_{ij})_{n\times n}$ 的任一特征值,$\boldsymbol{x}=(\xi_1,\xi_2,\cdots,\xi_n)^{\mathrm{T}}$ 为 $\boldsymbol{A}$ 的属于特征值 λ 的特征向量. 选取 i_0 使得 $|\xi_{i_0}|=\max\limits_i|\xi_i|$,则有 $\xi_{i_0}\neq 0$. 由于 $\boldsymbol{Ax}=\lambda\boldsymbol{x}$,所以

$$\sum_{j=1}^{n}a_{i_0j}\xi_j=\lambda\xi_{i_0},$$

即

$$(\lambda-a_{i_0i_0})\xi_{i_0}=\sum_{j\neq i_0}a_{i_0j}\xi_j.$$

由此可得

$$|\lambda-a_{i_0i_0}|=\left|\sum_{j\neq i_0}a_{i_0j}\frac{\xi_j}{\xi_{i_0}}\right|\leqslant\sum_{j\neq i_0}|a_{i_0j}|\frac{|\xi_j|}{|\xi_{i_0}|}\leqslant R_{i_0},$$

也就是 $\lambda\in G_{i_0}$. 从而 λ 在 $\boldsymbol{A}$ 的 n 个盖尔圆构成的并集之中.　　证毕

注意到 $\boldsymbol{A}\in\mathbf{C}^{n\times n}$ 与 $\boldsymbol{A}^{\mathrm{T}}$ 的特征值相同,根据定理 5.4 可得:$\boldsymbol{A}$ 的全体特征值都在 $\boldsymbol{A}^{\mathrm{T}}$ 的 n 个盖尔圆构成的并集之中. 称 $\boldsymbol{A}^{\mathrm{T}}$ 的盖尔圆为 $\boldsymbol{A}$ 的**列盖尔圆**.

例 5.2　估计矩阵

$$\boldsymbol{A}=\begin{pmatrix}2&-1&-2&0\\-1&3&2\mathrm{i}&0\\0&-\mathrm{i}&10&\mathrm{i}\\-2&0&0&6\mathrm{i}\end{pmatrix}$$

的特征值分布范围.

解　矩阵 $\boldsymbol{A}$ 的 4 个盖尔圆为

$$G_1:|z-2|\leqslant 3,\quad G_2:|z-3|\leqslant 3,$$
$$G_3:|z-10|\leqslant 2,\quad G_4:|z-6\mathrm{i}|\leqslant 2,$$

故 $\boldsymbol{A}$ 的 4 个特征值都在 $\bigcup\limits_{i=1}^{4}G_i$ 之中(见图 5.1).

矩阵 $\boldsymbol{A}$ 的 4 个列盖尔圆为

$$G_1':|z-2|\leqslant 3,\quad G_2':|z-3|\leqslant 2,$$
$$G_3':|z-10|\leqslant 4,\quad G_4':|z-6\mathrm{i}|\leqslant 1,$$

故 $\boldsymbol{A}$ 的 4 个特征值都在 $\bigcup\limits_{i=1}^{4}G_i'$ 之中(见图 5.2).

定理 5.4 只说明 $\boldsymbol{A}$ 的全体特征值都在它的 n 个盖尔圆的并集之中,而没有说明哪个盖尔圆中有几个特征值. 下面就来讨论这一问题.

定义 5.2　在矩阵 $\boldsymbol{A}$ 的盖尔圆中,相交在一起的盖尔圆构成的最大连通区域称为一个**连通部分**. 孤立的一个盖尔圆也是一个连通部分.

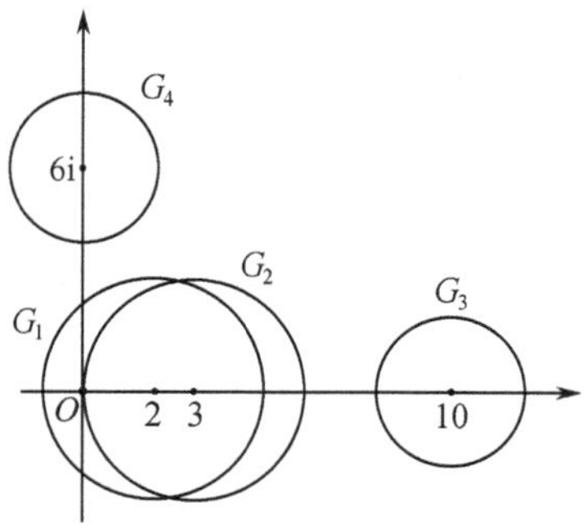

图 5.1

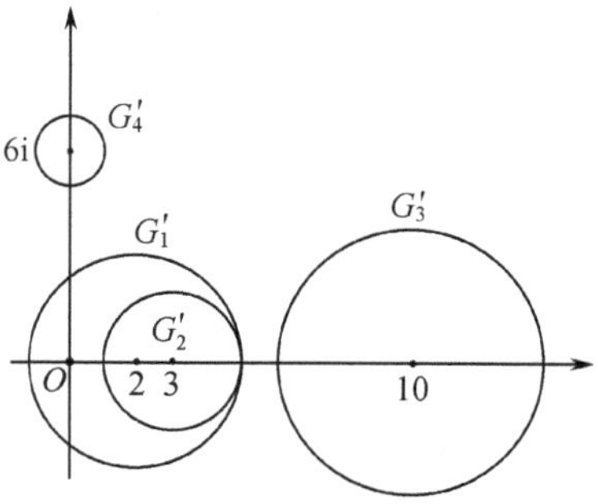

图 5.2

在例 5.2 中,$G_1 \cup G_2$ 是一个连通部分,G_3 与 G_4 各是一个连通部分.

定理 5.5(Gerschgorin 2) 若矩阵 $\boldsymbol{A}$ 的某一连通部分由 $\boldsymbol{A}$ 的 k 个盖尔圆构成,则其中有且仅有 $\boldsymbol{A}$ 的 k 个特征值(盖尔圆相重时重复计数,特征值相同时也重复计数).

证明略.

由定理 5.5 可知,例 5.2 中的孤立盖尔圆 G_3 与 G_4 各含 $\boldsymbol{A}$ 的一个特征值,而连通部分 $G_1 \cup G_2$ 含 $\boldsymbol{A}$ 的两个特征值.

需要指出,由两个或两个以上的盖尔圆构成的连通部分,特征值分布不一定是平均的,即可以在其中的某个盖尔圆中有几个特征值,而在另外的一些盖尔圆中无特征值.

例 5.3 估计矩阵 $\boldsymbol{A}=\begin{pmatrix} 10 & -8 \\ 5 & 0 \end{pmatrix}$ 的特征值分布范围.

解 矩阵 $\boldsymbol{A}$ 的两个盖尔圆为

$G_1: |z-10| \leqslant 8, \qquad G_2: |z| \leqslant 5,$

故 $\boldsymbol{A}$ 的两个特征值在连通部分 $G_1 \cup G_2$ 之中(见图 5.3).

容易求得 $\boldsymbol{A}$ 的特征值为

$$\lambda_{1,2} = 5 \pm \mathrm{i}\sqrt{15}.$$

由于 $|\lambda_{1,2}| = \sqrt{40} > 5$,所以 $\boldsymbol{A}$ 的两个特征值都不在 G_2 中,但都在 G_1 中.

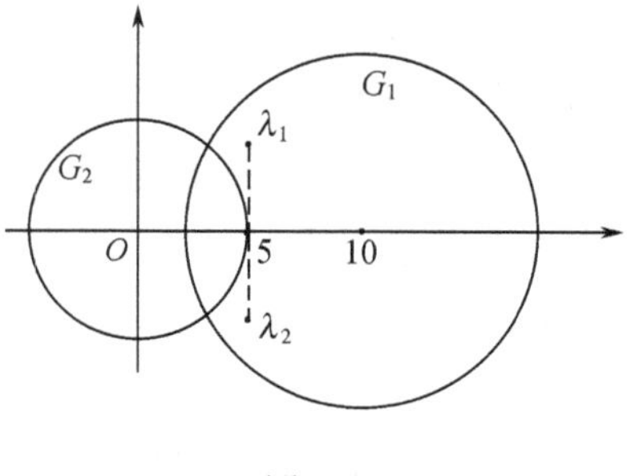

图 5.3

利用定理 5.4 和定理 5.5 可以证明以下结论.

例 5.4 若 $\boldsymbol{A}=(a_{ij})_{n\times n}$ 按行(列)严格对角占优,即 $|a_{ii}| > R_i$ $(i=1,2,\cdots,n)$,则 $\det\boldsymbol{A} \neq 0$.

证 因为 $\det\boldsymbol{A} \neq 0$ 的充分必要条件是 $\boldsymbol{A}$ 的特征值都不等于零,所以只需证明

在题设条件下，$\boldsymbol{A}$ 的特征值不等于零即可. 下面仅就行的情形予以证明.

如果 0 是 $\boldsymbol{A}$ 的特征值，则存在 $\boldsymbol{A}$ 的盖尔圆 G_{i_0}，使得 $0\in G_{i_0}$，即

$$|a_{i_0i_0}| = |0 - a_{i_0i_0}| \leqslant R_{i_0}.$$

这与 $\boldsymbol{A}$ 按行严格对角占优矛盾，故 0 不是 $\boldsymbol{A}$ 的特征值，即 $\det\boldsymbol{A}\neq 0$.

例 5.5　设 $\boldsymbol{A}\in\mathbf{R}^{n\times n}$，且 $\boldsymbol{A}$ 的 n 个盖尔圆都是孤立的，则 $\boldsymbol{A}$ 有 n 个互不相同的实特征值.

证　设 $\boldsymbol{A}$ 的 n 个盖尔圆为 $G_i(i=1,2,\cdots,n)$，由于它们都是孤立的，所以 G_i 中有且仅有 $\boldsymbol{A}$ 的一个特征值. 根据实矩阵的复特征值一定成对共轭出现的性质知，关于实轴对称的盖尔圆 G_i 中的特征值必为实数. 因此，$\boldsymbol{A}$ 有 n 个互不相同的实特征值.

5.2.2　特征值的隔离

应用盖尔圆定理估计矩阵的特征值时，往往希望每个盖尔圆中只含它的一个特征值. 当 $\boldsymbol{A}=(a_{ij})_{n\times n}$ 的若干个盖尔圆相交时，通常采用如下两种方法隔离它的特征值. 其一是结合 $\boldsymbol{A}$ 的列盖尔圆研究 $\boldsymbol{A}$ 的特征值分布情况；其二是选取正数 d_1，$d_2,\cdots,d_n$，并设对角矩阵

$$\boldsymbol{D} = \operatorname{diag}(d_1,d_2,\cdots,d_n), \tag{5.9}$$

构造与 $\boldsymbol{A}$ 相似的矩阵 $\boldsymbol{B}$：

$$\boldsymbol{B} = \boldsymbol{DAD}^{-1} = \left(a_{ij}\frac{d_i}{d_j}\right)_{n\times n}, \tag{5.10}$$

则 $\boldsymbol{A}$ 与 $\boldsymbol{B}$ 有相同的特征值. 适当选取正数 $d_1,d_2,\cdots,d_n$，有可能使 $\boldsymbol{B}$ 的每一个盖尔圆包含 $\boldsymbol{A}$ 的一个特征值. 选取正数 $d_1,d_2,\cdots,d_n$ 的一般原则是：欲使 $\boldsymbol{A}$ 的第 i 个盖尔圆缩小，可取 $d_i<1$，其余取为 1，此时 $\boldsymbol{B}$ 的其余盖尔圆适量放大(相对于 $\boldsymbol{A}$ 的同序号的盖尔圆而言)；反之，欲使 $\boldsymbol{A}$ 的第 i 个盖尔圆放大，可取 $d_i>1$，其余取为 1，此时 $\boldsymbol{B}$ 的其余盖尔圆适量缩小(相对于 $\boldsymbol{A}$ 的同序号的盖尔圆而言). 需要指出的是，并不是任意具有互异特征值的矩阵都能用上述两种方法分隔其特征值，比如主对角线上有相同元素的矩阵即为如此.

例 5.6　应用盖尔圆定理隔离矩阵 $\boldsymbol{A}=\begin{pmatrix}9&1&1\\1&\mathrm{i}&1\\1&1&3\end{pmatrix}$ 的特征值.

解　矩阵 $\boldsymbol{A}$ 的 3 个盖尔圆为

$$G_1:|z-9|\leqslant 2,\quad G_2:|z-\mathrm{i}|\leqslant 2,\quad G_3:|z-3|\leqslant 2,$$

易见，G_2 与 G_3 相交，而 G_1 孤立(见图 5.4). 选取 $\boldsymbol{D}=\operatorname{diag}(2,1,1)$，则

$$B=DAD^{-1}=\begin{pmatrix}9 & 2 & 2\\ 0.5 & \mathrm{i} & 1\\ 0.5 & 1 & 3\end{pmatrix}.$$

矩阵 $\boldsymbol{B}$ 的 3 个盖尔圆为

$$G_1':|z-9|\leqslant 4,\quad G_2':|z-\mathrm{i}|\leqslant 1.5,\quad G_3':|z-3|\leqslant 1.5.$$

易见,G_2' 与 G_3' 的圆心距为 $\sqrt{10}$,而半径之和为 $3<\sqrt{10}$,G_1' 与 G_3' 的圆心距为 6,而半径之和为 $5.5<6$. 故 G_1',G_2' 及 G_3' 都是孤立的盖尔圆(见图 5.5),其中各含 $\boldsymbol{B}$ 的一个特征值,它们也是 $\boldsymbol{A}$ 的特征值.

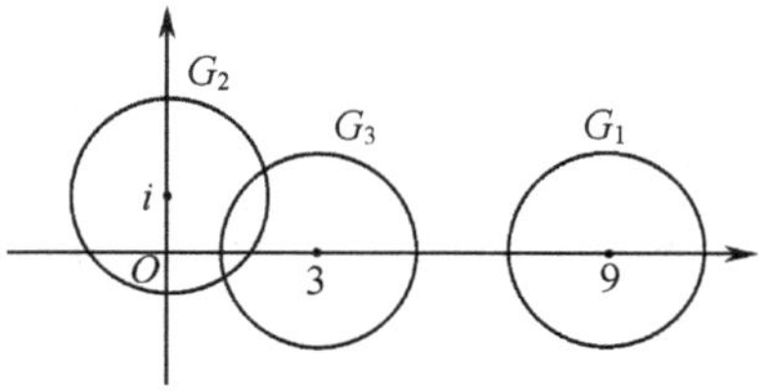

图 5.4

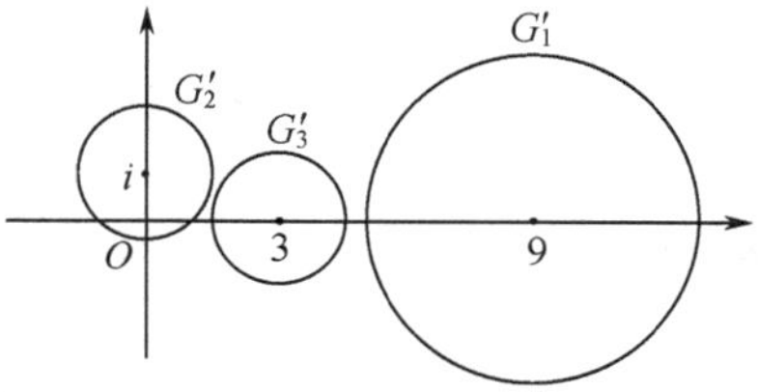

图 5.5

因为 $\boldsymbol{A}$ 的第 1 个盖尔圆 G_1 孤立,其中含 $\boldsymbol{A}$ 的一个特征值,所以 G_1' 中的特征值必在 G_1 之中. 因此,$\boldsymbol{A}$ 的三个特征值分别在盖尔圆 G_1,G_2' 及 G_3' 之中.

例 5.7 应用盖尔圆定理隔离矩阵 $\boldsymbol{A}=\begin{pmatrix}20 & 3 & 2\\ 2 & 10 & 4\\ 4 & 0.5 & 0\end{pmatrix}$ 的特征值,并根据实矩阵的特征值的性质改进所得结果.

解 矩阵 $\boldsymbol{A}$ 的 3 个盖尔圆为

$$G_1:|z-20|\leqslant 5,\quad G_2:|z-10|\leqslant 6,\quad G_3:|z|\leqslant 4.5,$$

易见,G_1,G_2 及 G_3 相交. 矩阵 $\boldsymbol{A}$ 的 3 个列盖尔圆为

$$G_1':|z-20|\leqslant 6,\quad G_2':|z-10|\leqslant 3.5,\quad G_3':|z|\leqslant 6,$$

易见,G_1',G_2' 及 G_3' 都是孤立的盖尔圆,其中各含 $\boldsymbol{A}$ 的一个特征值.

因为 $\boldsymbol{A}$ 是实矩阵,且 $G_i'(i=1,2,3)$关于实轴对称,所以其中的特征值必为实数(实矩阵的复特征值一定成对共轭出现). 于是 $\boldsymbol{A}$ 的三个特征值分别在区间

$$[14,26],\quad [6.5,13.5],\quad [-6,6]$$

之中.

5.2.3 Ostrowski 定理

下面介绍盖尔圆定理的一些推广.

定理 5.6(Ostrowski 1) 设 $\boldsymbol{A}=(a_{ij})_{n\times n}$,$0\leqslant\alpha\leqslant 1$,则 $\boldsymbol{A}$ 的全体特征值都在

n 个圆盘(称为 **Ostrowski** 圆)

$$O_i=\left\{z\,\Big|\,|z-a_{ii}|\leqslant R_i^{\alpha}\widetilde{R}_i^{\,1-\alpha}\right\}\qquad(i=1,2,\cdots,n)$$

的并集之中,其中

$$R_i=\sum_{\substack{j=1\\j\neq i}}^{n}|a_{ij}|,\quad \widetilde{R}_i=\sum_{\substack{j=1\\j\neq i}}^{n}|a_{ji}|\qquad(i=1,2,\cdots,n).$$

证　当 $\alpha=1$ 或 $\alpha=0$ 时,即是盖尔圆定理与列盖尔圆定理的结果. 因此只需对 $0<\alpha<1$ 的情形进行证明.

设 $\boldsymbol{x}=(\xi_1,\xi_2,\cdots,\xi_n)^{\mathrm{T}}$ 为 $\boldsymbol{A}$ 的属于特征值 λ 的特征向量,则由 $\boldsymbol{Ax}=\lambda\boldsymbol{x}$ 得

$$|\lambda-a_{ii}||\xi_i|=\left|\sum_{\substack{j=1\\j\neq i}}^{n}a_{ij}\xi_j\right|\leqslant\sum_{\substack{j=1\\j\neq i}}^{n}|a_{ij}||\xi_j|.\tag{5.11}$$

用反证法. 假设当 $0<\alpha<1$ 时定理的结论不对,则对任意 $i(i=1,2,\cdots,n)$,有

$$|\lambda-a_{ii}|>R_i^{\alpha}\widetilde{R}_i^{\,1-\alpha}.$$

由 $\boldsymbol{x}\neq\boldsymbol{0}$知总有 $\xi_{i_0}\neq 0$,对这样的 i_0 有

$$|\lambda-a_{i_0i_0}||\xi_{i_0}|>R_{i_0}^{\alpha}\widetilde{R}_{i_0}^{\,1-\alpha}|\xi_{i_0}|.\tag{5.12}$$

又由式(5.11)和 Hölder 不等式,得

$$\begin{aligned}|\lambda-a_{i_0i_0}||\xi_{i_0}|&\leqslant\sum_{\substack{j=1\\j\neq i_0}}^{n}|a_{i_0j}||\xi_j|=\sum_{\substack{j=1\\j\neq i_0}}^{n}|a_{i_0j}|^{\alpha}|a_{i_0j}|^{1-\alpha}|\xi_j|\\&\leqslant\left[\sum_{\substack{j=1\\j\neq i_0}}^{n}(|a_{i_0j}|^{\alpha})^{\frac{1}{\alpha}}\right]^{\alpha}\left[\sum_{\substack{j=1\\j\neq i_0}}^{n}(|a_{i_0j}|^{1-\alpha}|\xi_j|)^{\frac{1}{1-\alpha}}\right]^{1-\alpha}\\&=R_{i_0}^{\alpha}\left[\sum_{\substack{j=1\\j\neq i_0}}^{n}|a_{i_0j}||\xi_j|^{\frac{1}{1-\alpha}}\right]^{1-\alpha}.\end{aligned}$$

将式(5.12)代入上式并整理得

$$\widetilde{R}_{i_0}|\xi_{i_0}|^{\frac{1}{1-\alpha}}<\sum_{\substack{j=1\\j\neq i_0}}^{n}|a_{i_0j}||\xi_j|^{\frac{1}{1-\alpha}}.\tag{5.13}$$

因为当 $\xi_i=0$ 时,恒有

$$\widetilde{R}_i|\xi_i|^{\frac{1}{1-\alpha}}\leqslant\sum_{\substack{j=1\\j\neq i}}^{n}|a_{ij}||\xi_j|^{\frac{1}{1-\alpha}},\tag{5.14}$$

所以,由式(5.13)和(5.14)可得

$$\sum_{i=1}^{n}\widetilde{R}_i|\xi_i|^{\frac{1}{1-\alpha}}<\sum_{i=1}^{n}\sum_{\substack{j=1\\j\neq i}}^{n}|a_{ij}||\xi_j|^{\frac{1}{1-\alpha}}.\tag{5.15}$$

但由 $\widetilde{R}_i$ 的定义，有

$$\begin{aligned}\sum_{i=1}^{n}\widetilde{R}_i|\xi_i|^{\frac{1}{1-\alpha}}&=\sum_{i=1}^{n}\sum_{\substack{j=1\\j\neq i}}^{n}|a_{ji}||\xi_i|^{\frac{1}{1-\alpha}}=\sum_{j=1}^{n}\sum_{\substack{i=1\\i\neq j}}^{n}|a_{ij}||\xi_j|^{\frac{1}{1-\alpha}}\\&=\sum_{j=1}^{n}\sum_{i=1}^{n}|a_{ij}||\xi_j|^{\frac{1}{1-\alpha}}-\sum_{j=1}^{n}|a_{jj}||\xi_j|^{\frac{1}{1-\alpha}}\\&=\sum_{i=1}^{n}\sum_{j=1}^{n}|a_{ij}||\xi_j|^{\frac{1}{1-\alpha}}-\sum_{i=1}^{n}|a_{ii}||\xi_i|^{\frac{1}{1-\alpha}}\\&=\sum_{i=1}^{n}\sum_{\substack{j=1\\j\neq i}}^{n}|a_{ij}||\xi_j|^{\frac{1}{1-\alpha}}.\end{aligned}$$

这与式(5.15)矛盾. 故定理的结论成立. 证毕

利用下面的引理，可以将定理 5.6 进一步推广，虽然条件比定理 5.6 强些，但比较好用，避免了超越代数的运算.

引理 5.3 设 σ,τ 是任意两个非负实数，$0\leqslant\alpha\leqslant1$，则有

$$\tau^{\alpha}\sigma^{1-\alpha}\leqslant\alpha\tau+(1-\alpha)\sigma.$$

证 不失一般性，假定 $0<\tau\leqslant\sigma$ 且 $0<\alpha<1$. 构造函数

$$f(x)=x^{\alpha}-\alpha x\qquad(0<x\leqslant1).$$

由于 $f'(x)=\alpha(x^{\alpha-1}-1)$，所以当 $0<x<1$ 时，$f'(x)>0$，即 $f(x)$ 是 $(0,1]$ 上的单调增函数. 于是

$$f(x)=x^{\alpha}-\alpha x\leqslant f(1)=1-\alpha.$$

将 $x=\dfrac{\tau}{\sigma}$ 代入上式并整理即得所证. 证毕

推论 1 设 $\boldsymbol{A}=(a_{ij})_{n\times n}$，$0\leqslant\alpha\leqslant1$，则 $\boldsymbol{A}$ 的全体特征值都在 n 个圆盘

$$\widetilde{O}_i=\left\{z\,\middle|\,|z-a_{ii}|\leqslant\alpha R_i+(1-\alpha)\widetilde{R}_i\right\}\qquad(i=1,2,\cdots,n)$$

的并集之中，其中 R_i 与 $\widetilde{R}_i$ 同定理 5.6.

推论 2 在定理5.6的假设下，有

$$\rho(\boldsymbol{A})\leqslant\max_i\{|a_{ii}|+R_i^{\alpha}\widetilde{R}_i^{1-\alpha}\},$$

$$\rho(\boldsymbol{A})\leqslant\max_i\{|a_{ii}|+\alpha R_i+(1-\alpha)\widetilde{R}_i\}.$$

推论 3 在定理5.6的假设下，有

$$\rho(\boldsymbol{A})\leqslant\max_i\left\{\left[\sum_{j=1}^{n}|a_{ij}|\right]^{\alpha}\left[\sum_{j=1}^{n}|a_{ji}|\right]^{1-\alpha}\right\}.$$

证 当 $\alpha=0$ 或 $\alpha=1$ 时，上式成立. 当 $0<\alpha<1$ 时，由推论 2 及 Hölder 不等式，得

$$\rho(\boldsymbol{A})\leqslant\max_i\{|a_{ii}|^{\alpha}|a_{ii}|^{1-\alpha}+R_i^{\alpha}\widetilde{R}_i^{1-\alpha}\}$$

$$\leqslant \max_i\{[|a_{ii}|+R_i]^\alpha[|a_{ii}|+\widetilde{R}_i]^{1-\alpha}\}$$

$$=\max_i\left\{\left[\sum_{j=1}^n|a_{ij}|\right]^\alpha\left[\sum_{j=1}^n|a_{ji}|\right]^{1-\alpha}\right\}.$$ 证毕

例 5.8　试估计矩阵 $\boldsymbol{A}=\begin{pmatrix}2 & 1.1 & 1\\ -0.8 & 3 & 2\\ 1.2 & 1.1 & 3\end{pmatrix}$ 的特征值分布区域.

解　$\boldsymbol{A}$ 的 3 个盖尔圆为

$$G_1: |z-2|\leqslant 2.1,\quad G_2: |z-3|\leqslant 2.8,\quad G_3: |z-3|\leqslant 2.3,$$

从而 $\boldsymbol{A}$ 的特征值在 G_1,G_2,G_3 的并集之中(见图 5.6 中实线所围的区域).

又 $\boldsymbol{A}$ 的 3 个 Ostrowski 圆为(取 $\alpha=\frac{1}{2}$)

$$O_1: |z-2|\leqslant\sqrt{2.1}\cdot\sqrt{2}\approx 2.049,$$

$$O_2: |z-3|\leqslant\sqrt{2.8}\cdot\sqrt{2.2}\approx 2.48,$$

$$O_3: |z-3|\leqslant\sqrt{2.3}\cdot\sqrt{3}\approx 2.63,$$

从而 $\boldsymbol{A}$ 的特征值在 O_1,O_2,O_3 的并集之中(见图 5.6 中虚线所围的区域).

可见,本题中由 Ostrowski 1 定理给出的特征值包含区域比盖尔圆定理给出的特征值包含区域更为精确.

利用推论 1 的结果可知,$\boldsymbol{A}$ 的特征值在 3 个圆盘(取 $\alpha=\frac{1}{2}$)

$$O_1: |z-2|\leqslant\frac{1}{2}\cdot 2.1+\left(1-\frac{1}{2}\right)\cdot 2=2.05,$$

$$O_2: |z-3|\leqslant\frac{1}{2}\cdot 2.8+\left(1-\frac{1}{2}\right)\cdot 2.2=2.5,$$

$$O_3: |z-3|\leqslant\frac{1}{2}\cdot 2.3+\left(1-\frac{1}{2}\right)\cdot 3=2.65$$

的并集之中. 这一包含区域介于前两者之间(见图 5.6).

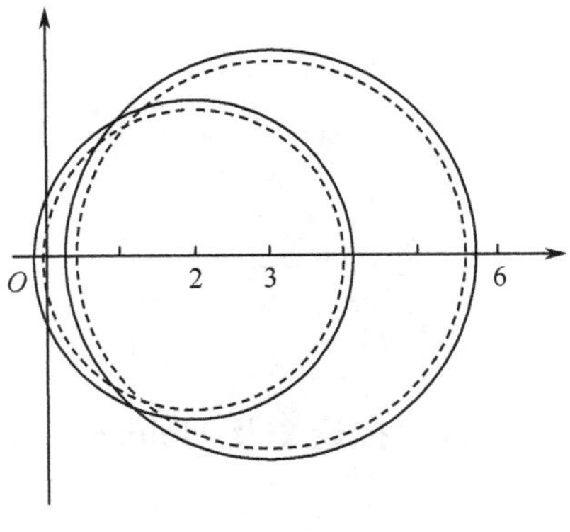

图 5.6

Ostrowski 还从另外一个方向推广了盖尔圆定理.

定义 5.3　设 $\boldsymbol{A}=(a_{ij})_{n\times n}(n\geqslant 2)$,$R_i$ 由式(5.7)定义,称复平面上的区域

$$\Omega_{ij}=\left\{z\,\middle|\,|z-a_{ii}||z-a_{jj}|\leqslant R_iR_j, z\in\mathbf{C}\right\}\quad (i<j;i,j=1,2,\cdots,n) \tag{5.16}$$

为 $\boldsymbol{A}$ 的 **Cassini 卵形**.

定理 5.7(Ostrowski 2)　矩阵 $\boldsymbol{A}\in\mathbf{C}^{n\times n}$ 的

全体特征值都在它的$\frac{1}{2}n(n-1)$个 Cassini 卵形构成的并集之中.

证 设λ为$\boldsymbol{A}$的任一特征值,$\boldsymbol{x}=(\xi_1,\xi_2,\cdots,\xi_n)^{\mathrm{T}}$为$\boldsymbol{A}$的属于特征值$\lambda$的特征向量,即有$\boldsymbol{Ax}=\lambda\boldsymbol{x}$. 选取$i_0$与$j_0$使得$|\xi_{i_0}|\geqslant|\xi_{j_0}|\geqslant|\xi_j|(j\neq i_0,j_0)$,下面证明$\lambda\in\Omega_{i_0j_0}$.

如果$\xi_{j_0}=0$,则$\xi_j=0(j\neq i_0)$,而$\xi_{i_0}\neq0$(因为$\boldsymbol{x}\neq\boldsymbol{0}$). 于是由$\boldsymbol{Ax}=\lambda\boldsymbol{x}$可得

$$\lambda\xi_{i_0}=\sum_{j=1}^{n}a_{i_0j}\xi_j=a_{i_0i_0}\xi_{i_0},$$

即$\lambda=a_{i_0i_0}$. 从而有

$$|\lambda-a_{i_0i_0}||\lambda-a_{j_0j_0}|=0\leqslant R_{i_0}R_{j_0},$$

也就是$\lambda\in\Omega_{i_0j_0}$.

如果$\xi_{j_0}\neq0$,则由$\boldsymbol{Ax}=\lambda\boldsymbol{x}$可得

$$(\lambda-a_{ii})\xi_i=\sum_{j\neq i}a_{ij}\xi_j\qquad(i=1,2,\cdots,n).$$

分别令$i=i_0$及$i=j_0$,可得

$$|\lambda-a_{i_0i_0}||\xi_{i_0}|\leqslant\sum_{j\neq i_0}|a_{i_0j}||\xi_j|\leqslant R_{i_0}|\xi_{j_0}|,$$

$$|\lambda-a_{j_0j_0}||\xi_{j_0}|\leqslant\sum_{j\neq j_0}|a_{j_0j}||\xi_j|\leqslant R_{j_0}|\xi_{i_0}|.$$

于是有

$$|\lambda-a_{i_0i_0}||\lambda-a_{j_0j_0}||\xi_{i_0}||\xi_{j_0}|\leqslant R_{i_0}R_{j_0}|\xi_{i_0}||\xi_{j_0}|.$$

因为$|\xi_{i_0}|\geqslant|\xi_{j_0}|>0$,所以

$$|\lambda-a_{i_0i_0}||\lambda-a_{j_0j_0}|\leqslant R_{i_0}R_{j_0},$$

也就是$\lambda\in\Omega_{i_0j_0}$.

综上所述,λ在$\boldsymbol{A}$的$\frac{1}{2}n(n-1)$个 Cassini 卵形构成的并集之中. 证毕

盖尔圆定理是用复平面上的盖尔圆来覆盖矩阵的特征值,而 Ostrowski 2 定理是用复平面上的 Cassini 卵形来覆盖矩阵的特征值. 虽然 Cassini 卵形比盖尔圆的几何图形复杂一些,但是下面的例子可以说明 Ostrowski 2 定理给出的特征值包含区域比盖尔圆定理给出的特征值包含区域更为精确.

例 5.9 设$\boldsymbol{A}=(a_{ij})_{n\times n}(n\geqslant2)$,则$\bigcup_{i<j}\Omega_{ij}$是$\bigcup_{i=1}^{n}G_i$的子集.

证 任意给定$z\in\bigcup_{i<j}\Omega_{ij}$,存在$\Omega_{i_0j_0}(i_0<j_0)$,使得$z\in\Omega_{i_0j_0}$,即

$$|z-a_{i_0i_0}||z-a_{j_0j_0}|\leqslant R_{i_0}R_{j_0}.$$

那么,不等式

$$|z-a_{i_0i_0}|>R_{i_0}, \qquad |z-a_{j_0j_0}|>R_{j_0}$$

中至少有一个不能成立，即不等式

$$|z-a_{i_0i_0}|\leqslant R_{i_0}, \qquad |z-a_{j_0j_0}|\leqslant R_{j_0}$$

中至少有一个成立. 故有 $z\in G_{i_0}$ 或者 $z\in G_{j_0}$，也就是 $z\in\bigcup_{i=1}^{n}G_i$. 因此$\bigcup_{i<j}\Omega_{ij}$ 是$\bigcup_{i=1}^{n}G_i$ 的子集.

例 5.10　若 $\boldsymbol{A}=(a_{ij})_{n\times n}(n\geqslant 2)$按行广义严格对角占优，即

$$|a_{ii}||a_{jj}|>R_iR_j \qquad (i<j;\ i,j=1,2,\cdots,n), \tag{5.17}$$

则 $\det\boldsymbol{A}\neq 0$.

证　只要证明 $\boldsymbol{A}$ 的特征值不等于零即可. 如果 0 是 $\boldsymbol{A}$ 的特征值，则存在 $\boldsymbol{A}$ 的 Cassini 卵形 $\Omega_{i_0j_0}(i_0<j_0)$，使得 $0\in\Omega_{i_0j_0}$，即

$$|a_{i_0i_0}||a_{j_0j_0}|=|0-a_{i_0i_0}||0-a_{j_0j_0}|\leqslant R_{i_0}R_{j_0}.$$

这与式(5.17)冲突，故 0 不是 $\boldsymbol{A}$ 的特征值，即 $\det\boldsymbol{A}\neq 0$.

例 5.11　根据例 5.10 的结论讨论矩阵 $\boldsymbol{A}=\begin{pmatrix}20 & 11 & 10\\ 8 & 30 & 20\\ 13 & 15 & 30\end{pmatrix}$的可逆性.

解　$R_1=21, R_2=28, R_3=28$. 因为

$$|a_{11}||a_{22}|=600>588=R_1R_2,$$
$$|a_{11}||a_{33}|=600>588=R_1R_3,$$
$$|a_{22}||a_{33}|=900>784=R_2R_3,$$

所以 $\boldsymbol{A}$ 按行广义严格对角占优. 根据例 5.10 的结论可得 $\det\boldsymbol{A}\neq 0$，即 $\boldsymbol{A}$ 可逆.

5.3　Hermite 矩阵特征值的表示

本节介绍用多元函数的极值或者局部极值表示 Hermite 矩阵的特征值的一般方法. 设 $\boldsymbol{A}\in\mathbf{C}^{n\times n}$为 Hermite 矩阵，它的特征值都是实数，且从大到小排列为

$$\lambda_1\geqslant\lambda_2\geqslant\cdots\geqslant\lambda_n. \tag{5.18}$$

令 $\boldsymbol{\Lambda}=\mathrm{diag}(\lambda_1,\lambda_2,\cdots,\lambda_n)$，则存在酉矩阵 $\boldsymbol{Q}$，使得

$$\boldsymbol{Q}^{\mathrm{H}}\boldsymbol{A}\boldsymbol{Q}=\boldsymbol{\Lambda}. \tag{5.19}$$

将 $\boldsymbol{Q}$ 按列分块为$\boldsymbol{Q}=(\boldsymbol{q}_1,\boldsymbol{q}_2,\cdots,\boldsymbol{q}_n)$，由式(5.19)可得

$$\boldsymbol{A}\boldsymbol{q}_j=\lambda_j\boldsymbol{q}_j \qquad (j=1,2,\cdots,n), \tag{5.20}$$

即 $\boldsymbol{q}_1,\boldsymbol{q}_2,\cdots,\boldsymbol{q}_n$ 是$\boldsymbol{A}$ 的两两正交的单位特征向量.

定义 5.4　设 $\boldsymbol{A}\in\mathbf{C}^{n\times n}$为 Hermite 矩阵，$\boldsymbol{0}\neq\boldsymbol{x}\in\mathbf{C}^n$，称

$$R(\boldsymbol{x})=\frac{\boldsymbol{x}^{\mathrm{H}}\boldsymbol{A}\boldsymbol{x}}{\boldsymbol{x}^{\mathrm{H}}\boldsymbol{x}} \tag{5.21}$$

为矩阵 $\boldsymbol{A}$ 的 **Rayleigh 商**.

下面讨论 Hermite 矩阵的特征值与它的 Rayleigh 商的极值之间的关系.

定理 5.8 设 $\boldsymbol{A}\in\mathbf{C}^{n\times n}$ 为 Hermite 矩阵,它的特征值按式(5.18)的次序排列,则有

$$\lambda_1=\max_{\boldsymbol{x}\neq\boldsymbol{0}}R(\boldsymbol{x}),\qquad \lambda_n=\min_{\boldsymbol{x}\neq\boldsymbol{0}}R(\boldsymbol{x}). \tag{5.22}$$

证 设 $\boldsymbol{A}$ 的特征向量满足式(5.20). 对于 $\boldsymbol{0}\neq\boldsymbol{x}\in\mathbf{C}^n$,存在一组数 $c_1,\cdots,c_n$,使得

$$\boldsymbol{x}=c_1\boldsymbol{q}_1+\cdots+c_n\boldsymbol{q}_n\qquad(|c_1|^2+\cdots+|c_n|^2\neq 0).$$

由式(5.20)可得

$$\boldsymbol{A}\boldsymbol{x}=c_1\lambda_1\boldsymbol{q}_1+\cdots+c_n\lambda_n\boldsymbol{q}_n,$$

于是

$$R(\boldsymbol{x})=\frac{\boldsymbol{x}^{\mathrm{H}}\boldsymbol{A}\boldsymbol{x}}{\boldsymbol{x}^{\mathrm{H}}\boldsymbol{x}}=\frac{\lambda_1|c_1|^2+\cdots+\lambda_n|c_n|^2}{|c_1|^2+\cdots+|c_n|^2}.$$

由此可得 $\lambda_n\leqslant R(\boldsymbol{x})\leqslant\lambda_1$. 容易验证 $R(\boldsymbol{q}_1)=\lambda_1$,$R(\boldsymbol{q}_n)=\lambda_n$. 故式(5.22)成立. 证毕

定理 5.8 表明,Hermite 矩阵 $\boldsymbol{A}$ 的最大与最小特征值就是它的 Rayleigh 商 $R(\boldsymbol{x})$ 在 $\mathbf{C}^n$ 上的最大值与最小值. 如果对应于 λ_1 与 λ_n 的单位特征向量 $\boldsymbol{q}_1$ 与 $\boldsymbol{q}_n$ 已经求出,那么齐次线性方程 $\boldsymbol{q}_1^{\mathrm{H}}\boldsymbol{x}=0$ 与 $\boldsymbol{q}_n^{\mathrm{H}}\boldsymbol{x}=0$ 的解空间能够确定,而且可分别表示为 $\mathrm{span}(\boldsymbol{q}_2,\cdots,\boldsymbol{q}_n)$ 与 $\mathrm{span}(\boldsymbol{q}_1,\cdots,\boldsymbol{q}_{n-1})$. 下面讨论 $R(\boldsymbol{x})$ 在这两个子空间上的极值问题.

定理 5.9 设 $\boldsymbol{A}\in\mathbf{C}^{n\times n}$ 为 Hermite 矩阵,它的特征值与特征向量满足式(5.18)～(5.20),则有

$$\begin{aligned}\lambda_2&=\max\left\{R(\boldsymbol{x})\,\middle|\,\boldsymbol{x}\neq\boldsymbol{0},\boldsymbol{q}_1^{\mathrm{H}}\boldsymbol{x}=0\right\}\\&=\max\left\{R(\boldsymbol{x})\,\middle|\,\boldsymbol{0}\neq\boldsymbol{x}\in\mathrm{span}(\boldsymbol{q}_2,\cdots,\boldsymbol{q}_n)\right\},\end{aligned} \tag{5.23}$$

$$\begin{aligned}\lambda_{n-1}&=\min\left\{R(\boldsymbol{x})\,\middle|\,\boldsymbol{x}\neq\boldsymbol{0},\boldsymbol{q}_n^{\mathrm{H}}\boldsymbol{x}=0\right\}\\&=\min\left\{R(\boldsymbol{x})\,\middle|\,\boldsymbol{0}\neq\boldsymbol{x}\in\mathrm{span}(\boldsymbol{q}_1,\cdots,\boldsymbol{q}_{n-1})\right\}.\end{aligned} \tag{5.24}$$

证 对于 $\boldsymbol{0}\neq\boldsymbol{x}\in\mathrm{span}(\boldsymbol{q}_2,\cdots,\boldsymbol{q}_n)$,存在一组数 $c_2,\cdots,c_n$,使得

$$\boldsymbol{x}=c_2\boldsymbol{q}_2+\cdots+c_n\boldsymbol{q}_n\qquad(|c_2|^2+\cdots+|c_n|^2\neq 0).$$

由式(5.20)可得

$$\boldsymbol{A}\boldsymbol{x}=c_2\lambda_2\boldsymbol{q}_2+\cdots+c_n\lambda_n\boldsymbol{q}_n,$$

于是

$$R(\boldsymbol{x}) = \frac{\boldsymbol{x}^{\mathrm{H}}\boldsymbol{A}\boldsymbol{x}}{\boldsymbol{x}^{\mathrm{H}}\boldsymbol{x}} = \frac{\lambda_2 |c_2|^2 + \cdots + \lambda_n |c_n|^2}{|c_2|^2 + \cdots + |c_n|^2} \leqslant \lambda_2.$$

容易验证 $R(\boldsymbol{q}_2)=\lambda_2$. 故式(5.23)成立.

同理可证式(5.24)成立.　　　　证毕

一般地,如果 $\boldsymbol{q}_1,\cdots,\boldsymbol{q}_{s-1}$ 与 $\boldsymbol{q}_{r+1},\cdots,\boldsymbol{q}_n$ 已经求出,构造矩阵

$$\boldsymbol{P}_1 = (\boldsymbol{q}_1,\cdots,\boldsymbol{q}_{s-1}), \qquad \boldsymbol{P}_2 = (\boldsymbol{q}_{r+1},\cdots,\boldsymbol{q}_n), \tag{5.25}$$

那么,齐次线性方程组 $\boldsymbol{P}_1^{\mathrm{H}}\boldsymbol{x}=\boldsymbol{0}$ 与 $\boldsymbol{P}_2^{\mathrm{H}}\boldsymbol{x}=\boldsymbol{0}$ 的解空间能够确定,而且可分别表示为 $\mathrm{span}(\boldsymbol{q}_s,\cdots,\boldsymbol{q}_n)$ 与 $\mathrm{span}(\boldsymbol{q}_1,\cdots,\boldsymbol{q}_r)$. 类似于定理 5.9,可得以下结论.

定理 5.10　设 $\boldsymbol{A}\in\mathbf{C}^{n\times n}$ 为 Hermite 矩阵,它的特征值与特征向量满足式(5.18)~(5.20),则有

$$\begin{aligned}\lambda_s &= \max\left\{R(\boldsymbol{x})\,\middle|\,\boldsymbol{x}\neq\boldsymbol{0},\boldsymbol{P}_1^{\mathrm{H}}\boldsymbol{x}=\boldsymbol{0}\right\}\\ &= \max\left\{R(\boldsymbol{x})\,\middle|\,\boldsymbol{0}\neq\boldsymbol{x}\in\mathrm{span}(\boldsymbol{q}_s,\cdots,\boldsymbol{q}_n)\right\},\end{aligned} \tag{5.26}$$

$$\begin{aligned}\lambda_r &= \min\left\{R(\boldsymbol{x})\,\middle|\,\boldsymbol{x}\neq\boldsymbol{0},\boldsymbol{P}_2^{\mathrm{H}}\boldsymbol{x}=\boldsymbol{0}\right\}\\ &= \min\left\{R(\boldsymbol{x})\,\middle|\,\boldsymbol{0}\neq\boldsymbol{x}\in\mathrm{span}(\boldsymbol{q}_1,\cdots,\boldsymbol{q}_r)\right\},\end{aligned} \tag{5.27}$$

其中 $1<s\leqslant n$, $1\leqslant r<n$, $\boldsymbol{P}_1$ 与 $\boldsymbol{P}_2$ 由式(5.25)给出.

定理 5.10 表明,Hermite 矩阵 $\boldsymbol{A}$ 的任何一个特征值都可以用它的 Rayleigh 商的局部极值来表示. 但是,使用式(5.26)时,需要知道 $\boldsymbol{q}_1,\cdots,\boldsymbol{q}_{s-1}$ 或者 $\boldsymbol{q}_s,\cdots,\boldsymbol{q}_n$;而使用式(5.27)时,需要知道 $\boldsymbol{q}_{r+1},\cdots,\boldsymbol{q}_n$ 或者 $\boldsymbol{q}_1,\cdots,\boldsymbol{q}_r$. 下面的结论可以避开这些问题.

定理 5.11　设 $\boldsymbol{A}\in\mathbf{C}^{n\times n}$ 为 Hermite 矩阵,它的特征值按式(5.18)的次序排列,则有

$$\lambda_s = \min_{\boldsymbol{P}_1\in\mathbf{C}^{n\times(s-1)}} \max\left\{R(\boldsymbol{x})\,\middle|\,\boldsymbol{x}\neq\boldsymbol{0},\boldsymbol{P}_1^{\mathrm{H}}\boldsymbol{x}=\boldsymbol{0}\right\}, \tag{5.28}$$

$$\lambda_r = \max_{\boldsymbol{P}_2\in\mathbf{C}^{n\times(n-r)}} \min\left\{R(\boldsymbol{x})\,\middle|\,\boldsymbol{x}\neq\boldsymbol{0},\boldsymbol{P}_2^{\mathrm{H}}\boldsymbol{x}=\boldsymbol{0}\right\}, \tag{5.29}$$

其中 $1<s\leqslant n$, $1\leqslant r<n$.

证　设 $\boldsymbol{A}$ 的特征向量满足式(5.19)和式(5.20). 为了书写简便,在此约定:下面的最大值都是对非零向量来取的. 令 $\boldsymbol{x}=\boldsymbol{Q}\boldsymbol{y}$,由式(5.19)可得

$$\max_{\boldsymbol{P}_1^{\mathrm{H}}\boldsymbol{x}=\boldsymbol{0}} R(\boldsymbol{x}) = \max_{\boldsymbol{P}_1^{\mathrm{H}}\boldsymbol{x}=\boldsymbol{0}} \frac{\boldsymbol{x}^{\mathrm{H}}\boldsymbol{A}\boldsymbol{x}}{\boldsymbol{x}^{\mathrm{H}}\boldsymbol{x}} = \max_{\boldsymbol{P}_1^{\mathrm{H}}\boldsymbol{Q}\boldsymbol{y}=\boldsymbol{0}} \frac{\boldsymbol{y}^{\mathrm{H}}\boldsymbol{\Lambda}\boldsymbol{y}}{\boldsymbol{y}^{\mathrm{H}}\boldsymbol{y}}. \tag{5.30}$$

记 $\tilde{\boldsymbol{y}}=(\eta_1,\cdots,\eta_s,0,\cdots,0)^{\mathrm{T}}$,由于 $\boldsymbol{P}_1^{\mathrm{H}}\boldsymbol{Q}\in\mathbf{C}^{(s-1)\times n}$,且 $\tilde{\boldsymbol{y}}$ 中有 s 个未知分量,所以满足 $(\boldsymbol{P}_1^{\mathrm{H}}\boldsymbol{Q})\tilde{\boldsymbol{y}}=\boldsymbol{0}$ 的非零向量 $\tilde{\boldsymbol{y}}$ 存在(因为系数矩阵的秩小于未知量的个数,故齐次方程组有非零解). 注意到解空间 $\left\{\tilde{\boldsymbol{y}}\,\middle|\,(\boldsymbol{P}_1^{\mathrm{H}}\boldsymbol{Q})\tilde{\boldsymbol{y}}=\boldsymbol{0}\right\}$ 是解空间 $\left\{\boldsymbol{y}\,\middle|\,(\boldsymbol{P}_1^{\mathrm{H}}\boldsymbol{Q})\boldsymbol{y}=\boldsymbol{0}\right\}$ 的

子集，则由式(5.30)可得

$$\max_{P_1^{\mathrm{H}}x=0} R(x) \geqslant \max_{P_1^{\mathrm{H}}Q\tilde{y}=0} \frac{\tilde{y}^{\mathrm{H}}\Lambda\tilde{y}}{\tilde{y}^{\mathrm{H}}\tilde{y}} = \max_{P_1^{\mathrm{H}}Q\tilde{y}=0} \frac{\lambda_1|\eta_1|^2+\cdots+\lambda_s|\eta_s|^2}{|\eta_1|^2+\cdots+|\eta_s|^2} \geqslant \lambda_s.$$

特别地，取 $P_1=(q_1,\cdots,q_{s-1})$时，根据定理 5.10 可得

$$\max_{P_1^{\mathrm{H}}x=0} R(x) = \lambda_s.$$

故式(5.28)成立.

同理可证式(5.29)成立. 证毕

称式(5.28)为**特征值的极小极大原理**，而称式(5.29)为**特征值的极大极小原理**.

5.4 广义特征值问题

本节将 Hermite 矩阵的特征值问题推广为涉及两个 Hermite 矩阵的广义特征值问题，然后介绍用多元函数的极值或者局部极值表示这种广义特征值的一般方法.

5.4.1 广义特征值问题

定义 5.5 设 $A,B\in\mathbf{C}^{n\times n}$都是 Hermite 矩阵，且 B 是 Hermite 正定矩阵. 若存在 $\lambda\in\mathbf{C}$ 及 $0\neq x\in\mathbf{C}^n$ 满足

$$Ax=\lambda Bx, \tag{5.31}$$

则称 λ 为 **A 相对于 B 的广义特征值**，x 为属于 λ 的**广义特征向量**.

式(5.31)等价于

$$(\lambda B-A)x=0. \tag{5.32}$$

欲使齐次线性方程组(5.32)有非零解，广义特征值 λ 应满足

$$\det(\lambda B-A)=0.$$

例 5.12 已知 $A=\begin{pmatrix}5 & 1\\ 1 & 1\end{pmatrix}$，$B=\begin{pmatrix}18 & 2\\ 2 & 2\end{pmatrix}$，求解广义特征值问题 $Ax=\lambda Bx$.

解 因为

$$\det(\lambda B-A)=\begin{vmatrix}18\lambda-5 & 2\lambda-1\\ 2\lambda-1 & 2\lambda-1\end{vmatrix}=(2\lambda-1)(16\lambda-4),$$

所以广义特征值为 $\lambda_1=\dfrac{1}{2}$，$\lambda_2=\dfrac{1}{4}$. 分别求解齐次线性方程组

$$(\lambda_1 B-A)x=0,\qquad (\lambda_2 B-A)x=0$$

可得对应于 λ_1 与 λ_2 的广义特征向量

$$k_1\begin{pmatrix}0\\1\end{pmatrix}\quad (k_1\neq 0),\qquad k_2\begin{pmatrix}1\\-1\end{pmatrix}\quad (k_2\neq 0).$$

下面讨论广义特征值与广义特征向量的基本性质.

根据定理 1.24，对 Hermite 正定矩阵 $\boldsymbol{B}$ 存在矩阵 $\boldsymbol{P}\in\mathbf{C}_n^{n\times n}$，使得 $\boldsymbol{B}=\boldsymbol{P}^{\mathrm{H}}\boldsymbol{P}$，于是式(5.31)可写为

$$\boldsymbol{Ax}=\lambda\boldsymbol{P}^{\mathrm{H}}\boldsymbol{Px}\quad 或\quad ((\boldsymbol{P}^{-1})^{\mathrm{H}}\boldsymbol{AP}^{-1})(\boldsymbol{Px})=\lambda(\boldsymbol{Px}).$$

令 $\boldsymbol{S}=(\boldsymbol{P}^{-1})^{\mathrm{H}}\boldsymbol{AP}^{-1}$，$\boldsymbol{y}=\boldsymbol{Px}$，则式(5.31)等价于

$$\boldsymbol{Sy}=\lambda\boldsymbol{y}. \tag{5.33}$$

因为 $\boldsymbol{S}$ 是 Hermite 矩阵，所以它的特征值都是实数，设为 $\lambda_1,\lambda_2,\cdots,\lambda_n$. 从而存在酉矩阵 $\boldsymbol{U}$，使得

$$\boldsymbol{U}^{\mathrm{H}}\boldsymbol{SU}=\mathrm{diag}(\lambda_1,\lambda_2,\cdots,\lambda_n). \tag{5.34}$$

将 $\boldsymbol{U}$ 按列分块为 $\boldsymbol{U}=(\boldsymbol{u}_1,\boldsymbol{u}_2,\cdots,\boldsymbol{u}_n)$，由式(5.34)可得

$$\boldsymbol{Su}_j=\lambda_j\boldsymbol{u}_j\qquad (j=1,2,\cdots,n). \tag{5.35}$$

由于 $\boldsymbol{U}$ 是酉矩阵，所以 $\boldsymbol{u}_1,\boldsymbol{u}_2,\cdots,\boldsymbol{u}_n$ 是 $\boldsymbol{S}$ 的两两正交的单位特征向量. 令

$$\boldsymbol{q}_j=\boldsymbol{P}^{-1}\boldsymbol{u}_j\qquad (j=1,2,\cdots,n), \tag{5.36}$$

则有

$$\begin{aligned}\boldsymbol{Aq}_j&=(\boldsymbol{P}^{\mathrm{H}}\boldsymbol{SP})(\boldsymbol{P}^{-1}\boldsymbol{u}_j)=\boldsymbol{P}^{\mathrm{H}}(\boldsymbol{Su}_j)=\boldsymbol{P}^{\mathrm{H}}(\lambda_j\boldsymbol{u}_j)\\&=\lambda_j(\boldsymbol{P}^{\mathrm{H}}\boldsymbol{P})(\boldsymbol{P}^{-1}\boldsymbol{u}_j)=\lambda_j\boldsymbol{Bq}_j\qquad (j=1,2,\cdots,n).\end{aligned} \tag{5.37}$$

这表明，λ_j 是 $\boldsymbol{A}$ 相对于 $\boldsymbol{B}$ 的广义特征值，$\boldsymbol{q}_j$ 是属于 λ_j 的广义特征向量，且满足

$$\boldsymbol{q}_i^{\mathrm{H}}\boldsymbol{Bq}_j=\boldsymbol{q}_i^{\mathrm{H}}(\boldsymbol{P}^{\mathrm{H}}\boldsymbol{P})\boldsymbol{q}_j=(\boldsymbol{Pq}_i)^{\mathrm{H}}(\boldsymbol{Pq}_j)=\boldsymbol{u}_i^{\mathrm{H}}\boldsymbol{u}_j=\begin{cases}1 & (i=j),\\0 & (i\neq j).\end{cases} \tag{5.38}$$

定义 5.6　设 $\boldsymbol{B}\in\mathbf{C}^{n\times n}$ 是 Hermite 正定矩阵. 若列向量组 $\boldsymbol{x}_1,\boldsymbol{x}_2,\cdots,\boldsymbol{x}_m$ 满足

$$\boldsymbol{x}_i^{\mathrm{H}}\boldsymbol{Bx}_j=0\qquad (i\neq j;i,j=1,2,\cdots,m),$$

则称向量组 $\boldsymbol{x}_1,\boldsymbol{x}_2,\cdots,\boldsymbol{x}_m$ **按 $\boldsymbol{B}$ 正交**；若还有

$$\boldsymbol{x}_i^{\mathrm{H}}\boldsymbol{Bx}_i=1\qquad (i=1,2,\cdots,n),$$

则称向量组 $\boldsymbol{x}_1,\boldsymbol{x}_2,\cdots,\boldsymbol{x}_m$ **按 $\boldsymbol{B}$ 标准正交.**

性质 1　设 $\boldsymbol{B}$ 是 Hermite 正定矩阵，则按 $\boldsymbol{B}$ 正交的非零向量组线性无关.

证　设向量组 $\boldsymbol{x}_1,\boldsymbol{x}_2,\cdots,\boldsymbol{x}_m$ 满足

$$\boldsymbol{x}_i^{\mathrm{H}}\boldsymbol{Bx}_j=0\quad (i\neq j),\quad \boldsymbol{x}_i\neq\boldsymbol{0}\qquad (i=1,2,\cdots,m).$$

如果有一组数 $c_1,c_2,\cdots,c_m$，使得

$$c_1\boldsymbol{x}_1+\cdots+c_i\boldsymbol{x}_i+\cdots+c_m\boldsymbol{x}_m=\boldsymbol{0},$$

那么，上式两端左乘 $\boldsymbol{x}_i^{\mathrm{H}}\boldsymbol{B}$ 可得 $c_i\boldsymbol{x}_i^{\mathrm{H}}\boldsymbol{Bx}_i=0$. 因为 $\boldsymbol{B}$ 是 Hermite 正定矩阵，且 $\boldsymbol{x}_i\neq\boldsymbol{0}$，所以 $\boldsymbol{x}_i^{\mathrm{H}}\boldsymbol{Bx}_i>0$，从而 $c_i=0$ $(i=1,2,\cdots,m)$. 故 $\boldsymbol{x}_1,\boldsymbol{x}_2,\cdots,\boldsymbol{x}_m$ 线性无关.　　证毕

综述式(5.33)～(5.38)可得下列性质.

性质 2 广义特征值问题(5.31)的广义特征值都是实数,且有 n 个按 $\boldsymbol{B}$ 标准正交的广义特征向量,它们构成 $\mathbf{C}^n$ 的一个基.

性质 3 广义特征值问题(5.31)的对应于不同广义特征值的广义特征向量按 $\boldsymbol{B}$ 正交.

证 设 λ_1 与 λ_2 是广义特征值问题(5.31)的两个不同特征值,由性质 2 知它们都是实数. 再设对应于 λ_1 与 λ_2 的广义特征向量为 $\boldsymbol{x}_1$ 与 $\boldsymbol{x}_2$,即

$$\boldsymbol{Ax}_1=\lambda_1\boldsymbol{Bx}_1,\qquad \boldsymbol{Ax}_2=\lambda_2\boldsymbol{Bx}_2,$$

则有

$$\boldsymbol{x}_1^{\mathrm{H}}\boldsymbol{Ax}_2=\boldsymbol{x}_1^{\mathrm{H}}(\boldsymbol{Ax}_2)=\boldsymbol{x}_1^{\mathrm{H}}(\lambda_2\boldsymbol{Bx}_2)=\lambda_2(\boldsymbol{x}_1^{\mathrm{H}}\boldsymbol{Bx}_2),$$

$$\boldsymbol{x}_1^{\mathrm{H}}\boldsymbol{Ax}_2=(\boldsymbol{Ax}_1)^{\mathrm{H}}\boldsymbol{x}_2=(\lambda_1\boldsymbol{Bx}_1)^{\mathrm{H}}\boldsymbol{x}_2=\lambda_1(\boldsymbol{x}_1^{\mathrm{H}}\boldsymbol{Bx}_2).$$

故

$$(\lambda_2-\lambda_1)(\boldsymbol{x}_1^{\mathrm{H}}\boldsymbol{Bx}_2)=0.$$

因为 $\lambda_1\neq\lambda_2$,所以 $\boldsymbol{x}_1^{\mathrm{H}}\boldsymbol{Bx}_2=0$. 证毕

此外,若记

$$\boldsymbol{\Lambda}=\mathrm{diag}(\lambda_1,\lambda_2,\cdots,\lambda_n),\qquad \boldsymbol{Q}=(\boldsymbol{q}_1,\boldsymbol{q}_2,\cdots,\boldsymbol{q}_n),$$

则由式(5.37)和式(5.38)可得

$$\boldsymbol{Q}^{\mathrm{H}}\boldsymbol{BQ}=\begin{pmatrix}\boldsymbol{q}_1^{\mathrm{H}}\\ \vdots\\ \boldsymbol{q}_n^{\mathrm{H}}\end{pmatrix}(\boldsymbol{Bq}_1,\cdots,\boldsymbol{Bq}_n)=\boldsymbol{I},\tag{5.39}$$

$$\boldsymbol{Q}^{\mathrm{H}}\boldsymbol{AQ}=\boldsymbol{Q}^{\mathrm{H}}(\boldsymbol{Aq}_1,\cdots,\boldsymbol{Aq}_n)=\begin{pmatrix}\boldsymbol{q}_1^{\mathrm{H}}\\ \vdots\\ \boldsymbol{q}_n^{\mathrm{H}}\end{pmatrix}(\lambda_1\boldsymbol{Bq}_1,\cdots,\lambda_n\boldsymbol{Bq}_n)=\boldsymbol{\Lambda}.\tag{5.40}$$

例 5.13 对于例 5.12 中的广义特征值问题,求矩阵 $\boldsymbol{Q}$,使之满足式(5.39)和式(5.40).

解 已求得 $\lambda_1=\dfrac{1}{2}$,$\lambda_2=\dfrac{1}{4}$ 及 $\boldsymbol{q}_1=(0,k_1)^{\mathrm{T}}$,$\boldsymbol{q}_2=(k_2,-k_2)^{\mathrm{T}}$. 由性质 3 知 $\boldsymbol{q}_1$ 与 $\boldsymbol{q}_2$ 按 $\boldsymbol{B}$ 正交,下面确定 k_1 与 k_2 使 $\boldsymbol{q}_1$ 与 $\boldsymbol{q}_2$ 按 $\boldsymbol{B}$ 标准正交. 由 $\boldsymbol{q}_1^{\mathrm{H}}\boldsymbol{Bq}_1=1$,$\boldsymbol{q}_2^{\mathrm{H}}\boldsymbol{Bq}_2=1$ 可得 $2|k_1|^2=1$,$16|k_2|^2=1$,可取 $k_1=\dfrac{1}{\sqrt{2}}$,$k_2=\dfrac{1}{4}$. 于是

$$\boldsymbol{Q}=(\boldsymbol{q}_1,\boldsymbol{q}_2)=\begin{pmatrix}0 & 1/4\\ 1/\sqrt{2} & -1/4\end{pmatrix},\qquad \boldsymbol{\Lambda}=\begin{pmatrix}1/2 & 0\\ 0 & 1/4\end{pmatrix},$$

$$\boldsymbol{Q}^{\mathrm{H}}\boldsymbol{BQ}=\boldsymbol{I},\qquad \boldsymbol{Q}^{\mathrm{H}}\boldsymbol{AQ}=\boldsymbol{\Lambda}.$$

5.4.2 广义特征值的表示

定义 5.7 设 $\boldsymbol{A},\boldsymbol{B}\in\mathbf{C}^{n\times n}$ 为 Hermite 矩阵,且 $\boldsymbol{B}$ 是 Hermite 正定矩阵,

$\mathbf{0}\neq\boldsymbol{x}\in\mathbf{C}^n$,称

$$R_{\boldsymbol{B}}(\boldsymbol{x})=\frac{\boldsymbol{x}^{\mathrm{H}}\boldsymbol{A}\boldsymbol{x}}{\boldsymbol{x}^{\mathrm{H}}\boldsymbol{B}\boldsymbol{x}} \tag{5.41}$$

为矩阵 $\boldsymbol{A}$ 相对于矩阵 $\boldsymbol{B}$ 的**广义 Rayleigh 商**.

易见,当 $\boldsymbol{B}=\boldsymbol{I}$ 时,广义 Rayleigh 商(5.41)就是常义 Rayleigh 商(5.21).

将广义特征值问题(5.31)的广义特征值从大到小排列为

$$\lambda_1\geqslant\lambda_2\geqslant\cdots\geqslant\lambda_n, \tag{5.42}$$

那么,广义特征值与广义 Rayleigh 商的极值有类似于定理 5.8~定理 5.11 的关系.

定理 5.12 设广义特征值问题(5.31)的广义特征值按式(5.42)的次序排列,则有

$$\lambda_1=\max_{\boldsymbol{x}\neq\mathbf{0}}R_{\boldsymbol{B}}(\boldsymbol{x}),\qquad \lambda_n=\min_{\boldsymbol{x}\neq\mathbf{0}}R_{\boldsymbol{B}}(\boldsymbol{x}). \tag{5.43}$$

证 设 $\boldsymbol{A}$ 相对于 $\boldsymbol{B}$ 的广义特征向量满足式(5.37)~(5.38). 对于 $\mathbf{0}\neq\boldsymbol{x}\in\mathbf{C}^n$,存在一组数 $c_1,\cdots,c_n$,使得

$$\boldsymbol{x}=c_1\boldsymbol{q}_1+\cdots+c_n\boldsymbol{q}_n\qquad(|c_1|^2+\cdots+|c_n|^2\neq 0).$$

由式(5.37)可得

$$\boldsymbol{A}\boldsymbol{x}=c_1\lambda_1\boldsymbol{B}\boldsymbol{q}_1+\cdots+c_n\lambda_n\boldsymbol{B}\boldsymbol{q}_n,$$

再由式(5.38)可得

$$R_{\boldsymbol{B}}(\boldsymbol{x})=\frac{\boldsymbol{x}^{\mathrm{H}}\boldsymbol{A}\boldsymbol{x}}{\boldsymbol{x}^{\mathrm{H}}\boldsymbol{B}\boldsymbol{x}}=\frac{\lambda_1|c_1|^2+\cdots+\lambda_n|c_n|^2}{|c_1|^2+\cdots+|c_n|^2},$$

因此 $\lambda_n\leqslant R_{\boldsymbol{B}}(\boldsymbol{x})\leqslant\lambda_1$. 容易验证 $R_{\boldsymbol{B}}(\boldsymbol{q}_1)=\lambda_1$, $R_{\boldsymbol{B}}(\boldsymbol{q}_n)=\lambda_n$. 故式(5.43)成立. 证毕

如果满足式(5.38)的广义特征向量 $\boldsymbol{q}_1,\cdots,\boldsymbol{q}_{s-1}$ 与 $\boldsymbol{q}_{r+1},\cdots,\boldsymbol{q}_n$ 已经求出,构造矩阵

$$\boldsymbol{P}_1=(\boldsymbol{q}_1,\cdots,\boldsymbol{q}_{s-1}),\qquad \boldsymbol{P}_2=(\boldsymbol{q}_{r+1},\cdots,\boldsymbol{q}_n), \tag{5.44}$$

那么,齐次线性方程组 $\boldsymbol{P}_1^{\mathrm{H}}\boldsymbol{B}\boldsymbol{x}=\mathbf{0}$ 与 $\boldsymbol{P}_2^{\mathrm{H}}\boldsymbol{B}\boldsymbol{x}=\mathbf{0}$ 的解空间能够确定. 由式(5.38)知,这两个解空间可分别表示为

$$W_1=\mathrm{span}\{\boldsymbol{q}_s,\cdots,\boldsymbol{q}_n\},\qquad W_2=\mathrm{span}\{\boldsymbol{q}_1,\cdots,\boldsymbol{q}_r\}. \tag{5.45}$$

定理 5.13 设广义特征值问题(5.31)的广义特征值与广义特征向量满足式(5.42)和式(5.38),则有

$$\begin{aligned}\lambda_s&=\max\left\{R_{\boldsymbol{B}}(\boldsymbol{x})\,\middle|\,\boldsymbol{x}\neq\mathbf{0},\boldsymbol{P}_1^{\mathrm{H}}\boldsymbol{B}\boldsymbol{x}=\mathbf{0}\right\}\\&=\max\left\{R_{\boldsymbol{B}}(\boldsymbol{x})\,\middle|\,\mathbf{0}\neq\boldsymbol{x}\in W_1\right\},\end{aligned} \tag{5.46}$$

$$\lambda_r=\min\left\{R_{\boldsymbol{B}}(\boldsymbol{x})\,\middle|\,\boldsymbol{x}\neq\mathbf{0},\boldsymbol{P}_2^{\mathrm{H}}\boldsymbol{B}\boldsymbol{x}=\mathbf{0}\right\}$$

$$=\min\left\{R_{\boldsymbol{B}}(\boldsymbol{x})\ \middle|\ \boldsymbol{0}\neq\boldsymbol{x}\in W_2\right\},\tag{5.47}$$

其中 $1<s\leqslant n,1\leqslant r<n,\boldsymbol{P}_1$ 与 $\boldsymbol{P}_2$ 由式(5.44)给出,W_1 与 W_2 由式(5.45)给出.

证 设 $\boldsymbol{A}$ 相对于 $\boldsymbol{B}$ 的广义特征向量满足式(5.37)~(5.38). 对于 $\boldsymbol{0}\neq\boldsymbol{x}\in W_1$,存在一组数 $c_s,\cdots,c_n$,使得

$$\boldsymbol{x}=c_s\boldsymbol{q}_s+\cdots+c_n\boldsymbol{q}_n\qquad(|c_s|^2+\cdots+|c_n|^2\neq 0).$$

由式(5.37)可得

$$\boldsymbol{A}\boldsymbol{x}=c_s\lambda_s\boldsymbol{B}\boldsymbol{q}_s+\cdots+c_n\lambda_n\boldsymbol{B}\boldsymbol{q}_n,$$

再由式(5.38)可得

$$R_{\boldsymbol{B}}(\boldsymbol{x})=\frac{\boldsymbol{x}^{\mathrm{H}}\boldsymbol{A}\boldsymbol{x}}{\boldsymbol{x}^{\mathrm{H}}\boldsymbol{B}\boldsymbol{x}}=\frac{\lambda_s|c_s|^2+\cdots+\lambda_n|c_n|^2}{|c_s|^2+\cdots+|c_n|^2}\leqslant\lambda_s,$$

容易验证 $R_{\boldsymbol{B}}(\boldsymbol{q}_s)=\lambda_s$. 故式(5.46)成立.

同理可证式(5.47)成立. 证毕

定理 5.14 设广义特征值问题(5.31)的广义特征值按式(5.42)的次序排列,则有

$$\lambda_s=\min_{\boldsymbol{P}_1\in\mathbf{C}^{n\times(s-1)}}\max\left\{R_{\boldsymbol{B}}(\boldsymbol{x})\ \middle|\ \boldsymbol{x}\neq\boldsymbol{0},\boldsymbol{P}_1^{\mathrm{H}}\boldsymbol{B}\boldsymbol{x}=\boldsymbol{0}\right\},\tag{5.48}$$

$$\lambda_r=\max_{\boldsymbol{P}_2\in\mathbf{C}^{n\times(n-r)}}\min\left\{R_{\boldsymbol{B}}(\boldsymbol{x})\ \middle|\ \boldsymbol{x}\neq\boldsymbol{0},\boldsymbol{P}_2^{\mathrm{H}}\boldsymbol{B}\boldsymbol{x}=\boldsymbol{0}\right\},\tag{5.49}$$

其中 $1<s\leqslant n,1\leqslant r<n$.

证 设 $\boldsymbol{A}$ 相对于 $\boldsymbol{B}$ 的广义特征向量满足式(5.37)~(5.40). 为了书写简便,在此约定:下面的最大值都是对非零向量来取的. 令 $\boldsymbol{x}=\boldsymbol{Q}\boldsymbol{y}$,由式(5.39)和式(5.40)可得

$$\max_{\boldsymbol{P}_1^{\mathrm{H}}\boldsymbol{B}\boldsymbol{x}=\boldsymbol{0}}R_{\boldsymbol{B}}(\boldsymbol{x})=\max_{\boldsymbol{P}_1^{\mathrm{H}}\boldsymbol{B}\boldsymbol{x}=\boldsymbol{0}}\frac{\boldsymbol{x}^{\mathrm{H}}\boldsymbol{A}\boldsymbol{x}}{\boldsymbol{x}^{\mathrm{H}}\boldsymbol{B}\boldsymbol{x}}=\max_{\boldsymbol{P}_1^{\mathrm{H}}\boldsymbol{B}\boldsymbol{Q}\boldsymbol{y}=\boldsymbol{0}}\frac{\boldsymbol{y}^{\mathrm{H}}\boldsymbol{\Lambda}\boldsymbol{y}}{\boldsymbol{y}^{\mathrm{H}}\boldsymbol{y}}.\tag{5.50}$$

记 $\tilde{\boldsymbol{y}}=(\eta_1\cdots,\eta_s,0,\cdots,0)^{\mathrm{T}}$,由于 $\boldsymbol{P}_1^{\mathrm{H}}\boldsymbol{B}\boldsymbol{Q}\in\mathbf{C}^{(s-1)\times n}$,且 $\tilde{\boldsymbol{y}}$ 中有 s 个未知分量,所以满足$(\boldsymbol{P}_1^{\mathrm{H}}\boldsymbol{B}\boldsymbol{Q})\tilde{\boldsymbol{y}}=\boldsymbol{0}$ 的非零向量存在(因为系数矩阵的秩小于未知量的个数,所以齐次方程组有非零解). 注意到解空间 $\left\{\tilde{\boldsymbol{y}}\ \middle|\ (\boldsymbol{P}_1^{\mathrm{H}}\boldsymbol{B}\boldsymbol{Q})\tilde{\boldsymbol{y}}=\boldsymbol{0}\right\}$ 是解空间 $\left\{\boldsymbol{y}\ \middle|\ (\boldsymbol{P}_1^{\mathrm{H}}\boldsymbol{B}\boldsymbol{Q})\boldsymbol{y}=\boldsymbol{0}\right\}$ 的子集,则由式(5.50)可得

$$\max_{\boldsymbol{P}_1^{\mathrm{H}}\boldsymbol{B}\boldsymbol{x}=\boldsymbol{0}}R_{\boldsymbol{B}}(\boldsymbol{x})\geqslant\max_{\boldsymbol{P}_1^{\mathrm{H}}\boldsymbol{B}\boldsymbol{Q}\tilde{\boldsymbol{y}}=\boldsymbol{0}}\frac{\tilde{\boldsymbol{y}}^{\mathrm{H}}\boldsymbol{\Lambda}\tilde{\boldsymbol{y}}}{\tilde{\boldsymbol{y}}^{\mathrm{H}}\tilde{\boldsymbol{y}}}=\max_{\boldsymbol{P}_1^{\mathrm{H}}\boldsymbol{B}\boldsymbol{Q}\tilde{\boldsymbol{y}}=\boldsymbol{0}}\frac{\lambda_1|\eta_1|^2+\cdots+\lambda_s|\eta_s|^2}{|\eta_1|^2+\cdots+|\eta_s|^2}\geqslant\lambda_s.$$

特别地,取 $\boldsymbol{P}_1=(\boldsymbol{q}_1,\cdots,\boldsymbol{q}_{s-1})$时,根据定理 5.13 可得

$$\max_{\boldsymbol{P}_1^{\mathrm{H}}\boldsymbol{B}\boldsymbol{x}=\boldsymbol{0}}R_{\boldsymbol{B}}(x)=\lambda_s.$$

故式(5.48)成立.

同理可证式(5.49)成立. 证毕

称式(5.48)为**广义特征值的极小极大原理**，称式(5.49)为**广义特征值的极大极小原理**.

习　题　5

1. 设 $\boldsymbol{Q}$ 为 n 阶酉矩阵，$\boldsymbol{D}=\mathrm{diag}(d_1,d_2,\cdots,d_n)$，证明：$\boldsymbol{QD}$ 的任一特征值 λ 满足不等式 $\min\limits_i|d_i|\leqslant|\lambda|\leqslant\max\limits_i|d_i|$.

2. 应用盖尔圆定理证明

$$\boldsymbol{A}=\begin{pmatrix}9&1&2&1\\0&8&1&1\\1&0&4&0\\1&0&0&1\end{pmatrix}$$

至少有两个实特征值.

3. 应用盖尔圆定理证明

$$\boldsymbol{A}=\begin{pmatrix}1&1/3&1/9&1/27\\-1/3&2&1/9&1/27\\-1/3&-1/9&3&1/27\\-1/3&-1/9&-1/27&4\end{pmatrix}$$

能够相似于对角矩阵，且 $\boldsymbol{A}$ 的特征值都是非零实数.

4. 设 $\boldsymbol{A}=(a_{ij})_{n\times n}(n\geqslant 2)$ 按行(列)严格对角占优，且 $a_{ii}>0\ (i=1,2,\cdots,n)$，证明：$\boldsymbol{A}$ 的特征值的实部大于零.

5. 设 $\boldsymbol{A}\in\mathbf{C}^{n\times n}(n\geqslant 2)$ 的盖尔圆的一个连通部分由两个盖尔圆构成，问：

(1) 何时每个盖尔圆上可能都有 $\boldsymbol{A}$ 的两个特征值？

(2) 何时每个盖尔圆上不可能都有 $\boldsymbol{A}$ 的两个特征值？

6. 应用盖尔圆定理隔离 $\boldsymbol{A}=\begin{pmatrix}2&2&-1\\1&10&-1\\8&2&20\end{pmatrix}$ 的特征值，并根据实矩阵特征值的性质改进所得结果.

7. 已知 $\boldsymbol{A}=\begin{pmatrix}0&2\\2&0\end{pmatrix}$，$\boldsymbol{B}=\begin{pmatrix}1&-1\\-1&4\end{pmatrix}$，求解广义特征值问题 $\boldsymbol{Ax}=\lambda\boldsymbol{Bx}$.

8. 设 $\boldsymbol{A},\boldsymbol{B}\in\mathbf{C}^{n\times n}$ 是 Hermite 矩阵，它们的特征值分别为

$$\lambda_1\geqslant\lambda_2\geqslant\cdots\geqslant\lambda_n,\qquad \mu_1\geqslant\mu_2\geqslant\cdots\geqslant\mu_n.$$

若 $\boldsymbol{A}-\boldsymbol{B}$ 为 Hermite 正定矩阵，证明：$\lambda_s>\mu_s(s=1,2,\cdots,n)$.

9. 设 $\boldsymbol{A},\boldsymbol{B}\in\mathbf{C}^{n\times n}$，$\boldsymbol{A}$ 是 Hermite 半正定矩阵，$\boldsymbol{B}$ 是 Hermite 正定矩阵，证明：$\rho(\boldsymbol{B}^{-1}\boldsymbol{A})<1$ 的充要条件是，$\boldsymbol{x}^{\mathrm{H}}\boldsymbol{Bx}>|\boldsymbol{x}^{\mathrm{H}}\boldsymbol{Ax}|$ 对任意的非零向量 $\boldsymbol{x}\in\mathbf{C}^n$ 成立.

10. 设 $\boldsymbol{A},\boldsymbol{B}\in\mathbf{C}^{n\times n}$，$\boldsymbol{A}$ 是 Hermite 半正定矩阵，$\boldsymbol{B}$ 是 Hermite 正定矩阵. 用 $\lambda_k(\boldsymbol{A})$ 表示 $\boldsymbol{A}$ 的从大到小排列的第 k 个特征值(其余类似)，证明

$$\lambda_1(\boldsymbol{BA})\leqslant\lambda_1(\boldsymbol{B})\lambda_1(\boldsymbol{A}),\qquad \lambda_n(\boldsymbol{BA})\geqslant\lambda_n(\boldsymbol{B})\lambda_n(\boldsymbol{A}).$$

11. 证明式(5.29).

12. 证明式(5.49).

第 6 章　广义逆矩阵

当 $\boldsymbol{A}$ 是 n 阶方阵，且 $\det\boldsymbol{A}\neq 0$ 时，$\boldsymbol{A}$ 的逆矩阵 $\boldsymbol{A}^{-1}$ 才存在，此时线性方程组 $\boldsymbol{Ax}=\boldsymbol{b}$的解可以简洁地表示为 $\boldsymbol{x}=\boldsymbol{A}^{-1}\boldsymbol{b}$. 近几十年来，由于解决各种问题的需要，人们把逆矩阵的概念推广到不可逆方阵或长方矩阵上，从而产生了所谓的广义逆矩阵. 这种广义逆矩阵具有通常逆矩阵的部分性质，并且在方阵可逆时，它与通常的逆矩阵相一致；而且这种广义逆矩阵可以给出线性方程组(包括相容的和矛盾的方程组)各种“解”的统一描述.

1920 年，E. H. Moore 首先以比较抽象的形式给出了广义逆矩阵的概念，由于不知道它的应用，所以一直未受到重视. 直到 1955 年 R. Penrose 利用四个矩阵方程给出广义逆矩阵的更简便实用的定义后，它才引起普遍关注，并得到迅速发展. 目前，广义逆矩阵已形成了一套既系统又完整的理论，并在许多学科中得到广泛的应用.

6.1　广义逆矩阵的概念

定义 6.1　设 $\boldsymbol{A}\in\mathbf{C}^{m\times n}$. 如果 $\boldsymbol{X}\in\mathbf{C}^{n\times m}$满足下列四个 **Penrose 方程**

(1) $\boldsymbol{AXA}=\boldsymbol{A}$,

(2) $\boldsymbol{XAX}=\boldsymbol{X}$,

(3) $(\boldsymbol{AX})^{\mathrm{H}}=\boldsymbol{AX}$,

(4) $(\boldsymbol{XA})^{\mathrm{H}}=\boldsymbol{XA}$

的某几个或全部，则称 $\boldsymbol{X}$ 为 $\boldsymbol{A}$ 的**广义逆矩阵**. 满足全部四个方程的广义逆矩阵 $\boldsymbol{X}$ 称为 $\boldsymbol{A}$ 的 **Moore-Penrose 逆**.

Moore-Penrose 逆的等价定义可参看 8.8 节.

显然，如果 $\boldsymbol{A}$ 是可逆矩阵，则 $\boldsymbol{X}=\boldsymbol{A}^{-1}$满足四个 Penrose 方程.

按照这一定义，可以分为满足一个、二个、三个或四个 Penrose 方程的广义逆矩阵，一共有 $\mathrm{C}_4^1+\mathrm{C}_4^2+\mathrm{C}_4^3+\mathrm{C}_4^4=15$ 类.

以下定理表明，Moore-Penrose 逆是存在并且唯一的，从而上述的 15 类广义逆矩阵都是存在的.

定理 6.1　设 $\boldsymbol{A}\in\mathbf{C}^{m\times n}$，则 $\boldsymbol{A}$ 的 Moore-Penrose 逆存在且唯一.

证　设 $\operatorname{rank}\boldsymbol{A}=r$. 若 $r=0$，则 $\boldsymbol{A}$ 是 $m\times n$ 零矩阵. 可以验证 $n\times m$ 零矩阵满足四个 Penrose 方程. 若 $r>0$，由定理 4.19 知，存在 m 阶酉矩阵 $\boldsymbol{U}$ 和 n 阶酉矩阵 $\boldsymbol{V}$，

使得

$$\boldsymbol{A}=\boldsymbol{U}\begin{pmatrix}\boldsymbol{\Sigma} & \boldsymbol{O}\\ \boldsymbol{O} & \boldsymbol{O}\end{pmatrix}\boldsymbol{V}^{\mathrm{H}},$$

其中 $\boldsymbol{\Sigma}=\operatorname{diag}(\sigma_1,\sigma_2,\cdots,\sigma_r)$，而 $\sigma_i(i=1,2,\cdots,r)$是 $\boldsymbol{A}$ 的非零奇异值. 记

$$\boldsymbol{X}=\boldsymbol{V}\begin{pmatrix}\boldsymbol{\Sigma}^{-1} & \boldsymbol{O}\\ \boldsymbol{O} & \boldsymbol{O}\end{pmatrix}\boldsymbol{U}^{\mathrm{H}},$$

则易验证 $\boldsymbol{X}$ 满足四个 Penrose 方程,故 $\boldsymbol{A}$ 的 Moore-Penrose 逆存在.

再证唯一性. 设 $\boldsymbol{X},\boldsymbol{Y}$ 都满足四个 Penrose 方程,则(为了叙述简明,在等号上注明了推演时所依据的方程号)

$$\begin{aligned}\boldsymbol{X}&\overset{(2)}{=}\boldsymbol{XAX}\overset{(3)}{=}\boldsymbol{X}(\boldsymbol{AX})^{\mathrm{H}}\overset{(1)}{=}\boldsymbol{X}[(\boldsymbol{AYA})\boldsymbol{X}]^{\mathrm{H}}=\boldsymbol{X}(\boldsymbol{AX})^{\mathrm{H}}(\boldsymbol{AY})^{\mathrm{H}}\\&\overset{(3)}{=}\boldsymbol{XAXAY}\overset{(1)}{=}\boldsymbol{XAY}\overset{(2)}{=}\boldsymbol{XA}(\boldsymbol{YAY})\overset{(4)}{=}(\boldsymbol{XA})^{\mathrm{H}}(\boldsymbol{YA})^{\mathrm{H}}\boldsymbol{Y}\\&=(\boldsymbol{YAXA})^{\mathrm{H}}\boldsymbol{Y}\overset{(1)}{=}(\boldsymbol{YA})^{\mathrm{H}}\boldsymbol{Y}\overset{(4)}{=}\boldsymbol{YAY}\overset{(2)}{=}\boldsymbol{Y}.\end{aligned}$$

从而 $\boldsymbol{A}$ 的 Moore-Penrose 逆是唯一的.　　证毕

需要指出的是只要 $\boldsymbol{A}$ 不是可逆矩阵,则除 Moore-Penrose 逆以外的其他 14 类广义逆矩阵都不是唯一的.

定义 6.2　设 $\boldsymbol{A}\in\mathbf{C}^{m\times n}$. 若 $\boldsymbol{X}\in\mathbf{C}^{n\times m}$满足 Penrose 方程中的第$(i)$,$(j)$,$\cdots$,$(l)$等方程,则称 $\boldsymbol{X}$ 为 $\boldsymbol{A}$ 的**$\{i,j,\cdots,l\}$逆**,记为 $\boldsymbol{A}^{(i,j,\cdots,l)}$,其全体记为$A\{i,j,\cdots,l\}$. $\boldsymbol{A}$ 的唯一的 Moore-Penrose 逆记为 $\boldsymbol{A}^{+}$,也称之为 $\boldsymbol{A}$ 的**加号逆**.

在上述 15 类广义逆矩阵中,应用较多的是以下 5 类:

$$A\{1\},\quad A\{1,2\},\quad A\{1,3\},\quad A\{1,4\},\quad \boldsymbol{A}^{+}.$$

由于$\{1\}$逆是最基本的,而 $\boldsymbol{A}^{+}$唯一且同时包含在 15 类广义逆矩阵的集合中,所以 $\boldsymbol{A}^{(1)}$与 $\boldsymbol{A}^{+}$在广义逆矩阵中占有十分重要的地位. 以下主要对这两类广义逆矩阵进行讨论.

6.2　{1}逆及其应用

6.2.1　{1}逆的计算及有关性质

利用定理 4.14 的结果可以方便地求出$\{1\}$逆.

定理 6.2　设 $\boldsymbol{A}\in\mathbf{C}_r^{m\times n}(r>0)$,且有 $\boldsymbol{S}\in\mathbf{C}_m^{m\times m}$ 和 n 阶置换矩阵 $\boldsymbol{P}$ 使得

$$\boldsymbol{SAP}=\begin{pmatrix}\boldsymbol{I}_r & \boldsymbol{K}\\ \boldsymbol{O} & \boldsymbol{O}\end{pmatrix}\qquad(\boldsymbol{K}\in\mathbf{C}^{r\times(n-r)}),$$

则对任意 $\boldsymbol{L}\in\mathbf{C}^{(n-r)\times(m-r)}$,$n\times m$ 矩阵

$$\boldsymbol{X}=\boldsymbol{P}\begin{pmatrix}\boldsymbol{I}_r & \boldsymbol{O}\\ \boldsymbol{O} & \boldsymbol{L}\end{pmatrix}\boldsymbol{S}\tag{6.1}$$

是 $\boldsymbol{A}$ 的{1}逆；当 $\boldsymbol{L}=\boldsymbol{O}$ 时，$\boldsymbol{X}$ 是 $\boldsymbol{A}$ 的{1,2}逆.

证 因为

$$\boldsymbol{A}=\boldsymbol{S}^{-1}\begin{pmatrix}\boldsymbol{I}_r & \boldsymbol{K}\\ \boldsymbol{O} & \boldsymbol{O}\end{pmatrix}\boldsymbol{P}^{-1},$$

容易验证，由式(6.1)给出的矩阵 $\boldsymbol{X}$ 满足 $\boldsymbol{AXA}=\boldsymbol{A}$，所以 $\boldsymbol{X}\in A\{1\}$.

当 $\boldsymbol{L}=\boldsymbol{O}$ 时，易知式(6.1)的矩阵 $\boldsymbol{X}$ 还满足 $\boldsymbol{XAX}=\boldsymbol{X}$，故 $\boldsymbol{X}\in A\{1,2\}$. 证毕

需要指出的是，式(6.1)中矩阵 $\boldsymbol{L}$ 任意变化时，所得到的矩阵 $\boldsymbol{X}$ 并非是满足 $\boldsymbol{AXA}=\boldsymbol{A}$ 的所有矩阵，即只是 $A\{1\}$的一个子集.

例 6.1 已知矩阵 $\boldsymbol{A}=\begin{pmatrix}2 & 4 & 1 & 1\\ 1 & 2 & -1 & 2\\ -1 & -2 & -2 & 1\end{pmatrix}$，求 $\boldsymbol{A}^{(1)}$ 和 $\boldsymbol{A}^{(1,2)}$.

解 例 4.8 已求得

$$\boldsymbol{S}=\begin{pmatrix}\frac{1}{3} & \frac{1}{3} & 0\\ \frac{1}{3} & -\frac{2}{3} & 0\\ 1 & -1 & 1\end{pmatrix},\qquad \boldsymbol{P}=(\boldsymbol{e}_1,\boldsymbol{e}_3,\boldsymbol{e}_2,\boldsymbol{e}_4)$$

使得

$$\boldsymbol{SAP}=\left(\begin{array}{cc:cc}1 & 0 & 2 & 1\\ 0 & 1 & 0 & -1\\ \hdashline 0 & 0 & 0 & 0\end{array}\right),$$

从而由式(6.1)，得

$$\boldsymbol{A}^{(1)}=\boldsymbol{P}\left(\begin{array}{cc:c}1 & 0 & 0\\ 0 & 1 & 0\\ \hdashline 0 & 0 & \alpha\\ 0 & 0 & \beta\end{array}\right)\boldsymbol{S}=\begin{pmatrix}\frac{1}{3} & \frac{1}{3} & 0\\ \alpha & -\alpha & \alpha\\ \frac{1}{3} & -\frac{2}{3} & 0\\ \beta & -\beta & \beta\end{pmatrix}\qquad (\alpha,\beta\in\mathbf{C}),$$

$$\boldsymbol{A}^{(1,2)}=\begin{pmatrix}\frac{1}{3} & \frac{1}{3} & 0\\ 0 & 0 & 0\\ \frac{1}{3} & -\frac{2}{3} & 0\\ 0 & 0 & 0\end{pmatrix}.$$

利用等价标准形可以求出{1}逆的全体.

定理 6.3 设$\boldsymbol{A}\in\mathbf{C}_r^{m\times n}$,且$\boldsymbol{S}\in\mathbf{C}_m^{m\times m}$和$\boldsymbol{T}\in\mathbf{C}_n^{n\times n}$使得

$$\boldsymbol{SAT}=\begin{pmatrix}\boldsymbol{I}_r & \boldsymbol{O}\\ \boldsymbol{O} & \boldsymbol{O}\end{pmatrix},$$

则

$$A\{1\}=\left\{\boldsymbol{T}\begin{pmatrix}\boldsymbol{I}_r & \boldsymbol{L}_{12}\\ \boldsymbol{L}_{21} & \boldsymbol{L}_{22}\end{pmatrix}\boldsymbol{S}\,\middle|\,\boldsymbol{L}_{12}\in\mathbf{C}^{r\times(m-r)},\right.$$

$$\left.\boldsymbol{L}_{21}\in\mathbf{C}^{(n-r)\times r},\boldsymbol{L}_{22}\in\mathbf{C}^{(n-r)\times(m-r)}\right\}. \tag{6.2}$$

证 可知

$$\boldsymbol{A}=\boldsymbol{S}^{-1}\begin{pmatrix}\boldsymbol{I}_r & \boldsymbol{O}\\ \boldsymbol{O} & \boldsymbol{O}\end{pmatrix}\boldsymbol{T}^{-1}.$$

令$\boldsymbol{X}=\boldsymbol{T}\begin{pmatrix}\boldsymbol{I}_r & \boldsymbol{L}_{12}\\ \boldsymbol{L}_{21} & \boldsymbol{L}_{22}\end{pmatrix}\boldsymbol{S}$. 直接验证知$\boldsymbol{AXA}=\boldsymbol{A}$,即$\boldsymbol{X}\in A\{1\}$. 反之,若$\boldsymbol{X}\in A\{1\}$,可设

$$\boldsymbol{X}=\boldsymbol{T}\begin{pmatrix}\boldsymbol{L}_{11} & \boldsymbol{L}_{12}\\ \boldsymbol{L}_{21} & \boldsymbol{L}_{22}\end{pmatrix}\boldsymbol{S}.$$

由$\boldsymbol{AXA}=\boldsymbol{A}$,得

$$\begin{pmatrix}\boldsymbol{I}_r & \boldsymbol{O}\\ \boldsymbol{O} & \boldsymbol{O}\end{pmatrix}\begin{pmatrix}\boldsymbol{L}_{11} & \boldsymbol{L}_{12}\\ \boldsymbol{L}_{21} & \boldsymbol{L}_{22}\end{pmatrix}\begin{pmatrix}\boldsymbol{I}_r & \boldsymbol{O}\\ \boldsymbol{O} & \boldsymbol{O}\end{pmatrix}=\begin{pmatrix}\boldsymbol{I}_r & \boldsymbol{O}\\ \boldsymbol{O} & \boldsymbol{O}\end{pmatrix}.$$

当$\boldsymbol{L}_{11}=\boldsymbol{I}_r$,而$\boldsymbol{L}_{12},\boldsymbol{L}_{21}$和$\boldsymbol{L}_{22}$为适当阶的任意矩阵时,上式成立. 故式(6.2)右边给出了$\boldsymbol{A}$的所有{1}逆. 证毕

推论 设$\boldsymbol{A}\in\mathbf{C}^{m\times n}$,则$\boldsymbol{A}$有唯一{1}逆的充分必要条件是$m=n$,且$\operatorname{rank}\boldsymbol{A}=n$,即$\boldsymbol{A}$可逆. 这个唯一的{1}逆就是$\boldsymbol{A}^{-1}$.

下面定理给出了{1}逆的一些性质.

定理 6.4 设$\boldsymbol{A}\in\mathbf{C}^{m\times n}$,$\boldsymbol{A}^{(1)}\in A\{1\}$,则

(1) $(\boldsymbol{A}^{(1)})^{\mathrm{H}}\in A^{\mathrm{H}}\{1\}$, $(\boldsymbol{A}^{(1)})^{\mathrm{T}}\in A^{\mathrm{T}}\{1\}$;

(2) $\lambda^{+}\boldsymbol{A}^{(1)}\in(\lambda A)\{1\}$,其中$\lambda\in\mathbf{C}$,且

$$\lambda^{+}=\begin{cases}\lambda^{-1}, & \lambda\neq 0,\\ 0, & \lambda=0;\end{cases} \tag{6.3}$$

(3) 当$\boldsymbol{S}\in\mathbf{C}_m^{m\times m}$,$\boldsymbol{T}\in\mathbf{C}_n^{n\times n}$时,有$\boldsymbol{T}^{-1}\boldsymbol{A}^{(1)}\boldsymbol{S}^{-1}\in(SAT)\{1\}$;

(4) $\operatorname{rank}\boldsymbol{A}^{(1)}\geqslant\operatorname{rank}\boldsymbol{A}$;

(5) $\operatorname{rank}(\boldsymbol{AA}^{(1)})=\operatorname{rank}(\boldsymbol{A}^{(1)}\boldsymbol{A})=\operatorname{rank}\boldsymbol{A}$;

(6) $\boldsymbol{AA}^{(1)}=\boldsymbol{I}_m$的充分必要条件是$\operatorname{rank}\boldsymbol{A}=m$;

(7) $\boldsymbol{A}^{(1)}\boldsymbol{A}=\boldsymbol{I}_n$的充分必要条件是$\operatorname{rank}\boldsymbol{A}=n$.

证 (1)～(3)由定义直接得到.

(4) $\mathrm{rank}\boldsymbol{A}=\mathrm{rank}(\boldsymbol{A}\boldsymbol{A}^{(1)}\boldsymbol{A})\leqslant\mathrm{rank}\boldsymbol{A}^{(1)}$.

(5) 与(4)的证明类似.

(6) 如果 $\boldsymbol{A}\boldsymbol{A}^{(1)}=\boldsymbol{I}_m$，则由(5)，得

$$m=\mathrm{rank}\boldsymbol{I}_m=\mathrm{rank}(\boldsymbol{A}\boldsymbol{A}^{(1)})=\mathrm{rank}\boldsymbol{A}.$$

反之，如果 $\mathrm{rank}\boldsymbol{A}=m$，则由(5)知，$\mathrm{rank}(\boldsymbol{A}\boldsymbol{A}^{(1)})=\mathrm{rank}\boldsymbol{A}=m$. 又 $\boldsymbol{A}\boldsymbol{A}^{(1)}$ 是 m 阶方阵，从而它是可逆矩阵. 注意到 $(\boldsymbol{A}\boldsymbol{A}^{(1)})^2=\boldsymbol{A}\boldsymbol{A}^{(1)}$，两边同乘 $(\boldsymbol{A}\boldsymbol{A}^{(1)})^{-1}$ 即得 $\boldsymbol{A}\boldsymbol{A}^{(1)}=\boldsymbol{I}_m$.

(7)同理可证. 证毕

6.2.2 {1}逆的应用

利用{1}逆可以求解矩阵方程及线性方程组.

定理 6.5 设 $\boldsymbol{A}\in\mathbf{C}^{m\times n}$，$\boldsymbol{B}\in\mathbf{C}^{p\times q}$，$\boldsymbol{D}\in\mathbf{C}^{m\times q}$，则矩阵方程 $\boldsymbol{AXB}=\boldsymbol{D}$ 有解的充分必要条件是

$$\boldsymbol{A}\boldsymbol{A}^{(1)}\boldsymbol{D}\boldsymbol{B}^{(1)}\boldsymbol{B}=\boldsymbol{D},\tag{6.4}$$

其中 $\boldsymbol{A}^{(1)}\in A\{1\}$，$\boldsymbol{B}^{(1)}\in B\{1\}$. 当矩阵方程有解时，其通解为

$$\boldsymbol{X}=\boldsymbol{A}^{(1)}\boldsymbol{D}\boldsymbol{B}^{(1)}+\boldsymbol{Y}-\boldsymbol{A}^{(1)}\boldsymbol{AYB}\boldsymbol{B}^{(1)}\quad(\boldsymbol{Y}\in\mathbf{C}^{n\times p}\text{ 任意}).\tag{6.5}$$

证 如果式(6.4)成立，则 $\boldsymbol{A}^{(1)}\boldsymbol{D}\boldsymbol{B}^{(1)}$ 是 $\boldsymbol{AXB}=\boldsymbol{D}$ 的解. 反之，如果 $\boldsymbol{AXB}=\boldsymbol{D}$ 有解，则

$$\boldsymbol{D}=\boldsymbol{AXB}=\boldsymbol{A}\boldsymbol{A}^{(1)}\boldsymbol{AXB}\boldsymbol{B}^{(1)}\boldsymbol{B}=\boldsymbol{A}\boldsymbol{A}^{(1)}\boldsymbol{D}\boldsymbol{B}^{(1)}\boldsymbol{B}.$$

将式(6.5)代入矩阵方程 $\boldsymbol{AXB}=\boldsymbol{D}$ 的左边并利用式(6.4)及{1}逆的定义，可推出等于 $\boldsymbol{D}$，这说明式(6.5)是矩阵方程 $\boldsymbol{AXB}=\boldsymbol{D}$ 的解. 反之，设 $\boldsymbol{X}_0$ 是 $\boldsymbol{AXB}=\boldsymbol{D}$ 的任一解，则有

$$\boldsymbol{X}_0=\boldsymbol{A}^{(1)}\boldsymbol{D}\boldsymbol{B}^{(1)}+\boldsymbol{X}_0-\boldsymbol{A}^{(1)}\boldsymbol{D}\boldsymbol{B}^{(1)}=\boldsymbol{A}^{(1)}\boldsymbol{D}\boldsymbol{B}^{(1)}+\boldsymbol{X}_0-\boldsymbol{A}^{(1)}\boldsymbol{A}\boldsymbol{X}_0\boldsymbol{B}\boldsymbol{B}^{(1)}.$$

它相当于在式(6.5)中取 $\boldsymbol{Y}=\boldsymbol{X}_0$. 故式(6.5)给出了 $\boldsymbol{AXB}=\boldsymbol{D}$ 的通解. 证毕

推论 1 设 $\boldsymbol{A}\in\mathbf{C}^{m\times n}$，$\boldsymbol{A}^{(1)}\in A\{1\}$，则有

$$A\{1\}=\left\{\boldsymbol{A}^{(1)}+\boldsymbol{Z}-\boldsymbol{A}^{(1)}\boldsymbol{AZA}\boldsymbol{A}^{(1)}\,\middle|\,\boldsymbol{Z}\in\mathbf{C}^{n\times m}\text{ 任意}\right\}.$$

证 由定理 6.5 可知，$\boldsymbol{AXA}=\boldsymbol{A}$ 的通解为

$$\boldsymbol{X}=\boldsymbol{A}^{(1)}\boldsymbol{A}\boldsymbol{A}^{(1)}+\boldsymbol{Y}-\boldsymbol{A}^{(1)}\boldsymbol{AYA}\boldsymbol{A}^{(1)}\quad(\boldsymbol{Y}\in\mathbf{C}^{n\times m}\text{ 任意}).$$

令 $\boldsymbol{Y}=\boldsymbol{A}^{(1)}+\boldsymbol{Z}$，代入上式得

$$\begin{aligned}\boldsymbol{X}&=\boldsymbol{A}^{(1)}\boldsymbol{A}\boldsymbol{A}^{(1)}+\boldsymbol{A}^{(1)}+\boldsymbol{Z}-\boldsymbol{A}^{(1)}\boldsymbol{A}(\boldsymbol{A}^{(1)}+\boldsymbol{Z})\boldsymbol{A}\boldsymbol{A}^{(1)}\\&=\boldsymbol{A}^{(1)}+\boldsymbol{Z}-\boldsymbol{A}^{(1)}\boldsymbol{AZA}\boldsymbol{A}^{(1)}.\end{aligned}$$

证毕

上述推论用某一个给定的 $\boldsymbol{A}^{(1)}$，便给出了集合 $A\{1\}$ 的全部元素.

推论 2 设 $\boldsymbol{A}\in\mathbf{C}^{m\times n}$，$\boldsymbol{b}\in\mathbf{C}^{m}$，则线性方程组 $\boldsymbol{Ax}=\boldsymbol{b}$ 有解的充分必要条件是

$$\boldsymbol{A}\boldsymbol{A}^{(1)}\boldsymbol{b}=\boldsymbol{b},\tag{6.6}$$

其中 $\boldsymbol{A}^{(1)}\in A\{1\}$. 如果 $\boldsymbol{Ax}=\boldsymbol{b}$ 有解，其通解为

$$\boldsymbol{x}=\boldsymbol{A}^{(1)}\boldsymbol{b}+(\boldsymbol{I}-\boldsymbol{A}^{(1)}\boldsymbol{A})\boldsymbol{y} \qquad (\boldsymbol{y}\in\mathbf{C}^n \text{ 任意}). \tag{6.7}$$

从式(6.7)可以看出：$\boldsymbol{Ax}=\boldsymbol{b}$ 的通解由两部分构成，其中 $\boldsymbol{A}^{(1)}\boldsymbol{b}$ 是 $\boldsymbol{Ax}=\boldsymbol{b}$ 的一个特解，而 $(\boldsymbol{I}-\boldsymbol{A}^{(1)}\boldsymbol{A})\boldsymbol{y}$ 为 $\boldsymbol{Ax}=\boldsymbol{0}$ 的通解.

例 6.2 用广义逆矩阵方法求解线性方程组

$$\begin{cases} 2x_1+4x_2+x_3+x_4=5, \\ x_1+2x_2-x_3+2x_4=1, \\ -x_1-2x_2-2x_3+x_4=-4. \end{cases}$$

解 令

$$\boldsymbol{A}=\begin{pmatrix} 2 & 4 & 1 & 1 \\ 1 & 2 & -1 & 2 \\ -1 & -2 & -2 & 1 \end{pmatrix}, \qquad \boldsymbol{b}=\begin{pmatrix} 5 \\ 1 \\ -4 \end{pmatrix}.$$

例 6.1 已求得 $\boldsymbol{A}$ 的{1}逆为(取 $\alpha=\beta=0$)

$$\boldsymbol{A}^{(1)}=\begin{pmatrix} \frac{1}{3} & \frac{1}{3} & 0 \\ 0 & 0 & 0 \\ \frac{1}{3} & -\frac{2}{3} & 0 \\ 0 & 0 & 0 \end{pmatrix},$$

容易验证

$$\boldsymbol{AA}^{(1)}\boldsymbol{b}=(5,1,-4)^{\mathrm{T}}=\boldsymbol{b}.$$

所以线性方程组有解，且通解为

$$\boldsymbol{x}=\boldsymbol{A}^{(1)}\boldsymbol{b}+(\boldsymbol{I}-\boldsymbol{A}^{(1)}\boldsymbol{A})\boldsymbol{y}=\begin{pmatrix} 2 \\ 0 \\ 1 \\ 0 \end{pmatrix}+\begin{pmatrix} 0 & -2 & 0 & -1 \\ 0 & 1 & 0 & 0 \\ 0 & 0 & 0 & 1 \\ 0 & 0 & 0 & 1 \end{pmatrix}\begin{pmatrix} y_1 \\ y_2 \\ y_3 \\ y_4 \end{pmatrix}$$

$$(y_1,y_2,y_3,y_4\in\mathbf{C}\text{ 任意}).$$

推论 2 表明，利用某个{1}逆可以解决线性方程组的求解问题. 反之，利用线性方程组的解也可以给出{1}逆.

定理 6.6 设 $\boldsymbol{A}\in\mathbf{C}^{m\times n}$，$\boldsymbol{b}\in\mathbf{C}^m$，$\boldsymbol{X}\in\mathbf{C}^{n\times m}$. 若对于使得线性方程组 $\boldsymbol{Ax}=\boldsymbol{b}$ 有解的所有 $\boldsymbol{b}$，$\boldsymbol{x}=\boldsymbol{Xb}$ 都是解，则 $\boldsymbol{X}\in A\{1\}$.

证 记 $\boldsymbol{a}_j$ 为 $\boldsymbol{A}$ 的第 j 列，则线性方程组 $\boldsymbol{Ax}=\boldsymbol{a}_j$ 都有解(因为 $\boldsymbol{x}=\boldsymbol{e}_j$ 就是解). 由于 $\boldsymbol{x}=\boldsymbol{Xa}_j$ 是线性方程组的解，即

$$\boldsymbol{AXa}_j=\boldsymbol{a}_j \qquad (j=1,2,\cdots,n),$$

从而

$$\boldsymbol{AXA}=\boldsymbol{AX}(\boldsymbol{a}_1,\boldsymbol{a}_2,\cdots,\boldsymbol{a}_n)=(\boldsymbol{a}_1,\boldsymbol{a}_2,\cdots,\boldsymbol{a}_n)=\boldsymbol{A}.$$

故 $\boldsymbol{X}\in A\{1\}$. 证毕

6.2.3 由{1}逆构造其他的广义逆矩阵

利用{1}逆可以构造出其他的广义逆矩阵.

定理 6.7 设 $\boldsymbol{A}\in\mathbf{C}^{m\times n}$, $\boldsymbol{Y},\boldsymbol{Z}\in A\{1\}$, 记 $\boldsymbol{X}=\boldsymbol{YAZ}$, 则 $\boldsymbol{X}\in A\{1,2\}$.

证 由定义直接得到. 证毕

因为在 Penrose 方程(1)和(2)中, $\boldsymbol{A}$ 与 $\boldsymbol{X}$ 的位置是对称的, 所以 $\boldsymbol{X}\in A\{1,2\}$ 与 $\boldsymbol{A}\in X\{1,2\}$ 是等价的, 即 $\boldsymbol{A}$ 和 $\boldsymbol{X}$ 总是互为{1,2}逆. 这与通常逆矩阵所具有的性质 $(\boldsymbol{A}^{-1})^{-1}=\boldsymbol{A}$ 类似, 因此也经常称之为**自反广义逆矩阵**.

引理 6.1 设 $\boldsymbol{A}\in\mathbf{C}^{m\times n}$, $\boldsymbol{B}\in\mathbf{C}^{n\times p}$, 且 $\operatorname{rank}(\boldsymbol{AB})=\operatorname{rank}\boldsymbol{A}$, 则存在矩阵 $\boldsymbol{W}\in\mathbf{C}^{p\times n}$, 使得 $\boldsymbol{A}=\boldsymbol{ABW}$.

证 将 $\boldsymbol{A}$ 按列分块为 $\boldsymbol{A}=(\boldsymbol{a}_1,\boldsymbol{a}_2,\cdots,\boldsymbol{a}_n)$, 考虑线性方程组

$$(\boldsymbol{AB})\boldsymbol{x}=\boldsymbol{a}_j\qquad(j=1,2,\cdots,n).\tag{6.8}$$

因为

$$\begin{aligned}\operatorname{rank}(\boldsymbol{AB})&\leqslant\operatorname{rank}(\boldsymbol{AB},\boldsymbol{a}_j)=\operatorname{rank}(\boldsymbol{AB},\boldsymbol{Ae}_j)\\&=\operatorname{rank}[\boldsymbol{A}(\boldsymbol{B},\boldsymbol{e}_j)]\leqslant\operatorname{rank}\boldsymbol{A}=\operatorname{rank}(\boldsymbol{AB}),\end{aligned}$$

所以 $\operatorname{rank}(\boldsymbol{AB},\boldsymbol{a}_j)=\operatorname{rank}(\boldsymbol{AB})$, 即式(6.8)的诸线性方程组都有解. 设

$$(\boldsymbol{AB})\boldsymbol{w}_j=\boldsymbol{a}_j\quad(j=1,2,\cdots,n),\qquad\boldsymbol{W}=(\boldsymbol{w}_1,\boldsymbol{w}_2,\cdots,\boldsymbol{w}_n),$$

则有

$$\boldsymbol{A}=(\boldsymbol{a}_1,\boldsymbol{a}_2,\cdots,\boldsymbol{a}_n)=\boldsymbol{AB}(\boldsymbol{w}_1,\boldsymbol{w}_2,\cdots,\boldsymbol{w}_n)=\boldsymbol{ABW}.$$

证毕

在式(6.1)中取 $\boldsymbol{L}=\boldsymbol{O}$, 即有 $\boldsymbol{X}\in A\{1,2\}$, 此时 $\operatorname{rank}\boldsymbol{X}=r=\operatorname{rank}\boldsymbol{A}$. 这个结论具有一般性.

定理 6.8 设 $\boldsymbol{A}\in\mathbf{C}^{m\times n}$, $\boldsymbol{X}\in A\{1\}$, 则 $\boldsymbol{X}\in A\{1,2\}$ 的充分必要条件是 $\operatorname{rank}\boldsymbol{X}=\operatorname{rank}\boldsymbol{A}$.

证 若 $\boldsymbol{X}\in A\{1,2\}$, 则有

$$\operatorname{rank}\boldsymbol{A}=\operatorname{rank}(\boldsymbol{AXA})\leqslant\operatorname{rank}\boldsymbol{X}=\operatorname{rank}(\boldsymbol{XAX})\leqslant\operatorname{rank}\boldsymbol{A},$$

即 $\operatorname{rank}\boldsymbol{X}=\operatorname{rank}\boldsymbol{A}$.

反之, 若 $\boldsymbol{X}\in A\{1\}$, 且 $\operatorname{rank}\boldsymbol{X}=\operatorname{rank}\boldsymbol{A}$, 由定理 6.4 知

$$\operatorname{rank}\boldsymbol{X}=\operatorname{rank}\boldsymbol{A}=\operatorname{rank}(\boldsymbol{XA}).$$

从而根据引理 6.1, 存在矩阵 $\boldsymbol{W}\in\mathbf{C}^{n\times m}$, 使得 $\boldsymbol{X}=\boldsymbol{XAW}$. 故

$$\boldsymbol{XAX}=\boldsymbol{XA}(\boldsymbol{XAW})=\boldsymbol{XAW}=\boldsymbol{X},$$

即 $\boldsymbol{X}\in A\{1,2\}$. 证毕

为了构造{1,2,3}逆和{1,2,4}逆, 要用到 $\boldsymbol{A}^{\mathrm{H}}\boldsymbol{A}$ 与 $\boldsymbol{AA}^{\mathrm{H}}$ 的{1}逆.

定理 6.9 设 $\boldsymbol{A}\in\mathbf{C}^{m\times n}$, $(\boldsymbol{A}^{\mathrm{H}}\boldsymbol{A})^{(1)}\in(A^{\mathrm{H}}A)\{1\}$, $(\boldsymbol{AA}^{\mathrm{H}})^{(1)}\in(AA^{\mathrm{H}})\{1\}$, 则

$$\boldsymbol{Y}=(\boldsymbol{A}^{\mathrm{H}}\boldsymbol{A})^{(1)}\boldsymbol{A}^{\mathrm{H}}\in A\{1,2,3\},\qquad\boldsymbol{Z}=\boldsymbol{A}^{\mathrm{H}}(\boldsymbol{AA}^{\mathrm{H}})^{(1)}\in A\{1,2,4\}.$$

证　由定理 1.26 知

$$\mathrm{rank}(\boldsymbol{A}^{\mathrm{H}}\boldsymbol{A}) = \mathrm{rank}\boldsymbol{A}^{\mathrm{H}}, \qquad \mathrm{rank}(\boldsymbol{A}\boldsymbol{A}^{\mathrm{H}}) = \mathrm{rank}\boldsymbol{A}.$$

根据引理 6.1,存在 $\boldsymbol{W}\in\mathbf{C}^{n\times m}$,使得

$$\boldsymbol{A}^{\mathrm{H}} = \boldsymbol{A}^{\mathrm{H}}\boldsymbol{A}\boldsymbol{W} \quad 或 \quad \boldsymbol{A} = \boldsymbol{W}^{\mathrm{H}}\boldsymbol{A}^{\mathrm{H}}\boldsymbol{A}.$$

于是

$$\boldsymbol{A}\boldsymbol{Y}\boldsymbol{A} = (\boldsymbol{W}^{\mathrm{H}}\boldsymbol{A}^{\mathrm{H}}\boldsymbol{A})[(\boldsymbol{A}^{\mathrm{H}}\boldsymbol{A})^{(1)}\boldsymbol{A}^{\mathrm{H}}]\boldsymbol{A} = \boldsymbol{W}^{\mathrm{H}}\boldsymbol{A}^{\mathrm{H}}\boldsymbol{A} = \boldsymbol{A},$$

即 $\boldsymbol{Y}\in A\{1\}$. 由$\{1\}$逆的性质知 $\mathrm{rank}\boldsymbol{Y}\geqslant\mathrm{rank}\boldsymbol{A}$,又有

$$\mathrm{rank}\boldsymbol{Y} = \mathrm{rank}[(\boldsymbol{A}^{\mathrm{H}}\boldsymbol{A})^{(1)}\boldsymbol{A}^{\mathrm{H}}] \leqslant \mathrm{rank}(\boldsymbol{A}^{\mathrm{H}}) = \mathrm{rank}\boldsymbol{A},$$

故由定理 6.8 得 $\boldsymbol{Y}\in A\{1,2\}$. 又因为

$$\begin{aligned}\boldsymbol{A}\boldsymbol{Y} &= (\boldsymbol{W}^{\mathrm{H}}\boldsymbol{A}^{\mathrm{H}}\boldsymbol{A})[(\boldsymbol{A}^{\mathrm{H}}\boldsymbol{A})^{(1)}\boldsymbol{A}^{\mathrm{H}}] = \boldsymbol{W}^{\mathrm{H}}(\boldsymbol{A}^{\mathrm{H}}\boldsymbol{A})(\boldsymbol{A}^{\mathrm{H}}\boldsymbol{A})^{(1)}(\boldsymbol{A}^{\mathrm{H}}\boldsymbol{A}\boldsymbol{W})\\ &= \boldsymbol{W}^{\mathrm{H}}\boldsymbol{A}^{\mathrm{H}}\boldsymbol{A}\boldsymbol{W},\end{aligned}$$

可见$(\boldsymbol{A}\boldsymbol{Y})^{\mathrm{H}}=\boldsymbol{A}\boldsymbol{Y}$,故 $\boldsymbol{Y}\in A\{1,2,3\}$.

同理可证 $\boldsymbol{Z}\in A\{1,2,4\}$.　　证毕

定理 6.10　设 $\boldsymbol{A}\in\mathbf{C}^{m\times n}$,且 $\boldsymbol{A}^{(1,3)}\in A\{1,3\}$,$\boldsymbol{A}^{(1,4)}\in A\{1,4\}$,则

$$\boldsymbol{A}^{+} = \boldsymbol{A}^{(1,4)}\boldsymbol{A}\boldsymbol{A}^{(1,3)}.$$

证　记 $\boldsymbol{X}=\boldsymbol{A}^{(1,4)}\boldsymbol{A}\boldsymbol{A}^{(1,3)}$. 由定理 6.7 知 $\boldsymbol{X}\in A\{1,2\}$. 又因为

$$\boldsymbol{A}\boldsymbol{X} = \boldsymbol{A}\boldsymbol{A}^{(1,4)}\boldsymbol{A}\boldsymbol{A}^{(1,3)} = \boldsymbol{A}\boldsymbol{A}^{(1,3)}, \qquad \boldsymbol{X}\boldsymbol{A} = \boldsymbol{A}^{(1,4)}\boldsymbol{A}\boldsymbol{A}^{(1,3)}\boldsymbol{A} = \boldsymbol{A}^{(1,4)}\boldsymbol{A},$$

所以

$$(\boldsymbol{A}\boldsymbol{X})^{\mathrm{H}} = (\boldsymbol{A}\boldsymbol{A}^{(1,3)})^{\mathrm{H}} = \boldsymbol{A}\boldsymbol{A}^{(1,3)} = \boldsymbol{A}\boldsymbol{X},$$

$$(\boldsymbol{X}\boldsymbol{A})^{\mathrm{H}} = (\boldsymbol{A}^{(1,4)}\boldsymbol{A})^{\mathrm{H}} = \boldsymbol{A}^{(1,4)}\boldsymbol{A} = \boldsymbol{X}\boldsymbol{A}.$$

可见 $\boldsymbol{X}\in A\{1,2,3,4\}$. 由于 $A\{1,2,3,4\}$只含一个元素 $\boldsymbol{A}^{+}$,故 $\boldsymbol{X}=\boldsymbol{A}^{+}$.　　证毕

6.3　Moore-Penrose 逆 $\boldsymbol{A}^{+}$

6.3.1　$\boldsymbol{A}^{+}$的计算及有关性质

定理 6.1 给出了利用奇异值分解求 $\boldsymbol{A}^{+}$ 的方法. 这里给出的利用满秩分解求 $\boldsymbol{A}^{+}$ 的方法较为简便.

定理 6.11　设 $\boldsymbol{A}\in\mathbf{C}_r^{m\times n}(r>0)$,且 $\boldsymbol{A}$ 的满秩分解为

$$\boldsymbol{A} = \boldsymbol{F}\boldsymbol{G} \qquad (\boldsymbol{F}\in\mathbf{C}_r^{m\times r},\ \boldsymbol{G}\in\mathbf{C}_r^{r\times n}),$$

则

$$\boldsymbol{A}^{+} = \boldsymbol{G}^{\mathrm{H}}(\boldsymbol{G}\boldsymbol{G}^{\mathrm{H}})^{-1}(\boldsymbol{F}^{\mathrm{H}}\boldsymbol{F})^{-1}\boldsymbol{F}^{\mathrm{H}}.$$

证　由定理 1.26 知,$\mathrm{rank}(\boldsymbol{G}\boldsymbol{G}^{\mathrm{H}})=\mathrm{rank}\boldsymbol{G}=r$,$\mathrm{rank}(\boldsymbol{F}^{\mathrm{H}}\boldsymbol{F})=\mathrm{rank}\boldsymbol{F}=r$,从而 $\boldsymbol{G}\boldsymbol{G}^{\mathrm{H}}$ 与 $\boldsymbol{F}^{\mathrm{H}}\boldsymbol{F}$ 都是 r 阶可逆矩阵. 记

$$\boldsymbol{X} = \boldsymbol{G}^{\mathrm{H}}(\boldsymbol{G}\boldsymbol{G}^{\mathrm{H}})^{-1}(\boldsymbol{F}^{\mathrm{H}}\boldsymbol{F})^{-1}\boldsymbol{F}^{\mathrm{H}},$$

容易验证 $\boldsymbol{X}$ 满足四个 Penrose 方程,故 $\boldsymbol{X}=\boldsymbol{A}^{+}$.　　证毕

推论 设 $\boldsymbol{A}\in\mathbf{C}^{m\times n}$，则当 $\operatorname{rank}\boldsymbol{A}=m$ 时，有

$$\boldsymbol{A}^{+}=\boldsymbol{A}^{\mathrm{H}}(\boldsymbol{A}\boldsymbol{A}^{\mathrm{H}})^{-1},$$

而当 $\operatorname{rank}\boldsymbol{A}=n$ 时，有

$$\boldsymbol{A}^{+}=(\boldsymbol{A}^{\mathrm{H}}\boldsymbol{A})^{-1}\boldsymbol{A}^{\mathrm{H}}.$$

例 6.3 求下列矩阵的 Moore-Penrose 逆：

(1) $\boldsymbol{A}=\begin{pmatrix}2&4&1&1\\1&2&-1&2\\-1&-2&-2&1\end{pmatrix}$；(2) $\boldsymbol{A}=\begin{pmatrix}1\\2\\3\end{pmatrix}$.

解 (1) 例 4.9 已求得

$$\boldsymbol{A}=\boldsymbol{F}\boldsymbol{G}=\begin{pmatrix}2&1\\1&-1\\-1&-2\end{pmatrix}\begin{pmatrix}1&2&0&1\\0&0&1&-1\end{pmatrix},$$

于是

$$\begin{aligned}\boldsymbol{A}^{+}&=\boldsymbol{G}^{\mathrm{T}}(\boldsymbol{G}\boldsymbol{G}^{\mathrm{T}})^{-1}(\boldsymbol{F}^{\mathrm{T}}\boldsymbol{F})^{-1}\boldsymbol{F}^{\mathrm{T}}\\&=\begin{pmatrix}1&0\\2&0\\0&1\\1&-1\end{pmatrix}\begin{pmatrix}6&-1\\-1&2\end{pmatrix}^{-1}\begin{pmatrix}6&3\\3&6\end{pmatrix}^{-1}\begin{pmatrix}2&1&-1\\1&-1&-2\end{pmatrix}=\frac{1}{33}\begin{pmatrix}2&1&-1\\4&2&-2\\1&-5&-6\\1&6&5\end{pmatrix}.\end{aligned}$$

(2) $\boldsymbol{A}^{+}=(\boldsymbol{A}^{\mathrm{T}}\boldsymbol{A})^{-1}\boldsymbol{A}^{\mathrm{T}}=\dfrac{1}{14}(1,2,3)$.

由于 $\boldsymbol{A}^{+}$ 的唯一性，它所具有的一些性质与通常逆矩阵的性质相仿，归纳如下.

定理 6.12 设 $\boldsymbol{A}\in\mathbf{C}^{m\times n}$，则

(1) $(\boldsymbol{A}^{+})^{+}=\boldsymbol{A}$；

(2) $(\boldsymbol{A}^{+})^{\mathrm{H}}=(\boldsymbol{A}^{\mathrm{H}})^{+}$，$(\boldsymbol{A}^{+})^{\mathrm{T}}=(\boldsymbol{A}^{\mathrm{T}})^{+}$；

(3) $(\lambda\boldsymbol{A})^{+}=\lambda^{+}\boldsymbol{A}^{+}$，其中 $\lambda\in\mathbf{C}$，且 λ^{+} 如式(6.3)；

(4) $\operatorname{rank}\boldsymbol{A}^{+}=\operatorname{rank}\boldsymbol{A}$；

(5) $\operatorname{rank}(\boldsymbol{A}\boldsymbol{A}^{+})=\operatorname{rank}(\boldsymbol{A}^{+}\boldsymbol{A})=\operatorname{rank}\boldsymbol{A}$；

(6) $\boldsymbol{A}^{+}=(\boldsymbol{A}^{\mathrm{H}}\boldsymbol{A})^{+}\boldsymbol{A}^{\mathrm{H}}=\boldsymbol{A}^{\mathrm{H}}(\boldsymbol{A}\boldsymbol{A}^{\mathrm{H}})^{+}$；

(7) $(\boldsymbol{A}^{\mathrm{H}}\boldsymbol{A})^{+}=\boldsymbol{A}^{+}(\boldsymbol{A}^{\mathrm{H}})^{+}$，$(\boldsymbol{A}\boldsymbol{A}^{\mathrm{H}})^{+}=(\boldsymbol{A}^{\mathrm{H}})^{+}\boldsymbol{A}^{+}$；

(8) 当 $\boldsymbol{U}$ 和 $\boldsymbol{V}$ 分别是 m 阶与 n 阶酉矩阵时，有

$$(\boldsymbol{U}\boldsymbol{A}\boldsymbol{V})^{+}=\boldsymbol{V}^{\mathrm{H}}\boldsymbol{A}^{+}\boldsymbol{U}^{\mathrm{H}};$$

(9) $\boldsymbol{A}\boldsymbol{A}^{+}=\boldsymbol{I}_m$ 的充分必要条件是 $\operatorname{rank}\boldsymbol{A}=m$；

(10) $\boldsymbol{A}^{+}\boldsymbol{A}=\boldsymbol{I}_n$ 的充分必要条件是 $\operatorname{rank}\boldsymbol{A}=n$.

证 只证(6)，其余结论直接利用 $\boldsymbol{A}^{+}$ 的定义或仿定理 6.4 证明.

记 $\boldsymbol{X}=(\boldsymbol{A}^{\mathrm{H}}\boldsymbol{A})^{+}\boldsymbol{A}^{\mathrm{H}}$，由定理 6.9 知 $\boldsymbol{X}\in A\{1,2,3\}$. 余下只要验证 $\boldsymbol{X}$ 满足 Penrose 方程(4). 因为

$$\boldsymbol{X}\boldsymbol{A}=(\boldsymbol{A}^{\mathrm{H}}\boldsymbol{A})^{+}(\boldsymbol{A}^{\mathrm{H}}\boldsymbol{A}),$$

上式右边是 Hermite 矩阵，故 $(\boldsymbol{X}\boldsymbol{A})^{\mathrm{H}}=\boldsymbol{X}\boldsymbol{A}$，即 $\boldsymbol{X}\in A\{1,2,3,4\}$，从而 $\boldsymbol{X}=\boldsymbol{A}^{+}$.

同理可证 $\boldsymbol{A}^{+}=\boldsymbol{A}^{\mathrm{H}}(\boldsymbol{A}\boldsymbol{A}^{\mathrm{H}})^{+}$. 证毕

应当指出，有关逆矩阵的另外一些性质对于 $\boldsymbol{A}^{+}$ 一般不再成立.

对于同阶可逆矩阵 $\boldsymbol{A}$ 和 $\boldsymbol{B}$ 有 $(\boldsymbol{A}\boldsymbol{B})^{-1}=\boldsymbol{B}^{-1}\boldsymbol{A}^{-1}$，定理 6.12 中结论(7)表明对矩阵 $\boldsymbol{A}$ 和 $\boldsymbol{A}^{\mathrm{H}}$，Moore-Penrose 逆有类似的性质. 但一般来说. 该性质不成立. 如，设 $\boldsymbol{A}=(1\quad 1)$，$\boldsymbol{B}=\begin{pmatrix}1\\0\end{pmatrix}$，于是 $\boldsymbol{A}\boldsymbol{B}=(1)$. 而

$$(\boldsymbol{A}\boldsymbol{B})^{+}=(1),\quad \boldsymbol{A}^{+}=\frac{1}{2}\begin{pmatrix}1\\1\end{pmatrix},\quad \boldsymbol{B}^{+}=(1\quad 0),$$

故

$$\boldsymbol{B}^{+}\boldsymbol{A}^{+}=\left(\frac{1}{2}\right)\neq(\boldsymbol{A}\boldsymbol{B})^{+}.$$

对可逆矩阵 $\boldsymbol{A}$ 有 $\boldsymbol{A}\boldsymbol{A}^{-1}=\boldsymbol{A}^{-1}\boldsymbol{A}=\boldsymbol{I}$. 当 $\boldsymbol{A}$ 是长方阵时，$\boldsymbol{A}\boldsymbol{A}^{+}$ 与 $\boldsymbol{A}^{+}\boldsymbol{A}$ 的阶数不等. 即使 $\boldsymbol{A}$ 为方阵，也不一定有 $\boldsymbol{A}\boldsymbol{A}^{+}=\boldsymbol{A}^{+}\boldsymbol{A}$. 如，设 $\boldsymbol{A}=\begin{pmatrix}1&1\\0&0\end{pmatrix}$，有 $\boldsymbol{A}^{+}=\frac{1}{2}\begin{pmatrix}1&0\\1&0\end{pmatrix}$，从而

$$\boldsymbol{A}\boldsymbol{A}^{+}=\begin{pmatrix}1&0\\0&0\end{pmatrix},\qquad \boldsymbol{A}^{+}\boldsymbol{A}=\frac{1}{2}\begin{pmatrix}1&1\\1&1\end{pmatrix}.$$

可见 $\boldsymbol{A}\boldsymbol{A}^{+}\neq\boldsymbol{A}^{+}\boldsymbol{A}$.

6.3.2 A^{+} 在解线性方程组中的应用

利用{1}逆已经解决了判断线性方程组是否有解及求通解的问题. 由于 $\boldsymbol{A}^{+}$ 是特殊的{1}逆，所以相应地有下述定理.

定理 6.13 设 $\boldsymbol{A}\in\mathbf{C}^{m\times n}$，$\boldsymbol{b}\in\mathbf{C}^{m}$，则线性方程组 $\boldsymbol{A}\boldsymbol{x}=\boldsymbol{b}$ 有解的充分必要条件是

$$\boldsymbol{A}\boldsymbol{A}^{+}\boldsymbol{b}=\boldsymbol{b},$$

且通解为

$$\boldsymbol{x}=\boldsymbol{A}^{+}\boldsymbol{b}+(\boldsymbol{I}-\boldsymbol{A}^{+}\boldsymbol{A})\boldsymbol{y}\qquad(\boldsymbol{y}\in\mathbf{C}^{n}\text{ 任意}).\tag{6.9}$$

由式(6.9)可知，如果线性方程组 $\boldsymbol{A}\boldsymbol{x}=\boldsymbol{b}$ 有解，则当且仅当 $\boldsymbol{A}^{+}\boldsymbol{A}=\boldsymbol{I}$，即 $\operatorname{rank}\boldsymbol{A}=n$ 时解唯一. 在实际问题中，常需求出线性方程组的无穷多个解中 2 范数最小的解，即

$$\|\boldsymbol{x}_0\|_2=\min_{\boldsymbol{Ax}=\boldsymbol{b}}\|\boldsymbol{x}\|_2.$$

称 $\boldsymbol{x}_0$ 为线性方程组 $\boldsymbol{Ax}=\boldsymbol{b}$ 的**极小范数解**.

定理 6.14 设 $\boldsymbol{A}\in\mathbf{C}^{m\times n}$，$\boldsymbol{b}\in\mathbf{C}^m$，且 $\boldsymbol{Ax}=\boldsymbol{b}$ 有解，则它的唯一极小范数解为 $\boldsymbol{x}_0=\boldsymbol{A}^{+}\boldsymbol{b}$.

证 对于式(6.9)给出的 $\boldsymbol{Ax}=\boldsymbol{b}$ 的通解 $\boldsymbol{x}$，有

$$\begin{aligned}\|\boldsymbol{x}\|_2^2&=\boldsymbol{x}^{\mathrm{H}}\boldsymbol{x}=[\boldsymbol{A}^{+}\boldsymbol{b}+(\boldsymbol{I}-\boldsymbol{A}^{+}\boldsymbol{A})\boldsymbol{y}]^{\mathrm{H}}[\boldsymbol{A}^{+}\boldsymbol{b}+(\boldsymbol{I}-\boldsymbol{A}^{+}\boldsymbol{A})\boldsymbol{y}]\\&=\|\boldsymbol{A}^{+}\boldsymbol{b}\|_2^2+\|(\boldsymbol{I}-\boldsymbol{A}^{+}\boldsymbol{A})\boldsymbol{y}\|_2^2\\&\quad+\boldsymbol{b}^{\mathrm{H}}(\boldsymbol{A}^{+})^{\mathrm{H}}(\boldsymbol{I}-\boldsymbol{A}^{+}\boldsymbol{A})\boldsymbol{y}+\boldsymbol{y}^{\mathrm{H}}(\boldsymbol{I}-\boldsymbol{A}^{+}\boldsymbol{A})^{\mathrm{H}}\boldsymbol{A}^{+}\boldsymbol{b}\\&=\|\boldsymbol{A}^{+}\boldsymbol{b}\|_2^2+\|(\boldsymbol{I}-\boldsymbol{A}^{+}\boldsymbol{A})\boldsymbol{y}\|_2^2\\&\quad+\boldsymbol{b}^{\mathrm{H}}[(\boldsymbol{I}-\boldsymbol{A}^{+}\boldsymbol{A})\boldsymbol{A}^{+}]^{\mathrm{H}}\boldsymbol{y}+\boldsymbol{y}^{\mathrm{H}}(\boldsymbol{I}-\boldsymbol{A}^{+}\boldsymbol{A})\boldsymbol{A}^{+}\boldsymbol{b}\\&=\|\boldsymbol{A}^{+}\boldsymbol{b}\|_2^2+\|(\boldsymbol{I}-\boldsymbol{A}^{+}\boldsymbol{A})\boldsymbol{y}\|_2^2.\end{aligned}$$

可见 $\|\boldsymbol{x}\|_2\geqslant\|\boldsymbol{A}^{+}\boldsymbol{b}\|_2$，即 $\boldsymbol{A}^{+}\boldsymbol{b}$ 是极小范数解.

再证唯一性. 设 $\boldsymbol{x}_0$ 是 $\boldsymbol{Ax}=\boldsymbol{b}$ 的极小范数解，则 $\|\boldsymbol{x}_0\|_2=\|\boldsymbol{A}^{+}\boldsymbol{b}\|_2$，且存在 $\boldsymbol{y}_0\in\mathbf{C}^n$，使得

$$\boldsymbol{x}_0=\boldsymbol{A}^{+}\boldsymbol{b}+(\boldsymbol{I}-\boldsymbol{A}^{+}\boldsymbol{A})\boldsymbol{y}_0.$$

与前面推导过程类似，有

$$\|\boldsymbol{x}_0\|_2^2=\|\boldsymbol{A}^{+}\boldsymbol{b}\|_2^2+\|(\boldsymbol{I}-\boldsymbol{A}^{+}\boldsymbol{A})\boldsymbol{y}_0\|_2^2.$$

从而 $\|(\boldsymbol{I}-\boldsymbol{A}^{+}\boldsymbol{A})\boldsymbol{y}_0\|_2=0$，即 $(\boldsymbol{I}-\boldsymbol{A}^{+}\boldsymbol{A})\boldsymbol{y}_0=\mathbf{0}$，从而 $\boldsymbol{x}_0=\boldsymbol{A}^{+}\boldsymbol{b}$. 证毕

当线性方程组无解时，往往希望求出它的最小二乘解(见式(3.12)). 利用 Moore-Penrose 逆可以解决这一问题.

定理 6.15 设 $\boldsymbol{A}\in\mathbf{C}^{m\times n}$，$\boldsymbol{b}\in\mathbf{C}^m$，矛盾方程组 $\boldsymbol{Ax}=\boldsymbol{b}$ 的全部最小二乘解为

$$\boldsymbol{z}=\boldsymbol{A}^{+}\boldsymbol{b}+(\boldsymbol{I}-\boldsymbol{A}^{+}\boldsymbol{A})\boldsymbol{y}\qquad(\boldsymbol{y}\in\mathbf{C}^n\text{ 任意}).\tag{6.10}$$

证 由式(6.10)可求得

$$\|\boldsymbol{Az}-\boldsymbol{b}\|_2=\|\boldsymbol{AA}^{+}\boldsymbol{b}-\boldsymbol{b}\|_2.$$

对任意 $\boldsymbol{x}\in\mathbf{C}^n$，有

$$\begin{aligned}\|\boldsymbol{Ax}-\boldsymbol{b}\|_2^2&=\|(\boldsymbol{Ax}-\boldsymbol{AA}^{+}\boldsymbol{b})+(\boldsymbol{AA}^{+}\boldsymbol{b}-\boldsymbol{b})\|_2^2\\&=\|\boldsymbol{Ax}-\boldsymbol{AA}^{+}\boldsymbol{b}\|_2^2+\|\boldsymbol{AA}^{+}\boldsymbol{b}-\boldsymbol{b}\|_2^2\\&\quad+(\boldsymbol{Ax}-\boldsymbol{AA}^{+}\boldsymbol{b})^{\mathrm{H}}(\boldsymbol{AA}^{+}\boldsymbol{b}-\boldsymbol{b})+(\boldsymbol{AA}^{+}\boldsymbol{b}-\boldsymbol{b})^{\mathrm{H}}(\boldsymbol{Ax}-\boldsymbol{AA}^{+}\boldsymbol{b})\\&=\|\boldsymbol{Ax}-\boldsymbol{AA}^{+}\boldsymbol{b}\|_2^2+\|\boldsymbol{AA}^{+}\boldsymbol{b}-\boldsymbol{b}\|_2^2\\&\quad+(\boldsymbol{x}-\boldsymbol{A}^{+}\boldsymbol{b})^{\mathrm{H}}\boldsymbol{A}^{\mathrm{H}}(\boldsymbol{AA}^{+}-\boldsymbol{I})\boldsymbol{b}+\boldsymbol{b}^{\mathrm{H}}(\boldsymbol{AA}^{+}-\boldsymbol{I})^{\mathrm{H}}\boldsymbol{A}(\boldsymbol{x}-\boldsymbol{A}^{+}\boldsymbol{b})\\&=\|\boldsymbol{Ax}-\boldsymbol{AA}^{+}\boldsymbol{b}\|_2^2+\|\boldsymbol{AA}^{+}\boldsymbol{b}-\boldsymbol{b}\|_2^2,\end{aligned}$$

于是

$$\|\boldsymbol{Ax}-\boldsymbol{b}\|_2\geqslant\|\boldsymbol{AA}^{+}\boldsymbol{b}-\boldsymbol{b}\|_2=\|\boldsymbol{Az}-\boldsymbol{b}\|_2.$$

这表明式(6.10)给出的 $\boldsymbol{z}$ 都是 $\boldsymbol{Ax}=\boldsymbol{b}$ 的最小二乘解.

又设 $z_0 \in \mathbf{C}^n$ 是 $\boldsymbol{Ax}=\boldsymbol{b}$ 的任一最小二乘解，则有

$$\|\boldsymbol{Az}_0-\boldsymbol{b}\|_2=\|\boldsymbol{AA}^+\boldsymbol{b}-\boldsymbol{b}\|_2.$$

与前面推导过程类似，有

$$\|\boldsymbol{Az}_0-\boldsymbol{b}\|_2^2=\|\boldsymbol{Az}_0-\boldsymbol{AA}^+\boldsymbol{b}\|_2^2+\|\boldsymbol{AA}^+\boldsymbol{b}-\boldsymbol{b}\|_2^2.$$

从而 $\|\boldsymbol{Az}_0-\boldsymbol{AA}^+\boldsymbol{b}\|_2=0$，即 $\boldsymbol{Az}_0=\boldsymbol{AA}^+\boldsymbol{b}$. 可见 z_0 是线性方程组 $\boldsymbol{Ax}=\boldsymbol{AA}^+\boldsymbol{b}$ 的解. 由于 $\boldsymbol{AA}^+(\boldsymbol{AA}^+\boldsymbol{b})=\boldsymbol{AA}^+\boldsymbol{b}$，根据定理 6.13 知，上述方程组有解，且通解为

$$\boldsymbol{x}=\boldsymbol{A}^+(\boldsymbol{AA}^+\boldsymbol{b})+(\boldsymbol{I}-\boldsymbol{A}^+\boldsymbol{A})\boldsymbol{y}=\boldsymbol{A}^+\boldsymbol{b}+(\boldsymbol{I}-\boldsymbol{A}^+\boldsymbol{A})\boldsymbol{y}\quad(\boldsymbol{y}\in\mathbf{C}^n\text{ 任意}).$$

故

$$z_0=\boldsymbol{A}^+\boldsymbol{b}+(\boldsymbol{I}-\boldsymbol{A}^+\boldsymbol{A})\boldsymbol{y}_0\qquad(\boldsymbol{y}_0\in\mathbf{C}^n).$$

可见式(6.10)给出了 $\boldsymbol{Ax}=\boldsymbol{b}$ 的全部最小二乘解.　　证毕

由定理 6.15 的推证过程可得如下结论.

推论 1　设 $\boldsymbol{A}\in\mathbf{C}^{m\times n}$，$\boldsymbol{b}\in\mathbf{C}^m$，则 $z\in\mathbf{C}^n$ 是矛盾方程组 $\boldsymbol{Ax}=\boldsymbol{b}$ 的最小二乘解的充分必要条件是，z 是方程组 $\boldsymbol{Ax}=\boldsymbol{AA}^+\boldsymbol{b}$ 的解.

推论 2　设 $\boldsymbol{A}\in\mathbf{C}^{m\times n}$，$\boldsymbol{b}\in\mathbf{C}^m$，则 $z\in\mathbf{C}^n$ 是矛盾方程组 $\boldsymbol{Ax}=\boldsymbol{b}$ 的最小二乘解的充分必要条件是，z 是方程组 $\boldsymbol{A}^{\mathrm{H}}\boldsymbol{Ax}=\boldsymbol{A}^{\mathrm{H}}\boldsymbol{b}$ 的解.

证　若 z 是 $\boldsymbol{Ax}=\boldsymbol{b}$ 的最小二乘解，由推论 1 知，z 是 $\boldsymbol{Ax}=\boldsymbol{AA}^+\boldsymbol{b}$ 的解，于是

$$\boldsymbol{A}^{\mathrm{H}}\boldsymbol{Az}=\boldsymbol{A}^{\mathrm{H}}(\boldsymbol{AA}^+\boldsymbol{b})=\boldsymbol{A}^{\mathrm{H}}(\boldsymbol{AA}^+)^{\mathrm{H}}\boldsymbol{b}=(\boldsymbol{AA}^+\boldsymbol{A})^{\mathrm{H}}\boldsymbol{b}=\boldsymbol{A}^{\mathrm{H}}\boldsymbol{b},$$

即 z 是 $\boldsymbol{A}^{\mathrm{H}}\boldsymbol{Ax}=\boldsymbol{A}^{\mathrm{H}}\boldsymbol{b}$ 的解.

反之，若 z 是 $\boldsymbol{A}^{\mathrm{H}}\boldsymbol{Ax}=\boldsymbol{A}^{\mathrm{H}}\boldsymbol{b}$ 的解，则有

$$\begin{aligned}\boldsymbol{Az}&=\boldsymbol{AA}^+\boldsymbol{Az}=(\boldsymbol{AA}^+)^{\mathrm{H}}\boldsymbol{Az}=(\boldsymbol{A}^+)^{\mathrm{H}}(\boldsymbol{A}^{\mathrm{H}}\boldsymbol{Az})\\&=(\boldsymbol{A}^+)^{\mathrm{H}}\boldsymbol{A}^{\mathrm{H}}\boldsymbol{b}=(\boldsymbol{AA}^+)^{\mathrm{H}}\boldsymbol{b}=\boldsymbol{AA}^+\boldsymbol{b}.\end{aligned}$$

可见 z 是 $\boldsymbol{Ax}=\boldsymbol{AA}^+\boldsymbol{b}$ 的解，从而是 $\boldsymbol{Ax}=\boldsymbol{b}$ 的最小二乘解.　　证毕

由式(6.10)可见，矛盾方程组 $\boldsymbol{Ax}=\boldsymbol{b}$ 有唯一最小二乘解的充分必要条件是 $\boldsymbol{A}^+\boldsymbol{A}=\boldsymbol{I}$，即 $\mathrm{rank}\boldsymbol{A}=n$. 最小二乘解一般是不唯一的，在所有最小二乘解中 2 范数最小的解称为矛盾方程组 $\boldsymbol{Ax}=\boldsymbol{b}$ 的**极小范数最小二乘解**或**最佳逼近解**.

定理 6.16　设 $\boldsymbol{A}\in\mathbf{C}^{m\times n}$，$\boldsymbol{b}\in\mathbf{C}^m$，则矛盾方程组 $\boldsymbol{Ax}=\boldsymbol{b}$ 的唯一极小范数最小二乘解为 $\boldsymbol{x}_0=\boldsymbol{A}^+\boldsymbol{b}$.

证　由推论 1 知，$\boldsymbol{Ax}=\boldsymbol{b}$ 的极小范数最小二乘解就是 $\boldsymbol{Ax}=\boldsymbol{AA}^+\boldsymbol{b}$ 的唯一极小范数解. 根据定理 6.14 可求得

$$\boldsymbol{x}_0=\boldsymbol{A}^+(\boldsymbol{AA}^+\boldsymbol{b})=\boldsymbol{A}^+\boldsymbol{b}.$$

证毕

综上所述，可以得到利用 Moore-Penrose 逆 $\boldsymbol{A}^+$ 求解线性方程组 $\boldsymbol{Ax}=\boldsymbol{b}$ 的如下整齐的结论：

(1) $\boldsymbol{Ax}=\boldsymbol{b}$ 有解(或相容)的充分必要条件是 $\boldsymbol{AA}^+\boldsymbol{b}=\boldsymbol{b}$；

(2) $\boldsymbol{x}=\boldsymbol{A}^+\boldsymbol{b}+(\boldsymbol{I}-\boldsymbol{A}^+\boldsymbol{A})\boldsymbol{y}$($\boldsymbol{y}\in\mathbf{C}^n$ 任意)是相容方程组 $\boldsymbol{Ax}=\boldsymbol{b}$ 的通解，或是矛盾方程组 $\boldsymbol{Ax}=\boldsymbol{b}$ 的全部最小二乘解；

(3) $\boldsymbol{x}_0=\boldsymbol{A}^+\boldsymbol{b}$ 是相容方程组 $\boldsymbol{Ax}=\boldsymbol{b}$ 的唯一极小范数解，或是矛盾方程组 $\boldsymbol{Ax}=\boldsymbol{b}$ 的唯一极小范数最小二乘解.

例 6.4 用广义逆矩阵方法判断线性方程组

$$\begin{cases} 2x_1+4x_2+x_3+x_4=10, \\ x_1+2x_2-x_3+2x_4=6, \\ -x_1-2x_2-2x_3+x_4=-7 \end{cases}$$

是否有解. 如果有解，求通解和极小范数解；如果无解，求全部最小二乘解和极小范数最小二乘解.

解 将线性方程组写成矩阵形式 $\boldsymbol{Ax}=\boldsymbol{b}$，其中

$$\boldsymbol{A}=\begin{pmatrix} 2 & 4 & 1 & 1 \\ 1 & 2 & -1 & 2 \\ -1 & -2 & -2 & 1 \end{pmatrix}, \quad \boldsymbol{b}=\begin{pmatrix} 10 \\ 6 \\ -7 \end{pmatrix}.$$

例 6.3 已求得

$$\boldsymbol{A}^+=\frac{1}{33}\begin{pmatrix} 2 & 1 & -1 \\ 4 & 2 & -2 \\ 1 & -5 & -6 \\ 1 & 6 & 5 \end{pmatrix}.$$

由于

$$\boldsymbol{AA}^+\boldsymbol{b}=(11,5,-6)^{\mathrm{T}}\neq\boldsymbol{b},$$

所以方程组无解，全部最小二乘解为

$$\boldsymbol{x}=\boldsymbol{A}^+\boldsymbol{b}+(\boldsymbol{I}-\boldsymbol{A}^+\boldsymbol{A})\boldsymbol{y}=\begin{pmatrix} 1 \\ 2 \\ \frac{2}{3} \\ \frac{1}{3} \end{pmatrix}+\frac{1}{11}\begin{pmatrix} 9 & -4 & -1 & -1 \\ -4 & 3 & -2 & -2 \\ -1 & -2 & 5 & 5 \\ -1 & -2 & 5 & 5 \end{pmatrix}\begin{pmatrix} y_1 \\ y_2 \\ y_3 \\ y_4 \end{pmatrix}$$

$(y_1,y_2,y_3,y_4\in\mathbf{C}$ 任意$)$，

极小范数最小二乘解为

$$\boldsymbol{x}_0=\boldsymbol{A}^+\boldsymbol{b}=\left(1,2,\frac{2}{3},\frac{1}{3}\right)^{\mathrm{T}}.$$

6.4 Drazin 逆

Moore-Penrose 逆 $\boldsymbol{A}^+$ 保留了逆矩阵的若干性质，但也失掉了另一些性质，如 $\boldsymbol{AA}^{-1}=\boldsymbol{A}^{-1}\boldsymbol{A}$，$(\boldsymbol{AB})^{-1}=\boldsymbol{B}^{-1}\boldsymbol{A}^{-1}$，$\lambda$ 是 $\boldsymbol{A}$ 的特征值的充要条件是 λ^{-1} 是 $\boldsymbol{A}^{-1}$ 的特征

值等. 本节介绍方阵的另一种广义逆矩阵——Drazin 逆，从某一角度来看，它和通常的逆矩阵更为相似. 这种广义逆矩阵在奇异线性常微分方程组和奇异差分方程组求解、M-矩阵和 H-矩阵的研究等中有重要的应用.

引理 6.2　设 $\boldsymbol{A}\in\mathbf{C}^{n\times n}$，则存在 0 与 n 之间的某个非负整数 k 使得

$$\mathrm{rank}\boldsymbol{A}^{k+1}=\mathrm{rank}\boldsymbol{A}^{k}.$$

证　利用矩阵乘积的秩的有关结果得

$$0\leqslant\mathrm{rank}\boldsymbol{A}^{n+1}\leqslant\mathrm{rank}\boldsymbol{A}^{n}\leqslant\cdots\leqslant\mathrm{rank}\boldsymbol{A}\leqslant\mathrm{rank}\boldsymbol{A}^{0}=\mathrm{rank}\boldsymbol{I}_n=n.$$

所以必存在 0 与 n 之间的某个非负整数 k 使得 $\mathrm{rank}\boldsymbol{A}^{k+1}=\mathrm{rank}\boldsymbol{A}^{k}$.　　证毕

定义 6.3　设 $\boldsymbol{A}\in\mathbf{C}^{n\times n}$，使得 $\mathrm{rank}\boldsymbol{A}^{k+1}=\mathrm{rank}\boldsymbol{A}^{k}$ 成立的最小非负整数 k 称为 $\boldsymbol{A}$ 的**指标**.

显然，非奇异矩阵的指标为 0，而奇异矩阵的指标不为 0.

定理 6.17　设 $\boldsymbol{A}\in\mathbf{C}^{n\times n}$，则如下各条件等价：

1) $\boldsymbol{A}$ 的指标为 k.

2) 使得 $\boldsymbol{A}^{l+1}\boldsymbol{X}=\boldsymbol{A}^{l}$ 成立的最小非负整数是 k.

3) 若 $\boldsymbol{A}$ 是奇异矩阵，k 是 $\boldsymbol{A}$ 的最小多项式 $p(\lambda)$ 中因子 λ^k 的指数.

证　1) 由于 $\mathrm{rank}\boldsymbol{A}^{k+1}=\mathrm{rank}\boldsymbol{A}^{k}$，据引理 6.1 知存在矩阵 $\boldsymbol{X}$ 使得 $\boldsymbol{A}^{k+1}\boldsymbol{X}=\boldsymbol{A}^{k}$. 对 $l\geqslant k$，显然有 $\boldsymbol{A}^{l+1}\boldsymbol{X}=\boldsymbol{A}^{l}$. 假设有 $l<k$ 使得 $\boldsymbol{A}^{l+1}\boldsymbol{X}=\boldsymbol{A}^{l}$，则可得 $\mathrm{rank}\boldsymbol{A}^{l+1}=\mathrm{rank}\boldsymbol{A}^{l}$，这与 $\boldsymbol{A}$ 的指标为 k 矛盾.

2) 当 $\boldsymbol{A}^{l+1}\boldsymbol{X}=\boldsymbol{A}^{l}$ 成立时，有

$$\mathrm{rank}\boldsymbol{A}^{l}=\mathrm{rank}(\boldsymbol{A}^{l+1}\boldsymbol{X})\leqslant\mathrm{rank}\boldsymbol{A}^{l+1}\leqslant\mathrm{rank}\boldsymbol{A}^{l},$$

即 $\mathrm{rank}\boldsymbol{A}^{l+1}=\mathrm{rank}\boldsymbol{A}^{l}$. 由 k 的最小性看出，对任意 $l<k$，$\mathrm{rank}\boldsymbol{A}^{l+1}\neq\mathrm{rank}\boldsymbol{A}^{l}$. 故 $\boldsymbol{A}$ 的指标为 k.

3) 设 $\boldsymbol{A}$ 的最小多项式 $p(\lambda)=\lambda^l q(\lambda)$，其中 $q(0)\neq 0$. 如果 $l>k$，则由最小多项式的定义得 $\boldsymbol{O}=p(\boldsymbol{A})=q(\boldsymbol{A})\boldsymbol{A}^{l}$，又利用 $\boldsymbol{A}^{l}\boldsymbol{X}=\boldsymbol{A}^{l-1}$ 得

$$\boldsymbol{O}=q(\boldsymbol{A})\boldsymbol{A}^{l}\boldsymbol{X}=q(\boldsymbol{A})\boldsymbol{A}^{l-1}.$$

而 $\lambda^{l-1}q(\lambda)$ 比 $p(\lambda)$ 的次数低，这与最小多项式的定义矛盾. 如果 $l<k$，则由于 $q(0)\neq 0$，故可设 $q(\lambda)=c(1-\lambda f(\lambda))$，其中 $c\neq 0$ 而 $f(\lambda)$ 是多项式，于是

$$p(\lambda)=c\lambda^l(1-\lambda f(\lambda)).$$

由此得 $\boldsymbol{O}=p(\boldsymbol{A})=c\boldsymbol{A}^{l}(1-\boldsymbol{A}f(\boldsymbol{A}))$，从而 $\boldsymbol{A}^{l+1}\boldsymbol{X}=\boldsymbol{A}^{l}$，其中 $\boldsymbol{X}=f(\boldsymbol{A})$，这与 2) 矛盾，故 $l=k$.　　证毕

1958 年，Drazin 定义了方阵的一类广义逆矩阵.

定义 6.4　设 $\boldsymbol{A}\in\mathbf{C}^{n\times n}$ 的指标为 k，称满足 $\boldsymbol{A}^{k}\boldsymbol{X}\boldsymbol{A}=\boldsymbol{A}^{k}$，$\boldsymbol{X}\boldsymbol{A}\boldsymbol{X}=\boldsymbol{X}$，$\boldsymbol{A}\boldsymbol{X}=\boldsymbol{X}\boldsymbol{A}$ 的矩阵 $\boldsymbol{X}$ 为 $\boldsymbol{A}$ 的 **Drazin 逆**，记为 $\boldsymbol{A}^{\mathrm{D}}$. 当 $k=1$ 时，称 $\boldsymbol{A}$ 的 Drazin 逆为**群逆**，记为 $\boldsymbol{A}^{\#}$.

定理 6.18　设 $\boldsymbol{A}\in\mathbf{C}^{n\times n}$ 的指标为 k，则 $\boldsymbol{A}$ 的 Drazin 逆是存在且唯一的.

证　设 $\boldsymbol{A}$ 的最小多项式为

$$p(\lambda)=c\lambda^k(1-\lambda f(\lambda)). \tag{6.11}$$

其中 $c\neq 0$，而 $f(\lambda)$ 是多项式，则得

$$\boldsymbol{A}^{k+1}f(\boldsymbol{A})=\boldsymbol{A}^k,\qquad \boldsymbol{A}f(\boldsymbol{A})=f(\boldsymbol{A})\boldsymbol{A}. \tag{6.12}$$

令

$$\boldsymbol{X}=\boldsymbol{A}^k\,(f(\boldsymbol{A}))^{k+1}. \tag{6.13}$$

显然有 $\boldsymbol{AX}=\boldsymbol{XA}$. 利用式(6.12)得

$$\begin{aligned}\boldsymbol{A}^k\boldsymbol{XA}&=\boldsymbol{A}^{2k}(f(\boldsymbol{A}))^{k+1}\boldsymbol{A}=\boldsymbol{A}^{2k+1}(f(\boldsymbol{A}))^{k+1}=\boldsymbol{A}^k\boldsymbol{A}^{k+1}f(\boldsymbol{A})(f(\boldsymbol{A}))^k\\&=\boldsymbol{A}^{2k}(f(\boldsymbol{A}))^k=\boldsymbol{A}^{2k-1}(f(\boldsymbol{A}))^{k-1}=\cdots=\boldsymbol{A}^k,\\ \boldsymbol{XAX}&=\boldsymbol{A}^{2k+1}(f(\boldsymbol{A}))^{2k+2}=\boldsymbol{A}^{2k}(f(\boldsymbol{A}))^{2k+1}=\cdots=\boldsymbol{A}^k\,(f(\boldsymbol{A}))^{k+1}=\boldsymbol{X},\end{aligned}$$

故 $\boldsymbol{X}$ 为 $\boldsymbol{A}$ 的 Drazin 逆.

再证唯一性. 设 $\boldsymbol{X}$ 和 $\boldsymbol{Y}$ 均为 $\boldsymbol{A}$ 的 Drazin 逆，且记

$$\boldsymbol{S}=\boldsymbol{AX}=\boldsymbol{XA},\qquad \boldsymbol{T}=\boldsymbol{AY}=\boldsymbol{YA},$$

则有

$$\begin{aligned}&\boldsymbol{S}=\boldsymbol{AX}=\boldsymbol{AXAX}=\boldsymbol{A}^2\boldsymbol{X}^2=\cdots=\boldsymbol{A}^k\boldsymbol{X}^k=(\boldsymbol{A}^k\boldsymbol{YA})\boldsymbol{X}^k=\boldsymbol{AYA}^k\boldsymbol{X}^k=\boldsymbol{TS},\\&\boldsymbol{T}=\boldsymbol{YA}=\boldsymbol{Y}^k\boldsymbol{A}^k=\boldsymbol{Y}^k\boldsymbol{A}^k\boldsymbol{XA}=\boldsymbol{YAS}=\boldsymbol{TS},\end{aligned}$$

所以 $\boldsymbol{S}=\boldsymbol{T}$. 故

$$\boldsymbol{X}=\boldsymbol{XAX}=\boldsymbol{SX}=\boldsymbol{TX}=\boldsymbol{YAX}=\boldsymbol{YS}=\boldsymbol{YT}=\boldsymbol{YAY}=\boldsymbol{Y}.$$

证毕

该定理表明，矩阵 $\boldsymbol{A}$ 的 Drazin 逆可以用 $\boldsymbol{A}$ 的多项式(6.13)表示，这给有关的证明带来了方便.

推论 设 $\boldsymbol{A}\in\mathbf{C}^{n\times n}$ 的指标为 1，则 $\boldsymbol{A}$ 的群逆是唯一的，且 $\boldsymbol{A}^{\#}=\boldsymbol{A}\,(f(\boldsymbol{A}))^2$，其中多项式 $f(\lambda)$ 由式(6.11)确定.

例 6.5 求下列矩阵的 Drazin 逆

$$\boldsymbol{A}=\begin{pmatrix}1&1&0&0\\1&1&1&0\\1&1&1&1\\1&1&1&1\end{pmatrix}.$$

解 矩阵 $\boldsymbol{A}$ 是奇异的，且可求得其最小多项式为

$$p(\lambda)=\lambda^2(\lambda^2-4\lambda+3)=3\lambda^2\left[1+\frac{1}{3}\lambda(\lambda-4)\right].$$

由定理 6.17 之 3)知 $\boldsymbol{A}$ 的指标为 2. 由上式得 $f(\lambda)=\dfrac{1}{3}(4-\lambda)$，从而据式(6.13)得

$$\begin{aligned}&\boldsymbol{A}^{\mathrm{D}}=\boldsymbol{A}^2\,(f(\boldsymbol{A}))^3\\&=\begin{pmatrix}2&2&1&0\\3&3&2&1\\4&4&3&2\\4&4&3&2\end{pmatrix}\cdot\frac{1}{27}\begin{pmatrix}35&-29&9&-1\\-21&43&-30&9\\-13&-13&43&-29\\-13&-13&-21&35\end{pmatrix}=\frac{1}{27}\begin{pmatrix}15&15&1&-13\\3&3&2&1\\-9&-9&3&15\\-9&-9&3&15\end{pmatrix}.\end{aligned}$$

关于特征值与特征向量，Drazin逆与通常的逆矩阵有类似的性质.

定理6.19　λ 是矩阵 $\boldsymbol{A}$ 的特征值的充要条件是，λ^+ 是 $\boldsymbol{A}^{\mathrm{D}}$ 的特征值，其中 λ^+ 如式(6.3)所定义.

证　设 $\boldsymbol{A}$ 的指标为 k，且 $\boldsymbol{Ax}=\lambda\boldsymbol{x}(\boldsymbol{x}\neq\boldsymbol{0})$. 如果 $\lambda\neq0$，则由

$$\lambda^k\boldsymbol{x}=\boldsymbol{A}^k\boldsymbol{x}=\boldsymbol{A}^{\mathrm{D}}\boldsymbol{A}^{k+1}\boldsymbol{x}=\lambda^{k+1}\boldsymbol{A}^{\mathrm{D}}\boldsymbol{x}$$

可得 $\boldsymbol{A}^{\mathrm{D}}\boldsymbol{x}=\lambda^{-1}\boldsymbol{x}$. 当 $\lambda=0$ 时有 $\boldsymbol{Ax}=\boldsymbol{0}$，从而

$$\boldsymbol{A}^{\mathrm{D}}\boldsymbol{x}=(\boldsymbol{A}^{\mathrm{D}})^2\boldsymbol{Ax}=\boldsymbol{0}=0\boldsymbol{x}.$$

因此 λ^+ 是 $\boldsymbol{A}^{\mathrm{D}}$ 的特征值.

反之，设 $\lambda\neq0$，如果 $\boldsymbol{A}^{\mathrm{D}}\boldsymbol{x}=\lambda^{-1}\boldsymbol{x}$，其中 $\boldsymbol{x}\neq\boldsymbol{0}$，则由

$$\lambda^{-1}\boldsymbol{x}=\boldsymbol{A}^{\mathrm{D}}\boldsymbol{x}=\boldsymbol{A}(\boldsymbol{A}^{\mathrm{D}})^2\boldsymbol{x}=\lambda^{-2}\boldsymbol{Ax}$$

可得 $\boldsymbol{Ax}=\lambda\boldsymbol{x}$. 当 $\boldsymbol{A}^{\mathrm{D}}\boldsymbol{x}=0\boldsymbol{x}(\boldsymbol{x}\neq\boldsymbol{0})$ 时，有

$$\boldsymbol{A}^k\boldsymbol{x}=\boldsymbol{A}^{k+1}\boldsymbol{A}^{\mathrm{D}}\boldsymbol{x}=0\boldsymbol{x}.$$

这表明 $\lambda=0$ 是 $\boldsymbol{A}^k$ 的特征值，从而也是 $\boldsymbol{A}$ 的特征值.　　证毕

由定理的证明过程可见，如果 $\boldsymbol{x}$ 是 $\boldsymbol{A}$ 的属于非零特征值 λ 的特征向量，则它也是 $\boldsymbol{A}^{\mathrm{D}}$ 的属于 λ^{-1} 的特征向量；反之亦然. 但对于 $\boldsymbol{A}$ 的零特征值，相应的结果不一定成立.

求方阵 $\boldsymbol{A}$ 的指标及Drazin逆有Cline给出的**逐次满秩分解**的方法如下.

定理6.20　设 $\boldsymbol{A}\in\mathbf{C}^{n\times n}$ 的满秩分解为 $\boldsymbol{A}=\boldsymbol{F}_1\boldsymbol{G}_1$，而 $\boldsymbol{G}_i\boldsymbol{F}_i$ 的满秩分解为

$$\boldsymbol{G}_i\boldsymbol{F}_i=\boldsymbol{F}_{i+1}\boldsymbol{G}_{i+1}\qquad(i=1,2,\cdots),$$

则 $\boldsymbol{A}$ 的指标为 k 的充要条件是 $\boldsymbol{G}_k\boldsymbol{F}_k$ 可逆，并且

$$\boldsymbol{A}^{\mathrm{D}}=\boldsymbol{F}_1\boldsymbol{F}_2\cdots\boldsymbol{F}_k[(\boldsymbol{G}_k\boldsymbol{F}_k)^{k+1}]^{-1}\boldsymbol{G}_k\cdots\boldsymbol{G}_2\boldsymbol{G}_1.$$

证　可以推得

$$\boldsymbol{A}^k=\boldsymbol{F}_1\boldsymbol{F}_2\cdots\boldsymbol{F}_k\boldsymbol{G}_k\cdots\boldsymbol{G}_2\boldsymbol{G}_1,\qquad\boldsymbol{A}^{k+1}=\boldsymbol{F}_1\boldsymbol{F}_2\cdots\boldsymbol{F}_k(\boldsymbol{G}_k\boldsymbol{F}_k)\boldsymbol{G}_k\cdots\boldsymbol{G}_2\boldsymbol{G}_1.$$

设 $\mathrm{rank}\boldsymbol{F}_k=\mathrm{rank}\boldsymbol{G}_k=r_k$，利用 $\boldsymbol{F}_i^{(1)}\boldsymbol{F}_i=\boldsymbol{I},\boldsymbol{G}_i\boldsymbol{G}_i^{(1)}=\boldsymbol{I}(i=1,2,\cdots,k)$ 可得

$$\mathrm{rank}\boldsymbol{A}^k=r_k,\qquad\mathrm{rank}\boldsymbol{A}^{k+1}=\mathrm{rank}(\boldsymbol{G}_k\boldsymbol{F}_k),$$

从而 $\boldsymbol{A}$ 的指标为 k 的充要条件是 $\boldsymbol{G}_k\boldsymbol{F}_k$ 可逆. 令

$$\boldsymbol{X}=\boldsymbol{F}_1\boldsymbol{F}_2\cdots\boldsymbol{F}_k[(\boldsymbol{G}_k\boldsymbol{F}_k)^{k+1}]^{-1}\boldsymbol{G}_k\cdots\boldsymbol{G}_2\boldsymbol{G}_1.$$

容易验证 $\boldsymbol{X}$ 满足 $\boldsymbol{A}^k\boldsymbol{XA}=\boldsymbol{A}^k,\boldsymbol{XAX}=\boldsymbol{X},\boldsymbol{AX}=\boldsymbol{XA}$，由唯一性得 $\boldsymbol{X}=\boldsymbol{A}^{\mathrm{D}}$.　　证毕

推论　设 $\boldsymbol{A}\in\mathbf{C}^{n\times n}$ 的满秩分解为 $\boldsymbol{A}=\boldsymbol{FG}$，则 $\boldsymbol{A}$ 有群逆的充要条件是 $\boldsymbol{GF}$ 可逆，并且 $\boldsymbol{A}^{\#}=\boldsymbol{F}[(\boldsymbol{GF})^2]^{-1}\boldsymbol{G}$.

例6.6　用逐次满秩分解的方法求例6.5中矩阵 $\boldsymbol{A}$ 的Drazin逆.

解　可求得

$$\boldsymbol{A}=\boldsymbol{F}_1\boldsymbol{G}_1=\begin{pmatrix}1&0&0\\1&1&0\\1&1&1\\1&1&1\end{pmatrix}\begin{pmatrix}1&1&0&0\\0&0&1&0\\0&0&0&1\end{pmatrix},\quad\boldsymbol{G}_1\boldsymbol{F}_1=\begin{pmatrix}2&1&0\\1&1&1\\1&1&1\end{pmatrix},\quad\det(\boldsymbol{G}_1\boldsymbol{F}_1)=0,$$

$$G_1F_1=F_2G_2=\begin{pmatrix}2&1\\1&1\\1&1\end{pmatrix}\begin{pmatrix}1&0&-1\\0&1&2\end{pmatrix},\quad G_2F_2=\begin{pmatrix}1&0\\3&3\end{pmatrix},\quad \det(G_2F_2)=3.$$

由定理 6.20 知 A 的指标为 2,且

$$A^{D}=F_1F_2\left[(G_2F_2)^3\right]^{-1}G_2G_1=\frac{1}{27}\begin{pmatrix}15&15&1&-13\\3&3&2&1\\-9&-9&3&15\\-9&-9&3&15\end{pmatrix}.$$

一般说来,Drazin 逆 A^{D} 或群逆 $A^{\#}$ 与 Moore-Penrose 逆 A^{+} 并不相同,但在一定条件下它们是相等的. 下面给出一个这样的条件.

定理 6.21 A^{D} 或 $A^{\#}$ 等于 A^{+} 的充要条件是 $AA^{+}=A^{+}A$.

证 如果 $A^{+}=A^{D}$,则有

$$AA^{+}=AA^{D}=A^{D}A=A^{+}A.$$

反之,如果 $AA^{+}=A^{+}A$,则 A^{+} 满足 $A^{\#}$ 的定义,从而 $A^{+}=A^{\#}=A^{D}$. 证毕

习 题 6

1. 设 $A\in \mathbf{C}^{n\times n}$,证明:总有可逆的 $A^{(1)}$ 存在.
2. 设 A 是 $m\times n$ 零矩阵,试求 $A\{1\}$.
3. 设 $m\times n$ 矩阵 A 除第 i 行 j 列元素为 1 外,其余元素均为 0,求 $A\{1\}$.
4. 求下列矩阵的{1}逆:

(1) $A=\begin{pmatrix}1&0&3\\2&3&0\\1&1&1\end{pmatrix}$; (2) $A=\begin{pmatrix}2&3&1&-1\\5&8&0&1\\1&2&-2&3\end{pmatrix}$;

(3) $A=\begin{pmatrix}1&0&2\\2&1&5\\0&1&-1\\1&3&-1\end{pmatrix}$; (4) $A=\begin{pmatrix}0&0&2\\1&1&0\\0&0&1\\1&1&1\end{pmatrix}$.

5. 用广义逆矩阵 $A^{(1)}$ 验证下列线性方程组有解,并求通解:

(1) $\begin{pmatrix}2&3&1&3\\1&1&1&2\\3&5&1&4\end{pmatrix}x=\begin{pmatrix}14\\6\\22\end{pmatrix}$; (2) $\begin{pmatrix}1&0&-1&1\\0&2&2&2\\-1&4&5&3\end{pmatrix}x=\begin{pmatrix}4\\1\\-2\end{pmatrix}$.

6. 设 $D=\operatorname{diag}(d_1,d_2,\cdots,d_n)$. 证明:$D^{+}=\operatorname{diag}(d_1^{+},d_2^{+},\cdots,d_n^{+})$.
7. 证明:$\begin{pmatrix}A\\O\end{pmatrix}^{+}=(A^{+}\ O)$.
8. 设 $A\in \mathbf{C}^{m\times n}$,$S\in \mathbf{C}_m^{m\times m}$,$T\in \mathbf{C}_n^{n\times n}$,举例说明结论 $(SAT)^{+}=T^{-1}A^{+}S^{-1}$ 不真.
9. 求第 4 题中各矩阵的 Moore-Penrose 逆.

10. 求第 5 题中线性方程组的极小范数解.

11. 用广义逆矩阵 $\boldsymbol{A}^+$ 验证下列线性方程组无解，并求极小范数最小二乘解：

(1) $\begin{pmatrix}0&0&2\\1&1&0\\0&0&1\\1&1&1\end{pmatrix}\boldsymbol{x}=\begin{pmatrix}1\\1\\1\\1\end{pmatrix}$；　(2) $\begin{pmatrix}1&0&-1&1\\0&2&2&2\\-1&4&5&3\end{pmatrix}\boldsymbol{x}=\begin{pmatrix}4\\1\\2\end{pmatrix}$.

12. 证明 $(\boldsymbol{A}^{\mathrm{T}})^{\mathrm{D}}=(\boldsymbol{A}^{\mathrm{D}})^{\mathrm{T}}$，$(\boldsymbol{A}^{\mathrm{H}})^{\mathrm{D}}=(\boldsymbol{A}^{\mathrm{D}})^{\mathrm{H}}$，$(\boldsymbol{A}^{l})^{\mathrm{D}}=(\boldsymbol{A}^{\mathrm{D}})^{l}$ $(l=1,2,\cdots)$.

13. 若 $\boldsymbol{A}$ 的指标为 k，证明对任意 $l\geqslant k$，$\boldsymbol{A}^{l}$ 的指标为 1，且 $(\boldsymbol{A}^{l})^{\#}=(\boldsymbol{A}^{\mathrm{D}})^{l}$.

14. 证明 $(\boldsymbol{A}^{\#})^{\#}=\boldsymbol{A}$.

15. 证明 $(\boldsymbol{A}^{\mathrm{D}})^{\mathrm{D}}=\boldsymbol{A}$ 的充要条件是 $\boldsymbol{A}$ 的指标为 1.

16. 已知矩阵

$$\boldsymbol{A}=\begin{pmatrix}1&0&0&1\\1&1&0&0\\0&1&1&0\\0&0&1&1\end{pmatrix},$$

分别用式(6.13)和逐次满秩分解的方法求 $\boldsymbol{A}$ 的 Drazin 逆.

第 7 章　矩阵的特殊乘积

矩阵的直积(Kronecker 积)是一种重要的矩阵乘积,它不仅在矩阵理论的研究中有着广泛的应用,而且在诸如信号处理与系统理论中的随机静态分析与随机向量过程分析等工程领域中也是一种基本的数学工具. 本章介绍矩阵直积的基本性质,并运用矩阵的直积求解线性矩阵方程和矩阵微分方程. 进而介绍矩阵的另一种特殊乘积——Hadamard 积.

7.1　直积的定义和性质

定义 7.1　设 $\boldsymbol{A}=(a_{ij})_{m\times n}$, $\boldsymbol{B}=(b_{ij})_{p\times q}$,称如下的分块矩阵

$$\boldsymbol{A}\otimes\boldsymbol{B}=\begin{pmatrix} a_{11}\boldsymbol{B} & a_{12}\boldsymbol{B} & \cdots & a_{1n}\boldsymbol{B} \\ a_{21}\boldsymbol{B} & a_{22}\boldsymbol{B} & \cdots & a_{2n}\boldsymbol{B} \\ \vdots & \vdots & & \vdots \\ a_{m1}\boldsymbol{B} & a_{m2}\boldsymbol{B} & \cdots & a_{mn}\boldsymbol{B} \end{pmatrix} \tag{7.1}$$

为 $\boldsymbol{A}$ 与 $\boldsymbol{B}$ 的**直积或 Kronecker 积**.

由定义 7.1 知,$\boldsymbol{A}\otimes\boldsymbol{B}$ 是$(mp)\times(nq)$矩阵,它是以 $a_{ij}\boldsymbol{B}$ 为子块的分块矩阵.

例 7.1　设 $\boldsymbol{A}=\begin{pmatrix}1 & 2\\ 3 & 4\end{pmatrix}$, $\boldsymbol{B}=(2,-1)$,则

$$\boldsymbol{A}\otimes\boldsymbol{B}=\begin{pmatrix}\boldsymbol{B} & 2\boldsymbol{B}\\ 3\boldsymbol{B} & 4\boldsymbol{B}\end{pmatrix}=\begin{pmatrix}2 & -1 & 4 & -2\\ 6 & -3 & 8 & -4\end{pmatrix},$$

$$\boldsymbol{B}\otimes\boldsymbol{A}=(2\boldsymbol{A}\quad -\boldsymbol{A})=\begin{pmatrix}2 & 4 & -1 & -2\\ 6 & 8 & -3 & -4\end{pmatrix}.$$

由此可见,虽然 $\boldsymbol{A}\otimes\boldsymbol{B}$ 与 $\boldsymbol{B}\otimes\boldsymbol{A}$ 的阶数相同,但它们并不相等. 因此,矩阵的直积不满足交换律.

矩阵的直积具有下列基本性质.

性质 1　设 k 为常数,则

$$k(\boldsymbol{A}\otimes\boldsymbol{B})=(k\boldsymbol{A})\otimes\boldsymbol{B}=\boldsymbol{A}\otimes(k\boldsymbol{B}).$$

性质 2　设 $\boldsymbol{A}_1$ 与 $\boldsymbol{A}_2$ 为同阶矩阵,则

$$(\boldsymbol{A}_1+\boldsymbol{A}_2)\otimes\boldsymbol{B}=\boldsymbol{A}_1\otimes\boldsymbol{B}+\boldsymbol{A}_2\otimes\boldsymbol{B},$$

$$\boldsymbol{B}\otimes(\boldsymbol{A}_1+\boldsymbol{A}_2)=\boldsymbol{B}\otimes\boldsymbol{A}_1+\boldsymbol{B}\otimes\boldsymbol{A}_2.$$

性质 3　$(\boldsymbol{A}\otimes\boldsymbol{B})^{\mathrm{T}}=\boldsymbol{A}^{\mathrm{T}}\otimes\boldsymbol{B}^{\mathrm{T}}$，$(\boldsymbol{A}\otimes\boldsymbol{B})^{\mathrm{H}}=\boldsymbol{A}^{\mathrm{H}}\otimes\boldsymbol{B}^{\mathrm{H}}$.

性质 4　矩阵的直积满足结合律，即

$$(\boldsymbol{A}\otimes\boldsymbol{B})\otimes\boldsymbol{C}=\boldsymbol{A}\otimes(\boldsymbol{B}\otimes\boldsymbol{C}). \tag{7.2}$$

证　设 $\boldsymbol{A}=(a_{ij})_{m\times n}$，则由定义 7.1 可得

$$\begin{aligned}(\boldsymbol{A}\otimes\boldsymbol{B})\otimes\boldsymbol{C}&=\begin{pmatrix}a_{11}\boldsymbol{B}&\cdots&a_{1n}\boldsymbol{B}\\\vdots&&\vdots\\a_{m1}\boldsymbol{B}&\cdots&a_{mn}\boldsymbol{B}\end{pmatrix}\otimes\boldsymbol{C}\\&=\begin{pmatrix}(a_{11}\boldsymbol{B})\otimes\boldsymbol{C}&\cdots&(a_{1n}\boldsymbol{B})\otimes\boldsymbol{C}\\\vdots&&\vdots\\(a_{m1}\boldsymbol{B})\otimes\boldsymbol{C}&\cdots&(a_{mn}\boldsymbol{B})\otimes\boldsymbol{C}\end{pmatrix}\\&=\begin{pmatrix}a_{11}(\boldsymbol{B}\otimes\boldsymbol{C})&\cdots&a_{1n}(\boldsymbol{B}\otimes\boldsymbol{C})\\\vdots&&\vdots\\a_{m1}(\boldsymbol{B}\otimes\boldsymbol{C})&\cdots&a_{mn}(\boldsymbol{B}\otimes\boldsymbol{C})\end{pmatrix}=\boldsymbol{A}\otimes(\boldsymbol{B}\otimes\boldsymbol{C}).\end{aligned}$$

证毕

性质 5　设 $\boldsymbol{A}=(a_{ij})_{m\times n}$，$\boldsymbol{B}=(b_{ij})_{p\times q}$，$\boldsymbol{C}=(c_{ij})_{n\times s}$，$\boldsymbol{D}=(d_{ij})_{q\times t}$，则

$$(\boldsymbol{A}\otimes\boldsymbol{B})(\boldsymbol{C}\otimes\boldsymbol{D})=(\boldsymbol{AC})\otimes(\boldsymbol{BD}). \tag{7.3}$$

证　由定义 7.1 可得

$$\begin{aligned}(\boldsymbol{A}\otimes\boldsymbol{B})(\boldsymbol{C}\otimes\boldsymbol{D})&=\begin{pmatrix}a_{11}\boldsymbol{B}&\cdots&a_{1n}\boldsymbol{B}\\\vdots&&\vdots\\a_{m1}\boldsymbol{B}&\cdots&a_{mn}\boldsymbol{B}\end{pmatrix}\begin{pmatrix}c_{11}\boldsymbol{D}&\cdots&c_{1s}\boldsymbol{D}\\\vdots&&\vdots\\c_{n1}\boldsymbol{D}&\cdots&c_{ns}\boldsymbol{D}\end{pmatrix}\\&=\begin{pmatrix}\sum_{k=1}^{n}(a_{1k}\boldsymbol{B})(c_{k1}\boldsymbol{D})&\cdots&\sum_{k=1}^{n}(a_{1k}\boldsymbol{B})(c_{ks}\boldsymbol{D})\\\vdots&&\vdots\\\sum_{k=1}^{n}(a_{mk}\boldsymbol{B})(c_{k1}\boldsymbol{D})&\cdots&\sum_{k=1}^{n}(a_{mk}\boldsymbol{B})(c_{ks}\boldsymbol{D})\end{pmatrix}\\&=\begin{pmatrix}\sum_{k=1}^{n}a_{1k}c_{k1}&\cdots&\sum_{k=1}^{n}a_{1k}c_{ks}\\\vdots&&\vdots\\\sum_{k=1}^{n}a_{mk}c_{k1}&\cdots&\sum_{k=1}^{n}a_{mk}c_{ks}\end{pmatrix}\otimes(\boldsymbol{BD})=(\boldsymbol{AC})\otimes(\boldsymbol{BD}).\end{aligned}$$

证毕

性质 6　设 $\boldsymbol{A}\in\mathbf{C}^{m\times m}$ 与 $\boldsymbol{B}\in\mathbf{C}^{n\times n}$ 都是可逆矩阵，则 $\boldsymbol{A}\otimes\boldsymbol{B}$ 也可逆，且有

$$(\boldsymbol{A}\otimes\boldsymbol{B})^{-1}=\boldsymbol{A}^{-1}\otimes\boldsymbol{B}^{-1}. \tag{7.4}$$

证 根据性质 5 可得

$$(\boldsymbol{A}\otimes\boldsymbol{B})(\boldsymbol{A}^{-1}\otimes\boldsymbol{B}^{-1})=(\boldsymbol{A}\boldsymbol{A}^{-1})\otimes(\boldsymbol{B}\boldsymbol{B}^{-1})=\boldsymbol{I}_m\otimes\boldsymbol{I}_n=\boldsymbol{I}_{mn},$$

故 $\boldsymbol{A}\otimes\boldsymbol{B}$ 可逆，且式(7.4)成立. 证毕

性质 7 设 $\boldsymbol{A}\in\mathbf{C}^{m\times m}$ 与 $\boldsymbol{B}\in\mathbf{C}^{n\times n}$ 都是酉矩阵，则 $\boldsymbol{A}\otimes\boldsymbol{B}$ 也是酉矩阵.

下面讨论矩阵直积的特征值问题.

定理 7.1 设 $\boldsymbol{A}\in\mathbf{C}^{m\times m}$ 的全体特征值为 $\lambda_1,\lambda_2,\cdots,\lambda_m$，$\boldsymbol{B}\in\mathbf{C}^{n\times n}$ 的全体特征值为 $\mu_1,\mu_2,\cdots,\mu_n$，那么

(1) $\boldsymbol{A}\otimes\boldsymbol{B}$ 的全体特征值为 $\lambda_i\mu_j\,(i=1,2,\cdots,m;j=1,2,\cdots,n)$；

(2) $\boldsymbol{A}\otimes\boldsymbol{I}_n+\boldsymbol{I}_m\otimes\boldsymbol{B}^{\mathrm{T}}$ 的全体特征值为 $\lambda_i+\mu_j\,(i=1,2,\cdots,m;j=1,2,\cdots,n)$.

证 (1)对于矩阵 $\boldsymbol{A}$ 与 $\boldsymbol{B}$，根据 Jordan 定理 1.9，存在可逆矩阵 $\boldsymbol{P}$ 与 $\widetilde{\boldsymbol{P}}$，使得

$$\boldsymbol{P}^{-1}\boldsymbol{A}\boldsymbol{P}=\begin{pmatrix}\lambda_1 & \delta_1 & & \\ & \lambda_2 & \ddots & \\ & & \ddots & \delta_{m-1} \\ & & & \lambda_m\end{pmatrix}=\boldsymbol{J},$$

$$\widetilde{\boldsymbol{P}}^{-1}\boldsymbol{B}\widetilde{\boldsymbol{P}}=\begin{pmatrix}\mu_1 & \widetilde{\delta}_1 & & \\ & \mu_2 & \ddots & \\ & & \ddots & \widetilde{\delta}_{n-1} \\ & & & \mu_n\end{pmatrix}=\widetilde{\boldsymbol{J}},$$

其中 δ_i，$\widetilde{\delta}_j$ 代表 1 或 0. 于是有

$$(\boldsymbol{P}\otimes\widetilde{\boldsymbol{P}})^{-1}(\boldsymbol{A}\otimes\boldsymbol{B})(\boldsymbol{P}\otimes\widetilde{\boldsymbol{P}})=(\boldsymbol{P}^{-1}\boldsymbol{A}\boldsymbol{P})\otimes(\widetilde{\boldsymbol{P}}^{-1}\boldsymbol{B}\widetilde{\boldsymbol{P}})=\boldsymbol{J}\otimes\widetilde{\boldsymbol{J}}.$$

易知，$\boldsymbol{J}\otimes\widetilde{\boldsymbol{J}}$ 是上三角矩阵，而 $\boldsymbol{A}\otimes\boldsymbol{B}$ 相似于 $\boldsymbol{J}\otimes\widetilde{\boldsymbol{J}}$，故 $\boldsymbol{A}\otimes\boldsymbol{B}$ 的全体特征值为 $\boldsymbol{J}\otimes\widetilde{\boldsymbol{J}}$ 的主对角线元素，即 $\lambda_i\mu_j\,(i=1,2,\cdots,m;j=1,2,\cdots,n)$.

(2) $\boldsymbol{B}^{\mathrm{T}}$ 与 $\boldsymbol{B}$ 的特征值相同. 对于矩阵 $\boldsymbol{B}^{\mathrm{T}}$，根据定理 1.9，存在可逆矩阵 $\hat{\boldsymbol{P}}$，使得

$$\hat{\boldsymbol{P}}^{-1}\boldsymbol{B}^{\mathrm{T}}\hat{\boldsymbol{P}}=\begin{pmatrix}\mu_1 & \hat{\delta}_1 & & \\ & \mu_2 & \ddots & \\ & & \ddots & \hat{\delta}_n \\ & & & \mu_n\end{pmatrix}=\hat{\boldsymbol{J}},$$

其中 $\hat{\delta}_i$ 代表 1 或 0. 于是有

$$\begin{aligned}&(\boldsymbol{P}\otimes\hat{\boldsymbol{P}})^{-1}(\boldsymbol{A}\otimes\boldsymbol{I}_n+\boldsymbol{I}_m\otimes\boldsymbol{B}^{\mathrm{T}})(\boldsymbol{P}\otimes\hat{\boldsymbol{P}})\\ &=(\boldsymbol{P}^{-1}\boldsymbol{A}\boldsymbol{P})\otimes(\hat{\boldsymbol{P}}^{-1}\boldsymbol{I}_n\hat{\boldsymbol{P}})+(\boldsymbol{P}^{-1}\boldsymbol{I}_m\boldsymbol{P})\otimes(\hat{\boldsymbol{P}}^{-1}\boldsymbol{B}^{\mathrm{T}}\hat{\boldsymbol{P}})=\boldsymbol{J}\otimes\boldsymbol{I}_n+\boldsymbol{I}_m\otimes\hat{\boldsymbol{J}}.\end{aligned}$$

易知，$\boldsymbol{J}\otimes\boldsymbol{I}_n$ 与 $\boldsymbol{I}_m\otimes\hat{\boldsymbol{J}}$ 都是上三角矩阵，而 $\boldsymbol{A}\otimes\boldsymbol{I}_n+\boldsymbol{I}_m\otimes\boldsymbol{B}^{\mathrm{T}}$ 相似于 $\boldsymbol{J}\otimes\boldsymbol{I}_n+\boldsymbol{I}_m\otimes\hat{\boldsymbol{J}}$，故 $\boldsymbol{A}\otimes\boldsymbol{I}_n+\boldsymbol{I}_m\otimes\boldsymbol{B}^{\mathrm{T}}$ 的全体特征值为 $\boldsymbol{J}\otimes\boldsymbol{I}_n+\boldsymbol{I}_m\otimes\hat{\boldsymbol{J}}$ 的主对角线元素，即 $\lambda_i+\mu_j\,(i=1,2,\cdots,m;j=1,2,\cdots,n)$. 证毕

推论 设$\boldsymbol{A}\in\mathbf{C}^{m\times m}$的全体特征值为$\lambda_1,\lambda_2,\cdots,\lambda_m$,$\boldsymbol{B}\in\mathbf{C}^{n\times n}$的全体特征值为$\mu_1,\mu_2,\cdots,\mu_n$,则$\boldsymbol{A}\otimes\boldsymbol{I}_n+\boldsymbol{I}_m\otimes\boldsymbol{B}^{\mathrm{T}}$可逆的充分必要条件是$\lambda_i+\mu_j\neq0(i=1,2,\cdots,m;j=1,2,\cdots,n)$.

例 7.2 设$\boldsymbol{x}$是$\boldsymbol{A}\in\mathbf{C}^{m\times m}$的特征向量,$\boldsymbol{y}$是$\boldsymbol{B}\in\mathbf{C}^{n\times n}$的特征向量,证明:$\boldsymbol{x}\otimes\boldsymbol{y}$是$\boldsymbol{A}\otimes\boldsymbol{B}$的特征向量.

证 设$\boldsymbol{Ax}=\lambda\boldsymbol{x},\boldsymbol{By}=\mu\boldsymbol{y}$,则由性质 5 可得

$$(\boldsymbol{A}\otimes\boldsymbol{B})(\boldsymbol{x}\otimes\boldsymbol{y})=(\boldsymbol{Ax})\otimes(\boldsymbol{By})=(\lambda\boldsymbol{x})\otimes(\mu\boldsymbol{y})=(\lambda\mu)(\boldsymbol{x}\otimes\boldsymbol{y}),$$

即$\boldsymbol{x}\otimes\boldsymbol{y}$是$\boldsymbol{A}\otimes\boldsymbol{B}$的对应于特征值$\lambda\mu$的特征向量.

例 7.3 设$\boldsymbol{A}\in\mathbf{C}^{n\times n}$,证明

$$\mathrm{e}^{\boldsymbol{I}\otimes\boldsymbol{A}}=\boldsymbol{I}\otimes\mathrm{e}^{\boldsymbol{A}},\qquad \mathrm{e}^{\boldsymbol{A}\otimes\boldsymbol{I}}=\mathrm{e}^{\boldsymbol{A}}\otimes\boldsymbol{I}. \tag{7.5}$$

证 根据矩阵幂级数的定义,并利用性质 5 可得

$$\begin{aligned}\mathrm{e}^{\boldsymbol{I}\otimes\boldsymbol{A}}&=\sum_{k=0}^{+\infty}\frac{1}{k!}(\boldsymbol{I}\otimes\boldsymbol{A})^k=\sum_{k=0}^{+\infty}\frac{1}{k!}(\boldsymbol{I}\otimes\boldsymbol{A}^k)\\&=\boldsymbol{I}\otimes\left(\sum_{k=0}^{+\infty}\frac{1}{k!}\boldsymbol{A}^k\right)=\boldsymbol{I}\otimes\mathrm{e}^{\boldsymbol{A}}.\end{aligned}$$

同理可证另一结论.

例 7.4 设$\boldsymbol{A}\in\mathbf{C}^{m\times m},\boldsymbol{B}\in\mathbf{C}^{n\times n}$,证明

$$\mathrm{e}^{(\boldsymbol{A}\otimes\boldsymbol{I}_n+\boldsymbol{I}_m\otimes\boldsymbol{B})}=\mathrm{e}^{\boldsymbol{A}}\otimes\mathrm{e}^{\boldsymbol{B}}. \tag{7.6}$$

证 因为

$$(\boldsymbol{A}\otimes\boldsymbol{I}_n)(\boldsymbol{I}_m\otimes\boldsymbol{B})=\boldsymbol{A}\otimes\boldsymbol{B}=(\boldsymbol{I}_m\otimes\boldsymbol{B})(\boldsymbol{A}\otimes\boldsymbol{I}_n),$$

所以根据定理 3.10 和例 7.3 的结论可得

$$\mathrm{e}^{(\boldsymbol{A}\otimes\boldsymbol{I}_n+\boldsymbol{I}_m\otimes\boldsymbol{B})}=\mathrm{e}^{\boldsymbol{A}\otimes\boldsymbol{I}_n}\mathrm{e}^{\boldsymbol{I}_m\otimes\boldsymbol{B}}=(\mathrm{e}^{\boldsymbol{A}}\otimes\boldsymbol{I}_n)(\boldsymbol{I}_m\otimes\mathrm{e}^{\boldsymbol{B}})=\mathrm{e}^{\boldsymbol{A}}\otimes\mathrm{e}^{\boldsymbol{B}}.$$

例 7.5 设$\boldsymbol{A}\in\mathbf{C}^{m\times m},\boldsymbol{B}\in\mathbf{C}^{n\times n}$,证明

$$\det(\boldsymbol{A}\otimes\boldsymbol{B})=(\det\boldsymbol{A})^n(\det\boldsymbol{B})^m. \tag{7.7}$$

证 设$\boldsymbol{A}$的特征值为$\lambda_1,\lambda_2,\cdots,\lambda_m$,$\boldsymbol{B}$的特征值为$\mu_1,\mu_2,\cdots,\mu_n$,由定理 7.1 知,$\boldsymbol{A}\otimes\boldsymbol{B}$的特征值为$\lambda_i\mu_j(i=1,2,\cdots,m;j=1,2,\cdots,n)$. 于是可得

$$\det(\boldsymbol{A}\otimes\boldsymbol{B})=\prod_{i=1}^{m}\prod_{j=1}^{n}\lambda_i\mu_j=\Big(\prod_{i=1}^{m}\lambda_i\Big)^n\Big(\prod_{j=1}^{n}\mu_j\Big)^m=(\det\boldsymbol{A})^n(\det\boldsymbol{B})^m.$$

7.2 直积的应用

本节介绍矩阵的直积在研究线性矩阵方程的可解性及其求解中的应用.

7.2.1 矩阵的拉直及其与直积的关系

定义 7.2 设$\boldsymbol{A}=(a_{ij})_{m\times n}$,称$mn$维列向量

$$\vec{\boldsymbol{A}}=(a_{11},\cdots,a_{1n},a_{21},\cdots,a_{2n},\cdots,a_{m1},\cdots,a_{mn})^{\mathrm{T}} \tag{7.8}$$

为矩阵 $\boldsymbol{A}$ 的(按行)**拉直**.

例如,若 $\boldsymbol{A}=\begin{pmatrix}1&2&3\\4&5&6\end{pmatrix}$,则 $\vec{\boldsymbol{A}}=(1,2,3,4,5,6)^{\mathrm{T}}$.

矩阵的拉直有以下的基本性质.

性质 1 设 $\boldsymbol{A},\boldsymbol{B}\in\mathbf{C}^{m\times n}$,$k$ 与 l 为常数,则 $\overrightarrow{(k\boldsymbol{A}+l\boldsymbol{B})}=k\vec{\boldsymbol{A}}+l\vec{\boldsymbol{B}}$.

性质 2 设 $\boldsymbol{A}(t)=(a_{ij}(t))_{m\times n}$,则 $\overrightarrow{\dfrac{\mathrm{d}\boldsymbol{A}(t)}{\mathrm{d}t}}=\dfrac{\mathrm{d}\ \overrightarrow{\boldsymbol{A}(t)}}{\mathrm{d}t}$.

矩阵的拉直与直积有以下重要关系.

定理 7.2 设 $\boldsymbol{A}\in\mathbf{C}^{m\times n},\boldsymbol{X}\in\mathbf{C}^{n\times p},\boldsymbol{B}\in\mathbf{C}^{p\times q}$,则 $\overrightarrow{\boldsymbol{AXB}}=(\boldsymbol{A}\otimes\boldsymbol{B}^{\mathrm{T}})\vec{\boldsymbol{X}}$.

证 设 $\boldsymbol{A}=(a_{ij})_{m\times n}$,将 $\boldsymbol{X}^{\mathrm{T}}$ 按列分块,即 $\boldsymbol{X}^{\mathrm{T}}=(\boldsymbol{x}_1,\boldsymbol{x}_2,\cdots,\boldsymbol{x}_n)$,则

$$\boldsymbol{AXB}=\begin{pmatrix}(a_{11}\boldsymbol{x}_1^{\mathrm{T}}+\cdots+a_{1n}\boldsymbol{x}_n^{\mathrm{T}})\boldsymbol{B}\\ \vdots\\ (a_{m1}\boldsymbol{x}_1^{\mathrm{T}}+\cdots+a_{mn}\boldsymbol{x}_n^{\mathrm{T}})\boldsymbol{B}\end{pmatrix},\qquad \vec{\boldsymbol{X}}=\begin{pmatrix}\boldsymbol{x}_1\\ \vdots\\ \boldsymbol{x}_n\end{pmatrix}.$$

从而

$$\begin{aligned}\overrightarrow{\boldsymbol{AXB}}&=((a_{11}\boldsymbol{x}_1^{\mathrm{T}}+\cdots+a_{1n}\boldsymbol{x}_n^{\mathrm{T}})\boldsymbol{B},\cdots,(a_{m1}\boldsymbol{x}_1^{\mathrm{T}}+\cdots+a_{mn}\boldsymbol{x}_n^{\mathrm{T}})\boldsymbol{B})^{\mathrm{T}}\\&=\begin{pmatrix}\boldsymbol{B}^{\mathrm{T}}(a_{11}\boldsymbol{x}_1+\cdots+a_{1n}\boldsymbol{x}_n)\\ \vdots\\ \boldsymbol{B}^{\mathrm{T}}(a_{m1}\boldsymbol{x}_1+\cdots+a_{mn}\boldsymbol{x}_n)\end{pmatrix}=\begin{pmatrix}a_{11}\boldsymbol{B}^{\mathrm{T}}&\cdots&a_{1n}\boldsymbol{B}^{\mathrm{T}}\\ \vdots&&\vdots\\ a_{m1}\boldsymbol{B}^{\mathrm{T}}&\cdots&a_{mn}\boldsymbol{B}^{\mathrm{T}}\end{pmatrix}\begin{pmatrix}\boldsymbol{x}_1\\ \vdots\\ \boldsymbol{x}_n\end{pmatrix}\\&=(\boldsymbol{A}\otimes\boldsymbol{B}^{\mathrm{T}})\vec{\boldsymbol{X}}.\end{aligned}$$

证毕

推论 设 $\boldsymbol{A}\in\mathbf{C}^{m\times m},\boldsymbol{B}\in\mathbf{C}^{n\times n},\boldsymbol{X}\in\mathbf{C}^{m\times n}$,则有

$$\begin{gathered}\overrightarrow{\boldsymbol{AX}}=(\boldsymbol{A}\otimes\boldsymbol{I}_n)\vec{\boldsymbol{X}},\qquad \overrightarrow{\boldsymbol{XB}}=(\boldsymbol{I}_m\otimes\boldsymbol{B}^{\mathrm{T}})\vec{\boldsymbol{X}},\\ \overrightarrow{(\boldsymbol{AX}+\boldsymbol{XB})}=(\boldsymbol{A}\otimes\boldsymbol{I}_n+\boldsymbol{I}_m\otimes\boldsymbol{B}^{\mathrm{T}})\vec{\boldsymbol{X}}.\end{gathered}\tag{7.9}$$

7.2.2 线性矩阵方程的可解性及其求解

下面讨论三类矩阵方程的求解问题.

类型Ⅰ 设 $\boldsymbol{A}\in\mathbf{C}^{m\times m},\boldsymbol{B}\in\mathbf{C}^{n\times n},\boldsymbol{F}\in\mathbf{C}^{m\times n}$,解 Lyapunov 矩阵方程

$$\boldsymbol{AX}+\boldsymbol{XB}=\boldsymbol{F}.\tag{7.10}$$

将矩阵方程(7.10)两端拉直,并利用拉直与直积的关系式(7.9)可得

$$(\boldsymbol{A}\otimes\boldsymbol{I}_n+\boldsymbol{I}_m\otimes\boldsymbol{B}^{\mathrm{T}})\vec{\boldsymbol{X}}=\vec{\boldsymbol{F}}.\tag{7.11}$$

因为矩阵方程(7.10)与线性方程组(7.11)等价,根据线性方程组的可解性判别条件可得:矩阵方程(7.10)有解的充分必要条件是

$$\operatorname{rank}(\boldsymbol{A}\otimes\boldsymbol{I}_n+\boldsymbol{I}_m\otimes\boldsymbol{B}^{\mathrm{T}}\ \vdots\ \vec{\boldsymbol{F}})=\operatorname{rank}(\boldsymbol{A}\otimes\boldsymbol{I}_n+\boldsymbol{I}_m\otimes\boldsymbol{B}^{\mathrm{T}}),$$

有唯一解的充分必要条件是

$$\det(\boldsymbol{A}\otimes\boldsymbol{I}_n+\boldsymbol{I}_m\otimes\boldsymbol{B}^{\mathrm{T}})\neq 0,$$

即 $\boldsymbol{A}$ 与 $\boldsymbol{B}$ 无互为反号的特征值(定理 7.1 的推论).

例 7.6　解矩阵方程 $\boldsymbol{AX}+\boldsymbol{XB}=\boldsymbol{F}$,其中

(1) $\boldsymbol{A}=\begin{pmatrix}1&-1\\0&2\end{pmatrix}$, $\boldsymbol{B}=\begin{pmatrix}-3&4\\1&0\end{pmatrix}$, $\boldsymbol{F}=\begin{pmatrix}1&3\\-2&2\end{pmatrix}$;

(2) $\boldsymbol{A}=\begin{pmatrix}1&-1\\0&2\end{pmatrix}$, $\boldsymbol{B}=\begin{pmatrix}-3&4\\0&-1\end{pmatrix}$, $\boldsymbol{F}=\begin{pmatrix}0&5\\2&-9\end{pmatrix}$.

解　(1) $\boldsymbol{A}$ 的特征值为 $\lambda_1=1,\lambda_2=2$;$\boldsymbol{B}$ 的特征值为 $\mu_1=1,\mu_2=-4$. $\boldsymbol{A}$ 与 $\boldsymbol{B}$ 无互为反号的特征值,故矩阵方程有唯一解. 设 $\boldsymbol{X}=\begin{pmatrix}x_1&x_2\\x_3&x_4\end{pmatrix}$,将矩阵方程转化为线性方程组(7.11)的形式

$$\begin{pmatrix}-2&1&-1&0\\4&1&0&-1\\0&0&-1&1\\0&0&4&2\end{pmatrix}\begin{pmatrix}x_1\\x_2\\x_3\\x_4\end{pmatrix}=\begin{pmatrix}1\\3\\-2\\2\end{pmatrix},$$

可求得 $x_1=0,x_2=2,x_3=1,x_4=-1$. 于是矩阵方程的唯一解为

$$\boldsymbol{X}=\begin{pmatrix}0&2\\1&-1\end{pmatrix}.$$

(2) $\boldsymbol{A}$ 的特征值为 $\lambda_1=1,\lambda_2=2$;$\boldsymbol{B}$ 的特征值为 $\mu_1=-3,\mu_2=-1$. 易见 $\lambda_1+\mu_2=0$. 设$\boldsymbol{X}=\begin{pmatrix}x_1&x_2\\x_3&x_4\end{pmatrix}$,将矩阵方程转化为线性方程组(7.11)的形式

$$\begin{pmatrix}-2&0&-1&0\\4&0&0&-1\\0&0&-1&0\\0&0&4&1\end{pmatrix}\begin{pmatrix}x_1\\x_2\\x_3\\x_4\end{pmatrix}=\begin{pmatrix}0\\5\\2\\-9\end{pmatrix},$$

该方程组有解,其通解为 $x_1=1,x_2=c,x_3=-2,x_4=-1$. 于是矩阵方程的通解为

$$\boldsymbol{X}=\begin{pmatrix}1&0\\-2&-1\end{pmatrix}+c\begin{pmatrix}0&1\\0&0\end{pmatrix}\qquad(c\text{ 为任意常数}).$$

类型Ⅱ　设 $\boldsymbol{A}_k\in\mathbf{C}^{m\times n},\boldsymbol{B}_k\in\mathbf{C}^{p\times q},\boldsymbol{F}\in\mathbf{C}^{m\times q}$,解一般的线性矩阵方程

$$\sum_{k=1}^{r}\boldsymbol{A}_k\boldsymbol{X}\boldsymbol{B}_k=\boldsymbol{F}\qquad(r=1,2,\cdots).\tag{7.12}$$

将矩阵方程(7.12)两端拉直,并利用拉直与直积的关系可得

$$\left(\sum_{k=1}^{r}(\boldsymbol{A}_k \otimes \boldsymbol{B}_k^{\mathrm{T}})\right)\vec{\boldsymbol{X}} = \vec{\boldsymbol{F}}. \tag{7.13}$$

因为矩阵方程(7.12)与线性方程组(7.13)等价,所以它们有解的充分必要条件是

$$\operatorname{rank}\left(\sum_{k=1}^{r}(\boldsymbol{A}_k \otimes \boldsymbol{B}_k^{\mathrm{T}}) \;\vdots\; \vec{\boldsymbol{F}}\right) = \operatorname{rank}\left(\sum_{k=1}^{r}(\boldsymbol{A}_k \otimes \boldsymbol{B}_k^{\mathrm{T}})\right).$$

例 7.7 设 $\boldsymbol{A},\boldsymbol{F}\in \mathbf{C}^{n\times n}$,且 $\boldsymbol{A}$ 的特征值都是实数,证明:矩阵方程

$$\boldsymbol{X} + \boldsymbol{AXA} + \boldsymbol{A}^2\boldsymbol{XA}^2 = \boldsymbol{F} \tag{7.14}$$

有唯一解.

证 将矩阵方程(7.14)转化为线性方程组(7.13)的形式

$$[\boldsymbol{I}_n \otimes \boldsymbol{I}_n + \boldsymbol{A} \otimes \boldsymbol{A}^{\mathrm{T}} + \boldsymbol{A}^2 \otimes (\boldsymbol{A}^{\mathrm{T}})^2]\vec{\boldsymbol{X}} = \vec{\boldsymbol{F}},$$

即

$$[\boldsymbol{I}_{n^2} + (\boldsymbol{A}\otimes\boldsymbol{A}^{\mathrm{T}}) + (\boldsymbol{A}\otimes\boldsymbol{A}^{\mathrm{T}})^2]\vec{\boldsymbol{X}} = \vec{\boldsymbol{F}}.$$

设 $\boldsymbol{A}$ 的 n 个特征值为 $\lambda_1,\lambda_2,\cdots,\lambda_n$,由定理 7.1 知,$\boldsymbol{A}\otimes\boldsymbol{A}^{\mathrm{T}}$ 的 n^2 个特征值为 $\lambda_i\lambda_j(i,j=1,2,\cdots,n)$. 可以证明:$\boldsymbol{I}_{n^2} + (\boldsymbol{A}\otimes\boldsymbol{A}^{\mathrm{T}}) + (\boldsymbol{A}\otimes\boldsymbol{A}^{\mathrm{T}})^2$ 的 n^2 个特征值为

$$1 + (\lambda_i\lambda_j) + (\lambda_i\lambda_j)^2 = \frac{3}{4} + \left(\frac{1}{2} + \lambda_i\lambda_j\right)^2 > 0 \qquad (i,j = 1,2,\cdots,n).$$

因此,$\boldsymbol{I}_{n^2} + (\boldsymbol{A}\otimes\boldsymbol{A}^{\mathrm{T}}) + (\boldsymbol{A}\otimes\boldsymbol{A}^{\mathrm{T}})^2$ 可逆,从而矩阵方程(7.14)有唯一解.

例 7.8 求解矩阵方程 $\boldsymbol{A}_1\boldsymbol{XB}_1 + \boldsymbol{A}_2\boldsymbol{XB}_2 = \boldsymbol{F}$,其中

$$\boldsymbol{A}_1 = \begin{pmatrix} 2 & 2 \\ 2 & -1 \end{pmatrix},\quad \boldsymbol{A}_2 = \begin{pmatrix} 0 & 1 \\ -2 & -1 \end{pmatrix},\quad \boldsymbol{B}_1 = \begin{pmatrix} 1 & 0 \\ -1 & 1 \end{pmatrix},$$

$$\boldsymbol{B}_2 = \begin{pmatrix} 0 & 2 \\ -1 & 3 \end{pmatrix},\quad \boldsymbol{F} = \begin{pmatrix} 4 & -6 \\ 3 & 6 \end{pmatrix},\quad \boldsymbol{X} = \begin{pmatrix} x_1 & x_2 \\ x_3 & x_4 \end{pmatrix}.$$

解 将矩阵方程转化为线性方程组(7.13)的形式

$$\begin{pmatrix} 2 & -2 & 2 & -3 \\ 0 & 2 & 2 & 5 \\ 2 & 0 & -1 & 2 \\ -4 & -4 & -2 & -4 \end{pmatrix}\begin{pmatrix} x_1 \\ x_2 \\ x_3 \\ x_4 \end{pmatrix} = \begin{pmatrix} 4 \\ -6 \\ 3 \\ 6 \end{pmatrix},$$

该方程组的唯一解为 $x_1=1,x_2=-2,x_3=-1,x_4=0$. 于是矩阵方程的唯一解为

$$\boldsymbol{X} = \begin{pmatrix} 1 & -2 \\ -1 & 0 \end{pmatrix}.$$

类型Ⅲ 设 $\boldsymbol{A}\in \mathbf{C}^{m\times m}$,$\boldsymbol{B}\in \mathbf{C}^{n\times n}$,$\boldsymbol{X}(t)\in \mathbf{C}^{m\times n}$,求解矩阵微分方程的初值问题

$$\left.\begin{aligned} \frac{\mathrm{d}\boldsymbol{X}(t)}{\mathrm{d}t} &= \boldsymbol{AX}(t) + \boldsymbol{X}(t)\boldsymbol{B}, \\ \boldsymbol{X}(0) &= \boldsymbol{X}_0. \end{aligned}\right\} \tag{7.15}$$

将矩阵微分方程(7.15)两端拉直,并利用拉直与直积的关系可得

$$\left.\begin{aligned} \frac{\mathrm{d}\,\overrightarrow{\boldsymbol{X}(t)}}{\mathrm{d}t} &= (\boldsymbol{A}\otimes\boldsymbol{I}_n+\boldsymbol{I}_m\otimes\boldsymbol{B}^{\mathrm{T}})\,\overrightarrow{\boldsymbol{X}(t)}, \\ \overrightarrow{\boldsymbol{X}(0)} &= \vec{\boldsymbol{X}}_0. \end{aligned}\right\} \tag{7.16}$$

这是常系数线性微分方程组的初值问题,根据 3.5 节及例 7.4 的结果可得其解为

$$\overrightarrow{\boldsymbol{X}(t)} = \mathrm{e}^{(\boldsymbol{A}\otimes\boldsymbol{I}_n+\boldsymbol{I}_m\otimes\boldsymbol{B}^{\mathrm{T}})t}\vec{\boldsymbol{X}}_0 = (\mathrm{e}^{\boldsymbol{A}t}\otimes\mathrm{e}^{\boldsymbol{B}^{\mathrm{T}}t})\vec{\boldsymbol{X}}_0 = \overrightarrow{\mathrm{e}^{\boldsymbol{A}t}\boldsymbol{X}_0(\mathrm{e}^{\boldsymbol{B}^{\mathrm{T}}t})^{\mathrm{T}}}.$$

因为

$$(\mathrm{e}^{\boldsymbol{B}^{\mathrm{T}}t})^{\mathrm{T}} = \left(\sum_{k=0}^{+\infty}\frac{1}{k!}(\boldsymbol{B}^{\mathrm{T}})^k t^k\right)^{\mathrm{T}} = \sum_{k=0}^{+\infty}\frac{1}{k!}\boldsymbol{B}^k t^k = \mathrm{e}^{\boldsymbol{B}t},$$

所以矩阵微分方程初值问题(7.15)的解为

$$\boldsymbol{X}(t) = \mathrm{e}^{\boldsymbol{A}t}\boldsymbol{X}_0\mathrm{e}^{\boldsymbol{B}t}. \tag{7.17}$$

例 7.9　求解矩阵微分方程的初值问题(7.15),其中

$$\boldsymbol{A} = \begin{pmatrix} 1 & -1 \\ 0 & 2 \end{pmatrix},\quad \boldsymbol{B} = \begin{pmatrix} 1 & 0 \\ 0 & -1 \end{pmatrix},\quad \boldsymbol{X}_0 = \begin{pmatrix} -2 & 0 \\ 1 & 1 \end{pmatrix}.$$

解　可求得

$$\mathrm{e}^{\boldsymbol{A}t} = \begin{pmatrix} \mathrm{e}^t & \mathrm{e}^t-\mathrm{e}^{2t} \\ 0 & \mathrm{e}^{2t} \end{pmatrix},\qquad \mathrm{e}^{\boldsymbol{B}t} = \begin{pmatrix} \mathrm{e}^t & 0 \\ 0 & \mathrm{e}^{-t} \end{pmatrix}.$$

由式(7.17)求得初值问题(7.15)的解为

$$\boldsymbol{X}(t) = \begin{pmatrix} -\mathrm{e}^{2t}-\mathrm{e}^{3t} & 1-\mathrm{e}^t \\ \mathrm{e}^{3t} & \mathrm{e}^t \end{pmatrix}.$$

7.3　Hadamard 积

定义 7.3　设 $\boldsymbol{A}=(a_{ij}),\boldsymbol{B}=(b_{ij})\in\mathbf{C}^{m\times n}$,$\boldsymbol{A}$ 和 $\boldsymbol{B}$ 的 **Hadamard 积** $\boldsymbol{A}\circ\boldsymbol{B}$(也称为 **Schur 积**)定义为

$$\boldsymbol{A}\circ\boldsymbol{B} = \begin{pmatrix} a_{11}b_{11} & a_{12}b_{12} & \cdots & a_{1n}b_{1n} \\ a_{21}b_{21} & a_{22}b_{22} & \cdots & a_{2n}b_{2n} \\ \vdots & \vdots & & \vdots \\ a_{m1}b_{m1} & a_{m2}b_{m2} & \cdots & a_{mn}b_{mn} \end{pmatrix}.$$

可见矩阵的 Hadamard 积远比通常的矩阵乘法简单,且可乘条件是只要两个矩阵同型即可. Hadamard 积出现在广泛而多样的应用之中,诸如周期函数卷积的三角矩阵、积分方程核的积、偏微分方程中的弱极小原理、概率论中的特征函数、组合论中的结合方案研究、算子理论中关于无限矩阵的 Hadamard 积等.

利用 Hadamard 积的定义可直接得到如下一些性质.

性质 1 $\boldsymbol{A}\circ\boldsymbol{B}=\boldsymbol{B}\circ\boldsymbol{A}, k(\boldsymbol{A}\circ\boldsymbol{B})=(k\boldsymbol{A})\circ\boldsymbol{B}=\boldsymbol{A}\circ(k\boldsymbol{B})$.

性质 2 $\boldsymbol{A}\circ(\boldsymbol{B}+\boldsymbol{C})=\boldsymbol{A}\circ\boldsymbol{B}+\boldsymbol{A}\circ\boldsymbol{C}, \boldsymbol{A}\circ(\boldsymbol{B}\circ\boldsymbol{C})=(\boldsymbol{A}\circ\boldsymbol{B})\circ\boldsymbol{C}$.

性质 3 $(\boldsymbol{A}\circ\boldsymbol{B})^{\mathrm{T}}=\boldsymbol{A}^{\mathrm{T}}\circ\boldsymbol{B}^{\mathrm{T}}, (\boldsymbol{A}\circ\boldsymbol{B})^{\mathrm{H}}=\boldsymbol{A}^{\mathrm{H}}\circ\boldsymbol{B}^{\mathrm{H}}$.

性质 4 如果 $\boldsymbol{A}$ 和 $\boldsymbol{B}$ 都是对称矩阵,则 $\boldsymbol{A}\circ\boldsymbol{B}$ 也是对称矩阵;如果 $\boldsymbol{A}$ 和 $\boldsymbol{B}$ 都是反对称矩阵,则 $\boldsymbol{A}\circ\boldsymbol{B}$ 是对称矩阵;如果 $\boldsymbol{A}$ 是对称矩阵,$\boldsymbol{B}$ 是反对称矩阵,则 $\boldsymbol{A}\circ\boldsymbol{B}$ 是反对称矩阵.

性质 5 设 $\boldsymbol{A},\boldsymbol{B}\in\mathbf{C}^{m\times n}$,又设 $\boldsymbol{D}$ 是 m 阶对角矩阵而 $\boldsymbol{E}$ 是 n 阶对角矩阵,则

$$\boldsymbol{D}(\boldsymbol{A}\circ\boldsymbol{B})\boldsymbol{E}=(\boldsymbol{DAE})\circ\boldsymbol{B}=(\boldsymbol{DA})\circ(\boldsymbol{BE})=(\boldsymbol{AE})\circ(\boldsymbol{DB})=\boldsymbol{A}\circ(\boldsymbol{DBE}).$$

注 这一性质表明,Hadamard 乘积与对角矩阵作通常乘法是可交换的.

性质 6 设 $\boldsymbol{A},\boldsymbol{B}\in\mathbf{C}^{m\times n}$,又记

$$\boldsymbol{X}=\mathrm{diag}(x_1,x_2,\cdots,x_n), \qquad \boldsymbol{x}=(x_1,x_2,\cdots,x_n)^{\mathrm{T}},$$

则

$$(\boldsymbol{AXB}^{\mathrm{T}})_{ii}=((\boldsymbol{A}\circ\boldsymbol{B})\boldsymbol{x})_i \quad (i=1,2,\cdots,m),$$

这里,等式左边是矩阵的第 i 个对角元素,等式右边是向量的第 i 个分量.

证 设 $\boldsymbol{A}=(a_{ij})_{m\times n}, \boldsymbol{B}=(b_{ij})_{m\times n}$,则

$$(\boldsymbol{AXB}^{\mathrm{T}})_{ii}=\sum_{j=1}^{n}a_{ij}x_jb_{ij}=\sum_{j=1}^{n}a_{ij}b_{ij}x_j=((\boldsymbol{A}\circ\boldsymbol{B})\boldsymbol{x})_i.$$

证毕

性质 7 设 $\boldsymbol{A},\boldsymbol{B},\boldsymbol{C}\in\mathbf{C}^{m\times n}$,则三重混合积 $(\boldsymbol{A}\circ\boldsymbol{B})\boldsymbol{C}^{\mathrm{T}}$ 与 $(\boldsymbol{A}\circ\boldsymbol{C})\boldsymbol{B}^{\mathrm{T}}$ 对应的对角元素相同,即

$$((\boldsymbol{A}\circ\boldsymbol{B})\boldsymbol{C}^{\mathrm{T}})_{ii}=((\boldsymbol{A}\circ\boldsymbol{C})\boldsymbol{B}^{\mathrm{T}})_{ii} \quad (i=1,2,\cdots,m).$$

定理 7.3 设 $\boldsymbol{A},\boldsymbol{B}\in\mathbf{C}^{m\times n}$,则

$$\mathrm{rank}(\boldsymbol{A}\circ\boldsymbol{B})\leqslant(\mathrm{rank}\boldsymbol{A})(\mathrm{rank}\boldsymbol{B}).$$

证 设 $\mathrm{rank}\boldsymbol{A}=r_1, \mathrm{rank}\boldsymbol{B}=r_2$. 则存在 m 阶可逆矩阵 $\boldsymbol{X}$ 和 n 阶可逆矩阵 $\boldsymbol{Y}$,使得

$$\boldsymbol{XAY}=\begin{pmatrix}\boldsymbol{I}_{r_1} & \boldsymbol{O}\\ \boldsymbol{O} & \boldsymbol{O}\end{pmatrix}.$$

记 $\boldsymbol{X}^{-1}=(\boldsymbol{x}_1,\boldsymbol{x}_2,\cdots,\boldsymbol{x}_m), \boldsymbol{Y}^{-1}=(\boldsymbol{y}_1,\boldsymbol{y}_2,\cdots,\boldsymbol{y}_n)^{\mathrm{T}}$,其中 $\boldsymbol{x}_i\in\mathbf{C}^m, \boldsymbol{y}_j\in\mathbf{C}^n$. 由上式得

$$\boldsymbol{A}=\boldsymbol{X}^{-1}\begin{pmatrix}\boldsymbol{I}_{r_1} & \boldsymbol{O}\\ \boldsymbol{O} & \boldsymbol{O}\end{pmatrix}\boldsymbol{Y}^{-1}=\sum_{i=1}^{r_1}\boldsymbol{x}_i\boldsymbol{y}_i^{\mathrm{T}}.$$

这表明矩阵 $\boldsymbol{A}$ 可以写成 r_1 个秩为 1 的矩阵之和,其每个秩为 1 的矩阵可表示成列向量乘行向量的形式. 同理,对矩阵 $\boldsymbol{B}$ 存在 $\boldsymbol{u}_i\in\mathbf{C}^m$ 和 $\boldsymbol{v}_j\in\mathbf{C}^n$ 使得 $\boldsymbol{B}=\sum_{j=1}^{r_2}\boldsymbol{u}_j\boldsymbol{v}_j^{\mathrm{T}}$.

于是,利用 Hadamard 积的性质 2 和性质 3 得

$$A \circ B = (\sum_{i=1}^{r_1} x_i y_i^{\mathrm{T}}) \circ (\sum_{j=1}^{r_2} u_j v_j^{\mathrm{T}}) = \sum_{i=1}^{r_1} \sum_{j=1}^{r_2} (x_i \circ u_j)(y_i \circ v_j)^{\mathrm{T}}.$$

这表明 $A \circ B$ 至多是 $r_1 r_2$ 个秩为 1 的矩阵之和,因此

$$\operatorname{rank}(A \circ B) \leqslant r_1 r_2 = (\operatorname{rank} A)(\operatorname{rank} B).$$ 证毕

定理 7.4 设 A 和 B 均为 n 阶 Hermite(半)正定矩阵,则 $A \circ B$ 为 Hermite(半)正定矩阵.

证 显然 $A \circ B$ 为 Hermite 矩阵. 当 $A=(a_{ij})_{n\times n}$ 和 $B=(b_{ij})_{n\times n}$ 均为 Hermite 半正定矩阵时,由定理 1.25 之 3)知存在矩阵 $T=(t_{ij})_{n\times n}$ 使得 $B=T^{\mathrm{H}}T$,即有

$$b_{ij} = \sum_{k=1}^{n} \bar{t}_{ki} t_{kj} \quad (i,j=1,2,\cdots,n).$$

于是对任意 $x=(x_1,x_2,\cdots,x_n)^{\mathrm{T}} \neq 0$ 有

$$\begin{aligned} x^{\mathrm{H}}(A \circ B)x &= \sum_{i=1}^{n}\sum_{j=1}^{n} a_{ij} b_{ij} \bar{x}_i x_j = \sum_{i=1}^{n}\sum_{j=1}^{n} a_{ij} (\sum_{k=1}^{n} \bar{t}_{ki} t_{kj}) \bar{x}_i x_j \\ &= \sum_{k=1}^{n} [\sum_{i=1}^{n}\sum_{j=1}^{n} (\bar{t}_{ki}\bar{x}_i) a_{ij} (t_{kj} x_j)] = \sum_{k=1}^{n} y_k^{\mathrm{H}} A y_k, \end{aligned}$$

其中 $y_k=(t_{k1}x_1, t_{k2}x_2, \cdots, t_{kn}x_n)^{\mathrm{T}}$. 由 A 为 Hermite 半正定矩阵知 $y_k^{\mathrm{H}} A y_k \geqslant 0 (k=1,2,\cdots,n)$,故由上式得 $x^{\mathrm{H}}(A \circ B)x \geqslant 0$,从而 $A \circ B$ 为 Hermite 半正定矩阵.

当 A 和 B 均为 Hermite 正定矩阵时,由定理 1.24 之 3)知存在可逆矩阵 T 使得 $B = T^{\mathrm{H}}T$. 于是对任意 $x=(x_1,x_2,\cdots,x_n)^{\mathrm{T}} \neq 0$,至少有向量 $y_{k_0} = (t_{k_0 1}x_1, t_{k_0 2}x_2, \cdots, t_{k_0 n}x_n)^{\mathrm{T}} \neq 0$. 事实上,如果全部 $y_k = 0 (k=1,2,\cdots,n)$,则

$$\operatorname{diag}(x_1,x_2,\cdots,x_n) T^{\mathrm{T}} = (y_1, y_2, \cdots, y_n) = O.$$

由 T 可逆得 $x_1=x_2=\cdots=x_n=0$,这与 $x\neq 0$ 矛盾. 于是对任意 $x\neq 0$,有

$$x^{\mathrm{H}}(A \circ B)x \sum_{k=1}^{n} y_k^{\mathrm{H}} A y_k \geqslant y_{k_0}^{\mathrm{H}} A y_{k_0} > 0,$$

即 $A \circ B$ 为 Hermite 正定矩阵. 证毕

推论 1 设 A 为 n 阶 Hermite 正定矩阵,而 $B=(b_{ij})_{n\times n}$ 为 n 阶 Hermite 半正定矩阵且 $b_{ii} > 0 (i=1,2,\cdots,n)$,则 $A \circ B$ 为 Hermite 正定矩阵.

证 据定理 1.25 之 3)知存在矩阵 $T=(t_{ij})_{n\times n}$ 使得 $B=T^{\mathrm{H}}T$,由假设条件

$$b_{ii} = \sum_{k=1}^{n} \bar{t}_{ki} t_{ki} = \sum_{k=1}^{n} |t_{ki}|^2 > 0 \quad (i=1,2,\cdots,n)$$

得 $(t_{1i}, t_{2i}, \cdots, t_{ni})^{\mathrm{T}} \neq 0 (i=1,2,\cdots,n)$,于是对任意 $x=(x_1,x_2,\cdots,x_n)^{\mathrm{T}} \neq 0$,至少有向量 $y_{k_0} = (t_{k_0 1}x_1, t_{k_0 2}x_2, \cdots, t_{k_0 n}x_n)^{\mathrm{T}} \neq 0$. 利用定理 7.4 的推证过程知 $A \circ B$ 为 Hermite 正定矩阵. 证毕

下面的推论应用在最优化理论中.

推论 2 $A=(a_{ij})_{n\times n} \in \mathbf{R}^{n\times n}$ 为半正定矩阵的充要条件是,对所有半正定矩阵

$\boldsymbol{B}=(b_{ij})_{n\times n}$有$\sum_{i=1}^{n}\sum_{j=1}^{n}a_{ij}b_{ij}\geqslant 0$.

证 必要性. 据定理 7.4 知 $\boldsymbol{A}\circ\boldsymbol{B}$ 为半正定矩阵，于是

$$\sum_{i=1}^{n}\sum_{j=1}^{n}a_{ij}b_{ij}=\boldsymbol{e}^{\mathrm{T}}(\boldsymbol{A}\circ\boldsymbol{B})\boldsymbol{e}\geqslant 0,$$

其中 $\boldsymbol{e}=(1,1,\cdots,1)^{\mathrm{T}}\in\mathbf{R}^n$.

充分性. 对任意向量 $\boldsymbol{x}=(x_1,x_2,\cdots,x_n)^{\mathrm{T}}$，记 $\boldsymbol{B}=(b_{ij})_{n\times n}=\boldsymbol{x}\boldsymbol{x}^{\mathrm{T}}$，则有

$$\boldsymbol{x}^{\mathrm{T}}\boldsymbol{A}\boldsymbol{x}=\sum_{i=1}^{n}\sum_{j=1}^{n}a_{ij}x_ix_j=\sum_{i=1}^{n}\sum_{j=1}^{n}a_{ij}b_{ij}\geqslant 0,$$

故 $\boldsymbol{A}$ 为半正定矩阵. 证毕

Hadamard 积与 Kronecker 积有如下的关系.

定理 7.5 设 $\boldsymbol{A},\boldsymbol{B}\in\mathbf{C}^{m\times n}$，则

$$\boldsymbol{A}\circ\boldsymbol{B}=(\boldsymbol{A}\otimes\boldsymbol{B})[1,m+2,2m+3,\cdots,m^2\,|\,1,n+2,2n+3,\cdots,n^2],\tag{7.18}$$

其中$(\boldsymbol{A}\otimes\boldsymbol{B})[1,m+2,2m+3,\cdots,m^2\,|\,1,n+2,2n+3,\cdots,n^2]$表示取矩阵 $\boldsymbol{A}\otimes\boldsymbol{B}$ 的第 $1,m+2,2m+3,\cdots,m^2$ 行和第 $1,n+2,2n+3,\cdots,n^2$ 列构成的子矩阵，即 $\boldsymbol{A}\circ\boldsymbol{B}$ 是 $\boldsymbol{A}\otimes\boldsymbol{B}$ 的一个子矩阵. 特别地，当 $m=n$ 时，$\boldsymbol{A}\circ\boldsymbol{B}$ 是 $\boldsymbol{A}\otimes\boldsymbol{B}$ 的一个主子矩阵.

证 检验式(7.19)右端 $\boldsymbol{A}\otimes\boldsymbol{B}$ 的相应子矩阵的元素即得. 证毕

习 题 7

1. 设 $\boldsymbol{A}\in\mathbf{C}^{m\times m}$，$\boldsymbol{B}\in\mathbf{C}^{n\times n}$，证明：$\mathrm{tr}(\boldsymbol{A}\otimes\boldsymbol{B})=\mathrm{tr}(\boldsymbol{B}\otimes\boldsymbol{A})=(\mathrm{tr}\boldsymbol{A})(\mathrm{tr}\boldsymbol{B})$.

2. 设 $\boldsymbol{x},\boldsymbol{y}\in\mathbf{C}^n$，且 $\|\boldsymbol{x}\|_2=\|\boldsymbol{y}\|_2=1$，证明：$\|\boldsymbol{x}\otimes\boldsymbol{y}\|_2=1$.

3. 证明：$(\boldsymbol{A}\otimes\boldsymbol{B})^{+}=\boldsymbol{A}^{+}\otimes\boldsymbol{B}^{+}$.

4. 证明：$\mathrm{rank}(\boldsymbol{A}\otimes\boldsymbol{B})=(\mathrm{rank}\boldsymbol{A})(\mathrm{rank}\boldsymbol{B})$.

5. 设 $\boldsymbol{x}_1,\boldsymbol{x}_2,\cdots,\boldsymbol{x}_s$ 是 $\boldsymbol{A}\in\mathbf{C}^{m\times m}$ 的 s 个线性无关的特征向量，$\boldsymbol{y}_1,\boldsymbol{y}_2,\cdots,\boldsymbol{y}_t$ 是 $\boldsymbol{B}\in\mathbf{C}^{n\times n}$ 的 t 个线性无关的特征向量，证明：$\boldsymbol{x}_i\otimes\boldsymbol{y}_j\,(i=1,2,\cdots,s;j=1,2,\cdots,t)$是 $\boldsymbol{A}\otimes\boldsymbol{B}$ 的 st 个线性无关的特征向量.

6. 设 $\boldsymbol{A}\in\mathbf{C}^{m\times m}$ 和 $\boldsymbol{B}\in\mathbf{C}^{n\times n}$ 都与对角矩阵相似，证明：$\boldsymbol{A}\otimes\boldsymbol{B}$ 也与对角矩阵相似.

7. 设 $\boldsymbol{A}\in\mathbf{C}^{m\times m}$ 的特征值为 $\lambda_1,\lambda_2,\cdots,\lambda_m$，$n$ 阶方阵

$$\boldsymbol{B}=\begin{pmatrix}1&1&\cdots&1\\1&1&\cdots&1\\\vdots&\vdots&&\vdots\\1&1&\cdots&1\end{pmatrix},$$

求 $\boldsymbol{A}\otimes\boldsymbol{B}$ 的特征值.

8. 求解矩阵方程 $\boldsymbol{A}\boldsymbol{X}+\boldsymbol{X}\boldsymbol{B}=\boldsymbol{F}$，其中

$$\boldsymbol{A}=\begin{pmatrix}2&-1\\0&2\end{pmatrix},\quad \boldsymbol{B}=\begin{pmatrix}-3&2\\-1&0\end{pmatrix},\quad \boldsymbol{F}=\begin{pmatrix}0&-2\\2&-4\end{pmatrix}.$$

9. 求解矩阵方程 $2\boldsymbol{X}+\boldsymbol{A}\boldsymbol{X}-\boldsymbol{X}\boldsymbol{A}=\boldsymbol{O}$,其中 $\boldsymbol{A}=\begin{pmatrix}1 & 0\\ 2 & 3\end{pmatrix}$.

10. 求解矩阵微分方程的初值问题(7.15),其中

$$\boldsymbol{A}=\begin{pmatrix}1 & 1\\ 0 & 0\end{pmatrix},\quad \boldsymbol{B}=\begin{pmatrix}1 & -1\\ 0 & 0\end{pmatrix},\quad \boldsymbol{X}_0=\begin{pmatrix}1 & 0\\ 0 & 1\end{pmatrix}.$$

11. 设 $\boldsymbol{A},\boldsymbol{B}\in\mathbf{C}^{n\times n}$,又设

$$\boldsymbol{X}=\mathrm{diag}(x_1,x_2,\cdots,x_n),\quad \boldsymbol{x}=(x_1,x_2,\cdots,x_n)^{\mathrm{T}},\quad \boldsymbol{e}=(1,1,\cdots,1)^{\mathrm{T}}\in\mathbf{R}^n,$$

证明

$$\mathrm{tr}(\boldsymbol{A}\boldsymbol{X}\boldsymbol{B}^{\mathrm{T}}\boldsymbol{X})=\boldsymbol{x}^{\mathrm{T}}(\boldsymbol{A}\circ\boldsymbol{B})\boldsymbol{x},\quad \mathrm{tr}(\boldsymbol{A}\boldsymbol{B}^{\mathrm{T}})=\boldsymbol{e}^{\mathrm{T}}(\boldsymbol{A}\circ\boldsymbol{B})\boldsymbol{e},\quad (\boldsymbol{X}\boldsymbol{A})\circ(\boldsymbol{B}^{\mathrm{T}}\boldsymbol{X})=\boldsymbol{X}(\boldsymbol{A}\circ\boldsymbol{B}^{\mathrm{T}})\boldsymbol{X}.$$

第 8 章 线性空间与线性变换

线性空间是几何空间与 n 维向量空间概念的推广与抽象，而线性变换则反映了线性空间元素之间的一种最基本的联系. 在近代数学发展中，这些概念和理论已渗透到数学的各个分支. 本章介绍线性空间与线性变换的有关概念，进而讨论在实线性空间中引入内积后所构成的欧氏空间的度量性质.

8.1 数域与映射

讨论数学问题时，常常需要明确规定所考虑的数的范围. 例如，在求解一元二次方程时，如果在实数范围内来考虑，则该方程可能无解，而在复数范围内该方程总是有解的. 可见同一问题在不同的数的范围来考虑时，可能具有不同的性质. 另外，一些不同的数集也有很多共同的性质，为了在讨论中能够把它们统一起来，引入一个一般的概念.

定义 8.1 设 $\mathbf{K}$ 是至少含一个非零数的数集. 如果 $\mathbf{K}$ 中任意两个数的和、差、积、商(除数不为零)仍是 $\mathbf{K}$ 中的数，则称 $\mathbf{K}$ 为一个**数域**.

容易验证，全体有理数集合 $\mathbf{Q}$、全体实数集合 $\mathbf{R}$、全体复数集合 $\mathbf{C}$ 都构成数域，分别称为**有理数域**、**实数域**、**复数域**；而自然数集和整数集都不是数域. 可以证明，所有具有形式

$$a+b\sqrt{2} \qquad (a,b\in\mathbf{Q})$$

的数构成数域. 除了这些数域外，还可以找到无穷多个数域.

数域具有如下的重要性质.

定理 8.1 所有数域都包含有理数域作为它的一部分，即有理数域是最小的数域.

证 设 $\mathbf{K}$ 是一个数域，$0\neq a\in\mathbf{K}$，则 $0=a-a\in\mathbf{K}$，$1=\dfrac{a}{a}\in\mathbf{K}$. 从而 $1+1=2$，$2+1=3,\cdots,(n-1)+1=n,\cdots$ 全在 $\mathbf{K}$ 中. 又 $-n=0-n\in\mathbf{K}$，所以 $\mathbf{K}$ 包含全体整数. 对任意整数 p,q 且 $q\neq0$，有 $\dfrac{p}{q}\in\mathbf{K}$，故 $\mathbf{Q}\subset\mathbf{K}$. 证毕

以下定义的映射与变换是函数概念的推广.

定义 8.2 设 S 与 S' 是两个集合. 如果按某一规则 σ，使对于每个 $\boldsymbol{\alpha}\in S$ 都有一个确定的元素 $\boldsymbol{\beta}\in S'$ 与之对应，则称 σ 为集合 S 到 S' 的一个**映射**，记为

$\sigma: S \to S'$；$\boldsymbol{\alpha}$ 与 $\boldsymbol{\beta}$ 的对应记为 $\sigma(\boldsymbol{\alpha})=\boldsymbol{\beta}$. 称 $\boldsymbol{\beta}$ 为 $\boldsymbol{\alpha}$ 在映射 σ 下的**像**，而称 $\boldsymbol{\alpha}$ 为 $\boldsymbol{\beta}$ 在映射 σ 下的一个**原像**. 集合 S 称为映射 σ 的**定义域**. 当 S 中元素 $\boldsymbol{\alpha}$ 改变时，$\boldsymbol{\alpha}$ 在映射 σ 下的像的全体构成 S' 的一个子集，称为映射 σ 的**值域**，记为 $\mathrm{R}(\sigma)$. 如果对任意 $\boldsymbol{\alpha}_1$，$\boldsymbol{\alpha}_2 \in S$，当 $\boldsymbol{\alpha}_1 \neq \boldsymbol{\alpha}_2$ 时有 $\sigma(\boldsymbol{\alpha}_1) \neq \sigma(\boldsymbol{\alpha}_2)$，则称 σ 是**单射**(或**一对一的**)；如果对任意 $\boldsymbol{\beta} \in S'$ 都有 $\boldsymbol{\alpha} \in S$ 使得 $\sigma(\boldsymbol{\alpha})=\boldsymbol{\beta}$(即 $\mathrm{R}(\sigma)=S'$)，则称 σ 是**满射**(或**映上的**)；如果 σ 既是单射又是满射，则称 σ 是**双射**(或**一一对应的**). 由集合 S 到 S 自身的映射称为 S 上的一个**变换**.

下面来看几个例子.

例 8.1　$\mathbf{Z}$ 是全体整数的集合，$\mathbf{Z}'$ 是全体偶数的集合，定义

$$\sigma(n) = 2n \qquad (n \in \mathbf{Z}),$$

则 σ 是 $\mathbf{Z}$ 到 $\mathbf{Z}'$ 的一个映射，它是一一对应的.

例 8.2　记 $\mathbf{K}^{n\times n}$ 是数域 $\mathbf{K}$ 上全体 n 阶方阵的集合，定义

$$\sigma(\boldsymbol{A}) = \det\boldsymbol{A} \quad (\boldsymbol{A} \in \mathbf{K}^{n\times n}), \qquad \tau(a) = a\boldsymbol{I}_n \quad (a \in \mathbf{K}),$$

则 σ 是 $\mathbf{K}^{n\times n}$ 到 $\mathbf{K}$ 的一个映射，它是满射，但不是单射；τ 是 $\mathbf{K}$ 到 $\mathbf{K}^{n\times n}$ 的一个映射，它是单射，但不是满射.

例 8.3　记 $\mathrm{P}[t]$ 是数域 $\mathbf{K}$ 上多项式的全体，定义

$$\sigma(f(t)) = f'(t) \qquad (f(t) \in \mathrm{P}[t]),$$

则 σ 是 $\mathrm{P}[t]$ 上的一个变换. 它是满射，但不是单射. 如果记 $\mathrm{P}[t]_n$ 是数域 $\mathbf{K}$ 上次数不超过 n 的多项式全体，则如上定义的 σ 也是 $\mathrm{P}[t]_n$ 上的一个变换，它既不是满射，也不是单射.

例 8.4　任意一个定义在实数域 $\mathbf{R}$ 上的函数 $y=f(x)$ 都是 $\mathbf{R}$ 到 $\mathbf{R}$ 自身的映射. 因此，函数是映射的一个特殊情形.

对于映射，可以定义相等及其乘积如下.

定义 8.3　设 σ_1 与 σ_2 是集合 S 到 S' 的两个映射. 如果对任意 $\boldsymbol{\alpha} \in S$ 都有 $\sigma_1(\boldsymbol{\alpha})=\sigma_2(\boldsymbol{\alpha})$，则称映射 σ_1 与 σ_2 **相等**，记为 $\sigma_1=\sigma_2$. 又设 σ 是集合 S 到 S' 的映射，τ 是集合 S' 到 S'' 的映射，由

$$(\tau\sigma)(\boldsymbol{\alpha}) = \tau(\sigma(\boldsymbol{\alpha})) \qquad (\boldsymbol{\alpha} \in S)$$

定义的从集合 S 到 S'' 的映射 $\tau\sigma$ 称为映射 τ 与 σ 的**乘积**.

映射的乘积是复合函数概念的推广，但不是任意两个映射都可以求它们的乘积. 从定义知，由映射 σ 和 τ 可以得到乘积 $\tau\sigma$ 的充要条件是 σ 的值域含于 τ 的定义域.

对于例 8.2 定义的两个映射 σ 和 τ，有

$$(\tau\sigma)(\boldsymbol{A}) = \tau(\sigma(\boldsymbol{A})) = \tau(\det\boldsymbol{A}) = (\det\boldsymbol{A})\boldsymbol{I}_n \qquad (\boldsymbol{A} \in \mathbf{K}^{n\times n}),$$

$$(\sigma\tau)(a) = \sigma(\tau(a)) = \sigma(a\boldsymbol{I}_n) = a^n \qquad (a \in \mathbf{K}),$$

可见 $\tau\sigma$ 是 $\mathbf{K}^{n\times n}$ 上的变换，而 $\sigma\tau$ 是 $\mathbf{K}$ 上的变换. 这说明，映射的乘积一般不满足交

换律,即 $\tau\sigma \neq \sigma\tau$. 容易证明,映射的乘积满足结合律,即若 σ 是集合 S 到 S' 的映射,τ 是集合 S' 到 S'' 的映射,ω 是集合 S'' 到 S''' 的映射,则

$$(\omega\tau)\sigma = \omega(\tau\sigma).$$

8.2 线性空间的定义与基本性质

为了统一研究在数学、力学及其他学科中遇到的规定了线性运算的不同集合的公共性质,引入线性空间的概念如下.

定义 8.4 设 V 是一个非空集合,$\mathbf{K}$ 是一个数域. 在 V 的元素之间规定了称之为"加法"的运算,在 $\mathbf{K}$ 与 V 的元素之间规定了称之为"数乘"的运算. 如果 V 对于这两种运算封闭,即对任意 $\boldsymbol{\alpha},\boldsymbol{\beta}\in V$ 都有 $\boldsymbol{\alpha}+\boldsymbol{\beta}\in V$,而对任意 $k\in\mathbf{K}$ 和 $\boldsymbol{\alpha}\in V$ 都有 $k\boldsymbol{\alpha}\in V$,且这两种运算满足以下八条运算律(设 $\boldsymbol{\alpha},\boldsymbol{\beta},\boldsymbol{\gamma}\in V,k,l\in\mathbf{K}$):

(1)加法交换律 $\boldsymbol{\alpha}+\boldsymbol{\beta}=\boldsymbol{\beta}+\boldsymbol{\alpha}$,

(2)加法结合律 $(\boldsymbol{\alpha}+\boldsymbol{\beta})+\boldsymbol{\gamma}=\boldsymbol{\alpha}+(\boldsymbol{\beta}+\boldsymbol{\gamma})$,

(3)存在**零元** $\boldsymbol{\theta}$,使 $\boldsymbol{\alpha}+\boldsymbol{\theta}=\boldsymbol{\alpha}$,

(4)存在负元,即对任意 $\boldsymbol{\alpha}\in V$,存在 $\boldsymbol{\beta}\in V$,使 $\boldsymbol{\alpha}+\boldsymbol{\beta}=\boldsymbol{\theta}$,称 $\boldsymbol{\beta}$ 为 $\boldsymbol{\alpha}$ 的**负元**,记为 $-\boldsymbol{\alpha}$,

(5)$1\boldsymbol{\alpha}=\boldsymbol{\alpha}$,

(6)数乘结合律 $k(l\boldsymbol{\alpha})=(kl)\boldsymbol{\alpha}$,

(7)分配律 $(k+l)\boldsymbol{\alpha}=k\boldsymbol{\alpha}+l\boldsymbol{\alpha}$,

(8)数因子分配律 $k(\boldsymbol{\alpha}+\boldsymbol{\beta})=k\boldsymbol{\alpha}+k\boldsymbol{\beta}$,

则称 V 为**数域 $\mathbf{K}$ 上的线性空间**.

线性空间的元素也称为**向量**. 当然,这里的所谓向量比几何中向量的涵义要广泛得多. 实数域 $\mathbf{R}$ 上的线性空间简称为**实线性空间**;复数域 $\mathbf{C}$ 上的线性空间简称为**复线性空间**.

下面列举一些线性空间的例子.

例 8.5 在解析几何中,几何向量按照平行四边形规律相加和与实数的数乘运算构成实线性空间.

例 8.6 分量属于数域 $\mathbf{K}$ 的全体 n 维向量作成的集合 $\mathbf{K}^n$,按通常向量的加法与数乘运算构成数域 $\mathbf{K}$ 上的线性空间,称之为**向量空间**.

例 8.7 元素属于数域 $\mathbf{K}$ 的全体 $m\times n$ 矩阵作成的集合 $\mathbf{K}^{m\times n}$,按通常矩阵的加法与数乘运算构成数域 $\mathbf{K}$ 上的线性空间,称之为**矩阵空间**.

例 8.8 数域 $\mathbf{K}$ 上一元多项式的全体 $\mathrm{P}[t]$ 及次数不超过 n 的一元多项式全体 $\mathrm{P}[t]_n$,按通常多项式的加法和数与多项式的乘法构成数域 $\mathbf{K}$ 上的线性空间,称之为**多项式空间**.

例 8.9　区间$[a,b]$上全体连续实函数作成的集合$C[a,b]$，按通常函数的加法与数乘运算构成实数域 $\mathbf{R}$ 上的线性空间.

例 8.10　数域 $\mathbf{K}$ 本身对于数的加法与乘法构成数域 $\mathbf{K}$ 上的线性空间.

例 8.11　设 $\mathbf{R}^+$ 是所有正实数的集合，在其中定义加法与数乘运算为

$$a \oplus b = ab,\quad k \circ a = a^k \qquad (a,b \in \mathbf{R}^+, k \in \mathbf{R}),$$

(为了与通常数的加法与乘法运算相区别，分别用"$\oplus$"和"$\circ$"表示所定义的加法与数乘运算)验证 $\mathbf{R}^+$ 对上述加法与数乘运算构成实数域 $\mathbf{R}$ 上的线性空间.

证　对任意 $a,b\in\mathbf{R}^+$，有 $a\oplus b=ab\in\mathbf{R}^+$，又对任意 $k\in\mathbf{R}$ 和 $a\in\mathbf{R}^+$，有 $k\circ a=a^k\in\mathbf{R}^+$，即 $\mathbf{R}^+$ 对所定义的加法与数乘运算封闭. 对任意 $a,b,c\in\mathbf{R}^+$，$k,l\in\mathbf{R}$，有

(1)$a\oplus b=ab=ba=b\oplus a$；

(2)$(a\oplus b)\oplus c=(ab)\oplus c=(ab)c=a(bc)=a\oplus(b\oplus c)$；

(3)$a\oplus 1=a\cdot 1=a$，所以 1 是零元；

(4)$a\oplus a^{-1}=aa^{-1}=1$，所以 a^{-1} 是 a 的负元；

(5)$1\circ a=a^1=a$；

(6)$k\circ(l\circ a)=k\circ a^l=(a^l)^k=a^{lk}=(lk)\circ a$；

(7)$(k+l)\circ a=a^{k+l}=a^k a^l=a^k\oplus a^l=(k\circ a)\oplus(l\circ a)$；

(8)$k\circ(a\oplus b)=k\circ(ab)=(ab)^k=a^k b^k=(k\circ a)\oplus(k\circ b)$.

故 $\mathbf{R}^+$ 对这两种运算构成实线性空间.

例 8.12　分量属于数域 $\mathbf{K}$ 的全体 n 维向量作成的集合 V，对于通常向量的加法及如下定义的数乘运算

$$k\circ\boldsymbol{\alpha}=\mathbf{0}\qquad(k\in\mathbf{K},\boldsymbol{\alpha}\in V)$$

不构成线性空间. 这是因为 $1\circ\boldsymbol{\alpha}=\mathbf{0}$，即不满足运算律(5). 但可以验证 V 对于两种运算的封闭性及其他运算律都是满足的.

根据线性空间的定义，可以推出线性空间的一些基本性质如下.

性质 1　零元是唯一的.

证　设 $\boldsymbol{\theta}_1$ 和 $\boldsymbol{\theta}_2$ 是线性空间 V 的两个零元，则有(所用到的运算律在等号上标出)

$$\boldsymbol{\theta}_1 \overset{(3)}{=\!=} \boldsymbol{\theta}_1+\boldsymbol{\theta}_2 \overset{(1)}{=\!=} \boldsymbol{\theta}_2+\boldsymbol{\theta}_1 \overset{(3)}{=\!=} \boldsymbol{\theta}_2.$$

证毕

性质 2　任一元素 $\boldsymbol{\alpha}$ 的负元是唯一的.

证　设 $\boldsymbol{\beta}$ 和 $\boldsymbol{\gamma}$ 都是 $\boldsymbol{\alpha}$ 的负元，即 $\boldsymbol{\alpha}+\boldsymbol{\beta}=\boldsymbol{\theta}$，$\boldsymbol{\alpha}+\boldsymbol{\gamma}=\boldsymbol{\theta}$，于是

$$\boldsymbol{\beta} \overset{(3)}{=\!=} \boldsymbol{\beta}+\boldsymbol{\theta}=\boldsymbol{\beta}+(\boldsymbol{\alpha}+\boldsymbol{\gamma}) \overset{(2)}{=\!=} (\boldsymbol{\beta}+\boldsymbol{\alpha})+\boldsymbol{\gamma}=\boldsymbol{\theta}+\boldsymbol{\gamma} \overset{(3)}{=\!=} \boldsymbol{\gamma}.$$

证毕

性质 3　$0\boldsymbol{\alpha}=\boldsymbol{\theta}$，$(-1)\boldsymbol{\alpha}=-\boldsymbol{\alpha}$，$k\boldsymbol{\theta}=\boldsymbol{\theta}$.

证　因为

$$\boldsymbol{\alpha}+0\boldsymbol{\alpha} \overset{(5)}{=\!=} 1\boldsymbol{\alpha}+0\boldsymbol{\alpha} \overset{(7)}{=\!=} (1+0)\boldsymbol{\alpha}=1\boldsymbol{\alpha} \overset{(5)}{=\!=} \boldsymbol{\alpha},$$

两边都加上$-\boldsymbol{\alpha}$,即得$0\boldsymbol{\alpha}=\boldsymbol{\theta}$. 又因为

$$\boldsymbol{\alpha}+(-1)\boldsymbol{\alpha}\xlongequal{(5)}1\boldsymbol{\alpha}+(-1)\boldsymbol{\alpha}\xlongequal{(7)}(1-1)\boldsymbol{\alpha}=0\boldsymbol{\alpha}\xlongequal{(5)}\boldsymbol{\theta},$$

两边都加上$-\boldsymbol{\alpha}$,即得$(-1)\boldsymbol{\alpha}=-\boldsymbol{\alpha}$. 又有

$$k\boldsymbol{\theta}\xlongequal{(4)}k[\boldsymbol{\alpha}+(-\boldsymbol{\alpha})]\xlongequal{(5)}k[1\boldsymbol{\alpha}+(-1)\boldsymbol{\alpha}]$$
$$\xlongequal{(7)}k[(1-1)\boldsymbol{\alpha}]\xlongequal{(6)}(k0)\boldsymbol{\alpha}=0\boldsymbol{\alpha}=\boldsymbol{\theta}.$$

证毕

性质 4 若$k\boldsymbol{\alpha}=\boldsymbol{\theta}$,则$k=0$或$\boldsymbol{\alpha}=\boldsymbol{\theta}$.

证 若$k=0$,由性质 3 知$k\boldsymbol{\alpha}=0\boldsymbol{\alpha}=\boldsymbol{\theta}$;若$k\neq0$,则由性质 3,得

$$\boldsymbol{\alpha}\xlongequal{(5)}1\boldsymbol{\alpha}=(k^{-1}k)\boldsymbol{\alpha}\xlongequal{(6)}k^{-1}(k\boldsymbol{\alpha})=k^{-1}\boldsymbol{\theta}=\boldsymbol{\theta}.$$

证毕

有关向量组之间的线性关系,也可以推广到线性空间.

定义 8.5 设V是数域$\mathbf{K}$上的线性空间,$\boldsymbol{\alpha},\boldsymbol{\alpha}_1,\boldsymbol{\alpha}_2,\cdots,\boldsymbol{\alpha}_m$是$V$中一组元素. 如果存在$\mathbf{K}$中一组数$k_1,k_2,\cdots,k_m$,使得

$$\boldsymbol{\alpha}=k_1\boldsymbol{\alpha}_1+k_2\boldsymbol{\alpha}_2+\cdots+k_m\boldsymbol{\alpha}_m,$$

则称$\boldsymbol{\alpha}$可由$\boldsymbol{\alpha}_1,\boldsymbol{\alpha}_2,\cdots,\boldsymbol{\alpha}_m$**线性表出**,或$\boldsymbol{\alpha}$是$\boldsymbol{\alpha}_1,\boldsymbol{\alpha}_2,\cdots,\boldsymbol{\alpha}_m$的**线性组合**. 如果存在$\mathbf{K}$中一组不全为零的数$k_1,k_2,\cdots,k_m$,使得

$$k_1\boldsymbol{\alpha}_1+k_2\boldsymbol{\alpha}_2+\cdots+k_m\boldsymbol{\alpha}_m=\boldsymbol{\theta},$$

则称$\boldsymbol{\alpha}_1,\boldsymbol{\alpha}_2,\cdots,\boldsymbol{\alpha}_m$**线性相关**;如果仅当$k_1=\cdots=k_m=0$时上式才成立,则称$\boldsymbol{\alpha}_1,\boldsymbol{\alpha}_2,\cdots,\boldsymbol{\alpha}_m$**线性无关**.

定义 8.6 设V是数域$\mathbf{K}$上的线性空间,(Ⅰ):$\boldsymbol{\alpha}_1,\boldsymbol{\alpha}_2,\cdots,\boldsymbol{\alpha}_r$和(Ⅱ):$\boldsymbol{\beta}_1,\boldsymbol{\beta}_2,\cdots,\boldsymbol{\beta}_s$是$V$中两个元素组. 如果组(Ⅰ)中每个元素都可由组(Ⅱ)中的元素线性表出,则称组(Ⅰ)**可由组(Ⅱ)线性表出**;如果组(Ⅰ)与组(Ⅱ)可以互相线性表出,则称**组(Ⅰ)与组(Ⅱ)等价**. 如果V中**元素组**$\boldsymbol{\alpha}_1,\boldsymbol{\alpha}_2,\cdots,\boldsymbol{\alpha}_m$中有$r$个元素$\boldsymbol{\alpha}_{i_1},\boldsymbol{\alpha}_{i_2},\cdots,\boldsymbol{\alpha}_{i_r}$线性无关,而任意$r+1$个元素(如果有的话)线性相关,则称该元素组的**秩**为r,又称$\boldsymbol{\alpha}_{i_1},\boldsymbol{\alpha}_{i_2},\cdots,\boldsymbol{\alpha}_{i_r}$是该元素组的一个**极大无关组**.

以上定义可以说是逐字逐句重复了n维向量组的有关概念,只要注意其中的加法与数乘运算应是线性空间V中规定的加法与数乘运算,而$\boldsymbol{\theta}$是V中的零元. 不仅如此,对于向量组成立的一些结论可以照搬到一般的线性空间中来,叙述如下,证明略.

结论 1 一个元素线性相关的充要条件是它为零元;一个以上的元素线性相关的充要条件是,其中至少有一个元素可由其余元素线性表示.

结论 2 如果元素组$\boldsymbol{\alpha}_1,\boldsymbol{\alpha}_2,\cdots,\boldsymbol{\alpha}_m$线性无关,而元素组$\boldsymbol{\alpha}_1,\boldsymbol{\alpha}_2,\cdots,\boldsymbol{\alpha}_m,\boldsymbol{\beta}$线性相关,则$\boldsymbol{\beta}$可由$\boldsymbol{\alpha}_1,\boldsymbol{\alpha}_2,\cdots,\boldsymbol{\alpha}_m$线性表示,且表示法是唯一的.

结论 3 一个元素组的任意两个极大无关组等价.

结论 4 等价的元素组有相同的秩.

例 8.13　在线性空间 $\mathbf{K}^{m\times n}$ 中，设 $\boldsymbol{E}_{ij}(i=1,2,\cdots,m;j=1,2,\cdots,n)$ 是第 i 行第 j 列元素为 1，其余元素为 0 的 $m\times n$ 矩阵，则 $\boldsymbol{E}_{ij}(i=1,2,\cdots,m;j=1,2,\cdots,n)$ 线性无关，且任意 $m\times n$ 矩阵可由它们线性表出. 这是因为，若有 $\mathbf{K}$ 中一组数 k_{ij} 使得 $\sum\limits_{i=1}^{m}\sum\limits_{j=1}^{n}k_{ij}\boldsymbol{E}_{ij}=\boldsymbol{O}$，则 $(k_{ij})_{m\times n}=\boldsymbol{O}$，这只有 $k_{ij}=0(i=1,2,\cdots,m;j=1,2,\cdots,n)$，故 $\boldsymbol{E}_{ij}(i=1,2,\cdots,m;j=1,2,\cdots,n)$ 线性无关. 又对 $\mathbf{K}^{m\times n}$ 中任一矩阵 $\boldsymbol{A}=(a_{ij})_{m\times n}$ 有 $\boldsymbol{A}=\sum\limits_{i=1}^{m}\sum\limits_{j=1}^{n}a_{ij}\boldsymbol{E}_{ij}$.

例 8.14　在线性空间 $\mathrm{P}[t]$ 中，多项式组 $1,t,t^2,\cdots,t^N$ 是线性无关的，其中 N 是取定的自然数. 这是因为，若有 $\mathbf{K}$ 中一组数 $k_0,k_1,k_2,\cdots,k_N$，使

$$k_0+k_1t+k_2t^2+\cdots+k_Nt^N=0,$$

对上式依次求 1 阶，2 阶，…，N 阶导数得

$$\begin{cases}k_1+2k_2t+\cdots+Nk_Nt^{N-1}=0,\\ 2k_2+\cdots+N(N-1)k_Nt^{N-2}=0,\\ \cdots\cdots\cdots\cdots\\ N!k_N=0,\end{cases}$$

与前一式联立求解得唯一零解 $k_0=k_1=\cdots=k_N=0$，故 $1,t,t^2,\cdots,t^N$ 线性无关.

例 8.15　试证：在例 8.11 的线性空间 $\mathbf{R}^+$ 中，任意两个正实数都线性相关.

证　对任意 $a,b\in\mathbf{R}^+$，若有实数 k_1,k_2，使

$$(k_1\circ a)\oplus(k_2\circ b)=1,$$

则 $a^{k_1}b^{k_2}=1$，于是 $k_1=-k_2\log_a b$. 取 $k_1=-\log_a b,k_2=1$ 可使上式成立，故 a 与 b 线性相关.

例 8.16　复数集合 $\mathbf{C}$ 既构成复数域 $\mathbf{C}$ 上的线性空间，也构成实数域 $\mathbf{R}$ 上的线性空间. 试讨论 1 和 $\mathrm{i}(\mathrm{i}=\sqrt{-1})$ 关于这两个线性空间的线性相关性.

解　$\mathbf{C}$ 作为 $\mathbf{C}$ 上的线性空间时，1 与 i 是线性相关的，这是因为有 $1,\mathrm{i}\in\mathbf{C}$，使得 $1\cdot1+\mathrm{i}\cdot\mathrm{i}=0$. 而 $\mathbf{C}$ 作为 $\mathbf{R}$ 上的线性空间时，1 与 i 是线性无关的，因为，若有 $k_1,k_2\in\mathbf{R}$，使 $k_1\cdot1+k_2\cdot\mathrm{i}=0$，则必有 $k_1=k_2=0$.

可见，数域影响到元素组的线性相关性.

8.3　基、维数与坐标

8.3.1　基与维数

线性空间中一般都有无穷多个元素，为了把这无穷多个元素表示出来，引入下面的定义.

定义 8.7 在线性空间 V 中，如果存在 n 个元素 $\boldsymbol{\alpha}_1,\boldsymbol{\alpha}_2,\cdots,\boldsymbol{\alpha}_n$ 满足：

(1) $\boldsymbol{\alpha}_1,\boldsymbol{\alpha}_2,\cdots,\boldsymbol{\alpha}_n$ 线性无关，

(2) V 中任一元素 $\boldsymbol{\alpha}$ 都可由 $\boldsymbol{\alpha}_1,\boldsymbol{\alpha}_2,\cdots,\boldsymbol{\alpha}_n$ 线性表示，

则称 $\boldsymbol{\alpha}_1,\boldsymbol{\alpha}_2,\cdots,\boldsymbol{\alpha}_n$ 是 V 的一个**基**，称 n 为 V 的**维数**，记为 $\dim V$. 维数为 n 的线性空间 V 称为 n **维线性空间**，记为 V^n，此时也称 V 是**有限维线性空间**. 若对于预先指定的任何正整数 N，在 V 中总能找到 N 个线性无关的元素，则称 V 是**无限维线性空间**. 如果 V 中没有线性无关的元素，则规定其维数为 0.

若 $\boldsymbol{\alpha}_1,\boldsymbol{\alpha}_2,\cdots,\boldsymbol{\alpha}_n$ 是 V^n 的一个基，则 V^n 可表示为

$$V^n=\{\boldsymbol{\alpha}=k_1\boldsymbol{\alpha}_1+k_2\boldsymbol{\alpha}_2+\cdots+k_n\boldsymbol{\alpha}_n \mid k_1,k_2,\cdots,k_n\in\mathbf{K}\}.$$

这就清楚地显示出了线性空间 V^n 的结构.

例 8.17 由例8.13知，线性空间 $\mathbf{K}^{m\times n}$ 是 mn 维的，$\boldsymbol{E}_{ij}$ $(i=1,2,\cdots,m;j=1,2,\cdots,n)$ 是它的一个基.

例 8.18 在线性空间 $\mathrm{P}[t]_n$ 中，任意多项式 $f(t)=a_0+a_1t+\cdots+a_nt^n$ 可由线性无关的多项式组 $1,t,t^2,\cdots,t^n$ 线性表示，故它是 $\mathrm{P}[t]_n$ 的基，且 $\dim\mathrm{P}[t]_n=n+1$. 又由例 8.14 知，$\mathrm{P}[t]$ 是无限维线性空间.

例 8.19 由例8.15知，线性空间 $\mathbf{R}^+$ 是一维的，正实数 $a\neq1$ 是 $\mathbf{R}^+$ 的基.

例 8.20 由例8.16知，$\mathbf{C}$ 作为 $\mathbf{C}$ 上的线性空间是一维的，而 $\mathbf{C}$ 作为 $\mathbf{R}$ 上的线性空间是二维的. 这个例子说明，维数与所考虑的数域有关.

根据基的定义可以证明，线性空间 V^n 中任意 n 个线性无关的元素都可以作为它的基. 因此，线性空间中的基不是唯一的. 例如，4 维线性空间 $\mathbf{K}^{2\times2}$ 的基可取为

$$\boldsymbol{E}_{11}=\begin{pmatrix}1&0\\0&0\end{pmatrix},\quad \boldsymbol{E}_{12}=\begin{pmatrix}0&1\\0&0\end{pmatrix},\quad \boldsymbol{E}_{21}=\begin{pmatrix}0&0\\1&0\end{pmatrix},\quad \boldsymbol{E}_{22}=\begin{pmatrix}0&0\\0&1\end{pmatrix} \tag{8.1}$$

或

$$\boldsymbol{G}_1=\begin{pmatrix}0&1\\1&1\end{pmatrix},\quad \boldsymbol{G}_2=\begin{pmatrix}1&0\\1&1\end{pmatrix},\quad \boldsymbol{G}_3=\begin{pmatrix}1&1\\0&1\end{pmatrix},\quad \boldsymbol{G}_4=\begin{pmatrix}1&1\\1&0\end{pmatrix}. \tag{8.2}$$

本章主要研究有限维线性空间，只是在一些有共性的问题上顺便谈及无限维线性空间.

8.3.2 坐标

在解析几何中，坐标是研究向量的重要工具；在有限维线性空间中，坐标也起着同样的作用.

定义 8.8 设 V 是数域 $\mathbf{K}$ 上的 n 维线性空间，$\boldsymbol{\alpha}_1,\boldsymbol{\alpha}_2,\cdots,\boldsymbol{\alpha}_n$ 是 V 的一个基，则 V 中任意元 $\boldsymbol{\alpha}$ 可由基 $\boldsymbol{\alpha}_1,\boldsymbol{\alpha}_2,\cdots,\boldsymbol{\alpha}_n$ 唯一线性表示为

$$\boldsymbol{\alpha}=x_1\boldsymbol{\alpha}_1+x_2\boldsymbol{\alpha}_2+\cdots+x_n\boldsymbol{\alpha}_n\qquad(x_1,x_2,\cdots,x_n\in\mathbf{K}).$$

称 $x_1,x_2,\cdots,x_n$ 为 $\boldsymbol{\alpha}$ 在基 $\boldsymbol{\alpha}_1,\boldsymbol{\alpha}_2,\cdots,\boldsymbol{\alpha}_n$ 下的**坐标**,记为$(x_1,x_2,\cdots,x_n)^{\mathrm{T}}$.

例 8.21　在 n 维线性空间 $\mathbf{K}^n$ 中,取基为 n 维单位坐标向量

$$\boldsymbol{e}_1=(1,0,\cdots,0),\boldsymbol{e}_2=(0,1,0,\cdots,0),\cdots,\boldsymbol{e}_n=(0,\cdots,0,1),$$

则向量 $\boldsymbol{b}=(b_1,b_2,\cdots,b_n)$在该基下的坐标为$(b_1,b_2,\cdots,b_n)^{\mathrm{T}}$. 如果取基为

$$\boldsymbol{a}_1=(1,0,\cdots,0),\boldsymbol{a}_2=(1,1,0,\cdots,0),\cdots,\boldsymbol{a}_n=(1,1,\cdots,1),$$

则有

$$\boldsymbol{b}=(b_1-b_2)\boldsymbol{a}_1+(b_2-b_3)\boldsymbol{a}_2+\cdots+(b_{n-1}-b_n)a_{n-1}+b_n\boldsymbol{a}_n.$$

从而 $\boldsymbol{b}$ 在基 $\boldsymbol{a}_1,\boldsymbol{a}_2,\cdots,\boldsymbol{a}_n$ 下的坐标为$(b_1-b_2,b_2-b_3,\cdots,b_{n-1}-b_n,b_n)^{\mathrm{T}}$.

例 8.22　在 $n+1$ 维线性空间 $\mathrm{P}[t]_n$ 中,取基 $1,t,t^2,\cdots,t^n$,则 $\mathrm{P}[t]_n$ 中多项式

$$f(t)=a_0+a_1t+a_2t^2+\cdots+a_nt^n$$

在该基下的坐标为$(a_0,a_1,a_2,\cdots,a_n)^{\mathrm{T}}$.

例 8.23　在4维线性空间 $\mathbf{K}^{2\times2}$ 中,求矩阵 $\boldsymbol{A}=\begin{pmatrix}0&1\\2&-3\end{pmatrix}$ 在基(8.1)和(8.2)下的坐标.

解　因为 $\boldsymbol{A}=0\boldsymbol{E}_{11}+1\boldsymbol{E}_{12}+2\boldsymbol{E}_{21}-3\boldsymbol{E}_{22}$,所以 $\boldsymbol{A}$ 在基(8.1)下的坐标为$(0,1,2,-3)^{\mathrm{T}}$. 设

$$\boldsymbol{A}=x_1\boldsymbol{G}_1+x_2\boldsymbol{G}_2+x_3\boldsymbol{G}_3+x_4\boldsymbol{G}_4,$$

由矩阵相等的定义得

$$\begin{cases}x_2+x_3+x_4=0,\\x_1+x_3+x_4=1,\\x_1+x_2+x_4=2,\\x_1+x_2+x_3=-3.\end{cases}$$

解此方程组得 $x_1=0,x_2=-1,x_3=-2,x_4=3$,故 $\boldsymbol{A}$ 在基(8.2)下的坐标为$(0,-1,-2,3)^{\mathrm{T}}$.

建立了坐标以后,不但将线性空间 V^n 中抽象的元素 $\boldsymbol{\alpha}$ 与 $\mathbf{K}^n$ 中具体的向量$(x_1,x_2,\cdots,x_n)^{\mathrm{T}}$ 联系起来了,而且还可将 V^n 中抽象的线性运算与 $\mathbf{K}^n$ 中向量的线性运算联系起来.

设线性空间 V^n 的基为 $\boldsymbol{\alpha}_1,\boldsymbol{\alpha}_2,\cdots,\boldsymbol{\alpha}_n$,对任意 $\boldsymbol{\alpha},\boldsymbol{\beta}\in V^n$,有

$$\boldsymbol{\alpha}=x_1\boldsymbol{\alpha}_1+x_2\boldsymbol{\alpha}_2+\cdots+x_n\boldsymbol{\alpha}_n,\quad \boldsymbol{\beta}=y_1\boldsymbol{\alpha}_1+y_2\boldsymbol{\alpha}_2+\cdots+y_n\boldsymbol{\alpha}_n,$$

于是

$$\boldsymbol{\alpha}+\boldsymbol{\beta}=(x_1+y_1)\boldsymbol{\alpha}_1+(x_2+y_2)\boldsymbol{\alpha}_2+\cdots+(x_n+y_n)\boldsymbol{\alpha}_n,$$
$$k\boldsymbol{\alpha}=(kx_1)\boldsymbol{\alpha}_1+(kx_2)\boldsymbol{\alpha}_2+\cdots+(kx_n)\boldsymbol{\alpha}_n,$$

即 $\boldsymbol{\alpha}+\boldsymbol{\beta}$ 的坐标是$(x_1+y_1,x_2+y_2,\cdots,x_n+y_n)^{\mathrm{T}}=(x_1,x_2,\cdots,x_n)^{\mathrm{T}}+(y_1,y_2,\cdots,y_n)^{\mathrm{T}}$,而 $k\boldsymbol{\alpha}$ 的坐标是$(kx_1,kx_2,\cdots,kx_n)^{\mathrm{T}}=k(x_1,x_2,\cdots,x_n)^{\mathrm{T}}$. 可见线性空间 V^n 中

的元素与 $\mathbf{K}^n$ 中的向量具有如下对应关系：

$$\boldsymbol{\alpha}\leftrightarrow(x_1,x_2,\cdots,x_n)^{\mathrm{T}},\qquad \boldsymbol{\beta}\leftrightarrow(y_1,y_2,\cdots,y_n)^{\mathrm{T}},$$
$$\boldsymbol{\alpha}+\boldsymbol{\beta}\leftrightarrow(x_1,x_2,\cdots,x_n)^{\mathrm{T}}+(y_1,y_2,\cdots,y_n)^{\mathrm{T}},$$
$$k\boldsymbol{\alpha}\leftrightarrow k(x_1,x_2,\cdots,x_n)^{\mathrm{T}}.$$

也就是说，这种对应关系保持了线性组合的对应，因此可以说 V^n 与 $\mathbf{K}^n$ 具有相同的结构，简称 V^n 与 $\mathbf{K}^n$ **同构**.

这样一来，线性空间 V^n 中涉及线性关系的有关结果，如线性相关与线性无关、秩与极大无关组等，均对应 $\mathbf{K}^n$ 中的相应结果.

例 8.24 判断 $\mathrm{P}[t]_3$ 中多项式组 $f_1(t)=t^3-2t^2+4t+1$，$f_2(t)=2t^3-3t^2+9t-1$，$f_3(t)=t^3+6t-5$，$f_4(t)=2t^3-5t^2+7t+5$ 的线性相关性.

解 取 $\mathrm{P}[t]_3$ 的基 $t^3,t^2,t,1$，则 $f_1(t),f_2(t),f_3(t),f_4(t)$ 在该基下的坐标分别为 $\boldsymbol{a}_1=(1,-2,4,1)^{\mathrm{T}}$，$\boldsymbol{a}_2=(2,-3,9,-1)^{\mathrm{T}}$，$\boldsymbol{a}_3=(1,0,6,-5)^{\mathrm{T}}$，$\boldsymbol{a}_4=(2,-5,7,5)^{\mathrm{T}}$. 易知该向量组线性相关，从而多项式组 $f_1(t),f_2(t),f_3(t),f_4(t)$ 也线性相关.

例 8.25 求 $\mathbf{K}^{2\times2}$ 中矩阵组 $\boldsymbol{A}_1=\begin{pmatrix}2&1\\-1&3\end{pmatrix}$，$\boldsymbol{A}_2=\begin{pmatrix}1&0\\2&0\end{pmatrix}$，$\boldsymbol{A}_3=\begin{pmatrix}3&1\\1&3\end{pmatrix}$，$\boldsymbol{A}_4=\begin{pmatrix}1&1\\-3&3\end{pmatrix}$的秩和极大无关组.

解 取 $\mathbf{K}^{2\times2}$ 的基(8.1)，则 $\boldsymbol{A}_1,\boldsymbol{A}_2,\boldsymbol{A}_3,\boldsymbol{A}_4$ 在该基下的坐标分别为

$$\boldsymbol{a}_1=(2,1,-1,3)^{\mathrm{T}},\ \boldsymbol{a}_2=(1,0,2,0)^{\mathrm{T}},\ \boldsymbol{a}_3=(3,1,1,3)^{\mathrm{T}},\ \boldsymbol{a}_4=(1,1,-3,3)^{\mathrm{T}}.$$

可求得该向量组的秩为 2，且 $\boldsymbol{a}_1,\boldsymbol{a}_2$ 是一个极大无关组. 故矩阵组 $\boldsymbol{A}_1,\boldsymbol{A}_2,\boldsymbol{A}_3,\boldsymbol{A}_4$ 的秩为 2，且 $\boldsymbol{A}_1,\boldsymbol{A}_2$ 是一个极大无关组.

8.3.3 基变换与坐标变换公式

一个线性空间的基不是唯一的，线性空间中的元素在不同基下的坐标一般也不相同，这就需要研究坐标之间的关系如何随着基的改变而改变.

定义 8.9 设 V 是数域 $\mathbf{K}$ 上的 n 维线性空间，$\boldsymbol{\alpha}_1,\boldsymbol{\alpha}_2,\cdots,\boldsymbol{\alpha}_n$ 和 $\boldsymbol{\beta}_1,\boldsymbol{\beta}_2,\cdots,\boldsymbol{\beta}_n$ 是 V 的两个基，且表示为

$$\begin{cases}\boldsymbol{\beta}_1=c_{11}\boldsymbol{\alpha}_1+c_{21}\boldsymbol{\alpha}_2+\cdots+c_{n1}\boldsymbol{\alpha}_n,\\ \boldsymbol{\beta}_2=c_{12}\boldsymbol{\alpha}_1+c_{22}\boldsymbol{\alpha}_2+\cdots+c_{n2}\boldsymbol{\alpha}_n,\\ \cdots\cdots\cdots\cdots\\ \boldsymbol{\beta}_n=c_{1n}\boldsymbol{\alpha}_1+c_{2n}\boldsymbol{\alpha}_2+\cdots+c_{nn}\boldsymbol{\alpha}_n,\end{cases}\tag{8.3}$$

或按矩阵乘法规则形式地写为

$$(\boldsymbol{\beta}_1,\boldsymbol{\beta}_2,\cdots,\boldsymbol{\beta}_n)=(\boldsymbol{\alpha}_1,\boldsymbol{\alpha}_2,\cdots,\boldsymbol{\alpha}_n)\begin{pmatrix} c_{11} & c_{12} & \cdots & c_{1n} \\ c_{21} & c_{22} & \cdots & c_{2n} \\ \vdots & \vdots & & \vdots \\ c_{n1} & c_{n2} & \cdots & c_{nn} \end{pmatrix}, \tag{8.4}$$

则称矩阵 $\boldsymbol{C}=(c_{ij})_{n\times n}$ 为由基 $\boldsymbol{\alpha}_1,\boldsymbol{\alpha}_2,\cdots,\boldsymbol{\alpha}_n$ 到基 $\boldsymbol{\beta}_1,\boldsymbol{\beta}_2,\cdots,\boldsymbol{\beta}_n$ 的**过渡矩阵**,又称式(8.3)或式(8.4)为**基变换公式**.

下一定理给出了过渡矩阵的性质及不同基下坐标之间的关系.

定理 8.2　设由线性空间 V^n 的基 $\boldsymbol{\alpha}_1,\boldsymbol{\alpha}_2,\cdots,\boldsymbol{\alpha}_n$ 到基 $\boldsymbol{\beta}_1,\boldsymbol{\beta}_2,\cdots,\boldsymbol{\beta}_n$ 的过渡矩阵为 $\boldsymbol{C}$,又设 $\boldsymbol{\alpha}\in V^n$ 在基 $\boldsymbol{\alpha}_1,\boldsymbol{\alpha}_2,\cdots,\boldsymbol{\alpha}_n$ 下的坐标为 $\boldsymbol{x}=(x_1,x_2,\cdots,x_n)^{\mathrm{T}}$,在基 $\boldsymbol{\beta}_1,\boldsymbol{\beta}_2,\cdots,\boldsymbol{\beta}_n$ 下的坐标为 $\boldsymbol{y}=(y_1,y_2,\cdots,y_n)^{\mathrm{T}}$,则

(1)$\boldsymbol{C}$ 是可逆的;

(2)

$$\boldsymbol{x}=\boldsymbol{C}\boldsymbol{y}\quad 或 \quad \boldsymbol{y}=\boldsymbol{C}^{-1}\boldsymbol{x}. \tag{8.5}$$

称式(8.5)为**坐标变换公式**.

证　(1)采用反证法. 如果 $\boldsymbol{C}$ 不可逆,则齐次线性方程组 $\boldsymbol{C}\boldsymbol{x}=\boldsymbol{0}$ 有非零解,即存在 $\boldsymbol{x}_0=(x_{10},x_{20},\cdots,x_{n0})^{\mathrm{T}}\neq\boldsymbol{0}$,使得 $\boldsymbol{C}\boldsymbol{x}_0=\boldsymbol{0}$. 于是

$$x_{10}\boldsymbol{\beta}_1+x_{20}\boldsymbol{\beta}_2+\cdots+x_{n0}\boldsymbol{\beta}_n=(\boldsymbol{\beta}_1,\boldsymbol{\beta}_2,\cdots,\boldsymbol{\beta}_n)\boldsymbol{x}_0=(\boldsymbol{\alpha}_1,\boldsymbol{\alpha}_2,\cdots,\boldsymbol{\alpha}_n)\boldsymbol{C}\boldsymbol{x}_0=\boldsymbol{\theta}.$$

这与 $\boldsymbol{\beta}_1,\boldsymbol{\beta}_2,\cdots,\boldsymbol{\beta}_n$ 是基矛盾,故 $\boldsymbol{C}$ 可逆.

(2)因为

$$\begin{aligned}\boldsymbol{\alpha}&=y_1\boldsymbol{\beta}_1+y_2\boldsymbol{\beta}_2+\cdots+y_n\boldsymbol{\beta}_n=(\boldsymbol{\beta}_1,\boldsymbol{\beta}_2,\cdots,\boldsymbol{\beta}_n)\boldsymbol{y}\\&=(\boldsymbol{\alpha}_1,\boldsymbol{\alpha}_2,\cdots,\boldsymbol{\alpha}_n)\boldsymbol{C}\boldsymbol{y},\end{aligned}$$

又有

$$\boldsymbol{\alpha}=x_1\boldsymbol{\alpha}_1+x_2\boldsymbol{\alpha}_2+\cdots+x_n\boldsymbol{\alpha}_n=(\boldsymbol{\alpha}_1,\boldsymbol{\alpha}_2,\cdots,\boldsymbol{\alpha}_n)\boldsymbol{x},$$

由 $\boldsymbol{\alpha}_1,\boldsymbol{\alpha}_2,\cdots,\boldsymbol{\alpha}_n$ 是基即得 $\boldsymbol{x}=\boldsymbol{C}\boldsymbol{y}$.　　证毕

例 8.26　在 $\mathrm{P}[t]_3$ 中取两个基

$$\begin{cases} f_1(t)=t^3+2t^2-t, \\ f_2(t)=t^3-t^2+t+1, \\ f_3(t)=-t^3+2t^2+t+1, \\ f_4(t)=-t^3-t^2+1, \end{cases}\qquad \begin{cases} g_1(t)=2t^3+t^2+1, \\ g_2(t)=t^2+2t+2, \\ g_3(t)=-2t^3+t^2+t+2, \\ g_4(t)=t^3+3t^2+t+2, \end{cases}$$

求坐标变换公式.

解　首先要求出过渡矩阵. 直接按式(8.3)确定过渡矩阵比较麻烦,本题采用“中介基”法求之. 取 $\mathrm{P}[t]_3$ 的基 $t^3,t^2,t,1$,则有

$$(f_1(t),f_2(t),f_3(t),f_4(t))=(t^3,t^2,t,1)\boldsymbol{A},$$
$$(g_1(t),g_2(t),g_3(t),g_4(t))=(t^3,t^2,t,1)\boldsymbol{B},$$

其中

$$\boldsymbol{A}=\begin{pmatrix}1&1&-1&-1\\2&-1&2&-1\\-1&1&1&0\\0&1&1&1\end{pmatrix},\qquad \boldsymbol{B}=\begin{pmatrix}2&0&-2&1\\1&1&1&3\\0&2&1&1\\1&2&2&2\end{pmatrix}.$$

从而

$$(g_1(t),g_2(t),g_3(t),g_4(t))=(f_1(t),f_2(t),f_3(t),f_4(t))\boldsymbol{A}^{-1}\boldsymbol{B},$$

即由基 $f_1(t),f_2(t),f_3(t),f_4(t)$ 到基 $g_1(t),g_2(t),g_3(t),g_4(t)$ 的过渡矩阵为

$$\boldsymbol{C}=\boldsymbol{A}^{-1}\boldsymbol{B}=\begin{pmatrix}1&0&0&1\\1&1&0&1\\0&1&1&1\\0&0&1&0\end{pmatrix}.$$

若设 $\mathrm{P}[t]_3$ 中任一多项式 $f(t)$ 在基 $f_1(t),f_2(t),f_3(t),f_4(t)$ 下的坐标为 $(x_1,x_2,x_3,x_4)^{\mathrm{T}}$，在基 $g_1(t),g_2(t),g_3(t),g_4(t)$ 下的坐标为 $(y_1,y_2,y_3,y_4)^{\mathrm{T}}$，则坐标变换公式为

$$\begin{pmatrix}x_1\\x_2\\x_3\\x_4\end{pmatrix}=\begin{pmatrix}1&0&0&1\\1&1&0&1\\0&1&1&1\\0&0&1&0\end{pmatrix}\begin{pmatrix}y_1\\y_2\\y_3\\y_4\end{pmatrix},$$

或

$$\begin{pmatrix}y_1\\y_2\\y_3\\y_4\end{pmatrix}=\begin{pmatrix}0&1&-1&1\\-1&1&0&0\\0&0&0&1\\1&-1&1&-1\end{pmatrix}\begin{pmatrix}x_1\\x_2\\x_3\\x_4\end{pmatrix}.$$

例 8.27 在 $\mathbf{K}^{2\times 2}$ 中取两个基

$$(\text{Ⅰ}):\boldsymbol{A}_1=\begin{pmatrix}1&0\\0&0\end{pmatrix},\boldsymbol{A}_2=\begin{pmatrix}1&1\\0&0\end{pmatrix},\boldsymbol{A}_3=\begin{pmatrix}1&1\\1&0\end{pmatrix},\boldsymbol{A}_4=\begin{pmatrix}1&1\\1&1\end{pmatrix};$$

$$(\text{Ⅱ}):\boldsymbol{B}_1=\begin{pmatrix}1&0\\1&1\end{pmatrix},\boldsymbol{B}_2=\begin{pmatrix}0&1\\1&1\end{pmatrix},\boldsymbol{B}_3=\begin{pmatrix}1&1\\1&0\end{pmatrix},\boldsymbol{B}_4=\begin{pmatrix}1&1\\0&1\end{pmatrix}.$$

(1)求由基(Ⅰ)到基(Ⅱ)的过渡矩阵；

(2)求在基(Ⅰ)与基(Ⅱ)下有相同坐标的所有矩阵.

解 (1)取 $\mathbf{K}^{2\times 2}$ 的基(8.1)，则有

$$(\boldsymbol{A}_1,\boldsymbol{A}_2,\boldsymbol{A}_3,\boldsymbol{A}_4)=(\boldsymbol{E}_{11},\boldsymbol{E}_{12},\boldsymbol{E}_{21},\boldsymbol{E}_{22})\boldsymbol{A},$$

$$(\boldsymbol{B}_1,\boldsymbol{B}_2,\boldsymbol{B}_3,\boldsymbol{B}_4)=(\boldsymbol{E}_{11},\boldsymbol{E}_{12},\boldsymbol{E}_{21},\boldsymbol{E}_{22})\boldsymbol{B},$$

其中

$$\boldsymbol{A}=\begin{pmatrix}1&1&1&1\\0&1&1&1\\0&0&1&1\\0&0&0&1\end{pmatrix},\quad \boldsymbol{B}=\begin{pmatrix}1&0&1&1\\0&1&1&1\\1&1&1&0\\1&1&0&1\end{pmatrix}.$$

于是$(\boldsymbol{B}_1,\boldsymbol{B}_2,\boldsymbol{B}_3,\boldsymbol{B}_4)=(\boldsymbol{A}_1,\boldsymbol{A}_2,\boldsymbol{A}_3,\boldsymbol{A}_4)\boldsymbol{A}^{-1}\boldsymbol{B}$,即由基(Ⅰ)到基(Ⅱ)的过渡矩阵为

$$\boldsymbol{C}=\boldsymbol{A}^{-1}\boldsymbol{B}=\begin{pmatrix}1&-1&0&0\\-1&0&0&1\\0&0&1&-1\\1&1&0&1\end{pmatrix}.$$

(2)设$\boldsymbol{A}\in\mathbf{K}^{2\times2}$在基(Ⅰ)与基(Ⅱ)下的坐标均为$\boldsymbol{x}=(x_1,x_2,x_3,x_4)^{\mathrm{T}}$,则由坐标变换公式得$\boldsymbol{x}=\boldsymbol{C}\boldsymbol{x}$,即$(\boldsymbol{I}-\boldsymbol{C})\boldsymbol{x}=\boldsymbol{0}$. 由于

$$\boldsymbol{I}-\boldsymbol{C}=\begin{pmatrix}0&1&0&0\\1&1&0&-1\\0&0&0&1\\-1&-1&0&0\end{pmatrix}\to\begin{pmatrix}1&0&0&0\\0&1&0&0\\0&0&0&1\\0&0&0&0\end{pmatrix},$$

从而方程组的通解为$x_1=0,x_2=0,x_3=k,x_4=0(k\in\mathbf{K})$. 故在两个基下有相同坐标的所有矩阵为

$$\boldsymbol{A}=0\boldsymbol{A}_1+0\boldsymbol{A}_2+k\boldsymbol{A}_3+0\boldsymbol{A}_4=\begin{pmatrix}k&k\\k&0\end{pmatrix}\quad(k\in\mathbf{K}).$$

8.4　线性子空间

8.4.1　子空间的概念

定义 8.10　设V是数域$\mathbf{K}$上的线性空间,W是V的一个非空子集. 如果W对于V中所定义的加法与数乘运算也构成数域$\mathbf{K}$上的线性空间,则称W为V的**线性子空间**,简称**子空间**.

对于线性空间V,仅由V的零元构成的集合$\{\boldsymbol{\theta}\}$和V本身都是V的子空间,称这两个子空间为V的**平凡子空间**或**假子空间**. V的其他子空间称为**非平凡子空间**或**真子空间**.

由于线性子空间也是线性空间,因此,前面引入的有关基、维数与坐标等概念,也可应用到线性子空间中去.

判断一个非空子集是否为子空间时,可以按照线性空间的定义来进行,但利用如下的结果来判定更为方便.

定理 8.3　线性空间 V 的非空子集 W 是 V 的子空间的充分必要条件是，W 对于 V 中规定的加法与数乘运算封闭.

证　必要性是显然的. 下证充分性.

已知 W 对于 V 的加法与数乘运算封闭. 由于 W 中的元素均是 V 中的元素，所以线性空间定义中的运算律(1)，(2)，(5)～(8)均成立. 又设 $\boldsymbol{\alpha}\in W\subset V$，由于 $\boldsymbol{\theta}=0\boldsymbol{\alpha}\in W$，$-\boldsymbol{\alpha}=(-1)\boldsymbol{\alpha}\in W$，故运算律(3)与(4)也成立，从而 W 是一个线性空间.

证毕

例 8.28　在几何空间 $\mathbf{R}^3$ 中，设 π 是过原点 O 的一个平面，则以 O 为起点，而终点在 π 上的所有向量构成 $\mathbf{R}^3$ 的一个二维子空间. 又设 L 是过原点 O 的一条直线，则以 O 为起点，而终点在 L 上的所有向量构成 $\mathbf{R}^3$ 的一个一维子空间.

例 8.29　$\mathrm{P}[t]_n$ 是线性空间 $\mathrm{P}[t]$的子空间.

例 8.30　取线性空间 $\mathbf{K}^{n\times n}$的子集

$$\mathrm{S}\mathbf{K}^{n\times n}=\{\boldsymbol{A}\,|\,\boldsymbol{A}^{\mathrm{T}}=\boldsymbol{A},\boldsymbol{A}\in\mathbf{K}^{n\times n}\},$$

证明 $\mathrm{S}\mathbf{K}^{n\times n}$是 $\mathbf{K}^{n\times n}$的子空间，并求其维数.

证　因为 $\boldsymbol{O}\in\mathrm{S}\mathbf{K}^{n\times n}$，所以 $\mathrm{S}\mathbf{K}^{n\times n}$非空. 对任意 $\boldsymbol{A},\boldsymbol{B}\in\mathrm{S}\mathbf{K}^{n\times n}$，有 $\boldsymbol{A}^{\mathrm{T}}=\boldsymbol{A},\boldsymbol{B}^{\mathrm{T}}=\boldsymbol{B}$，从而$(\boldsymbol{A}+\boldsymbol{B})^{\mathrm{T}}=\boldsymbol{A}^{\mathrm{T}}+\boldsymbol{B}^{\mathrm{T}}=\boldsymbol{A}+\boldsymbol{B}$，即 $\boldsymbol{A}+\boldsymbol{B}\in\mathrm{S}\mathbf{K}^{n\times n}$；又对任意 $k\in\mathbf{K}$ 和 $\boldsymbol{A}\in\mathrm{S}\mathbf{K}^{n\times n}$，有$(k\boldsymbol{A})^{\mathrm{T}}=k\boldsymbol{A}^{\mathrm{T}}=k\boldsymbol{A}$，即 $k\boldsymbol{A}\in\mathrm{S}\mathbf{K}^{n\times n}$. 故 $\mathrm{S}\mathbf{K}^{n\times n}$ 是 $\mathbf{K}^{n\times n}$ 的子空间. 取 $\mathrm{S}\mathbf{K}^{n\times n}$ 中的 $\dfrac{n(n+1)}{2}$个矩阵

$$\boldsymbol{F}_{ij}=\boldsymbol{E}_{ij}+\boldsymbol{E}_{ji}\qquad(i,j=1,2,\cdots,n;i<j),$$

$$\boldsymbol{F}_{ii}=\boldsymbol{E}_{ii}\qquad(i=1,2,\cdots,n),$$

容易证明该矩阵组线性无关，且对任意 $\boldsymbol{A}=(a_{ij})_{n\times n}\in\mathrm{S}\mathbf{K}^{n\times n}$有

$$\boldsymbol{A}=\sum_{i=1}^{n}\sum_{j=i}^{n}a_{ij}\boldsymbol{F}_{ij}.$$

故 $\dim\mathrm{S}\mathbf{K}^{n\times n}=\dfrac{n(n+1)}{2}$.

例 8.31　取线性空间 $\mathrm{P}[t]_3$ 的子集

$$W=\{f(t)\,|\,f(t)=a_0+a_1t+a_2t^2+a_3t^3,a_0+a_1+a_2=0\},$$

证明 W 是 $\mathrm{P}[t]_3$ 的子空间，并求 W 的维数.

证　因为 $0\in W$，所以 W 非空. 对任意 $f(t),g(t)\in W,k\in\mathbf{K}$，有

$$f(t)=a_0+a_1t+a_2t^2+a_3t^3,\quad g(t)=b_0+b_1t+b_2t^2+b_3t^3,$$

其中 $a_0+a_1+a_2=0,b_0+b_1+b_2=0$. 由于

$$f(t)+g(t)=(a_0+b_0)+(a_1+b_1)t+(a_2+b_2)t^2+(a_3+b_3)t^3,$$

$$kf(t)=(ka_0)+(ka_1)t+(ka_2)t^2+(ka_3)t^3,$$

且

$$(a_0+b_0)+(a_1+b_1)+(a_2+b_2)=(a_0+a_1+a_2)+(b_0+b_1+b_2)=0,$$
$$(ka_0)+(ka_1)+(ka_2)=k(a_0+a_1+a_2)=0,$$

所以 $f(t)+g(t)\in W, kf(t)\in W$，故 W 是 $P[t]_3$ 的子空间. 取 W 中3个多项式

$$f_1(t)=1-t, f_2(t)=1-t^2, f_3(t)=t^3,$$

容易证明该多项式组线性无关，且对任意 $f(t)\in W$，有

$$f(t)=-a_1f_1(t)-a_2f_2(t)+a_3f_3(t).$$

故 W 是三维的.

常用以下方法来得到子空间.

定理 8.4　设 V 是数域 $\mathbf{K}$ 上的线性空间，在 V 中任意取定 m 个元素 $\boldsymbol{\alpha}_1, \boldsymbol{\alpha}_2, \cdots, \boldsymbol{\alpha}_m$，构造子集

$$W=\{k_1\boldsymbol{\alpha}_1+k_2\boldsymbol{\alpha}_2+\cdots+k_m\boldsymbol{\alpha}_m \mid k_1,k_2,\cdots,k_m\in\mathbf{K}\},$$

则 W 是 V 的子空间，称之为由 $\boldsymbol{\alpha}_1,\boldsymbol{\alpha}_2,\cdots,\boldsymbol{\alpha}_m$ **生成的子空间**，记为 $\mathrm{span}\{\boldsymbol{\alpha}_1,\boldsymbol{\alpha}_2,\cdots,\boldsymbol{\alpha}_m\}$.

证　由于 $\boldsymbol{\alpha}_1\in W$，所以 W 非空. 对任意 $\boldsymbol{\alpha},\boldsymbol{\beta}\in W, k\in\mathbf{K}$，有

$$\boldsymbol{\alpha}=k_1\boldsymbol{\alpha}_1+k_2\boldsymbol{\alpha}_2+\cdots+k_m\boldsymbol{\alpha}_m,\quad \boldsymbol{\beta}=l_1\boldsymbol{\alpha}_1+l_2\boldsymbol{\alpha}_2+\cdots+l_m\boldsymbol{\alpha}_m.$$

由于

$$\boldsymbol{\alpha}+\boldsymbol{\beta}=(k_1+l_1)\boldsymbol{\alpha}_1+(k_2+l_2)\boldsymbol{\alpha}_2+\cdots+(k_m+l_m)\boldsymbol{\alpha}_m\in W,$$
$$k\boldsymbol{\alpha}=(kk_1)\boldsymbol{\alpha}_1+(kk_2)\boldsymbol{\alpha}_2+\cdots+(kk_m)\boldsymbol{\alpha}_m\in W,$$

故 W 是 V 的子空间.　　证毕

生成子空间的重要意义在于：有限维线性空间是由它的基生成的子空间.

由定义容易证明生成子空间的如下结论.

结论 1　设 $\boldsymbol{\alpha}_1,\boldsymbol{\alpha}_2,\cdots,\boldsymbol{\alpha}_s$ 和 $\boldsymbol{\beta}_1,\boldsymbol{\beta}_2,\cdots,\boldsymbol{\beta}_t$ 是线性空间 V 的两组元素. 若 $\boldsymbol{\alpha}_1,\boldsymbol{\alpha}_2,\cdots,\boldsymbol{\alpha}_s$ 可由 $\boldsymbol{\beta}_1,\boldsymbol{\beta}_2,\cdots,\boldsymbol{\beta}_t$ 线性表示，则

$$\mathrm{span}\{\boldsymbol{\alpha}_1,\boldsymbol{\alpha}_2,\cdots,\boldsymbol{\alpha}_s\}\subset\mathrm{span}\{\boldsymbol{\beta}_1,\boldsymbol{\beta}_2,\cdots,\boldsymbol{\beta}_t\};$$

若 $\boldsymbol{\alpha}_1,\boldsymbol{\alpha}_2,\cdots,\boldsymbol{\alpha}_s$ 与 $\boldsymbol{\beta}_1,\boldsymbol{\beta}_2,\cdots,\boldsymbol{\beta}_t$ 等价，则

$$\mathrm{span}\{\boldsymbol{\alpha}_1,\boldsymbol{\alpha}_2,\cdots,\boldsymbol{\alpha}_s\}=\mathrm{span}\{\boldsymbol{\beta}_1,\boldsymbol{\beta}_2,\cdots,\boldsymbol{\beta}_t\}.$$

结论 2　$\mathrm{span}\{\boldsymbol{\alpha}_1,\boldsymbol{\alpha}_2,\cdots,\boldsymbol{\alpha}_s\}$ 的维数等于元素组 $\boldsymbol{\alpha}_1,\boldsymbol{\alpha}_2,\cdots,\boldsymbol{\alpha}_s$ 的秩，且 $\boldsymbol{\alpha}_1,\boldsymbol{\alpha}_2,\cdots,\boldsymbol{\alpha}_s$ 的极大无关组是该生成子空间的基.

例 8.32　在线性空间 $\mathbf{K}^{2\times 2}$ 中，求由矩阵

$$\boldsymbol{A}_1=\begin{pmatrix}2&1\\-1&3\end{pmatrix},\quad \boldsymbol{A}_2=\begin{pmatrix}1&0\\2&0\end{pmatrix},\quad \boldsymbol{A}_3=\begin{pmatrix}3&1\\1&3\end{pmatrix},\quad \boldsymbol{A}_4=\begin{pmatrix}1&1\\-3&3\end{pmatrix}$$

生成的子空间的基与维数.

解　例 8.25 已求得该矩阵组的秩为 2，且 $\boldsymbol{A}_1,\boldsymbol{A}_2$ 是一个极大无关组. 故 $\mathrm{span}\{\boldsymbol{A}_1,\boldsymbol{A}_2,\boldsymbol{A}_3,\boldsymbol{A}_4\}$ 的维数为 2，且 $\boldsymbol{A}_1,\boldsymbol{A}_2$ 是它的一个基.

与矩阵 $\boldsymbol{A}$ 联系的有如下四个子空间.

定义 8.11 设 $\boldsymbol{A}\in\mathbf{K}^{m\times n}$，以 $\boldsymbol{a}_i(i=1,2,\cdots,n)$ 表示 $\boldsymbol{A}$ 的第 i 个列向量，称子空间 $\mathrm{span}\{\boldsymbol{a}_1,\boldsymbol{a}_2,\cdots,\boldsymbol{a}_n\}$ 为矩阵 $\boldsymbol{A}$ 的**值域或列空间**，记为 $\mathrm{R}(\boldsymbol{A})$；而称集合 $\{\boldsymbol{x}\,|\,\boldsymbol{Ax}=\boldsymbol{0},\boldsymbol{x}\in\mathbf{K}^n\}$ 为 $\boldsymbol{A}$ 的**核或零空间**，记为 $\mathrm{N}(\boldsymbol{A})$. 又以 $\boldsymbol{b}_j(j=1,2,\cdots,m)$ 表示 $\boldsymbol{A}^{\mathrm{T}}$ 的第 j 个列向量，称子空间 $\mathrm{span}\{\boldsymbol{b}_1,\boldsymbol{b}_2,\cdots,\boldsymbol{b}_m\}$ 为矩阵 $\boldsymbol{A}$ 的**行空间**，记为 $\mathrm{R}(\boldsymbol{A}^{\mathrm{T}})$；而称集合 $\{\boldsymbol{y}\,|\,\boldsymbol{A}^{\mathrm{T}}\boldsymbol{y}=\boldsymbol{0},\boldsymbol{y}\in\mathbf{K}^m\}$ 为 $\boldsymbol{A}$ 的**左零空间**，记为 $\mathrm{N}(\boldsymbol{A}^{\mathrm{T}})$.

由前面的论述及矩阵秩的概念可知 $\mathrm{R}(\boldsymbol{A})\subset\mathbf{K}^m$，且有 $\mathrm{rank}\boldsymbol{A}=\dim\mathrm{R}(\boldsymbol{A})$；而 $\mathrm{R}(\boldsymbol{A}^{\mathrm{T}})\subset\mathbf{K}^n$，且 $\dim\mathrm{R}(\boldsymbol{A}^{\mathrm{T}})=\mathrm{rank}\boldsymbol{A}$. 又 $\mathrm{N}(\boldsymbol{A})\subset\mathbf{K}^n$，它是齐次线性方程组 $\boldsymbol{Ax}=\boldsymbol{0}$ 的解空间，且 $\dim\mathrm{N}(\boldsymbol{A})=n-\mathrm{rank}\boldsymbol{A}$；而 $\mathrm{N}(\boldsymbol{A}^{\mathrm{T}})\subset\mathbf{K}^m$，且 $\dim\mathrm{N}(\boldsymbol{A}^{\mathrm{T}})=m-\mathrm{rank}\boldsymbol{A}$. $\mathrm{R}(\boldsymbol{A})$ 与 $\mathrm{R}(\boldsymbol{A}^{\mathrm{T}})$ 还有如下的表达式：

$$\mathrm{R}(\boldsymbol{A})=\{\boldsymbol{Ax}\,|\,\boldsymbol{x}\in\mathbf{K}^n\},\mathrm{R}(\boldsymbol{A}^{\mathrm{T}})=\{\boldsymbol{A}^{\mathrm{T}}\boldsymbol{y}\,|\,\boldsymbol{y}\in\mathbf{K}^m\}.$$

（证明留给读者）.

由于线性空间 V 的子空间 W 是 V 的一个子集合，因此 W 中不可能存在比 V 中更多数目的线性无关的元素，所以 $\dim W\leqslant\dim V$.

定理 8.5 线性空间 V^n 的 m 维子空间 W 的任何一个基都可以扩充成 V 的一个基.

证 设 $\boldsymbol{\alpha}_1,\boldsymbol{\alpha}_2,\cdots,\boldsymbol{\alpha}_m$ 是 W 的一个基，对维数差 $n-m$ 作归纳法. 当 $n-m=0$ 时，$W=V$，此时 $\boldsymbol{\alpha}_1,\boldsymbol{\alpha}_2,\cdots,\boldsymbol{\alpha}_m$ 已是 V 的一个基. 假定 $n-m=k$ 时定理成立，考虑 $n-m=k+1$ 的情形. 因为 $\boldsymbol{\alpha}_1,\boldsymbol{\alpha}_2,\cdots,\boldsymbol{\alpha}_m\in V$ 且线性无关，但又不是 V 的基，故有 $\boldsymbol{\alpha}_{m+1}\in V$ 且 $\boldsymbol{\alpha}_{m+1}$ 不能由 $\boldsymbol{\alpha}_1,\boldsymbol{\alpha}_2,\cdots,\boldsymbol{\alpha}_m$ 线性表示. 因而 $\boldsymbol{\alpha}_1,\boldsymbol{\alpha}_2,\cdots,\boldsymbol{\alpha}_m,\boldsymbol{\alpha}_{m+1}$ 线性无关. 由于 $\mathrm{span}\{\boldsymbol{\alpha}_1,\boldsymbol{\alpha}_2,\cdots,\boldsymbol{\alpha}_m,\boldsymbol{\alpha}_{m+1}\}$ 是 V 的 $m+1$ 维子空间，且

$$n-(m+1)=(n-m)-1=(k+1)-1=k,$$

由归纳假设知 $\boldsymbol{\alpha}_1,\boldsymbol{\alpha}_2,\cdots,\boldsymbol{\alpha}_m,\boldsymbol{\alpha}_{m+1}$ 可以扩充成 V 的基. 故 $\boldsymbol{\alpha}_1,\boldsymbol{\alpha}_2,\cdots,\boldsymbol{\alpha}_m$ 可以扩充成 V 的基. 证毕

8.4.2 子空间的交与和、直和

集合有交与并等运算，而关于子空间的交有如下结果.

定理 8.6 设 V 是数域 $\mathbf{K}$ 上的线性空间，W_1,W_2 是 V 的两个子空间，则 $W_1\cap W_2$ 也是 V 的子空间.

证 首先，由 $\boldsymbol{\theta}\in W_1,\boldsymbol{\theta}\in W_2$ 得 $\boldsymbol{\theta}\in W_1\cap W_2$. 所以 $W_1\cap W_2$ 非空. 其次，对任意 $\boldsymbol{\alpha},\boldsymbol{\beta}\in W_1\cap W_2$，有 $\boldsymbol{\alpha},\boldsymbol{\beta}\in W_1$ 且 $\boldsymbol{\alpha},\boldsymbol{\beta}\in W_2$，由于 W_1 与 W_2 是子空间，所以 $\boldsymbol{\alpha}+\boldsymbol{\beta}\in W_1$ 且 $\boldsymbol{\alpha}+\boldsymbol{\beta}\in W_2$，故 $\boldsymbol{\alpha}+\boldsymbol{\beta}\in W_1\cap W_2$；又对任意 $k\in\mathbf{K}$ 有 $k\boldsymbol{\alpha}\in W_1$ 且 $k\boldsymbol{\alpha}\in W_2$，即 $k\boldsymbol{\alpha}\in W_1\cap W_2$. 故 $W_1\cap W_2$ 是 V 的子空间. 证毕

读者可以举例说明，两个子空间的并一般不再是子空间.

定义 8.12 设 W_1 与 W_2 是线性空间 V 的两个子空间，称集合

$$W_1+W_2=\{\boldsymbol{\alpha}\,|\,\boldsymbol{\alpha}=\boldsymbol{\alpha}_1+\boldsymbol{\alpha}_2,\boldsymbol{\alpha}_1\in W_1,\boldsymbol{\alpha}_2\in W_2\}$$

为 W_1 与 W_2 的和.

例 8.33　在几何空间 $\mathbf{R}^3$ 中,令 W_1 是以原点 O 为始点,终点在 x 轴上的全体向量组成的子空间,W_2 是以原点 O 为始点,终点在 y 轴上的全体向量组成的子空间,则 W_1+W_2 是以原点 O 为始点,终点在 Oxy 面上的全体向量组成的子空间.

定理 8.7　设 V 是数域 $\mathbf{K}$ 上的线性空间,W_1,W_2 是 V 的两个子空间,则 W_1+W_2 也是 V 的子空间.

证　因为 $\boldsymbol{\theta}=\boldsymbol{\theta}+\boldsymbol{\theta}\in W_1+W_2$,所以 W_1+W_2 非空. 对任意 $\boldsymbol{\alpha},\boldsymbol{\beta}\in W_1+W_2,k\in\mathbf{K}$,有 $\boldsymbol{\alpha}=\boldsymbol{\alpha}_1+\boldsymbol{\alpha}_2,\boldsymbol{\beta}=\boldsymbol{\beta}_1+\boldsymbol{\beta}_2(\boldsymbol{\alpha}_1,\boldsymbol{\beta}_1\in W_1;\boldsymbol{\alpha}_2,\boldsymbol{\beta}_2\in W_2)$,于是

$$\boldsymbol{\alpha}+\boldsymbol{\beta}=(\boldsymbol{\alpha}_1+\boldsymbol{\beta}_1)+(\boldsymbol{\alpha}_2+\boldsymbol{\beta}_2)\in W_1+W_2,$$
$$k\boldsymbol{\alpha}=k\boldsymbol{\alpha}_1+k\boldsymbol{\alpha}_2\in W_1+W_2.$$

故 W_1+W_2 也是 V 的子空间.　　证毕

子空间的交与和可以看成由已知子空间构造新的子空间的一种方法.

例 8.34　设 $W_1=\text{span}\{\boldsymbol{A}_1,\boldsymbol{A}_2\},W_2=\text{span}\{\boldsymbol{A}_3,\boldsymbol{A}_4\}$,其中

$$\boldsymbol{A}_1=\begin{pmatrix}2&1\\-1&3\end{pmatrix},\quad \boldsymbol{A}_2=\begin{pmatrix}1&0\\2&0\end{pmatrix},\quad \boldsymbol{A}_3=\begin{pmatrix}3&1\\1&3\end{pmatrix},\quad \boldsymbol{A}_4=\begin{pmatrix}1&1\\-3&3\end{pmatrix},$$

求 W_1+W_2 与 $W_1\cap W_2$ 的基与维数.

解　容易证明

$$W_1+W_2=\text{span}\{\boldsymbol{A}_1,\boldsymbol{A}_2,\boldsymbol{A}_3,\boldsymbol{A}_4\}.$$

例 8.25 已求得矩阵组 $\boldsymbol{A}_1,\boldsymbol{A}_2,\boldsymbol{A}_3,\boldsymbol{A}_4$ 的秩为 2,且 $\boldsymbol{A}_1,\boldsymbol{A}_2$ 为一个极大无关组,从而 $\dim(W_1+W_2)=2$,且 $\boldsymbol{A}_1,\boldsymbol{A}_2$ 是 W_1+W_2 的一个基.

下面求 $W_1\cap W_2$ 的基与维数. 设 $\boldsymbol{A}\in W_1\cap W_2$,则 $\boldsymbol{A}\in W_1$ 且 $\boldsymbol{A}\in W_2$,即存在 $x_1,x_2,x_3,x_4\in\mathbf{K}$,使得 $\boldsymbol{A}=x_1\boldsymbol{A}_1+x_2\boldsymbol{A}_2=x_3\boldsymbol{A}_3+x_4\boldsymbol{A}_4$,即

$$x_1\boldsymbol{A}_1+x_2\boldsymbol{A}_2-x_3\boldsymbol{A}_3-x_4\boldsymbol{A}_4=\boldsymbol{O}.$$

比较矩阵的元素得

$$\begin{cases}2x_1+x_2-3x_3-x_4=0,\\x_1-x_3-x_4=0,\\-x_1+2x_2-x_3+3x_4=0,\\3x_1-3x_3-3x_4=0,\end{cases}$$

解得

$$\begin{cases}x_1=k_1+k_2,\\x_2=k_1-k_2,\\x_3=k_1,\\x_4=k_2\end{cases}\quad(k_1,k_2\in\mathbf{K}).$$

于是 $\boldsymbol{A}=k_1\boldsymbol{A}_3+k_2\boldsymbol{A}_4(k_1,k_2\in\mathbf{K})$. 故 $\dim(W_1\cap W_2)=2$,且 $\boldsymbol{A}_3,\boldsymbol{A}_4$ 是 $W_1\cap W_2$ 的一

个基.

关于子空间及其交与和的维数,有以下定理.

定理 8.8(维数公式) 设 V 是数域 $\mathbf{K}$ 上的线性空间,W_1,W_2 是 V 的两个子空间,则

$$\dim W_1+\dim W_2=\dim(W_1+W_2)+\dim(W_1\cap W_2).$$

证 设 $\dim W_1=n_1,\dim W_2=n_2,\dim(W_1\cap W_2)=m$. 因为 $W_1\cap W_2\subset W_1$, $W_1\cap W_2\subset W_2$,所以 $m\leqslant n_1,m\leqslant n_2$.

如果 $m\neq 0$,取 $W_1\cap W_2$ 的基 $\boldsymbol{\alpha}_1,\boldsymbol{\alpha}_2,\cdots,\boldsymbol{\alpha}_m$,把它分别扩充成 W_1 与 W_2 的基 $\boldsymbol{\alpha}_1,\cdots,\boldsymbol{\alpha}_m,\boldsymbol{\beta}_1,\cdots,\boldsymbol{\beta}_{n_1-m}$ 与 $\boldsymbol{\alpha}_1,\cdots,\boldsymbol{\alpha}_m,\boldsymbol{\gamma}_1,\cdots,\boldsymbol{\gamma}_{n_2-m}$,则

$$W_1+W_2=\operatorname{span}\{\boldsymbol{\alpha}_1,\cdots,\boldsymbol{\alpha}_m,\boldsymbol{\beta}_1,\cdots,\boldsymbol{\beta}_{n_1-m},\boldsymbol{\gamma}_1,\cdots,\boldsymbol{\gamma}_{n_2-m}\}.$$

下证 $\boldsymbol{\alpha}_1,\cdots,\boldsymbol{\alpha}_m,\boldsymbol{\beta}_1,\cdots,\boldsymbol{\beta}_{n_1-m},\boldsymbol{\gamma}_1,\cdots,\boldsymbol{\gamma}_{n_2-m}$ 线性无关. 设

$$k_1\boldsymbol{\alpha}_1+\cdots+k_m\boldsymbol{\alpha}_m+l_1\boldsymbol{\beta}_1+\cdots+l_{n_1-m}\boldsymbol{\beta}_{n_1-m}+p_1\boldsymbol{\gamma}_1+\cdots+p_{n_2-m}\boldsymbol{\gamma}_{n_2-m}=\boldsymbol{\theta}.$$

令

$$\begin{aligned}\boldsymbol{\alpha}&=k_1\boldsymbol{\alpha}_1+\cdots+k_m\boldsymbol{\alpha}_m+l_1\boldsymbol{\beta}_1+\cdots+l_{n_1-m}\boldsymbol{\beta}_{n_1-m}\\&=-p_1\boldsymbol{\gamma}_1-\cdots-p_{n_2-m}\boldsymbol{\gamma}_{n_2-m},\end{aligned}\tag{8.6}$$

于是由式(8.6)的第一个等号知 $\boldsymbol{\alpha}\in W_1$,由第二个等号知 $\boldsymbol{\alpha}\in W_2$. 因此 $\boldsymbol{\alpha}\in W_1\cap W_2$,即 $\boldsymbol{\alpha}$ 可由 $\boldsymbol{\alpha}_1,\boldsymbol{\alpha}_2,\cdots,\boldsymbol{\alpha}_m$ 线性表出,设为 $\boldsymbol{\alpha}=q_1\boldsymbol{\alpha}_1+\cdots+q_m\boldsymbol{\alpha}_m$,从而 $q_1\boldsymbol{\alpha}_1+\cdots+q_m\boldsymbol{\alpha}_m=-p_1\boldsymbol{\gamma}_1-\cdots-p_{n_2-m}\boldsymbol{\gamma}_{n_2-m}$,即

$$q_1\boldsymbol{\alpha}_1+\cdots+q_m\boldsymbol{\alpha}_m+p_1\boldsymbol{\gamma}_1+\cdots+p_{n_2-m}\boldsymbol{\gamma}_{n_2-m}=\boldsymbol{\theta}.$$

由 $\boldsymbol{\alpha}_1,\cdots,\boldsymbol{\alpha}_m,\boldsymbol{\gamma}_1,\cdots,\boldsymbol{\gamma}_{n_2-m}$ 是 W_2 的基知 $q_1=\cdots=q_m=p_1=\cdots=p_{n_2-m}=0$. 再由式(8.6)得

$$k_1\boldsymbol{\alpha}_1+\cdots+k_m\boldsymbol{\alpha}_m+l_1\boldsymbol{\beta}_1+\cdots+l_{n_1-m}\boldsymbol{\beta}_{n_1-m}=\boldsymbol{\theta}.$$

又因 $\boldsymbol{\alpha}_1,\cdots,\boldsymbol{\alpha}_m,\boldsymbol{\beta}_1,\cdots,\boldsymbol{\beta}_{n_1-m}$ 是 W_1 的基,所以只有 $k_1=\cdots=k_m=l_1=\cdots=l_{n_1-m}=0$. 这就证明了 $\boldsymbol{\alpha}_1,\cdots,\boldsymbol{\alpha}_m,\boldsymbol{\beta}_1,\cdots,\boldsymbol{\beta}_{n_1-m},\boldsymbol{\gamma}_1,\cdots,\boldsymbol{\gamma}_{n_2-m}$ 线性无关. 故

$$\begin{aligned}\dim(W_1+W_2)&=n_1+n_2-m\\&=\dim W_1+\dim W_2-\dim(W_1\cap W_2),\end{aligned}$$

即维数公式成立.

如果 $m=0$,即 $W_1\cap W_2=\{\boldsymbol{\theta}\}$. 取 W_1 的基 $\boldsymbol{\beta}_1,\cdots,\boldsymbol{\beta}_{n_1}$ 和 W_2 的基 $\boldsymbol{\gamma}_1,\cdots,\boldsymbol{\gamma}_{n_2}$,同样可证 $\boldsymbol{\beta}_1,\cdots,\boldsymbol{\beta}_{n_1},\boldsymbol{\gamma}_1,\cdots,\boldsymbol{\gamma}_{n_2}$ 是 W_1+W_2 的基. 仍得维数公式. 证毕

维数公式表明,和空间的维数一般比空间维数的和小.

需要指出的是,在和空间 W_1+W_2 中,其元素 $\boldsymbol{\alpha}=\boldsymbol{\alpha}_1+\boldsymbol{\alpha}_2(\boldsymbol{\alpha}_1\in W_1,\boldsymbol{\alpha}_2\in W_2)$ 的表示方法一般不是唯一的. 例如,在 $\mathbf{R}^3$ 中,子空间 $W_1=\operatorname{span}\{\boldsymbol{a}_1,\boldsymbol{a}_2\}$,$W_2=\operatorname{span}\{\boldsymbol{b}_1,\boldsymbol{b}_2\}$,其中 $\boldsymbol{a}_1=(1,0,0),\boldsymbol{a}_2=(1,1,1),\boldsymbol{b}_1=(0,0,1),\boldsymbol{b}_2=(3,1,2)$,则和空间 W_1+W_2 中的零向量 $\mathbf{0}$ 可表示为

$$\mathbf{0}=\mathbf{0}+\mathbf{0}=(2\boldsymbol{a}_1+\boldsymbol{a}_2)-(\boldsymbol{b}_2-\boldsymbol{b}_1),$$

即零向量的表示法不唯一. 针对这种现象,引入一种特殊的子空间的和.

定义 8.13　设 W_1 与 W_2 是线性空间 V 的两个子空间. 如果 W_1+W_2 中每个元素 $\boldsymbol{\alpha}$ 表示为

$$\boldsymbol{\alpha}=\boldsymbol{\alpha}_1+\boldsymbol{\alpha}_2 \qquad (\boldsymbol{\alpha}_1\in W_1,\boldsymbol{\alpha}_2\in W_2)$$

的方法是唯一的,则称 W_1+W_2 是**直和**,记为 $W_1\dot{+}W_2$.

下面的定理给出了判断子空间的和是否为直和的充分必要条件.

定理 8.9　设 W_1 与 W_2 是线性空间 V 的两个子空间,则下列条件等价:

(1)W_1+W_2 是直和;

(2)零元素的分解式是唯一的,即由

$$\boldsymbol{\theta}=\boldsymbol{\alpha}_1+\boldsymbol{\alpha}_2 \qquad (\boldsymbol{\alpha}_1\in W_1,\boldsymbol{\alpha}_2\in W_2)$$

可推出 $\boldsymbol{\alpha}_1=\boldsymbol{\alpha}_2=\boldsymbol{\theta}$;

(3)$W_1\cap W_2=\{\boldsymbol{\theta}\}$;

(4)$\dim(W_1+W_2)=\dim W_1+\dim W_2$.

证　(1)⇒(2). 显然.

(2)⇒(1). 任取 $\boldsymbol{\alpha}\in W_1+W_2$,假如有

$$\boldsymbol{\alpha}=\boldsymbol{\alpha}_1+\boldsymbol{\alpha}_2,\quad \boldsymbol{\alpha}=\boldsymbol{\beta}_1+\boldsymbol{\beta}_2 \qquad (\boldsymbol{\alpha}_1,\boldsymbol{\beta}_1\in W_1;\boldsymbol{\alpha}_2,\boldsymbol{\beta}_2\in W_2),$$

则有

$$\boldsymbol{\theta}=(\boldsymbol{\alpha}_1-\boldsymbol{\beta}_1)+(\boldsymbol{\alpha}_2-\boldsymbol{\beta}_2) \qquad (\boldsymbol{\alpha}_1-\boldsymbol{\beta}_1\in W_1,\boldsymbol{\alpha}_2-\boldsymbol{\beta}_2\in W_2).$$

由(2)推出 $\boldsymbol{\alpha}_1-\boldsymbol{\beta}_1=\boldsymbol{\theta},\boldsymbol{\alpha}_2-\boldsymbol{\beta}_2=\boldsymbol{\theta}$,即 $\boldsymbol{\alpha}_1=\boldsymbol{\beta}_1,\boldsymbol{\alpha}_2=\boldsymbol{\beta}_2$. 故 $\boldsymbol{\alpha}$ 的分解式唯一,从而 W_1+W_2 是直和.

(2)⇒(3). 任取 $\boldsymbol{\alpha}\in W_1\cap W_2$,则

$$\boldsymbol{\theta}=\boldsymbol{\alpha}+(-\boldsymbol{\alpha}) \qquad (\boldsymbol{\alpha}\in W_1,-\boldsymbol{\alpha}\in W_2).$$

由(2)推出 $\boldsymbol{\alpha}=-\boldsymbol{\alpha}=\boldsymbol{\theta}$,这表明 $W_1\cap W_2=\{\boldsymbol{\theta}\}$.

(3)⇒(2). 因为由 $\boldsymbol{\theta}=\boldsymbol{\alpha}_1+\boldsymbol{\alpha}_2(\boldsymbol{\alpha}_1\in W_1,\boldsymbol{\alpha}_2\in W_2)$ 可推得 $\boldsymbol{\alpha}_1=-\boldsymbol{\alpha}_2\in W_2$,于是 $\boldsymbol{\alpha}_1\in W_1\cap W_2=\{\boldsymbol{\theta}\}$,从而 $\boldsymbol{\alpha}_1=\boldsymbol{\theta}$;同理可推出 $\boldsymbol{\alpha}_2=\boldsymbol{\theta}$. 故零元素的分解式唯一.

(3)⇔(4). 由维数公式即得.　　证毕

推论　设 W_1 与 W_2 是线性空间 V 的两个子空间. 如果 $\boldsymbol{\alpha}_1,\cdots,\boldsymbol{\alpha}_s$ 为 W_1 的基, $\boldsymbol{\beta}_1,\cdots,\boldsymbol{\beta}_t$ 为 W_2 的基,且 W_1+W_2 为直和,则 $\boldsymbol{\alpha}_1,\cdots,\boldsymbol{\alpha}_s,\boldsymbol{\beta}_1,\cdots,\boldsymbol{\beta}_t$ 为 W_1+W_2 的基.

证　因为 $\dim W_1=s,\dim W_2=t$,由定理 8.9 知,$\dim(W_1\dot{+}W_2)=s+t$. 所以只要证明元素组 $\boldsymbol{\alpha}_1,\cdots,\boldsymbol{\alpha}_s,\boldsymbol{\beta}_1,\cdots,\boldsymbol{\beta}_t$ 线性无关,则它们就是 $W_1\dot{+}W_2$ 的基. 设有 $\mathbf{K}$ 中一组数 $k_1,\cdots,k_s,l_1,\cdots,l_t$,使得

$$k_1\boldsymbol{\alpha}_1+\cdots+k_s\boldsymbol{\alpha}_s+l_1\boldsymbol{\beta}_1+\cdots+l_t\boldsymbol{\beta}_t=\boldsymbol{\theta}.$$

令 $\boldsymbol{\alpha}=k_1\boldsymbol{\alpha}_1+\cdots+k_s\boldsymbol{\alpha}_s=-l_1\boldsymbol{\beta}_1-\cdots-l_t\boldsymbol{\beta}_t$,可见 $\boldsymbol{\alpha}\in W_1$ 且 $\boldsymbol{\alpha}\in W_2$,即 $\boldsymbol{\alpha}\in W_1\cap W_2=\{\boldsymbol{\theta}\}$. 从而

$$k_1\boldsymbol{\alpha}_1+\cdots+k_s\boldsymbol{\alpha}_s=\boldsymbol{\theta},\qquad l_1\boldsymbol{\beta}_1+\cdots+l_t\boldsymbol{\beta}_t=\boldsymbol{\theta}.$$

这只有 $k_1=\cdots=k_s=0, l_1=\cdots=l_t=0$，即 $\boldsymbol{\alpha}_1,\cdots,\boldsymbol{\alpha}_s,\boldsymbol{\beta}_1,\cdots,\boldsymbol{\beta}_t$ 线性无关. 证毕

定理 8.10 设 W_1 是线性空间 V^n 的一个子空间，则必存在 V^n 的子空间 W_2，使 $V^n=W_1\dot{+}W_2$.

证 如果 $W_1=V$，则取 $W_2=\{\boldsymbol{\theta}\}$；如果 $W_1=\{\boldsymbol{\theta}\}$，则取 $W_2=V$. 如果 $W_1\neq\{\boldsymbol{\theta}\}$ 且 $W_1\neq V$，取 W_1 的基 $\boldsymbol{\alpha}_1,\boldsymbol{\alpha}_2,\cdots,\boldsymbol{\alpha}_m(m<n)$，把它扩充成 V 的基 $\boldsymbol{\alpha}_1,\cdots,\boldsymbol{\alpha}_m,\boldsymbol{\alpha}_{m+1},\cdots,\boldsymbol{\alpha}_n$. 令 $W_2=\mathrm{span}\{\boldsymbol{\alpha}_{m+1},\cdots,\boldsymbol{\alpha}_n\}$，则 $W_1\cap W_2=\{\boldsymbol{\theta}\}$，且 $V^n=W_1\dot{+}W_2$. 证毕

例 8.35 在几何空间 $\mathbf{R}^3$ 中，用 π 表示过原点 O 的平面，L 表示过原点 O 且不在 π 上的直线. 以原点 O 为始点，且终点在 π 上和 L 上的全体向量分别构成 $\mathbf{R}^3$ 的子空间 W_1 与 W_2. 显然 $\mathbf{R}^3=W_1+W_2$. 由于 $W_1\cap W_2=\{\mathbf{0}\}$，所以 $\mathbf{R}^3=W_1\dot{+}W_2$.

线性子空间的交与和、直和等概念可以推广到多个子空间的情形，在此不再详述.

如果能将一个线性空间分解成若干个子空间的直和，那么对整个线性空间的研究就可以归结为对若干个较简单的子空间的研究.

8.5 线性变换

8.5.1 线性变换及其基本性质

定义 8.14 设 V 是数域 $\mathbf{K}$ 上的线性空间，T 是 V 的一个变换. 如果对任意 $\boldsymbol{\alpha},\boldsymbol{\beta}\in V$ 和 $k\in\mathbf{K}$ 都有

$$T(\boldsymbol{\alpha}+\boldsymbol{\beta})=T(\boldsymbol{\alpha})+T(\boldsymbol{\beta}),\qquad T(k\boldsymbol{\alpha})=kT(\boldsymbol{\alpha}),$$

则称 T 是 V 的一个**线性变换**.

下面看几个简单的例子，它们表明线性变换这个概念是有丰富内容的.

例 8.36 设 $\mathbf{A}\in\mathbf{K}^{n\times n}$，定义 $\mathbf{K}^n$ 的变换为

$$T(\boldsymbol{x})=\mathbf{A}\boldsymbol{x}\qquad(\boldsymbol{x}\in\mathbf{K}^n),$$

则 T 是 $\mathbf{K}^n$ 的一个线性变换. 作为特例，把几何空间 $\mathbf{R}^2$ 的所有向量均绕原点依反时针方向旋转 θ 角的变换，就是一个线性变换. 这时像 (y_1,y_2) 与原像 (x_1,x_2) 之间的关系为

$$\begin{pmatrix}y_1\\y_2\end{pmatrix}=\begin{pmatrix}\cos\theta & -\sin\theta\\ \sin\theta & \cos\theta\end{pmatrix}\begin{pmatrix}x_1\\x_2\end{pmatrix}.$$

例 8.37 在线性空间 $\mathrm{P}[t]$ 或 $\mathrm{P}[t]_n$ 中，求微商的变换

$$D(f(t))=f'(t)\qquad(f(t)\in\mathrm{P}[t])$$

是一个线性变换.

例 8.38 在线性空间 $\mathrm{C}[a,b]$ 中，求积分的变换

$$J(f(t))=\int_a^t f(\tau)\mathrm{d}\tau\qquad(f(t)\in\mathrm{C}[a,b])$$

是一个线性变换.

例 8.39　取定矩阵 $\boldsymbol{A},\boldsymbol{B},\boldsymbol{C}\in\mathbf{K}^{n\times n}$，定义 $\mathbf{K}^{n\times n}$ 的变换

$$T(\boldsymbol{X})=\boldsymbol{AX}+\boldsymbol{XB}+\boldsymbol{C}\qquad(\boldsymbol{X}\in\mathbf{K}^{n\times n}).$$

由于对任意 $\boldsymbol{X},\boldsymbol{Y}\in\mathbf{K}^{n\times n}$ 和 $k\in\mathbf{K}$，有

$$\begin{aligned}T(\boldsymbol{X}+\boldsymbol{Y})&=\boldsymbol{A}(\boldsymbol{X}+\boldsymbol{Y})+(\boldsymbol{X}+\boldsymbol{Y})\boldsymbol{B}+\boldsymbol{C}\\&=(\boldsymbol{AX}+\boldsymbol{XB})+(\boldsymbol{AY}+\boldsymbol{YB})+\boldsymbol{C},\\T(k\boldsymbol{X})&=\boldsymbol{A}(k\boldsymbol{X})+(k\boldsymbol{X})\boldsymbol{B}+\boldsymbol{C}=k(\boldsymbol{AX}+\boldsymbol{XB})+\boldsymbol{C},\end{aligned}$$

可见，当 $\boldsymbol{C}\neq\boldsymbol{O}$ 时，T 不是线性变换；当 $\boldsymbol{C}=\boldsymbol{O}$ 时，T 是线性变换.

例 8.40　线性空间 V 的**恒等变换**(或**单位变换**)I：

$$I(\boldsymbol{\alpha})=\boldsymbol{\alpha}\qquad(\boldsymbol{\alpha}\in V)$$

和**零变换**：

$$O(\boldsymbol{\alpha})=\boldsymbol{\theta}\qquad(\boldsymbol{\alpha}\in V)$$

都是线性变换.

从定义可以推出线性变换的一些简单而重要的性质.

性质 1　线性变换 T 把线性空间的零元仍变为零元，把任意元 $\boldsymbol{\alpha}$ 的负元 $-\boldsymbol{\alpha}$ 变为像 $T(\boldsymbol{\alpha})$ 的负元 $-T(\boldsymbol{\alpha})$.

事实上，

$$\begin{aligned}T(\boldsymbol{\theta})&=T(0\boldsymbol{\alpha})=0T(\boldsymbol{\alpha})=\boldsymbol{\theta},\\T(-\boldsymbol{\alpha})&=T((-1)\boldsymbol{\alpha})=(-1)T(\boldsymbol{\alpha})=-T(\boldsymbol{\alpha}).\end{aligned}$$

性质 2　线性变换保持线性组合不变.

这是因为，若 $\boldsymbol{\beta}=k_1\boldsymbol{\alpha}_1+\cdots+k_m\boldsymbol{\alpha}_m$，则

$$T(\boldsymbol{\beta})=T(k_1\boldsymbol{\alpha}_1+\cdots+k_m\boldsymbol{\alpha}_m)=k_1T(\boldsymbol{\alpha}_1)+\cdots+k_mT(\boldsymbol{\alpha}_m).$$

性质 3　线性变换将线性相关的元素组仍变为线性相关的元素组.

这是因为，若 $\boldsymbol{\alpha}_1,\boldsymbol{\alpha}_2,\cdots,\boldsymbol{\alpha}_m$ 线性相关，则存在不全为零的数 $k_1,k_2,\cdots,k_m$，使

$$k_1\boldsymbol{\alpha}_1+k_2\boldsymbol{\alpha}_2+\cdots+k_m\boldsymbol{\alpha}_m=\boldsymbol{\theta}.$$

于是 $k_1T(\boldsymbol{\alpha}_1)+k_2T(\boldsymbol{\alpha}_2)+\cdots+k_mT(\boldsymbol{\alpha}_m)=\boldsymbol{\theta}$. 故 $T(\boldsymbol{\alpha}_1),T(\boldsymbol{\alpha}_2),\cdots,T(\boldsymbol{\alpha}_m)$ 也线性相关.

但应注意，线性变换可能将线性无关的元素组变成线性相关的元素组. 例如，零变换就是这样.

性质 4　如果线性变换 T 是一个单射(或一对一的)，则 T 把线性无关的元素组变成线性无关的元素组.

事实上，设 $\boldsymbol{\alpha}_1,\boldsymbol{\alpha}_2,\cdots,\boldsymbol{\alpha}_m$ 线性无关，又设

$$k_1T(\boldsymbol{\alpha}_1)+k_2T(\boldsymbol{\alpha}_2)+\cdots+k_mT(\boldsymbol{\alpha}_m)=\boldsymbol{\theta},$$

则有 $T(k_1\boldsymbol{\alpha}_1+k_2\boldsymbol{\alpha}_2+\cdots+k_m\boldsymbol{\alpha}_m)=\boldsymbol{\theta}$. 由于 T 是单射，从而

$$k_1\boldsymbol{\alpha}_1+k_2\boldsymbol{\alpha}_2+\cdots+k_m\boldsymbol{\alpha}_m=\boldsymbol{\theta}.$$

由 $\boldsymbol{\alpha}_1,\boldsymbol{\alpha}_2,\cdots,\boldsymbol{\alpha}_m$ 线性无关知,只有 $k_1=\cdots=k_m=0$. 故 $T(\boldsymbol{\alpha}_1),T(\boldsymbol{\alpha}_2),\cdots,T(\boldsymbol{\alpha}_m)$线性无关.

8.5.2 线性变换的运算

假设考虑的都是数域 $\mathbf{K}$ 上的线性空间.

首先,线性变换作为映射的特殊情形,当然可以定义乘法. 设 S,T 是线性空间 V 的两个线性变换,定义它们的乘积 ST 为

$$(ST)(\boldsymbol{\alpha})=S(T(\boldsymbol{\alpha}))\qquad(\boldsymbol{\alpha}\in V).$$

容易证明,线性变换的乘积也是线性变换. 事实上,对任意 $\boldsymbol{\alpha},\boldsymbol{\beta}\in V$ 和 $k\in\mathbf{K}$,有

$$\begin{aligned}(ST)(\boldsymbol{\alpha}+\boldsymbol{\beta})&=S(T(\boldsymbol{\alpha}+\boldsymbol{\beta}))=S(T(\boldsymbol{\alpha}))+S(T(\boldsymbol{\beta}))\\&=(ST)(\boldsymbol{\alpha})+(ST)(\boldsymbol{\beta}),\\(ST)(k\boldsymbol{\alpha})&=S(T(k\boldsymbol{\alpha}))=S(kT(\boldsymbol{\alpha}))=kS(T(\boldsymbol{\alpha}))=k(ST)(\boldsymbol{\alpha}).\end{aligned}$$

这说明 ST 是线性变换.

既然一般映射的乘法满足结合律,线性变换的乘法当然也满足结合律,即

$$(ST)U=S(TU).$$

但线性变换的乘法一般不满足交换律. 例如,在线性空间 $\mathrm{P}[t]$中,线性变换

$$D(f(t))=f'(t),\quad J(f(t))=\int_0^t f(\tau)\mathrm{d}\tau\qquad(f(t)\in\mathrm{P}[t])$$

的乘积 $DJ=I$,但一般 $JD\neq I$.

对于乘法,单位变换 I 具有特殊的地位. 对于任意线性变换 T 都有

$$IT=TI=T.$$

其次,再来定义线性变换的逆变换. 设 T 是线性空间 V 的线性变换. 如果存在 V 的变换 S,使得

$$TS=ST=I,$$

则称 T 是**可逆的**. 称 S 为 T 的**逆变换**,记为 T^{-1}.

可以证明,线性变换 T 可逆的充分必要条件是 T 为一一对应的.

事实上,如果 T 是一一对应的,则对任意 $\boldsymbol{\alpha}\in V$,存在唯一的 $\boldsymbol{\beta}\in V$,使 $T(\boldsymbol{\alpha})=\boldsymbol{\beta}$. 定义变换 $S(\boldsymbol{\beta})=\boldsymbol{\alpha}$,则有

$$\begin{aligned}(ST)(\boldsymbol{\alpha})&=S(T(\boldsymbol{\alpha}))=S(\boldsymbol{\beta})=\boldsymbol{\alpha},\\(TS)(\boldsymbol{\beta})&=T(S(\boldsymbol{\beta}))=T(\boldsymbol{\alpha})=\boldsymbol{\beta},\end{aligned}$$

即 $ST=TS=I$. 故 T 是可逆的. 反之,若 T 是可逆的,则存在变换 S,使得$ST=TS=I$. 于是对任意 $\boldsymbol{\beta}\in V$,有

$$\boldsymbol{\beta}=I(\boldsymbol{\beta})=(TS)(\boldsymbol{\beta})=T(S(\boldsymbol{\beta})).$$

但 $S(\boldsymbol{\beta})\in V$,这表明 T 是一个满射. 又对任意 $\boldsymbol{\alpha}_1,\boldsymbol{\alpha}_2\in V$,如果 $T(\boldsymbol{\alpha}_1)=T(\boldsymbol{\alpha}_2)$,则有

$$\boldsymbol{\alpha}_1 = I(\boldsymbol{\alpha}_1) = (ST)(\boldsymbol{\alpha}_1) = S(T(\boldsymbol{\alpha}_1)) = S(T(\boldsymbol{\alpha}_2))$$
$$= (ST)(\boldsymbol{\alpha}_2) = I(\boldsymbol{\alpha}_2) = \boldsymbol{\alpha}_2,$$

从而 T 是单射. 故 T 是一一对应的.

如果线性变换 T 可逆,则其逆变换是唯一的(证明留给读者). 更进一步有, T^{-1}也是线性变换. 这是因为,对任意 $\boldsymbol{\alpha},\boldsymbol{\beta}\in V$ 和 $k\in\mathbf{K}$,有

$$\begin{aligned} T^{-1}(\boldsymbol{\alpha}+\boldsymbol{\beta}) &= T^{-1}[(TT^{-1})(\boldsymbol{\alpha})+(TT^{-1})(\boldsymbol{\beta})] \\ &= T^{-1}[T(T^{-1}(\boldsymbol{\alpha}))+T(T^{-1}(\boldsymbol{\beta}))] \\ &= T^{-1}[T(T^{-1}(\boldsymbol{\alpha})+T^{-1}(\boldsymbol{\beta}))] \\ &= (T^{-1}T)(T^{-1}(\boldsymbol{\alpha})+T^{-1}(\boldsymbol{\beta})) \\ &= T^{-1}(\boldsymbol{\alpha})+T^{-1}(\boldsymbol{\beta}), \end{aligned}$$

$$\begin{aligned} T^{-1}(k\boldsymbol{\alpha}) &= T^{-1}[k(TT^{-1}(\boldsymbol{\alpha}))] = T^{-1}[k(T(T^{-1}(\boldsymbol{\alpha})))] \\ &= T^{-1}[T(kT^{-1}(\boldsymbol{\alpha}))] = (T^{-1}T)(kT^{-1}(\boldsymbol{\alpha})) \\ &= kT^{-1}(\boldsymbol{\alpha}). \end{aligned}$$

这就说明 T^{-1}是线性变换.

再来定义线性变换的线性运算.

设 S 和 T 是线性空间 V 的两个线性变换,k 是数域 $\mathbf{K}$ 中取定的数. 定义 S 与 T 的**和** $S+T$,T 的**负变换** $-T$,k 与 T 的**数乘** kT 分别为

$$(S+T)(\boldsymbol{\alpha}) = S(\boldsymbol{\alpha})+T(\boldsymbol{\alpha}), \qquad (-T)(\boldsymbol{\alpha}) = -T(\boldsymbol{\alpha}),$$
$$(kT)(\boldsymbol{\alpha}) = kT(\boldsymbol{\alpha}) \qquad (\boldsymbol{\alpha}\in V).$$

容易证明 $S+T$,$-T$ 与 kT 都是 V 的线性变换,且满足运算律:

$$S+T = T+S, \qquad (S+T)+U = S+(T+U),$$
$$T+O = T, \qquad T+(-T) = O,$$
$$1T = T, \qquad k(lT) = (kl)T,$$
$$k(S+T) = kS+kT, \qquad (k+l)T = kT+lT.$$

这表明,线性空间 V 上线性变换的全体,对于所定义的加法与数乘运算也构成了数域 $\mathbf{K}$ 上的线性空间.

另外,线性变换的乘法对加法有左右分配律,即

$$U(S+T) = US+UT, \qquad (S+T)U = SU+TU.$$

对数乘有

$$(-1)T = -T, \qquad k(ST) = (kS)T = S(kT).$$

以上证明均留给读者.

最后,引入线性变换的多项式的概念.

设 T 是线性空间 V 上的线性变换,n 为正整数,记

$$T^n = \underbrace{TT\cdots T}_{n\text{个}},$$

称为 T 的 n **次幂**. 当 T 可逆时,定义 T 的负整数幂

$$T^{-n}=(T^{-1})^n.$$

此外,作为定义,令 $T^0=I$. 根据以上定义,可以推出指数法则:

$$T^{m+n}=T^mT^n,\qquad (T^m)^n=T^{mn}.$$

值得注意的是,线性变换乘积的指数法则不成立,即一般来说,

$$(ST)^n\neq S^nT^n.$$

设有数域 $\mathbf{K}$ 中多项式

$$f(t)=a_mt^m+\cdots+a_1t+a_0\qquad (a_0,a_1,\cdots,a_m\in\mathbf{K}),$$

T 是线性空间 V 的线性变换. 规定

$$f(T)=a_mT^m+\cdots+a_1T+a_0I,$$

显然 $f(T)$是一个线性变换,称它为**线性变换 T 的多项式**.

容易验证,如果 $f(t)$和 $g(t)$都是多项式,设 $h(t)=f(t)+g(t)$, $p(t)=f(t)g(t)$,则 $h(T)=f(T)+g(T)$, $p(T)=f(T)g(T)$. 特别地, $f(T)g(T)=g(T)f(T)$,即同一线性变换的多项式相乘是可变换的.

例 8.41 在线性空间 $\mathrm{P}[t]_n$ 中,对于求微商的变换 D 有 $D^{n+1}=O$. 又规定**平移变换** $S_a(f(t))=f(t+a)$,它也是线性变换. 根据泰勒展开式

$$f(t+a)=f(t)+af'(t)+\frac{a^2}{2!}f''(t)+\cdots+\frac{a^n}{n!}f^{(n)}(t),$$

有

$$S_a=I+aD+\frac{a^2}{2!}D^2+\cdots+\frac{a^n}{n!}D^n,$$

即线性变换 S_a 可表为线性变换 D 的多项式.

8.5.3 线性变换的值域与核

定义 8.15 设 V 是数域 $\mathbf{K}$ 上的线性空间, T 是 V 的线性变换. V 中元素在 T 下像的集合称为 T 的**值域**,记为 $\mathrm{R}(T)$,即

$$\mathrm{R}(T)=\{T(\boldsymbol{\alpha})\mid\boldsymbol{\alpha}\in V\}.$$

V 中所有被 T 变为零元的原像组成的集合称为 T 的**核**,记为 $\mathrm{N}(T)$,即

$$\mathrm{N}(T)=\{\boldsymbol{\alpha}\mid T(\boldsymbol{\alpha})=\boldsymbol{\theta},\boldsymbol{\alpha}\in V\}.$$

关于线性变换的值域与核,有以下一些结论.

定理 8.11 设 T 是线性空间 V 的线性变换,则 T 的值域与核都是 V 的子空间.

证 因为 $\boldsymbol{\theta}=T(\boldsymbol{\theta})\in\mathrm{R}(T)$, $\boldsymbol{\theta}\in\mathrm{N}(T)$,所以 $\mathrm{R}(T)$与 $\mathrm{N}(T)$非空. 对任意$T(\boldsymbol{\alpha})$, $T(\boldsymbol{\beta})\in\mathrm{R}(T)$和 $k\in\mathbf{K}$,有

$$T(\boldsymbol{\alpha})+T(\boldsymbol{\beta})=T(\boldsymbol{\alpha}+\boldsymbol{\beta})\in\mathrm{R}(T),$$

$$kT(\boldsymbol{\alpha}) = T(k\boldsymbol{\alpha}) \in \mathrm{R}(T),$$

从而 $\mathrm{R}(T)$是 V 的子空间. 又对任意 $\boldsymbol{\alpha},\boldsymbol{\beta}\in \mathrm{N}(T)$，有 $T(\boldsymbol{\alpha})=T(\boldsymbol{\beta})=\boldsymbol{\theta}$，此时

$$T(\boldsymbol{\alpha}+\boldsymbol{\beta}) = T(\boldsymbol{\alpha})+T(\boldsymbol{\beta}) = \boldsymbol{\theta}, \qquad T(k\boldsymbol{\alpha}) = kT(\boldsymbol{\alpha}) = \boldsymbol{\theta},$$

即 $\boldsymbol{\alpha}+\boldsymbol{\beta}\in \mathrm{N}(T)$，$k\boldsymbol{\alpha}\in \mathrm{N}(T)$. 故 $\mathrm{N}(T)$是 V 的子空间. 证毕

基于以上原因，也称 $\mathrm{R}(T)$为 T 的**像空间**，而称 $\mathrm{N}(T)$为 T 的**核空间**或**零空间**.

定义 8.16　设 T 是线性空间 V 的线性变换. 称 $\mathrm{R}(T)$的维数为 T 的**秩**，记为 $\mathrm{rank}T$；而称 $\mathrm{N}(T)$的维数为 T 的**零度**(或**亏**)，记为 $\mathrm{null}T$.

定理 8.12　设 V 是数域 $\mathbf{K}$ 上的 n 维线性空间，$\boldsymbol{\alpha}_1,\boldsymbol{\alpha}_2,\cdots,\boldsymbol{\alpha}_n$ 是 V 的一个基，T 是 V 的线性变换，则

(1)$\mathrm{R}(T)=\mathrm{span}\{T(\boldsymbol{\alpha}_1),T(\boldsymbol{\alpha}_2),\cdots,T(\boldsymbol{\alpha}_n)\}$；

(2)$\mathrm{rank}T+\mathrm{null}T=n$.

证　(1)任取 $\boldsymbol{\alpha}\in V$，则有 $\boldsymbol{\alpha}=k_1\boldsymbol{\alpha}_1+k_2\boldsymbol{\alpha}_2+\cdots+k_n\boldsymbol{\alpha}_n$. 由 $T(\boldsymbol{\alpha})=k_1T(\boldsymbol{\alpha}_1)+k_2T(\boldsymbol{\alpha}_2)+\cdots+k_nT(\boldsymbol{\alpha}_n)$知 $T(\boldsymbol{\alpha})\in \mathrm{span}\{T(\boldsymbol{\alpha}_1),T(\boldsymbol{\alpha}_2),\cdots,T(\boldsymbol{\alpha}_n)\}$，从而

$$\mathrm{R}(T)\subset \mathrm{span}\{T(\boldsymbol{\alpha}_1),T(\boldsymbol{\alpha}_2),\cdots,T(\boldsymbol{\alpha}_n)\}.$$

又对任意 $\boldsymbol{\beta}\in \mathrm{span}\{T(\boldsymbol{\alpha}_1),T(\boldsymbol{\alpha}_2),\cdots,T(\boldsymbol{\alpha}_n)\}$有

$$\begin{aligned}\boldsymbol{\beta} &= k_1T(\boldsymbol{\alpha}_1)+k_2T(\boldsymbol{\alpha}_2)+\cdots+k_nT(\boldsymbol{\alpha}_n)\\ &= T(k_1\boldsymbol{\alpha}_1+k_2\boldsymbol{\alpha}_2+\cdots+k_n\boldsymbol{\alpha}_n)\in \mathrm{R}(T),\end{aligned}$$

从而

$$\mathrm{span}\{T(\boldsymbol{\alpha}_1),T(\boldsymbol{\alpha}_2),\cdots,T(\boldsymbol{\alpha}_n)\}\subset \mathrm{R}(T).$$

故

$$\mathrm{R}(T) = \mathrm{span}\{T(\boldsymbol{\alpha}_1),T(\boldsymbol{\alpha}_2),\cdots,T(\boldsymbol{\alpha}_n)\}.$$

(2)设 $\mathrm{null}T=s$，且 $\boldsymbol{\alpha}_1,\boldsymbol{\alpha}_2,\cdots,\boldsymbol{\alpha}_s$ 是 $\mathrm{N}(T)$的一个基，将其扩充成 V 的基 $\boldsymbol{\alpha}_1,\cdots,\boldsymbol{\alpha}_s,\boldsymbol{\alpha}_{s+1},\cdots,\boldsymbol{\alpha}_n$. 注意到 $T(\boldsymbol{\alpha}_i)=\boldsymbol{\theta}(i=1,2,\cdots,s)$，于是

$$\begin{aligned}\mathrm{R}(T) &= \mathrm{span}\{T(\boldsymbol{\alpha}_1),\cdots,T(\boldsymbol{\alpha}_s),T(\boldsymbol{\alpha}_{s+1}),\cdots,T(\boldsymbol{\alpha}_n)\}\\ &= \mathrm{span}\{T(\boldsymbol{\alpha}_{s+1}),\cdots,T(\boldsymbol{\alpha}_n)\}.\end{aligned}$$

下面证明 $T(\boldsymbol{\alpha}_{s+1}),\cdots,T(\boldsymbol{\alpha}_n)$线性无关. 设有 $\mathbf{K}$ 中一组数 $k_{s+1},\cdots,k_n$，使得

$$k_{s+1}T(\boldsymbol{\alpha}_{s+1})+\cdots+k_nT(\boldsymbol{\alpha}_n) = \boldsymbol{\theta},$$

即 $T(k_{s+1}\boldsymbol{\alpha}_{s+1}+\cdots+k_n\boldsymbol{\alpha}_n)=\boldsymbol{\theta}$，可见，$k_{s+1}\boldsymbol{\alpha}_{s+1}+\cdots+k_n\boldsymbol{\alpha}_n\in \mathrm{N}(T)$. 从而存在 $k_1,\cdots,k_s\in\mathbf{K}$，使得 $k_{s+1}\boldsymbol{\alpha}_{s+1}+\cdots+k_n\boldsymbol{\alpha}_n=k_1\boldsymbol{\alpha}_1+\cdots+k_s\boldsymbol{\alpha}_s$，即

$$-k_1\boldsymbol{\alpha}_1-\cdots-k_s\boldsymbol{\alpha}_s+k_{s+1}\boldsymbol{\alpha}_{s+1}+\cdots+k_n\boldsymbol{\alpha}_n = \boldsymbol{\theta}.$$

由 $\boldsymbol{\alpha}_1,\cdots,\boldsymbol{\alpha}_s,\boldsymbol{\alpha}_{s+1},\cdots,\boldsymbol{\alpha}_n$ 是 V 的基得 $k_1=\cdots=k_s=k_{s+1}=\cdots=k_n=0$，故 $T(\boldsymbol{\alpha}_{s+1}),\cdots,T(\boldsymbol{\alpha}_n)$线性无关. 于是

$$\mathrm{rank}T = \dim\mathrm{span}\{T(\boldsymbol{\alpha}_{s+1}),\cdots,T(\boldsymbol{\alpha}_n)\} = n-s = n-\mathrm{null}T.$$

证毕

例 8.42 已知 $\mathbf{K}^{2\times 2}$ 的线性变换

$$T(\boldsymbol{X})=\boldsymbol{MX}-\boldsymbol{XM}\qquad \left(\boldsymbol{X}\in\mathbf{K}^{2\times 2},\boldsymbol{M}=\begin{pmatrix}1&2\\0&3\end{pmatrix}\right),$$

求 T 的值域与核的基与维数.

解 取 $\mathbf{K}^{2\times 2}$ 的基(8.1),则有

$$T(\boldsymbol{E}_{11})=\begin{pmatrix}0&-2\\0&0\end{pmatrix},\qquad T(\boldsymbol{E}_{12})=\begin{pmatrix}0&-2\\0&0\end{pmatrix},$$

$$T(\boldsymbol{E}_{21})=\begin{pmatrix}2&0\\2&-2\end{pmatrix},\qquad T(\boldsymbol{E}_{22})=\begin{pmatrix}0&2\\0&0\end{pmatrix}.$$

该矩阵组的秩为 2,且 $T(\boldsymbol{E}_{11})$,$T(\boldsymbol{E}_{21})$是一个极大无关组. 故 $\dim \mathrm{R}(T)=2$,且 $T(\boldsymbol{E}_{11})$,$T(\boldsymbol{E}_{21})$是它的一个基.

设 $\boldsymbol{X}=\begin{pmatrix}x_1&x_2\\x_3&x_4\end{pmatrix}\in \mathrm{N}(T)$,则由

$$T(\boldsymbol{X})=\begin{pmatrix}2x_3&-2x_1-2x_2+2x_4\\2x_3&-2x_3\end{pmatrix}=\begin{pmatrix}0&0\\0&0\end{pmatrix}$$

得

$$\begin{cases}2x_3=0,\\-2x_1-2x_2+2x_4=0,\\2x_3=0,\\-2x_3=0.\end{cases}$$

其通解为

$$\begin{cases}x_1=-k_1+k_2,\\x_2=k_1,\\x_3=0,\\x_4=k_2\end{cases}\qquad (k_1,k_2\in\mathbf{K}).$$

于是

$$\boldsymbol{X}=\begin{pmatrix}-k_1+k_2&k_1\\0&k_2\end{pmatrix}=k_1\begin{pmatrix}-1&1\\0&0\end{pmatrix}+k_2\begin{pmatrix}1&0\\0&1\end{pmatrix}\qquad (k_1,k_2\in\mathbf{K}).$$

故 $\dim \mathrm{N}(T)=2$,且 $\begin{pmatrix}-1&1\\0&0\end{pmatrix}$,$\begin{pmatrix}1&0\\0&1\end{pmatrix}$是它的一个基.

8.6 线性变换的矩阵表示

在有限维线性空间中取定一个基后,就可以将线性变换与一个矩阵对应,这为

人们用矩阵方法来研究线性变换提供了依据.

8.6.1　线性变换的矩阵

定义 8.17　设 V 是数域 $\mathbf{K}$ 上的 n 维线性空间，$\boldsymbol{\alpha}_1,\boldsymbol{\alpha}_2,\cdots,\boldsymbol{\alpha}_n$ 是 V 的一个基，T 是 V 的线性变换. 基的像 $T(\boldsymbol{\alpha}_1),T(\boldsymbol{\alpha}_2),\cdots,T(\boldsymbol{\alpha}_n)$ 可唯一地由基 $\boldsymbol{\alpha}_1,\boldsymbol{\alpha}_2,\cdots,\boldsymbol{\alpha}_n$ 线性表示：

$$\begin{cases} T(\boldsymbol{\alpha}_1)=a_{11}\boldsymbol{\alpha}_1+a_{21}\boldsymbol{\alpha}_2+\cdots+a_{n1}\boldsymbol{\alpha}_n, \\ T(\boldsymbol{\alpha}_2)=a_{12}\boldsymbol{\alpha}_1+a_{22}\boldsymbol{\alpha}_2+\cdots+a_{n2}\boldsymbol{\alpha}_n, \\ \cdots\cdots\cdots\cdots \\ T(\boldsymbol{\alpha}_n)=a_{1n}\boldsymbol{\alpha}_1+a_{2n}\boldsymbol{\alpha}_2+\cdots+a_{nn}\boldsymbol{\alpha}_n. \end{cases} \tag{8.7}$$

称矩阵 $\boldsymbol{A}=(a_{ij})_{n\times n}$ 为 T **在基** $\boldsymbol{\alpha}_1,\boldsymbol{\alpha}_2,\cdots,\boldsymbol{\alpha}_n$ **下的矩阵**.

形式上采用矩阵乘法规则，式(8.7)可以表示为

$$T(\boldsymbol{\alpha}_1,\boldsymbol{\alpha}_2,\cdots,\boldsymbol{\alpha}_n)\triangleq(T(\boldsymbol{\alpha}_1),T(\boldsymbol{\alpha}_2),\cdots,T(\boldsymbol{\alpha}_n))=(\boldsymbol{\alpha}_1,\boldsymbol{\alpha}_2,\cdots,\boldsymbol{\alpha}_n)\boldsymbol{A}. \tag{8.8}$$

可见矩阵 $\boldsymbol{A}$ 的第 i 列由 $T(\boldsymbol{\alpha}_i)$ 在基 $\boldsymbol{\alpha}_1,\boldsymbol{\alpha}_2,\cdots,\boldsymbol{\alpha}_n$ 下的坐标构成. 在取定基后，线性变换 T 通过式(8.7)或(8.8)确定一个矩阵 $\boldsymbol{A}$. 反之，假定给出了一个 n 阶方阵 $\boldsymbol{A}$，由式(8.7)或(8.8)就确定了某一线性变换 T 在基 $\boldsymbol{\alpha}_1,\boldsymbol{\alpha}_2,\cdots,\boldsymbol{\alpha}_n$ 下的像，这时也就唯一确定了线性变换 T. 这样一来，线性变换就可以用矩阵来表示了.

例 8.43　线性空间 V^n 的恒等变换 I 和零变换 O 在 V 的任一基下的矩阵分别是 n 阶单位矩阵 $\boldsymbol{I}$ 和 n 阶零矩阵 $\boldsymbol{O}$.

例 8.44　设 $\mathbf{K}^3$ 的线性变换为

$$T(x_1,x_2,x_3)=(x_1,x_2,x_1-x_2).$$

取 $\mathbf{K}^3$ 的基 $\boldsymbol{e}_1=(1,0,0),\boldsymbol{e}_2=(0,1,0),\boldsymbol{e}_3=(0,0,1)$，则

$$\begin{cases} T(\boldsymbol{e}_1)=(1,0,1)=\boldsymbol{e}_1+0\boldsymbol{e}_2+\boldsymbol{e}_3, \\ T(\boldsymbol{e}_2)=(0,1,-1)=0\boldsymbol{e}_1+\boldsymbol{e}_2-\boldsymbol{e}_3, \\ T(\boldsymbol{e}_3)=(0,0,0)=0\boldsymbol{e}_1+0\boldsymbol{e}_2+0\boldsymbol{e}_3. \end{cases}$$

所以 T 在基 $\boldsymbol{e}_1,\boldsymbol{e}_2,\boldsymbol{e}_3$ 下的矩阵为

$$\boldsymbol{A}=\begin{pmatrix} 1 & 0 & 0 \\ 0 & 1 & 0 \\ 1 & -1 & 0 \end{pmatrix}.$$

如果取 $\mathbf{K}^3$ 的基 $\boldsymbol{a}_1=(1,1,1),\boldsymbol{a}_2=(1,1,0),\boldsymbol{a}_3=(1,0,0)$，则有

$$\begin{cases} T(\boldsymbol{a}_1)=(1,1,0)=0\boldsymbol{a}_1+\boldsymbol{a}_2+0\boldsymbol{a}_3, \\ T(\boldsymbol{a}_2)=(1,1,0)=0\boldsymbol{a}_1+\boldsymbol{a}_2+0\boldsymbol{a}_3, \\ T(\boldsymbol{a}_3)=(1,0,1)=\boldsymbol{a}_1-\boldsymbol{a}_2+\boldsymbol{a}_3. \end{cases}$$

从而 T 在基 $\boldsymbol{a}_1,\boldsymbol{a}_2,\boldsymbol{a}_3$ 下的矩阵为

$$\boldsymbol{B}=\begin{pmatrix}0&0&1\\1&1&-1\\0&0&1\end{pmatrix}.$$

由上例可见,线性变换所对应的矩阵与所取的基有关.同一线性变换在不同基下的矩阵有如下关系.

定理 8.13 设线性空间 V^n 的线性变换 T 在 V^n 的基 $\boldsymbol{\alpha}_1,\boldsymbol{\alpha}_2,\cdots,\boldsymbol{\alpha}_n$ 和基 $\boldsymbol{\beta}_1,\boldsymbol{\beta}_2,\cdots,\boldsymbol{\beta}_n$ 下的矩阵分别为 $\boldsymbol{A}$ 和 $\boldsymbol{B}$,且由基 $\boldsymbol{\alpha}_1,\boldsymbol{\alpha}_2,\cdots,\boldsymbol{\alpha}_n$ 到基 $\boldsymbol{\beta}_1,\boldsymbol{\beta}_2,\cdots,\boldsymbol{\beta}_n$ 的过渡矩阵为 $\boldsymbol{P}$,则 $\boldsymbol{B}=\boldsymbol{P}^{-1}\boldsymbol{AP}$,即同一线性变换在不同基下的矩阵是相似的,且相似变换矩阵就是两个基之间的过渡矩阵.

证 根据假设条件,有

$$T(\boldsymbol{\alpha}_1,\boldsymbol{\alpha}_2,\cdots,\boldsymbol{\alpha}_n)=(\boldsymbol{\alpha}_1,\boldsymbol{\alpha}_2,\cdots,\boldsymbol{\alpha}_n)\boldsymbol{A},$$
$$T(\boldsymbol{\beta}_1,\boldsymbol{\beta}_2,\cdots,\boldsymbol{\beta}_n)=(\boldsymbol{\beta}_1,\boldsymbol{\beta}_2,\cdots,\boldsymbol{\beta}_n)\boldsymbol{B},$$

又有

$$(\boldsymbol{\beta}_1,\boldsymbol{\beta}_2,\cdots,\boldsymbol{\beta}_n)=(\boldsymbol{\alpha}_1,\boldsymbol{\alpha}_2,\cdots,\boldsymbol{\alpha}_n)\boldsymbol{P},$$

于是

$$\begin{aligned}T(\boldsymbol{\beta}_1,\boldsymbol{\beta}_2,\cdots,\boldsymbol{\beta}_n)&=T[(\boldsymbol{\alpha}_1,\boldsymbol{\alpha}_2,\cdots,\boldsymbol{\alpha}_n)\boldsymbol{P}]=T(\boldsymbol{\alpha}_1,\boldsymbol{\alpha}_2,\cdots,\boldsymbol{\alpha}_n)\boldsymbol{P}\\&=(\boldsymbol{\alpha}_1,\boldsymbol{\alpha}_2,\cdots,\boldsymbol{\alpha}_n)\boldsymbol{AP}=(\boldsymbol{\beta}_1,\boldsymbol{\beta}_2,\cdots,\boldsymbol{\beta}_n)\boldsymbol{P}^{-1}\boldsymbol{AP}.\end{aligned}$$

由于基取定后线性变换所对应的矩阵是唯一的,故 $\boldsymbol{B}=\boldsymbol{P}^{-1}\boldsymbol{AP}$. 证毕

例 8.45 设 T 是 4 维线性空间 V 的线性变换,T 在 V 的基 $\boldsymbol{\alpha}_1,\boldsymbol{\alpha}_2,\boldsymbol{\alpha}_3,\boldsymbol{\alpha}_4$ 下的矩阵为

$$\boldsymbol{A}=\begin{pmatrix}-1&-2&-2&-2\\2&6&5&2\\0&0&-1&-2\\0&0&2&6\end{pmatrix},$$

求 T 在 V 的基 $\boldsymbol{\beta}_1=\boldsymbol{\alpha}_1,\boldsymbol{\beta}_2=-\boldsymbol{\alpha}_1+\boldsymbol{\alpha}_2,\boldsymbol{\beta}_3=-\boldsymbol{\alpha}_2+\boldsymbol{\alpha}_3,\boldsymbol{\beta}_4=-\boldsymbol{\alpha}_3+\boldsymbol{\alpha}_4$ 下的矩阵.

解 由于 $(\boldsymbol{\beta}_1,\boldsymbol{\beta}_2,\boldsymbol{\beta}_3,\boldsymbol{\beta}_4)=(\boldsymbol{\alpha}_1,\boldsymbol{\alpha}_2,\boldsymbol{\alpha}_3,\boldsymbol{\alpha}_4)\boldsymbol{P}$,其中

$$\boldsymbol{P}=\begin{pmatrix}1&-1&0&0\\0&1&-1&0\\0&0&1&-1\\0&0&0&1\end{pmatrix},$$

且

$$\boldsymbol{P}^{-1}=\begin{pmatrix}1&1&1&1\\0&1&1&1\\0&0&1&1\\0&0&0&1\end{pmatrix},$$

从而 T 在基 $\boldsymbol{\beta}_1,\boldsymbol{\beta}_2,\boldsymbol{\beta}_3,\boldsymbol{\beta}_4$ 下的矩阵为

$$\boldsymbol{B}=\boldsymbol{P}^{-1}\boldsymbol{AP}=\begin{pmatrix}1&3&0&0\\2&4&0&0\\0&0&1&3\\0&0&2&4\end{pmatrix}.$$

例 8.46　假定 $\mathrm{P}[t]_2$ 的线性变换 T 把基 $f_1(t)=1+t^2,f_2(t)=t,f_3(t)=t^2$ 变为基 $g_1(t)=1+2t^2,g_2(t)=-1+2t-t^2,g_3(t)=1$，求 T 在基 $f_1(t),f_2(t),f_3(t)$ 和基 $g_1(t),g_2(t),g_3(t)$ 下的矩阵.

解　取 $\mathrm{P}[t]_2$ 的基 $1,t,t^2$，则有

$$(f_1(t),f_2(t),f_3(t))=(1,t,t^2)\boldsymbol{A},\quad (g_1(t),g_2(t),g_3(t))=(1,t,t^2)\boldsymbol{B},$$

其中

$$\boldsymbol{A}=\begin{pmatrix}1&0&0\\0&1&0\\1&0&1\end{pmatrix},\qquad \boldsymbol{B}=\begin{pmatrix}1&-1&1\\0&2&0\\2&-1&0\end{pmatrix}.$$

于是

$$\begin{aligned}(g_1(t),g_2(t),g_3(t))&=(f_1(t),f_2(t),f_3(t))\boldsymbol{A}^{-1}\boldsymbol{B}\\&=(f_1(t),f_2(t),f_3(t))\boldsymbol{C},\end{aligned}$$

其中

$$\boldsymbol{C}=\boldsymbol{A}^{-1}\boldsymbol{B}=\begin{pmatrix}1&-1&1\\0&2&0\\1&0&0\end{pmatrix}.$$

由假设有 $T(f_i(t))=g_i(t)(i=1,2,3)$，从而

$$\begin{aligned}T(f_1(t),f_2(t),f_3(t))&=(g_1(t),g_2(t),g_3(t))\\&=(f_1(t),f_2(t),f_3(t))\boldsymbol{C},\end{aligned}$$

即 T 在基 $f_1(t),f_2(t),f_3(t)$ 下的矩阵为 $\boldsymbol{C}$. 又有

$$\begin{aligned}T(g_1(t),g_2(t),g_3(t))&=T[(f_1(t),f_2(t),f_3(t))\boldsymbol{C}]\\&=T(f_1(t),f_2(t),f_3(t))\boldsymbol{C}\\&=(g_1(t),g_2(t),g_3(t))\boldsymbol{C},\end{aligned}$$

故 T 在基 $g_1(t),g_2(t),g_3(t)$ 下的矩阵也是 $\boldsymbol{C}$.

线性变换 T 与矩阵 $\boldsymbol{A}$ 的一一对应还表现在它们的运算和秩等的一致方面.

定理 8.14　设 $\boldsymbol{\alpha}_1,\boldsymbol{\alpha}_2,\cdots,\boldsymbol{\alpha}_n$ 是线性空间 V 的一个基，T 和 S 是 V 的两个线性变换，且它们在基 $\boldsymbol{\alpha}_1,\boldsymbol{\alpha}_2,\cdots,\boldsymbol{\alpha}_n$ 下的矩阵分别是 $\boldsymbol{A}$ 和 $\boldsymbol{B}$，则

(1) $T+S$ 在基 $\boldsymbol{\alpha}_1,\boldsymbol{\alpha}_2,\cdots,\boldsymbol{\alpha}_n$ 下的矩阵为 $\boldsymbol{A}+\boldsymbol{B}$；

(2) kT 在基 $\boldsymbol{\alpha}_1,\boldsymbol{\alpha}_2,\cdots,\boldsymbol{\alpha}_n$ 下的矩阵为 $k\boldsymbol{A}$；

(3) TS 在基 $\boldsymbol{\alpha}_1,\boldsymbol{\alpha}_2,\cdots,\boldsymbol{\alpha}_n$ 下的矩阵为 $\boldsymbol{AB}$；

(4) $\mathrm{rank}T=\mathrm{rank}\boldsymbol{A}$；

(5) T 可逆的充分必要条件是 $\boldsymbol{A}$ 可逆，且 T^{-1} 在基 $\boldsymbol{\alpha}_1,\boldsymbol{\alpha}_2,\cdots,\boldsymbol{\alpha}_n$ 下的矩阵为 $\boldsymbol{A}^{-1}$；

(6)若 $\boldsymbol{\alpha}\in V$ 在基 $\boldsymbol{\alpha}_1,\boldsymbol{\alpha}_2,\cdots,\boldsymbol{\alpha}_n$ 下的坐标为 $\boldsymbol{x}=(x_1,x_2,\cdots,x_n)^{\mathrm{T}}$，则 $T(\boldsymbol{\alpha})$ 在基 $\boldsymbol{\alpha}_1,\boldsymbol{\alpha}_2,\cdots,\boldsymbol{\alpha}_n$ 下的坐标 $\boldsymbol{y}=(y_1,y_2,\cdots,y_n)^{\mathrm{T}}$ 可以按公式 $\boldsymbol{y}=\boldsymbol{A}\boldsymbol{x}$ 来计算.

证 (1)由假设

$$T(\boldsymbol{\alpha}_1,\cdots,\boldsymbol{\alpha}_n)=(\boldsymbol{\alpha}_1,\cdots,\boldsymbol{\alpha}_n)\boldsymbol{A},\qquad S(\boldsymbol{\alpha}_1,\cdots,\boldsymbol{\alpha}_n)=(\boldsymbol{\alpha}_1,\cdots,\boldsymbol{\alpha}_n)\boldsymbol{B},$$

从而

$$\begin{aligned}(T+S)(\boldsymbol{\alpha}_1,\cdots,\boldsymbol{\alpha}_n)&=((T+S)(\boldsymbol{\alpha}_1),\cdots,(T+S)(\boldsymbol{\alpha}_n))\\&=(T(\boldsymbol{\alpha}_1),\cdots,T(\boldsymbol{\alpha}_n))+(S(\boldsymbol{\alpha}_1),\cdots,S(\boldsymbol{\alpha}_n))\\&=(\boldsymbol{\alpha}_1,\cdots,\boldsymbol{\alpha}_n)(\boldsymbol{A}+\boldsymbol{B}),\end{aligned}$$

即 $T+S$ 在基 $\boldsymbol{\alpha}_1,\boldsymbol{\alpha}_2,\cdots,\boldsymbol{\alpha}_n$ 下的矩阵为 $\boldsymbol{A}+\boldsymbol{B}$.

(2)，(3)同理可证.

(4)若 $\mathrm{rank}\boldsymbol{A}=r$，则 $\boldsymbol{A}$ 的列向量组的秩为 r. 而 $T(\boldsymbol{\alpha}_1),\cdots,T(\boldsymbol{\alpha}_n)$ 在基 $\boldsymbol{\alpha}_1,\boldsymbol{\alpha}_2,\cdots,\boldsymbol{\alpha}_n$ 下的坐标构成了 $\boldsymbol{A}$ 的列向量组，从而 $T(\boldsymbol{\alpha}_1),\cdots,T(\boldsymbol{\alpha}_n)$ 的秩为 r. 于是

$$\begin{aligned}\mathrm{rank}T&=\dim \mathrm{R}(T)=\dim \mathrm{span}\{T(\boldsymbol{\alpha}_1),\cdots,T(\boldsymbol{\alpha}_n)\}\\&=r=\mathrm{rank}\,\boldsymbol{A}.\end{aligned}$$

(5)根据(3)知，等式 $TS=ST=I$ 与 $\boldsymbol{AB}=\boldsymbol{BA}=\boldsymbol{I}$ 对应. 从而 T 可逆的充分必要条件是 $\boldsymbol{A}$ 可逆，且 T^{-1} 在基 $\boldsymbol{\alpha}_1,\boldsymbol{\alpha}_2,\cdots,\boldsymbol{\alpha}_n$ 下的矩阵为 $\boldsymbol{A}^{-1}$.

(6)由假设

$$\boldsymbol{\alpha}=(\boldsymbol{\alpha}_1,\boldsymbol{\alpha}_2,\cdots,\boldsymbol{\alpha}_n)\boldsymbol{x},\qquad T(\boldsymbol{\alpha})=(\boldsymbol{\alpha}_1,\boldsymbol{\alpha}_2,\cdots,\boldsymbol{\alpha}_n)\boldsymbol{y},$$

又

$$T(\boldsymbol{\alpha})=T[(\boldsymbol{\alpha}_1,\boldsymbol{\alpha}_2,\cdots,\boldsymbol{\alpha}_n)\boldsymbol{x}]=T(\boldsymbol{\alpha}_1,\boldsymbol{\alpha}_2,\cdots,\boldsymbol{\alpha}_n)\boldsymbol{x}=(\boldsymbol{\alpha}_1,\boldsymbol{\alpha}_2,\cdots,\boldsymbol{\alpha}_n)\boldsymbol{A}\boldsymbol{x},$$

故 $\boldsymbol{y}=\boldsymbol{A}\boldsymbol{x}$. 证毕

8.6.2 线性变换矩阵的化简

为了更好地利用矩阵来研究线性变换，自然希望找到线性空间的一个基，使得线性变换在该基下的矩阵尽可能简单，这一问题与矩阵在相似变换下的标准形密切相关. 为此，先引入线性变换的特征值与特征向量的概念.

定义 8.18 设 V 是数域 $\mathbf{K}$ 上的线性空间，T 是 V 的线性变换. 如果存在 $\mathbf{K}$ 中的数 λ 和 V 中非零元 $\boldsymbol{\alpha}$，使得

$$T(\boldsymbol{\alpha})=\lambda\boldsymbol{\alpha},$$

则称 λ 为 T 的**特征值**，$\boldsymbol{\alpha}$ 为 T 的对应特征值 λ 的**特征向量**.

从几何上来看，特征向量经过线性变换后，它的方向或者不变($\lambda>0$)，或者相反($\lambda<0$)，或者变成 $\boldsymbol{\theta}$($\lambda=0$).

例 8.47　线性空间 V 的任何非零元是单位变换 I 对应特征值 1 的特征向量，也是零变换 O 对应特征值 0 的特征向量.

例 8.48　设 T 是线性空间 $\mathbf{R}^3$ 中以 Oxy 面为镜面的反射变换，于是 T 作用于基向量 $\boldsymbol{i},\boldsymbol{j},\boldsymbol{k}$ 的像是

$$T(\boldsymbol{i})=\boldsymbol{i},\quad T(\boldsymbol{j})=\boldsymbol{j},\quad T(\boldsymbol{k})=-\boldsymbol{k}.$$

可见 1 和 -1 是 T 的特征值，Oxy 面上形如 $l_1\boldsymbol{i}+l_2\boldsymbol{j}$ 的非零向量是 T 对应特征值 1 的特征向量；形如 $l\boldsymbol{k}$ 的非零向量是 T 对应特征值 -1 的特征向量.

下面给出求有限维线性空间上线性变换的特征值与特征向量的方法.

设 V 是数域 $\mathbf{K}$ 上的 n 维线性空间，$\boldsymbol{\alpha}_1,\boldsymbol{\alpha}_2,\cdots,\boldsymbol{\alpha}_n$ 是 V 的一个基，线性变换 T 在该基下的矩阵是 $\boldsymbol{A}$. 又设 T 对应特征值 λ 的特征向量 $\boldsymbol{\alpha}$ 在该基下的坐标为 $\boldsymbol{x}=(x_1,x_2,\cdots,x_n)^{\mathrm{T}}$，则由定理 8.14 知，等式 $T(\boldsymbol{\alpha})=\lambda\boldsymbol{\alpha}$ 在基 $\boldsymbol{\alpha}_1,\boldsymbol{\alpha}_2,\cdots,\boldsymbol{\alpha}_n$ 下对应等式 $\boldsymbol{A}\boldsymbol{x}=\lambda\boldsymbol{x}$. 这表明 T 的特征值就是 $\boldsymbol{A}$ 的特征值，T 的特征向量在基 $\boldsymbol{\alpha}_1,\boldsymbol{\alpha}_2,\cdots,\boldsymbol{\alpha}_n$ 下的坐标就是矩阵 $\boldsymbol{A}$ 对应的特征向量.

例 8.49　已知 $\mathbf{K}^{2\times2}$ 的线性变换

$$T(\boldsymbol{X})=\boldsymbol{M}\boldsymbol{X}-\boldsymbol{X}\boldsymbol{M}\qquad\left(\boldsymbol{X}\in\mathbf{K}^{2\times2},\boldsymbol{M}=\begin{pmatrix}1&2\\0&3\end{pmatrix}\right),$$

求 T 的特征值与特征向量.

解　取 $\mathbf{K}^{2\times2}$ 的基(8.1)，可求得 T 在该基下的矩阵为

$$\boldsymbol{A}=\begin{pmatrix}0&0&2&0\\-2&-2&0&2\\0&0&2&0\\0&0&-2&0\end{pmatrix}.$$

由于 $\det(\lambda\boldsymbol{I}-\boldsymbol{A})=\lambda^2(\lambda+2)(\lambda-2)$，所以 $\boldsymbol{A}$ 的特征值为 $\lambda_1=\lambda_2=0,\lambda_3=-2,\lambda_4=2$. 可求得 $\boldsymbol{A}$ 对应于特征值 $\lambda_1=\lambda_2=0$ 的线性无关特征向量为 $\boldsymbol{p}_1=(-1,1,0,0)^{\mathrm{T}},\boldsymbol{p}_2=(1,0,0,1)^{\mathrm{T}}$；而对应 $\lambda_3=-2$ 的特征向量为 $\boldsymbol{p}_3=(0,1,0,0)^{\mathrm{T}}$，对应 $\lambda_4=2$ 的特征向量为 $\boldsymbol{p}_4=(-1,1,-1,1)^{\mathrm{T}}$. 故 T 的特征值为 $\lambda_1=\lambda_2=0,\lambda_3=-2,\lambda_4=2$. T 对应特征值 $\lambda_1=\lambda_2=0$ 有两个线性无关的特征向量

$$\boldsymbol{X}_1=-\boldsymbol{E}_{11}+\boldsymbol{E}_{12}=\begin{pmatrix}-1&1\\0&0\end{pmatrix},\qquad\boldsymbol{X}_2=\boldsymbol{E}_{11}+\boldsymbol{E}_{22}=\begin{pmatrix}1&0\\0&1\end{pmatrix},$$

全部特征向量为 $k_1\boldsymbol{X}_1+k_2\boldsymbol{X}_2$（$k_1,k_2$ 不全为零）. T 对应特征值 $\lambda_3=-2$ 的特征向量为

$$\boldsymbol{X}_3=\boldsymbol{E}_{12}=\begin{pmatrix}0&1\\0&0\end{pmatrix},$$

全部特征向量为 $k_3\boldsymbol{X}_3$（$k_3\neq0$）；而 T 对应特征值 $\lambda_4=2$ 的特征向量为

$$\boldsymbol{X}_4 = -\boldsymbol{E}_{11} + \boldsymbol{E}_{12} - \boldsymbol{E}_{21} + \boldsymbol{E}_{22} = \begin{pmatrix} -1 & 1 \\ -1 & 1 \end{pmatrix},$$

全部特征向量为 $k_4\boldsymbol{X}_4(k_4 \neq 0)$.

回到线性变换矩阵的化简问题. 由定理 8.13 知,同一个线性变换在不同基下的矩阵是相似的,因此可以根据矩阵相似对角化的条件(定理 1.8 及其推论 1 和推论 2)得出线性变换在某个基下的矩阵为对角矩阵的条件.

定理 8.15 设 V 是数域 $\mathbf{K}$ 上的 n 维线性空间,T 是 V 的线性变换,则存在 V 的一个基使得 T 在该基下的矩阵为对角矩阵的条件是:

(1)(充分必要条件)T 在数域 $\mathbf{K}$ 上有 n 个线性无关的特征向量;

(2)(充分条件)T 在数域 $\mathbf{K}$ 上有 n 个互异的特征值;

(3)(充分必要条件)T 在数域 $\mathbf{K}$ 上有 n 个特征值,且每个重特征值对应的线性无关特征向量的个数恰等于该特征值的重数.

对于例 8.49 的线性变换 T,它在基(8.1)下的矩阵 $\boldsymbol{A}$ 可相似于对角矩阵,即

$$\boldsymbol{P}^{-1}\boldsymbol{A}\boldsymbol{P} = \boldsymbol{\Lambda},$$

其中

$$\boldsymbol{P} = (\boldsymbol{p}_1, \boldsymbol{p}_2, \boldsymbol{p}_3, \boldsymbol{p}_4) = \begin{pmatrix} -1 & 1 & 0 & -1 \\ 1 & 0 & 1 & 1 \\ 0 & 0 & 0 & -1 \\ 0 & 1 & 0 & 1 \end{pmatrix}, \quad \boldsymbol{\Lambda} = \begin{pmatrix} 0 & & & \\ & 0 & & \\ & & -2 & \\ & & & 2 \end{pmatrix}.$$

由$(\boldsymbol{X}_1, \boldsymbol{X}_2, \boldsymbol{X}_3, \boldsymbol{X}_4) = (\boldsymbol{E}_{11}, \boldsymbol{E}_{12}, \boldsymbol{E}_{21}, \boldsymbol{E}_{22})\boldsymbol{P}$ 求得的 $\mathbf{K}^{2\times 2}$ 的基 $\boldsymbol{X}_1, \boldsymbol{X}_2, \boldsymbol{X}_3, \boldsymbol{X}_4$ 恰由 T 对应诸特征值的线性无关特征向量组成(符合定理 8.15 的条件(3)),T 在该基下的矩阵为对角矩阵 $\boldsymbol{\Lambda}$.

根据定理 8.15,对于任一线性变换 T,并不是总能找到线性空间的一个基,使得 T 在该基下的矩阵为对角矩阵. 由于在复数域上任一方阵均可相似于一个 Jordan矩阵,相应地可以考虑线性变换在某个基下的矩阵为 Jordan 矩阵的问题.

例 8.50 已知 $\mathrm{P}[t]_2$ 的线性变换

$$T(a_0 + a_1 t + a_2 t^2) = (3a_0 + a_1 - a_2) + (-2a_0 + 2a_2)t + (-a_0 - a_1 + 3a_2)t^2,$$

求 $\mathrm{P}[t]_2$ 的一个基,使 T 在该基下的矩阵为 Jordan 矩阵.

解 取 $\mathrm{P}[t]_2$ 的基 $1, t, t^2$,可求得 T 在该基下的矩阵为

$$\boldsymbol{A} = \begin{pmatrix} 3 & 1 & -1 \\ -2 & 0 & 2 \\ -1 & -1 & 3 \end{pmatrix}.$$

根据例 1.9 的结果,有

$$\boldsymbol{P}=\begin{pmatrix}-1&-1&-1\\1&2&0\\0&1&0\end{pmatrix},$$

且

$$\boldsymbol{P}^{-1}\boldsymbol{A}\boldsymbol{P}=\boldsymbol{J}=\begin{pmatrix}2&&\\&2&1\\&&2\end{pmatrix}.$$

所求的基 $g_1(t),g_2(t),g_3(t)$满足$(g_1(t),g_2(t),g_3(t))=(1,t,t^2)\boldsymbol{P}$,即

$$g_1(t)=-1+t,\quad g_2(t)=-1+2t+t^2,\quad g_3(t)=-1.$$

T 在该基下的矩阵为$\boldsymbol{J}$.

以上诸例利用相似矩阵的有关结论讨论了线性变换矩阵的化简问题.从另一方面来看,也可以应用线性空间和线性变换的一些概念和方法来讨论矩阵的有关问题.

例 8.51　设 λ_0 是 n 阶方阵$\boldsymbol{A}$ 的 k 重特征值,试证:$\boldsymbol{A}$ 的对应特征值λ_0 的线性无关特征向量个数最多有 k 个(即证定理 1.1 的部分结果).

证　设$\boldsymbol{\alpha}_1,\boldsymbol{\alpha}_2,\cdots,\boldsymbol{\alpha}_n$ 是线性空间 V 的基,V 的线性变换 T 在该基下的矩阵为$\boldsymbol{A}$.如果$\boldsymbol{A}$ 的对应特征值λ_0 的线性无关特征向量有 l 个,则 T 对应特征值λ_0 的线性无关特征向量也有 l 个,设为$\boldsymbol{\beta}_1,\boldsymbol{\beta}_2,\cdots,\boldsymbol{\beta}_l$.把$\boldsymbol{\beta}_1,\cdots,\boldsymbol{\beta}_l$ 扩充成 V 的基$\boldsymbol{\beta}_1,\cdots,\boldsymbol{\beta}_l,\boldsymbol{\beta}_{l+1},\cdots,\boldsymbol{\beta}_n$,则因 $T(\boldsymbol{\beta}_i)=\lambda_0\boldsymbol{\beta}_i(i=1,2,\cdots,l)$,所以 T 在这个基下的矩阵$\boldsymbol{B}$ 具有如下形式:

$$\boldsymbol{B}=\begin{pmatrix}\lambda_0&&&b_{1,l+1}&\cdots&b_{1n}\\&\ddots&&\vdots&&\vdots\\&&\lambda_0&b_{l,l+1}&\cdots&b_{ln}\\&&&b_{l+1,l+1}&\cdots&b_{l+1,n}\\&&&\vdots&&\vdots\\&&&b_{n,l+1}&\cdots&b_{nn}\end{pmatrix}.$$

于是 $\det(\lambda\boldsymbol{I}-\boldsymbol{B})=(\lambda-\lambda_0)^l g(\lambda)$.因为$\boldsymbol{A}$ 与$\boldsymbol{B}$ 相似,所以

$$\det(\lambda\boldsymbol{I}-\boldsymbol{A})=\det(\lambda\boldsymbol{I}-\boldsymbol{B})=(\lambda-\lambda_0)^l g(\lambda),$$

因此 $l\leqslant k$.

8.6.3　不变子空间

前面讨论了利用线性变换的特征值与特征向量化简线性变换矩阵的问题.本段将利用不变子空间的概念来更深入地说明线性变换矩阵的化简与线性变换内在的联系.

定义 8.19 设 T 是数域 $\mathbf{K}$ 上线性空间 V 的一个线性变换，W 是 V 的一个子空间. 如果 W 中的元素在 T 下的像仍在 W 中，即对任意 $\boldsymbol{\alpha}\in W$，都有 $T(\boldsymbol{\alpha})\in W$，则称 W 是 T 的**不变子空间**.

例 8.52 整个线性空间 V 及 V 的子空间 $\{\boldsymbol{\theta}\}$ 对于每个线性变换 T 来说都是不变子空间，称它们为线性变换的**平凡不变子空间**. 除此以外的其他不变子空间称为线性变换的**非平凡不变子空间**.

例 8.53 线性变换 T 的值域 $\mathrm{R}(T)$ 与核 $\mathrm{N}(T)$ 都是 T 的不变子空间.

例 8.54 设 T 是线性空间 V 的线性变换，λ_0 是 T 的一个特征值. 称 T 对应特征值 λ_0 的全体特征向量再添上零元所构成的集合为 T 对应 λ_0 的**特征子空间**，记为 V_{λ_0}，即

$$V_{\lambda_0}=\{\boldsymbol{\alpha}\mid T(\boldsymbol{\alpha})=\lambda_0\boldsymbol{\alpha},\boldsymbol{\alpha}\in V\},$$

则 V_{λ_0} 是 T 的不变子空间.

例 8.55 在线性空间 $\mathrm{P}[t]_n$ 中，求微商的变换 D 是一个线性变换，$\mathrm{P}[t]_{n-1}$ 是 D 的不变子空间.

例 8.56 设 T 是数域 $\mathbf{K}$ 上线性空间 V 的一个线性变换，试证：T 的不变子空间的交与和仍是 T 的不变子空间.

证 设 W_1,W_2 都是 T 的不变子空间，任取 $\boldsymbol{\alpha}\in W_1\cap W_2$，则 $\boldsymbol{\alpha}\in W_1$ 且 $\boldsymbol{\alpha}\in W_2$. 由于 W_1,W_2 是 T 的不变子空间，所以 $T(\boldsymbol{\alpha})\in W_1$，且 $T(\boldsymbol{\alpha})\in W_2$. 于是 $T(\boldsymbol{\alpha})\in W_1\cap W_2$. 故 $W_1\cap W_2$ 是 T 的不变子空间. 又取 $\boldsymbol{\alpha}=\boldsymbol{\alpha}_1+\boldsymbol{\alpha}_2\in W_1+W_2$，其中 $\boldsymbol{\alpha}_1\in W_1,\boldsymbol{\alpha}_2\in W_2$. 由于 $T(\boldsymbol{\alpha}_1)\in W_1,T(\boldsymbol{\alpha}_2)\in W_2$，所以 $T(\boldsymbol{\alpha})=T(\boldsymbol{\alpha}_1)+T(\boldsymbol{\alpha}_2)\in W_1+W_2$，故 W_1+W_2 也是 T 的不变子空间.

下面说明如何应用 T 的不变子空间来化简 T 的矩阵.

设 T 是数域 $\mathbf{K}$ 上 n 维线性空间 V 的一个线性变换，W 是 T 的一个非平凡不变子空间. 在 W 中任取一个基 $\boldsymbol{\alpha}_1,\boldsymbol{\alpha}_2,\cdots,\boldsymbol{\alpha}_s$，把它扩充成 V 的基 $\boldsymbol{\alpha}_1,\cdots,\boldsymbol{\alpha}_s,\boldsymbol{\alpha}_{s+1},\cdots,\boldsymbol{\alpha}_n$. 由于 $T(\boldsymbol{\alpha}_i)\in W(i=1,2,\cdots,s)$，它们可由 $\boldsymbol{\alpha}_1,\boldsymbol{\alpha}_2,\cdots,\boldsymbol{\alpha}_s$ 线性表示，故可设

$$\begin{cases}T(\boldsymbol{\alpha}_1)=a_{11}\boldsymbol{\alpha}_1+\cdots+a_{s1}\boldsymbol{\alpha}_s,\\ \quad\cdots\cdots\cdots\cdots\\ T(\boldsymbol{\alpha}_s)=a_{1s}\boldsymbol{\alpha}_1+\cdots+a_{ss}\boldsymbol{\alpha}_s,\\ T(\boldsymbol{\alpha}_{s+1})=a_{1,s+1}\boldsymbol{\alpha}_1+\cdots+a_{s,s+1}\boldsymbol{\alpha}_s+a_{s+1,s+1}\boldsymbol{\alpha}_{s+1}+\cdots+a_{n,s+1}\boldsymbol{\alpha}_n,\\ \quad\cdots\cdots\cdots\cdots\\ T(\boldsymbol{\alpha}_n)=a_{1n}\boldsymbol{\alpha}_1+\cdots+a_{sn}\boldsymbol{\alpha}_s+a_{s+1,n}\boldsymbol{\alpha}_{s+1}+\cdots+a_{nn}\boldsymbol{\alpha}_n.\end{cases}$$

因此，T 在这个基下的矩阵为分块上三角矩阵

$$\boldsymbol{A}=\begin{pmatrix} a_{11} & \cdots & a_{1s} & a_{1,s+1} & \cdots & a_{1n} \\ \vdots & & \vdots & \vdots & & \vdots \\ a_{s1} & \cdots & a_{ss} & a_{s,s+1} & \cdots & a_{sn} \\ 0 & \cdots & 0 & a_{s+1,s+1} & \cdots & a_{s+1,n} \\ \vdots & & \vdots & \vdots & & \vdots \\ 0 & \cdots & 0 & a_{n,s+1} & \cdots & a_{nn} \end{pmatrix}=\begin{pmatrix} \boldsymbol{A}_{11} & \boldsymbol{A}_{12} \\ \boldsymbol{O} & \boldsymbol{A}_{22} \end{pmatrix}.$$

反之,如果线性变换 T 在基 $\boldsymbol{\alpha}_1,\cdots,\boldsymbol{\alpha}_s,\boldsymbol{\alpha}_{s+1},\cdots,\boldsymbol{\alpha}_n$ 下的矩阵具有上述形式,其中 $\boldsymbol{A}_{11}$ 是 s 阶方阵,则由 $\boldsymbol{\alpha}_1,\cdots,\boldsymbol{\alpha}_s$ 生成的子空间是 T 的不变子空间.

更进一步,如果线性空间 V 可以分解成若干个 T 的不变子空间 $W_i(i=1,2,\cdots,m)$的直和:

$$V=W_1\dotplus W_2\dotplus\cdots\dotplus W_m \qquad (m\geqslant 2),$$

那么,在每个 W_i 中取一个基:$\boldsymbol{\alpha}_{i1},\boldsymbol{\alpha}_{i2},\cdots,\boldsymbol{\alpha}_{is_i}(i=1,2,\cdots,m)$,把它们合起来构成 V 的一个基:

$$\boldsymbol{\alpha}_{11},\cdots,\boldsymbol{\alpha}_{1s_1},\boldsymbol{\alpha}_{21},\cdots,\boldsymbol{\alpha}_{2s_2},\cdots,\boldsymbol{\alpha}_{m1},\cdots,\boldsymbol{\alpha}_{ms_m}. \tag{8.9}$$

由于 $T(\boldsymbol{\alpha}_{ij})\in W_i(i=1,2,\cdots,m)$,它们可由 $\boldsymbol{\alpha}_{i1},\boldsymbol{\alpha}_{i2},\cdots,\boldsymbol{\alpha}_{is_i}$ 线性表示,即

$$\begin{cases} T(\boldsymbol{\alpha}_{i1})=a_{11}^{(i)}\boldsymbol{\alpha}_{i1}+a_{21}^{(i)}\boldsymbol{\alpha}_{i2}+\cdots+a_{s_i1}^{(i)}\boldsymbol{\alpha}_{is_i}, \\ T(\boldsymbol{\alpha}_{i2})=a_{12}^{(i)}\boldsymbol{\alpha}_{i1}+a_{22}^{(i)}\boldsymbol{\alpha}_{i2}+\cdots+a_{s_i2}^{(i)}\boldsymbol{\alpha}_{is_i}, \\ \cdots\cdots\cdots\cdots \\ T(\boldsymbol{\alpha}_{is_i})=a_{1s_i}^{(i)}\boldsymbol{\alpha}_{i1}+a_{2s_i}^{(i)}\boldsymbol{\alpha}_{i2}+\cdots+a_{s_is_i}^{(i)}\boldsymbol{\alpha}_{is_i}, \end{cases}$$

所以 T 在基(8.9)下的矩阵是一个分块对角矩阵

$$\boldsymbol{A}=\begin{pmatrix} \boldsymbol{A}_1 & & & \\ & \boldsymbol{A}_2 & & \\ & & \ddots & \\ & & & \boldsymbol{A}_m \end{pmatrix},$$

其中 $\boldsymbol{A}_i$ 是 s_i 阶方阵$(i=1,2,\cdots,m)$.

反之,如果 T 在基(8.9)下的矩阵是上述的分块对角矩阵,则由 $\boldsymbol{\alpha}_{i1},\boldsymbol{\alpha}_{i2},\cdots,\boldsymbol{\alpha}_{is_i}$ 生成的子空间 $W_i(i=1,2,\cdots,m)$是 T 的不变子空间,且 V 是它们的直和.

可见,线性变换矩阵的化简与不变子空间有着密切的联系.

注意到 Jordan 矩阵是一个特殊的分块对角矩阵,所以对于线性空间 V^n 上的线性变换 T,求 V^n 的某个基使 T 在该基下的矩阵为 Jordan 矩阵实质上是将 V^n 分解成若干个子空间的直和,而这些子空间是由 T 的特征向量或广义特征向量生成的.

8.7　欧 氏 空 间

线性空间的许多例子说明,它应用的范围是很广泛的. 但是在线性空间中,元

素之间的运算只有加法与数乘这两种，与几何空间比较，就会发现向量的度量性质，如向量的长度、向量间的夹角和正交等，在线性空间的理论中都没有得到反映. 而度量性质在许多问题中是很重要的，因此有必要在线性空间中引入度量的概念.

8.7.1 欧氏空间的概念

在几何空间中，向量的长度、夹角等度量性质都可以通过向量的内积(或数量积、点积)表示出来，而且向量的内积有比较明显的代数性质，容易计算. 因此在抽象的线性空间讨论中，就取内积作为度量性质的基本概念.

定义 8.20 设 V 是实数域 $\mathbf{R}$ 上的线性空间. 如果对于 V 中任意两个元素 $\boldsymbol{\alpha},\boldsymbol{\beta}$ 都有一实数与之对应，记为$(\boldsymbol{\alpha},\boldsymbol{\beta})$，且它满足下列条件($\boldsymbol{\alpha},\boldsymbol{\beta},\boldsymbol{\gamma}\in V,k\in\mathbf{R}$)：

(1) $(\boldsymbol{\alpha},\boldsymbol{\beta})=(\boldsymbol{\beta},\boldsymbol{\alpha})$，

(2) $(\boldsymbol{\alpha}+\boldsymbol{\beta},\boldsymbol{\gamma})=(\boldsymbol{\alpha},\boldsymbol{\gamma})+(\boldsymbol{\beta},\boldsymbol{\gamma})$，

(3) $(k\boldsymbol{\alpha},\boldsymbol{\beta})=k(\boldsymbol{\alpha},\boldsymbol{\beta})$，

(4) $(\boldsymbol{\alpha},\boldsymbol{\alpha})\geqslant 0$，当且仅当 $\boldsymbol{\alpha}=\boldsymbol{\theta}$ 时，$(\boldsymbol{\alpha},\boldsymbol{\alpha})=0$，

则称实数$(\boldsymbol{\alpha},\boldsymbol{\beta})$为 $\boldsymbol{\alpha}$ 与 $\boldsymbol{\beta}$ 的**内积**. 定义了内积的实线性空间 V 称为**欧几里得**(Euclid)**空间**(简称**欧氏空间**)，也称为**实内积空间**.

几何空间向量的内积显然具有定义中所列举的四条性质，因此几何空间是欧氏空间.

线性空间的内涵十分广泛，引入内积的方法也是多种多样的，只要符合内积的四条性质就行.

例 8.57 对实向量空间 $\mathbf{R}^n$ 中的向量 $\boldsymbol{a}=(a_1,a_2,\cdots,a_n)$，$\boldsymbol{b}=(b_1,b_2,\cdots,b_n)$，定义

$$(\boldsymbol{a},\boldsymbol{b})=a_1b_1+a_2b_2+\cdots+a_nb_n=\boldsymbol{a}\boldsymbol{b}^{\mathrm{T}}, \tag{8.10}$$

则它满足内积的四条性质，称之为 $\mathbf{R}^n$ 的**标准内积**. 在引入上述内积后，$\mathbf{R}^n$ 就是一个欧氏空间.

需要指出的是，在同一个线性空间中引入不同的内积，应认为构成了不同的欧氏空间. 如在实 n 维向量构成的集合 V 中，定义

$$(\boldsymbol{a},\boldsymbol{b})=k_1a_1b_1+k_2a_2b_2+\cdots+k_na_nb_n\qquad(k_i>0,i=1,2,\cdots,n)$$

或

$$(\boldsymbol{a},\boldsymbol{b})=\boldsymbol{a}\boldsymbol{A}\boldsymbol{b}^{\mathrm{T}}\qquad(\boldsymbol{A}\text{ 是 }n\text{ 阶正定矩阵}),$$

则它们都是 V 的内积. 除非特别说明，$\mathbf{R}^n$ 中的内积总是指标准内积(8.10).

例 8.58 对于实矩阵空间 $\mathbf{R}^{m\times n}$ 中的矩阵 $\boldsymbol{A}=(a_{ij})_{m\times n}$，$\boldsymbol{B}=(b_{ij})_{m\times n}$，定义

$$(\boldsymbol{A},\boldsymbol{B})=\sum_{i=1}^{m}\sum_{j=1}^{n}a_{ij}b_{ij}=\mathrm{tr}(\boldsymbol{A}\boldsymbol{B}^{\mathrm{T}}). \tag{8.11}$$

易知它是内积，$\mathbf{R}^{m\times n}$ 按此内积构成欧氏空间. 称式(8.11)为 $\mathbf{R}^{m\times n}$ 的**标准内积**.

例 8.59　对于实线性空间 $C[a,b]$ 中的函数 $f(t),g(t)$，定义

$$(f(t),g(t)) = \int_a^b f(t)g(t)\mathrm{d}t. \tag{8.12}$$

根据定积分的性质易知它是内积，$C[a,b]$ 按此内积构成欧氏空间. 称式(8.12)为 $C[a,b]$ 的**标准内积**.

由内积的定义，不难得到内积的如下基本性质.

定理 8.16　设 V 是欧氏空间，且 $\boldsymbol{\alpha},\boldsymbol{\beta},\boldsymbol{\gamma},\boldsymbol{\alpha}_i,\boldsymbol{\beta}_j \in V, k,k_i,l_j \in \mathbf{R}$，则有

(1) $(\boldsymbol{\alpha},k\boldsymbol{\beta})=k(\boldsymbol{\alpha},\boldsymbol{\beta})$；

(2) $(\boldsymbol{\alpha},\boldsymbol{\beta}+\boldsymbol{\gamma})=(\boldsymbol{\alpha},\boldsymbol{\beta})+(\boldsymbol{\alpha},\boldsymbol{\gamma})$；

(3) $(\boldsymbol{\alpha},\boldsymbol{\theta})=(\boldsymbol{\theta},\boldsymbol{\beta})=0$；

(4) $\left(\sum\limits_{i=1}^{m} k_i\boldsymbol{\alpha}_i, \sum\limits_{j=1}^{n} l_j\boldsymbol{\beta}_j\right) = \sum\limits_{i=1}^{m}\sum\limits_{j=1}^{n} k_i l_j(\boldsymbol{\alpha}_i,\boldsymbol{\beta}_j)$；

(5) $(\boldsymbol{\alpha},\boldsymbol{\beta})^2 \leqslant (\boldsymbol{\alpha},\boldsymbol{\alpha})(\boldsymbol{\beta},\boldsymbol{\beta})$，且等式成立的充分必要条件是 $\boldsymbol{\alpha}$ 与 $\boldsymbol{\beta}$ 线性相关(称之为 **Cauchy-Schwarz 不等式**).

证　只证(5). 若 $\boldsymbol{\alpha},\boldsymbol{\beta}$ 线性相关，不妨设 $\boldsymbol{\beta}=k\boldsymbol{\alpha}$，于是

$$(\boldsymbol{\alpha},\boldsymbol{\beta})^2 = (\boldsymbol{\alpha},k\boldsymbol{\alpha})^2 = k^2(\boldsymbol{\alpha},\boldsymbol{\alpha})^2 = (\boldsymbol{\alpha},\boldsymbol{\alpha})(k\boldsymbol{\alpha},k\boldsymbol{\alpha}) = (\boldsymbol{\alpha},\boldsymbol{\alpha})(\boldsymbol{\beta},\boldsymbol{\beta}).$$

反之，若 $(\boldsymbol{\alpha},\boldsymbol{\beta})^2=(\boldsymbol{\alpha},\boldsymbol{\alpha})(\boldsymbol{\beta},\boldsymbol{\beta})$，则当 $\boldsymbol{\beta}=\boldsymbol{\theta}$ 时，$\boldsymbol{\alpha}$ 与 $\boldsymbol{\beta}$ 线性相关；当 $\boldsymbol{\beta}\neq\boldsymbol{\theta}$ 时，有

$$\left(\boldsymbol{\alpha}-\frac{(\boldsymbol{\alpha},\boldsymbol{\beta})}{(\boldsymbol{\beta},\boldsymbol{\beta})}\boldsymbol{\beta}, \boldsymbol{\alpha}-\frac{(\boldsymbol{\alpha},\boldsymbol{\beta})}{(\boldsymbol{\beta},\boldsymbol{\beta})}\boldsymbol{\beta}\right) = (\boldsymbol{\alpha},\boldsymbol{\alpha}) - \frac{(\boldsymbol{\alpha},\boldsymbol{\beta})^2}{(\boldsymbol{\beta},\boldsymbol{\beta})} = 0,$$

于是 $\boldsymbol{\alpha}-\dfrac{(\boldsymbol{\alpha},\boldsymbol{\beta})}{(\boldsymbol{\beta},\boldsymbol{\beta})}\boldsymbol{\beta}=\boldsymbol{\theta}$，即 $\boldsymbol{\alpha}$ 与 $\boldsymbol{\beta}$ 线性相关.

如果 $\boldsymbol{\alpha},\boldsymbol{\beta}$ 线性无关，则对任意实数 t 有 $\boldsymbol{\alpha}+t\boldsymbol{\beta}\neq\boldsymbol{\theta}$，从而

$$0 < (\boldsymbol{\alpha}+t\boldsymbol{\beta},\boldsymbol{\alpha}+t\boldsymbol{\beta}) = (\boldsymbol{\alpha},\boldsymbol{\alpha}) + 2t(\boldsymbol{\alpha},\boldsymbol{\beta}) + t^2(\boldsymbol{\beta},\boldsymbol{\beta}).$$

这说明实系数方程 $(\boldsymbol{\beta},\boldsymbol{\beta})t^2+2(\boldsymbol{\alpha},\boldsymbol{\beta})t+(\boldsymbol{\alpha},\boldsymbol{\alpha})=0$ 无实根，因此

$$(\boldsymbol{\alpha},\boldsymbol{\beta})^2 < (\boldsymbol{\alpha},\boldsymbol{\alpha})(\boldsymbol{\beta},\boldsymbol{\beta}).$$

证毕

在不同的欧氏空间中，元素及其内积的含义不一样，因此 Cauchy-Schwarz 不等式也具有不同的形式. 如在 $\mathbf{R}^n$ 中，

$$\left(\sum_{i=1}^{n} a_i b_i\right)^2 \leqslant \left(\sum_{i=1}^{n} a_i^2\right)\left(\sum_{i=1}^{n} b_i^2\right);$$

而在 $C[a,b]$ 中，

$$\left(\int_a^b f(t)g(t)\mathrm{d}t\right)^2 \leqslant \left(\int_a^b f^2(t)\mathrm{d}t\right)\left(\int_a^b g^2(t)\mathrm{d}t\right).$$

仿照几何空间，对一般欧氏空间中的元素也可以给出长度、夹角及正交等概念，但它们都没有直观的几何意义，只不过是借用了几何术语.

定义 8.21　设 V 是欧氏空间，对任意 $\boldsymbol{\alpha}\in V$，称非负实数 $\sqrt{(\boldsymbol{\alpha},\boldsymbol{\alpha})}$ 为 $\boldsymbol{\alpha}$ 的**长度**(**或范数，模**)，记作 $\|\boldsymbol{\alpha}\|$，即 $\|\boldsymbol{\alpha}\|=\sqrt{(\boldsymbol{\alpha},\boldsymbol{\alpha})}$. 如果 $\|\boldsymbol{\alpha}\|=1$，则称 $\boldsymbol{\alpha}$ 为**单位元素**.

V 中两非零元素 $\boldsymbol{\alpha}$ 与 $\boldsymbol{\beta}$ 的**夹角** φ 规定为

$$\varphi = \arccos \frac{(\boldsymbol{\alpha},\boldsymbol{\beta})}{\|\boldsymbol{\alpha}\| \ \|\boldsymbol{\beta}\|} \qquad (0 \leqslant \varphi \leqslant \pi).$$

对任意 $\boldsymbol{\alpha},\boldsymbol{\beta} \in V$，如果 $(\boldsymbol{\alpha},\boldsymbol{\beta})=0$，则称 $\boldsymbol{\alpha}$ 与 $\boldsymbol{\beta}$ **正交**（**或垂直**），记为 $\boldsymbol{\alpha} \perp \boldsymbol{\beta}$.

由定义立即看出，零元与任一元素正交，只有零元才与自己正交. 这里正交的定义与解析几何中对于正交的说法一致，即两个非零元素正交的充分必要条件是它们的夹角为 $\frac{\pi}{2}$.

一般欧氏空间中元素的长度与几何空间中向量的长度有类似的性质.

定理 8.17 设 V 是欧氏空间，对任意 $\boldsymbol{\alpha},\boldsymbol{\beta} \in V$ 和 $k \in \mathbf{R}$，有

(1)（非负性）$\|\boldsymbol{\alpha}\| \geqslant 0$，当且仅当 $\boldsymbol{\alpha}=\boldsymbol{\theta}$ 时，$\|\boldsymbol{\alpha}\|=0$；

(2)（齐次性）$\|k\boldsymbol{\alpha}\| = |k| \ \|\boldsymbol{\alpha}\|$；

(3)（三角不等式）$\|\boldsymbol{\alpha}+\boldsymbol{\beta}\| \leqslant \|\boldsymbol{\alpha}\| + \|\boldsymbol{\beta}\|$；

(4)（勾股定理）当 $\boldsymbol{\alpha} \perp \boldsymbol{\beta}$ 时，$\|\boldsymbol{\alpha}+\boldsymbol{\beta}\|^2 = \|\boldsymbol{\alpha}\|^2 + \|\boldsymbol{\beta}\|^2$.

证 只证(3). 根据 Cauchy-Schwarz 不等式有 $|(\boldsymbol{\alpha},\boldsymbol{\beta})| \leqslant \|\boldsymbol{\alpha}\| \ \|\boldsymbol{\beta}\|$，于是

$$\begin{aligned}
\|\boldsymbol{\alpha}+\boldsymbol{\beta}\|^2 &= (\boldsymbol{\alpha}+\boldsymbol{\beta},\boldsymbol{\alpha}+\boldsymbol{\beta}) = (\boldsymbol{\alpha},\boldsymbol{\alpha}) + 2(\boldsymbol{\alpha},\boldsymbol{\beta}) + (\boldsymbol{\beta},\boldsymbol{\beta}) \\
&\leqslant \|\boldsymbol{\alpha}\|^2 + 2\|\boldsymbol{\alpha}\| \ \|\boldsymbol{\beta}\| + \|\boldsymbol{\beta}\|^2 \\
&= (\|\boldsymbol{\alpha}\| + \|\boldsymbol{\beta}\|)^2.
\end{aligned}$$

故(3)成立. 证毕

如果 $\boldsymbol{\alpha} \neq \boldsymbol{\theta}$，则 $\frac{1}{\|\boldsymbol{\alpha}\|}\boldsymbol{\alpha}$ 是单位元素. 这种得到单位元素的方法称为把 $\boldsymbol{\alpha}$ **单位化**.

对于 $\mathbf{R}^n$ 中的向量 $\boldsymbol{a}=(a_1,a_2,\cdots,a_n)$，其长度为

$$\|\boldsymbol{a}\| = \sqrt{\sum_{i=1}^{n} a_i^2}.$$

对于 $\mathbf{R}^{m\times n}$ 中的矩阵 $\boldsymbol{A}=(a_{ij})_{m\times n}$，其长度为

$$\|\boldsymbol{A}\| = \sqrt{\sum_{i=1}^{m}\sum_{j=1}^{n} a_{ij}^2}.$$

对于 $\mathrm{C}[a,b]$ 中的函数 $f(t)$，其长度为

$$\|f(t)\| = \sqrt{\int_a^b f^2(t)\mathrm{d}t}.$$

例 8.60 在 $\mathrm{C}[-\pi,\pi]$ 中，试证明三角函数组

$$1,\cos t,\sin t,\cos 2t,\sin 2t,\cdots,\cos nt,\sin nt,\cdots$$

是两两正交的，但它们不是单位元素.

证　可求得

$$(\sin mt,\sin nt)=\int_{-\pi}^{\pi}\sin mt\ \sin nt\ \mathrm{d}t$$

$$=\frac{1}{2}\int_{-\pi}^{\pi}[\cos(m-n)t-\cos(m+n)t]\mathrm{d}t=0\quad(m\neq n),$$

$$(\cos mt,\cos nt)=\int_{-\pi}^{\pi}\cos mt\ \cos nt\ \mathrm{d}t$$

$$=\frac{1}{2}\int_{-\pi}^{\pi}[\cos(m-n)t+\cos(m+n)t]\mathrm{d}t=0\quad(m\neq n),$$

$$(\sin mt,\cos nt)=\int_{-\pi}^{\pi}\sin mt\ \cos nt\ \mathrm{d}t$$

$$=\frac{1}{2}\int_{-\pi}^{\pi}[\sin(m+n)t+\sin(m-n)t]\mathrm{d}t=0,$$

$$(1,\cos nt)=\int_{-\pi}^{\pi}\cos nt\ \mathrm{d}t=0,\qquad(1,\sin nt)=\int_{-\pi}^{\pi}\sin nt\ \mathrm{d}t=0.$$

于是该函数组两两正交. 又有

$$\|1\|=\sqrt{\int_{-\pi}^{\pi}1^2\mathrm{d}t}=\sqrt{2\pi},$$

$$\|\sin mt\|=\sqrt{\int_{-\pi}^{\pi}\sin^2 mt\,\mathrm{d}t}=\sqrt{\frac{1}{2}\int_{-\pi}^{\pi}(1-\cos 2mt)\mathrm{d}t}=\sqrt{\pi},$$

$$\|\cos mt\|=\sqrt{\int_{-\pi}^{\pi}\cos^2 mt\,\mathrm{d}t}=\sqrt{\frac{1}{2}\int_{-\pi}^{\pi}(1+\cos 2mt)\mathrm{d}t}=\sqrt{\pi},$$

故它们不是单位元素.

在以上的讨论中,对欧氏空间的维数没有作任何限制. 以下假定欧氏空间是有限维的.

定义 8.22　设 V 是 n 维欧氏空间,$\boldsymbol{\alpha}_1,\boldsymbol{\alpha}_2,\cdots,\boldsymbol{\alpha}_n$ 是 V 的一个基. 称 n 阶方阵

$$\boldsymbol{A}=(a_{ij})_{n\times n}\qquad(\text{其中 }a_{ij}=(\boldsymbol{\alpha}_i,\boldsymbol{\alpha}_j)\quad(i,j=1,2,\cdots,n))$$

为基 $\boldsymbol{\alpha}_1,\boldsymbol{\alpha}_2,\cdots,\boldsymbol{\alpha}_n$ 的**度量矩阵**或 **Gram 矩阵**.

任取 n 维欧氏空间 V 中两个元素 $\boldsymbol{\alpha}$ 和 $\boldsymbol{\beta}$,设 $\boldsymbol{\alpha}$ 与 $\boldsymbol{\beta}$ 在 V 的基 $\boldsymbol{\alpha}_1,\boldsymbol{\alpha}_2,\cdots,\boldsymbol{\alpha}_n$ 下的坐标分别为 $\boldsymbol{x}=(x_1,x_2,\cdots,x_n)^{\mathrm{T}}$ 和 $\boldsymbol{y}=(y_1,y_2,\cdots,y_n)^{\mathrm{T}}$,则由内积的性质得

$$(\boldsymbol{\alpha},\boldsymbol{\beta})=\left(\sum_{i=1}^{n}x_i\boldsymbol{\alpha}_i,\sum_{j=1}^{n}y_j\boldsymbol{\alpha}_j\right)=\sum_{i=1}^{n}\sum_{j=1}^{n}x_i(\boldsymbol{\alpha}_i,\boldsymbol{\alpha}_j)y_j=\boldsymbol{x}^{\mathrm{T}}\boldsymbol{A}\boldsymbol{y}.\qquad(8.13)$$

这表明,在知道了一个基的度量矩阵之后,任意两个元素的内积就可以通过坐标按式(8.13)来计算,因而度量矩阵完全确定了内积.

度量矩阵有以下一些重要性质.

性质 1　度量矩阵是正定的.

证　设 $\boldsymbol{\alpha}_1,\boldsymbol{\alpha}_2,\cdots,\boldsymbol{\alpha}_n$ 是 n 维欧氏空间 V 的一个基. 由于

$$a_{ij}=(\boldsymbol{\alpha}_i,\boldsymbol{\alpha}_j)=(\boldsymbol{\alpha}_j,\boldsymbol{\alpha}_i)=a_{ji},$$

所以度量矩阵$\boldsymbol{A}=(a_{ij})_{n\times n}$是实对称矩阵. 又对任意非零元素$\boldsymbol{\alpha}$,它在基$\boldsymbol{\alpha}_1,\boldsymbol{\alpha}_2,\cdots,\boldsymbol{\alpha}_n$下的坐标$\boldsymbol{x}=(x_1,x_2,\cdots,x_n)^{\mathrm{T}}\neq(0,0,\cdots,0)^{\mathrm{T}}$. 由式(8.13)得

$$\boldsymbol{x}^{\mathrm{T}}\boldsymbol{A}\boldsymbol{x}=(\boldsymbol{\alpha},\boldsymbol{\alpha})>0,$$

故度量矩阵是正定的. 证毕

性质2 设$\boldsymbol{\alpha}_1,\boldsymbol{\alpha}_2,\cdots,\boldsymbol{\alpha}_n$和$\boldsymbol{\beta}_1,\boldsymbol{\beta}_2,\cdots,\boldsymbol{\beta}_n$是$n$维欧氏空间$V$的两个基,且基$\boldsymbol{\alpha}_1,\boldsymbol{\alpha}_2,\cdots,\boldsymbol{\alpha}_n$的度量矩阵为$\boldsymbol{A}$,而基$\boldsymbol{\beta}_1,\boldsymbol{\beta}_2,\cdots,\boldsymbol{\beta}_n$的度量矩阵为$\boldsymbol{B}$. 又设$(\boldsymbol{\beta}_1,\boldsymbol{\beta}_2,\cdots,\boldsymbol{\beta}_n)=(\boldsymbol{\alpha}_1,\boldsymbol{\alpha}_2,\cdots,\boldsymbol{\alpha}_n)\boldsymbol{P}$,则$\boldsymbol{B}=\boldsymbol{P}^{\mathrm{T}}\boldsymbol{A}\boldsymbol{P}$,即不同基的度量矩阵是合同的,且合同变换矩阵$\boldsymbol{P}$是这两个基的过渡矩阵.

证 设$\boldsymbol{P}=(p_{ij})_{n\times n}$. 由$(\boldsymbol{\beta}_1,\boldsymbol{\beta}_2,\cdots,\boldsymbol{\beta}_n)=(\boldsymbol{\alpha}_1,\boldsymbol{\alpha}_2,\cdots,\boldsymbol{\alpha}_n)\boldsymbol{P}$得

$$\boldsymbol{\beta}_i=p_{1i}\boldsymbol{\alpha}_1+p_{2i}\boldsymbol{\alpha}_2+\cdots+p_{ni}\boldsymbol{\alpha}_n\qquad(i=1,2,\cdots,n),$$

于是

$$\begin{aligned}(\boldsymbol{\beta}_i,\boldsymbol{\beta}_j)&=\left(\sum_{s=1}^{n}p_{si}\boldsymbol{\alpha}_s,\sum_{t=1}^{n}p_{tj}\boldsymbol{\alpha}_t\right)=\sum_{s=1}^{n}\sum_{t=1}^{n}p_{si}(\boldsymbol{\alpha}_s,\boldsymbol{\alpha}_t)p_{tj}\\&=(p_{1i},p_{2i},\cdots,p_{ni})\boldsymbol{A}\begin{pmatrix}p_{1j}\\p_{2j}\\\vdots\\p_{nj}\end{pmatrix}\qquad(i,j=1,2,\cdots,n).\end{aligned}$$

故$\boldsymbol{B}=\boldsymbol{P}^{\mathrm{T}}\boldsymbol{A}\boldsymbol{P}$. 证毕

8.7.2 标准正交基

先讨论非零正交元素组的一个性质.

定理 8.18 设$\boldsymbol{\alpha}_1,\boldsymbol{\alpha}_2,\cdots,\boldsymbol{\alpha}_m$是欧氏空间$V$中两两正交的非零元素组,则它线性无关.

证 设有一组实数$k_1,k_2,\cdots,k_m$,使得

$$k_1\boldsymbol{\alpha}_1+k_2\boldsymbol{\alpha}_2+\cdots+k_m\boldsymbol{\alpha}_m=\boldsymbol{\theta},$$

两边与$\boldsymbol{\alpha}_i(i=1,2,\cdots,m)$作内积,有

$$(k_1\boldsymbol{\alpha}_1+k_2\boldsymbol{\alpha}_2+\cdots+k_m\boldsymbol{\alpha}_m,\boldsymbol{\alpha}_i)=(\boldsymbol{\theta},\boldsymbol{\alpha}_i).$$

利用$(\boldsymbol{\alpha}_i,\boldsymbol{\alpha}_j)=0(i\neq j)$,得$k_i(\boldsymbol{\alpha}_i,\boldsymbol{\alpha}_i)=0(i=1,2,\cdots,m)$. 又因$\boldsymbol{\alpha}_i$非零,所以$(\boldsymbol{\alpha}_i,\boldsymbol{\alpha}_i)>0$. 故有$k_i=0(i=1,2,\cdots,m)$,即$\boldsymbol{\alpha}_1,\boldsymbol{\alpha}_2,\cdots,\boldsymbol{\alpha}_m$线性无关. 证毕

这一定理表明,在n维欧氏空间中最多有n个两两正交的非零元素.

定义 8.23 在n维欧氏空间V中,由n个两两正交的元素组成的基称为**正交基**,由单位元素组成的正交基称为**标准正交基**.

在几何空间$\mathbf{R}^3$中,$\boldsymbol{i},\boldsymbol{j},\boldsymbol{k}$就是一个标准正交基;在欧氏空间$\mathbf{R}^n$中,$n$维单位坐标向量$\boldsymbol{e}_1,\boldsymbol{e}_2,\cdots,\boldsymbol{e}_n$就是一个标准正交基;在欧氏空间$\mathbf{R}^{m\times n}$中,$\boldsymbol{E}_{ij}(i=1,2,\cdots,m;j=$

$1,2,\cdots,n)$就是一个标准正交基.

下面定理表明,有限维欧氏空间必有正交基和标准正交基,并给出了如何把一个基改造成标准正交基的方法.

定理 8.19　有限维欧氏空间必有标准正交基.

证　设 $\boldsymbol{\alpha}_1,\boldsymbol{\alpha}_2,\cdots,\boldsymbol{\alpha}_n$ 是 n 维欧氏空间 V 的一个基,采用下面的作法(通常称为 **Gram-Schmidt 正交化方法**)构造 V 的正交基. 取

$$\boldsymbol{\beta}_1=\boldsymbol{\alpha}_1,\qquad \boldsymbol{\beta}_2=\boldsymbol{\alpha}_2+l_{21}\boldsymbol{\beta}_1.$$

由于 $\boldsymbol{\beta}_1,\boldsymbol{\alpha}_2$ 线性无关,所以 $\boldsymbol{\beta}_2\neq\boldsymbol{\theta}$. 为使 $\boldsymbol{\beta}_1$ 与 $\boldsymbol{\beta}_2$ 正交,即

$$0=(\boldsymbol{\beta}_2,\boldsymbol{\beta}_1)=(\boldsymbol{\alpha}_2+l_{21}\boldsymbol{\beta}_1,\boldsymbol{\beta}_1)=(\boldsymbol{\alpha}_2,\boldsymbol{\beta}_1)+l_{21}(\boldsymbol{\beta}_1,\boldsymbol{\beta}_1),$$

则 $l_{21}=-\dfrac{(\boldsymbol{\alpha}_2,\boldsymbol{\beta}_1)}{(\boldsymbol{\beta}_1,\boldsymbol{\beta}_1)}$. 于是

$$\boldsymbol{\beta}_2=\boldsymbol{\alpha}_2-\frac{(\boldsymbol{\alpha}_2,\boldsymbol{\beta}_1)}{(\boldsymbol{\beta}_1,\boldsymbol{\beta}_1)}\boldsymbol{\beta}_1.$$

假定已经求出两两正交的非零元素 $\boldsymbol{\beta}_1,\boldsymbol{\beta}_2,\cdots,\boldsymbol{\beta}_{m-1}$,再令

$$\boldsymbol{\beta}_m=\boldsymbol{\alpha}_m+l_{m1}\boldsymbol{\beta}_1+l_{m2}\boldsymbol{\beta}_2+\cdots+l_{m,m-1}\boldsymbol{\beta}_{m-1}.$$

为使 $\boldsymbol{\beta}_m$ 与 $\boldsymbol{\beta}_k(k=1,2,\cdots,m-1)$正交,即

$$\begin{aligned}0=(\boldsymbol{\beta}_m,\boldsymbol{\beta}_k)&=(\boldsymbol{\alpha}_m+l_{m1}\boldsymbol{\beta}_1+\cdots+l_{m,m-1}\boldsymbol{\beta}_{m-1},\boldsymbol{\beta}_k)\\&=(\boldsymbol{\alpha}_m,\boldsymbol{\beta}_k)+l_{mk}(\boldsymbol{\beta}_k,\boldsymbol{\beta}_k),\end{aligned}$$

则

$$l_{mk}=-\frac{(\boldsymbol{\alpha}_m,\boldsymbol{\beta}_k)}{(\boldsymbol{\beta}_k,\boldsymbol{\beta}_k)}\qquad(k=1,2,\cdots,m-1).$$

从而

$$\boldsymbol{\beta}_m=\boldsymbol{\alpha}_m-\frac{(\boldsymbol{\alpha}_m,\boldsymbol{\beta}_1)}{(\boldsymbol{\beta}_1,\boldsymbol{\beta}_1)}\boldsymbol{\beta}_1-\cdots-\frac{(\boldsymbol{\alpha}_m,\boldsymbol{\beta}_{m-1})}{(\boldsymbol{\beta}_{m-1},\boldsymbol{\beta}_{m-1})}\boldsymbol{\beta}_{m-1}.$$

可知 $\boldsymbol{\beta}_m\neq\boldsymbol{\theta}$. 否则若 $\boldsymbol{\beta}_m=\boldsymbol{\theta}$,由 $\boldsymbol{\beta}_k\in\operatorname{span}\{\boldsymbol{\alpha}_1,\boldsymbol{\alpha}_2,\cdots,\boldsymbol{\alpha}_k\}$和上式可知 $\boldsymbol{\alpha}_m\in\operatorname{span}\{\boldsymbol{\alpha}_1,\boldsymbol{\alpha}_2,\cdots,\boldsymbol{\alpha}_{m-1}\}$,这与 $\boldsymbol{\alpha}_1,\boldsymbol{\alpha}_2,\cdots,\boldsymbol{\alpha}_m$ 线性无关矛盾.

由归纳假设,用上述方法就可构造出 V 的正交基 $\boldsymbol{\beta}_1,\boldsymbol{\beta}_2,\cdots,\boldsymbol{\beta}_n$. 再将其单位化

$$\boldsymbol{\varepsilon}_i=\frac{\boldsymbol{\beta}_i}{\|\boldsymbol{\beta}_i\|}\qquad(i=1,2,\cdots,n),$$

就得到 V 的标准正交基 $\boldsymbol{\varepsilon}_1,\boldsymbol{\varepsilon}_2,\cdots,\boldsymbol{\varepsilon}_n$.　　证毕

例 8.61　在 $\mathrm{P}[t]_2$ 中定义内积

$$(f(t),g(t))=\int_{-1}^{1}f(t)g(t)\mathrm{d}t\qquad(f(t),g(t)\in\mathrm{P}[t]_2),$$

试由 $\mathrm{P}[t]_2$ 的基 $1,t,t^2$ 出发构造一个标准正交基.

解　由 Gram-Schmidt 正交化方法,得

$$f_1(t)=1,$$

$$f_2(t)=t-\frac{(t,f_1(t))}{(f_1(t),f_1(t))}f_1(t)=t-\frac{\int_{-1}^{1}t\mathrm{d}t}{\int_{-1}^{1}1^2\mathrm{d}t}=t,$$

$$f_3(t)=t^2-\frac{(t^2,f_1(t))}{(f_1(t),f_1(t))}f_1(t)-\frac{(t^2,f_2(t))}{(f_2(t),f_2(t))}f_2(t)$$

$$=t^2-\frac{\int_{-1}^{1}t^2\mathrm{d}t}{\int_{-1}^{1}1^2\mathrm{d}t}-\frac{\int_{-1}^{1}t^3\mathrm{d}t}{\int_{-1}^{1}t^2\mathrm{d}t}t=t^2-\frac{1}{3},$$

又

$$\|f_1(t)\|=\sqrt{\int_{-1}^{1}1^2\mathrm{d}t}=\sqrt{2},$$

$$\|f_2(t)\|=\sqrt{\int_{-1}^{1}t^2\mathrm{d}t}=\sqrt{\frac{2}{3}},$$

$$\|f_3(t)\|=\sqrt{\int_{-1}^{1}\left(t^2-\frac{1}{3}\right)^2\mathrm{d}t}=\sqrt{\frac{8}{45}},$$

于是标准正交基为

$$g_1(t)=\frac{1}{\sqrt{2}},\quad g_2(t)=\sqrt{\frac{3}{2}}t,\quad g_3(t)=\sqrt{\frac{45}{8}}\left(t^2-\frac{1}{3}\right)=\frac{\sqrt{10}}{4}(3t^2-1).$$

在欧氏空间中,若取标准正交基,常常可以使一些计算问题得到简化. 设 $\boldsymbol{\varepsilon}_1,\boldsymbol{\varepsilon}_2,\cdots,\boldsymbol{\varepsilon}_n$ 是欧氏空间 V^n 的一个标准正交基,则该基的度量矩阵是 n 阶单位矩阵; V^n 中元素 $\boldsymbol{\alpha}$ 的坐标可以通过内积简单地表示出来,即

$$\boldsymbol{\alpha}=(\boldsymbol{\varepsilon}_1,\boldsymbol{\alpha})\boldsymbol{\varepsilon}_1+(\boldsymbol{\varepsilon}_2,\boldsymbol{\alpha})\boldsymbol{\varepsilon}_2+\cdots+(\boldsymbol{\varepsilon}_n,\boldsymbol{\alpha})\boldsymbol{\varepsilon}_n.$$

事实上,设 $\boldsymbol{\alpha}=x_1\boldsymbol{\varepsilon}_1+x_2\boldsymbol{\varepsilon}_2+\cdots+x_n\boldsymbol{\varepsilon}_n$,用 $\boldsymbol{\varepsilon}_i$ 与等式两边作内积,即得

$$x_i=(\boldsymbol{\varepsilon}_i,\boldsymbol{\alpha})\qquad(i=1,2,\cdots,n).$$

在标准正交基下,内积有特别简单的表达式. 设

$$\boldsymbol{\alpha}=x_1\boldsymbol{\varepsilon}_1+x_2\boldsymbol{\varepsilon}_2+\cdots+x_n\boldsymbol{\varepsilon}_n,\qquad\boldsymbol{\beta}=y_1\boldsymbol{\varepsilon}_1+y_2\boldsymbol{\varepsilon}_2+\cdots+y_n\boldsymbol{\varepsilon}_n,$$

则

$$(\boldsymbol{\alpha},\boldsymbol{\beta})=x_1y_1+x_2y_2+\cdots+x_ny_n.$$

这个表达式正是几何中向量的内积在直角坐标系中坐标表达式的推广.

两个标准正交基之间有如下的关系.

定理 8.20 在欧氏空间 V^n 中,

(1)由标准正交基到标准正交基的过渡矩阵是正交矩阵;

(2)如果两个基之间的过渡矩阵是正交矩阵,且其中一个基是标准正交基,则另一个基也是标准正交基.

证　(1)设 $\boldsymbol{\varepsilon}_1,\boldsymbol{\varepsilon}_2,\cdots,\boldsymbol{\varepsilon}_n$ 和 $\boldsymbol{\mu}_1,\boldsymbol{\mu}_2,\cdots,\boldsymbol{\mu}_n$ 是 V^n 的两个标准正交基,且$(\boldsymbol{\mu}_1,\boldsymbol{\mu}_2,\cdots,\boldsymbol{\mu}_n)=(\boldsymbol{\varepsilon}_1,\boldsymbol{\varepsilon}_2,\cdots,\boldsymbol{\varepsilon}_n)\boldsymbol{A}$,其中 $\boldsymbol{A}=(a_{ij})_{n\times n}$,则有

$$\boldsymbol{\mu}_i = a_{1i}\boldsymbol{\varepsilon}_1 + a_{2i}\boldsymbol{\varepsilon}_2 + \cdots + a_{ni}\boldsymbol{\varepsilon}_n \qquad (i=1,2,\cdots,n). \tag{8.14}$$

于是

$$a_{1i}a_{1j}+a_{2i}a_{2j}+\cdots+a_{ni}a_{nj}=(\boldsymbol{\mu}_i,\boldsymbol{\mu}_j)=\begin{cases}1, & i=j,\\ 0, & i\neq j,\end{cases}$$

即 $\boldsymbol{A}^{\mathrm{T}}\boldsymbol{A}=\boldsymbol{I}$. 故 $\boldsymbol{A}$ 是正交矩阵.

(2)假设 $\boldsymbol{\varepsilon}_1,\boldsymbol{\varepsilon}_2,\cdots,\boldsymbol{\varepsilon}_n$ 和 $\boldsymbol{\mu}_1,\boldsymbol{\mu}_2,\cdots,\boldsymbol{\mu}_n$ 是 V^n 的两个基,且式(8.14)成立,其中 $\boldsymbol{A}$ 是正交矩阵. 如果 $\boldsymbol{\varepsilon}_1,\boldsymbol{\varepsilon}_2,\cdots,\boldsymbol{\varepsilon}_n$ 是标准正交基,则

$$(\boldsymbol{\mu}_i,\boldsymbol{\mu}_j)=a_{1i}a_{1j}+a_{2i}a_{2j}+\cdots+a_{ni}a_{nj}=\begin{cases}1, & i=j,\\ 0, & i\neq j,\end{cases}$$

即 $\boldsymbol{\mu}_1,\boldsymbol{\mu}_2,\cdots,\boldsymbol{\mu}_n$ 是标准正交基. 反之,若 $\boldsymbol{\mu}_1,\boldsymbol{\mu}_2,\cdots,\boldsymbol{\mu}_n$ 是标准正交基,由于

$$(\boldsymbol{\varepsilon}_1,\boldsymbol{\varepsilon}_2,\cdots,\boldsymbol{\varepsilon}_n)=(\boldsymbol{\mu}_1,\boldsymbol{\mu}_2,\cdots,\boldsymbol{\mu}_n)\boldsymbol{A}^{-1},$$

且 $\boldsymbol{A}^{-1}$ 仍是正交矩阵,同前可证得 $\boldsymbol{\varepsilon}_1,\boldsymbol{\varepsilon}_2,\cdots,\boldsymbol{\varepsilon}_n$ 也是标准正交基.　　证毕

8.7.3　正交子空间

欧氏空间的子空间对于整个空间的内积显然也是一个欧氏空间. 除了具有通常子空间的性质外,欧氏空间的子空间还可以定义正交关系.

定义 8.24　设 W_1 与 W_2 是欧氏空间 V 的两个子空间,$\boldsymbol{\alpha}\in V$. 如果对任意 $\boldsymbol{\beta}\in W_1$ 都有$(\boldsymbol{\alpha},\boldsymbol{\beta})=0$,则称 **$\boldsymbol{\alpha}$ 与子空间 W_1 正交**,记为 $\boldsymbol{\alpha}\perp W_1$. 如果对任意 $\boldsymbol{\beta}\in W_1$ 和任意 $\boldsymbol{\gamma}\in W_2$ 都有$(\boldsymbol{\beta},\boldsymbol{\gamma})=0$,则称 W_1 与 W_2 **正交**,记为 $W_1\perp W_2$.

例 8.62　设 W_1 与 W_2 是欧氏空间 V 的两个子空间,$\boldsymbol{\alpha}\in V$ 且 $W_1=\mathrm{span}\{\boldsymbol{\beta}_1,\boldsymbol{\beta}_2,\cdots,\boldsymbol{\beta}_s\}$,$W_2=\mathrm{span}\{\boldsymbol{\gamma}_1,\boldsymbol{\gamma}_2,\cdots,\boldsymbol{\gamma}_t\}$. 证明

(1)$\boldsymbol{\alpha}\perp W_1$ 的充分必要条件是$(\boldsymbol{\alpha},\boldsymbol{\beta}_i)=0(i=1,2,\cdots,s)$;

(2)$W_1\perp W_2$ 的充分必要条件是$(\boldsymbol{\beta}_i,\boldsymbol{\gamma}_j)=0(i=1,2,\cdots,s;j=1,2,\cdots,t)$.

证　(1)必要性显然. 若$(\boldsymbol{\alpha},\boldsymbol{\beta}_i)=0(i=1,2,\cdots,s)$,则对任意 $\boldsymbol{\beta}\in W_1$,有 $\boldsymbol{\beta}=k_1\boldsymbol{\beta}_1+k_2\boldsymbol{\beta}_2+\cdots+k_s\boldsymbol{\beta}_s$,于是

$$(\boldsymbol{\alpha},\boldsymbol{\beta})=k_1(\boldsymbol{\alpha},\boldsymbol{\beta}_1)+k_2(\boldsymbol{\alpha},\boldsymbol{\beta}_2)+\cdots+k_s(\boldsymbol{\alpha},\boldsymbol{\beta}_s)=0.$$

故 $\boldsymbol{\alpha}\perp W_1$,即充分性成立.

(2)必要性显然. 若$(\boldsymbol{\beta}_i,\boldsymbol{\gamma}_j)=0(i=1,2,\cdots,s;j=1,2,\cdots,t)$,则对任意 $\boldsymbol{\beta}\in W_1$ 和任意 $\boldsymbol{\gamma}\in W_2$,有 $\boldsymbol{\beta}=k_1\boldsymbol{\beta}_1+k_2\boldsymbol{\beta}_2+\cdots+k_s\boldsymbol{\beta}_s$,$\boldsymbol{\gamma}=l_1\boldsymbol{\gamma}_1+l_2\boldsymbol{\gamma}_2+\cdots+l_t\boldsymbol{\gamma}_t$,于是

$$(\boldsymbol{\beta},\boldsymbol{\gamma})=\Big(\sum_{i=1}^{s}k_i\boldsymbol{\beta}_i,\sum_{j=1}^{t}l_j\boldsymbol{\gamma}_j\Big)=\sum_{i=1}^{s}\sum_{j=1}^{t}k_il_j(\boldsymbol{\beta}_i,\boldsymbol{\gamma}_j)=0.$$

故 $W_1\perp W_2$,即充分性成立.

例 8.63 设 W_1 与 W_2 是欧氏空间 V 的两个子空间，且 $W_1 \perp W_2$，证明 $W_1 \cap W_2 = \{\boldsymbol{\theta}\}$.

证 设 $\boldsymbol{\alpha} \in W_1 \cap W_2$，则 $\boldsymbol{\alpha} \in W_1$ 且 $\boldsymbol{\alpha} \in W_2$. 又 $W_1 \perp W_2$，所以 $(\boldsymbol{\alpha}, \boldsymbol{\alpha}) = 0$，即 $\boldsymbol{\alpha} = \boldsymbol{\theta}$. 故 $W_1 \cap W_2 = \{\boldsymbol{\theta}\}$.

下面考虑将欧氏空间分解为相互正交的子空间直和的问题.

定义 8.25 设 W 是欧氏空间 V 的子空间，V 中所有与 W 正交的元素组成的集合称为 W 的**正交补空间**，简称**正交补**，记为 $W^{\perp}$，即

$$W^{\perp} = \{\boldsymbol{\alpha} \mid (\boldsymbol{\alpha}, \boldsymbol{\beta}) = 0, \boldsymbol{\alpha} \in V, \boldsymbol{\beta} \in W\}.$$

以下两个定理说明了称 $W^{\perp}$ 为正交补空间的原因.

定理 8.21 设 W 是欧氏空间 V 的子空间，则 $W^{\perp}$ 也是 V 的子空间.

证 因为 $\boldsymbol{\theta} \perp W$，即 $\boldsymbol{\theta} \in W^{\perp}$，所以 $W^{\perp}$ 非空. 对任意 $\boldsymbol{\alpha}, \boldsymbol{\beta} \in W^{\perp}$，$\boldsymbol{\gamma} \in W$，$k \in \mathbf{R}$，有

$$(\boldsymbol{\alpha} + \boldsymbol{\beta}, \boldsymbol{\gamma}) = (\boldsymbol{\alpha}, \boldsymbol{\gamma}) + (\boldsymbol{\beta}, \boldsymbol{\gamma}) = 0, \qquad (k\boldsymbol{\alpha}, \boldsymbol{\gamma}) = k(\boldsymbol{\alpha}, \boldsymbol{\gamma}) = 0,$$

所以 $\boldsymbol{\alpha} + \boldsymbol{\beta} \in W^{\perp}$，$k\boldsymbol{\alpha} \in W^{\perp}$. 故 $W^{\perp}$ 是 V 的子空间. 证毕

定理 8.22 设 V 是 n 维欧氏空间，W 是 V 的子空间，则 $V = W \dotplus W^{\perp}$.

证 若 $W = \{\boldsymbol{\theta}\}$，则 $W^{\perp} = V$；若 $W = V$，则 $W^{\perp} = \{\boldsymbol{\theta}\}$. 对这两种情形都有 $V = W \dotplus W^{\perp}$. 下设 $W \neq \{\boldsymbol{\theta}\}$ 且 $W \neq V$.

取 W 的一个正交基 $\boldsymbol{\alpha}_1, \boldsymbol{\alpha}_2, \cdots, \boldsymbol{\alpha}_s$，将其扩充成 V 的正交基 $\boldsymbol{\alpha}_1, \boldsymbol{\alpha}_2, \cdots, \boldsymbol{\alpha}_s, \boldsymbol{\alpha}_{s+1}, \cdots, \boldsymbol{\alpha}_n$. 令 $W_2 = \mathrm{span}\{\boldsymbol{\alpha}_{s+1}, \cdots, \boldsymbol{\alpha}_n\}$，则

$$\begin{aligned} V &= \mathrm{span}\{\boldsymbol{\alpha}_1, \cdots, \boldsymbol{\alpha}_s, \boldsymbol{\alpha}_{s+1}, \cdots, \boldsymbol{\alpha}_n\} \\ &= \mathrm{span}\{\boldsymbol{\alpha}_1, \cdots, \boldsymbol{\alpha}_s\} + \mathrm{span}\{\boldsymbol{\alpha}_{s+1}, \cdots, \boldsymbol{\alpha}_n\} = W + W_2. \end{aligned}$$

由于 $W_2 \perp W$，所以 $W_2 \subset W^{\perp}$. 若设 $\boldsymbol{\alpha} \in W^{\perp} \subset V$，则

$$\boldsymbol{\alpha} = k_1 \boldsymbol{\alpha}_1 + \cdots + k_s \boldsymbol{\alpha}_s + k_{s+1} \boldsymbol{\alpha}_{s+1} + \cdots + k_n \boldsymbol{\alpha}_n.$$

由例 8.62 知 $(\boldsymbol{\alpha}, \boldsymbol{\alpha}_i) = 0 \ (i = 1, 2, \cdots, s)$，从而

$$0 = (\boldsymbol{\alpha}, \boldsymbol{\alpha}_i) = \left(\sum_{j=1}^{n} k_j \boldsymbol{\alpha}_j, \boldsymbol{\alpha}_i\right) = k_i (\boldsymbol{\alpha}_i, \boldsymbol{\alpha}_i) \qquad (i = 1, 2, \cdots, s),$$

即 $k_i = 0 \ (i = 1, 2, \cdots, s)$. 于是 $\boldsymbol{\alpha} = k_{s+1} \boldsymbol{\alpha}_{s+1} + \cdots + k_n \boldsymbol{\alpha}_n \in W_2$. 这表明 $W^{\perp} \subset W_2$，故 $W_2 = W^{\perp}$. 由例 8.63 得

$$V = W \dotplus W_2 = W \dotplus W^{\perp}.$$ 证毕

显然 W 与 $W^{\perp}$ 互为正交补.

例 8.64 在几何空间 $\mathbf{R}^3$ 中，设 L_1 和 L_2 是过原点 O 的两条互相垂直的直线，则始点在原点而终点在 L_1 和 L_2 上的所有向量分别构成两个一维子空间 W_1 与 W_2. 此时 $W_1 \perp W_2$，但 W_1 与 W_2 并不互为正交补，其原因是 $W_1 \dotplus W_2 \neq \mathbf{R}^3$. 如果设 L 是过原点的直线，而 π 是过原点且与 L 垂直的平面，则始点在原点而终点在 L 和 π 上的所有向量分别构成一维子空间 W_1 与二维子空间 W_2. 此时 $W_1 \perp W_2$，且它们互为正交补.

例 8.65　已知欧氏空间 $\mathbf{R}^{2\times 2}$ 的子空间 $W=\mathrm{span}\{\boldsymbol{A}_1,\boldsymbol{A}_2\}$，其中

$$\boldsymbol{A}_1=\begin{pmatrix}1&1\\0&0\end{pmatrix},\qquad \boldsymbol{A}_2=\begin{pmatrix}0&1\\1&1\end{pmatrix},$$

求 $W^{\perp}$ 的一个标准正交基.

解　先求 $W^{\perp}$ 的基. 设 $\boldsymbol{X}=\begin{pmatrix}x_1&x_2\\x_3&x_4\end{pmatrix}\in W^{\perp}$，则有

$$\begin{cases}(\boldsymbol{A}_1,\boldsymbol{X})=x_1+x_2=0,\\(\boldsymbol{A}_2,\boldsymbol{X})=x_2+x_3+x_4=0.\end{cases}$$

该方程组的基础解系为 $(1,-1,1,0)^{\mathrm{T}}$，$(1,-1,0,1)^{\mathrm{T}}$，于是 $W^{\perp}$ 的基为

$$\boldsymbol{B}_1=\begin{pmatrix}1&-1\\1&0\end{pmatrix},\qquad \boldsymbol{B}_2=\begin{pmatrix}1&-1\\0&1\end{pmatrix}.$$

正交化得

$$\boldsymbol{C}_1=\boldsymbol{B}_1=\begin{pmatrix}1&-1\\1&0\end{pmatrix},$$

$$\boldsymbol{C}_2=\boldsymbol{B}_2-\frac{(\boldsymbol{B}_2,\boldsymbol{C}_1)}{(\boldsymbol{C}_1,\boldsymbol{C}_1)}\boldsymbol{C}_1=\begin{pmatrix}1&-1\\0&1\end{pmatrix}-\frac{2}{3}\begin{pmatrix}1&-1\\1&0\end{pmatrix}$$

$$=\begin{pmatrix}1/3&-1/3\\-2/3&1\end{pmatrix}.$$

再单位化得 $W^{\perp}$ 的标准正交基

$$\boldsymbol{D}_1=\frac{\boldsymbol{C}_1}{\|\boldsymbol{C}_1\|}=\frac{1}{\sqrt{3}}\begin{pmatrix}1&-1\\1&0\end{pmatrix},\qquad \boldsymbol{D}_2=\frac{\boldsymbol{C}_2}{\|\boldsymbol{C}_2\|}=\frac{1}{\sqrt{15}}\begin{pmatrix}1&-1\\-2&3\end{pmatrix}.$$

例 8.66　设 $\boldsymbol{A}\in\mathbf{R}^{m\times n}$，试证：

$$\mathrm{R}^{\perp}(\boldsymbol{A})=\mathrm{N}(\boldsymbol{A}^{\mathrm{T}}),\qquad \mathrm{N}^{\perp}(\boldsymbol{A})=\mathrm{R}(\boldsymbol{A}^{\mathrm{T}}).$$

证　设 $\boldsymbol{A}=(\boldsymbol{a}_1,\boldsymbol{a}_2,\cdots,\boldsymbol{a}_n)$，其中 $\boldsymbol{a}_i$ 是 $\boldsymbol{A}$ 的第 i 个列向量，则

$$\begin{aligned}\boldsymbol{x}\in\mathrm{R}^{\perp}(\boldsymbol{A})&\Leftrightarrow\boldsymbol{x}\perp\mathrm{R}(\boldsymbol{A})=\mathrm{span}\{\boldsymbol{a}_1,\boldsymbol{a}_2,\cdots,\boldsymbol{a}_n\}\\&\Leftrightarrow\boldsymbol{x}\perp\boldsymbol{a}_i\,(i=1,2,\cdots,n)\\&\Leftrightarrow\boldsymbol{a}_i^{\mathrm{T}}\boldsymbol{x}=0\,(i=1,2,\cdots,n)\\&\Leftrightarrow\boldsymbol{A}^{\mathrm{T}}\boldsymbol{x}=\boldsymbol{0}\Leftrightarrow\boldsymbol{x}\in\mathrm{N}(\boldsymbol{A}^{\mathrm{T}}).\end{aligned}$$

故 $\mathrm{R}^{\perp}(\boldsymbol{A})=\mathrm{N}(\boldsymbol{A}^{\mathrm{T}})$. 同理可证另一式.

8.7.4　正交变换与对称变换

线性变换是线性空间中保持线性运算的变换. 至于欧氏空间，除了线性运算外，还有度量性质. 由于度量关系是由内积来定义的，所以与内积有关的线性变换无疑是重要的.

定义 8.26 如果欧氏空间 V 的线性变换 T 保持内积不变，即对任意 $\boldsymbol{\alpha},\boldsymbol{\beta}\in V$，都有

$$(T(\boldsymbol{\alpha}),T(\boldsymbol{\beta}))=(\boldsymbol{\alpha},\boldsymbol{\beta}),$$

则称 T 为**正交变换**.

例 8.67 平面旋转变换(平面围绕坐标原点按反时针方向旋转 θ 角)

$$T(x_1,x_2)=(x_1\cos\theta-x_2\sin\theta,x_1\sin\theta+x_2\cos\theta)$$

就是欧氏空间 $\mathbf{R}^2$ 的一个正交变换. 这是因为，对 $\mathbf{R}^2$ 中任意向量 $\boldsymbol{x}=(x_1,x_2)$ 和 $\boldsymbol{y}=(y_1,y_2)$，有

$$\begin{aligned}(T(\boldsymbol{x}),T(\boldsymbol{y}))&=(x_1\cos\theta-x_2\sin\theta)(y_1\cos\theta-y_2\sin\theta)\\&\quad+(x_1\sin\theta+x_2\cos\theta)(y_1\sin\theta+y_2\cos\theta)\\&=x_1y_1+x_2y_2=(\boldsymbol{x},\boldsymbol{y}).\end{aligned}$$

例 8.68 设 $\boldsymbol{u}$ 是欧氏空间 $\mathbf{R}^3$ 中的单位向量，线性变换

$$T(\boldsymbol{x})=\boldsymbol{x}-2(\boldsymbol{u},\boldsymbol{x})\boldsymbol{u}$$

将向量 $\boldsymbol{x}$ 关于以 $\boldsymbol{u}$ 为法向量的平面 π 作了反射，称 T 为**镜射变换**. 由于对任意 $\boldsymbol{x},\boldsymbol{y}\in\mathbf{R}^3$，有

$$\begin{aligned}(T(\boldsymbol{x}),T(\boldsymbol{y}))&=(\boldsymbol{x}-2(\boldsymbol{u},\boldsymbol{x})\boldsymbol{u},\boldsymbol{y}-2(\boldsymbol{u},\boldsymbol{y})\boldsymbol{u})\\&=(\boldsymbol{x},\boldsymbol{y})-2(\boldsymbol{u},\boldsymbol{y})(\boldsymbol{x},\boldsymbol{u})-2(\boldsymbol{u},\boldsymbol{x})(\boldsymbol{u},\boldsymbol{y})\\&\quad+4(\boldsymbol{u},\boldsymbol{x})(\boldsymbol{u},\boldsymbol{y})(\boldsymbol{u},\boldsymbol{u})=(\boldsymbol{x},\boldsymbol{y}),\end{aligned}$$

所以 T 是正交变换.

作为特例，如果 π 是 Oxy 面，此时 $\boldsymbol{u}=(0,0,1)=\boldsymbol{k}$，相应的镜射变换为

$$T(x_1,x_2,x_3)=(x_1,x_2,-x_3).$$

例 8.69 设 $\boldsymbol{A}$ 是 n 阶正交矩阵，$\mathbf{R}^n$ 的线性变换

$$T(\boldsymbol{x})=\boldsymbol{A}\boldsymbol{x}\qquad(\boldsymbol{x}\in\mathbf{R}^n)$$

是正交变换. 这是因为，对任意 $\boldsymbol{x},\boldsymbol{y}\in\mathbf{R}^n$，有

$$(T(\boldsymbol{x}),T(\boldsymbol{y}))=(\boldsymbol{A}\boldsymbol{x},\boldsymbol{A}\boldsymbol{y})=(\boldsymbol{A}\boldsymbol{x})^{\mathrm{T}}(\boldsymbol{A}\boldsymbol{y})=\boldsymbol{x}^{\mathrm{T}}\boldsymbol{A}^{\mathrm{T}}\boldsymbol{A}\boldsymbol{y}=\boldsymbol{x}^{\mathrm{T}}\boldsymbol{y}=(\boldsymbol{x},\boldsymbol{y}).$$

在有限维欧氏空间中，正交变换可以通过几个方面来加以描述.

定理 8.23 设 T 是 n 维欧氏空间 V 的线性变换，则下列命题等价：

(1) T 是正交变换；

(2) T 保持元素的长度不变，即对任意 $\boldsymbol{\alpha}\in V$，有

$$\|T(\boldsymbol{\alpha})\|=\|\boldsymbol{\alpha}\|;$$

(3) T 把 V 的标准正交基仍变为标准正交基；

(4) T 在 V 的任一标准正交基下的矩阵为正交矩阵.

证 (1)⇒(2). T 是正交变换，对任意 $\boldsymbol{\alpha}\in V$，有

$$\|T(\boldsymbol{\alpha})\|=\sqrt{(T(\boldsymbol{\alpha}),T(\boldsymbol{\alpha}))}=\sqrt{(\boldsymbol{\alpha},\boldsymbol{\alpha})}=\|\boldsymbol{\alpha}\|.$$

(2)⇒(1). T 保持内积不变，则对任意 $\boldsymbol{\alpha},\boldsymbol{\beta}\in V$，有

$$(T(\boldsymbol{\alpha}+\boldsymbol{\beta}),T(\boldsymbol{\alpha}+\boldsymbol{\beta}))=(\boldsymbol{\alpha}+\boldsymbol{\beta},\boldsymbol{\alpha}+\boldsymbol{\beta}).$$

将上式两边展开，得

$$(T(\boldsymbol{\alpha}),T(\boldsymbol{\alpha}))+2(T(\boldsymbol{\alpha}),T(\boldsymbol{\beta}))+(T(\boldsymbol{\beta}),T(\boldsymbol{\beta}))=(\boldsymbol{\alpha},\boldsymbol{\alpha})+2(\boldsymbol{\alpha},\boldsymbol{\beta})+(\boldsymbol{\beta},\boldsymbol{\beta}).$$

由于$(T(\boldsymbol{\alpha}),T(\boldsymbol{\alpha}))=(\boldsymbol{\alpha},\boldsymbol{\alpha})$，$(T(\boldsymbol{\beta}),T(\boldsymbol{\beta}))=(\boldsymbol{\beta},\boldsymbol{\beta})$，代入上式即得$(T(\boldsymbol{\alpha}),T(\boldsymbol{\beta}))=(\boldsymbol{\alpha},\boldsymbol{\beta})$，即 T 是正交变换.

(1)⇒(3). T 是正交变换，设 $\boldsymbol{\varepsilon}_1,\boldsymbol{\varepsilon}_2,\cdots,\boldsymbol{\varepsilon}_n$ 是 V 的标准正交基，则有

$$(T(\boldsymbol{\varepsilon}_i),T(\boldsymbol{\varepsilon}_j))=(\boldsymbol{\varepsilon}_i,\boldsymbol{\varepsilon}_j)=\begin{cases}1, & i=j,\\ 0, & i\neq j.\end{cases}$$

于是 $T(\boldsymbol{\varepsilon}_1),T(\boldsymbol{\varepsilon}_2),\cdots,T(\boldsymbol{\varepsilon}_n)$是标准正交基.

(3)⇒(1). 如果 $\boldsymbol{\varepsilon}_1,\boldsymbol{\varepsilon}_2,\cdots,\boldsymbol{\varepsilon}_n$ 和 $T(\boldsymbol{\varepsilon}_1),T(\boldsymbol{\varepsilon}_2),\cdots,T(\boldsymbol{\varepsilon}_n)$都是 V 的标准正交基，任取 $\boldsymbol{\alpha},\boldsymbol{\beta}\in V$，有 $\boldsymbol{\alpha}=x_1\boldsymbol{\varepsilon}_1+\cdots+x_n\boldsymbol{\varepsilon}_n$，$\boldsymbol{\beta}=y_1\boldsymbol{\varepsilon}_1+\cdots+y_n\boldsymbol{\varepsilon}_n$，于是

$$\begin{aligned}(T(\boldsymbol{\alpha}),T(\boldsymbol{\beta}))&=\left(\sum_{i=1}^{n}x_iT(\boldsymbol{\varepsilon}_i),\sum_{j=1}^{n}y_jT(\boldsymbol{\varepsilon}_j)\right)\\&=\sum_{i=1}^{n}\sum_{j=1}^{n}x_iy_j(T(\boldsymbol{\varepsilon}_i),T(\boldsymbol{\varepsilon}_j))=\sum_{i=1}^{n}x_iy_i=(\boldsymbol{\alpha},\boldsymbol{\beta}),\end{aligned}$$

即 T 是正交变换.

(3)⇔(4). 由定理 8.20 即得.　　证毕

因为正交矩阵是可逆的，并且其逆矩阵也是正交矩阵，而两个正交矩阵的乘积仍是正交矩阵，所以正交变换是可逆变换，其逆变换仍是正交变换；两个正交变换的乘积仍是正交变换.

由于正交变换 T 在任一标准正交基下的矩阵是正交矩阵，而正交矩阵的行列式为 1 或 −1，且 T 在不同基下的矩阵又是相似的，因此行列式为 1 或 −1 与标准正交基的选取无关，完全取决于 T 自身的性质. 基于这一点，称行列式为 1 的正交变换为**旋转**或**第一类正交变换**，而称行列式为 −1 的正交变换为**第二类正交变换**.

如果取 $\mathbf{R}^2$ 的基 $\boldsymbol{i},\boldsymbol{j}$，则例 8.67 的平面旋转变换在该基下的矩阵为

$$\boldsymbol{A}=\begin{pmatrix}\cos\theta & -\sin\theta\\ \sin\theta & \cos\theta\end{pmatrix}.$$

由 $\det\boldsymbol{A}=1$ 知，平面旋转变换是一个第一类的正交变换. 对于例 8.68 的镜射变换，可以证明它是第二类的正交变换. 这是因为，如果将单位向量 $\boldsymbol{u}$ 扩充成 $\mathbf{R}^3$ 的标准正交基 $\boldsymbol{u},\boldsymbol{u}_2,\boldsymbol{u}_3$，则有

$$T(\boldsymbol{u})=-\boldsymbol{u},\quad T(\boldsymbol{u}_2)=\boldsymbol{u}_2,\quad T(\boldsymbol{u}_3)=\boldsymbol{u}_3.$$

所以 T 在 $\boldsymbol{u},\boldsymbol{u}_2,\boldsymbol{u}_3$ 下的矩阵为

$$\boldsymbol{A}=\begin{pmatrix}-1 & 0 & 0\\ 0 & 1 & 0\\ 0 & 0 & 1\end{pmatrix}.$$

从而 T 是第二类正交变换.

需要注意的是,正交变换在标准正交基下的矩阵是正交矩阵,但在其他基下的矩阵可能是正交矩阵,也可能不是正交矩阵. 例如在 $\mathbf{R}^3$ 中,T 是关于 Oyz 面的镜射变换,它是正交变换;如果取 $\mathbf{R}^3$ 的基 $\boldsymbol{i},\boldsymbol{j},\boldsymbol{i}+\boldsymbol{j}+\boldsymbol{k}$,它不是标准正交基,$T$ 在该基下的矩阵为

$$\begin{pmatrix} -1 & 0 & -2 \\ 0 & 1 & 0 \\ 0 & 0 & 1 \end{pmatrix},$$

它不是正交矩阵;又取 $\mathbf{R}^3$ 的基 $\frac{1}{2}\boldsymbol{i}+\boldsymbol{j},-\frac{1}{2}\boldsymbol{i}+\boldsymbol{j},\boldsymbol{k}$,它也不是标准正交基,但 T 在该基下的矩阵为

$$\begin{pmatrix} 0 & 1 & 0 \\ 1 & 0 & 0 \\ 0 & 0 & 1 \end{pmatrix},$$

它是正交矩阵.

定义 8.27 设 T 是欧氏空间 V 的线性变换. 如果对任意 $\boldsymbol{\alpha},\boldsymbol{\beta}\in V$ 都有

$$(T(\boldsymbol{\alpha}),\boldsymbol{\beta}) = (\boldsymbol{\alpha},T(\boldsymbol{\beta})),$$

则称 T 为**对称变换**.

下面定理表明,在有限维欧氏空间中,对称变换与实对称矩阵在标准正交基下是对应的,这也是称之为对称变换的原因.

定理 8.24 n 维欧氏空间 V 的线性变换 T 是对称变换的充分必要条件是,它在 V 的任一标准正交基下的矩阵是实对称矩阵.

证 设 $\boldsymbol{\varepsilon}_1,\boldsymbol{\varepsilon}_2,\cdots,\boldsymbol{\varepsilon}_n$ 是 V 的标准正交基,且

$$T(\boldsymbol{\varepsilon}_1,\boldsymbol{\varepsilon}_2,\cdots,\boldsymbol{\varepsilon}_n) = (\boldsymbol{\varepsilon}_1,\boldsymbol{\varepsilon}_2,\cdots,\boldsymbol{\varepsilon}_n)\boldsymbol{A},$$

其中 $\boldsymbol{A}=(a_{ij})_{n\times n}$,则有

$$T(\boldsymbol{\varepsilon}_i) = a_{1i}\boldsymbol{\varepsilon}_1 + a_{2i}\boldsymbol{\varepsilon}_2 + \cdots + a_{ni}\boldsymbol{\varepsilon}_n.$$

于是 $(T(\boldsymbol{\varepsilon}_i),\boldsymbol{\varepsilon}_j)=a_{ji}$,$(\boldsymbol{\varepsilon}_i,T(\boldsymbol{\varepsilon}_j))=a_{ij}$.

如果 T 是对称变换,则有

$$a_{ji} = (T(\boldsymbol{\varepsilon}_i),\boldsymbol{\varepsilon}_j) = (\boldsymbol{\varepsilon}_i,T(\boldsymbol{\varepsilon}_j)) = a_{ij},$$

从而 $\boldsymbol{A}$ 是实对称矩阵. 反之,若 $\boldsymbol{A}$ 是实对称矩阵,则有

$$(T(\boldsymbol{\varepsilon}_i),\boldsymbol{\varepsilon}_j) = a_{ji} = a_{ij} = (\boldsymbol{\varepsilon}_i,T(\boldsymbol{\varepsilon}_j)),$$

于是对任意 $\boldsymbol{\alpha},\boldsymbol{\beta}\in V$,有

$$\boldsymbol{\alpha} = x_1\boldsymbol{\varepsilon}_1 + \cdots + x_n\boldsymbol{\varepsilon}_n, \qquad \boldsymbol{\beta} = y_1\boldsymbol{\varepsilon}_1 + \cdots + y_n\boldsymbol{\varepsilon}_n,$$

且

$$(T(\boldsymbol{\alpha}),\boldsymbol{\beta}) = \left(\sum_{i=1}^{n} x_i T(\boldsymbol{\varepsilon}_i), \sum_{j=1}^{n} y_j\boldsymbol{\varepsilon}_j\right) = \sum_{i=1}^{n}\sum_{j=1}^{n} x_i y_j (T(\boldsymbol{\varepsilon}_i),\boldsymbol{\varepsilon}_j)$$

$$= \sum_{i=1}^{n} \sum_{j=1}^{n} x_i y_j (\boldsymbol{\varepsilon}_i, T(\boldsymbol{\varepsilon}_j)) = \left(\sum_{i=1}^{n} x_i \boldsymbol{\varepsilon}_i, \sum_{j=1}^{n} y_j T(\boldsymbol{\varepsilon}_j) \right)$$

$$= (\boldsymbol{\alpha}, T(\boldsymbol{\beta})),$$

即 T 为对称变换.　证毕

基于如上定理,可以利用实对称矩阵来讨论对称变换.

推论 1　对称变换的特征值都是实数.

推论 2　对称变换的不同特征值对应的特征向量正交.

推论 3　设 T 是 n 维欧氏空间 V 的对称变换,则存在 V 的标准正交基,使 T 在该基下的矩阵为对角矩阵.

证　取 V 的标准正交基 $\boldsymbol{\varepsilon}_1, \boldsymbol{\varepsilon}_2, \cdots, \boldsymbol{\varepsilon}_n$,且设

$$T(\boldsymbol{\varepsilon}_1, \boldsymbol{\varepsilon}_2, \cdots, \boldsymbol{\varepsilon}_n) = (\boldsymbol{\varepsilon}_1, \boldsymbol{\varepsilon}_2, \cdots, \boldsymbol{\varepsilon}_n)\boldsymbol{A},$$

其中 $\boldsymbol{A}$ 是实对称矩阵. 由于存在正交矩阵 $\boldsymbol{Q}$,使得

$$\boldsymbol{Q}^{-1}\boldsymbol{A}\boldsymbol{Q} = \boldsymbol{\Lambda},$$

其中 $\boldsymbol{\Lambda}$ 是对角矩阵,令$(\boldsymbol{u}_1, \boldsymbol{u}_2, \cdots, \boldsymbol{u}_n) = (\boldsymbol{\varepsilon}_1, \boldsymbol{\varepsilon}_2, \cdots, \boldsymbol{\varepsilon}_n)\boldsymbol{Q}$,则由定理 8.20 知,$\boldsymbol{u}_1, \boldsymbol{u}_2, \cdots, \boldsymbol{u}_n$ 是 V 的标准正交基,且 T 在该基下的矩阵为 $\boldsymbol{\Lambda}$.　证毕

8.7.5　酉空间介绍

欧氏空间是针对实数域上线性空间讨论的,而酉空间是欧氏空间在复数域上的推广. 在酉空间中,许多概念、结论及证明都与欧氏空间类似,因此本段只列举一些主要的结论,其证明均略去.

定义 8.28　设 V 是复数域 $\mathbf{C}$ 上的线性空间. 如果对于 V 中任意两个元素 $\boldsymbol{\alpha}, \boldsymbol{\beta}$ 都有一复数与之对应,记为$(\boldsymbol{\alpha}, \boldsymbol{\beta})$,且它满足下列条件($\boldsymbol{\alpha}, \boldsymbol{\beta}, \boldsymbol{\gamma} \in V, k \in \mathbf{C}$):

(1)$(\boldsymbol{\alpha}, \boldsymbol{\beta}) = \overline{(\boldsymbol{\beta}, \boldsymbol{\alpha})}$,

(2)$(\boldsymbol{\alpha} + \boldsymbol{\beta}, \boldsymbol{\gamma}) = (\boldsymbol{\alpha}, \boldsymbol{\gamma}) + (\boldsymbol{\beta}, \boldsymbol{\gamma})$,

(3)$(k\boldsymbol{\alpha}, \boldsymbol{\beta}) = k(\boldsymbol{\alpha}, \boldsymbol{\beta})$,

(4)$(\boldsymbol{\alpha}, \boldsymbol{\alpha}) \geqslant 0$,当且仅当 $\boldsymbol{\alpha} = \boldsymbol{\theta}$ 时,$(\boldsymbol{\alpha}, \boldsymbol{\alpha}) = 0$,

则称复数$(\boldsymbol{\alpha}, \boldsymbol{\beta})$为 $\boldsymbol{\alpha}$ 与 $\boldsymbol{\beta}$ 的**内积**. 定义了内积的复线性空间 V 称为**酉空间**,也称为**复内积空间**.

这里定义的内积与定义 8.19 的实线性空间的内积只是条件(1)不同. 虽然$(\boldsymbol{\alpha}, \boldsymbol{\beta})$一般是复数,但根据条件(1),$(\boldsymbol{\alpha}, \boldsymbol{\alpha})$就是实数. 没有这一规定,条件(4)就无意义了. 显然欧氏空间是酉空间的特例.

对复线性空间 $\mathbf{C}^n$ 中的向量 $\boldsymbol{a} = (a_1, a_2, \cdots, a_n)$,$\boldsymbol{b} = (b_1, b_2, \cdots, b_n)$,规定

$$(\boldsymbol{a}, \boldsymbol{b}) = a_1\bar{b}_1 + a_2\bar{b}_2 + \cdots + a_n\bar{b}_n = \boldsymbol{a}\boldsymbol{b}^{\mathrm{H}},$$

则它是内积,$\mathbf{C}^n$ 按此内积构成酉空间.

对于复线性空间 $\mathbf{C}^{m\times n}$ 中的矩阵 $\boldsymbol{A} = (a_{ij})_{m\times n}$,$\boldsymbol{B} = (b_{ij})_{m\times n}$,规定

$$(\boldsymbol{A},\boldsymbol{B})=\sum_{i=1}^{m}\sum_{j=1}^{n}a_{ij}\bar{b}_{ij}=\operatorname{tr}(\boldsymbol{A}\boldsymbol{B}^{\mathrm{H}}),$$

则它是内积，$\mathbf{C}^{m\times n}$按此内积构成酉空间.

由内积的定义可以得到酉空间中内积的如下基本性质.

结论 1 设 V 是酉空间，且 $\boldsymbol{\alpha},\boldsymbol{\beta},\boldsymbol{\alpha}_i,\boldsymbol{\beta}_j\in V,k,k_i,l_j\in\mathbf{C}$，则

(1) $(\boldsymbol{\alpha},k\boldsymbol{\beta})=\bar{k}(\boldsymbol{\alpha},\boldsymbol{\beta})$；

(2) $(\boldsymbol{\alpha},\boldsymbol{\beta}+\boldsymbol{\gamma})=(\boldsymbol{\alpha},\boldsymbol{\beta})+(\boldsymbol{\alpha},\boldsymbol{\gamma})$；

(3) $(\boldsymbol{\alpha},\boldsymbol{\theta})=(\boldsymbol{\theta},\boldsymbol{\alpha})=0$；

(4) $\left(\sum_{i=1}^{m}k_i\boldsymbol{\alpha}_i,\sum_{j=1}^{n}l_j\boldsymbol{\beta}_j\right)=\sum_{i=1}^{m}\sum_{j=1}^{n}k_i\bar{l}_j(\boldsymbol{\alpha}_i,\boldsymbol{\beta}_j)$；

(5) Cauchy-Schwarz 不等式仍成立，即

$$(\boldsymbol{\alpha},\boldsymbol{\beta})(\boldsymbol{\beta},\boldsymbol{\alpha})\leqslant(\boldsymbol{\alpha},\boldsymbol{\alpha})(\boldsymbol{\beta},\boldsymbol{\beta})\quad\text{或}\quad|(\boldsymbol{\alpha},\boldsymbol{\beta})|^2\leqslant(\boldsymbol{\alpha},\boldsymbol{\alpha})(\boldsymbol{\beta},\boldsymbol{\beta}),$$

且等号成立的充分必要条件是 $\boldsymbol{\alpha}$ 与 $\boldsymbol{\beta}$ 线性相关.

与欧氏空间中一样，因为 $(\boldsymbol{\alpha},\boldsymbol{\alpha})\geqslant 0$，故可定义元素 $\boldsymbol{\alpha}\in V$ 的**长度**为 $\|\boldsymbol{\alpha}\|=\sqrt{(\boldsymbol{\alpha},\boldsymbol{\alpha})}$，并称满足 $\|\boldsymbol{\alpha}\|=1$ 的元素为**单位元素**. 由于酉空间中的内积一般是复数，故元素之间不易定义夹角，但仍可引入正交等概念，即当 $\boldsymbol{\alpha},\boldsymbol{\beta}\in V$ 满足 $(\boldsymbol{\alpha},\boldsymbol{\beta})=0$时，称 $\boldsymbol{\alpha}$ 与 $\boldsymbol{\beta}$ **正交**或**垂直**.

在 n 维酉空间中，同样可以定义正交基和标准正交基，并且也有下述一些重要结论.

结论 2 任意一组线性无关的元素可以用 Gram-Schmidt 正交化方法正交化，并扩充成标准正交基.

结论 3 两个标准正交基之间的过渡矩阵是酉矩阵.

类似于欧氏空间的正交变换和对称变换，可以引进酉空间的酉变换和 Hermite变换，即如果酉空间 V 的线性变换 T 满足

$$(T(\boldsymbol{\alpha}),T(\boldsymbol{\beta}))=(\boldsymbol{\alpha},\boldsymbol{\beta})\qquad(\boldsymbol{\alpha},\boldsymbol{\beta}\in V),$$

则称 T 为 V 的**酉变换**. 如果线性变换 T 满足

$$(T(\boldsymbol{\alpha}),\boldsymbol{\beta})=(\boldsymbol{\alpha},T(\boldsymbol{\beta}))\qquad(\boldsymbol{\alpha},\boldsymbol{\beta}\in V),$$

则称 T 为 V 的 **Hermite 变换**.

结论 4 设 T 是 n 维酉空间 V 的线性变换，则 T 是酉变换的充分必要条件是 T 在 V 的标准正交基下的矩阵是酉矩阵；T 是 Hermite 变换的充分必要条件是 T 在 V 的标准正交基下的矩阵是 Hermite 矩阵.

结论 5 酉变换是可逆的，且其逆变换仍是酉变换；两个酉变换的乘积仍是酉变换. Hermite 变换的特征值均为实数，它的不同特征值对应的特征向量正交.

结论 6 设 T 是 n 维酉空间 V 的 Hermite 变换，则存在 V 的标准正交基，使 T 在该基下的矩阵为实对角矩阵.

结论 7 设 $\boldsymbol{A}\in\mathbf{C}^{m\times n}$，则 $\mathrm{R}^{\perp}(\boldsymbol{A})=\mathrm{N}(\boldsymbol{A}^{\mathrm{H}})$，$\mathrm{N}^{\perp}(\boldsymbol{A})=\mathrm{R}(\boldsymbol{A}^{\mathrm{H}})$.

8.8 投影矩阵

8.8.1 投影变换与投影矩阵

定义 8.29 设 L 与 M 是 $\mathbf{C}^n$ 的子空间，且 $\mathbf{C}^n=L\dot{+}M$，即 $\mathbf{C}^n$ 是 L 与 M 的直和. 任意 $\boldsymbol{x}\in\mathbf{C}^n$ 可唯一分解为 $\boldsymbol{x}=\boldsymbol{y}+\boldsymbol{z}$，其中 $\boldsymbol{y}\in L,\boldsymbol{z}\in M$，称 $\boldsymbol{y}$ 为 $\boldsymbol{x}$ 沿着 M 到 L 的**投影**. 将 $\boldsymbol{x}$ 变为沿着 M 到 L 的投影 $\boldsymbol{y}$ 的变换称为沿着 M 到 L 的**投影变换**，记为 $P_{L,M}$，即

$$P_{L,M}(\boldsymbol{x})=\boldsymbol{y}.$$

同样可定义 $\boldsymbol{z}$ 是 $\boldsymbol{x}$ 沿着 L 到 M 的投影，且 $P_{M,L}(\boldsymbol{x})=\boldsymbol{z}$.

由定义知投影变换 $P_{L,M}$ 将整个向量空间 $\mathbf{C}^n$ 变到子空间 L.

关于投影变换 $P_{L,M}$ 有如下一些性质.

性质 1 $P_{L,M}$ 是 $\mathbf{C}^n$ 的线性变换.

证 对任意 $\boldsymbol{x}_1,\boldsymbol{x}_2\in\mathbf{C}^n$，有

$$\boldsymbol{x}_1=\boldsymbol{y}_1+\boldsymbol{z}_1,\quad \boldsymbol{x}_2=\boldsymbol{y}_2+\boldsymbol{z}_2,\quad 其中\ \boldsymbol{y}_1,\boldsymbol{y}_2\in L,\quad \boldsymbol{z}_1,\boldsymbol{z}_2\in M.$$

又对任意 $k,l\in\mathbf{C}$ 有

$$k\boldsymbol{x}_1+l\boldsymbol{x}_2=(k\boldsymbol{y}_1+l\boldsymbol{y}_2)+(k\boldsymbol{z}_1+l\boldsymbol{z}_2).$$

于是

$$P_{L,M}(k\boldsymbol{x}_1+l\boldsymbol{x}_2)=k\boldsymbol{y}_1+l\boldsymbol{y}_2=kP_{L,M}(\boldsymbol{x}_1)+lP_{L,M}(\boldsymbol{x}_2).$$

证毕

性质 2 若 $\boldsymbol{x}\in L$，则 $P_{L,M}(\boldsymbol{x})=\boldsymbol{x}$；若 $\boldsymbol{x}\in M$，则 $P_{L,M}(\boldsymbol{x})=\mathbf{0}$.

性质 3 $P_{L,M}$ 的值域 $\mathrm{R}(P_{L,M})=L$，核 $\mathrm{N}(P_{L,M})=M$.

以上两个性质容易由定义得到.

由 8.6 节知，在取定线性空间的一个基后，线性变换与某个矩阵对应，且不同基下对应的矩阵一般是不同的. 下面定义投影变换在 $\mathbf{C}^n$ 的特定基下的矩阵.

定义 8.30 投影变换 $P_{L,M}$ 在 $\mathbf{C}^n$ 的基

$$\boldsymbol{e}_1=(1,0,\cdots,0)^{\mathrm{T}},\quad \boldsymbol{e}_2=(0,1,0,\cdots,0)^{\mathrm{T}},\quad \cdots,\quad \boldsymbol{e}_n=(0,\cdots,0,1)^{\mathrm{T}}$$

下的矩阵称为**投影矩阵**，记为 $\boldsymbol{P}_{L,M}$.

对 $\mathbf{C}^n$ 中的任意向量 $\boldsymbol{x}=(x_1,x_2,\cdots,x_n)^{\mathrm{T}}$，有

$$\begin{aligned}P_{L,M}(\boldsymbol{x})&=P_{L,M}[(\boldsymbol{e}_1,\boldsymbol{e}_2,\cdots,\boldsymbol{e}_n)\boldsymbol{x}]=[P_{L,M}(\boldsymbol{e}_1,\boldsymbol{e}_2,\cdots,\boldsymbol{e}_n)]\boldsymbol{x}\\&=[(\boldsymbol{e}_1,\boldsymbol{e}_2,\cdots,\boldsymbol{e}_n)\boldsymbol{P}_{L,M}]\boldsymbol{x}=\boldsymbol{P}_{L,M}\boldsymbol{x}.\end{aligned}$$

可见，投影变换 $P_{L,M}$ 作用于向量 $\boldsymbol{x}$ 相当于投影矩阵 $\boldsymbol{P}_{L,M}$ 与向量 $\boldsymbol{x}$ 的乘积. 于是，性质 2 可等价地叙述如下.

性质 4 若 $\boldsymbol{x}\in L$，则 $\boldsymbol{P}_{L,M}\boldsymbol{x}=\boldsymbol{x}$；若 $\boldsymbol{x}\in M$，则 $\boldsymbol{P}_{L,M}\boldsymbol{x}=\mathbf{0}$.

定义 8.31 设 $\boldsymbol{A}\in\mathbf{C}^{n\times n}$，若 $\boldsymbol{A}$ 满足 $\boldsymbol{A}^2=\boldsymbol{A}$，则称 $\boldsymbol{A}$ 为**幂等矩阵**.

引理 8.1 设 $\boldsymbol{A}\in\mathbf{C}^{n\times n}$ 是幂等矩阵,则

$$\mathrm{N}(\boldsymbol{A})=\mathrm{R}(\boldsymbol{I}-\boldsymbol{A}).$$

证 对任意 $\boldsymbol{x}\in\mathrm{R}(\boldsymbol{I}-\boldsymbol{A})$ 有

$$\boldsymbol{x}=(\boldsymbol{I}-\boldsymbol{A})\boldsymbol{y},\qquad \boldsymbol{y}\in\mathbf{C}^n.$$

于是

$$\boldsymbol{A}\boldsymbol{x}=\boldsymbol{A}(\boldsymbol{I}-\boldsymbol{A})\boldsymbol{y}=\boldsymbol{0},$$

即 $\boldsymbol{x}\in\mathrm{N}(\boldsymbol{A})$,这表明 $\mathrm{R}(\boldsymbol{I}-\boldsymbol{A})\in\mathrm{N}(\boldsymbol{A})$.

对任意 $\boldsymbol{x}\in\mathrm{N}(\boldsymbol{A})$,有 $\boldsymbol{A}\boldsymbol{x}=\boldsymbol{0}$,于是

$$\boldsymbol{x}=\boldsymbol{x}-\boldsymbol{A}\boldsymbol{x}=(\boldsymbol{I}-\boldsymbol{A})\boldsymbol{x}\in\mathrm{R}(\boldsymbol{I}-\boldsymbol{A}),$$

即 $\mathrm{N}(\boldsymbol{A})\subset\mathrm{R}(\boldsymbol{I}-\boldsymbol{A})$. 故 $\mathrm{R}(\boldsymbol{I}-\boldsymbol{A})=\mathrm{N}(\boldsymbol{A})$. 证毕

投影矩阵与幂等矩阵有着密切的关系.

定理 8.25 矩阵 $\boldsymbol{P}$ 是投影矩阵的充要条件是 $\boldsymbol{P}$ 为幂等矩阵.

证 必要性. 设 $\boldsymbol{P}=\boldsymbol{P}_{L,M}$ 是投影矩阵,则对任意 $\boldsymbol{x}\in\mathbf{C}^n$ 有

$$\boldsymbol{x}=\boldsymbol{y}+\boldsymbol{z}\qquad(\boldsymbol{y}\in L,\boldsymbol{z}\in M).$$

根据性质 4 得

$$\boldsymbol{P}^2\boldsymbol{x}=\boldsymbol{P}_{L,M}^2\boldsymbol{x}=\boldsymbol{P}_{L,M}(\boldsymbol{P}_{L,M}\boldsymbol{x})=\boldsymbol{P}_{L,M}\boldsymbol{y}=\boldsymbol{y}=\boldsymbol{P}_{L,M}\boldsymbol{x}=\boldsymbol{P}\boldsymbol{x}.$$

由 $\boldsymbol{x}$ 的任意性知 $\boldsymbol{P}^2=\boldsymbol{P}$.

充分性. 设 $\boldsymbol{P}$ 为幂等矩阵,即 $\boldsymbol{P}^2=\boldsymbol{P}$. 因为对任意 $\boldsymbol{x}\in\mathbf{C}^n$ 有

$$\boldsymbol{x}=\boldsymbol{P}\boldsymbol{x}+(\boldsymbol{I}-\boldsymbol{P})\boldsymbol{x},$$

于是由引理 8.1 得

$$\mathbf{C}^n=\mathrm{R}(\boldsymbol{P})+\mathrm{R}(\boldsymbol{I}-\boldsymbol{P})=\mathrm{R}(\boldsymbol{P})+\mathrm{N}(\boldsymbol{P}).$$

再证明这是直和. 设 $\boldsymbol{y}\in\mathrm{R}(\boldsymbol{P})\cap\mathrm{N}(\boldsymbol{P})$,则 $\boldsymbol{y}\in\mathrm{R}(\boldsymbol{P})$ 且 $\boldsymbol{y}\in\mathrm{N}(\boldsymbol{P})$,即有 $\boldsymbol{y}=\boldsymbol{P}\boldsymbol{z}$ 且 $\boldsymbol{P}\boldsymbol{y}=\boldsymbol{0}$,于是

$$\boldsymbol{y}=\boldsymbol{P}\boldsymbol{z}=\boldsymbol{P}^2\boldsymbol{z}=\boldsymbol{P}(\boldsymbol{P}\boldsymbol{z})=\boldsymbol{P}\boldsymbol{y}=\boldsymbol{0},$$

故 $\mathrm{R}(\boldsymbol{P})\cap\mathrm{N}(\boldsymbol{P})=\{\boldsymbol{0}\}$,从而 $\mathbf{C}^n=\mathrm{R}(\boldsymbol{P})\dot{+}\mathrm{N}(\boldsymbol{P})$. 可见 $\boldsymbol{P}$ 是沿着 $\mathrm{N}(\boldsymbol{P})$ 到 $\mathrm{R}(\boldsymbol{P})$ 的投影矩阵,即 $\boldsymbol{P}=\boldsymbol{P}_{\mathrm{R}(\boldsymbol{P}),\mathrm{N}(\boldsymbol{P})}$. 证毕

这一定理表明,如果 $\boldsymbol{P}$ 是幂等矩阵,则为将它表作投影矩阵,只需找出其值域 $\mathrm{R}(\boldsymbol{P})$ 与核 $\mathrm{N}(\boldsymbol{P})$,然后写成 $\boldsymbol{P}=\boldsymbol{P}_{\mathrm{R}(\boldsymbol{P}),\mathrm{N}(\boldsymbol{P})}$ 即可.

下面介绍投影矩阵的计算方法.

设 $\mathbf{C}^n=L\dot{+}M$,$\boldsymbol{P}_{L,M}$ 是沿着 M 到 L 的投影矩阵. 又设 $\dim L=r$,则 $\dim M=n-r$. 取 L 的基 $\boldsymbol{x}_1,\boldsymbol{x}_2,\cdots,\boldsymbol{x}_r$ 和 M 的基 $\boldsymbol{y}_1,\boldsymbol{y}_2,\cdots,\boldsymbol{y}_{n-r}$,则由定理 8.9 的推论知 $\boldsymbol{x}_1,\boldsymbol{x}_2,\cdots,\boldsymbol{x}_r,\boldsymbol{y}_1,\boldsymbol{y}_2,\cdots,\boldsymbol{y}_{n-r}$ 构成 $\mathbf{C}^n$ 的基. 根据性质 4 得

$$\boldsymbol{P}_{L,M}\boldsymbol{x}_i=\boldsymbol{x}_i\quad(i=1,2,\cdots,r),\qquad \boldsymbol{P}_{L,M}\boldsymbol{y}_j=\boldsymbol{0}\quad(j=1,2,\cdots,n-r).$$

于是

$$P_{L,M}(x_1,\cdots,x_r,y_1,\cdots,y_{n-r})=(x_1,\cdots,x_r,0,\cdots,0).$$

令 $X=(x_1,\cdots,x_r)\in C^{n\times r}, Y=(y_1,\cdots,y_{n-r})\in C^{n\times(n-r)}$，则上式等价于

$$P_{L,M}(X,Y)=(X,O).$$

由于(X,Y)是 n 阶可逆矩阵，从而投影矩阵为

$$P_{L,M}=(X,O)(X,Y)^{-1}.$$

例 8.70　设 $\mathbf{R}^3$ 中子空间 L 是由向量 $x_1=(1,2,0)^{\mathrm T}$ 和 $x_2=(0,1,1)^{\mathrm T}$ 生成的，子空间 M 是由向量 $y_1=(0,0,1)^{\mathrm T}$ 生成的，求 $P_{L,M}$和向量 $x=(1,2,3)^{\mathrm T}$ 沿着 M 到 L 的投影.

解　令 $X=(x_1,x_2)=\begin{pmatrix}1&0\\2&1\\0&1\end{pmatrix}, Y=(y_1)=\begin{pmatrix}0\\0\\1\end{pmatrix}$，则

$$P_{L,M}=(X,O)(X,Y)^{-1}=\begin{pmatrix}1&0&0\\2&1&0\\0&1&0\end{pmatrix}\begin{pmatrix}1&0&0\\2&1&0\\0&1&1\end{pmatrix}^{-1}=\begin{pmatrix}1&0&0\\0&1&0\\-2&1&0\end{pmatrix},$$

$$P_{L,M}x=\begin{pmatrix}1&0&0\\0&1&0\\-2&1&0\end{pmatrix}\begin{pmatrix}1\\2\\3\end{pmatrix}=\begin{pmatrix}1\\2\\0\end{pmatrix}.$$

8.8.2　正交投影变换与正交投影矩阵

定义 8.32　设 L 是 $\mathbf{C}^n$ 的子空间，则称沿着 $L^{\perp}$到 L 的投影变换 $P_{L,L^{\perp}}$ 为**正交投影变换**，简记为 P_L. 正交投影变换在 $\mathbf{C}^n$ 的基 $e_1,e_2,\cdots,e_n$ 下的矩阵称为**正交投影矩阵**，记为 P_L.

作为投影变换的子类，正交投影变换具有更为良好的性质.

定理 8.26　矩阵 P 是正交投影矩阵的充要条件是$P^2=P$ 且 $P^{\mathrm H}=P$，即 P 是幂等 Hermite 矩阵.

证　必要性. 设 $P=P_L$ 是正交投影矩阵，则由定理 8.25 知 $P^2=P$. 又对任意 $x,w\in\mathbf{C}^n$ 有

$$x=y+z,\qquad w=u+v\qquad (y,u\in L;z,v\in L^{\perp}),$$

则 $Px=y, Pw=u$，且有

$$\begin{aligned}x^{\mathrm H}Pw&=(y+z)^{\mathrm H}u=y^{\mathrm H}u+z^{\mathrm H}u=y^{\mathrm H}u=y^{\mathrm H}u+y^{\mathrm H}v\\&=y^{\mathrm H}(u+v)=(Px)^{\mathrm H}w=x^{\mathrm H}P^{\mathrm H}w.\end{aligned}$$

由 x,w 的任意性得 $P^{\mathrm H}=P$.

充分性. 若 $P^2=P$ 且 $P^{\mathrm H}=P$，则由定理 8.25 和 8.7 节结论 7 得

$$P=P_{\mathrm{R}(P),\mathrm{N}(P)}=P_{\mathrm{R}(P),\mathrm{N}(P^{\mathrm H})}=P_{\mathrm{R}(P),\mathrm{R}^{\perp}(P)}=P_{\mathrm{R}(P)}.$$

证毕

下面介绍正交投影矩阵的计算方法.

设 L 是 $\mathbf{C}^n$ 的子空间，$\dim L=r$，且 $\boldsymbol{x}_1,\boldsymbol{x}_2,\cdots,\boldsymbol{x}_r$ 是 L 的基. 取 $n-r$ 维子空间 $L^{\perp}$ 的基 $\boldsymbol{y}_1,\boldsymbol{y}_2,\cdots,\boldsymbol{y}_{n-r}$，则 $\boldsymbol{x}_1,\boldsymbol{x}_2,\cdots,\boldsymbol{x}_r,\boldsymbol{y}_1,\boldsymbol{y}_2,\cdots,\boldsymbol{y}_{n-r}$ 构成 $\mathbf{C}^n$ 的基. 令

$$\boldsymbol{X}=(\boldsymbol{x}_1,\cdots,\boldsymbol{x}_r),\qquad \boldsymbol{Y}=(\boldsymbol{y}_1,\cdots,\boldsymbol{y}_{n-r}).$$

注意到 $\boldsymbol{X}^{\mathrm{H}}\boldsymbol{Y}=\boldsymbol{O}$，于是

$$\begin{aligned}\boldsymbol{P}_L&=(\boldsymbol{X},\boldsymbol{O})(\boldsymbol{X},\boldsymbol{Y})^{-1}=(\boldsymbol{X},\boldsymbol{O})[(\boldsymbol{X},\boldsymbol{Y})^{\mathrm{H}}(\boldsymbol{X},\boldsymbol{Y})]^{-1}(\boldsymbol{X},\boldsymbol{Y})^{\mathrm{H}}\\&=(\boldsymbol{X},\boldsymbol{O})\begin{pmatrix}\boldsymbol{X}^{\mathrm{H}}\boldsymbol{X}&\boldsymbol{O}\\\boldsymbol{O}&\boldsymbol{Y}^{\mathrm{H}}\boldsymbol{Y}\end{pmatrix}^{-1}\begin{pmatrix}\boldsymbol{X}^{\mathrm{H}}\\\boldsymbol{Y}^{\mathrm{H}}\end{pmatrix}=\boldsymbol{X}(\boldsymbol{X}^{\mathrm{H}}\boldsymbol{X})^{-1}\boldsymbol{X}^{\mathrm{H}}.\end{aligned}$$

例 8.71 设 $\mathbf{R}^3$ 中子空间 L 是由向量 $\boldsymbol{x}_1=(1,1,0)^{\mathrm{T}}$ 和 $\boldsymbol{x}_2=(1,1,1)^{\mathrm{T}}$ 生成的，求正交投影矩阵 $\boldsymbol{P}_L$ 和向量 $\boldsymbol{x}=(1,2,3)^{\mathrm{T}}$ 沿着 $L^{\perp}$ 到 L 的投影.

解 令 $\boldsymbol{X}=(\boldsymbol{x}_1,\boldsymbol{x}_2)=\begin{pmatrix}1&0\\2&1\\0&1\end{pmatrix}$，则

$$\boldsymbol{P}_L=\boldsymbol{X}(\boldsymbol{X}^{\mathrm{H}}\boldsymbol{X})^{-1}\boldsymbol{X}^{\mathrm{H}}=\begin{pmatrix}1&1\\1&1\\0&1\end{pmatrix}\begin{pmatrix}2&2\\2&3\end{pmatrix}^{-1}\begin{pmatrix}1&1&0\\1&1&1\end{pmatrix}=\frac{1}{2}\begin{pmatrix}1&1&0\\1&1&0\\0&0&2\end{pmatrix},$$

$$\boldsymbol{P}_L x=\frac{1}{2}\begin{pmatrix}1&1&0\\1&1&0\\0&0&2\end{pmatrix}\begin{pmatrix}1\\2\\3\end{pmatrix}=\frac{3}{2}\begin{pmatrix}1\\1\\2\end{pmatrix}.$$

8.8.3 Moore-Penrose 逆的等价定义

1920 年 Moore 利用正交投影变换定义了一种广义逆矩阵，采用矩阵形式给出如下.

定义 8.33 设 $\boldsymbol{A}\in\mathbf{C}^{m\times n}$，若存在 $\boldsymbol{X}\in\mathbf{C}^{n\times m}$ 使得

$$\boldsymbol{A}\boldsymbol{X}=\boldsymbol{P}_{\mathrm{R}(\boldsymbol{A})},\qquad \boldsymbol{X}\boldsymbol{A}=\boldsymbol{P}_{\mathrm{R}(\boldsymbol{X})},$$

则称 $\boldsymbol{X}$ 为 $\boldsymbol{A}$ 的 **Moore 广义逆.**

定理 8.27 Moore 广义逆与 Penrose 给出的 $\boldsymbol{A}^+$ 的定义是一致的.

证 如果 $\boldsymbol{X}$ 为 $\boldsymbol{A}$ 的 Moore 广义逆，则

$$\boldsymbol{A}\boldsymbol{X}\boldsymbol{A}=\boldsymbol{P}_{\mathrm{R}(\boldsymbol{A})}\boldsymbol{A}=\boldsymbol{A},\qquad \boldsymbol{X}\boldsymbol{A}\boldsymbol{X}=\boldsymbol{P}_{\mathrm{R}(\boldsymbol{X})}\boldsymbol{X}=\boldsymbol{X},$$

$$(\boldsymbol{A}\boldsymbol{X})^{\mathrm{H}}=\boldsymbol{P}_{\mathrm{R}(\boldsymbol{A})}^{\mathrm{H}}=\boldsymbol{P}_{\mathrm{R}(\boldsymbol{A})}=\boldsymbol{A}\boldsymbol{X},\qquad (\boldsymbol{X}\boldsymbol{A})^{\mathrm{H}}=\boldsymbol{P}_{\mathrm{R}(\boldsymbol{X})}^{\mathrm{H}}=\boldsymbol{P}_{\mathrm{R}(\boldsymbol{X})}=\boldsymbol{X}\boldsymbol{A},$$

故 $\boldsymbol{X}=\boldsymbol{A}^+$.

反之，如果 $\boldsymbol{X}$ 满足

$$\boldsymbol{A}\boldsymbol{X}\boldsymbol{A}=\boldsymbol{A},\quad \boldsymbol{X}\boldsymbol{A}\boldsymbol{X}=\boldsymbol{X},\quad (\boldsymbol{A}\boldsymbol{X})^{\mathrm{H}}=\boldsymbol{A}\boldsymbol{X},\quad (\boldsymbol{X}\boldsymbol{A})^{\mathrm{H}}=\boldsymbol{X}\boldsymbol{A},$$

由于

$$(\boldsymbol{A}\boldsymbol{X})^2=\boldsymbol{A}\boldsymbol{X}\boldsymbol{A}\boldsymbol{X}=\boldsymbol{A}\boldsymbol{X},\qquad (\boldsymbol{A}\boldsymbol{X})^{\mathrm{H}}=\boldsymbol{A}\boldsymbol{X},$$

据定理 8.26 知 $\boldsymbol{A}\boldsymbol{X}=\boldsymbol{P}_{\mathrm{R}(\boldsymbol{A}\boldsymbol{X})}$. 同样，由于

$$(\boldsymbol{XA})^2=\boldsymbol{XAXA}=\boldsymbol{XA},\qquad (\boldsymbol{XA})^{\mathrm{H}}=\boldsymbol{XA},$$

从而 $\boldsymbol{XA}=\boldsymbol{P}_{\mathrm{R}(\boldsymbol{XA})}$. 又因为

$$\mathrm{R}(\boldsymbol{A})=\mathrm{R}(\boldsymbol{AXA})\subset\mathrm{R}(\boldsymbol{AX})\subset\mathrm{R}(\boldsymbol{A}),\quad \mathrm{R}(\boldsymbol{X})=\mathrm{R}(\boldsymbol{XAX})\subset\mathrm{R}(\boldsymbol{XA})\subset\mathrm{R}(\boldsymbol{X}),$$

即有 $\mathrm{R}(\boldsymbol{AX})=\mathrm{R}(\boldsymbol{A})$, $\mathrm{R}(\boldsymbol{XA})=\mathrm{R}(\boldsymbol{X})$, 故

$$\boldsymbol{AX}=\boldsymbol{P}_{\mathrm{R}(\boldsymbol{AX})}=\boldsymbol{P}_{\mathrm{R}(\boldsymbol{A})},\qquad \boldsymbol{XA}=\boldsymbol{P}_{\mathrm{R}(\boldsymbol{XA})}=\boldsymbol{P}_{\mathrm{R}(\boldsymbol{X})}.$$

证毕

由定理 8.27 可见,投影矩阵在广义逆矩阵研究中所起的作用类似于单位矩阵在逆矩阵的研究中所起的作用.

习　题　8

1. 证明数集 $\{a+b\sqrt{2}\mid a,b\in\mathbf{Q}\}$ 构成数域.

2. 判别下列集合对于所指定的运算是否构成相应数域上的线性空间. 为什么?

(1)次数等于 $m(m\geqslant 1)$ 的实系数多项式的集合,对于多项式的加法和实数与多项式的乘法;

(2)数域 $\mathbf{K}$ 上 n 阶对称矩阵的集合,对于矩阵的加法和数与矩阵的乘法;

(3)数域 $\mathbf{K}$ 上二维向量的集合,其加法与数乘运算定义为

$$(a,b)\oplus(c,d)=(a+c,b+d+ac),$$
$$k\circ(a,b)=\left(ka,kb+\frac{k(k-1)}{2}a^2\right);$$

(4)数域 $\mathbf{K}$ 上 n 维向量的集合,按通常向量的加法,而数乘运算定义为

$$k\circ(a_1,a_2,\cdots,a_n)=(0,0,\cdots,0).$$

3. 全体实函数的集合,按通常函数的加法和数与函数的乘法构成实数域上的线性空间. 判断该线性空间中下列元素组的线性相关性:

(1) t,t^2,e^{2t};　　(2) $1,\cos^2 t,\cos 2t$.

4. 求题 2(2)中线性空间的基与维数.

5. 求 $P[t]_2$ 中多项式 $1+t+t^2$ 在基 $1,t-1,(t-2)(t-1)$ 下的坐标.

6. 设 4 维线性空间 V 的两个基(Ⅰ):$\boldsymbol{\alpha}_1,\boldsymbol{\alpha}_2,\boldsymbol{\alpha}_3,\boldsymbol{\alpha}_4$ 和(Ⅱ):$\boldsymbol{\beta}_1,\boldsymbol{\beta}_2,\boldsymbol{\beta}_3,\boldsymbol{\beta}_4$ 满足

$$\boldsymbol{\alpha}_1+2\boldsymbol{\alpha}_2=\boldsymbol{\beta}_3,\ \boldsymbol{\alpha}_2+2\boldsymbol{\alpha}_3=\boldsymbol{\beta}_4,\ \boldsymbol{\beta}_1+2\boldsymbol{\beta}_2=\boldsymbol{\alpha}_3,\ \boldsymbol{\beta}_2+2\boldsymbol{\beta}_3=\boldsymbol{\alpha}_4.$$

(1)求由基(Ⅰ)到基(Ⅱ)的过渡矩阵 $\boldsymbol{C}$;

(2)求元素 $\boldsymbol{\alpha}=2\boldsymbol{\beta}_1-\boldsymbol{\beta}_2+\boldsymbol{\beta}_3+\boldsymbol{\beta}_4$ 在基(Ⅰ)下的坐标.

7. 已知 $\mathbf{R}^4$ 的两个基

(Ⅰ):$\boldsymbol{\alpha}_1=\boldsymbol{e}_1,\boldsymbol{\alpha}_2=\boldsymbol{e}_2,\boldsymbol{\alpha}_3=\boldsymbol{e}_3,\boldsymbol{\alpha}_4=\boldsymbol{e}_4$;

(Ⅱ):$\boldsymbol{b}_1=(2,1,-1,1),\boldsymbol{b}_2=(0,3,1,0),\boldsymbol{b}_3=(5,3,2,1),\boldsymbol{b}_4=(6,6,1,3)$.

(1)求由基(Ⅰ)到基(Ⅱ)的过渡矩阵;

(2)求向量 $\boldsymbol{x}=(x_1,x_2,x_3,x_4)$ 在基(Ⅱ)下的坐标;

(3)求在两个基下有相同坐标的所有向量.

8. $\mathbf{K}^{2\times 3}$ 的下列子集是否构成子空间? 为什么? 若构成子空间,求其基与维数.

(1) $W_1=\left\{\begin{pmatrix}-1 & b & 0\\ 0 & c & d\end{pmatrix}\,\middle|\, b,c,d\in\mathbf{K}\right\}$;

(2)$W_2=\left\{\begin{pmatrix}a & b & 0\\ 0 & 0 & c\end{pmatrix}\middle| a,b,c\in\mathbf{K}\right\}$;

(3)$W_3=\left\{\begin{pmatrix}a & b & c\\ d & 0 & 0\end{pmatrix}\middle| a+d=0,a,b,c,d\in\mathbf{K}\right\}$.

9. 设 $\boldsymbol{\alpha}_1,\boldsymbol{\alpha}_2,\boldsymbol{\alpha}_3$ 是三维线性空间 V 的一个基，试求由 $\boldsymbol{\beta}_1=\boldsymbol{\alpha}_1-2\boldsymbol{\alpha}_2+3\boldsymbol{\alpha}_3,\boldsymbol{\beta}_2=2\boldsymbol{\alpha}_1+3\boldsymbol{\alpha}_2+2\boldsymbol{\alpha}_3,\boldsymbol{\beta}_3=4\boldsymbol{\alpha}_1+13\boldsymbol{\alpha}_2$ 生成的子空间 $\mathrm{span}\{\boldsymbol{\beta}_1,\boldsymbol{\beta}_2,\boldsymbol{\beta}_3\}$ 的基与维数.

10. 求 $\mathbf{R}^4$ 的子空间

$$W_1=\{(x_1,x_2,x_3,x_4)\mid x_1-x_2+x_3-x_4=0\},$$
$$W_2=\{(x_1,x_2,x_3,x_4)\mid x_1+x_2+x_3+x_4=0\}$$

的和 W_1+W_2 与交 $W_1\cap W_2$ 的基与维数.

11. 证明线性空间 $\mathbf{R}^{2\times 2}$ 可以分解为二阶实对称矩阵的集合构成的子空间与二阶实反对称矩阵的集合构成的子空间的直和.

12. 判别下列变换中哪些是线性变换. 为什么？

(1)在线性空间 V 中，$T(\boldsymbol{\alpha})=\boldsymbol{\alpha}+\boldsymbol{\alpha}_0$，其中 $\boldsymbol{\alpha}\in V,\boldsymbol{\alpha}_0$ 是 V 中取定的元素；

(2)在 $\mathbf{R}^3$ 中，$T(x_1,x_2,x_3)=(x_1^2,x_1+x_2,x_3)$；

(3)在 $\mathbf{R}^{n\times n}$ 中，$T(\boldsymbol{X})=\boldsymbol{BXC}$，其中 $\boldsymbol{X}\in\mathbf{R}^{n\times n}$，$\boldsymbol{B}$ 和 $\boldsymbol{C}$ 是取定的 n 阶方阵；

(4)在 $\mathrm{P}[t]$ 中，$T(f(t))=f(t+1)$.

13. 试证明 $T(x_1,x_2)=(x_2,-x_1)$，$S(x_1,x_2)=(x_1,-x_2)$ 是 $\mathbf{R}^2$ 的两个线性变换，并求 $T+S$，TS 及 ST.

14. 给定 $\mathrm{P}[t]_n$ 的两个线性变换

$$T(f(t))=f'(t),\quad S(f(t))=tf(t)\qquad (f(t)\in\mathrm{P}[t]_n),$$

证明 $TS-ST=I$.

15. 设 D 是 $\mathrm{P}[t]_n$ 的线性变换(称为**微分变换**)

$$D(f(t))=f'(t)\qquad (f(t)\in\mathrm{P}[t]_n),$$

求 D 的值域与核的基与维数.

16. 已知 $\mathbf{R}^3$ 的线性变换 $T(x_1,x_2,x_3)=(0,x_1,x_2)$，求 T^2 的值域与核的基与维数.

17. 设 T 是线性空间 V 的线性变换，$\boldsymbol{\alpha}\in V$ 且 $T^{k-1}(\boldsymbol{\alpha})\neq\boldsymbol{\theta}$，$T^k(\boldsymbol{\alpha})=\boldsymbol{\theta}\,(k>1)$. 证明 $\boldsymbol{\alpha}$，$T(\boldsymbol{\alpha}),\cdots,T^{k-1}(\boldsymbol{\alpha})$ 线性无关.

18. 函数集合 $V=\{(a_2t^2+a_1t+a_0)\mathrm{e}^t\mid a_2,a_1,a_0\in\mathbf{R}\}$ 对于函数的线性运算构成三维实线性空间. 取 V 的基 $f_1(t)=t^2\mathrm{e}^t$，$f_2(t)=t\mathrm{e}^t$，$f_3(t)=\mathrm{e}^t$，求微分变换 D 在该基下的矩阵.

19. 已知 $\mathbf{R}^3$ 的线性变换 T 在基 $\boldsymbol{a}_1=(-1,1,1)$，$\boldsymbol{a}_2=(1,0,-1)$，$\boldsymbol{a}_3=(0,1,1)$ 下的矩阵为

$$\begin{pmatrix}1 & 0 & 1\\ 1 & 1 & 0\\ -1 & 2 & 1\end{pmatrix},$$

求 T 在基 $\boldsymbol{e}_1=(1,0,0)$，$\boldsymbol{e}_2=(0,1,0)$，$\boldsymbol{e}_3=(0,0,1)$ 下的矩阵.

20. 在 $\mathbf{R}^{2\times 2}$ 中定义线性变换.

$$T_1(\boldsymbol{X})=\begin{pmatrix}a & b\\ c & d\end{pmatrix}\boldsymbol{X},\quad T_2(\boldsymbol{X})=\boldsymbol{X}\begin{pmatrix}a & b\\ c & d\end{pmatrix},\quad T_3(\boldsymbol{X})=\begin{pmatrix}a & b\\ c & d\end{pmatrix}\boldsymbol{X}\begin{pmatrix}a & b\\ c & d\end{pmatrix},$$

求 T_1, T_2, T_3 在基 $\boldsymbol{E}_{11}, \boldsymbol{E}_{12}, \boldsymbol{E}_{21}, \boldsymbol{E}_{22}$ 下的矩阵.

21. 设 $\mathbf{R}^3$ 的线性变换 T 与 S 定义如下：

$$T(x_1, x_2, x_3) = (2x_1 - x_2, x_2 - x_3, x_2 + x_3);$$

$$S(-1,0,2) = (-5,0,3),\quad S(0,1,1) = (0,-1,6),\quad S(-1,-1,0) = (-5,-1,0).$$

(1)证明 T 和 S 都是可逆的；

(2)求 $T^{-1}, TS, T+S$ 在基 $\boldsymbol{e}_1, \boldsymbol{e}_2, \boldsymbol{e}_3$ 下的矩阵.

22. 设 T 是三维线性空间 V 的线性变换，且 T 在 V 的基 $\boldsymbol{\alpha}_1, \boldsymbol{\alpha}_2, \boldsymbol{\alpha}_3$ 下的矩阵为

$$\boldsymbol{A} = \begin{pmatrix} 3 & 1 & 0 \\ -4 & -1 & 0 \\ 4 & -8 & -2 \end{pmatrix},$$

求 T 的特征值与特征向量.

23. 已知 $\mathbf{R}^2$ 的线性变换

$$T(x_1, x_2) = (3x_1 + 4x_2, 5x_1 + 2x_2),$$

求 $\mathbf{R}^2$ 的一个基，使 T 在该基下的矩阵为对角矩阵.

24. 设 T 与 S 是线性空间 V 的线性变换，且 $TS = ST$. 证明：如果 λ_0 是 T 的特征值，则 T 对应 λ_0 的特征子空间 V_{λ_0} 是 S 的不变子空间.

25. 设 $\boldsymbol{x} = (x_1, x_2, \cdots, x_n)$，$\boldsymbol{y} = (y_1, y_2, \cdots, y_n) \in \mathbf{R}^n$，$\boldsymbol{A}$ 是 n 阶正定矩阵，令

$$(\boldsymbol{x}, \boldsymbol{y}) = \boldsymbol{x}\boldsymbol{A}\boldsymbol{y}^{\mathrm{T}} \qquad (\boldsymbol{x}, \boldsymbol{y} \in \mathbf{R}^n).$$

(1)证明 $(\boldsymbol{x}, \boldsymbol{y})$ 是 $\mathbf{R}^n$ 的内积；

(2)求 $(\boldsymbol{x}, \boldsymbol{y})$ 关于 $\mathbf{R}^n$ 的基 $\boldsymbol{e}_1, \boldsymbol{e}_2, \cdots, \boldsymbol{e}_n$ 的度量矩阵；

(3)写出相应的 Cauchy-Schwarz 不等式.

26. 设 $\boldsymbol{\alpha}_1, \boldsymbol{\alpha}_2, \cdots, \boldsymbol{\alpha}_n$ 是实线性空间 V 的基，V 的元素

$$\boldsymbol{\alpha} = x_1\boldsymbol{\alpha}_1 + x_2\boldsymbol{\alpha}_2 + \cdots + x_n\boldsymbol{\alpha}_n,\qquad \boldsymbol{\beta} = y_1\boldsymbol{\alpha}_1 + y_2\boldsymbol{\alpha}_2 + \cdots + y_n\boldsymbol{\alpha}_n$$

对应实数 $(\boldsymbol{\alpha}, \boldsymbol{\beta}) = \sum\limits_{i=1}^{n} i x_i y_i$. 问 V 是否为欧氏空间？

27. 在 $\mathbf{R}^{2\times 2}$ 中定义内积

$$(\boldsymbol{A}, \boldsymbol{B}) = \sum_{i=1}^{2}\sum_{j=1}^{2} a_{ij} b_{ij},\qquad \boldsymbol{A} = (a_{ij})_{2\times 2},\qquad \boldsymbol{B} = (b_{ij})_{2\times 2}.$$

由 $\mathbf{R}^{2\times 2}$ 的基

$$\boldsymbol{G}_1 = \begin{pmatrix} 0 & 1 \\ 1 & 1 \end{pmatrix},\quad \boldsymbol{G}_2 = \begin{pmatrix} 1 & 0 \\ 1 & 1 \end{pmatrix},\quad \boldsymbol{G}_3 = \begin{pmatrix} 1 & 1 \\ 0 & 1 \end{pmatrix},\quad \boldsymbol{G}_4 = \begin{pmatrix} 1 & 1 \\ 1 & 0 \end{pmatrix}$$

出发，构造一个正交基.

28. 设 $\boldsymbol{\alpha}_1, \boldsymbol{\alpha}_2, \boldsymbol{\alpha}_3, \boldsymbol{\alpha}_4, \boldsymbol{\alpha}_5$ 是 5 维欧氏空间 V 的一个标准正交基，令 $W = \mathrm{span}\{\boldsymbol{\beta}_1, \boldsymbol{\beta}_2, \boldsymbol{\beta}_3\}$，其中

$$\boldsymbol{\beta}_1 = \boldsymbol{\alpha}_1 + \boldsymbol{\alpha}_5,\qquad \boldsymbol{\beta}_2 = \boldsymbol{\alpha}_1 - \boldsymbol{\alpha}_2 + \boldsymbol{\alpha}_4,\qquad \boldsymbol{\beta}_3 = 2\boldsymbol{\alpha}_1 + \boldsymbol{\alpha}_2 + \boldsymbol{\alpha}_3,$$

求 W 的一个标准正交基.

29. 设 $\boldsymbol{\varepsilon}_1, \boldsymbol{\varepsilon}_2, \boldsymbol{\varepsilon}_3, \boldsymbol{\varepsilon}_4$ 是欧氏空间 V 的一个标准正交基，T 是 V 的线性变换，且

$$T(\boldsymbol{\varepsilon}_1) = \boldsymbol{\varepsilon}_1 + \boldsymbol{\varepsilon}_2 - \boldsymbol{\varepsilon}_4,\qquad T(\boldsymbol{\varepsilon}_2) = \boldsymbol{\varepsilon}_1 + \boldsymbol{\varepsilon}_2 - \boldsymbol{\varepsilon}_3,$$

$$T(\boldsymbol{\varepsilon}_3) = -\boldsymbol{\varepsilon}_2 + \boldsymbol{\varepsilon}_3 + \boldsymbol{\varepsilon}_4,\qquad T(\boldsymbol{\varepsilon}_4) = -\boldsymbol{\varepsilon}_1 + \boldsymbol{\varepsilon}_3 + \boldsymbol{\varepsilon}_4.$$

(1)证明 T 是一个对称变换；

(2)求 V 的一个标准正交基，使 T 在该基下的矩阵为对角矩阵.

30. 设 T 是欧氏空间 V 的线性变换. 如果 T 满足

$$(T(\boldsymbol{\alpha}),\boldsymbol{\beta})=-(\boldsymbol{\alpha},T(\boldsymbol{\beta}))\qquad(\boldsymbol{\alpha},\boldsymbol{\beta}\in V),$$

则称 T 为**反对称变换**. 证明 T 为反对称变换的充分必要条件是，T 在 V 的标准正交基下的矩阵为反对称矩阵.

31. 设 W_1,W_2 是欧氏空间 V 的两个子空间，证明

$$(\mathrm{W}_1+\mathrm{W}_2)^{\perp}=\mathrm{W}_1^{\perp}\cap\mathrm{W}_2^{\perp},\qquad(\mathrm{W}_1\cap\mathrm{W}_2)^{\perp}=\mathrm{W}_1^{\perp}+\mathrm{W}_2^{\perp}.$$

32. 设 $\boldsymbol{P}$ 为投影矩阵，$\boldsymbol{T}$ 为可逆矩阵. 证明 $\boldsymbol{P}^{\mathrm{H}},\boldsymbol{I}-\boldsymbol{P},\boldsymbol{T}^{-1}\boldsymbol{P}\boldsymbol{T}$ 均为投影矩阵.

33. 设 $\boldsymbol{P}_1,\boldsymbol{P}_2$ 均为投影矩阵，证明：

(1) $\boldsymbol{P}=\boldsymbol{P}_1+\boldsymbol{P}_2$ 为投影矩阵的充要条件是 $\boldsymbol{P}_1\boldsymbol{P}_2=\boldsymbol{P}_2\boldsymbol{P}_1=\boldsymbol{O}$；

(2) $\boldsymbol{P}=\boldsymbol{P}_1-\boldsymbol{P}_2$ 为投影矩阵的充要条件是 $\boldsymbol{P}_1\boldsymbol{P}_2=\boldsymbol{P}_2\boldsymbol{P}_1=\boldsymbol{P}_2$；

(3) 若 $\boldsymbol{P}_1\boldsymbol{P}_2=\boldsymbol{P}_2\boldsymbol{P}_1$，则 $\boldsymbol{P}=\boldsymbol{P}_1\boldsymbol{P}_2$ 为投影矩阵.

34. 设 $\boldsymbol{P}$ 为正交投影矩阵，证明 $\boldsymbol{P}$ 是 Hermite 半正定矩阵.

35. 设 $\mathbf{R}^3$ 中子空间 L 由向量 $\boldsymbol{x}=(1,0,0)^{\mathrm{T}}$ 生成.

(1) 若子空间 M 是由向量 $\boldsymbol{y}_1=(1,1,0)^{\mathrm{T}}$ 和 $\boldsymbol{y}_2=(1,1,1)^{\mathrm{T}}$ 生成，求投影矩阵 $\boldsymbol{P}_{L,M}$ 和向量 $\boldsymbol{x}=(2,3,1)^{\mathrm{T}}$ 沿着 M 到 L 的投影；

(2) 求正交投影矩阵 $\boldsymbol{P}_L$ 和向量 $\boldsymbol{x}=(2,3,1)^{\mathrm{T}}$ 沿着 $L^{\perp}$ 到 L 的投影.

习题解答与提示

习　题　1

1. 设 $\boldsymbol{Ax}=\lambda\boldsymbol{x}$，$\boldsymbol{x}\neq\boldsymbol{0}$，则有

$$\lambda^2\boldsymbol{x}=\boldsymbol{A}^2\boldsymbol{x}=2\boldsymbol{Ax}=2\lambda\boldsymbol{x},$$

即 $\lambda(\lambda-2)\boldsymbol{x}=\boldsymbol{0}$. 由 $\boldsymbol{x}\neq\boldsymbol{0}$ 得 $\lambda(\lambda-2)=0$，故 $\boldsymbol{A}$ 的特征值为 0 或 2.

2. 由 $\boldsymbol{P}^{-1}\boldsymbol{AP}=\boldsymbol{B}$，$\boldsymbol{Q}^{-1}\boldsymbol{CQ}=\boldsymbol{D}$，得

$$\begin{pmatrix}\boldsymbol{P}&\boldsymbol{O}\\\boldsymbol{O}&\boldsymbol{Q}\end{pmatrix}^{-1}\begin{pmatrix}\boldsymbol{A}&\boldsymbol{O}\\\boldsymbol{O}&\boldsymbol{C}\end{pmatrix}\begin{pmatrix}\boldsymbol{P}&\boldsymbol{O}\\\boldsymbol{O}&\boldsymbol{Q}\end{pmatrix}=\begin{pmatrix}\boldsymbol{P}^{-1}\boldsymbol{AP}&\boldsymbol{O}\\\boldsymbol{O}&\boldsymbol{Q}^{-1}\boldsymbol{CQ}\end{pmatrix}=\begin{pmatrix}\boldsymbol{B}&\boldsymbol{O}\\\boldsymbol{O}&\boldsymbol{D}\end{pmatrix},$$

故 $\begin{pmatrix}\boldsymbol{A}&\boldsymbol{O}\\\boldsymbol{O}&\boldsymbol{C}\end{pmatrix}$ 相似于 $\begin{pmatrix}\boldsymbol{B}&\boldsymbol{O}\\\boldsymbol{O}&\boldsymbol{D}\end{pmatrix}$.

3. 设 $\boldsymbol{Ax}_i=\lambda_i\boldsymbol{x}_i(i=1,2,\cdots,n)$. 由 $\boldsymbol{A}$ 可逆知 $\lambda_i\neq0$，从而有 $\boldsymbol{A}^{-1}\boldsymbol{Ax}_i=\lambda_i\boldsymbol{A}^{-1}\boldsymbol{x}_i$，即 $\boldsymbol{A}^{-1}\boldsymbol{x}_i=\lambda_i^{-1}\boldsymbol{x}_i$. 故 $\lambda_i^{-1}(i=1,2,\cdots,n)$ 是 $\boldsymbol{A}^{-1}$ 的特征值.

4. (1) $\det(\lambda\boldsymbol{I}-\boldsymbol{A})=(\lambda+1)(\lambda-1)(\lambda-2)$，$\boldsymbol{A}$ 的特征值 $\lambda_1=-1$，$\lambda_2=1$，$\lambda_3=2$ 互不相同，故 $\boldsymbol{A}$ 可对角化.

可求得对应特征值 $\lambda_1=-1$，$\lambda_2=1$，$\lambda_3=2$ 的特征向量分别为 $\boldsymbol{p}_1=(-4,-3,4)^{\mathrm{T}}$，$\boldsymbol{p}_2=(1,0,0)^{\mathrm{T}}$，$\boldsymbol{p}_3=(2,0,1)^{\mathrm{T}}$，故相似变换矩阵 $\boldsymbol{P}=\begin{pmatrix}-4&1&2\\-3&0&0\\4&0&1\end{pmatrix}$，使得 $\boldsymbol{P}^{-1}\boldsymbol{AP}=\begin{pmatrix}-1&0&0\\0&1&0\\0&0&2\end{pmatrix}$.

(2) $\det(\lambda\boldsymbol{I}-\boldsymbol{A})=(\lambda-1)(\lambda-3)^2$，$\boldsymbol{A}$ 的特征值为 $\lambda_1=1$，$\lambda_2=\lambda_3=3$. $\boldsymbol{A}$ 对应重特征值 $\lambda_2=\lambda_3=3$ 只有一个线性无关的向量 $(-1,-1,1)^{\mathrm{T}}$，故 $\boldsymbol{A}$ 不可对角化.

(3) $\det(\lambda\boldsymbol{I}-\boldsymbol{A})=(\lambda-1)(\lambda-2)^2$，$\boldsymbol{A}$ 的特征值为 $\lambda_1=1$，$\lambda_2=\lambda_3=2$. 可求得对应特征值 $\lambda_2=\lambda_3=2$ 的线性无关特征向量为 $\boldsymbol{p}_2=(1,0,1)^{\mathrm{T}}$，$\boldsymbol{p}_3=(0,1,0)^{\mathrm{T}}$，故 $\boldsymbol{A}$ 可对角化. 又可求得对应特征值 $\lambda_1=1$ 的特征向量为 $\boldsymbol{p}_1=(0,1,1)^{\mathrm{T}}$，故相似变换矩阵 $\boldsymbol{P}=\begin{pmatrix}0&1&0\\1&0&1\\1&1&0\end{pmatrix}$，使得 $\boldsymbol{P}^{-1}\boldsymbol{AP}=\begin{pmatrix}1&0&0\\0&2&0\\0&0&2\end{pmatrix}$.

5. (1) 由 $\boldsymbol{A}\sim\boldsymbol{B}$ 知 $\det(\lambda\boldsymbol{I}-\boldsymbol{A})=\det(\lambda\boldsymbol{I}-\boldsymbol{B})$. 又

$$\det(\lambda\boldsymbol{I}-\boldsymbol{A})=\lambda^3-3\lambda^2+(2-a^2-b^2)\lambda+(a-b)^2,\qquad \det(\lambda\boldsymbol{I}-\boldsymbol{B})=\lambda^3-3\lambda^2+2\lambda.$$

比较两边同次幂的系数得 $2-a^2-b^2=2$，$(a-b)^2=0$，即 $a=b=0$.

(2) 可求得 $\boldsymbol{A}$ 对应特征值 $\lambda_1=0$，$\lambda_2=1$，$\lambda_3=2$ 的特征向量分别为 $\boldsymbol{p}_1=(-1,0,1)^{\mathrm{T}}$，$\boldsymbol{p}_2=(0,1,0)^{\mathrm{T}}$，$\boldsymbol{p}_3=(1,0,1)^{\mathrm{T}}$ 故相似变换矩阵 $\boldsymbol{P}=\begin{pmatrix}-1&0&1\\0&1&0\\1&0&1\end{pmatrix}$，使得 $\boldsymbol{P}^{-1}\boldsymbol{AP}=\begin{pmatrix}0&0&0\\0&1&0\\0&0&2\end{pmatrix}$.

6. 可求得

$$\boldsymbol{P}=\begin{pmatrix}1&1&0\\0&0&1\\1&4&-1\end{pmatrix},\quad \boldsymbol{P}^{-1}=\frac{1}{3}\begin{pmatrix}4&-1&-1\\-1&1&1\\0&3&0\end{pmatrix},\quad \boldsymbol{P}^{-1}\boldsymbol{AP}=\begin{pmatrix}-1&0&0\\0&2&0\\0&0&2\end{pmatrix}=\boldsymbol{\Lambda},$$

故

$$\boldsymbol{A}^{100}=(\boldsymbol{P\Lambda P}^{-1})^{100}=\boldsymbol{P\Lambda}^{100}\boldsymbol{P}^{-1}=\frac{1}{3}\begin{pmatrix}4-2^{100}&-1+2^{100}&-1+2^{100}\\0&3\times2^{100}&0\\4-4\times2^{100}&-1+2^{100}&-1+4\times2^{100}\end{pmatrix}.$$

7. (1) $\det(\lambda\boldsymbol{I}-\boldsymbol{A})=(\lambda+1)\lambda^2$，$\boldsymbol{A}$ 的特征值为 $\lambda_1=-1$，$\lambda_2=\lambda_3=0$. $\boldsymbol{A}$ 对应重特征值 $\lambda_2=\lambda_3=0$ 只有一个线性无关的特征向量 $\boldsymbol{p}_2=(1,-3,4)^{\mathrm{T}}$，故 $\boldsymbol{A}$ 的 Jordan 标准形为

$$\boldsymbol{J}=\begin{pmatrix}-1&0&0\\0&0&1\\0&0&0\end{pmatrix}.$$

可求得对应特征值 $\lambda_1=-1$ 的特征向量为 $\boldsymbol{p}_1=(-1,-1,1)^{\mathrm{T}}$；求解方程组 $-\boldsymbol{Ax}=-\boldsymbol{p}_2$ 得对应特征值 0 的广义特征向量为 $\boldsymbol{p}_3=(-1,-2,2)^{\mathrm{T}}$. 故相似变换矩阵 $\boldsymbol{P}=\begin{pmatrix}-1&1&-1\\-1&-3&-2\\1&4&2\end{pmatrix}$，使得 $\boldsymbol{P}^{-1}\boldsymbol{AP}=\boldsymbol{J}$.

(2) $\det(\lambda\boldsymbol{I}-\boldsymbol{A})=(\lambda-1)^2(\lambda-2)$，$\boldsymbol{A}$ 的特征值为 $\lambda_1=\lambda_2=1$，$\lambda_3=2$. $\boldsymbol{A}$ 对应重特征值 $\lambda_1=\lambda_2=1$ 只有一个线性无关的特征向量 $\boldsymbol{p}_1=(-3,-3,2)^{\mathrm{T}}$，故 $\boldsymbol{A}$ 的 Jordan 标准形为

$$\boldsymbol{J}=\begin{pmatrix}1&1&0\\0&1&0\\0&0&2\end{pmatrix}.$$

求解方程组 $(\boldsymbol{I}-\boldsymbol{A})\boldsymbol{x}=-\boldsymbol{p}_1$ 得对应特征值 1 的广义特征向量为 $\boldsymbol{p}_2=(-3,-2,2)^{\mathrm{T}}$；可求得对应特征值 $\lambda_3=2$ 的特征向量为 $\boldsymbol{p}_3=(-8,-6,5)^{\mathrm{T}}$. 故相似变换矩阵 $\boldsymbol{P}=\begin{pmatrix}-3&-3&-8\\-3&-2&-6\\2&2&5\end{pmatrix}$，使得 $\boldsymbol{P}^{-1}\boldsymbol{AP}=\boldsymbol{J}$.

(3) $\det(\lambda\boldsymbol{I}-\boldsymbol{A})=(\lambda+1)^2(\lambda-2)$，$\boldsymbol{A}$ 的特征值为 $\lambda_1=\lambda_2=-1$，$\lambda_3=2$. 可求得对应特征值 $\lambda_1=\lambda_2=-1$ 的线性无关特征向量为 $\boldsymbol{p}_1=(-2,1,0)^{\mathrm{T}}$，$\boldsymbol{p}_2=(-1,0,1)^{\mathrm{T}}$，故 $\boldsymbol{A}$ 可对角化. 又可求得对应特征值 $\lambda_3=2$ 的特征向量为 $\boldsymbol{p}_3=(-2,1,1)^{\mathrm{T}}$，故相似变换矩阵 $\boldsymbol{P}=\begin{pmatrix}-2&-1&-2\\1&0&1\\0&1&1\end{pmatrix}$，使

得 $\boldsymbol{P}^{-1}\boldsymbol{AP}=\begin{pmatrix}-1&0&0\\0&-1&0\\0&0&2\end{pmatrix}$.

(4) $\det(\lambda\boldsymbol{I}-\boldsymbol{A})=(\lambda-1)^3$，$\boldsymbol{A}$ 的特征值为 $\lambda_1=\lambda_2=\lambda_3=1$. 可求得对应 3 重特征值 1 有两个线性无关的特征向量 $(-1,1,0)^{\mathrm{T}}$，$(3,0,1)^{\mathrm{T}}$，故 $\boldsymbol{A}$ 的 Jordan 标准形为

$$\boldsymbol{J}=\begin{pmatrix}1&0&0\\0&1&1\\0&0&1\end{pmatrix}.$$

取 $\boldsymbol{p}_1=(-1,1,0)^{\mathrm{T}}$，又令 $\boldsymbol{p}_2=k_1(-1,1,0)^{\mathrm{T}}+k_2(3,0,1)^{\mathrm{T}}$. 可知当 $k_1=k_2$ 时，方程组 $(\boldsymbol{I}-\boldsymbol{A})\boldsymbol{x}=-\boldsymbol{p}_2$ 有解. 取 $k_1=k_2=1$，此时 $\boldsymbol{p}_2=(2,1,1)^{\mathrm{T}}$，再求解方程组 $(\boldsymbol{I}-\boldsymbol{A})\boldsymbol{x}=-\boldsymbol{p}_2$ 得 $\boldsymbol{p}_3=(-1,0,0)^{\mathrm{T}}$. 故相似变换矩阵 $\boldsymbol{P}=\begin{pmatrix}-1&2&-1\\1&1&0\\0&1&0\end{pmatrix}$，使得 $\boldsymbol{P}^{-1}\boldsymbol{AP}=\boldsymbol{J}$.

8. $\det(\lambda\boldsymbol{I}-\boldsymbol{A})=\lambda^3-2\lambda+1$，利用长除法求得

$$2\lambda^8-3\lambda^5+\lambda^4+\lambda^2-4=(\lambda^3-2\lambda+1)\ f(\lambda)+(24\lambda^2-37\lambda+10),$$

其中 $f(\lambda)=2\lambda^5+4\lambda^3-5\lambda^2+9\lambda-14$. 由于 $\boldsymbol{A}^3-2\boldsymbol{A}+\boldsymbol{I}=\boldsymbol{O}$，所以

$$2\boldsymbol{A}^3-3\boldsymbol{A}^5+\boldsymbol{A}^4+\boldsymbol{A}^2-4I=24\boldsymbol{A}^2-37\boldsymbol{A}+10\boldsymbol{I}=\begin{pmatrix}-3&48&-26\\0&95&-61\\0&-61&34\end{pmatrix}.$$

9. $\det(\lambda\boldsymbol{I}-\boldsymbol{A})=\lambda^2-6\lambda+7$，利用长除法求得

$$2\lambda^4-12\lambda^3+19\lambda^2-29\lambda+37=(\lambda^2-6\lambda+7)(2\lambda^2+5)+(\lambda+2).$$

由于 $\boldsymbol{A}^2-6\boldsymbol{A}+7\boldsymbol{I}=\boldsymbol{O}$，所以

$$(2\boldsymbol{A}^4-12\boldsymbol{A}^3+19\boldsymbol{A}^2-29A+37I)^{-1}=(\boldsymbol{A}+2\boldsymbol{I})^{-1}=\begin{pmatrix}3&-1\\2&7\end{pmatrix}^{-1}=\frac{1}{23}\begin{pmatrix}7&1\\-2&3\end{pmatrix}.$$

10. (1) $\det(\lambda\boldsymbol{I}-\boldsymbol{A})=(\lambda-1)^3$，$\boldsymbol{A}$ 的特征值为 $\lambda_1=\lambda_2=\lambda_3=1$. 可求得对应 3 重特征值 1 有两个线性无关的特征向量 $(-1,1,0)^{\mathrm{T}}$，$(3,0,1)^{\mathrm{T}}$，故 $\boldsymbol{A}$ 的 Jordan 标准形为

$$\boldsymbol{J}=\begin{pmatrix}1&0&0\\0&1&1\\0&0&1\end{pmatrix}.$$

从而 $\boldsymbol{A}$ 的最小多项式为 $m_A(\lambda)=(\lambda-1)^2$.

(2) $\det(\lambda\boldsymbol{I}-\boldsymbol{A})=(\lambda-1)^2(\lambda+1)$，$\boldsymbol{A}$ 的特征值为 $\lambda_1=\lambda_2=1$，$\lambda_3=-1$. 可求得对应 2 重特征值 1 有两个线性无关的特征向量 $(1,0,1)^{\mathrm{T}}$，$(0,1,0)^{\mathrm{T}}$，故 $\boldsymbol{A}$ 的 Jordan 标准形为

$$\boldsymbol{J}=\begin{pmatrix}1&0&0\\0&1&0\\0&0&-1\end{pmatrix}.$$

从而 $\boldsymbol{A}$ 的最小多项式为 $m_{\boldsymbol{A}}(\lambda)=(\lambda-1)(\lambda+1)$.

(3) $\det(\lambda\boldsymbol{I}-\boldsymbol{A})=\lambda^4$，特征多项式的因子为 $\lambda,\lambda^2,\lambda^3,\lambda^4$；经验证得 $\boldsymbol{A}^2=\boldsymbol{O}$，故 $\boldsymbol{A}$ 的最小多项式为 $m_{\boldsymbol{A}}(\lambda)=\lambda^2$.

11. 令

$$A=\begin{pmatrix}-1&1&0\\-4&3&0\\-8&8&-1\end{pmatrix},\quad x=\begin{pmatrix}x_1\\x_2\\x_3\end{pmatrix},\quad x'=\begin{pmatrix}x'_1\\x'_2\\x'_3\end{pmatrix},$$

则线性微分方程组可写为 $\boldsymbol{x}'=\boldsymbol{Ax}$. 可求得 $\det(\lambda\boldsymbol{I}-\boldsymbol{A})=(\lambda-1)^2(\lambda+1)$, $\boldsymbol{A}$ 的特征值为 $\lambda_1=\lambda_2=1$, $\lambda_3=-1$. $\boldsymbol{A}$ 对应重特征值 $\lambda_1=\lambda_2=1$ 只有一个线性无关的特征向量 $\boldsymbol{p}_1=(1,2,4)^{\mathrm{T}}$, 故 $\boldsymbol{A}$ 的 Jordan 标准形为

$$\boldsymbol{J}=\begin{pmatrix}1&1&0\\0&1&0\\0&0&-1\end{pmatrix}.$$

求解方程组 $(\boldsymbol{I}-\boldsymbol{A})\boldsymbol{x}=-\boldsymbol{p}_1$ 得对应特征值 1 的广义特征向量为 $\boldsymbol{p}_2=(0,1,2)^{\mathrm{T}}$; 可求得对应特征值 $\lambda_3=-1$ 的特征向量为 $\boldsymbol{p}_3=(0,0,1)^{\mathrm{T}}$, 故相似变换矩阵 $\boldsymbol{P}=\begin{pmatrix}1&0&0\\2&1&0\\4&2&1\end{pmatrix}$, 使得 $\boldsymbol{P}^{-1}\boldsymbol{AP}=\boldsymbol{J}$.

令 $\boldsymbol{x}=\boldsymbol{Py}$, 其中 $\boldsymbol{y}=(y_1,y_2,y_3)^{\mathrm{T}}$, 则有 $\boldsymbol{y}'=\boldsymbol{P}^{-1}\boldsymbol{APy}=\boldsymbol{Jy}$, 即 $y'_1=y_1+y_2$, $y'_2=y_2$, $y'_3=-y_3$. 解得 $y_2=c_2\mathrm{e}^t$, $y_1=(c_1+c_2t)\mathrm{e}^t$, $y_3=c_3\mathrm{e}^{-t}$. 故

$$\begin{pmatrix}x_1\\x_2\\x_3\end{pmatrix}=\boldsymbol{P}\begin{pmatrix}(c_1+c_2t)\mathrm{e}^t\\c_2\mathrm{e}^t\\c_3\mathrm{e}^{-t}\end{pmatrix}=\begin{pmatrix}(c_1+c_2t)\mathrm{e}^t\\ [2c_1+c_2(1+2t)]\mathrm{e}^t\\ [4c_1+2c_2(1+2t)]\mathrm{e}^t+c_3\mathrm{e}^{-t}\end{pmatrix}.$$

12. (1) 由于 $\boldsymbol{A}$ 是实对称矩阵, 所以 $\boldsymbol{A}$ 是正规矩阵. $\det(\lambda\boldsymbol{I}-\boldsymbol{A})=(\lambda-10)(\lambda-1)^2$, $\boldsymbol{A}$ 的特征值为 $\lambda_1=10$, $\lambda_2=\lambda_3=1$. $\boldsymbol{A}$ 对应 $\lambda_1=10$ 的特征向量为 $\boldsymbol{p}_1=(-1,-2,2)^{\mathrm{T}}$, 单位化得 $\boldsymbol{q}_1=\left(\frac{-1}{3},\frac{-2}{3},\frac{2}{3}\right)^{\mathrm{T}}$; $\boldsymbol{A}$ 对应 $\lambda_2=\lambda_3=1$ 的特征向量为 $\boldsymbol{p}_2=(-2,1,0)^{\mathrm{T}}$, $\boldsymbol{p}_3=(2,0,1)^{\mathrm{T}}$, 正交化并单位化得 $\boldsymbol{q}_2=\left(\frac{-2}{\sqrt5},\frac{1}{\sqrt5},0\right)^{\mathrm{T}}$, $\boldsymbol{q}_3=\left(\frac{2}{3\sqrt5},\frac{4}{3\sqrt5},\frac{5}{3\sqrt5}\right)^{\mathrm{T}}$. 故正交矩阵 $\boldsymbol{U}=\begin{pmatrix}\frac{-1}{3}&\frac{-2}{\sqrt5}&\frac{2}{3\sqrt5}\\\frac{-2}{3}&\frac{1}{\sqrt5}&\frac{4}{3\sqrt5}\\\frac{2}{3}&0&\frac{5}{3\sqrt5}\end{pmatrix}$, 使得

$$\boldsymbol{U}^{-1}\boldsymbol{AU}=\begin{pmatrix}10&0&0\\0&1&0\\0&0&1\end{pmatrix}.$$

(2) 由于 $\boldsymbol{A}$ 是 Hermite 矩阵, 所以 $\boldsymbol{A}$ 是正规矩阵. 可求得 $\det(\lambda\boldsymbol{I}-\boldsymbol{A})=\lambda(\lambda-\sqrt2)(\lambda+\sqrt2)$, 所以 $\boldsymbol{A}$ 的特征值为 $\lambda_1=0$, $\lambda_2=\sqrt2$, $\lambda_3=-\sqrt2$, 对应的特征向量分别为 $\boldsymbol{p}_1=(0,\mathrm{i},1)^{\mathrm{T}}$, $\boldsymbol{p}_2=(\sqrt2,-\mathrm{i},1)^{\mathrm{T}}$, $\boldsymbol{p}_3=(-\sqrt2,-\mathrm{i},1)^{\mathrm{T}}$. 单位化得

$$\boldsymbol{q}_1=\begin{pmatrix}0\\\frac{\mathrm{i}}{\sqrt2}\\\frac{1}{\sqrt2}\end{pmatrix},\quad \boldsymbol{q}_2=\begin{pmatrix}\frac{1}{\sqrt2}\\\frac{-\mathrm{i}}{2}\\\frac{1}{2}\end{pmatrix},\quad \boldsymbol{q}_3=\begin{pmatrix}\frac{-1}{\sqrt2}\\\frac{-\mathrm{i}}{2}\\\frac{1}{2}\end{pmatrix},$$

故酉矩阵 $\boldsymbol{U}=\begin{pmatrix} 0 & \frac{1}{\sqrt{2}} & \frac{-1}{\sqrt{2}} \\ \frac{\mathrm{i}}{\sqrt{2}} & \frac{-\mathrm{i}}{2} & \frac{-\mathrm{i}}{2} \\ \frac{1}{\sqrt{2}} & \frac{1}{2} & \frac{1}{2} \end{pmatrix}$，使得 $\boldsymbol{U}^{-1}\boldsymbol{AU}=\begin{pmatrix} 0 & 0 & 0 \\ 0 & \sqrt{2} & 0 \\ 0 & 0 & -\sqrt{2} \end{pmatrix}$.

13. 如果 $\boldsymbol{A}$ 是 Hermite 正定矩阵，则 $\boldsymbol{A}$ 是正规矩阵，从而存在酉矩阵 $\boldsymbol{U}$ 使得 $\boldsymbol{U}^{\mathrm{H}}\boldsymbol{AU}=\mathrm{diag}(\lambda_1,\lambda_2,\cdots,\lambda_n)$. 又由 $\boldsymbol{A}$ 是 Hermite 正定矩阵知 $\lambda_i>0(i=1,2,\cdots,n)$. 于是

$$\begin{aligned}\boldsymbol{A}&=\boldsymbol{U}\mathrm{diag}(\lambda_1,\lambda_2,\cdots,\lambda_n)\boldsymbol{U}^{\mathrm{H}}\\&=\boldsymbol{U}\mathrm{diag}(\sqrt{\lambda_1},\sqrt{\lambda_2},\cdots,\sqrt{\lambda_n})\boldsymbol{U}^{\mathrm{H}}\boldsymbol{U}\mathrm{diag}(\sqrt{\lambda_1},\sqrt{\lambda_2},\cdots,\sqrt{\lambda_n})\boldsymbol{U}^{\mathrm{H}}=\boldsymbol{B}^2,\end{aligned}$$

其中 $\boldsymbol{B}=\boldsymbol{U}\mathrm{diag}(\sqrt{\lambda_1},\sqrt{\lambda_2},\cdots,\sqrt{\lambda_n})\boldsymbol{U}^{\mathrm{H}}$ 也是 Hermite 正定矩阵.

反之，如果 $\boldsymbol{A}=\boldsymbol{B}^2$，则对任意 $\boldsymbol{x}\neq\boldsymbol{0}$，由 $\boldsymbol{B}$ 是 Hermite 正定矩阵知 $\boldsymbol{Bx}\neq\boldsymbol{0}$，于是 $\boldsymbol{x}^{\mathrm{H}}\boldsymbol{Ax}=\boldsymbol{x}^{\mathrm{H}}\boldsymbol{B}^2\boldsymbol{x}=(\boldsymbol{Bx})^{\mathrm{H}}\boldsymbol{Bx}>0$. 故 $\boldsymbol{A}$ 是 Hermite 正定矩阵.

14. 参见定理 1.24 的证明.

习　题　2

1. $\|\boldsymbol{x}\|_1=7+\sqrt{2}$, $\|\boldsymbol{x}\|_2=\sqrt{23}$, $\|\boldsymbol{x}\|_\infty=4$.

2. (1) 当 $\boldsymbol{x}\neq\boldsymbol{0}$ 时，有某个 $\xi_{k_0}\neq 0$，于是 $\|\boldsymbol{x}\|=\sqrt{\sum_{i=1}^{n}\omega_i|\xi_i|^2}>0$；而 $\|\boldsymbol{0}\|=\sqrt{\sum_{i=1}^{n}\omega_i|0|^2}=0$.

(2) $\|k\boldsymbol{x}\|=\sqrt{\sum_{i=1}^{n}\omega_i|k\xi_i|^2}=|k|\sqrt{\sum_{i=1}^{n}\omega_i|\xi_i|^2}=|k|\,\|\boldsymbol{x}\|$.

(3) 设 $\boldsymbol{y}=(\eta_1,\eta_2,\cdots,\eta_n)^{\mathrm{T}}$，则

$$\begin{aligned}\|\boldsymbol{x}+\boldsymbol{y}\|&=\sqrt{\sum_{i=1}^{n}\omega_i|\xi_i+\eta_i|^2}\leqslant\sqrt{\sum_{i=1}^{n}\omega_i(|\xi_i|+|\eta_i|)^2}\\&=\sqrt{\sum_{i=1}^{n}\omega_i|\xi_i|^2+2\sum_{i=1}^{n}\omega_i|\xi_i||\eta_i|+\sum_{i=1}^{n}\omega_i|\eta_i|^2}\\&\leqslant\sqrt{\|\boldsymbol{x}\|^2+2\sqrt{\sum_{i=1}^{n}\omega_i|\xi_i|^2}\sqrt{\sum_{i=1}^{n}\omega_i|\eta_i|^2}+\|\boldsymbol{y}\|^2}\\&=\sqrt{(\|\boldsymbol{x}\|+\|\boldsymbol{y}\|)^2}=\|\boldsymbol{x}\|+\|\boldsymbol{y}\|.\end{aligned}$$

所以 $\|\boldsymbol{x}\|$ 是 $\mathbf{C}^n$ 上的范数.

3. (1) 当 $\boldsymbol{x}\neq\boldsymbol{0}$ 时，$\max\{\|\boldsymbol{x}\|_a,\|\boldsymbol{x}\|_b\}>0$；当 $\boldsymbol{x}=\boldsymbol{0}$ 时，$\max\{\|\boldsymbol{x}\|_a,\|\boldsymbol{x}\|_b\}=0$.

$$\begin{aligned}\max\{\|k\boldsymbol{x}\|_a,\|k\boldsymbol{x}\|_b\}&=\max\{|k|\,\|\boldsymbol{x}\|_a,|k|\,\|\boldsymbol{x}\|_b\}\\&=|k|\max\{\|\boldsymbol{x}\|_a,\|\boldsymbol{x}\|_b\}.\end{aligned}$$

$$\begin{aligned}\max\{\|\boldsymbol{x}+\boldsymbol{y}\|_a,\|\boldsymbol{x}+\boldsymbol{y}\|_b\}&\leqslant\max\{\|\boldsymbol{x}\|_a+\|\boldsymbol{y}\|_a,\|\boldsymbol{x}\|_b+\|\boldsymbol{y}\|_b\}\\&\leqslant\max\{\|\boldsymbol{x}\|_a,\|\boldsymbol{x}\|_b\}+\max\{\|\boldsymbol{y}\|_a,\|\boldsymbol{y}\|_b\}.\end{aligned}$$

所以 $\max\{\|\boldsymbol{x}\|_a, \|\boldsymbol{x}\|_b\}$ 是 $\mathbf{C}^n$ 上的范数.

(2) 记 $\|\boldsymbol{x}\| = k_1\|\boldsymbol{x}\|_a + k_2\|\boldsymbol{x}\|_b$，则当 $\boldsymbol{x}\neq\boldsymbol{0}$ 时，$\|\boldsymbol{x}\|>0$；当 $\boldsymbol{x}=\boldsymbol{0}$ 时，$\|\boldsymbol{x}\|=0$.

$$\|k\boldsymbol{x}\| = k_1\|k\boldsymbol{x}\|_b + k_2\|k\boldsymbol{x}\|_b = |k|(k_1\|\boldsymbol{x}\|_a + k_2\|\boldsymbol{x}\|_b) = |k|\,\|\boldsymbol{x}\|.$$

$$\begin{aligned}\|\boldsymbol{x}+\boldsymbol{y}\| &= k_1\|\boldsymbol{x}+\boldsymbol{y}\|_a + k_2\|\boldsymbol{x}+\boldsymbol{y}\|_b\\ &\leqslant k_1(\|\boldsymbol{x}\|_a + \|\boldsymbol{y}\|_a) + k_2(\|\boldsymbol{x}\|_b + \|\boldsymbol{y}\|_b)\\ &= (k_1\|\boldsymbol{x}\|_a + k_2\|\boldsymbol{x}\|_b) + (k_1\|\boldsymbol{y}\|_a + k_2\|\boldsymbol{y}\|_b)\\ &= \|\boldsymbol{x}\| + \|\boldsymbol{y}\|.\end{aligned}$$

所以 $\|\boldsymbol{x}\|$ 是 $\mathbf{C}^n$ 上的范数.

4. $\|\boldsymbol{A}\|_{m_1} = 18+\sqrt{2}$，$\|\boldsymbol{A}\|_F = \sqrt{66}$，$\|\boldsymbol{A}\|_{m_\infty} = 3\times 5 = 15$，$\|\boldsymbol{A}\|_1 = \max\{7+\sqrt{2}, 7, 4\} = 7+\sqrt{2}$，$\|\boldsymbol{A}\|_\infty = \max\{3+\sqrt{2}, 9, 6\} = 9$.

5. (1) $\|\boldsymbol{O}\| = \|\boldsymbol{S}^{-1}\boldsymbol{O}\boldsymbol{S}\|_m = 0$；当 $\boldsymbol{A}\neq\boldsymbol{O}$ 时，由 $\boldsymbol{S}^{-1}\boldsymbol{A}\boldsymbol{S}\neq\boldsymbol{O}$ 得

$$\|\boldsymbol{A}\| = \|\boldsymbol{S}^{-1}\boldsymbol{A}\boldsymbol{S}\|_m > 0.$$

(2) $\|k\boldsymbol{A}\| = \|\boldsymbol{S}^{-1}(k\boldsymbol{A})\boldsymbol{S}\|_m = |k|\,\|\boldsymbol{S}^{-1}\boldsymbol{A}\boldsymbol{S}\|_m = |k|\,\|\boldsymbol{A}\|$.

(3) $\|\boldsymbol{A}+\boldsymbol{B}\| = \|\boldsymbol{S}^{-1}(\boldsymbol{A}+\boldsymbol{B})\boldsymbol{S}\|_m \leqslant \|\boldsymbol{S}^{-1}\boldsymbol{A}\boldsymbol{S}\|_m + \|\boldsymbol{S}^{-1}\boldsymbol{B}\boldsymbol{S}\|_m = \|\boldsymbol{A}\| + \|\boldsymbol{B}\|$.

(4) $\|\boldsymbol{A}\boldsymbol{B}\| = \|\boldsymbol{S}^{-1}(\boldsymbol{A}\boldsymbol{B})\boldsymbol{S}\|_m = \|(\boldsymbol{S}^{-1}\boldsymbol{A}\boldsymbol{S})(\boldsymbol{S}^{-1}\boldsymbol{B}\boldsymbol{S})\|_m \leqslant \|\boldsymbol{S}^{-1}\boldsymbol{A}\boldsymbol{S}\|_m\|\boldsymbol{S}^{-1}\boldsymbol{B}\boldsymbol{S}\|_m = \|\boldsymbol{A}\|\,\|\boldsymbol{B}\|$，故 $\|\boldsymbol{A}\|$ 是 $\mathbf{C}^{n\times n}$ 上的矩阵范数.

6. 取向量范数 $\|\boldsymbol{x}\|$ 与题中给出的矩阵范数相容，则有 $\|\boldsymbol{x}\| = \|\boldsymbol{I}_n\boldsymbol{x}\| \leqslant \|\boldsymbol{I}_n\|\,\|\boldsymbol{x}\|$，即 $\|\boldsymbol{I}_n\|\geqslant 1$.

7. 设 $\boldsymbol{A}=(a_{ij})_{n\times n}$，$\boldsymbol{x}=(\xi_1,\cdots,\xi_n)^{\mathrm{T}}$，则有

$$\begin{aligned}\|\boldsymbol{A}\boldsymbol{x}\|_1 &= \sum_{i=1}^n\Big|\sum_{j=1}^n a_{ij}\xi_j\Big| \leqslant \sum_{i=1}^n\sum_{j=1}^n|a_{ij}|\,|\xi_j| \leqslant \max_{i,j}|a_{ij}|\sum_{i=1}^n\sum_{j=1}^n|\xi_j|\\ &= n\max_{i,j}|a_{ij}|\sum_{j=1}^n|\xi_j| = \|\boldsymbol{A}\|_{m_\infty}\|\boldsymbol{x}\|_1.\end{aligned}$$

故矩阵的 m_∞ 范数与向量的 1 范数相容. 又有

$$\begin{aligned}\|\boldsymbol{A}\boldsymbol{x}\|_2 &= \sqrt{\sum_{i=1}^n\Big|\sum_{j=1}^n a_{ij}\xi_j\Big|^2} \leqslant \sqrt{\sum_{i=1}^n\Big(\sum_{j=1}^n|a_{ij}|\,|\xi_j|\Big)^2}\\ &\leqslant \sqrt{\sum_{i=1}^n\Big(\sum_{j=1}^n|a_{ij}|^2\sum_{j=1}^n|\xi_j|^2\Big)} \leqslant \max_{i,j}|a_{ij}|\sqrt{n\sum_{i=1}^n\sum_{j=1}^n|\xi_j|^2}\\ &\leqslant n\max_{i,j}|a_{ij}|\sqrt{\sum_{j=1}^n|\xi_j|^2} = \|\boldsymbol{A}\|_{m_\infty}\|\boldsymbol{x}\|_2,\end{aligned}$$

故矩阵的 m_∞ 范数与向量的 2 范数相容.

8. 矩阵范数的条件(1)～(3)成立，验证条件(4). 设 $\boldsymbol{A}=(a_{ij})_{m\times n}$，$\boldsymbol{B}=(b_{ij})_{n\times l}$，则

$$\begin{aligned}\|\boldsymbol{A}\boldsymbol{B}\|_M &= \max\{m,l\}\cdot\max_{i,j}\Big|\sum_{k=1}^n a_{ik}b_{kj}\Big|\\ &\leqslant \max\{m,l\}\cdot n\cdot\max_{i,k}|a_{ik}|\cdot\max_{k,j}|b_{kj}|\\ &\leqslant \max\{m,n\}\cdot\max_{i,k}|a_{ik}|\cdot\max\{n,l\}\cdot\max_{k,j}|b_{kj}|\\ &= \|\boldsymbol{A}\|_M\|\boldsymbol{B}\|_M.\end{aligned}$$

从而 $\|\boldsymbol{A}\|_M$ 是矩阵范数. 又由

$$\|\boldsymbol{Ax}\|_1=\sum_{i=1}^{m}\left|\sum_{j=1}^{n}a_{ij}\xi_j\right|\leqslant\sum_{i=1}^{m}\sum_{j=1}^{n}|a_{ij}||\xi_j|\leqslant\max_{i,j}|a_{ij}|\cdot\sum_{i=1}^{m}\sum_{j=1}^{n}|\xi_j|$$

$$\leqslant\max\{m,n\}\cdot\max_{i,j}|a_{ij}|\cdot\sum_{j=1}^{n}|\xi_j|=\|\boldsymbol{A}\|_M\|\boldsymbol{x}\|_1,$$

$$\|\boldsymbol{Ax}\|_2=\sqrt{\sum_{i=1}^{m}\left|\sum_{j=1}^{n}a_{ij}\xi_j\right|^2}\leqslant\sqrt{\sum_{i=1}^{m}\left(\sum_{j=1}^{n}|a_{ij}||\xi_j|\right)^2}$$

$$\leqslant\sqrt{\sum_{i=1}^{m}\left(\sum_{j=1}^{n}|a_{ij}|^2\cdot\sum_{j=1}^{n}|\xi_j|^2\right)}\leqslant\sqrt{n}\cdot\max_{i,j}|a_{ij}|\cdot\sqrt{\sum_{i=1}^{m}\sum_{j=1}^{n}|\xi_j|^2}$$

$$\leqslant\max\{m,n\}\cdot\max_{i,j}|a_{ij}|\cdot\sqrt{\sum_{j=1}^{n}|\xi_j|^2}=\|\boldsymbol{A}\|_M\|\boldsymbol{x}\|_2,$$

$$\|\boldsymbol{Ax}\|_\infty=\max_i\left|\sum_{j=1}^{n}a_{ij}\xi_j\right|\leqslant\max_i\sum_{j=1}^{n}|a_{ij}||\xi_j|\leqslant\max_{i,j}|a_{ij}|\cdot\max_i\sum_{j=1}^{n}|\xi_j|$$

$$\leqslant\max\{m,n\}\cdot\max_{i,j}|a_{ij}|\cdot\max_j|\xi_j|=\|\boldsymbol{A}\|_M\|\boldsymbol{x}\|_\infty,$$

故矩阵的 M 范数与向量的 1、2、∞ 范数相容.

9. 矩阵范数的条件(1)～(3)成立，验证条件(4). 设 $\boldsymbol{A}=(a_{ij})_{m\times n}$，$\boldsymbol{B}=(b_{ij})_{n\times l}$，则

$$\|\boldsymbol{AB}\|_G=\sqrt{ml}\max_{i,j}\left|\sum_{k=1}^{n}a_{ik}b_{kj}\right|\leqslant\sqrt{ml}\cdot n\cdot\max_{i,k}|a_{ik}|\cdot\max_{k,j}|b_{kj}|$$

$$=\sqrt{mn}\cdot\max_{i,k}|a_{ik}|\cdot\sqrt{nl}\cdot\max_{k,j}|b_{kj}|=\|\boldsymbol{A}\|_G\|\boldsymbol{B}\|_G.$$

从而 $\|\boldsymbol{A}\|_G$ 是矩阵范数. 又由

$$\|\boldsymbol{Ax}\|_2=\sqrt{\sum_{i=1}^{m}\left|\sum_{j=1}^{n}a_{ij}\xi_j\right|^2}\leqslant\sqrt{\sum_{i=1}^{m}\left(\sum_{j=1}^{n}|a_{ij}||\xi_j|\right)^2}$$

$$\leqslant\sqrt{\sum_{i=1}^{m}\left(\sum_{j=1}^{n}|a_{ij}|^2\cdot\sum_{j=1}^{n}|\xi_j|^2\right)}\leqslant\sqrt{n}\cdot\max_{i,j}|a_{ij}|\cdot\sqrt{\sum_{i=1}^{m}\sum_{j=1}^{n}|\xi_j|^2}$$

$$=\sqrt{mn}\cdot\max_{i,j}|a_{ij}|\cdot\sqrt{\sum_{j=1}^{n}|\xi_j|^2}=\|\boldsymbol{A}\|_G\|\boldsymbol{x}\|_2,$$

故矩阵的 G 范数与向量的 2 范数相容.

10. $\|\boldsymbol{U}\|_2=\sqrt{\boldsymbol{U}^{\mathrm{H}}\boldsymbol{U}\text{的最大特征值}}=\sqrt{\boldsymbol{I}\text{的最大特征值}}=1$.

11. 可求得 $\boldsymbol{A}^{-1}=\dfrac{1}{4}\begin{pmatrix}2&-3&2\\4&-2&0\\-4&4&0\end{pmatrix}$，于是

$$\mathrm{cond}_1(\boldsymbol{A})=\|\boldsymbol{A}\|_1\|\boldsymbol{A}^{-1}\|_1=5\times\frac{10}{4}=\frac{25}{2},\quad \mathrm{cond}_\infty(\boldsymbol{A})=\|\boldsymbol{A}\|_\infty\|\boldsymbol{A}^{-1}\|_\infty=5\times\frac{8}{4}=10.$$

12. 设 $\boldsymbol{A}$ 的属于特征值 λ 的特征向量为 $\boldsymbol{x}$，即 $\boldsymbol{Ax}=\lambda\boldsymbol{x}$，从而有 $\boldsymbol{A}^m\boldsymbol{x}=\lambda^m\boldsymbol{x}$. 取向量范数 $\|\boldsymbol{x}\|$ 与题中给出的矩阵范数相容，则有

$$|\lambda|^m\|\boldsymbol{x}\|=\|\lambda^m\boldsymbol{x}\|=\|\boldsymbol{A}^m\boldsymbol{x}\|\leqslant\|\boldsymbol{A}^m\|\ \|\boldsymbol{x}\|,$$

即 $|\lambda|^m\leqslant\|\boldsymbol{A}^m\|$，也就是 $|\lambda|\leqslant\sqrt[m]{\|\boldsymbol{A}^m\|}$.

习 题 3

1. 由 $\det(\lambda\boldsymbol{I}-\boldsymbol{A})=(\lambda-2c)(\lambda+c)^2$ 得 $\rho(\boldsymbol{A})=2|c|$. 而 $\boldsymbol{A}$ 为收敛矩阵的充分必要条件是 $\rho(\boldsymbol{A})<1$,即 $|c|<\dfrac{1}{2}$.

2. 记 $\boldsymbol{S}^{(N)}=\sum\limits_{k=0}^{N}\boldsymbol{A}^{(k)}$,由 $\sum\limits_{k=0}^{+\infty}\boldsymbol{A}^{(k)}$ 收敛知 $\lim\limits_{N\to+\infty}\boldsymbol{S}^{(N)}=\boldsymbol{S}$,从而

$$\lim_{N\to+\infty}\boldsymbol{A}^{(N)}=\lim_{N\to+\infty}(\boldsymbol{S}^{(N)}-\boldsymbol{S}^{(N-1)})=\boldsymbol{S}-\boldsymbol{S}=\boldsymbol{O}.$$

取 $\boldsymbol{A}^{(k)}=\begin{pmatrix}\dfrac{1}{k+1} & 0\\ 0 & 2^{-k}\end{pmatrix}$,则 $\lim\limits_{k\to+\infty}\boldsymbol{A}^{(k)}=\boldsymbol{O}$. 但由 $\sum\limits_{k=0}^{+\infty}\dfrac{1}{k+1}$ 发散知 $\sum\limits_{k=0}^{+\infty}\boldsymbol{A}^{(k)}$ 发散.

3. 令 $\boldsymbol{A}=\begin{pmatrix}0.1 & 0.7\\ 0.3 & 0.6\end{pmatrix}$. 由于 $\|\boldsymbol{A}\|_\infty=0.9<1$,所以 $\sum\limits_{k=0}^{+\infty}\boldsymbol{A}^k$ 收敛,且其和为

$$(\boldsymbol{I}-\boldsymbol{A})^{-1}=\begin{pmatrix}0.9 & -0.7\\ -0.3 & 0.4\end{pmatrix}^{-1}=\frac{2}{3}\begin{pmatrix}4 & 7\\ 3 & 9\end{pmatrix}.$$

4. $\det(\lambda\boldsymbol{I}-\boldsymbol{A})=\lambda^2+a^2$,由 Hamilton-Cayley 定理得 $\boldsymbol{A}^2+a^2\boldsymbol{I}=\boldsymbol{O}$,于是

$$\boldsymbol{A}^2=-a^2\boldsymbol{I},\quad \boldsymbol{A}^3=-a^3\boldsymbol{H},\quad \boldsymbol{A}^4=a^4\boldsymbol{I},\quad \boldsymbol{A}^5=a^5\boldsymbol{H},\quad \boldsymbol{A}^5=-a^6\boldsymbol{I},\quad\cdots,$$

其中 $\boldsymbol{H}=\begin{pmatrix}0 & -1\\ 1 & 0\end{pmatrix}$. 从而

$$\mathrm{e}^{\boldsymbol{A}}=\sum_{k=0}^{+\infty}\frac{\boldsymbol{A}^k}{k!}=\left(1-\frac{a^2}{2!}+\frac{a^4}{4!}-\frac{a^6}{6!}+\cdots\right)\boldsymbol{I}+\left(a-\frac{a^3}{3!}+\frac{a^5}{5!}-\cdots\right)\boldsymbol{H}$$

$$=(\cos a)\boldsymbol{I}+(\sin a)\boldsymbol{H}=\begin{pmatrix}\cos a & -\sin a\\ \sin a & \cos a\end{pmatrix},$$

$$\sin\boldsymbol{A}=\sum_{k=0}^{+\infty}(-1)^k\frac{\boldsymbol{A}^{2k+1}}{(2k+1)!}=\left(a+\frac{a^3}{3!}+\frac{a^5}{5!}+\frac{a^7}{7!}+\cdots\right)\boldsymbol{H}$$

$$=-\mathrm{i}\left(\mathrm{i}a-\frac{(\mathrm{i}a)^3}{3!}+\frac{(\mathrm{i}a)^5}{5!}-\cdots\right)\boldsymbol{H}=-\mathrm{i}(\sin\mathrm{i}a)\boldsymbol{H}=\begin{pmatrix}0 & \mathrm{i}\sin\mathrm{i}a\\ -\mathrm{i}\sin\mathrm{i}a & 0\end{pmatrix},$$

$$\cos\boldsymbol{A}=\sum_{k=0}^{+\infty}(-1)^k\frac{\boldsymbol{A}^{2k}}{(2k)!}=\left(1+\frac{a^2}{2!}+\frac{a^4}{4!}+\frac{a^6}{6!}+\cdots\right)\boldsymbol{I}$$

$$=\left(1-\frac{(\mathrm{i}a)^2}{4!}+\frac{(\mathrm{i}a)^4}{4!}-\cdots\right)\boldsymbol{I}=(\cos\mathrm{i}a)\boldsymbol{I}=\begin{pmatrix}\cos\mathrm{i}a & 0\\ 0 & \cos\mathrm{i}a\end{pmatrix}.$$

5. 可求得

$$\boldsymbol{P}=\begin{pmatrix}1 & -1 & 1\\ -3 & 1 & 0\\ 3 & 1 & 0\end{pmatrix},\quad \boldsymbol{P}^{-1}=\frac{1}{6}\begin{pmatrix}0 & -1 & 1\\ 0 & 3 & 3\\ 6 & 4 & 2\end{pmatrix},\quad \boldsymbol{P}^{-1}\boldsymbol{A}\boldsymbol{P}=\begin{pmatrix}-1 & & \\ & 1 & \\ & & 2\end{pmatrix},$$

于是

$$e^{At}=\boldsymbol{P}\cdot \mathrm{diag}(e^{-t},e^{t},e^{2t})\cdot \boldsymbol{P}^{-1}=\frac{1}{6}\begin{pmatrix}6e^{2t} & 4e^{2t}-3e^{t}-e^{-t} & 2e^{2t}-3e^{t}+e^{-t}\\ 0 & 3e^{t}+3e^{-t} & 3e^{t}-3e^{-t}\\ 0 & 3e^{t}-3e^{-t} & 3e^{t}+3e^{-t}\end{pmatrix},$$

$$\sin\boldsymbol{A}=\boldsymbol{P}\cdot \mathrm{diag}(\sin(-1),\sin1,\sin2)\cdot \boldsymbol{P}^{-1}=\frac{1}{6}\begin{pmatrix}6\sin2 & 4\sin2-2\sin1 & 2\sin2-4\sin1\\ 0 & 0 & 6\sin1\\ 0 & 6\sin1 & 0\end{pmatrix}.$$

6. $\det(\lambda\boldsymbol{I}-\boldsymbol{A})=\lambda(\lambda-1)^2$. 设 $r(\lambda)=b_0+b_1\lambda+b_2\lambda^2$，求解 $\begin{cases}r(0)=b_0=1,\\ r(1)=b_0+b_1+b_2=e^t,\\ r'(1)=b_1+2b_2=te^t,\end{cases}$ 得

$\begin{cases}b_0=1,\\ b_1=-te^t+2e^t-2,\\ b_2=te^t-e^t+1.\end{cases}$ 故

$$e^{At}=b_0\boldsymbol{I}+b_1\boldsymbol{A}+b_2\boldsymbol{A}^2=\begin{pmatrix}b_0+b_1+b_2 & b_1+b_2 & b_2\\ 0 & b_0 & b_1+b_2\\ 0 & 0 & b_0+b_1+b_2\end{pmatrix}$$

$$=\begin{pmatrix}e^t & e^t-1 & te^t-e^t+1\\ 0 & 1 & e^t-1\\ 0 & 0 & e^t\end{pmatrix}.$$

又求解 $\begin{cases}r(0)=b_0=1,\\ r(1)=b_0+b_1+b_2=\cos t,\\ r'(1)=b_1+2b_2=-t\sin t,\end{cases}$ 得 $\begin{cases}b_0=1,\\ b_1=t\sin t+2\cos t-2,\\ b_2=-t\sin t-\cos t+1.\end{cases}$ 故

$$\cos\boldsymbol{A}t=b_0\boldsymbol{I}+b_1\boldsymbol{A}+b_2\boldsymbol{A}^2=\begin{pmatrix}b_0+b_1+b_2 & b_1+b_2 & b_2\\ 0 & b_0 & b_1+b_2\\ 0 & 0 & b_0+b_1+b_2\end{pmatrix}$$

$$=\begin{pmatrix}\cos t & \cos t-1 & -t\sin t-\cos t+1\\ 0 & 1 & \cos t-1\\ 0 & 0 & \cos t\end{pmatrix}.$$

7. $f(\boldsymbol{A}^{\mathrm{T}})=\sum\limits_{k=0}^{+\infty}a_k(\boldsymbol{A}^{\mathrm{T}})^k=\sum\limits_{k=0}^{+\infty}a_k(\boldsymbol{A}^k)^{\mathrm{T}}=\left(\sum\limits_{k=0}^{+\infty}a_k\boldsymbol{A}^k\right)^{\mathrm{T}}=(f(\boldsymbol{A}))^{\mathrm{T}}$.

8. (1) 注意到 $\boldsymbol{A}^{\mathrm{T}}$ 是一个 Jordan 矩阵，利用第 7 题的结论和 Jordan 矩阵求矩阵函数的方法得

$$e^{At}=\begin{pmatrix}e^t & 0 & 0 & 0\\ te^t & e^t & 0 & 0\\ \frac{t^2}{2}e^t & te^t & e^t & 0\\ \frac{t^3}{6}e^t & \frac{t^2}{2}e^t & te^t & e^t\end{pmatrix};\quad \sin\boldsymbol{A}t=\begin{pmatrix}\sin t & 0 & 0 & 0\\ t\cos t & \sin t & 0 & 0\\ -\frac{t^2}{2}\sin t & t\cos t & \sin t & 0\\ -\frac{t^3}{6}\cos t & -\frac{t^2}{2}\sin t & t\cos t & \sin t\end{pmatrix};$$

$$\cos \boldsymbol{A}t=\begin{pmatrix}\cos t & 0 & 0 & 0\\ -t\sin t & \cos t & 0 & 0\\ -\dfrac{t^2}{2}\cos t & -t\sin t & \cos t & 0\\ \dfrac{t^3}{6}\sin t & -\dfrac{t^2}{2}\cos t & -t\sin t & \cos t\end{pmatrix}.$$

(2)

$$\mathrm{e}^{\boldsymbol{A}t}=\begin{pmatrix}\mathrm{e}^{-2t} & t\mathrm{e}^{-2t} & 0 & 0\\ 0 & \mathrm{e}^{-2t} & 0 & 0\\ 0 & 0 & 1 & 0\\ 0 & 0 & t & 1\end{pmatrix};\quad \sin \boldsymbol{A}t=\begin{pmatrix}-\sin 2t & t\cos 2t & 0 & 0\\ 0 & -\sin 2t & 0 & 0\\ 0 & 0 & 0 & 0\\ 0 & 0 & t & 0\end{pmatrix};$$

$$\cos \boldsymbol{A}t=\begin{pmatrix}\cos 2t & t\sin 2t & 0 & 0\\ 0 & \cos 2t & 0 & 0\\ 0 & 0 & 1 & 0\\ 0 & 0 & 0 & 1\end{pmatrix}.$$

9. (1) 在定理 3.10(3) 中取 $\boldsymbol{B}=-\boldsymbol{A}$ 即得；

(2) 因为 $\boldsymbol{A}(2\pi\boldsymbol{I})=(2\pi\boldsymbol{I})\boldsymbol{A}$,所以由定理 3.10 得

$$\begin{aligned}&\sin(\boldsymbol{A}+2\pi\boldsymbol{I})=\sin\boldsymbol{A}\cos(2\pi\boldsymbol{I})+\cos\boldsymbol{A}\sin(2\pi\boldsymbol{I})\\ &=\sin\boldsymbol{A}\left[\boldsymbol{I}-\frac{1}{2!}(2\pi\boldsymbol{I})^2+\frac{1}{4!}(2\pi\boldsymbol{I})^4-\cdots\right]+\cos\boldsymbol{A}\left[2\pi\boldsymbol{I}-\frac{1}{3!}(2\pi\boldsymbol{I})^3+\frac{1}{5!}(2\pi\boldsymbol{I})^5-\cdots\right]\\ &=\sin\boldsymbol{A}\left[1-\frac{1}{2!}(2\pi)^2+\frac{1}{4!}(2\pi)^4-\cdots\right]\boldsymbol{I}+\cos\boldsymbol{A}\left[2\pi-\frac{1}{3!}(2\pi)^3+\frac{1}{5!}(2\pi)^5-\cdots\right]\boldsymbol{I}\\ &=\sin\boldsymbol{A}\cos 2\pi+\cos\boldsymbol{A}\sin 2\pi=\sin\boldsymbol{A}.\end{aligned}$$

(3) 与(2)的推导类似；

(4) 因为 $\boldsymbol{A}(2\pi\mathrm{i}\boldsymbol{I})=(2\pi\mathrm{i}\boldsymbol{I})\boldsymbol{A}$,所以由定理 3.10 得

$$\begin{aligned}\mathrm{e}^{\boldsymbol{A}+2\pi\mathrm{i}\boldsymbol{I}}&=\mathrm{e}^{\boldsymbol{A}}\mathrm{e}^{2\pi\mathrm{i}\boldsymbol{I}}=\mathrm{e}^{\boldsymbol{A}}\left[\boldsymbol{I}+(2\pi\mathrm{i}\boldsymbol{I})+\frac{1}{2!}(2\pi\mathrm{i}\boldsymbol{I})^2+\frac{1}{3!}(2\pi\mathrm{i})\boldsymbol{I})^3+\cdots\right]\\ &=\mathrm{e}^{\boldsymbol{A}}\left\{\left[1-\frac{1}{2!}(2\pi)^2+\frac{1}{4!}(2\pi)^4-\cdots\right]+\mathrm{i}\left[2\pi-\frac{1}{3!}(2\pi)^3+\frac{1}{5!}(2\pi)^5-\cdots\right]\right\}\boldsymbol{I}\\ &=\mathrm{e}^{\boldsymbol{A}}\{\cos 2\pi+\mathrm{i}\sin 2\pi\}\boldsymbol{I}=\mathrm{e}^{\boldsymbol{A}}.\end{aligned}$$

10. 由第 7 题的结论知 $(\mathrm{e}^{\boldsymbol{A}})^{\mathrm{T}}=\mathrm{e}^{\boldsymbol{A}^{\mathrm{T}}}=\mathrm{e}^{-\boldsymbol{A}}$,于是有 $\mathrm{e}^{\boldsymbol{A}}(\mathrm{e}^{\boldsymbol{A}})^{\mathrm{T}}=\mathrm{e}^{\boldsymbol{A}}\mathrm{e}^{\boldsymbol{A}^{\mathrm{T}}}=\mathrm{e}^{\boldsymbol{A}+\boldsymbol{A}^{\mathrm{T}}}=\mathrm{e}^{\boldsymbol{O}}=\boldsymbol{I}$,故 $\mathrm{e}^{\boldsymbol{A}}$ 是正交矩阵.

11. 由第 7 题的结论知 $(\mathrm{e}^{\mathrm{i}\boldsymbol{A}})^{\mathrm{H}}=\mathrm{e}^{(\mathrm{i}\boldsymbol{A})^{\mathrm{H}}}=\mathrm{e}^{-\mathrm{i}\boldsymbol{A}}$,于是有 $\mathrm{e}^{\mathrm{i}\boldsymbol{A}}(\mathrm{e}^{\mathrm{i}\boldsymbol{A}})^{\mathrm{H}}=\mathrm{e}^{\mathrm{i}\boldsymbol{A}}\mathrm{e}^{-\mathrm{i}\boldsymbol{A}}=\mathrm{e}^{\boldsymbol{O}}=\boldsymbol{I}$,故 $\mathrm{e}^{\mathrm{i}\boldsymbol{A}}$ 是酉矩阵.

12. $\displaystyle\int_0^t \mathrm{e}^{\boldsymbol{A}\tau}\mathrm{d}\tau=\boldsymbol{A}^{-1}\int_0^t \boldsymbol{A}\mathrm{e}^{\boldsymbol{A}\tau}\mathrm{d}\tau=\boldsymbol{A}^{-1}\int_0^t\frac{\mathrm{d}}{\mathrm{d}\tau}(\mathrm{e}^{\boldsymbol{A}\tau})\mathrm{d}\tau=\boldsymbol{A}^{-1}\mathrm{e}^{\boldsymbol{A}\tau}\Big|_0^t=\boldsymbol{A}^{-1}(\mathrm{e}^{\boldsymbol{A}t}-\boldsymbol{I})$.

13.

$$\frac{\mathrm{d}}{\mathrm{d}t}(\det\boldsymbol{A}(t))=\frac{\mathrm{d}}{\mathrm{d}}(\cos^2 t+\sin^2 t)=\frac{\mathrm{d}}{\mathrm{d}t}1=0,$$

$$\det\left(\frac{\mathrm{d}}{\mathrm{d}t}\boldsymbol{A}(t)\right)=\det\begin{pmatrix}-\sin t & -\cos t\\ \cos t & -\sin t\end{pmatrix}=\cos^2 t+\sin^2 t=1,$$

$$\frac{\mathrm{d}}{\mathrm{d}t}\boldsymbol{A}^{-1}(t)=\frac{\mathrm{d}}{\mathrm{d}t}\begin{pmatrix}\cos t & \sin t\\ -\sin t & \cos t\end{pmatrix}=\begin{pmatrix}-\sin t & \cos t\\ -\cos t & -\sin t\end{pmatrix}.$$

14. $$\int_0^t \boldsymbol{A}(\tau)\mathrm{d}\tau=\begin{pmatrix}\dfrac{\mathrm{e}^{2t}-1}{2} & \mathrm{e}^t(t-1)+1 & \dfrac{t^3}{3}\\ 1-\mathrm{e}^{-t} & \mathrm{e}^{2t}-1 & 0\\ \dfrac{3}{2}t^2 & 0 & 0\end{pmatrix}.$$

15. 当 $m=2$ 时,取 $\boldsymbol{A}(t)=\begin{pmatrix}t^2 & t\\ 0 & t\end{pmatrix}$,则

$$\boldsymbol{A}^2(t)=\begin{pmatrix}t^4 & t^3+t^2\\ 0 & t^2\end{pmatrix},\qquad \frac{\mathrm{d}}{\mathrm{d}t}\boldsymbol{A}^2(t)=\begin{pmatrix}4t^3 & 3t^2+2t\\ 0 & 2t\end{pmatrix},$$

$$2\boldsymbol{A}(t)\cdot\frac{\mathrm{d}}{\mathrm{d}t}\boldsymbol{A}(t)=\begin{pmatrix}4t^3 & 2t^2+2t\\ 0 & 2t\end{pmatrix}\neq\frac{\mathrm{d}}{\mathrm{d}t}\boldsymbol{A}^2(t),$$

$$\begin{aligned}\frac{\mathrm{d}}{\mathrm{d}t}[\boldsymbol{A}(t)]^m&=\frac{\mathrm{d}}{\mathrm{d}t}[\boldsymbol{A}(t)\boldsymbol{A}(t)\cdots\boldsymbol{A}(t)]\\&=\frac{\mathrm{d}}{\mathrm{d}t}\boldsymbol{A}(t)\cdot[\boldsymbol{A}(t)]^{m-1}+\boldsymbol{A}(t)\cdot\frac{\mathrm{d}}{\mathrm{d}t}\boldsymbol{A}(t)\cdot[\boldsymbol{A}(t)]^{m-2}+\cdots\\&\quad+[\boldsymbol{A}(t)]^{m-1}\cdot\frac{\mathrm{d}}{\mathrm{d}t}\boldsymbol{A}(t).\end{aligned}$$

当 $\frac{\mathrm{d}}{\mathrm{d}t}\boldsymbol{A}(t)\cdot\boldsymbol{A}(t)=\boldsymbol{A}(t)\cdot\frac{\mathrm{d}}{\mathrm{d}t}\boldsymbol{A}(t)$ 时,有

$$\begin{aligned}\frac{\mathrm{d}}{\mathrm{d}t}[\boldsymbol{A}(t)]^m&=[\boldsymbol{A}(t)]^{m-1}\cdot\frac{\mathrm{d}}{\mathrm{d}t}\boldsymbol{A}(t)+[\boldsymbol{A}(t)]^{m-1}\cdot\frac{\mathrm{d}}{\mathrm{d}t}\boldsymbol{A}(t)+\cdots+[\boldsymbol{A}(t)]^{m-1}\cdot\frac{\mathrm{d}}{\mathrm{d}t}\boldsymbol{A}(t)\\&=m[\boldsymbol{A}(t)]^{m-1}\cdot\frac{\mathrm{d}}{\mathrm{d}t}\boldsymbol{A}(t).\end{aligned}$$

16. (1) 设 $\boldsymbol{B}=(b_{ij})_{m\times n}$,$\boldsymbol{X}=(\xi_{ij})_{n\times m}$,则 $\boldsymbol{BX}=\left(\sum_{k=1}^n b_{ik}\xi_{kj}\right)_{m\times m}$. 于是有

$$\mathrm{tr}(\boldsymbol{BX})=\sum_{k=1}^n b_{1k}\xi_{k1}+\cdots+\sum_{k=1}^n b_{jk}\xi_{kj}+\cdots+\sum_{k=1}^n b_{mk}\xi_{km};$$

$$\frac{\partial\,\mathrm{tr}(\boldsymbol{BX})}{\partial\,\xi_{ij}}=b_{ji}\qquad(i=1,2,\cdots,n;j=1,2,\cdots,m);$$

$$\frac{\mathrm{d}}{\mathrm{d}\boldsymbol{X}}(\mathrm{tr}(\boldsymbol{BX}))=\begin{pmatrix}b_{11} & \cdots & b_{m1}\\ \vdots & & \vdots\\ b_{1n} & \cdots & b_{mn}\end{pmatrix}=\boldsymbol{B}^{\mathrm{T}}.$$

注意到 $\boldsymbol{BX}$ 与 $(\boldsymbol{BX})^{\mathrm{T}}=\boldsymbol{X}^{\mathrm{T}}\boldsymbol{B}^{\mathrm{T}}$ 有相同的迹,所以

$$\frac{\mathrm{d}}{\mathrm{d}\boldsymbol{X}}(\mathrm{tr}(\boldsymbol{X}^{\mathrm{T}}\boldsymbol{B}^{\mathrm{T}}))=\frac{\mathrm{d}}{\mathrm{d}\boldsymbol{X}}(\mathrm{tr}(\boldsymbol{BX}))=\boldsymbol{B}^{\mathrm{T}}.$$

(2) 设 $\boldsymbol{A}=(a_{ij})_{n\times n}$,$\boldsymbol{X}=(\xi_{ij})_{n\times m}$,$f=\mathrm{tr}(\boldsymbol{X}^{\mathrm{T}}\boldsymbol{AX})$,则有

$$X^{\mathrm{T}}=\begin{pmatrix}\xi_{11}&\cdots&\xi_{n1}\\ \vdots&&\vdots\\ \xi_{1m}&\cdots&\xi_{nm}\end{pmatrix},\quad AX=\begin{pmatrix}\sum_k a_{1k}\xi_{k1}&\cdots&\sum_k a_{1k}\xi_{km}\\ \vdots&&\vdots\\ \sum_k a_{nk}\xi_{k1}&\cdots&\sum_k a_{nk}\xi_{km}\end{pmatrix},$$

$$f=\sum_l \xi_{l1}\sum_k a_{lk}\xi_{k1}+\cdots+\sum_l \xi_{lj}\sum_k a_{lk}\xi_{kj}+\cdots+\sum_l \xi_{lm}\sum_k a_{lk}\xi_{km},$$

$$\frac{\partial f}{\partial \xi_{ij}}=\frac{\partial}{\partial \xi_{ij}}\Big[\sum_l \xi_{lj}\sum_k a_{lk}\xi_{kj}\Big]=\sum_l\Big[\frac{\partial \xi_{lj}}{\partial \xi_{ij}}\cdot\Big(\sum_k a_{lk}\xi_{kj}\Big)+\xi_{lj}\cdot\frac{\partial}{\partial \xi_{ij}}\Big(\sum_k a_{lk}\xi_{kj}\Big)\Big]$$

$$=\sum_k a_{ik}\xi_{kj}+\sum_l a_{li}\xi_{lj},$$

$$\frac{\mathrm{d}f}{\mathrm{d}X}=\Big(\frac{\partial f}{\partial \xi_{ij}}\Big)_{n\times m}=AX+A^{\mathrm{T}}X=(A+A^{\mathrm{T}})X.$$

17. 设 $A=(a_{ij})_{n\times m}$，则

$$F(x)=\Big(\sum_{k=1}^{n}\xi_k a_{k1},\sum_{k=1}^{n}\xi_k a_{k2},\cdots,\sum_{k=1}^{n}\xi_k a_{km}\Big).$$

于是$\frac{\partial F}{\partial \xi_i}=(a_{i1},a_{i2},\cdots,a_{im})(i=1,2,\cdots,n)$. 故

$$\frac{\mathrm{d}F}{\mathrm{d}x}=\begin{pmatrix}\frac{\partial F}{\partial \xi_1}\\ \vdots\\ \frac{\partial F}{\partial \xi_n}\end{pmatrix}=\begin{pmatrix}a_{11}&\cdots&a_{1m}\\ \vdots&&\vdots\\ a_{n1}&\cdots&a_{nm}\end{pmatrix}=A.$$

18.
$$A=A\mathrm{e}^{At}\Big|_{t=0}=\frac{\mathrm{d}\mathrm{e}^{At}}{\mathrm{d}t}\Big|_{t=0}$$

$$=\begin{pmatrix}4\mathrm{e}^{2t}-\mathrm{e}^t&2\mathrm{e}^{2t}-\mathrm{e}^t&-2\mathrm{e}^{2t}+\mathrm{e}^t\\ 2\mathrm{e}^{2t}-\mathrm{e}^t&4\mathrm{e}^{2t}-\mathrm{e}^t&-2\mathrm{e}^{2t}+\mathrm{e}^t\\ 6\mathrm{e}^{2t}-3\mathrm{e}^t&6\mathrm{e}^{2t}-3\mathrm{e}^t&-4\mathrm{e}^{2t}+3\mathrm{e}^t\end{pmatrix}\Bigg|_{t=0}=\begin{pmatrix}3&1&-1\\1&3&-1\\3&3&-1\end{pmatrix}.$$

19. 令

$$A=\begin{pmatrix}3&0&8\\3&-1&6\\-2&0&-5\end{pmatrix},\quad x(0)=\begin{pmatrix}1\\1\\1\end{pmatrix},$$

可求得 $\det(\lambda I-A)=(\lambda+1)^3$. 经判断知，$A$ 不能相似于对角矩阵. 下面采用待定系数法求 e^{At}. 容易验证 A 的最小多项式为 $m_A(\lambda)=(\lambda+1)^2$. 设 $r(\lambda)=b_0+b_1\lambda$，求解 $\begin{cases}r(-1)=b_0-b_1=\mathrm{e}^{-t},\\ r'(-1)=\quad b_1=t\mathrm{e}^{-t},\end{cases}$ 得 $\begin{cases}b_0=(1+t)\mathrm{e}^{-t},\\ b_1=t\mathrm{e}^{-t}.\end{cases}$ 于是

$$\mathrm{e}^{At}=(1+t)\mathrm{e}^{-t}I+t\mathrm{e}^{-t}A=\mathrm{e}^{-t}\begin{pmatrix}1+4t&0&8t\\3t&1&6t\\-2t&0&1-4t\end{pmatrix},\quad x(t)=\mathrm{e}^{At}x(0)=\mathrm{e}^{-t}\begin{pmatrix}1+12t\\1+9t\\1-6t\end{pmatrix}.$$

20. 令

$$\boldsymbol{A}=\begin{pmatrix}-2&1&0\\-4&2&0\\1&0&1\end{pmatrix},\quad \boldsymbol{b}(t)=\begin{pmatrix}1\\2\\e^t-1\end{pmatrix},\quad \boldsymbol{x}(0)=\begin{pmatrix}1\\1\\-1\end{pmatrix},$$

可求得 $\det(\lambda\boldsymbol{I}-\boldsymbol{A})=\lambda^2(\lambda-1)$，采用待定系数法求 $e^{\boldsymbol{A}t}$. 设 $r(\lambda)=b_0+b_1\lambda+b_2\lambda^2$，求解

$$\begin{cases}r(0)=b_0=1,\\ r'(0)=b_1=t,\\ r(1)=b_0+b_1+b_2=e^t,\end{cases}\text{得}\begin{cases}b_0=1,\\ b_1=t,\\ b_2=e^t-t-1.\end{cases}\quad\text{于是}$$

$$e^{\boldsymbol{A}t}=b_0\boldsymbol{I}+b_1\boldsymbol{A}+b_2\boldsymbol{A}^2=\begin{pmatrix}b_0-2b_1&b_1&0\\-4b_1&b_0+2b_1&0\\b_1-b_2&b_2&b_0+b_1+b_2\end{pmatrix}$$

$$=\begin{pmatrix}1-2t&t&0\\-4t&1+2t&0\\1+2t-e^t&e^t-t-1&e^t\end{pmatrix},$$

故

$$\boldsymbol{x}(t)=e^{\boldsymbol{A}t}\left\{\boldsymbol{x}(0)+\int_0^t e^{-\boldsymbol{A}\tau}\boldsymbol{b}(\tau)\mathrm{d}\tau\right\}=e^{\boldsymbol{A}t}\left\{\boldsymbol{x}(0)+\int_0^t\begin{pmatrix}1\\2\\0\end{pmatrix}\mathrm{d}\tau\right\}$$

$$=e^{\boldsymbol{A}t}\left\{\begin{pmatrix}1\\1\\-1\end{pmatrix}+\begin{pmatrix}t\\2t\\0\end{pmatrix}\right\}=\begin{pmatrix}1\\1\\(t-1)e^t\end{pmatrix}.$$

习　题　4

1. (1) 由 Doolittle 分解的紧凑计算格式得

$$r_{11}=a_{11}=1,\quad r_{12}=a_{12}=3,\quad r_{13}=a_{13}=0,\quad l_{21}=\frac{a_{21}}{r_{11}}=2,$$

$$l_{31}=\frac{a_{31}}{r_{11}}=2,\quad r_{22}=a_{22}-l_{21}r_{12}=-3,\quad r_{23}=a_{23}-l_{21}r_{13}=0,$$

$$l_{32}=\frac{a_{32}-l_{31}r_{12}}{r_{22}}=2,\quad r_{33}=a_{33}-l_{31}r_{13}-l_{32}r_{23}=-6,$$

故 $\boldsymbol{A}$ 的 Doolittle 分解为

$$\boldsymbol{A}=\begin{pmatrix}1&0&0\\2&1&0\\2&2&1\end{pmatrix}\begin{pmatrix}1&3&0\\0&-3&0\\0&0&-6\end{pmatrix}.$$

(2) 由 Crout 分解的紧凑计算格式得

$$l_{11}=a_{11}=1,\quad l_{21}=a_{21}=2,\quad l_{31}=a_{31}=2,\quad r_{12}=\frac{a_{12}}{l_{11}}=3,$$

$$l_{13}=\frac{a_{13}}{l_{11}}=0,\quad l_{22}=a_{22}-l_{21}r_{12}=-3,\quad l_{32}=a_{32}-l_{31}r_{12}=-6,$$

$$r_{23}=\frac{a_{23}-l_{21}r_{13}}{l_{22}}=0,\quad l_{33}=a_{33}-l_{31}r_{13}-l_{32}r_{23}=-6,$$

故 $\boldsymbol{A}$ 的 Crout 分解为

$$\boldsymbol{A}=\begin{pmatrix}1&0&0\\2&-3&0\\2&-6&-6\end{pmatrix}\begin{pmatrix}1&3&0\\0&1&0\\0&0&1\end{pmatrix}.$$

2. 由 Cholesky 分解紧凑计算格式得

$$g_{11}=\sqrt{a_{11}}=\sqrt{5},\quad g_{21}=\frac{a_{21}}{g_{11}}=\frac{2}{\sqrt{5}},\quad g_{31}=\frac{a_{31}}{g_{11}}=\frac{-4}{\sqrt{5}},$$

$$g_{22}=\sqrt{a_{22}-|g_{21}|^2}=\frac{1}{\sqrt{5}},\quad g_{32}=\frac{a_{32}-g_{31}\overline{g_{21}}}{g_{22}}=\frac{-2}{\sqrt{5}},$$

$$g_{33}=\sqrt{a_{33}-|g_{31}|^2-|g_{32}|^2}=1,$$

故 $\boldsymbol{A}$ 的 Cholesky 分解为

$$\boldsymbol{A}=\begin{pmatrix}\sqrt{5}&0&0\\\frac{2}{\sqrt{5}}&\frac{1}{\sqrt{5}}&0\\\frac{-4}{\sqrt{5}}&\frac{-2}{\sqrt{5}}&1\end{pmatrix}\begin{pmatrix}\sqrt{5}&\frac{2}{\sqrt{5}}&\frac{-4}{\sqrt{5}}\\0&\frac{1}{\sqrt{5}}&\frac{-2}{\sqrt{5}}\\0&0&1\end{pmatrix}.$$

3. 对 $\boldsymbol{A}$ 的第 1 列,构造 $\boldsymbol{H}_1$ 如下:

$$\boldsymbol{a}_1=\begin{pmatrix}0\\1\\0\end{pmatrix},\quad \boldsymbol{u}_1=\frac{\boldsymbol{a}_1-\|\boldsymbol{a}_1\|_2\boldsymbol{e}_1}{\|\boldsymbol{a}_1-\|\boldsymbol{a}_1\|\boldsymbol{e}_1\|_2}=\frac{1}{\sqrt{2}}\begin{pmatrix}-1\\1\\0\end{pmatrix},$$

$$\boldsymbol{H}_1=\boldsymbol{I}-2\boldsymbol{u}_1\boldsymbol{u}_1^{\mathrm{T}}=\begin{pmatrix}0&1&0\\1&0&0\\0&0&1\end{pmatrix},\quad \boldsymbol{H}_1\boldsymbol{A}=\begin{pmatrix}1&1&1\\0&4&1\\0&3&2\end{pmatrix}.$$

对 $\boldsymbol{A}_1=\begin{pmatrix}4&1\\3&2\end{pmatrix}$ 的第 1 列,构造 $\boldsymbol{H}_2$ 如下:

$$\boldsymbol{b}_2=\begin{pmatrix}4\\3\end{pmatrix},\quad \widetilde{\boldsymbol{u}}_2=\frac{\boldsymbol{b}_2-\|\boldsymbol{b}_2\|_2\widetilde{\boldsymbol{e}}_1}{\|\boldsymbol{b}_2-\|\boldsymbol{b}_2\|_2\widetilde{\boldsymbol{e}}_1\|_2}=\frac{1}{\sqrt{10}}\begin{pmatrix}-1\\3\end{pmatrix},$$

$$\widetilde{\boldsymbol{H}}_2=\boldsymbol{I}-2\widetilde{\boldsymbol{u}}_2\widetilde{\boldsymbol{u}}_2^{\mathrm{T}}=\frac{1}{5}\begin{pmatrix}4&3\\3&-4\end{pmatrix},$$

$$\boldsymbol{H}_2=\begin{pmatrix}1&\boldsymbol{0}^{\mathrm{T}}\\\boldsymbol{0}&\widetilde{\boldsymbol{H}}_2\end{pmatrix}=\begin{pmatrix}1&0&0\\0&4/5&3/5\\0&3/5&-4/5\end{pmatrix},\quad \boldsymbol{H}_2(\boldsymbol{H}_1\boldsymbol{A})=\begin{pmatrix}1&1&1\\0&5&2\\0&0&-1\end{pmatrix}=\boldsymbol{R}.$$

故 $\boldsymbol{A}$ 的 QR 分解为

$$\boldsymbol{A}=(\boldsymbol{H}_1\boldsymbol{H}_2)\boldsymbol{R}=\begin{pmatrix}0&4/5&3/5\\1&0&0\\0&3/5&-4/5\end{pmatrix}\begin{pmatrix}1&1&1\\0&5&2\\0&0&-1\end{pmatrix}.$$

4. 取 $c_1=\dfrac{2}{\sqrt{2^2+2^2}}=\dfrac{1}{\sqrt{2}}$, $s_1=\dfrac{2}{\sqrt{2^2+2^2}}=\dfrac{1}{\sqrt{2}}$,则

$$\boldsymbol{T}_{13}=\begin{pmatrix}\frac{1}{\sqrt{2}} & 0 & \frac{1}{\sqrt{2}}\\ 0 & 1 & 0\\ \frac{-1}{\sqrt{2}} & 0 & \frac{1}{\sqrt{2}}\end{pmatrix},\quad \boldsymbol{T}_{13}\boldsymbol{A}=\begin{pmatrix}2\sqrt{2} & \frac{3}{\sqrt{2}} & \frac{3}{\sqrt{2}}\\ 0 & 2 & 2\\ 0 & \frac{-1}{\sqrt{2}} & \frac{1}{\sqrt{2}}\end{pmatrix}.$$

又取 $c_2=\dfrac{2}{\sqrt{2^2+\left(\frac{-1}{\sqrt{2}}\right)^2}}=\dfrac{2\sqrt{2}}{3}$, $s_2=\dfrac{\frac{-1}{\sqrt{2}}}{\sqrt{2^2+\left(\frac{-1}{\sqrt{2}}\right)^2}}=\dfrac{-1}{3}$, 则

$$\boldsymbol{T}_{23}=\begin{pmatrix}1 & 0 & 0\\ 0 & \frac{2\sqrt{2}}{3} & -\frac{1}{3}\\ 0 & \frac{1}{3} & \frac{2\sqrt{2}}{3}\end{pmatrix},\quad \boldsymbol{T}_{23}(\boldsymbol{T}_{13}\boldsymbol{A})=\begin{pmatrix}2\sqrt{2} & \frac{3}{\sqrt{2}} & \frac{3}{\sqrt{2}}\\ 0 & \frac{3}{\sqrt{2}} & \frac{7}{3\sqrt{2}}\\ 0 & 0 & \frac{4}{3}\end{pmatrix}=\boldsymbol{R}.$$

故 $\boldsymbol{A}$ 的 QR 分解为

$$\boldsymbol{A}=(\boldsymbol{T}_{13}^{\mathrm{T}}\boldsymbol{T}_{23}^{\mathrm{T}})\boldsymbol{R}=\begin{pmatrix}\frac{1}{\sqrt{2}} & \frac{1}{3\sqrt{2}} & -\frac{2}{3}\\ 0 & \frac{4}{3\sqrt{2}} & \frac{1}{3}\\ \frac{1}{\sqrt{2}} & \frac{-1}{3\sqrt{2}} & \frac{2}{3}\end{pmatrix}\begin{pmatrix}2\sqrt{2} & \frac{3}{\sqrt{2}} & \frac{3}{\sqrt{2}}\\ 0 & \frac{3}{\sqrt{2}} & \frac{7}{3\sqrt{2}}\\ 0 & 0 & \frac{4}{3}\end{pmatrix}.$$

5. 令 $\boldsymbol{a}_1=(-1,-\mathrm{i},0)^{\mathrm{T}}$, $\boldsymbol{a}_2=(\mathrm{i},0,\mathrm{i})^{\mathrm{T}}$, $\boldsymbol{a}_3=(0,-\mathrm{i},-1)^{\mathrm{T}}$,正交化得

$$\boldsymbol{p}_1=\boldsymbol{a}_1=(-1,-\mathrm{i},0)^{\mathrm{T}},\qquad \boldsymbol{p}_2=\boldsymbol{a}_2-\frac{-\mathrm{i}}{2}\boldsymbol{p}_1=\left(\frac{\mathrm{i}}{2},\frac{1}{2},\mathrm{i}\right)^{\mathrm{T}},$$

$$\boldsymbol{p}_3=\boldsymbol{a}_3-\frac{1}{2}\boldsymbol{p}_1-\frac{\frac{\mathrm{i}}{2}}{\frac{3}{2}}\boldsymbol{p}_2=\left(\frac{2}{3},\frac{-2\mathrm{i}}{3},\frac{-2}{3}\right)^{\mathrm{T}}.$$

再单位化得

$$\boldsymbol{q}_1=\frac{1}{\sqrt{2}}\boldsymbol{p}_1=\left(\frac{-1}{\sqrt{2}},\frac{-\mathrm{i}}{\sqrt{2}},0\right)^{\mathrm{T}},\qquad \boldsymbol{q}_2=\sqrt{\frac{2}{3}}\boldsymbol{p}_2=\left(\frac{\mathrm{i}}{\sqrt{6}},\frac{1}{\sqrt{6}},\frac{2\mathrm{i}}{\sqrt{6}}\right)^{\mathrm{T}},$$

$$\boldsymbol{q}_3=\frac{\sqrt{3}}{2}\boldsymbol{p}_3=\left(\frac{1}{\sqrt{3}},\frac{-\mathrm{i}}{\sqrt{3}},\frac{-1}{\sqrt{3}}\right)^{\mathrm{T}},$$

于是

$$\boldsymbol{a}_1=\boldsymbol{p}_1=\sqrt{2}\boldsymbol{q}_1,\qquad \boldsymbol{a}_2=\frac{-\mathrm{i}}{2}\boldsymbol{p}_1+\boldsymbol{p}_2=\frac{-\mathrm{i}}{\sqrt{2}}\boldsymbol{q}_1+\frac{3}{\sqrt{6}}\boldsymbol{q}_2,$$

$$\boldsymbol{a}_3=\frac{1}{2}\boldsymbol{p}_1+\frac{\mathrm{i}}{3}\boldsymbol{p}_2+\boldsymbol{p}_3=\frac{1}{\sqrt{2}}\boldsymbol{q}_1+\frac{\mathrm{i}}{\sqrt{6}}\boldsymbol{q}_2+\frac{2}{\sqrt{3}}\boldsymbol{q}_3.$$

故 $\boldsymbol{A}$ 的 QR 分解为

$$\boldsymbol{A}=\begin{pmatrix}\frac{-1}{\sqrt{2}} & \frac{\mathrm{i}}{\sqrt{6}} & \frac{1}{\sqrt{3}}\\ \frac{-\mathrm{i}}{\sqrt{2}} & \frac{1}{\sqrt{6}} & \frac{-\mathrm{i}}{\sqrt{3}}\\ 0 & \frac{2\mathrm{i}}{\sqrt{6}} & \frac{-1}{\sqrt{3}}\end{pmatrix}\begin{pmatrix}\sqrt{2} & \frac{-\mathrm{i}}{\sqrt{2}} & \frac{1}{\sqrt{2}}\\ 0 & \frac{3}{\sqrt{6}} & \frac{\mathrm{i}}{\sqrt{6}}\\ 0 & 0 & \frac{2}{\sqrt{3}}\end{pmatrix}.$$

6. 取 $c_1=\frac{1}{\sqrt{1^2+2^2}}=\frac{1}{\sqrt{5}}$, $s_1=\frac{2}{\sqrt{1^2+2^2}}=\frac{2}{\sqrt{5}}$, 则

$$\boldsymbol{T}_{12}=\begin{pmatrix}\frac{1}{\sqrt{5}} & \frac{2}{\sqrt{5}} & 0\\ \frac{-2}{\sqrt{5}} & \frac{1}{\sqrt{5}} & 0\\ 0 & 0 & 1\end{pmatrix},\quad \boldsymbol{T}_{12}\boldsymbol{A}=\begin{pmatrix}\sqrt{5} & 0 & 2\sqrt{5}\\ 0 & 0 & 0\\ 1 & 1 & 0\end{pmatrix}.$$

又取 $c_2=\frac{\sqrt{5}}{\sqrt{\sqrt{5}^2+1^2}}=\sqrt{\frac{5}{6}}$, $s_2=\frac{1}{\sqrt{\sqrt{5}^2+1^2}}=\frac{1}{\sqrt{6}}$, 则

$$\boldsymbol{T}_{13}=\begin{pmatrix}\sqrt{\frac{5}{6}} & 0 & \frac{1}{\sqrt{6}}\\ 0 & 1 & 0\\ \frac{-1}{\sqrt{6}} & 0 & \sqrt{\frac{5}{6}}\end{pmatrix},\quad \boldsymbol{T}_{13}(\boldsymbol{T}_{12}\boldsymbol{A})=\begin{pmatrix}\sqrt{6} & \frac{1}{\sqrt{6}} & \frac{10}{\sqrt{6}}\\ 0 & 0 & 0\\ 0 & \sqrt{\frac{5}{6}} & -2\sqrt{\frac{5}{6}}\end{pmatrix}.$$

再取 $c_3=\frac{0}{\sqrt{0^2+\left(\sqrt{\frac{5}{6}}\right)^2}}=0$, $s_2=\frac{\sqrt{\frac{5}{6}}}{\sqrt{0^2+\left(\sqrt{\frac{5}{6}}\right)^2}}=1$, 则

$$\boldsymbol{T}_{23}=\begin{pmatrix}1 & 0 & 0\\ 0 & 0 & 1\\ 0 & -1 & 0\end{pmatrix},\quad \boldsymbol{T}_{23}(\boldsymbol{T}_{13}\boldsymbol{T}_{12}\boldsymbol{A})=\begin{pmatrix}\sqrt{6} & \frac{1}{\sqrt{6}} & \frac{10}{\sqrt{6}}\\ 0 & \sqrt{\frac{5}{6}} & -2\sqrt{\frac{5}{6}}\\ 0 & 0 & 0\end{pmatrix}=\boldsymbol{R}.$$

故 $\boldsymbol{A}$ 的 QR 分解为

$$\boldsymbol{A}=(\boldsymbol{T}_{12}^{\mathrm{T}}\boldsymbol{T}_{13}^{\mathrm{T}}\boldsymbol{T}_{23}^{\mathrm{T}})\boldsymbol{R}=\begin{pmatrix}\frac{1}{\sqrt{6}} & \frac{-1}{\sqrt{30}} & \frac{2}{\sqrt{5}}\\ \frac{2}{\sqrt{6}} & \frac{-2}{\sqrt{30}} & \frac{-1}{\sqrt{5}}\\ \frac{1}{\sqrt{6}} & \frac{5}{\sqrt{30}} & 0\end{pmatrix}\begin{pmatrix}\sqrt{6} & \frac{1}{\sqrt{6}} & \frac{10}{\sqrt{6}}\\ 0 & \sqrt{\frac{5}{6}} & -2\sqrt{\frac{5}{6}}\\ 0 & 0 & 0\end{pmatrix}.$$

7. (1) 对 $\boldsymbol{a}_1=\begin{pmatrix}0\\1\end{pmatrix}$, 计算 $\tilde{\boldsymbol{u}}_1=\frac{\boldsymbol{a}_1-\|\boldsymbol{a}_1\|_2\tilde{\boldsymbol{e}}_1}{\|\boldsymbol{a}_1-\|\boldsymbol{a}_1\|_2\tilde{\boldsymbol{e}}_1\|_2}=\frac{1}{\sqrt{2}}\begin{pmatrix}-1\\1\end{pmatrix}$, $\widetilde{\boldsymbol{H}}_1=\boldsymbol{I}-2\tilde{\boldsymbol{u}}_1\tilde{\boldsymbol{u}}_1^{\mathrm{T}}=\begin{pmatrix}0 & 1\\ 1 & 0\end{pmatrix}$,

$\boldsymbol{H}_1=\begin{pmatrix}1 & \boldsymbol{0}^{\mathrm{T}}\\ \boldsymbol{0} & \widetilde{\boldsymbol{H}}_1\end{pmatrix}=\begin{pmatrix}1 & 0 & 0\\ 0 & 0 & 1\\ 0 & 1 & 0\end{pmatrix}$, 则 $\boldsymbol{H}_1\boldsymbol{A}\boldsymbol{H}_1=\begin{pmatrix}1 & -1 & 2\\ 1 & 1 & -1\\ 0 & 2 & 1\end{pmatrix}$.

(2) 取 $c_1=\dfrac{0}{\sqrt{0^2+1^2}}=0$，$s_1=\dfrac{1}{\sqrt{0^2+1^2}}=1$，则

$$\boldsymbol{T}_{23}=\begin{pmatrix}1&0&0\\0&0&1\\0&-1&0\end{pmatrix},\quad \boldsymbol{T}_{23}\boldsymbol{A}\boldsymbol{T}_{23}^{\mathrm{T}}=\begin{pmatrix}1&-1&-2\\1&1&1\\0&-2&1\end{pmatrix}.$$

8. (1) 对 $\boldsymbol{a}_1=\begin{pmatrix}12\\16\end{pmatrix}$，计算 $\tilde{\boldsymbol{u}}_1=\dfrac{\boldsymbol{a}_1-\|\boldsymbol{a}_1\|_2\tilde{\boldsymbol{e}}_1}{\|\boldsymbol{a}_1-\|\boldsymbol{a}_1\|_2\tilde{\boldsymbol{e}}_1\|_2}=\dfrac{1}{8\sqrt{5}}\begin{pmatrix}-8\\16\end{pmatrix}$，$\widetilde{\boldsymbol{H}}_1=\boldsymbol{I}-2\tilde{\boldsymbol{u}}_1\tilde{\boldsymbol{u}}_1^{\mathrm{T}}=$ $\dfrac{1}{5}\begin{pmatrix}3&4\\4&-3\end{pmatrix}$，$\boldsymbol{H}_1=\begin{pmatrix}1&\boldsymbol{0}^{\mathrm{T}}\\\boldsymbol{0}&\widetilde{\boldsymbol{H}}_1\end{pmatrix}=\begin{pmatrix}1&0&0\\0&3/5&4/5\\0&4/5&-3/5\end{pmatrix}$，则 $\boldsymbol{H}_1\boldsymbol{A}\boldsymbol{H}_1=\begin{pmatrix}0&20&0\\20&600&75\\0&75&0\end{pmatrix}$.

(2) 取 $c_1=\dfrac{12}{\sqrt{12^2+16^2}}=\dfrac{3}{5}$，$s_1=\dfrac{16}{\sqrt{12^2+16^2}}=\dfrac{4}{5}$，则

$$\boldsymbol{T}_{23}=\begin{pmatrix}1&0&0\\0&3/5&4/5\\0&-4/5&3/5\end{pmatrix},\quad \boldsymbol{T}_{23}\boldsymbol{A}\boldsymbol{T}_{23}^{\mathrm{T}}=\begin{pmatrix}0&20&0\\20&600&-75\\0&-75&0\end{pmatrix}.$$

9. (1) $\boldsymbol{S}=\begin{pmatrix}1&-1&0\\0&\frac{1}{2}&0\\2&-4&1\end{pmatrix}$，$\boldsymbol{SA}=\begin{pmatrix}1&0&2&1\\0&1&\frac{1}{2}&-\frac{1}{2}\\0&0&0&0\end{pmatrix}$；$\boldsymbol{A}$ 的满秩分解为

$$\boldsymbol{A}=\begin{pmatrix}1&2\\0&2\\-2&4\end{pmatrix}\begin{pmatrix}1&0&2&1\\0&1&\frac{1}{2}&-\frac{1}{2}\end{pmatrix}.$$

(2) $\boldsymbol{S}=\begin{pmatrix}1/2&0&-1/2&0\\-1/2&0&-1/2&0\\1&1&0&0\\1&1&1&1\end{pmatrix}$，$\boldsymbol{SA}=\begin{pmatrix}1&0&0&0\\0&1&-1&-1\\0&0&0&0\\0&0&0&0\end{pmatrix}$；$\boldsymbol{A}$ 的满秩分解为

$$\boldsymbol{A}=\begin{pmatrix}1&-1\\-1&1\\-1&-1\\1&1\end{pmatrix}\begin{pmatrix}1&0&0&0\\0&1&-1&-1\end{pmatrix}.$$

(3) $\boldsymbol{S}=\begin{pmatrix}1&0&0&0\\-2&1&0&0\\-1&0&1&0\\-2&0&0&1\end{pmatrix}$，$\boldsymbol{SA}=\begin{pmatrix}1&2&3&6\\0&0&0&0\\0&0&0&0\\0&0&0&0\end{pmatrix}$；$\boldsymbol{A}$ 的满秩分解为

$$\boldsymbol{A}=\begin{pmatrix}1\\2\\1\\2\end{pmatrix}(1\quad 2\quad 3\quad 6).$$

10. (1) $\boldsymbol{A}^{\mathrm{T}}\boldsymbol{A}=\begin{pmatrix}5&0&0\\0&0&0\\0&0&0\end{pmatrix}$的特征值是$\lambda_1=5,\lambda_2=\lambda_3=0$,对应的特征向量依次为$(1,0,0)^{\mathrm{T}}$,$(0,1,0)^{\mathrm{T}}$,$(0,0,1)^{\mathrm{T}}$. 于是可得 $\mathrm{rank}\boldsymbol{A}=1,\boldsymbol{\Sigma}=(\sqrt{5})$, $\boldsymbol{V}=\boldsymbol{I}_3$. 此时 $\boldsymbol{V}_1=\begin{pmatrix}1\\0\\0\end{pmatrix}$. 计算 $\boldsymbol{U}_1=\boldsymbol{A}\boldsymbol{V}_1\boldsymbol{\Sigma}^{-1}=\begin{pmatrix}\frac{1}{\sqrt{5}}\\\frac{2}{\sqrt{5}}\end{pmatrix}$,又取 $\boldsymbol{U}_2=\begin{pmatrix}\frac{-2}{\sqrt{5}}\\\frac{1}{\sqrt{5}}\end{pmatrix}$,构造正交矩阵 $\boldsymbol{U}=(\boldsymbol{U}_1,\boldsymbol{U}_2)=\begin{pmatrix}\frac{1}{\sqrt{5}}&\frac{-2}{\sqrt{5}}\\\frac{2}{\sqrt{5}}&\frac{1}{\sqrt{5}}\end{pmatrix}$,则 $\boldsymbol{A}$ 的奇异值分解为

$$\boldsymbol{A}=\begin{pmatrix}\frac{1}{\sqrt{5}}&\frac{-2}{\sqrt{5}}\\\frac{2}{\sqrt{5}}&\frac{1}{\sqrt{5}}\end{pmatrix}\begin{pmatrix}\sqrt{5}&0&0\\0&0&0\end{pmatrix}\begin{pmatrix}1&0&0\\0&1&0\\0&0&1\end{pmatrix}.$$

(2) $\boldsymbol{A}^{\mathrm{T}}\boldsymbol{A}=\begin{pmatrix}2&1\\1&2\end{pmatrix}$的特征值是$\lambda_1=3,\lambda_2=1$,对应的特征向量依次为$(1,1)^{\mathrm{T}}$,$(-1,1)^{\mathrm{T}}$. 于是可得 $\mathrm{rank}\boldsymbol{A}=2,\boldsymbol{\Sigma}=\begin{pmatrix}\sqrt{3}&0\\0&1\end{pmatrix}$, $\boldsymbol{V}=\begin{pmatrix}\frac{1}{\sqrt{2}}&-\frac{1}{\sqrt{2}}\\\frac{1}{\sqrt{2}}&\frac{1}{\sqrt{2}}\end{pmatrix}$. 此时 $\boldsymbol{V}_1=\boldsymbol{V}$. 计算 $\boldsymbol{U}_1=\boldsymbol{A}\boldsymbol{V}_1\boldsymbol{\Sigma}^{-1}=\begin{pmatrix}\frac{1}{\sqrt{6}}&-\frac{1}{\sqrt{2}}\\\frac{1}{\sqrt{6}}&\frac{1}{\sqrt{2}}\\\frac{2}{\sqrt{6}}&0\end{pmatrix}$,又取 $\boldsymbol{U}_2=\begin{pmatrix}-\frac{1}{\sqrt{3}}\\-\frac{1}{\sqrt{3}}\\\frac{1}{\sqrt{3}}\end{pmatrix}$,构造正交矩阵 $\boldsymbol{U}=(\boldsymbol{U}_1,\boldsymbol{U}_2)=\begin{pmatrix}\frac{1}{\sqrt{6}}&-\frac{1}{\sqrt{2}}&-\frac{1}{\sqrt{3}}\\\frac{1}{\sqrt{6}}&\frac{1}{\sqrt{2}}&-\frac{1}{\sqrt{3}}\\\frac{2}{\sqrt{6}}&0&\frac{1}{\sqrt{3}}\end{pmatrix}$,则 $\boldsymbol{A}$ 的奇异值分解为

$$\boldsymbol{A}=\begin{pmatrix}\frac{1}{\sqrt{6}}&-\frac{1}{\sqrt{2}}&-\frac{1}{\sqrt{3}}\\\frac{1}{\sqrt{6}}&\frac{1}{\sqrt{2}}&-\frac{1}{\sqrt{3}}\\\frac{2}{\sqrt{6}}&0&\frac{1}{\sqrt{3}}\end{pmatrix}\begin{pmatrix}\sqrt{3}&0\\0&1\\0&0\end{pmatrix}\begin{pmatrix}\frac{1}{\sqrt{2}}&\frac{1}{\sqrt{2}}\\-\frac{1}{\sqrt{2}}&\frac{1}{\sqrt{2}}\end{pmatrix}.$$

11. 由 $\mathrm{rank}\boldsymbol{A}=r$,可设 $\boldsymbol{A}$ 的非零奇异值为$\sigma_1,\sigma_2,\cdots,\sigma_r$,于是

$$\|\boldsymbol{A}\|_{\mathrm{F}}^2=\mathrm{tr}(\boldsymbol{A}^{\mathrm{T}}\boldsymbol{A})=\sum_{i=1}^{n}\lambda_i(\boldsymbol{A}^{\mathrm{T}}\boldsymbol{A})=\sum_{i=1}^{n}\sigma_i^2=\sum_{i=1}^{r}\sigma_i^2.$$

习　题　5

1. 设$(\boldsymbol{QD})\boldsymbol{x}=\lambda\boldsymbol{x}$, $\boldsymbol{x}=(\xi_1,\xi_2,\cdots,\xi_n)^{\mathrm{T}}$, 则有

$$\boldsymbol{x}^{\mathrm{H}}\boldsymbol{D}^{\mathrm{H}}\boldsymbol{D}\boldsymbol{x}=[(\boldsymbol{QD})\boldsymbol{x}]^{\mathrm{H}}[(\boldsymbol{QD})\boldsymbol{x}]=|\lambda|^2\boldsymbol{x}^{\mathrm{H}}\boldsymbol{x},$$

即 $|\lambda|^2\boldsymbol{x}^{\mathrm{H}}\boldsymbol{x}=|d_1|^2|\xi_1|^2+|d_2|^2|\xi_2|^2+\cdots+|d_n|^2|\xi_n|^2$. 由于

$$\begin{aligned}|d_1|^2|\xi_1|^2+\cdots+|d_n|^2|\xi_n|^2&\geqslant(\min_i|d_i|^2)(|\xi_1|^2+\cdots+|\xi_n|^2)\\&=(\min_i|d_i|^2)\boldsymbol{x}^{\mathrm{H}}\boldsymbol{x},\end{aligned}$$

且

$$\begin{aligned}|d_1|^2|\xi_1|^2+\cdots+|d_n|^2|\xi_n|^2&\leqslant(\max_i|d_i|^2)(|\xi_1|^2+\cdots+|\xi_n|^2)\\&=(\max_i|d_i|^2)\boldsymbol{x}^{\mathrm{H}}\boldsymbol{x},\end{aligned}$$

故 $(\min_i|d_i|^2)\boldsymbol{x}^{\mathrm{H}}\boldsymbol{x}\leqslant|\lambda|^2\boldsymbol{x}^{\mathrm{H}}\boldsymbol{x}\leqslant(\max_i|d_i|^2)\boldsymbol{x}^{\mathrm{H}}\boldsymbol{x}$，即 $\min_i|d_i|\leqslant|\lambda|\leqslant\max_i|d_i|$.

2. $\boldsymbol{A}$ 的四个盖尔圆为

$$G_1:|z-9|\leqslant 4,\ G_2:|z-8|\leqslant 2,\ G_3:|z-4|\leqslant 1,\ G_4:|z-1|\leqslant 1.$$

由于 G_4 孤立，其中含有 $\boldsymbol{A}$ 的一个实特征值. G_1，G_2 及 G_3 相交，其交集中含有 $\boldsymbol{A}$ 的三个特征值；由于 $\boldsymbol{A}$ 是实矩阵，如果它有复特征值时必成对共轭出现，故在 G_1，G_2 及 G_3 的交集中必有 $\boldsymbol{A}$ 的一个实特征值. 从而 $\boldsymbol{A}$ 至少有两个实特征值.

3. $\boldsymbol{A}$ 的四个盖尔圆为

$$G_1:|z-1|\leqslant\frac{13}{27},\ G_2:|z-2|\leqslant\frac{13}{27},\ G_3:|z-3|\leqslant\frac{13}{27},\ G_4:|z-4|\leqslant\frac{13}{27}.$$

由于这四个盖尔圆孤立，其中各含有 $\boldsymbol{A}$ 的一个特征值，即 $\boldsymbol{A}$ 的特征值互异，故 $\boldsymbol{A}$ 可相似于对角矩阵. 又由于 $\boldsymbol{A}$ 是实矩阵，如果它有复特征值时必成对共轭出现，故 $\boldsymbol{A}$ 的特征值都是实数；$\boldsymbol{A}$ 按行严格对角占优，所以 $\det\boldsymbol{A}\neq 0$，从而 $\boldsymbol{A}$ 的特征值不等于零.

4. 设 $\lambda=a+\mathrm{i}b$ (a 和 b 都是实数). 若 $a\leqslant 0$，则由 $\lambda\in G_k$ 可得

$$\begin{aligned}|\lambda-a_{kk}|\leqslant R_k\ &\Rightarrow\ |a-a_{kk}|\leqslant|(a-a_{kk})+\mathrm{i}b|\leqslant R_k\\&\Rightarrow\ -a+a_{kk}\leqslant R_k\ \Rightarrow\ a_{kk}\leqslant R_k+a\leqslant R_k,\end{aligned}$$

矛盾.

5. (1) 这两个盖尔圆相交，且 $\boldsymbol{A}$ 的特征值位于交集之中；

(2) 这两个盖尔圆外切，切点是 $\boldsymbol{A}$ 的单特征值.

6. $\boldsymbol{A}$ 的三个盖尔圆为

$$G_1:|z-2|\leqslant 3,\quad G_2:|z-10|\leqslant 2,\quad G_3:|z-20|\leqslant 10.$$

取 $\boldsymbol{D}=\mathrm{diag}(2,1,1)$，则

$$\boldsymbol{B}=\boldsymbol{DAD}^{-1}=\begin{pmatrix}2&4&-2\\0.5&10&-1\\4&2&20\end{pmatrix},$$

且 $\boldsymbol{B}$ 的三个盖尔圆为

$$\widetilde{G}_1:|z-2|\leqslant 6,\quad \widetilde{G}_2:|z-10|\leqslant 1.5,\quad \widetilde{G}_3:|z-20|\leqslant 6.$$

它们已分离，故在 G_1，$\widetilde{G}_2$，$\widetilde{G}_3$ 中各有 $\boldsymbol{A}$ 的一个特征值. 由于 $\boldsymbol{A}$ 是实矩阵，在孤立盖尔圆中的特征值必为实数，故在区间 $[-1,5]$，$[8.5,11.5]$，$[14,26]$ 中各有 $\boldsymbol{A}$ 的一个特征值.

7. $\det(\lambda\boldsymbol{B}-\boldsymbol{A})=(\lambda-2)(3\lambda+2)$，于是广义特征值为 $\lambda_1=2$，$\lambda_2=-\dfrac{2}{3}$.

对 $\lambda_1=2$，求解 $(2\boldsymbol{B}-\boldsymbol{A})\boldsymbol{x}=\boldsymbol{0}$，即 $\begin{pmatrix}2 & -4\\ -4 & 8\end{pmatrix}\begin{pmatrix}x_1\\ x_2\end{pmatrix}=\begin{pmatrix}0\\ 0\end{pmatrix}$，得对应的广义特征向量为 $k_1\begin{pmatrix}2\\ 1\end{pmatrix}$，$(k_1\neq 0)$. 对 $\lambda_2=-\dfrac{2}{3}$，求解 $\left(-\dfrac{2}{3}\boldsymbol{B}-\boldsymbol{A}\right)\boldsymbol{x}=\boldsymbol{0}$，即 $\begin{pmatrix}2 & 4\\ 4 & 8\end{pmatrix}\begin{pmatrix}x_1\\ x_2\end{pmatrix}=\begin{pmatrix}0\\ 0\end{pmatrix}$，得对应的广义特征向量为 $k_2\begin{pmatrix}-2\\ 1\end{pmatrix}$，$(k_2\neq 0)$.

8. 设 $\boldsymbol{P}_1\in\mathbf{C}^{n\times(s-1)}$，$\boldsymbol{x}\neq\boldsymbol{0}$. 记 $\boldsymbol{Q}=\boldsymbol{A}-\boldsymbol{B}$，则 $\boldsymbol{x}^{\mathrm{H}}\boldsymbol{Q}\boldsymbol{x}>0$，且有

$$\lambda_s=\min_{\boldsymbol{P}_1}\max_{\boldsymbol{P}_1^{\mathrm{H}}\boldsymbol{x}=\boldsymbol{0}}\frac{\boldsymbol{x}^{\mathrm{H}}\boldsymbol{A}\boldsymbol{x}}{\boldsymbol{x}^{\mathrm{H}}\boldsymbol{x}}=\min_{\boldsymbol{P}_1}\max_{\boldsymbol{P}_1^{\mathrm{H}}\boldsymbol{x}=\boldsymbol{0}}\left(\frac{\boldsymbol{x}^{\mathrm{H}}\boldsymbol{B}\boldsymbol{x}}{\boldsymbol{x}^{\mathrm{H}}\boldsymbol{x}}+\frac{\boldsymbol{x}^{\mathrm{H}}\boldsymbol{Q}\boldsymbol{x}}{\boldsymbol{x}^{\mathrm{H}}\boldsymbol{x}}\right)$$

$$>\min_{\boldsymbol{P}_1}\max_{\boldsymbol{P}_1^{\mathrm{H}}\boldsymbol{x}=\boldsymbol{0}}\frac{\boldsymbol{x}^{\mathrm{H}}\boldsymbol{B}\boldsymbol{x}}{\boldsymbol{x}^{\mathrm{H}}\boldsymbol{x}}=\mu_s\qquad(s=1,2,\cdots,n).$$

9. 因为 $(\boldsymbol{B}^{-1}\boldsymbol{A})\boldsymbol{x}=\lambda\boldsymbol{x}$ 等价于 $\boldsymbol{A}\boldsymbol{x}=\lambda\boldsymbol{B}\boldsymbol{x}$，所以 $\boldsymbol{B}^{-1}\boldsymbol{A}$ 的特征值是 $\boldsymbol{A}$ 相对于 $\boldsymbol{B}$ 的广义特征值，由此可得

$$\rho(\boldsymbol{B}^{-1}\boldsymbol{A})=\max\left\{\left|\max_{\boldsymbol{x}\neq\boldsymbol{0}}\frac{\boldsymbol{x}^{\mathrm{H}}\boldsymbol{A}\boldsymbol{x}}{\boldsymbol{x}^{\mathrm{H}}\boldsymbol{B}\boldsymbol{x}}\right|,\left|\min_{\boldsymbol{x}\neq\boldsymbol{0}}\frac{\boldsymbol{x}^{\mathrm{H}}\boldsymbol{A}\boldsymbol{x}}{\boldsymbol{x}^{\mathrm{H}}\boldsymbol{B}\boldsymbol{x}}\right|\right\}=\max_{\boldsymbol{x}\neq\boldsymbol{0}}\frac{|\boldsymbol{x}^{\mathrm{H}}\boldsymbol{A}\boldsymbol{x}|}{\boldsymbol{x}^{\mathrm{H}}\boldsymbol{B}\boldsymbol{x}}.$$

故 $\rho(\boldsymbol{B}^{-1}\boldsymbol{A})<1$ 的充分必要条件是 $\dfrac{|\boldsymbol{x}^{\mathrm{H}}\boldsymbol{A}\boldsymbol{x}|}{\boldsymbol{x}^{\mathrm{H}}\boldsymbol{B}\boldsymbol{x}}<1(\boldsymbol{x}\neq\boldsymbol{0})$，即 $\boldsymbol{x}^{\mathrm{H}}\boldsymbol{B}\boldsymbol{x}>|\boldsymbol{x}^{\mathrm{H}}\boldsymbol{A}\boldsymbol{x}|(\boldsymbol{x}\neq 0)$.

10. 因为 $(\boldsymbol{B}\boldsymbol{A})\boldsymbol{x}=\lambda\boldsymbol{x}$ 等价于 $\boldsymbol{A}\boldsymbol{x}=\lambda\boldsymbol{B}^{-1}\boldsymbol{x}$，所以 $\boldsymbol{B}\boldsymbol{A}$ 的特征值是 $\boldsymbol{A}$ 相对于 $\boldsymbol{B}^{-1}$ 的广义特征值，由此可得

$$\lambda_1(\boldsymbol{B}\boldsymbol{A})=\max_{\boldsymbol{x}\neq\boldsymbol{0}}\frac{\boldsymbol{x}^{\mathrm{H}}\boldsymbol{A}\boldsymbol{x}}{\boldsymbol{x}^{\mathrm{H}}\boldsymbol{B}^{-1}\boldsymbol{x}}=\max_{\boldsymbol{x}\neq\boldsymbol{0}}\left(\frac{\boldsymbol{x}^{\mathrm{H}}\boldsymbol{A}\boldsymbol{x}}{\boldsymbol{x}^{\mathrm{H}}\boldsymbol{x}}\middle/\frac{\boldsymbol{x}^{\mathrm{H}}\boldsymbol{B}^{-1}\boldsymbol{x}}{\boldsymbol{x}^{\mathrm{H}}\boldsymbol{x}}\right)$$

$$\leqslant\left(\max_{\boldsymbol{x}\neq\boldsymbol{0}}\frac{\boldsymbol{x}^{\mathrm{H}}\boldsymbol{A}\boldsymbol{x}}{\boldsymbol{x}^{\mathrm{H}}\boldsymbol{x}}\right)\Big/\left(\min_{\boldsymbol{x}\neq\boldsymbol{0}}\frac{\boldsymbol{x}^{\mathrm{H}}\boldsymbol{B}^{-1}\boldsymbol{x}}{\boldsymbol{x}^{\mathrm{H}}\boldsymbol{x}}\right)=\frac{\lambda_1(\boldsymbol{A})}{[\lambda_1(\boldsymbol{B})]^{-1}}=\lambda_1(\boldsymbol{B})\lambda_1(\boldsymbol{A}).$$

同理可证另一不等式.

11. 参照式(5.28)的证明.

12. 参照式(5.48)的证明.

习　题　6

1. 在式(6.1)中取 $\boldsymbol{L}$ 为非奇异矩阵即得.

2. 所有 $n\times m$ 矩阵.

3. 设 $\boldsymbol{X}=(x_{ij})_{n\times m}$，则由 $\boldsymbol{AXA}=\boldsymbol{A}$ 得 $x_{ji}=1$，其余元素任意.

4. (1) 可求得

$$\boldsymbol{S}=\begin{pmatrix}1 & 0 & 0\\ -1 & 0 & 1\\ 1 & 1 & -3\end{pmatrix},\quad \boldsymbol{P}=\boldsymbol{I}_3,\quad \boldsymbol{SAP}=\begin{pmatrix}1 & 0 & 3\\ 0 & 1 & -2\\ 0 & 0 & 0\end{pmatrix},$$

于是

$$A^{(1)}=P\begin{pmatrix}1&0&0\\0&1&0\\0&0&\alpha\end{pmatrix}S=\begin{pmatrix}1&0&0\\-1&0&1\\\alpha&\alpha&-3\alpha\end{pmatrix}\quad(\alpha\text{任意}).$$

(2) 可求得

$$S=\begin{pmatrix}2&0&-3\\-1&0&2\\-2&1&-1\end{pmatrix},\quad P=I_4,\quad SAP=\begin{pmatrix}1&0&8&-11\\0&1&-5&7\\0&0&0&0\end{pmatrix},$$

于是

$$A^{(1)}=P\begin{pmatrix}1&0&0\\0&1&0\\0&0&\alpha\\0&0&\beta\end{pmatrix}S=\begin{pmatrix}2&0&-3\\-1&0&2\\-2\alpha&\alpha&-\alpha\\-2\beta&\beta&-\beta\end{pmatrix}\quad(\alpha,\beta\text{任意}).$$

(3) 可求得

$$S=\begin{pmatrix}3&-1&1&0\\-1&1/2&1/2&0\\-1&1/2&-1/2&0\\-1&0&-3&1\end{pmatrix},\quad P=I_3,\quad SAP=\begin{pmatrix}1&0&0\\0&1&0\\0&0&1\\0&0&0\end{pmatrix},$$

于是

$$A^{(1)}=P\begin{pmatrix}1&0&0&0\\0&1&0&0\\0&0&1&0\end{pmatrix}S=\begin{pmatrix}3&-1&1&0\\-1&1/2&1/2&0\\-1&1/2&-1/2&0\end{pmatrix}.$$

(4) 可求得

$$S=\begin{pmatrix}0&1&0&0\\0&0&1&0\\1&0&-2&0\\0&-1&-1&1\end{pmatrix},\quad P=\begin{pmatrix}1&0&0\\0&0&1\\0&1&0\end{pmatrix},\quad SAP=\begin{pmatrix}1&0&1\\0&1&0\\0&0&0\\0&0&0\end{pmatrix},$$

于是

$$A^{(1)}=P\begin{pmatrix}1&0&0&0\\0&1&0&0\\0&0&\alpha&\beta\end{pmatrix}S=\begin{pmatrix}0&1&0&0\\\alpha&-\beta&-2\alpha-\beta&\beta\\0&0&1&0\end{pmatrix}\quad(\alpha,\beta\text{任意}).$$

5. (1) 令 $A=\begin{pmatrix}2&3&1&3\\1&1&1&2\\3&5&1&4\end{pmatrix}$, $b=\begin{pmatrix}14\\6\\22\end{pmatrix}$. 可求得

$$S=\begin{pmatrix}-1&3&0\\1&-2&0\\-2&1&1\end{pmatrix},\quad P=I_4,\quad SAP=\begin{pmatrix}1&0&2&3\\0&1&-1&-1\\0&0&0&0\end{pmatrix},$$

于是

$$A^{(1)}=P\begin{pmatrix}1&0&0\\0&1&0\\0&0&0\\0&0&0\end{pmatrix}S=\begin{pmatrix}-1&3&0\\1&-2&0\\0&0&0\\0&0&0\end{pmatrix}.$$

由于 $AA^{(1)}b=b$,所以方程组 $Ax=b$ 有解,且通解为

$$x=A^{(1)}b+(I-A^{(1)}A)y=\begin{pmatrix}4\\2\\0\\0\end{pmatrix}+\begin{pmatrix}0&0&-2&-3\\0&0&1&1\\0&0&1&0\\0&0&0&1\end{pmatrix}y.$$

(2) 令 $A=\begin{pmatrix}1&0&-1&1\\0&2&2&2\\-1&4&5&3\end{pmatrix}$, $b=\begin{pmatrix}4\\1\\-2\end{pmatrix}$. 可求得

$$S=\begin{pmatrix}1&0&0\\0&1/2&0\\1&-2&1\end{pmatrix},\quad P=I_4,\quad SAP=\begin{pmatrix}1&0&-1&1\\0&1&1&1\\0&0&0&0\end{pmatrix},$$

于是

$$A^{(1)}=P\begin{pmatrix}1&0&0\\0&1&0\\0&0&0\\0&0&0\end{pmatrix}S=\begin{pmatrix}1&0&0\\0&1/2&0\\0&0&0\\0&0&0\end{pmatrix}.$$

由于 $AA^{(1)}b=b$,所以方程组 $Ax=b$ 有解,且通解为

$$x=A^{(1)}b+(I-A^{(1)}A)y=\begin{pmatrix}4\\1/2\\0\\0\end{pmatrix}+\begin{pmatrix}0&0&1&-1\\0&0&-1&-1\\0&0&1&0\\0&0&0&1\end{pmatrix}y.$$

6. 由定义直接验证.

7. 由定义直接验证.

8. 如取 $A=\begin{pmatrix}1\\1\end{pmatrix}$, $S=\begin{pmatrix}1&1\\0&1\end{pmatrix}$, $T=(1)$, 则有 $SAT=\begin{pmatrix}2\\1\end{pmatrix}$, $(SAT)^{+}=\frac{1}{5}(2\quad 1)$, $T^{-1}AS^{-1}=\frac{1}{2}(1\quad 0)$. 可见 $(SAT)^{+}\neq T^{-1}AS^{-1}$.

9. (1) $A=FG=\begin{pmatrix}1&0\\2&3\\1&1\end{pmatrix}\begin{pmatrix}1&0&3\\0&1&-2\end{pmatrix}$, $A^{+}=\frac{1}{154}\begin{pmatrix}8&19&9\\-10&34&8\\44&-11&11\end{pmatrix}$;

(2) $A=FG=\begin{pmatrix}2&3\\5&8\\1&2\end{pmatrix}\begin{pmatrix}1&0&8&-11\\0&1&-5&7\end{pmatrix}$, $A^{+}=\frac{1}{522}\begin{pmatrix}16&25&-7\\18&39&3\\38&5&-71\\-50&-2&98\end{pmatrix}$;

(3) $\boldsymbol{A}=\boldsymbol{FG}=\boldsymbol{AI}_3$, $\boldsymbol{A}^+=\frac{1}{22}\begin{pmatrix}54&-22&-14&12\\-23&11&8&1\\-17&11&4&-5\end{pmatrix}$;

(4) $\boldsymbol{A}=\boldsymbol{FG}=\begin{pmatrix}0&2\\1&0\\0&1\\1&1\end{pmatrix}\begin{pmatrix}1&1&0\\0&0&1\end{pmatrix}$, $\boldsymbol{A}^+=\frac{1}{22}\begin{pmatrix}-2&6&-1&5\\-2&6&-1&5\\8&-2&4&2\end{pmatrix}$.

10. (1)

$$\boldsymbol{A}=\boldsymbol{FG}=\begin{pmatrix}2&3\\1&1\\3&5\end{pmatrix}\begin{pmatrix}1&0&2&3\\0&1&-1&-1\end{pmatrix},\qquad \boldsymbol{A}^+=\frac{1}{102}\begin{pmatrix}2&-1&5\\-8&-47&31\\12&45&-21\\14&44&-16\end{pmatrix}.$$

由于 $\boldsymbol{AA}^+\boldsymbol{b}=\boldsymbol{b}$,所以方程组 $\boldsymbol{Ax}=\boldsymbol{b}$ 有解,且极小范数解为

$$\boldsymbol{x}_0=\boldsymbol{A}^+\boldsymbol{b}=\frac{1}{17}(22,48,-4,18)^{\mathrm{T}}.$$

(2)

$$\boldsymbol{A}=\boldsymbol{FG}=\begin{pmatrix}1&0\\0&2\\-1&4\end{pmatrix}\begin{pmatrix}1&0&-1&1\\0&1&1&1\end{pmatrix},\qquad \boldsymbol{A}^+=\frac{1}{18}\begin{pmatrix}5&2&-1\\1&1&1\\-4&-1&2\\6&3&0\end{pmatrix}.$$

由于 $\boldsymbol{AA}^+\boldsymbol{b}=\boldsymbol{b}$,所以方程组 $\boldsymbol{Ax}=\boldsymbol{b}$ 有解,且极小范数解为

$$\boldsymbol{x}_0=\boldsymbol{A}^+\boldsymbol{b}=\frac{1}{6}(8,1,-7,9)^{\mathrm{T}}.$$

11. (1)

$$\boldsymbol{A}=\boldsymbol{FG}=\begin{pmatrix}0&2\\1&0\\0&1\\1&1\end{pmatrix}\begin{pmatrix}1&1&0\\0&0&1\end{pmatrix},\qquad \boldsymbol{A}^+=\frac{1}{22}\begin{pmatrix}-2&6&-1&5\\-2&6&-1&5\\8&-2&4&2\end{pmatrix}.$$

由于 $\boldsymbol{AA}^+\boldsymbol{b}\neq\boldsymbol{b}$,所以方程组 $\boldsymbol{Ax}=\boldsymbol{b}$ 无解,且极小范数最小二乘解为

$$\boldsymbol{x}_0=\boldsymbol{A}^+\boldsymbol{b}=\frac{2}{11}(2,2,3)^{\mathrm{T}}.$$

(2)

$$\boldsymbol{A}=\boldsymbol{FG}=\begin{pmatrix}1&0\\0&2\\-1&4\end{pmatrix}\begin{pmatrix}1&0&-1&1\\0&1&1&1\end{pmatrix},\qquad \boldsymbol{A}^+=\frac{1}{18}\begin{pmatrix}5&2&-1\\1&1&1\\-4&-1&2\\6&3&0\end{pmatrix}.$$

由于 $\boldsymbol{AA}^+\boldsymbol{b}\neq\boldsymbol{b}$,所以方程组 $\boldsymbol{Ax}=\boldsymbol{b}$ 无解,且极小范数最小二乘解为

$$\boldsymbol{x}_0=\boldsymbol{A}^+\boldsymbol{b}=\frac{1}{18}(20,7,-13,27)^{\mathrm{T}}.$$

12. 利用 Drazin 逆的定义直接验证.

13. 由 $\text{rank}\boldsymbol{A}^l=\text{rank}\boldsymbol{A}^k\,(l\geqslant k)$ 可得 $\text{rank}\,(\boldsymbol{A}^l)^2=\text{rank}\boldsymbol{A}^l$,即 $\boldsymbol{A}^l$ 的指标为 1;再利用第 12 题的结果可得 $(\boldsymbol{A}^l)^\#=(\boldsymbol{A}^l)^{\mathrm{D}}=(\boldsymbol{A}^{\mathrm{D}})^l$.

14. 利用群逆的定义直接验证.

15. 若 $(\boldsymbol{A}^{\mathrm{D}})^{\mathrm{D}}=\boldsymbol{A}$,可推得 $\boldsymbol{A}^2\boldsymbol{A}^{\mathrm{D}}=\boldsymbol{A}$,据定理 6.17 之 2)知 $\boldsymbol{A}$ 的指标为 1. 反之,若 $\boldsymbol{A}$ 的指标为 1,则 $\boldsymbol{A}^{\mathrm{D}}=\boldsymbol{A}^\#$;可求得 $\text{rank}\,(\boldsymbol{A}^\#)^2=\text{rank}\boldsymbol{A}^\#$,即 $\boldsymbol{A}^\#$ 的指标也为 1,故有 $(\boldsymbol{A}^{\mathrm{D}})^{\mathrm{D}}=(\boldsymbol{A}^\#)^\#=\boldsymbol{A}$.

16. $\boldsymbol{A}^{\mathrm{D}}=\boldsymbol{A}^\#=\dfrac{1}{8}\begin{pmatrix}3&3&-1&-1\\-1&3&3&-1\\-1&-1&3&3\\3&-1&-1&3\end{pmatrix}$.

习 题 7

1. $\text{tr}(\boldsymbol{A}\otimes\boldsymbol{B})=\sum\limits_{i=1}^{m}\text{tr}(a_{ii}\boldsymbol{B})=\Big(\sum\limits_{i=1}^{m}a_{ii}\Big)(\text{tr}\boldsymbol{B})=(\text{tr}\boldsymbol{A})(\text{tr}\boldsymbol{B})$.

2. $\|\boldsymbol{x}\otimes\boldsymbol{y}\|_2^2=(\boldsymbol{x}\otimes\boldsymbol{y})^{\mathrm{H}}(\boldsymbol{x}\otimes\boldsymbol{y})=(\boldsymbol{x}^{\mathrm{H}}\boldsymbol{x})\otimes(\boldsymbol{y}^{\mathrm{H}}\boldsymbol{y})=1$.

3. 根据定义验证.

4. 设 $\text{rank}\boldsymbol{A}=r_1$, $\text{rank}\boldsymbol{B}=r_2$,则存在可逆矩阵 $\boldsymbol{P}_i$ 与 $\boldsymbol{Q}_i\,(i=1,2)$,使得

$$\boldsymbol{P}_1\boldsymbol{A}\boldsymbol{Q}_1=\begin{pmatrix}\boldsymbol{I}_{r_1}&\boldsymbol{O}\\\boldsymbol{O}&\boldsymbol{O}\end{pmatrix}=\boldsymbol{A}_1,\qquad \boldsymbol{P}_2\boldsymbol{B}\boldsymbol{Q}_2=\begin{pmatrix}\boldsymbol{I}_{r_2}&\boldsymbol{O}\\\boldsymbol{O}&\boldsymbol{O}\end{pmatrix}=\boldsymbol{B}_1.$$

因为 $(\boldsymbol{P}_1\otimes\boldsymbol{P}_2)(\boldsymbol{A}\otimes\boldsymbol{B})(\boldsymbol{Q}_1\otimes\boldsymbol{Q}_2)=\boldsymbol{A}_1\otimes\boldsymbol{B}_1$,且 $\boldsymbol{P}_1\otimes\boldsymbol{P}_2$ 与 $\boldsymbol{Q}_1\otimes\boldsymbol{Q}_2$ 为可逆矩阵,所以

$$\text{rank}(\boldsymbol{A}\otimes\boldsymbol{B})=\text{rank}(\boldsymbol{A}_1\otimes\boldsymbol{B}_1)=r_1r_2.$$

5. 设 $\boldsymbol{A}\boldsymbol{x}_i=\lambda_i\boldsymbol{x}_i$, $\boldsymbol{B}\boldsymbol{y}_j=\mu_j\boldsymbol{y}_j$,则有

$$(\boldsymbol{A}\otimes\boldsymbol{B})(\boldsymbol{x}_i\otimes\boldsymbol{y}_i)=(\lambda_i\mu_j)(\boldsymbol{x}_i\otimes\boldsymbol{y}_j),$$

即 $\boldsymbol{x}_i\otimes\boldsymbol{y}_j$ 是 $\boldsymbol{A}\otimes\boldsymbol{B}$ 的特征向量. 记 $\boldsymbol{P}=(\boldsymbol{x}_1,\boldsymbol{x}_2,\cdots,\boldsymbol{x}_s)$,$\boldsymbol{Q}=(\boldsymbol{y}_1,\boldsymbol{y}_2,\cdots,\boldsymbol{y}_t)$,由第 4 题知 $\text{rank}(\boldsymbol{P}\otimes\boldsymbol{Q})=st$,故 $\boldsymbol{P}\otimes\boldsymbol{Q}$ 的 st 个列向量 $\boldsymbol{x}_i\otimes\boldsymbol{y}_i\,(i=1,2,\cdots,s;\ j=1,2,\cdots,t)$ 线性无关.

6. 设 $\boldsymbol{P}^{-1}\boldsymbol{A}\boldsymbol{P}=\boldsymbol{\Lambda}$, $\boldsymbol{Q}^{-1}\boldsymbol{B}\boldsymbol{Q}=\boldsymbol{D}$,其中 $\boldsymbol{\Lambda}$ 和 $\boldsymbol{D}$ 都是对角矩阵,则有

$$(\boldsymbol{P}\otimes\boldsymbol{Q})^{-1}(\boldsymbol{A}\otimes\boldsymbol{B})(\boldsymbol{P}\otimes\boldsymbol{Q})=\boldsymbol{\Lambda}\otimes\boldsymbol{D}.$$

而 $\boldsymbol{\Lambda}\otimes\boldsymbol{D}$ 是对角矩阵.

7. 可求得 $\boldsymbol{B}$ 的特征值为 $n,\underbrace{0,\cdots,0}_{n-1\text{个}}$ 根据定理 7.1(1) 知 $\boldsymbol{A}\otimes\boldsymbol{B}$ 的特征值为

$$n\lambda_1,\ n\lambda_2,\ \cdots,\ n\lambda_m,\ \underbrace{0,\cdots,0}_{m(n-1)\text{个}}.$$

8.
$$\boldsymbol{A}\otimes\boldsymbol{I}_2+\boldsymbol{I}_2\otimes\boldsymbol{B}^{\mathrm{T}}=\begin{pmatrix}-1&-1&-1&0\\2&2&0&-1\\0&0&-1&-1\\0&0&2&2\end{pmatrix},\qquad \vec{\boldsymbol{F}}=\begin{pmatrix}0\\-2\\2\\-4\end{pmatrix}.$$

求解 $(\boldsymbol{A}\otimes\boldsymbol{I}_2+\boldsymbol{I}_2\otimes\boldsymbol{B}^{\mathrm{T}})\vec{\boldsymbol{X}}=\vec{\boldsymbol{F}}$ 得通解 $x_1=-4-c$, $x_2=c$, $x_3=4$, $x_4=-6$ (c 任意),故矩阵方程的通解为

$$\boldsymbol{X}=\begin{pmatrix}-4 & 0\\ 4 & -6\end{pmatrix}+c\begin{pmatrix}-1 & 1\\ 0 & 0\end{pmatrix}\qquad (c\text{ 任意}).$$

9. 对矩阵方程取拉直得$(2\boldsymbol{I}_4+\boldsymbol{A}\otimes\boldsymbol{I}_2-\boldsymbol{I}_2\otimes\boldsymbol{A}^{\mathrm{T}})\vec{\boldsymbol{X}}=\boldsymbol{0}$,其中

$$2\boldsymbol{I}_4+\boldsymbol{A}\otimes\boldsymbol{I}_2-\boldsymbol{I}_2\otimes\boldsymbol{A}^{\mathrm{T}}=\begin{pmatrix}2 & -2 & 0 & 0\\ 0 & 0 & 0 & 0\\ 2 & 0 & 4 & -2\\ 0 & 2 & 0 & 2\end{pmatrix}.$$

求解方程组得通解 $x_1=-c,x_2=-c,x_3=c,x_4=c$($c$ 任意),故矩阵方程的通解为

$$\boldsymbol{X}=c\begin{pmatrix}-1 & -1\\ 1 & 1\end{pmatrix}\qquad (c\text{ 任意}).$$

10. 可求得 $\mathrm{e}^{\boldsymbol{A}t}=\begin{pmatrix}\mathrm{e}^t & \mathrm{e}^t-1\\ 0 & 1\end{pmatrix}$, $\mathrm{e}^{\boldsymbol{B}t}=\begin{pmatrix}\mathrm{e}^t & 1-\mathrm{e}^t\\ 0 & 1\end{pmatrix}$. 由式(7.17)得

$$\boldsymbol{X}(t)=\mathrm{e}^{\boldsymbol{A}t}\boldsymbol{X}_0\mathrm{e}^{\boldsymbol{B}t}=\begin{pmatrix}\mathrm{e}^{2t} & -(\mathrm{e}^t-1)^2\\ 0 & 1\end{pmatrix}.$$

11. 设 $\boldsymbol{A}=(a_{ij})_{n\times n}$, $\boldsymbol{B}=(b_{ij})_{n\times n}$,则

$$\mathrm{tr}(\boldsymbol{AXB}^{\mathrm{T}}\boldsymbol{X})=\sum_{i=1}^{n}(\boldsymbol{AXB}^{\mathrm{T}}\boldsymbol{X})_{ii}=\sum_{i=1}^{n}\sum_{j=1}^{n}x_ia_{ij}b_{ij}x_j=\boldsymbol{x}^{\mathrm{T}}(\boldsymbol{A}\circ\boldsymbol{B})\boldsymbol{x}.$$

第 1 式得证. 在上式中取 $\boldsymbol{X}=\boldsymbol{I}$ 即得第 2 式. 直接计算给出

$$\begin{aligned}[(\boldsymbol{XA})\circ(\boldsymbol{B}^{\mathrm{T}}\boldsymbol{X})]_{ij}&=(\boldsymbol{XA})_{ij}(\boldsymbol{B}^{\mathrm{T}}\boldsymbol{X})_{ij}=(x_ia_{ij})(b_{ji}x_j)\\&=x_i(\boldsymbol{A}\circ\boldsymbol{B}^{\mathrm{T}})_{ij}x_j=[\boldsymbol{X}(\boldsymbol{A}\circ\boldsymbol{B}^{\mathrm{T}})\boldsymbol{X}]_{ij}.\end{aligned}$$

第 3 式得证.

习　题　8

1. 令 $S=\{a+b\sqrt{2}\mid a,b\in\mathbf{Q}\}$,任取 S 中两个数 $a+b\sqrt{2}$ 和 $c+d\sqrt{2}$,由于

$$(a+b\sqrt{2})\pm(c+d\sqrt{2})=(a\pm c)+(b\pm d)\sqrt{2}\in S,$$

$$(a+b\sqrt{2})(c+d\sqrt{2})=(ac+2bd)+(ad+cb)\sqrt{2}\in S,$$

$$\frac{a+b\sqrt{2}}{c+d\sqrt{2}}=\frac{ac-2bd}{c^2-2d^2}+\frac{cb-ad}{c^2-2d^2}\sqrt{2}\in S,$$

所以 S 构成数域.

2. (1) 否. 因为两个 m 次多项式相加不一定是 m 次多项式,所以加法运算不封闭.

(2) 是.

(3) 是. $(0,0)$ 是零元;$(-a,a^2-b)$ 是(a,b) 的负元.

(4) 否. 因为 $\boldsymbol{a}=(a_1,a_2,\cdots,a_n)\neq\boldsymbol{0}$ 时 $1\circ\boldsymbol{a}=\boldsymbol{0}\neq\boldsymbol{a}$,所以定义中的运算律(5)不能成立.

3. (1) 线性无关;

(2) 因为 $1-2\cos^2t+\cos2t=0$,所以 1, $\cos^2t$, $\cos2t$ 线性相关.

4. 用 $\boldsymbol{E}_{ij}$ 表示第 i 行第 j 列处的元素为 1，而其余元素为 0 的 n 阶方阵，则 $\boldsymbol{E}_{ii}\,(i=1,\cdots,n)$，$\boldsymbol{F}_{ij}=\boldsymbol{E}_{ij}+\boldsymbol{E}_{ji}\,(i<j;i,j=1,\cdots,n)$ 线性无关，且当 $a_{ij}=a_{ji}$ 时，

$$\boldsymbol{A}=(a_{ij})_{n\times n}=\sum_{i=1}^{n}a_{ii}\boldsymbol{E}_{ii}+\sum_{i<j}a_{ij}\boldsymbol{F}_{ij}.$$

因此，该线性空间的一个基为 $\boldsymbol{E}_{ii}\ (i=1,\cdots,n)$，$\boldsymbol{F}_{ij}\ (i<j;\ i,j=1,\cdots,n)$，其维数为 $\dfrac{n(n+1)}{2}$.

5. 设 $1+t+t^2=k_1\cdot 1+k_2(t-1)+k_3(t-2)(t-1)$，比较等号两端关于 t 的同次幂的系数可得

$$\begin{cases}k_1-k_2+2k_3=1,\\ \qquad k_2-3k_3=1,\\ \qquad\qquad k_3=1.\end{cases}$$

求解得 $k_3=1,k_2=4,k_1=3$. 因此，$1+t+t^2$ 的坐标为 $(3,4,1)^{\mathrm{T}}$.

6. (1) 解出 $\boldsymbol{\beta}_1$，$\boldsymbol{\beta}_2$ 可得

$$\boldsymbol{\beta}_1=4\boldsymbol{\alpha}_1+8\boldsymbol{\alpha}_2+\boldsymbol{\alpha}_3-2\boldsymbol{\alpha}_4,\qquad \boldsymbol{\beta}_2=-2\boldsymbol{\alpha}_1-4\boldsymbol{\alpha}_2+\boldsymbol{\alpha}_4,$$
$$\boldsymbol{\beta}_3=\boldsymbol{\alpha}_1+2\boldsymbol{\alpha}_2,\qquad \boldsymbol{\beta}_4=\boldsymbol{\alpha}_2+2\boldsymbol{\alpha}_3.$$

于是，由基(Ⅰ)到基(Ⅱ)的过渡矩阵为

$$\boldsymbol{C}=\begin{pmatrix}4&-2&1&0\\8&-4&2&1\\1&0&0&2\\-2&1&0&0\end{pmatrix}.$$

(2) $\boldsymbol{\alpha}$ 在基(Ⅱ)下的坐标为 $\boldsymbol{y}=(2,-1,1,1)^{\mathrm{T}}$，由坐标变换公式计算 $\boldsymbol{\alpha}$ 在基(Ⅰ)下的坐标为 $\boldsymbol{C}\boldsymbol{y}=(11,\ 23,\ 4,\ -5)^{\mathrm{T}}$.

7. (1) 设 $(\boldsymbol{b}_1,\boldsymbol{b}_2,\boldsymbol{b}_3,\boldsymbol{b}_4)=(\boldsymbol{a}_1,\boldsymbol{a}_2,\boldsymbol{a}_3,\boldsymbol{a}_4)\boldsymbol{C}$，直接写出

$$\boldsymbol{C}=\begin{pmatrix}2&0&5&6\\1&3&3&6\\-1&1&2&1\\1&0&1&3\end{pmatrix}.$$

(2) 由于 $\boldsymbol{x}$ 在基 $\boldsymbol{a}_1,\boldsymbol{a}_2,\boldsymbol{a}_3,\boldsymbol{a}_4$ 下的坐标为 $(x_1,x_2,x_3,x_4)^{\mathrm{T}}$，从而由坐标变换公式得 $\boldsymbol{x}$ 在基 $\boldsymbol{b}_1,\boldsymbol{b}_2,\boldsymbol{b}_3,\boldsymbol{b}_4$ 下的坐标为

$$\boldsymbol{C}^{-1}\begin{pmatrix}x_1\\x_2\\x_3\\x_4\end{pmatrix}.$$

(3) 由 $\begin{pmatrix}x_1\\x_2\\x_3\\x_4\end{pmatrix}=\boldsymbol{C}\begin{pmatrix}x_1\\x_2\\x_3\\x_4\end{pmatrix}$ 得 $(\boldsymbol{I}-\boldsymbol{C})\begin{pmatrix}x_1\\x_2\\x_3\\x_4\end{pmatrix}=\boldsymbol{0}$，该方程组的通解为 $k(-1,-1,-1,1)^{\mathrm{T}}$ (k 任意).

故在两个基下有相同坐标的所有向量为 $k(-1,\ -1,\ -1,1)$，k 为任意的数.

8. (1) 不构成.

(2) 构成. 基为$\begin{pmatrix}1&0&0\\0&0&0\end{pmatrix}$，$\begin{pmatrix}0&1&0\\0&0&0\end{pmatrix}$，$\begin{pmatrix}0&0&0\\0&0&1\end{pmatrix}$；维数为 3.

(3) 构成. 基为$\begin{pmatrix}-1&0&0\\1&0&0\end{pmatrix}$，$\begin{pmatrix}0&1&0\\0&0&0\end{pmatrix}$，$\begin{pmatrix}0&0&1\\0&0&0\end{pmatrix}$；维数为 3.

9. $\text{span}\{\boldsymbol{\beta}_1,\boldsymbol{\beta}_2,\boldsymbol{\beta}_3\}$ 的基为 $\boldsymbol{\beta}_1,\boldsymbol{\beta}_2,\boldsymbol{\beta}_3$ 的一个极大无关组. 在基 $\boldsymbol{\alpha}_1,\boldsymbol{\alpha}_2,\boldsymbol{\alpha}_3$ 下，$\boldsymbol{\beta}_1,\boldsymbol{\beta}_2,\boldsymbol{\beta}_3$ 的坐标依次为 $(1,-2,3)^{\mathrm{T}}$，$(2,3,2)^{\mathrm{T}}$，$(4,13,0)^{\mathrm{T}}$，该列向量组的一个极大无关组为 $(1,-2,3)^{\mathrm{T}}$，$(2,3,2)^{\mathrm{T}}$. 因此，$\boldsymbol{\beta}_1,\boldsymbol{\beta}_2,\boldsymbol{\beta}_3$ 的一个极大无关组为 $\boldsymbol{\beta}_1,\boldsymbol{\beta}_2$，即 $\text{span}\{\boldsymbol{\beta}_1,\boldsymbol{\beta}_2,\boldsymbol{\beta}_3\}$ 的一个基为 $\boldsymbol{\beta}_1,\boldsymbol{\beta}_2$.

10. 设 $\boldsymbol{x}=(x_1,x_2,x_3,x_4)\in W_1\cap W_2$，则 $\boldsymbol{x}$ 的分量满足

$$\begin{cases}x_1-x_2+x_3-x_4=0,\\x_1+x_2+x_3+x_4=0.\end{cases}$$

该方程组的基础解系为 $(-1,0,1,0)^{\mathrm{T}}$，$(0,-1,0,1)^{\mathrm{T}}$，从而 $W_1\cap W_2$ 的一个基为 $(-1,0,1,0)$，$(0,-1,0,1)$；其维数为 2.

方程组 $x_1-x_2+x_3-x_4=0$ 的基础解系为 $\boldsymbol{a}_1=(1,1,0,0)^{\mathrm{T}}$，$\boldsymbol{a}_2=(-1,0,1,0)^{\mathrm{T}}$，$\boldsymbol{a}_3=(1,0,0,1)^{\mathrm{T}}$，从而 $W_1=\text{span}\{\boldsymbol{a}_1^{\mathrm{T}},\boldsymbol{a}_2^{\mathrm{T}},\boldsymbol{a}_3^{\mathrm{T}}\}$；而方程组 $x_1+x_2+x_3+x_4=0$ 的基础解系为 $\boldsymbol{b}_1=(-1,1,0,0)^{\mathrm{T}}$，$\boldsymbol{b}_2=(-1,0,1,0)^{\mathrm{T}}$，$\boldsymbol{b}_3=(-1,0,0,1)^{\mathrm{T}}$，从而 $W_2=\text{span}\{\boldsymbol{b}_1^{\mathrm{T}},\boldsymbol{b}_2^{\mathrm{T}},\boldsymbol{b}_3^{\mathrm{T}}\}$. 于是 $W_1+W_2=\text{span}\{\boldsymbol{a}_1^{\mathrm{T}},\boldsymbol{a}_2^{\mathrm{T}},\boldsymbol{a}_3^{\mathrm{T}},\boldsymbol{b}_1^{\mathrm{T}},\boldsymbol{b}_2^{\mathrm{T}},\boldsymbol{b}_3^{\mathrm{T}}\}$. 可求得向量组 $\boldsymbol{a}_1^{\mathrm{T}},\boldsymbol{a}_2^{\mathrm{T}},\boldsymbol{a}_3^{\mathrm{T}},\boldsymbol{b}_1^{\mathrm{T}},\boldsymbol{b}_2^{\mathrm{T}},\boldsymbol{b}_3^{\mathrm{T}}$ 的一个极大无关组为 $\boldsymbol{a}_1^{\mathrm{T}},\boldsymbol{a}_2^{\mathrm{T}},\boldsymbol{a}_3^{\mathrm{T}},\boldsymbol{b}_1^{\mathrm{T}}$，故 W_1+W_2 的基为 $\boldsymbol{a}_1^{\mathrm{T}},\boldsymbol{a}_2^{\mathrm{T}},\boldsymbol{a}_3^{\mathrm{T}},\boldsymbol{b}_1^{\mathrm{T}}$；其维数为 4.（由于 $W_1+W_2=\mathbf{R}^4$，也可取 W_1+W_2 的基为 $\boldsymbol{e}_1^{\mathrm{T}},\boldsymbol{e}_2^{\mathrm{T}},\boldsymbol{e}_3^{\mathrm{T}},\boldsymbol{e}_4^{\mathrm{T}}$.）

11. 设 $W_1=\{\boldsymbol{A}=(a_{ij})_{2\times2}\mid a_{ij}=a_{ji},\ a_{ij}\in\mathbf{R}\}$，$W_2=\{\boldsymbol{B}=(b_{ij})_{2\times2}\mid b_{ij}=-b_{ji},\ b_{ij}\in\mathbf{R}\}$. 容易验证，$W_1$ 与 W_2 都是 $\mathbf{R}^{2\times2}$ 的子空间. 对任意 $\boldsymbol{C}\in\mathbf{R}^{2\times2}$，有

$$\boldsymbol{C}=\frac{1}{2}(\boldsymbol{C}+\boldsymbol{C}^{\mathrm{T}})+\frac{1}{2}(\boldsymbol{C}-\boldsymbol{C}^{\mathrm{T}}),$$

且 $\frac{1}{2}(\boldsymbol{C}+\boldsymbol{C}^{\mathrm{T}})\in W_1$，$\frac{1}{2}(\boldsymbol{C}-\boldsymbol{C}^{\mathrm{T}})\in W_2$，所以 $\mathbf{R}^{2\times2}=W_1+W_2$. 因为

$$\begin{aligned}\boldsymbol{D}\in W_1\cap W_2&\Rightarrow\boldsymbol{D}\in W_1\text{ 且 }\boldsymbol{D}\in W_2\Rightarrow\boldsymbol{D}^{\mathrm{T}}=\boldsymbol{D}\text{ 且 }\boldsymbol{D}^{\mathrm{T}}=-\boldsymbol{D}\\&\Rightarrow\boldsymbol{D}=\boldsymbol{D}^{\mathrm{T}}=-\boldsymbol{D}\Rightarrow\boldsymbol{D}=\boldsymbol{O},\end{aligned}$$

所以 $W_1\cap W_2=\{\boldsymbol{O}\}$，即 $\mathbf{R}^{2\times2}=W_1\dot{+}W_2$.

12. (1) 当 $\boldsymbol{\alpha}_0\neq\boldsymbol{\theta}$ 时，T 不是线性变换；当 $\boldsymbol{\alpha}_0=\boldsymbol{\theta}$ 时，T 是线性变换.

(2) 否. 因为 $T(2\boldsymbol{x})=(4x_1^2,2x_1+2x_2,2x_3)$，$2T(\boldsymbol{x})=(2x_1^2,2x_1+2x_2,2x_3)$，所以当 $x_1\neq0$ 时 $T(2\boldsymbol{x})\neq2T(\boldsymbol{x})$.

(3) 是. 设 $\boldsymbol{X},\boldsymbol{Y}\in\mathbf{R}^{n\times n}$，$k\in\mathbf{R}$，则有

$$\begin{aligned}&T(\boldsymbol{X}+\boldsymbol{Y})=\boldsymbol{B}(\boldsymbol{X}+\boldsymbol{Y})\boldsymbol{C}=\boldsymbol{BXC}+\boldsymbol{BYC}=T(\boldsymbol{X})+T(\boldsymbol{Y}),\\&T(k\boldsymbol{X})=\boldsymbol{B}(k\boldsymbol{X})\boldsymbol{C}=k(\boldsymbol{BXC})=kT(\boldsymbol{X}).\end{aligned}$$

(4) 是. 设 $f(t),g(t)\in\mathrm{P}[t]_n$，$k\in\mathbf{R}$，则有

$$\begin{aligned}&T(f(t)+g(t))=f(t+1)+g(t+1)=T(f(t))+T(g(t)),\\&T(kf(t))=kf(t+1)=kT(f(t)).\end{aligned}$$

13. $$(T+S)(x_1,x_2)=T(x_1,x_2)+S(x_1,x_2)=(x_1+x_2,-x_1-x_2);$$
$$(TS)(x_1,x_2)=T(S(x_1,x_2))=T(x_1,-x_2)=(-x_2,-x_1);$$
$$(ST)(x_1,x_2)=S(T(x_1,x_2))=S(x_2,-x_1)=(x_2,x_1).$$

14. 设 $f(t)\in \mathrm{P}[t]_n$,则
$$\begin{aligned}(TS-ST)(f(t))&=T(S(f(t)))-S(T(f(t)))\\&=T(tf(t))-S(f'(t))\\&=f(t)+tf'(t)-tf'(t)=f(t)=I(f(t)),\end{aligned}$$
故 $TS-ST=I$.

15. $\mathrm{R}(D)=\mathrm{P}[t]_{n-1}$,它的基为 $1, t, t^2, \cdots, t^{n-1}$,维数为 n;$\mathrm{N}(D)$ 的基为 1,维数为 1.

16. 由 $T^2(x_1, x_2, x_3)=T(T(x_1, x_2, x_3))=T(0, x_1, x_2)=(0, 0, x_1)$ 可得
$$\mathrm{R}(T^2)=\{(0, 0, x)\mid x\in\mathbf{R}\},\qquad \mathrm{N}(T^2)=\{(0,x_2,x_3)\mid x_2,x_3\in\mathbf{R}\}.$$
因此,$\dim \mathrm{R}(T^2)=1$, $\mathrm{R}(T^2)$ 的一个基为$(0, 0, 1)$;$\dim \mathrm{N}(T^2)=2$, $\mathrm{N}(T^2)$ 的一个基为$(0, 1, 0)$, $(0, 0, 1)$.

17. 设一组数 $c_0, c_1, \cdots, c_{k-1}$,使得
$$c_0\boldsymbol{\alpha}+c_1T(\boldsymbol{\alpha})+\cdots+c_{k-1}T^{k-1}(\boldsymbol{\alpha})=\boldsymbol{\theta}.$$
两端用 T^{k-1} 变换,并利用 $T^k(\boldsymbol{\alpha})=\boldsymbol{\theta}$ 可得 $c_0T^{k-1}(\boldsymbol{\alpha})=\boldsymbol{\theta}$. 因为 $T^{k-1}(\boldsymbol{\alpha})\neq\boldsymbol{\theta}$,所以 $c_0=0$.

同理可得 $c_1=\cdots=c_{k-1}=0$,故 $\boldsymbol{\alpha}, T(\boldsymbol{\alpha}), \cdots, T^{k-1}(\boldsymbol{\alpha})$ 线性无关.

18. 因为
$$D(f_1(t))=2t\mathrm{e}^t+t^2\mathrm{e}^t=f_1(t)+2f_2(t),$$
$$D(f_2(t))=\mathrm{e}^t+t\mathrm{e}^t=f_2(t)+f_3(t),$$
$$D(f_3(t))=\mathrm{e}^t=f_3(t),$$
故 D 在该基下的矩阵为 $\boldsymbol{A}=\begin{pmatrix}1&0&0\\2&1&0\\0&1&1\end{pmatrix}$.

19. 设基(Ⅰ)为 $\boldsymbol{a}_1, \boldsymbol{a}_2, \boldsymbol{a}_3$;基(Ⅱ)为 $\boldsymbol{e}_1, \boldsymbol{e}_2, \boldsymbol{e}_3$. 直接写出由基(Ⅱ)到基(Ⅰ)的过渡矩阵 $\boldsymbol{C}^{-1}=\begin{pmatrix}-1&1&0\\1&0&1\\1&-1&1\end{pmatrix}$,则由基(Ⅰ)到基(Ⅱ)的过渡矩阵为 $\boldsymbol{C}$. 于是 T 在基(Ⅱ)下的矩阵为
$$\boldsymbol{C}^{-1}\begin{pmatrix}1&0&1\\1&1&0\\-1&2&1\end{pmatrix}\boldsymbol{C}=\begin{pmatrix}-1&1&-2\\2&2&0\\3&0&2\end{pmatrix}.$$

20. $$T_1(\boldsymbol{E}_{11})=\begin{pmatrix}a&0\\c&0\end{pmatrix}=a\boldsymbol{E}_{11}+c\boldsymbol{E}_{21},\qquad T_1(\boldsymbol{E}_{12})=\begin{pmatrix}0&a\\0&c\end{pmatrix}=a\boldsymbol{E}_{12}+c\boldsymbol{E}_{22},$$
$$T_1(\boldsymbol{E}_{21})=\begin{pmatrix}b&0\\d&0\end{pmatrix}=b\boldsymbol{E}_{11}+d\boldsymbol{E}_{21},\qquad T_1(\boldsymbol{E}_{22})=\begin{pmatrix}0&b\\0&d\end{pmatrix}=b\boldsymbol{E}_{12}+d\boldsymbol{E}_{22},$$

故 T_1 在该基下的矩阵为 $\boldsymbol{A}_1=\begin{pmatrix}a&0&b&0\\0&a&0&b\\c&0&d&0\\0&c&0&d\end{pmatrix}$. 类似地，可得 T_2 在该基下的矩阵为 $\boldsymbol{A}_2=\begin{pmatrix}a&c&0&0\\b&d&0&0\\0&0&a&c\\0&0&b&d\end{pmatrix}$. 由于 $T_3=T_1T_2$，所以 T_3 在该基下的矩阵为

$$\boldsymbol{A}_3=\boldsymbol{A}_1\boldsymbol{A}_2=\begin{pmatrix}a^2&ac&ab&bc\\ab&ad&b^2&bd\\ac&c^2&ad&cd\\bc&cd&bd&d^2\end{pmatrix}.$$

21. (1) 由于 $T(\boldsymbol{e}_1)=(2,0,0)=2\boldsymbol{e}_1$，$T(\boldsymbol{e}_2)=(-1,1,1)=-\boldsymbol{e}_1+\boldsymbol{e}_2+\boldsymbol{e}_3$，$T(\boldsymbol{e}_3)=(0,-1,1)=-\boldsymbol{e}_2+\boldsymbol{e}_3$，所以 T 在基 $\boldsymbol{e}_1$，$\boldsymbol{e}_2$，$\boldsymbol{e}_3$ 下的矩阵为

$$\boldsymbol{A}=\begin{pmatrix}2&-1&0\\0&1&-1\\0&1&1\end{pmatrix}.$$

该矩阵是可逆的，故 T 可逆.

令 $\boldsymbol{a}_1=(-1,0,2)$，$\boldsymbol{a}_2=(0,1,1)$，$\boldsymbol{a}_3=(-1,-1,0)$，$\boldsymbol{b}_1=(-5,0,3)$，$\boldsymbol{b}_2=(0,-1,6)$，$\boldsymbol{b}_3=(-5,-1,0)$，则有 $(\boldsymbol{a}_1,\boldsymbol{a}_2,\boldsymbol{a}_3)=(\boldsymbol{e}_1,\boldsymbol{e}_2,\boldsymbol{e}_3)\boldsymbol{C}$，$(\boldsymbol{b}_1,\boldsymbol{b}_2,\boldsymbol{b}_3)=(\boldsymbol{e}_1,\boldsymbol{e}_2,\boldsymbol{e}_3)\boldsymbol{D}$，其中

$$\boldsymbol{C}=\begin{pmatrix}-1&0&-1\\0&1&-1\\2&1&0\end{pmatrix},\quad \boldsymbol{D}=\begin{pmatrix}-5&0&-5\\0&-1&-1\\3&6&0\end{pmatrix}.$$

于是 $S(\boldsymbol{e}_1,\boldsymbol{e}_2,\boldsymbol{e}_3)=S(\boldsymbol{a}_1,\boldsymbol{a}_2,\boldsymbol{a}_3)\boldsymbol{C}^{-1}=(\boldsymbol{b}_1,\boldsymbol{b}_2,\boldsymbol{b}_3)\boldsymbol{C}^{-1}=(\boldsymbol{e}_1,\boldsymbol{e}_2,\boldsymbol{e}_3)\boldsymbol{D}\boldsymbol{C}^{-1}$. 所以 S 在基 $\boldsymbol{e}_1$，$\boldsymbol{e}_2$，$\boldsymbol{e}_3$ 下的矩阵为

$$\boldsymbol{B}=\boldsymbol{D}\boldsymbol{C}^{-1}=\begin{pmatrix}5&0&0\\4&-3&2\\-9&9&-3\end{pmatrix}.$$

该矩阵是可逆的，故 S 可逆.

(2) T^{-1}，TS，$T+S$ 在基 $\boldsymbol{e}_1$，$\boldsymbol{e}_2$，$\boldsymbol{e}_3$ 下的矩阵分别为

$$\boldsymbol{A}^{-1}=\begin{pmatrix}1/2&1/4&1/4\\0&1/2&1/2\\0&-1/2&1/2\end{pmatrix},\quad \boldsymbol{A}\boldsymbol{B}=\begin{pmatrix}6&3&-2\\13&-12&5\\-5&6&-1\end{pmatrix},\quad \boldsymbol{A}+\boldsymbol{B}=\begin{pmatrix}7&-1&0\\4&-2&1\\-9&10&-2\end{pmatrix}.$$

22. 求得 $\boldsymbol{A}$ 的特征值和特征向量为

$$\lambda_1=\lambda_2=1,\quad k(3,-6,20)^{\mathrm{T}}\quad (k\neq 0);$$
$$\lambda_3=-2,\quad k(0,0,1)^{\mathrm{T}}\quad (k\neq 0).$$

故 T 的特征值和特征向量为

$$\lambda_1=\lambda_2=1,\quad k(3\boldsymbol{\alpha}_1-6\boldsymbol{\alpha}_2+20\boldsymbol{\alpha}_3)\quad (k\neq 0);$$
$$\lambda_3=-2,\quad k\boldsymbol{\alpha}_3\quad (k\neq 0).$$

23. 由于 $T(\boldsymbol{e}_1)=(3,5)=3\boldsymbol{e}_1+5\boldsymbol{e}_2$，$T(\boldsymbol{e}_2)=(4,2)=4\boldsymbol{e}_1+2\boldsymbol{e}_2$，所以 T 在基 $\boldsymbol{e}_1$，$\boldsymbol{e}_2$ 下的矩阵为 $\boldsymbol{A}=\begin{pmatrix}3 & 4\\ 5 & 2\end{pmatrix}$. 可求得

$$\boldsymbol{P}=\begin{pmatrix}-4 & 1\\ 5 & 1\end{pmatrix},\qquad \boldsymbol{P}^{-1}\boldsymbol{AP}=\begin{pmatrix}-2 & 0\\ 0 & 7\end{pmatrix}=\boldsymbol{\Lambda}.$$

由 $(\boldsymbol{a}_1,\boldsymbol{a}_2)=(\boldsymbol{e}_1,\boldsymbol{e}_2)\boldsymbol{P}$ 得 $\mathbf{R}^2$ 的基 $\boldsymbol{a}_1=(-4,5)$，$\boldsymbol{a}_2=(1,1)$，且 T 在该基下的矩阵为 $\boldsymbol{\Lambda}$.

24. 对任意 $\boldsymbol{\alpha}\in V_{\lambda_0}$，有 $T(\boldsymbol{\alpha})=\lambda_0\boldsymbol{\alpha}$. 由于

$$T(S(\boldsymbol{\alpha}))=S(T(\boldsymbol{\alpha}))=S(\lambda_0\boldsymbol{\alpha})=\lambda_0(S(\boldsymbol{\alpha})),$$

所以 $S(\boldsymbol{\alpha})\in V_{\lambda_0}$，故 V_{λ_0} 是 S 的不变子空间.

25. (1)
$$(\boldsymbol{x},\boldsymbol{y})=\boldsymbol{xAy}^{\mathrm{T}}=[\boldsymbol{xAy}^{\mathrm{T}}]^{\mathrm{T}}=\boldsymbol{yAx}^{\mathrm{T}}=(\boldsymbol{y},\boldsymbol{x});$$
$$(k\boldsymbol{x},\boldsymbol{y})=(k\boldsymbol{x})\boldsymbol{Ay}^{\mathrm{T}}=k[\boldsymbol{xAy}^{\mathrm{T}}]=k(\boldsymbol{x},\boldsymbol{y});$$
$$(\boldsymbol{x}+\boldsymbol{y},\boldsymbol{z})=(\boldsymbol{x}+\boldsymbol{y})\boldsymbol{Az}^{\mathrm{T}}=\boldsymbol{xAz}^{\mathrm{T}}+\boldsymbol{yAz}^{\mathrm{T}}=(\boldsymbol{x},\boldsymbol{z})+(\boldsymbol{y},\boldsymbol{z});$$

当 $\boldsymbol{x}=\boldsymbol{0}$ 时，$(\boldsymbol{x},\boldsymbol{x})=\boldsymbol{xAx}^{\mathrm{T}}=0$；当 $\boldsymbol{x}\neq\boldsymbol{0}$时，由 $\boldsymbol{A}$ 正定知 $(\boldsymbol{x},\boldsymbol{x})=\boldsymbol{xAx}^{\mathrm{T}}>0$. 因此，$(\boldsymbol{x},\boldsymbol{y})$是 $\mathbf{R}^n$ 中的内积，且在该内积定义下 $\mathbf{R}^n$ 构成欧氏空间.

(2) 由 $(\boldsymbol{e}_i,\boldsymbol{e}_j)=\boldsymbol{e}_i\boldsymbol{Ae}_j^{\mathrm{T}}=a_{ij}$ 知，$\mathbf{R}^n$ 中基 $\boldsymbol{e}_1,\boldsymbol{e}_2,\cdots,\boldsymbol{e}_n$ 的度量矩阵为 $\boldsymbol{A}$.

(3) $(\boldsymbol{x},\boldsymbol{y})=\sum\limits_{i,j=1}^{n}a_{ij}x_iy_j$，$|\boldsymbol{x}|^2=(\boldsymbol{x},\boldsymbol{x})=\sum\limits_{i,j=1}^{n}a_{ij}x_ix_j$，$|\boldsymbol{y}|^2=(\boldsymbol{y},\boldsymbol{y})=\sum\limits_{i,j=1}^{n}a_{ij}y_iy_j$，由 $|(\boldsymbol{x},\boldsymbol{y})|\leqslant|\boldsymbol{x}|\,|\boldsymbol{y}|$ 得

$$\left|\sum_{i,j=1}^{n}a_{ij}x_iy_j\right|\leqslant\sqrt{\sum_{i,j=1}^{n}a_{ij}x_ix_j}\sqrt{\sum_{i,j=1}^{n}a_{ij}y_iy_j}.$$

26. 设 $\boldsymbol{\gamma}\in V$，且 $\boldsymbol{\gamma}=z_1\boldsymbol{\alpha}_1+z_2\boldsymbol{\alpha}_2+\cdots+z_n\boldsymbol{\alpha}_n$，则有

$$(\boldsymbol{\alpha},\boldsymbol{\beta})=\sum_{i=1}^{n}ix_iy_i=\sum_{i=1}^{n}iy_ix_i=(\boldsymbol{\beta},\boldsymbol{\alpha});$$

$$(k\boldsymbol{\alpha},\boldsymbol{\beta})=\sum_{i=1}^{n}i(kx_i)y_i=k\sum_{i=1}^{n}ix_iy_i=k(\boldsymbol{\alpha},\boldsymbol{\beta});$$

$$(\boldsymbol{\alpha}+\boldsymbol{\beta},\boldsymbol{\gamma})=\sum_{i=1}^{n}i(x_i+y_i)z_i=\sum_{i=1}^{n}ix_iz_i+\sum_{i=1}^{n}iy_iz_i=(\boldsymbol{\alpha},\boldsymbol{\gamma})+(\boldsymbol{\beta},\boldsymbol{\gamma});$$

当 $\boldsymbol{\alpha}=\boldsymbol{\theta}$ 时，$x_1=\cdots=x_n=0$，$(\boldsymbol{\alpha},\boldsymbol{\alpha})=0$；当 $\boldsymbol{\alpha}\neq\boldsymbol{\theta}$ 时，实数 $x_1,\cdots,x_n$ 不全为零，$(\boldsymbol{\alpha},\boldsymbol{\alpha})>0$. 因此，$(\boldsymbol{\alpha},\boldsymbol{\beta})$是 V 中的内积，且在该内积下 V 构成欧氏空间.

27. 由 Gram-Schmidt 正交化方法得 $\mathbf{R}^{2\times2}$的正交基为

$$\boldsymbol{Z}_1=\begin{pmatrix}0 & 1\\ 1 & 1\end{pmatrix},\ \boldsymbol{Z}_2=\begin{pmatrix}1 & -2/3\\ 1/3 & 1/3\end{pmatrix},\ \boldsymbol{Z}_3=\begin{pmatrix}3/5 & 3/5\\ -4/5 & 1/5\end{pmatrix},\ \boldsymbol{Z}_4=\begin{pmatrix}3/7 & 3/7\\ 3/7 & -6/7\end{pmatrix}.$$

28. $\boldsymbol{\beta}_1$，$\boldsymbol{\beta}_2$，$\boldsymbol{\beta}_3$ 在给定基下的坐标依次为

$$\boldsymbol{b}_1=(1,0,0,0,1)^{\mathrm{T}},\quad \boldsymbol{b}_2=(1,-1,0,1,0)^{\mathrm{T}},\quad \boldsymbol{b}_3=(2,1,1,0,0)^{\mathrm{T}}.$$

由于 $\boldsymbol{b}_1$，$\boldsymbol{b}_2$，$\boldsymbol{b}_3$ 线性无关，所以 $\boldsymbol{\beta}_1,\boldsymbol{\beta}_2,\boldsymbol{\beta}_3$ 线性无关，从而构成 W 的一个基. 正交化可得

$$\boldsymbol{\gamma}_1=\boldsymbol{\beta}_1=\boldsymbol{\alpha}_1+\boldsymbol{\alpha}_5,$$

$$\boldsymbol{\gamma}_2=\boldsymbol{\beta}_2-\frac{1}{2}\boldsymbol{\gamma}_1=\frac{1}{2}\boldsymbol{\alpha}_1-\boldsymbol{\alpha}_2+\boldsymbol{\alpha}_4-\frac{1}{2}\boldsymbol{\alpha}_5,$$

$$\boldsymbol{\gamma}_3=\boldsymbol{\beta}_3-0\boldsymbol{\gamma}_2-1\boldsymbol{\gamma}_1=\boldsymbol{\alpha}_1+\boldsymbol{\alpha}_2+\boldsymbol{\alpha}_3-\boldsymbol{\alpha}_5.$$

再单位化,可得 W 的一个标准正交基为

$$\boldsymbol{\varepsilon}_1=\frac{1}{\sqrt{2}}\boldsymbol{\gamma}_1=\frac{1}{\sqrt{2}}(\boldsymbol{\alpha}_1+\boldsymbol{\alpha}_5),$$

$$\boldsymbol{\varepsilon}_2=\frac{1}{\frac{1}{2}\sqrt{10}}\boldsymbol{\gamma}_2=\frac{1}{\sqrt{10}}(\boldsymbol{\alpha}_1-2\boldsymbol{\alpha}_2+2\boldsymbol{\alpha}_4-\boldsymbol{\alpha}_5),$$

$$\boldsymbol{\varepsilon}_3=\frac{1}{2}\boldsymbol{\gamma}_3=\frac{1}{2}(\boldsymbol{\alpha}_1+\boldsymbol{\alpha}_2+\boldsymbol{\alpha}_3-\boldsymbol{\alpha}_5).$$

29. (1) T 在标准正交基 $\boldsymbol{\varepsilon}_1,\boldsymbol{\varepsilon}_2,\boldsymbol{\varepsilon}_3,\boldsymbol{\varepsilon}_4$ 下的矩阵为 $\boldsymbol{A}=\begin{pmatrix}1&1&0&-1\\1&1&-1&0\\0&-1&1&1\\-1&0&1&1\end{pmatrix}$. 它是实对称矩阵,所以 T 是对称变换.

(2) 可求得正交矩阵 $\boldsymbol{Q}=\begin{pmatrix}\frac{1}{\sqrt{2}}&0&-\frac{1}{2}&\frac{1}{2}\\0&\frac{1}{\sqrt{2}}&-\frac{1}{2}&-\frac{1}{2}\\\frac{1}{\sqrt{2}}&0&\frac{1}{2}&-\frac{1}{2}\\0&\frac{1}{\sqrt{2}}&\frac{1}{2}&\frac{1}{2}\end{pmatrix}$,使得 $\boldsymbol{Q}^{-1}\boldsymbol{A}\boldsymbol{Q}=\begin{pmatrix}1&0&0&0\\0&1&0&0\\0&0&3&0\\0&0&0&-1\end{pmatrix}=\boldsymbol{\Lambda}$.

由 $(\boldsymbol{\eta}_1,\boldsymbol{\eta}_2,\boldsymbol{\eta}_3,\boldsymbol{\eta}_4)=(\boldsymbol{\varepsilon}_1,\boldsymbol{\varepsilon}_2,\boldsymbol{\varepsilon}_3,\boldsymbol{\varepsilon}_4)\boldsymbol{Q}$ 求得标准正交基

$$\boldsymbol{\eta}_1=\frac{1}{\sqrt{2}}(\boldsymbol{\varepsilon}_1+\boldsymbol{\varepsilon}_3),\qquad \boldsymbol{\eta}_2=\frac{1}{\sqrt{2}}(\boldsymbol{\varepsilon}_2+\boldsymbol{\varepsilon}_4),$$

$$\boldsymbol{\eta}_3=\frac{1}{2}(-\boldsymbol{\varepsilon}_1-\boldsymbol{\varepsilon}_2+\boldsymbol{\varepsilon}_3+\boldsymbol{\varepsilon}_4),\quad \boldsymbol{\eta}_4=\frac{1}{2}(\boldsymbol{\varepsilon}_1-\boldsymbol{\varepsilon}_2-\boldsymbol{\varepsilon}_3+\boldsymbol{\varepsilon}_4).$$

T 在该基下的矩阵为 $\boldsymbol{\Lambda}$.

30. 设 V 的标准正交基为 $\boldsymbol{\varepsilon}_1,\boldsymbol{\varepsilon}_2,\cdots,\boldsymbol{\varepsilon}_n$, T 在该基下的矩阵为 $\boldsymbol{A}=(a_{ij})_{n\times n}$,则有

$$T(\boldsymbol{\varepsilon}_i)=a_{1i}\boldsymbol{\varepsilon}_1+a_{2i}\boldsymbol{\varepsilon}_2+\cdots+a_{ni}\boldsymbol{\varepsilon}_n,\qquad (T(\boldsymbol{\varepsilon}_i),\boldsymbol{\varepsilon}_j)=a_{ji},$$

$$T(\boldsymbol{\varepsilon}_j)=a_{1j}\boldsymbol{\varepsilon}_1+a_{2j}\boldsymbol{\varepsilon}_2+\cdots+a_{nj}\boldsymbol{\varepsilon}_n,\qquad (\boldsymbol{\varepsilon}_i,T(\boldsymbol{\varepsilon}_j))=a_{ij}.$$

必要性. 若 T 是反对称变换,则 $(T(\boldsymbol{\varepsilon}_i),\boldsymbol{\varepsilon}_j)=-(\boldsymbol{\varepsilon}_i,T(\boldsymbol{\varepsilon}_j))$,即 $a_{ji}=-a_{ij}$,也就是 $\boldsymbol{A}^{\mathrm{T}}=-\boldsymbol{A}$.

充分性. 设 $\boldsymbol{A}^{\mathrm{T}}=-\boldsymbol{A}$,对任意 $\boldsymbol{\alpha},\boldsymbol{\beta}\in V$,有

$$\boldsymbol{\alpha}=(\boldsymbol{\varepsilon}_1,\cdots,\boldsymbol{\varepsilon}_n)\begin{pmatrix}x_1\\\vdots\\x_n\end{pmatrix},\qquad T(\boldsymbol{\alpha})=(\boldsymbol{\varepsilon}_1,\cdots,\boldsymbol{\varepsilon}_n)\boldsymbol{A}\begin{pmatrix}x_1\\\vdots\\x_n\end{pmatrix};$$

$$\boldsymbol{\beta}=(\boldsymbol{\varepsilon}_1,\cdots,\boldsymbol{\varepsilon}_n)\begin{pmatrix}y_1\\\vdots\\y_n\end{pmatrix},\qquad T(\boldsymbol{\beta})=(\boldsymbol{\varepsilon}_1,\cdots,\boldsymbol{\varepsilon}_n)\boldsymbol{A}\begin{pmatrix}y_1\\\vdots\\y_n\end{pmatrix}.$$

由于在 V 的标准正交基下，两个向量的内积就等于它们的坐标向量的内积，所以

$$(T(\boldsymbol{\alpha}),\boldsymbol{\beta})=(x_1,\cdots,x_n)\boldsymbol{A}^{\mathrm{T}}\begin{pmatrix}y_1\\ \vdots\\ y_n\end{pmatrix}=-(x_1,\cdots,x_n)\boldsymbol{A}\begin{pmatrix}y_1\\ \vdots\\ y_n\end{pmatrix}=-(\boldsymbol{\alpha},T(\boldsymbol{\beta})),$$

即 T 是反对称变换.

31. 先证第一式. 设 $\boldsymbol{\alpha}\in(W_1+W_2)^{\perp}$，即 $\boldsymbol{\alpha}\perp(W_1+W_2)$，于是 $\boldsymbol{\alpha}\perp W_1$ 且 $\boldsymbol{\alpha}\perp W_2$，或者 $\boldsymbol{\alpha}\in W_1^{\perp}$ 且 $\boldsymbol{\alpha}\in W_2^{\perp}$，即 $\boldsymbol{\alpha}\in W_1^{\perp}\cap W_2^{\perp}$. 故

$$(W_1+W_2)^{\perp}\subset(W_1^{\perp}\cap W_2^{\perp}).$$

又设 $\boldsymbol{\alpha}\in W_1^{\perp}\cap W_2^{\perp}$，即 $\boldsymbol{\alpha}\in W_1^{\perp}$ 且 $\boldsymbol{\alpha}\in W_2^{\perp}$，于是 $\boldsymbol{\alpha}\perp W_1$ 且 $\boldsymbol{\alpha}\perp W_2$，或者 $\boldsymbol{\alpha}\perp(W_1+W_2)$，即 $\boldsymbol{\alpha}\in(W_1+W_2)^{\perp}$. 故

$$(W_1^{\perp}\cap W_2^{\perp})\subset(W_1+W_2)^{\perp}.$$

因此第一式成立.

对 $W_1^{\perp}$ 与 $W_2^{\perp}$ 应用第一式，有

$$(W_1^{\perp}+W_2^{\perp})^{\perp}=(W_1^{\perp})^{\perp}\cap(W_2^{\perp})^{\perp}=W_1\cap W_2,$$

故 $(W_1\cap W_2)^{\perp}=W_1^{\perp}+W_2^{\perp}$，即第二式成立.

32. 直接验证所述矩阵均为幂等矩阵.

33. (1)若 $\boldsymbol{P}=\boldsymbol{P}_1+\boldsymbol{P}_2$ 为投影矩阵，则由 $\boldsymbol{P}^2=\boldsymbol{P}$ 得 $\boldsymbol{P}_1\boldsymbol{P}_2+\boldsymbol{P}_2\boldsymbol{P}_1=\boldsymbol{O}$. 分别左乘和右乘 $\boldsymbol{P}_1$，又得

$$\boldsymbol{P}_1\boldsymbol{P}_2+\boldsymbol{P}_1\boldsymbol{P}_2\boldsymbol{P}_1=\boldsymbol{O},\qquad \boldsymbol{P}_1\boldsymbol{P}_2\boldsymbol{P}_1+\boldsymbol{P}_2\boldsymbol{P}_1=\boldsymbol{O}.$$

两式相减可得 $\boldsymbol{P}_1\boldsymbol{P}_2-\boldsymbol{P}_2\boldsymbol{P}_1=\boldsymbol{O}$. 与前一式联立，解得 $\boldsymbol{P}_1\boldsymbol{P}_2=\boldsymbol{P}_2\boldsymbol{P}_1=\boldsymbol{O}$. 反之，由 $\boldsymbol{P}_1\boldsymbol{P}_2=\boldsymbol{P}_2\boldsymbol{P}_1=\boldsymbol{O}$ 易知 $\boldsymbol{P}^2=\boldsymbol{P}$.

(2) 和(3)的证明与(1)类似.

34. 正交投影矩阵是 Hermite 矩阵，且其特征值为 1 或 0，从而它是 Hermite 半正定矩阵.

35. (1)$\boldsymbol{P}_{L,M}=\begin{pmatrix}1&-1&0\\0&0&0\\0&0&0\end{pmatrix}$，$\boldsymbol{P}_{L,M}\boldsymbol{x}=\begin{pmatrix}-1\\0\\0\end{pmatrix}$；

(2) $\boldsymbol{P}_L=\begin{pmatrix}1&0&0\\0&0&0\\0&0&0\end{pmatrix}$，$\boldsymbol{P}_L\boldsymbol{x}=\begin{pmatrix}2\\0\\0\end{pmatrix}$.

参考文献

北京大学数学系. 高等代数. 2版. 北京:高等教育出版社,1995
陈祖明,周家胜. 矩阵论引论. 北京:北京航空航天大学出版社,1998
程云鹏,张凯院,徐仲. 矩阵论. 3版. 西安:西北工业大学出版社,2006
戴华. 矩阵论. 北京:科学出版社,2001
丁学仁,蔡高厅. 工程中的矩阵理论. 天津:天津大学出版社,1985
何旭初,孙文瑜. 广义逆矩阵引论. 南京:江苏科学技术出版社,1990
蒋正新,施国梁. 矩阵理论及其应用. 北京:北京航空学院出版社,1988
倪国熙. 常用的矩阵理论和方法. 上海:上海科学技术出版社,1984
邱森,朱林生. 高等代数探究性课题集. 武汉:武汉大学出版社,2008
西北工业大学应用数学系. 高等代数. 北京:科学出版社,2008
西北工业大学应用数学系. 线性代数. 2版. 北京:科学出版社,2010
熊全淹,叶明训. 线性代数. 3版. 北京:高等教育出版社,1987
徐仲,陆全,张凯院等. 高等代数导教导学导考. 2版. 西安:西北工业大学出版社,2006
徐仲,陆全,张凯院等. 高等代数考研教案. 西安:西北工业大学出版社,2006
徐仲,张凯院. 线性代数辅导讲案. 西安:西北工业大学出版社,2007
杨克劭,包学游. 矩阵分析. 哈尔滨:哈尔滨工业大学出版社,1988
余鄂西. 科技中的矩阵理论. 武汉:华中理工大学出版社,1988
张凯院,徐仲. 矩阵论导教导学导考. 2版. 西安:西北工业大学出版社,2006
张凯院,徐仲. 矩阵论辅导讲案. 西安:西北工业大学出版社,2007
R. A. 合恩,C. R. 约翰逊. 矩阵分析. 杨奇译. 天津:天津大学出版社,1989

